SEQUÍAS EN CHILE
Impactos, monitoreo y políticas de gestión

EDICIONES UNIVERSIDAD CATÓLICA DE CHILE
Vicerrectoría de Comunicaciones
Av. Libertador Bernardo O'Higgins 390, Santiago, Chile

lea.uc.cl

SEQUÍAS EN CHILE
IMPACTOS, MONITOREO Y POLÍTICAS DE GESTIÓN

Daniela Rivera y Guillermo Donoso (editores)

Noviembre 2025
ISBN 978-956-14-3503-2
ISBN digital 978-956-14-3510-0

Diseño y diagramación: versión productora gráfica SpA
Imagen de portada: Red Charlie en unsplash
Impresor: A Impresores

CIP – Pontificia Universidad Católica de Chile

Nombres: Aedo Maluje, Sebastián Enrique, autor. | Rivera Bravo, Daniela Pilar, editor. | Donoso H., Guillermo, 1962- editor.
Título: Sequías en Chile : impactos, monitoreo y políticas de gestión / Sebastián Aedo... [y otros] ; Daniela Rivera y Guillermo Donoso (editores).
Descripción: Santiago, Chile : Ediciones UC | Incluye referencias bibliográficas.
Materias: CCAB: Sequías - Aspectos Económicos - Chile. | Sequías - Política gubernamental - Chile. | Recursos hidrológicos - Chile.
Clasificación: DDC 363.34920983 –dc23

SEQUÍAS EN CHILE
Impactos, monitoreo y políticas de gestión

Daniela Rivera y Guillermo Donoso
(Editores)

EDICIONES UC

A nuestras familias y a todos aquellos que trabajan cada día por la seguridad hídrica.

ÍNDICE

PARTE II
EXPERIENCIAS COMPARADAS EN LA GESTIÓN DE LA SEQUÍA

PARTE III
PERFECCIONAMIENTO DE LA GESTIÓN DE LA SEQUÍA EN CHILE: PROPUESTAS, POLÍTICAS Y OPCIONES DE ADAPTACIÓN

ABREVIATURAS

°C	Grados Celsius
AAO	Oscilación Antártica
ACADES	Asociación Chilena de Desalinización y Reúso
ADI	Índice Agregado de Sequía
AEMET	Agencia Estatal de Meteorología
AFP	Administradoras de Fondos de Pensiones
AGRITEMPO	Sistema de Información Agrometeorológica
Al	Aluminio
AMP	Sistema de Información Agrometeorológica
ANID	Agencia Nacional de Investigación, Chile
APS	Anticiclón del Pacífico Sur
ARG	Argentina
As	Arsénico
ASIS	Sistema de Monitoreo de Sequía Agrícola
Ba	Bario
BM	Banco Mundial
BOL	Bolivia
BoM	Oficina de Meteorología Australia
BOT	Build, opetrate and transfer (Construir, operar y transferir)
BRA	Brasil
Ca^{2+}	Calcio
CAA	Cantidad de agua almacenada
CAPEX	Gasto de capital
CASEN	Encuesta de Caracterización Socioeconómica Nacional
CAZALAC	Centro del Agua para Zonas Áridas y Semiáridas de América Latina y el Caribe
CC	Cambio climático
Cd	Cadmio
CDI	Indicador Combinado de Sequía
CDPMN	Red de Monitoreo de Sequía y Precipitación del Caribe
CDPW	California Department of Public Works
CDWR	Departamento de Recursos Hídricos de California
CEDEX	Centro de Estudios y Experimentación de Obras Públicas, España
CEIGRAM	Centro de Estudios e Investigación para la Gestión de Riesgos Agrarios y Medioambientales
CF	Coliformes fecales
CI	Capacidad de Infraestructura
CIAU	Gestión del ciclo urbano integral del agua
CIIFEN	Centro Internacional para la Investigación del fenómeno de El Niño
CIIFEN	Centro Internacional para la Investigación del Fenómeno de El Niño (International Center for the Investigation of El Niño Phenomenon)
Cl^-	Cloro

CLP	Pesos chilenos
cm	Centímetro
CMF	Comisión para el Mercado Financiero
CMI	Índice de Humedad del Cultivo
CMIP5	Proyecto de Intercomparación de Modelos Acoplados versión 5
CMIP6	Proyecto de Intercomparación de Modelos Acoplados versión 6
CNE	Comisión Nacional de Energía
CNR	Comisión Nacional de Riego
Co	Cobalto
CO eq	Dióxido de carbono equivalent
CODELCO	Corporación Nacional del Cobre, Chile
COL	Colombia
COVID	Coronavirus
C-Q	Concentración y Caudal
Cr	Cromo
CR2	Centro de Ciencia del Clima y la Resiliencia
CRC-OSA	Centro Regional del Clima para el Oeste de Sudamérica
CRC-SAS	Centro Climático Regional para América del Sur
CRHIAM	Centro de Recursos Hídricos para la Agricultura y la Minería
CRS-OCA	Centro Climático Regional para el Oeste de América del Sur
CSDI	Índice de Sequía Específica del Cultivo
CSIRO	Organización de Investigación Científica e Industrial de la Commonwealth
CTCN	Centro y Red de Tecnología Climática de la ONU
Cu	Cobre
CVP	Proyecto del Valle Central
DAA	Derechos de Aprovechamiento de Aguas
DEF	diciembre, enero, febrero
DESINVENTAR	Disaster Information Management System
DFL	Decreto Fuerza Ley
DGA	Dirección General de Aguas
DH	Demarcación hidrográfica
DIA	Declaración de Impacto Ambiental
DIPRES	Dirección de Presupuesto, Ministerio de Hacienda
DIRECTEMAR	Dirección General del Territorio Marítimo y de Marina Mercante
DMA	Directiva Marco del Agua de la Unión Europea
DMC	Dirección Meteorológica de Chile
DOB	Demanda Bioquímica de Oxigeno
DOH	Dirección de Obras Hidráulicas
DSI	Índice de Severidad de Sequía
ECOLEX	Servicio de Información sobre Legislación Ambiental
ECs	Circunstancias excepcionales
ECU	Ecuador
EDAR	Estaciones de depuración de aguas residuales
EDII	Inventario de Impactos de Sequías en Europa
EDO	Observatorio Europeo de la Sequía
EE.UU.	Estados Unidos de América
EEA	European Environmental Agency
EIA	Estudio de Impacto Ambiental
ELAW	Alianza de Derecho Ambiental Mundial
EM-DAT	Base de Datos Internacional de Desastres-Centro de Investigación sobre la Epidemiología de Desastres

ENAP	Empresa Nacional del Petróleo
ENDESA	Empresa Nacional de Electricidad de Chile
ENSO	El Niño-Oscilación del Sur
EOS	Fin de temporada
ESVAL	Empresa de Saneamiento y Abastecimiento de Agua de Viña del Mar y Valparaíso
ETDI	Índice de Déficit de Evapotranspiración
Euroclima+	Programa regional emblemático de cooperación de la Unión Europea
EVI	Índice de Vegetación Mejorado
FAO	Organización de las Naciones Unidas para la Alimentación y la Agricultura
FBCF	Formación bruta de capital fijo
Fe	Hierro
FMB	Farm Management Bond (Bono de Gestión Agrícola)
FMD	Depósito de Gestión Agrícola
FMI	Fondo Monetario Internacional
FONASA	Fondo Nacional de Salud
FONDAP	Fondo de Financiamiento de Centros de Investigación en Áreas Prioritarias
g/L	Gramo por litro
G-7	Grupo de los Siete-Asociación, foro político y económico intergubernamental
GCM	Modelos de circulación global
GEI	Gases de efecto invernadero
GINI	Medida de la desigualdad
GOES	Satélites Geostacionarios de Exploración Ambiental
GRD	Gestión del Riesgo de Desastres
GUY	Guyana
GWh/año	Giga watts hora por año
GWP	Asociación Mundial para el Agua
ha	Hectáreas
Hg	Mercurio
hm	Hectómetro
hm^3	Hectómetro cúbico
HMNDP	Reunión de Alto Nivel sobre la Política Nacional de Sequías
ICE	Índice de Caudal Estandarizado
IDEAM	Instituto de Hidrología, Meteorología y Estudios Ambientales
IDMP	Integrated Drought Management Programme
IDRA	Alianza Internacional para la Resiliencia a la Sequía
I_e	Índice de estado
IED	Depósito de Igualación de Ingresos
I_m	Intensidad media
IMF	Fondo Monetario Internacional
INA	Instituto Nacional del Agua
INA	Instituto Nacional del Agua
INAMHI	Instituto Nacional de Meteorología e Hidrología
INDAP	Instituto de Desarrollo Agropecuario
INDH	Instituto de Derechos Humanos
INE	Instituto Nacional de Estadísticas
INIA	Instituto de Investigaciones Agropecuarias
IPCC	Panel Intergubernamental sobre el Cambio Climático
IPE	Índice de Precipitación Estandarizado
IPO	Oscilación Interdecadal del Pacífico
IPR	Índice regional de precipitación
IRI	Sala de Mapas de Clima y Sociedad

ISAPRE	Instituciones de Salud Previsional
IVA	Impuesto al Valor Agrego
IWA	Asociación Internacional del Agua
JJA	junio, julio, agosto
K^+	Potasio
KgCO2eq/m3	Kilogramos de dióxido de carbono equivalente por kilogramo por metro cúbico
km	Kilómetro
km^2	Kilómetro cuadrado
KWh/m^3	Kilowatts hora por metro cúbico
KWh/year	Kilowatts hora por año
l/s	Litros por segundo
LCDP	Litros per cápita
LIN	Integral estacional
LOS	Duración de la temporada
M&AT	Monitoreo y Alerta Temprana
M2	Oferta monetaria
MAM	marzo, abril, mayo
MCM	Millones de metros cúbicos
MCO	Mínimos Cuadrados Ordinarios
MD	Megasequía
MED	Destilación de Efecto Múltiple
MEI	Índice ENSO Multivariado
MERCOSUR	Mercado Común del Sur
Mg^{2+}	Magnesio con una carga de 2+
MIDESO	Ministerio de Desarrollo Social y Familia, Chile
MILP	Programación lineal mixta-entera
MINAGRI	Ministerio de Agricultura
MINDEF	Ministerio de Defensa Nacional
MINEN	Ministerio de Energía
MINVU	Ministerio de Vivienda y Urbanismo
MITERD	Ministerio para la Transición Ecológica y el Reto Demográfico, España
MJO	Oscilación Madden-Julian
mm	Milímetros
MMA	Ministerio del Medio Ambiente
Mn	Manganeso
MODFLOW	Modelo Modular de Flujo Finito-Diferencial del Servicio Geológico de EE. UU.
MODIS	Espectrorradiómetro de Imágenes de Resolución Moderada
MOP	Ministerio de Obras Públicas
MSF	Destilación Flash de Etapas Múltiples
MW	Megawatts
MWh	Megawatts-hora
Na^+	Sodio
NADAM	Monitor de Sequía de América del Norte
NDA	Acuerdo Nacional sobre Sequías
NDRA	Arreglos de Ayuda por Desastres Naturales
NDVI	Índice Normalizado de Vegetación por Diferencias
NDWI	Índice de agua de diferencia normalizada
NH_4^+	Amonio
NIDIS	National Integrated Drought Information System
NO_2^-	Óxidos de Nitrógeno
NO_3^-	Nitratos

NOAA	Administración Nacional Oceánica y Atmosférica
NSCA	Normas de Calidad Secundaria de Agua
NSW	Nueva Gales del Sur
OASIS	Sistema De Monitoreo y Pronóstico de Sequías Hidrológicas
OCDE	Organización para la Cooperación y el Desarrollo Económico
ODEPA	Oficina de Estudios y Políticas Agrarias
OMEGA	Oficina de Monitoreo de Emergencias Agrícolas
OMM	Organización Meteorológica Mundial
OPEX	Gastos operativos
OUAs	Organizaciones de Usuarios de Agua
Pb	Plomo
PDI	Policía de Investigaciones
PDO	Oscilación Decadal del Pacífico
PDSI	Índice de Severidad de Sequía de Palmer
PEGH	Planes Estratégicos de Recursos Hídricos
PEM	Plan Especial de Emergencia
PER	Perú
PES	Plan especial de aviso y eventual sequía
PET	*Peak* de tiempo
PGU	Pensión Garantizada Universal
pH	Potencial de Hidrógeno (medida de acidez)
PIB	Producto Interno Bruto
PLP	Planificación a largo plazo
PMP	Programación Matemática Positiva
PNUD	Programa de las Naciones Unidas para el Desarrollo
PO_4^{3-}	Fosfato
POA	Procesos avanzados de oxidación
PP	Productividad primaria
PPA	Paridad de Poder Adquisitivo
PRY	Paraguay
PTAP	Planta de tratamiento de agua potable
PTAP	Planta de tratamiento de agua residual
PTF	Productividad total de factores
Pywr	Biblioteca de Python de código abierto para simuladores de recursos hídricos
RAI	Índice de Anomalía de Precipitación
RBD	Distritos de Cuencas Hidrográficas
RCL	Préstamo Contingente de Ingresos
RCP	Trayectorias de concentración representativas
RDI	Índice de sequía de recuperación
RO	Ósmosis inversa de agua de mar
RPD	Reutilización potable directa
RPI	Reutilización potable indirecta
RRD	Reducción del Riesgo de Desastres
RSDI	Índice Regional de Deficiencia de Caudal
S2ID	Sistema Integrado de Información sobre Desastres
SAT	Sistema de alerta temprana
SAT AGRO	Sistema de Alerta Temprana Agropecuaria
Sc	Estratocúmulos
SCV	Coeficiente de sesgo de variación
SDDiP	Programación Entera Estocástica Dual Dinámica
SDDP	Programación Estocástica Dual Dinámica

Se	Selenio
SEIA	Sistema de Evaluación de Impacto Ambiental
SEN	Sistema Eléctrico Nacional
SENAMIH	Servicio Nacional de Meteorología e Hidrología, Perú
SENAPRED	Servicio Nacional de Prevención y Respuesta ante Desastres
SEREMI	Secretarías Regionales Ministeriales
SFI	Índice de Flujo Estandarizado
SGWI	Índice Estandarizado de Almacenamiento de Agua Subterránea
SIAT	Sistema de Información y Alerta Temprana del Suroeste de Buenos Aires
SIC	Sistema Interconectado Central
SISS	Superintendencia de Servicios Sanitarios
SISSA	Sistema de Información sobre Sequías para la Región Sur de América del Sur
SMA	Superintendencia del Medio Ambiente
SMDI	Índice de Déficit de Humedad del Suelo
SNA	Sociedad Nacional de Agricultura
SNAPP	Ciencia para la Naturaleza y las Personas
SOI	Índice de Oscilación del Sur
SON	septiembre, octubre, noviembre
SOS	Inicio de temporada
SPEI	Índice de Evapotranspiración y Precipitación Estandarizada
SPI	Índice de Precipitación Estandarizado
SRI	Índice de Escorrentía Estandarizado
SSI	Índice de Flujo Estandarizado
SSMI	Índice Estandarizado de Humedad del Suelo
SST	Sólidos suspendidos totales
SUBTEL	Subsecretaría de Telecomunicaciones
S-WEI	Índice de Explotación del Agua
SWP	Proyecto Estatal de Agua
SWRCB	Junta Estatal de Control de Recursos Hídricos
SWSI	Índice de Suministro de Agua Superficial
TAO/TRITON	Matriz Oceánica Atmosférica Tropical
TCI	Índice de Condición de Temperatura
tCO eq	Tons de dióxido de carbono equivalente
tCO eq/MWh	Tons de dióxido de carbono equivalente por megawatt
ToE	Tiempo de emergencia
TP	Fósforo total
UF	Unidad de Fomento
UNCCD - UNCDD	Convención de las Naciones Unidas para Combatir la Desertificación
UNDRR	Oficina de las Naciones Unidas para la Reducción del Riesgo de Desastres
UNESCO	Organización de las Naciones Unidas para la Educación, la Ciencia y la Cultura
UNFCCC	Convención Marco de las Naciones Unidas sobre el Cambio Climático
UNISDR	Estrategia Internacional para la Reducción de Desastres de las Naciones Unidas
URY	Uruguay
USACE	Cuerpo de Ingenieros del Ejército de EE. UU.
USBR	Oficina de Reclamación de los EE. UU.
USD - US$	Dólar estadounidense
USDM	Monitor de Sequía de Estados Unidos
USEPA	Agencia de Protección Ambiental de los Estados Unidos
UTE	Unidades Territoriales con Escasez
UTS	Unidades Territoriales con Sequías Prolongadas
UV	Ultravioleta

VAR	Modelo Autorregresivo Vectorial
VCI	Índice de Condición de Vegetación
VegDRI	Índice de Respuesta a la Sequía de la Vegetación
VEN	Venezuela
VHI	Índice de Salud de la Vegetación
VIDECI	Viceministerio de Defensa Civil
WEAP	Sistema de Evaluación y Planificación del Agua
WEI+	Índice de Explotación del Agua+
WMO	Organización Meteorológica Mundial
zcNDVI	Índice de Vegetación de Diferencia Normalizada
Zn	Zinc

PRÓLOGO

Este texto tiene su origen en el proyecto de investigación adjudicado y financiado por la Agencia Nacional de Investigación y Desarrollo (ANID) de Chile, ANID Sequía FSEQ210018, titulado "Integrando el monitoreo y el diseño de políticas públicas hacia una gestión proactiva de sequías". Este proyecto fue ejecutado por un equipo interdisciplinario de dieciséis profesores de la Pontificia Universidad Católica de Chile: como investigadores principales, Jorge Gironás (director), Sebastián Vicuña, Daniela Rivera, María Molinos y Óscar Melo; y, como investigadores asociados, Aurora Gaxiola, Camilo del Río, Francisco Suárez, Marcelo Miranda, David Morales, Francisco Meza, Guillermo Donoso, Eduardo Leiva, Pablo Pastén, Alonso Pérez y Álvaro Lorca. Además, participaron un importante número de investigadores posdoctorales (Felipe Lobos y Cristian Jordán), profesionales de apoyo (Marialina Núñez, Carolina Córdova, Nicolás Millie, Valentina Bravo, Paula Toledo, Catalina Aránguiz, Diego González, Javier Vargas, Sebastián González, Mauricio Montecinos, Alejandra Vega, José Antonio Díaz, Carolina Rodríguez, Francisca Contardo, Daniela Madrazo, Sara Acevedo, Fernanda Cepeda, Bastián Silva, Felipe Suárez, Kevin Unda y María Valenzuela) y estudiantes (Fernando González, Rosa Vargas, Klaus Keim, Vicente Espinoza, Eduardo Viollier, Juan Figueroa, Antonia Ávila, Pamela Pimentel, Victoria Armas, Antonia Durán y Marcel Favereau). La mayoría de ellos han contribuido como autores o coautores de este libro.

Queremos agradecer especialmente a ANID, a los autores que forman parte de esta publicación colectiva, a todos quienes participaron en el desarrollo del mencionado proyecto ANID FSEQ210018, y a Daniela Madrazo por su apoyo en la edición de este trabajo.

Esperamos que este libro sea un aporte para revisar, evaluar y mejorar las políticas de gestión de la sequía en Chile y en otros países, considerando que este es un fenómeno hidrológico extremo cuyo tratamiento riguroso y proactivo es uno de los factores esenciales para avanzar en seguridad hídrica.

* La versión original de este libro se publicó en 2025, bajo el título *Droughts in Chile. Impacts, Monitoring, and Adaptation (Management) Policies*, con Springer Nature. Información disponible en: https://bit.ly/44QKGxW.

PREFACIO

Sequías en Chile: impactos, monitoreo y políticas de gestión, editado por Daniela Rivera y Guillermo Donoso, es una incorporación oportuna y bienvenida al conjunto de literatura sobre gestión y políticas de sequía. Este libro captura el estado actual de la gestión de sequías en Chile y presenta nuevas opciones para mejorar dicha gestión.

A nivel global, en la última década se han logrado avances significativos en la gestión integrada de sequías. Estos progresos han fortalecido nuestra capacidad de monitoreo para la detección temprana de las sequías y la evaluación de su severidad. Asimismo, los métodos y herramientas mejorados para comunicar esta información de manera oportuna a los tomadores de decisiones y al público han proporcionado oportunidades para reducir sus impactos. Además, se han desarrollado y aplicado metodologías de evaluación de riesgos o vulnerabilidades en muchos países. Estas evaluaciones están diseñadas para determinar quiénes, qué y por qué están en riesgo, lo cual constituye un paso clave hacia la reducción de ese riesgo. Aplicar los resultados de estas evaluaciones puede ser instructivo para implementar medidas proactivas que se dirijan a los sectores más vulnerables antes de futuros eventos de sequía.

Gran parte del progreso alcanzado en la última década puede rastrearse hasta la Reunión de Alto Nivel sobre Políticas Nacionales de Sequía (HMNDP), celebrada en marzo de 2013. Este encuentro sirvió como catalizador para promover el desarrollo de políticas nacionales y los conceptos asociados con la gestión integrada de sequías. Organizado por tres entidades de las Naciones Unidas –la Organización Meteorológica Mundial (OMM), la Organización de las Naciones Unidas para la Alimentación y la Agricultura (FAO) y la Convención de las Naciones Unidas para Combatir la Desertificación (UNCCD)–, esta colaboración facilitó un diálogo global sobre la importancia de formular políticas nacionales de sequía orientadas a reducir los riesgos y, por ende, la vulnerabilidad de todas las naciones ante este insidioso peligro natural. Nuestro clima cambiante, el aumento en la frecuencia, severidad y duración de los eventos extremos climáticos y meteorológicos, junto con los crecientes efectos de las sequías, son factores significativos que motivan a las naciones a disminuir su vulnerabilidad social, adoptando un cambio de paradigma hacia la gestión integrada de sequías.

De la HMNDP surgió un enfoque regional y nacional que enfatiza la necesidad de desarrollar políticas nacionales de gestión de sequías. El Programa de Gestión Integrada de Sequías (IDMP), establecido durante la HMNDP por la OMM y la Alianza Mundial para el Agua (GWP), adoptó la metodología de planificación de sequías en 10 pasos, ampliamente aceptada y comúnmente referida como los tres pilares de las políticas y la preparación ante sequías, como un mecanismo para mejorar la preparación ante sequías al cambiar el paradigma de la gestión reactiva de desastres hacia un enfoque proactivo de gestión de riesgos*.

Aplaudo los esfuerzos de Daniela Rivera y Guillermo Donoso por documentar el enfoque actual, aunque reactivo, hacia la gestión y preparación frente a sequías en Chile. Este libro también presenta nuevas opciones para la gestión de sequías, mediante el desarrollo de sistemas integrales de monitoreo y alerta temprana, y la adopción de técnicas de gestión integrada del agua, así como otras opciones de políticas que reduzcan los impactos económicos, sociales y ambientales de las sequías para lograr una mayor resiliencia ante ellas.

La publicación de este volumen no podría ser más oportuna, dada la reunión internacional sobre Resiliencia ante Sequías, es decir, la Reunión de Alto Nivel sobre Políticas Nacionales de Sequía+10, que se celebró en el otoño de 2024. Esta reunión congregó nuevamente a científicos, formuladores de políticas, funcionarios gubernamentales y otros actores clave para evaluar los avances en la gestión de sequías durante los últimos diez años e identificar los principales caminos a seguir. Mientras que las lecciones aprendidas de los capítulos sobre sequías en Chile proporcionan información crítica para los gestores del agua y otros funcionarios en este país y más allá, estas lecciones y recomendaciones también podrían ayudar a informar los resultados de la HMNDP+10.

Donald A. Wilhite

Profesor emérito en Gestión y Políticas de Sequías, y director fundador
del Centro Nacional de Mitigación de Sequías de Estados Unidos,
Universidad de Nebraska, Lincoln, Nebraska, Estados Unidos
Febrero de 2024

* Organización Meteorológica Mundial (OMM) y Alianza Mundial para el Agua (GWP) (2014). Directrices para Políticas Nacionales de Gestión de Sequías: Un Modelo para la Acción (D.A. Wilhite). Serie de Herramientas y Directrices del Programa de Gestión Integrada de Sequías (IDMP), Volumen 1. OMM, Ginebra, Suiza, y GWP, Estocolmo, Suecia.

AUTORES

Guillermo Donoso
Economista agrario y de los recursos naturales por la Pontificia Universidad Católica de Chile y doctor en Economía Agraria y de Recursos Naturales por la Universidad de Maryland, College Park. Profesor titular del Departamento de Economía Agraria de la Facultad de Agronomía y Sistemas Naturales y director del Centro de Derecho y Gestión de Aguas, ambos de la Pontificia Pontificia Universidad Católica de Chile. Ocupó el cargo de decano de esta Facultad entre 1998 y 2007. Sus publicaciones incluyen libros, capítulos de libros y artículos en revistas tales como *Water Resources Management*, *Water Policy*, Environmental Science and Policy, *Environmental Science and Pollution Research*, *Water Science and Technology*, *International Journal of Water Resources Development* y *Agricultural Water Resources Management*, entre otras.

Daniela Rivera
Abogada, magíster en Ciencias Jurídicas y doctora en Derecho. Es parte del equipo académico original del Centro de Derecho y Gestión de Aguas de la Pontificia Pontificia Universidad Católica de Chile, creado en julio de 2015, integrado por cinco facultades UC y del cual fue directora entre julio de 2017 y julio de 2023. Profesora asistente de la Facultad de Derecho de la Pontificia Pontificia Universidad Católica de Chile Su investigación se centra en el derecho y la gestión de los recursos hídricos, área en la que es autora de varias publicaciones, ha participado en diversos seminarios académicos, tanto en Chile como en el extranjero, y desarrollado numerosos proyectos financiados por ANID, FONDECYT, CORFO y otras entidades públicas y privadas.

Sebastián Aedo
Investigador asociado en el Centro de América Latina del Instituto Ambiental de Estocolmo (Stockholm Environmental Institute). Su principal área de investigación es el cambio climático y la modelación integrada de recursos hídricos, con experiencia en cuencas de Chile, Colombia, Argentina y Bolivia, así como en cuencas transfronterizas en El Salvador, Honduras y Guatemala. También ha colaborado en cursos de hidroinformática, cambio climático y modelación de recursos hídricos.

Antonia Ávila
Ingeniera industrial con mención en Ingeniería Ambiental y magíster en Ciencias de la Ingeniería, ambos de la Pontificia Pontificia Universidad Católica de Chile. Ayudante del curso de Gestión de Recursos Hídricos desde 2022. Expositora en el simposio organizado por el CR2met y en el Congreso Chileno de Ingeniería Hidráulica organizado por la Sociedad Chilena de Ingeniería Hidráulica (SOCHID).

Valentina Bravo
Ingeniera forestal y magíster en Recursos Naturales por la Pontificia Universidad Católica de Chile. Su investigación se ha centrado en modelar los efectos

de sequías y olas de calor sobre la dinámica de la productividad primaria y fenología en bosques mediterráneos y templados de Sudamérica. Para lograr estos objetivos, cuenta con sólidos conocimientos en ecología forestal, geomática, modelación matemática basada en aprendizaje automático y programación. Actualmente se desempeña como investigadora profesional independiente en diversos proyectos asociados a universidades y empresas en Chile y el extranjero.

Camilo del Río

Geógrafo, magíster en Geografía y Geomática por la Pontificia Universidad Católica de Chile, y doctor en Ciencias Naturales por la Universidad de Heidelberg, Alemania. Profesor asociado del Instituto de Geografía de la Pontificia Universidad Católica de Chile y actualmente director del Centro UC del Desierto de Atacama. Autor de más de 25 artículos en revistas científicas relacionados con niebla, agua de niebla y recursos hídricos.

José Díaz Sánchez

Ingeniero civil industrial con especialización en Ingeniería Ambiental por la Pontificia Universidad Católica de Chile. Magíster en Ciencias de la Ingeniería de la misma institución. Ingeniero de Proyectos en el Centro de Desarrollo Urbano Sustentable (CEDEUS).

Juan de Dios Guzmán

Ingeniero hidráulico por la Pontificia Universidad Católica de Chile. Ha participado en proyectos asociados a la modelación hidrológica y al procesamiento, análisis y generación de datos climáticos, tanto puntuales como espacialmente distribuidos.

Antonia Durán

Ingeniera industrial ambiental y magíster en Ingeniería Eléctrica por la Pontificia Universidad Católica de Chile. Su experiencia está relacionada con el estudio de embalses multipropósito para hidroelectricidad y riego y sus intereses se centran en la gestión del agua, las energías renovables y el medio ambiente.

Marcel Favereau

Profesor asistente e investigador del Departamento de Ciencias de la Ingeniería de la Universidad Andrés Bello. Doctor en Ciencias de la Ingeniería por la Pontificia Universidad Católica de Chile, magíster en Ciencias de la Ingeniería con mención en Logística y Gestión de Operaciones y licenciado en Ingeniería Industrial por la Universidad Andrés Bello. Amplia experiencia docente en cursos de pregrado y postgrado en simulación de sistemas, investigación de operaciones y toma de decisiones bajo incertidumbre. Sus publicaciones abarcan revistas como *Computers and Operations Research*, *Annals of Operations Research*, *Journal of Water Resources Planning and Management*, *Applied Energy* y *Natural Hazards*, centrándose en la gestión de recursos hidroeléctricos y la modelación de evacuación de desastres.

Francisco Fernández

Profesor asociado de la Facultad de Economía y Gobierno de la Universidad San Sebastián (USS). Doctor y máster en Economía Agraria y Medioambiental por la Universidad Politécnica de Madrid, licenciado en Agronomía por la Pontificia Universidad Católica de Valparaíso, Chile. Su investigación se centra en la modelización de las decisiones de los agentes económicos a través de modelos de programación matemática, centrándose en el sector agrario, economía de los recursos hídricos, economía del cambio climático y economía ambiental. Autor de varios artículos científicos en revistas económicas y multidisciplinares de alto impacto, como *Water Resources Management*, *Journal of Environmental Management* y *Environmental Research Letters*.

Aurora Gaxiola
Bióloga por la Universidad Nacional Autónoma de México y doctora en Ecología y Ciencias de los Ecosistemas por la Universidad de Cambridge. Profesora asociada de la Facultad de Ciencias Biológicas de la Pontificia Universidad Católica de Chile, investigadora principal del Instituto de Ecología y Biodiversidad, y directora científica del Centro UC Cambio Global. Vicepresidenta de la Sociedad Chilena de Ecología. Entre 2015 y 2018 fue seleccionada como Joven Investigadora Becaria del programa «Jóvenes Ciencia de Frontera» de la Academia Chilena de Ciencias. Su investigación se centra en las interacciones planta-suelo, la dinámica de los ecosistemas y los impactos del cambio climático en la biodiversidad. Autora de más de 40 artículos científicos y capítulos de libros en estos campos.

Jorge Gironás
Profesor asociado en el Departamento de Ingeniería Hidráulica y Ambiental de la Pontificia Universidad Católica de Chile, donde imparte cursos de grado y postgrado en hidrología y sistemas hídricos. Su principal área de investigación es la hidrología y los recursos hídricos, con intereses específicos en hidrología urbana, modelación de aguas pluviales, morfología de cuencas, eventos extremos y cambio climático. Ha dirigido varios proyectos de investigación y participado en múltiples iniciativas interdisciplinarias. Además de más de 65 artículos revisados por pares, es el autor principal del *Manual de aplicación del modelo EPA-SWMM*, coautor del *Manual de drenaje urbano de Chile* y del capítulo sobre caracterización de sequías en la 2ª edición del *Handbook of Applied Hydrology* publicado por McGraw-Hill. En 2021, fue coeditor del libro *Water Resources of Chile*, publicado por Springer.

Jeanine Jones
Directora de Recursos Interestatales del Departamento de Recursos Hídricos de California. Miembro y expresidenta del Consejo del Agua de los Estados del Oeste, miembro designado de la Junta del Río Colorado de California e ingeniera civil colegiada en California y Nevada. Cuenta con más de 40 años de experiencia en gestión de recursos hídricos, con un amplio conocimiento en preparación y respuesta ante sequías. Autora de numerosas publicaciones sobre la sequía en California y ha formado parte de varios comités consultivos, como la Mesa de Trabajo sobre el Agua de los Gobernadores Fronterizos y el Grupo de Trabajo sobre el Clima de la NOAA.

Cristian Jordán
Ingeniero forestal por la Universidad de Talca y doctor en Ingeniería en Biociencias (socioeconomía) por la Universidad de Gante, Bélgica. Fue investigador postdoctoral en el proyecto ANID Sequía FSEQ210018 «Integrando el monitoreo de la sequía y el diseño de políticas públicas hacia la gestión proactiva de la sequía». Amplia experiencia como funcionario público en diversas instituciones relacionadas con la agricultura y el agua. Consultor en FAO-RLC dentro del Plan Nacional de Adaptación, para el sector de recursos hídricos. Profesor Asistente Facultad de Medicina Veterinaria y Agronomía, Universidad de las Américas, Chile.

Rodrigo Labatut
Ingeniero en acuicultura por la Universidad Católica del Norte, magíster y doctor en Ingeniería Biológica y Ambiental por la Universidad de Cornell. Profesor asistente de la Pontificia Universidad Católica de Chile, donde imparte cursos sobre tecnologías de tratamiento de aguas y aguas residuales. Al principio de su carrera, se centró en el desarrollo de sistemas de acuicultura de vertido cero que combinan procesos biológicos y de oxidación avanzada, así como en la caracterización de reactores de acuicultura mediante dinámica de fluidos computacional. Durante los últimos 17 años, ha trabajado principalmente en la digestión anaerobia

y los procesos relacionados basados en la fermentación para desarrollar sistemas de tratamiento de lodos y aguas residuales más sostenibles. En la actualidad, trabaja en la degradación biológica de siloxanos y otros contaminantes emergentes derivados de las aguas residuales industriales mediante sistemas anaeróbicos/microaeróbicos basados en microbios, y también está explorando la integración de procesos termo y bioquímicos para producir biopetróleo y recuperar nutrientes y sustancias químicas al tiempo que se recupera agua de los flujos de lodos y aguas residuales. Investigador asociado del Consorcio Tecnológico del Agua (COTH2O), autor de varios artículos, capítulos de libros y es titular de una patente sobre tecnologías de tratamiento de aguas residuales.

Eduardo Leiva

Bioquímico con magíster y doctorado por la Pontificia Universidad Católica de Chile (2013). profesor asociado del Departamento de Ingeniería Hidráulica y Ambiental y de la Facultad de Química y Farmacia. Entre 2018 y 2019 fue profesor visitante e investigador postdoctoral en la Universidad de Notre Dame (EE. UU.), donde realizó investigaciones sobre tratamiento de aguas y remoción de nitrógeno. Su investigación se centra en la gestión de los recursos hídricos, la sostenibilidad ambiental, la nanotecnología, el tratamiento y la reutilización del agua, y la contaminación ambiental, con más de 10 años de experiencia. Autor de más de 35 artículos científicos publicados en revistas especializadas. Consultor tecnológico en áreas relacionadas con la ingeniería, la biotecnología y la química medioambiental. Ha participado en proyectos centrados en desarrollos tecnológicos aplicados a la industria, dirigidos a desarrollar y transferir al mercado productos tecnológicos basados en I+D para retos medioambientales relacionados con los recursos hídricos. En la actualidad, dirige proyectos de investigación centrados en el desarrollo de soluciones tecnológicas para la reutilización de aguas residuales y proyectos relacionados con el tratamiento y la eliminación de compuestos nitrogenados del agua. Investigador asociado del Consorcio Tecnológico del Agua (COTH2O) y director suplente del Programa Tecnológico ADAPT-Acción: Acciones para el Desarrollo Adaptativo de Paisajes, Territorios y Atracciones Turísticas.

Jesús López-Santiago

Catedrático de la Escuela Técnica Superior de ingenieros Agrónomos, Alimentarios y de Biosistemas por la Universidad Politécnica de Madrid desde 2007. Ingeniero agrónomo por la Universidad Politécnica de Madrid y máster en Ciencias Agroambientales y Agroalimentarias por la Universidad Autónoma de Madrid y la Universidad Nacional de Educación a Distancia. Máster en Administración de Empresas por la Universidad Pontificia de Comillas. Realizó sus estudios de doctorado en Planificación Rural y su doctorado en Agroingeniería en la Universidad Politécnica de Madrid. Con una amplia experiencia, ha dirigido su propia empresa especializada en consultoría medioambiental y de seguridad alimentaria durante los últimos diecisiete años. Su trayectoria profesional incluye importantes funciones como director general en instituciones públicas de desarrollo rural, junto con una amplia experiencia de consultoría en desarrollo rural en Perú y Bolivia. Profesor visitante en la Universidad de Kuala Lumpur (Malasia) y en la Universidad Tecnológica Metropolitana (Chile). Involucrado activamente en la investigación, es miembro del Grupo de Investigación de Edificios, Infraestructuras y Proyectos de Ingeniería Rural y Medioambiental de la Universidad Politécnica de Madrid. Su labor investigadora se centra en los sistemas de seguridad alimentaria y los sistemas de gestión medioambiental, con publicaciones en revistas de gran impacto dedicadas a estos campos.

Álvaro Lorca

Profesor asociado del Departamento de Ingeniería Eléctrica y del Departamento de Ingeniería Industrial y de Sistemas de la Pontificia Universidad Católica de Chile. Director del Laboratorio de Energía y Sistemas Complejos y director de Tecnología de Vinken-Dictuc. Doctor en Investigación Operativa por el Georgia Institute of Technology, máster en Ingeniería e ingeniero civil industrial con diploma en Ingeniería Matemática por la Pontificia Universidad Católica de Chile. Su investigación y actividades profesionales se centran en el desarrollo y aplicación de métodos matemáticos y computacionales para la gestión de sistemas energéticos, incluyendo planificación energética, operaciones de sistemas eléctricos, integración de energías renovables, redes inteligentes y resiliencia. Ha publicado sus investigaciones en diversas revistas científicas especializadas, tales como *Operations Research, European Journal of Operational Research, Production and Operations Management, IEEE Transactions on Power Systems, IEEE Transactions on Smart Grid, Energy, Energy Economics, Applied Energy, Energy Policy* y *Reliability Engineering and System Safety*, entre otras. Además, ha colaborado con ISO New England, el Banco Mundial, el Environmental Defense Fund, el Coordinador Nacional Eléctrico de Chile, la Comisión Nacional de Energía, el Ministerio de Energía de Chile, Transelec y Fraunhofer Chile Research, entre otros. Fue becario Fulbright y ha recibido varios premios por sus investigaciones, entre ellos el Best Paper in Energy Award del Institute for Operations Research and Management Science y el Best Paper Award de la IEEE Power and Energy Society.

Oscar Melo

Ingeniero agrónomo por la Pontificia Universidad Católica de Chile, magíster y doctor en Economía Agrícola y de los Recursos por la Universidad de Maryland, Estados Unidos. Profesor asociado del Departamento de Economía Agraria de la Pontificia Universidad Católica de Chile. Fue director del programa de magíster en Economía Agrícola y director del Departamento de Economía Agrícola entre 2007 y 2014. Ha sido consultor internacional del Banco Mundial, Banco Interamericano de Desarrollo, FAO, CEPAL, trabajando en varios países de América Latina y otros continentes. También ha asesorado a diversos Ministerios en Chile y a otras instituciones y empresas. Sus investigaciones se han centrado en la valoración y regulación de los recursos naturales, el funcionamiento de los mercados del agua, la competitividad y desarrollo de la agricultura, los efectos del cambio climático y la caracterización de la demanda de alimentos. Miembro del Centro de Cambio Global y del Centro de Derecho y Gestión de Aguas, ambos de la Pontificia Universidad Católica de Chile. Imparte clases de economía agrícola y medioambiental, econometría, economía de los recursos naturales, para estudiantes de grado y postgrado. Sus últimas publicaciones se han centrado en el uso de contratos de opción sobre el agua para hacer frente al cambio climático, los efectos del cambio climático en las personas y el nexo entre energía, agua y alimentos.

Francisco Meza

Ingeniero agrónomo por la Pontificia Universidad Católica de Chile, magíster en Ciencias de Recursos Hídricos por la Pontificia Universidad Católica de Chile y doctor en Ciencias Atmosféricas por Cornell University. Profesor titular del Departamento de Ecosistemas y Medio Ambiente de la Pontificia Universidad Católica de Chile, fundador y primer director del Centro UC Cambio Global, y director del Instituto para el Desarrollo Sustentable de la misma casa de estudios. Copreside el Comité Científico de Dirección del Proyecto de Intercomparación y Mejora de la Agricultura. Autor principal de los informes del IPCC (5ª y 6ª evaluación) y del capítulo sobre desertificación del informe especial del IPCC sobre la tierra. Sus publicaciones incluyen libros, capítulos de libros y publicaciones sobre clima, recursos hídricos y modelización agrícola. Ha supervisado a más de 25 estudiantes de posgrado (5 doctorados) y ha desarrollado el programa académico de Ingeniería de Recursos Naturales. Sus intereses de investigación abarcan la variabilidad y el cambio climáticos, la adaptación al cambio climático, la evaluación de riesgos y la modelización agrícola.

Marcelo Miranda

Ingeniero forestal por la Universidad de Chile, maestría y doctorado por la Université Laval, Canadá. Profesor asociado de Geomática y Teledetección de la Pontificia Universidad Católica de Chile. Su investigación se centra en la productividad de la vegetación y la dinámica del paisaje en ecosistemas forestales y agrícolas. Aplica modelos matemáticos, métodos de análisis espacial y teledetección para comprender la complejidad medioambiental a diversas escalas espaciales y temporales. Sus publicaciones científicas abarcan diversos campos, como la genética vegetal y animal, la dinámica de la productividad de la vegetación en ecosistemas naturales y la ecología del paisaje.

María Molinos-Senante

Licenciada en Ciencias Ambientales y doctora en Desarrollo Local y Territorio por la Universidad de Valencia. Postdoc Senior en el Instituto de Procesos Sostenibles por la Universidad de Valladolid. Ha sido profesora asociada en la Escuela de Ingeniería de la Pontificia Universidad Católica de Chile. Sus temas de investigación incluyen la economía del agua, la evaluación comparativa de los servicios de agua, el nexo agua-energía-carbono y la evaluación de la sostenibilidad en el ciclo urbano del agua. Autora de más de 200 artículos WoS y participa en más de 25 proyectos de investigación nacionales e internacionales.

Mauricio Montecinos-Alarcón

Ingeniero civil industrial con especialización en Ingeniería Ambiental por la Pontificia Universidad Católica de Chile y doctor en Ciencias de la Ingeniería de la misma universidad. Actualmente trabaja como ingeniero de Proyectos en el Centro de Desarrollo Urbano Sustentable (CEDEUS).

David Morales

Ingeniero agrónomo por la Pontificia Universidad Católica de Chile, magíster en Recursos Naturales, especialidad cambio global, del Departamento de Ecosistemas y Medio Ambiente, Pontificia Universidad Católica de Chile. Ha trabajado en el desarrollo de proyectos, así como en investigación relacionada con el procesamiento de datos, análisis y manejo de Sistemas de Información Geográfica (SIG). Ha liderado proyectos de gestión de información ambiental en SIG y estadística, incluyendo la actualización del balance hídrico nacional, la creación de plataformas de análisis geoespacial para información climática, y análisis geográficos para diversos sectores, como agricultura, recursos hídricos, energía, entre otros. En los últimos años se ha centrado en el análisis y tratamiento de datos estadísticos y espaciales de carácter climático, hidrológico y medioambiental, así como en el diseño y creación de diversas salidas espaciales (capas, mapas, imágenes) y el desarrollo de plataformas de visualización web para el seguimiento de indicadores climáticos, entre otras tareas.

Felipe Morandé

Doctor en Economía por la Universidad de Minnesota y licenciado en Economía por la Pontificia Universidad Católica de Chile. Profesor titular de la Escuela de Gobierno de la misma Universidad, donde imparte clases de macroeconomía. Ha ocupado diversos cargos académicos y profesionales, tales como decano de la Facultad de Economía y Negocios de la Universidad de Chile, economista jefe del Banco Central de Chile, Ministro de Transportes y Telecomunicaciones y Embajador de Chile ante la OCDE. Ha sido Visiting Scholar en la Universidad de Stanford y Assistant Professor en la Universidad de Houston. Autor y editor de varios libros y capítulos de libros, y ha publicado artículos en *Economics Letters, Journal of Economic Development, Journal of International Money and Finance, Journal of Real Estate Finance and Economics, Emerging Market Review, Análisis Económico* y *Economía Chilena*.

Matías Negrete-Pincetic

Director y profesor asociado del Departamento de Ingeniería Eléctrica de la Pontificia Universidad Católica de Chile e investigador senior del Institute for Complex Engineering Systems (ISCI). Codirector del Laboratorio de Energía y Sistemas Complejos (ECS-Lab) de la Pontificia Universidad Católica de Chile. Fundador de Vinken, empresa de consultoría y desarrollo tecnológico para la industria energética. Ha liderado diversos proyectos en temas relacionados con sistemas de potencia y energía, mercados eléctricos, redes inteligentes y regulación eléctrica. Doctor en Ingeniería Eléctrica e Informática y licenciado en Física por la Universidad de Illinois en Urbana-Champaign. Fue investigador postdoctoral en la Universidad de California, Berkeley. Además, es ingeniero eléctrico y máster en Física por la Pontificia Universidad Católica de Chile. Es becario Fullbright.

Marialina Núñez

Magíster en Ciencias de la Ingeniería por la Pontificia Universidad Católica de Chile. Ingeniera de Proyectos Departamento de Ingeniería Hidráulica y Ambiental. Ha realizado trabajos relacionados con pronóstico de sequía, cálculo de indicadores de sequía y modelación hidrológica.

Jairo Paizano-Potoy

Experto en intervenciones humanitarias y de desarrollo con más de 15 años de experiencia profesional en los sectores humanitario y de desarrollo. Ha participado en la identificación, implementación, seguimiento y evaluación de intervenciones de seguridad alimentaria y medios de vida en África (Níger, Mauritania, Senegal, Nigeria), América (Guatemala, Honduras, Nicaragua, Venezuela), Asia (Bangladesh, Filipinas), Oriente Medio (Palestina, Túnez, Libia) y España. Ha contribuido al desarrollo empresarial y a la ejecución de proyectos en diferentes áreas, como la economía local, microempresas y startups, economía creativa, protección y recuperación de los medios de subsistencia, empoderamiento económico de las mujeres, programación de transferencias monetarias y generación de capacidades. Actualmente, trabaja con NRC como Especialista en Medios de Vida y Seguridad Alimentaria (LFS) en Venezuela. Representa al NRC en los foros/grupos pertinentes, incluso con las autoridades nacionales y los donantes. Domina el español, el inglés y el francés; y tiene un máster en Desarrollo Económico y Políticas Públicas en Ciencias. Cofundador de https://imperialdeometepe.com/

Pilar Paneque

Catedrática de Geografía Humana en la Universidad Pablo de Olavide de Sevilla, donde dirige el Laboratorio de Investigación en Cambio Global. Se incorporó a esa universidad en el año 2000 y ha desempeñado cargos como directora de Estudios de Postgrado, Vicerrectora de Planificación y Calidad y directora del Patronato de la Universidad Internacional de Andalucía (UNIA). Además, dirigió el Campus de Excelencia Internacional en Medio Ambiente, Biodiversidad y Cambio Global, coordinando a siete universidades andaluzas y al CSIC. Su investigación se centra en la política del agua y el territorio, con énfasis en los riesgos hidrológicos como las sequías y la vulnerabilidad social e institucional al cambio climático. Ha dirigido 14 proyectos de investigación competitivos, siete de ellos a nivel europeo, y supervisado a más de 20 técnicos de investigación. También ha participado en otros 10 proyectos de investigación. Sus contribuciones han sido reconocidas con cinco sexenios de investigación y transferencia concedidos por la ANECA. En el ámbito académico, ha dirigido once tesis doctorales en múltiples disciplinas y actualmente dirige ocho más. Desde febrero de 2023 es directora de la Agencia Nacional de Evaluación de la Calidad y Acreditación (ANECA).

Pablo Pastén

Ingeniero civil por la Pontificia Universidad Católica de Chile y doctor por la Northwestern University. Profesor del Departamento de Ingeniería Hidráulica y Ambiental de la Pontificia Universidad Católica de Chile. Autor y coautor de numerosos artículos de investigación y capítulos de libros, su trabajo combina la investigación de vanguardia en geoquímica ambiental, ingeniería ambiental y sostenibilidad, con impacto en la praxis y la formulación de políticas hacia los desafíos de la sociedad. Editor asociado de *Applied Geochemistry*, fue reconocido como Químico Pionero Latinoamericano por la revista *C&EN* de la American Chemical Society en 2024.

David Pereira

Profesor titular del Departamento de Agroingeniería por la Universidad Politécnica de Madrid. Doctor en Evaluación Ambiental, impartiendo asignaturas como evaluación de impacto ambiental, evaluación ambiental estratégica, ordenación del territorio, planificación rural y ordenación del territorio. Ha participado en seis proyectos europeos sobre aspectos ambientales y económicos del cambio climático y sobre nuevas metodologías de investigación transdisciplinares. Miembro del Observatorio por el Derecho a la Alimentación en España y del Centro de Innovación en Tecnologías para el Desarrollo (UPMitd) y pertenece al grupo de investigación en edificación, infraestructuras y proyectos en ingeniería rural y ambiental y al grupo de expertos en ordenación del territorio del Ministerio para la Transición Ecológica y el Reto Demográfico (MITECO). Ha participado en la elaboración de planes de desarrollo de la Política Agraria Común y de la Estrategia de Desarrollo Rural tanto a nivel nacional como regional, así como en la medición de impacto de planes y estrategias en los ámbitos del desarrollo rural, las políticas agrarias, energéticas y de movilidad. Experto en indicadores de sostenibilidad, análisis de datos espaciales, planificación del paisaje, desarrollo rural y evaluación ambiental.

Francisco Suárez

Profesor asociado del Departamento de Ingeniería Hidráulica y Ambiental de la Pontificia Universidad Católica de Chile. Investigador asociado de los centros de excelencia CEDEUS (FONDAP/1522A 0002) y CEGA (FONDAP/15110020) y miembro del Centro UC Desierto de Atacama. Su investigación se centra en la interacción entre aguas superficiales y subterráneas, con énfasis en hidrología e hidrogeología de zonas áridas. Ha dirigido diversos proyectos de investigación y extensión. Autor de más de 70 artículos revisados por pares y ha participado en más de 120 presentaciones en congresos. También asesoró al Ministerio de Relaciones Exteriores de Chile durante más de 6 años aportando pruebas científicas para demostrar el carácter internacional de una cuenca fluvial transfronteriza compartida entre Bolivia y Chile. Estas pruebas se presentaron ante la Corte Internacional de Justicia de La Haya, lo que permitió dar seguridad jurídica al uso de estas aguas.

Julia Urquijo-Reguera

Profesora asistente en la Escuela Técnica Superior de Ingeniería Agronómica, Alimentaria y de Biosistemas de la Universidad Politécnica de

Madrid desde 2018. Ha desarrollado sus estudios de doctorado en el área de proyectos y planificación rural sobre evaluación de la gestión de la sequía (UPM, 2015), obteniendo el premio extraordinario de tesis doctoral de la UPM 2015-2016. Ingeniera agrónoma por la Universidad Politécnica de Madrid, máster en Evaluación de Programas y Políticas Públicas por la Universidad Complutense de Madrid. Cuenta con una experiencia profesional de más de 18 años en el ámbito de la cooperación internacional, el medio ambiente y el desarrollo sostenible, tanto en España como a nivel europeo, y con experiencia de trabajo de campo en América Latina y Centroamérica. Se ha especializado en el desarrollo de metodologías participativas, indicadores de sostenibilidad y evaluación de programas y políticas públicas a través de diferentes enfoques y el diseño de diferentes marcos de evaluación y análisis. Ha trabajado para diversas instituciones públicas y privadas a nivel internacional y nacional, como FAO, AECID, SEGIB y REDS, entre otras, así como para varias administraciones públicas españolas. Miembro activo de diferentes grupos/organizaciones como el CEIGRAM (UPM), la Comunidad EELISA DISCOVERY (UPM), el Observatorio del Derecho a la Alimentación en España (ODA-E) y la Asociación Ibérica de Profesionales de la Evaluación (APROEVAL).

Jesús Vargas

Licenciado en Ciencias Ambientales por la Universidad Nacional de Educación a Distancia (UNED) y doctor en Estudios Ambientales por la Universidad Pablo de Olavide de Sevilla. Desde 2021 es profesor a tiempo completo en el Departamento de Geografía de la Universidad de Málaga e investigador en el Laboratorio de Investigación en Cambio Global de la Universidad Pablo de Olavide de Sevilla. Está especializado en gestión y gobernanza de recursos hídricos, así como en riesgos hidroclimáticos en el contexto del cambio climático. Ha participado y dirigido varios proyectos de investigación nacionales e internacionales y forma parte de diversos equipos multidisciplinares y transdisciplinares centrados en la mitigación y adaptación de los riesgos naturales. Ha publicado numerosos capítulos de libros y artículos científicos en revistas y editoriales internacionales de alto impacto. Su trabajo reciente se centra en metodologías y herramientas de ciencia ciudadana y tecnologías de la información geográfica para una mejor comprensión de la dinámica de los riesgos hidroclimáticos.

Javier Vargas

Ingeniero civil en Biotecnología con mención en medio ambiente por la Pontificia Universidad Católica de Chile, con experiencia en gestión de proyectos de ingeniería industrial, ingeniería de sistemas, desarrollo de software y gestión ambiental. Experiencia en investigación científica y colaboración en proyectos relacionados con el cambio climático. Ingeniero de Proyectos en el Centro de Cambio Global de la Pontificia Universidad Católica de Chile, contribuyendo al desarrollo y ejecución de iniciativas de investigación en este campo.

Ignacio Vargas

Ingeniero civil por la Pontificia Universidad Católica de Chile, máster en Ingeniería Ambiental y doctorado en Ciencias de la Ingeniería, ambos por la misma universidad. profesor asociado del Departamento de Ingeniería Hidráulica y Ambiental de la mencionada universidad y dirige el Laboratorio de Biotecnología y Microbiología Ambiental. A cargo del programa de pregrado en Ingeniería Ambiental, la carrera de Ingeniería y Ciencias Ambientales, en la Facultad de Ingeniería de la misma casa de estudios. Su investigación se ha centrado en el estudio de biopelículas microbianas, tecnologías electroquímicas microbianas, biocorrosión, biogeoquímica y reutilización de aguas. Investigador asociado del Centro de Investigación en Desarrollo Urbano Sustentable (CEDEUS), del

Marine Energy Research & Innovation Center (MERIC) y del Consorcio Tecnológico del Agua (COTH2O).

Felipe Vásquez-Lavín

Profesor titular de la Facultad de Economía y Negocios de la Universidad del Desarrollo (UDD). Doctor en Economía Agrícola y de los Recursos Naturales por la Universidad de California en Berkeley (2007), magíster en Economía Ambiental y de los Recursos Naturales (1998) y licenciado en Economía (1995) por la Universidad de Concepción. Su investigación se centra en la modelización estadística de las decisiones de los agentes económicos, utilizando modelos econométricos discretos y discretos-continuos, particularmente en economía de los recursos hídricos, economía del cambio climático y economía ambiental. Autor de más de 80 artículos científicos en revistas económicas y multidisciplinares de primer nivel, como *Energy Economics*, *Energy Policy*, *Journal of Environmental Economics and Management*, *World Development*, *Resource and Energy Economics*, *Ecological Economics*, *Marine Resource Economics*, *Water Resources and Economics*, *Water Resources Research*, *Water Resource Management*, *Climatic Change*, *Scientific Reports*, *Conservation Letters*, *Journal of Environmental Management* y *Environmental Research Letters*.

Alejandra Vega

Ingeniero civil industrial con mención en Hidráulica por la Pontificia Universidad Católica de Chile. Magíster y doctora en Ciencias de la Ingeniería por la misma universidad. Investigadora del Centro de Desarrollo Urbano Sustentable (CEDEUS).

Sebastián Vicuña

Profesor asociado de la Escuela de Ingeniería y director del Centro de Cambio Global de la Pontificia Universidad Católica de Chile. Sus intereses de investigación se relacionan con los recursos hídricos, la modelación hidrológica, la adaptación al cambio climático y la gestión integrada de cuencas hidrográficas. Autor principal y presidente del grupo de trabajo en tres ciclos de evaluación del IPCC. Ingeniero ambiental por la Pontificia Universidad Católica de Chile. En 2004 obtuvo un máster en Políticas Públicas y un máster en Ingeniería Medioambiental por la Universidad de California en Berkeley. En 2007 obtuvo un doctorado en Ingeniería Ambiental por la misma universidad.

Sarah Wheeler

Catedrática de Economía del Agua en la Facultad de Economía y Políticas Públicas de la Universidad de Adelaide y forma parte de la Junta Directiva del Instituto de Medio Ambiente de la universidad. Fue presidenta y miembro distinguido de la Australasian Agricultural and Resource Economics Society (AARES), y miembro de la Academia de Ciencias Sociales de Australia. Se doctoró en 2007, fue becaria ARC Future (2014-2018) y es autora de más de 140 publicaciones revisadas por pares en las áreas de investigación de agricultura de regadío, cambio climático, cuenca Murray-Darling, agricultura ecológica, mercados de agua, escasez de agua, salud mental y desperdicio de alimentos. Editora asociada de *Agricultural Economics* y ha sido editora de *Australasian Journal of Water Resources*, *Water Resources and Economics*, *Australian Journal of Agricultural and Resource Economics* y editora invitada de un número especial de *Agricultural Water Management*. Forma parte de varios consejos editoriales, entre ellos *International Review of Environmental and Resource Economics*, *Australian Journal of Agricultural and Resource Economics* y *Water*. En 2023 recibió el premio Jill Hudson a la protección del medio ambiente en los SA Environment Awards.

Donald Wilhite

Catedrático y director emérito de Ciencia Climática Aplicada de la Escuela de Recursos Naturales de la Universidad de Nebraska-Lincoln (EE. UU.). Fue director de la Escuela de Recursos Naturales, cargo que ocupó de 2007 a 2012. Fundó el Centro Nacional de Mitigación de la Sequía de EE. UU. en la Universidad de Nebraska-Lincoln en 1995 y fue director hasta 2007. Fue elegido miembro de la American Meteorological Society en 2013. Sus actividades de investigación y divulgación se han centrado en cuestiones de vigilancia, planificación, mitigación y política de la sequía, el uso de la información climática en la toma de decisiones, y el cambio climático. Ha colaborado y dirigido numerosos esfuerzos de estados de EE. UU., agencias federales, gobiernos extranjeros y agencias de las Naciones Unidas para mejorar la gestión de la sequía, siguiendo un enfoque de gestión basado en el riesgo que él desarrolló, el proceso de planificación en 10 pasos. Este proceso se ha convertido en la norma internacional para la planificación de sequías. Editor y coeditor de numerosos libros, entre ellos *Drought and Water Crises: Integrating Science, Management, and Policy*, 2ª edición (CRC Press, 2018). Coautor de dos informes sobre las implicaciones del cambio climático para Nebraska, publicados en 2014 y 2016, y coeditor del *Atlas de Nebraska* (University of Nebraska Press, 2017).

Alec Zuo

Economista aplicado especializado en economía agrícola, medioambiental y de los recursos naturales. Ha abordado temas y cuestiones fundamentales para los objetivos de desarrollo mundial de la ONU y las prioridades nacionales de investigación de Australia. Sus investigaciones han contribuido significativamente a comprender el impacto del cambio climático y los recursos en la agricultura de regadío, las estrategias de adaptación de los agricultores y los instrumentos de mercado para la gestión de los recursos hídricos. Sus investigaciones se han publicado en destacadas revistas internacionales (por ejemplo, *Global Environment Change*, *American Journal of Agricultural Economics*, *European Review of Agricultural Economics*, *Energy Economics*, etc.), y colabora con investigadores de más de 20 organizaciones de todo el mundo en temas de agricultura, recursos, medio ambiente y desarrollo. Experiencia en la puesta en marcha y gestión de grandes proyectos de investigación. Sus investigaciones han sido financiadas por el Consejo Australiano de Investigación (becario ARC Future de 2023 a 2027), la Comisión Nacional Australiana para la UNESCO, el Servicio Nacional de Investigación sobre Adaptación al Cambio Climático, el Departamento Federal de Agricultura, Pesca y Silvicultura, el Centro Australiano de Investigación Agrícola Internacional, la Comisión Australiana de Consumidores y Competencia y la Autoridad de la Cuenca Murray Darling.

SEQUÍAS EN CHILE
Impactos, monitoreo y políticas de gestión

Capítulo 1
INTRODUCCIÓN

Daniela Rivera y Guillermo Donoso

Resumen. La sequía es un fenómeno natural de gran relevancia que afecta a millones de personas en todo el mundo, causando importantes pérdidas económicas. Tiene límites espaciales y temporales difusos, y sus impactos suelen ser silenciosos. Estos efectos pueden acumularse a lo largo de los años e incluso persistir mucho después de que la sequía haya terminado, agravados por el cambio climático. La gestión de la sequía es un desafío debido a su naturaleza multidimensional, pero resulta esencial, dado que el agua se está convirtiendo en un recurso cada vez más escaso y crítico, tanto para la sociedad como para el medio ambiente. Chile, un país altamente vulnerable al cambio climático, ha enfrentado una sequía sin precedentes durante, a lo menos, catorce años. La visión y el tratamiento de la sequía se basan, principalmente, en una política reactiva, cuyo propósito central es reducir, en la medida de lo posible, los daños causados. Es necesario un cambio hacia una estrategia proactiva y preventiva que enfatice la gestión descentralizada, la creación de capacidades locales y la participación de las partes interesadas. Este libro explora enfoques para caracterizar la sequía, sistemas de monitoreo, políticas nacionales y sectoriales, así como el desempeño del marco normativo. Su objetivo es analizar la situación actual y proponer políticas públicas proactivas para mejorar la gestión de este fenómeno. Esto requiere un enfoque interdisciplinario, que integre aspectos hidrológicos, económicos, legales, ambientales, sociales y políticos. Se ofrece una perspectiva integral sobre la política de sequía, abordando las brechas en las estrategias existentes para fomentar soluciones sostenibles y completas.

Palabras claves: Gestión reactiva de la sequía, estrategias proactivas de gestión de la sequía, riesgo de sequía, respuesta a crisis, gobernanza de la sequía.

1. INTRODUCCIÓN

La diversa geografía de Chile se extiende a lo largo de más de 4.200 kilómetros, desde el árido desierto de Atacama en el norte, hasta las regiones subpolares en el sur. Mientras que el sur de Chile posee abundantes recursos hídricos, las zonas central y norte enfrentan una crítica escasez de agua, agravada por una megasequía prolongada y el cambio climático. Influenciado por el océano Pacífico, la cordillera de los Andes y la corriente de

Humboldt, el clima de Chile está determinado por complejas interacciones que afectan las precipitaciones y la temperatura. Fenómenos estacionales como El Niño y La Niña afectan significativamente los patrones de precipitación, contribuyendo el último a condiciones más secas.

El centro de Chile ha experimentado una clara disminución en las precipitaciones, lo cual resulta difícil de separar de los impactos de la megasequía que comenzó en 2009. Estudios vinculan estas tendencias al cambio climático antropogénico, con proyecciones futuras que indican una disminución del 3% al 30% en las precipitaciones, y aumentos de temperatura de hasta 3.5°C para finales de siglo. Las sequías, impulsadas por la reducción de las precipitaciones y las interacciones océano-atmósfera a gran escala, tienen efectos cada vez más severos en los ecosistemas, la agricultura y los sistemas hídricos, lo que destaca la creciente urgencia de una gestión sostenible.

La megasequía ha tenido profundas consecuencias socioeconómicas y ecológicas, marcándola como la sequía más prolongada registrada en el país. La productividad agrícola ha disminuido, con reducciones en las tierras de riego y cambios hacia cultivos más eficientes en el uso del agua. Los sistemas de suministro de agua urbana han enfrentado costos crecientes, ascendiendo a $1.440 millones de pesos durante el periodo 2010-2020. Las inversiones adaptativas en infraestructura hídrica urbana han demostrado ser rentables, mitigando algunos de los impactos económicos. Sin embargo, las áreas rurales dependientes de la agricultura han sufrido significativamente.

La sequía también afecta la calidad del agua, ya que la reducción de los caudales, las temperaturas más altas y los cambios hidroquímicos degradan los recursos esenciales para la agricultura, la acuicultura y el agua que abastece a la población. El aumento de la salinidad perjudica los cultivos y la salud del suelo, mientras que las floraciones de algas nocivas alteran los ecosistemas acuáticos. Estos desafíos subrayan la necesidad de enfoques proactivos e integrados para gestionar los recursos hídricos en condiciones climáticas cambiantes.

Para abordar la naturaleza multifacética de la sequía, Chile requiere estrategias interdisciplinarias que integren perspectivas hidrológicas, económicas, institucionales, ambientales y sociales. Es esencial un cambio que transite desde la gestión reactiva de crisis hacia a la gestión preventiva de riesgos. El fortalecimiento de la infraestructura, una gobernanza efectiva y políticas públicas proactivas son críticos para garantizar un uso sostenible del agua y mitigar los impactos a largo plazo de la sequía y el cambio climático.

El objetivo de este libro es desarrollar una estrategia integrada y proactiva de gestión de la sequía en Chile que aborde la naturaleza multifacética de este fenómeno. Esto busca garantizar un uso sostenible de los recursos hídricos y minimizar los impactos socioeconómicos y ambientales. Para evaluar el desempeño de los marcos normativos e institucionales actuales en el manejo de la sequía, se identifican brechas y se proponen reformas destinadas a fortalecer la gobernanza y la resiliencia. Además, se presentan recomendaciones de políticas públicas basadas en evidencia, orientadas a reducir los efectos a largo plazo de las sequías y abordar la escasez hídrica relacionada con el cambio climático mediante un enfoque interdisciplinario.

El análisis comienza con un estudio de la sequía como un fenómeno climático significativo que afecta los ecosistemas, las sociedades y las economías a escala global. El capítulo 2 destaca la naturaleza estocástica y de desarrollo lento de las sequías, lo que dificulta su definición y predicción. Se consideran los diversos tipos de sequía, que incluyen la meteorológica, agrícola, hidrológica, socioeconómica y ecológica. La identificación y caracterización de las sequías requiere herramientas, como los índices de sequía y la teoría de rachas, que ofrecen marcos cuantitativos para evaluar su severidad, duración e impactos. Estas metodologías, combinadas con un monitoreo continuo, permiten una mejor preparación para las sequías temporales y el reconocimiento de cambios climáticos permanentes. Se hace hincapié en la integración de los índices de sequía en la toma de decisiones para facilitar medidas proactivas y mitigar los efectos sobre los recursos hídricos, la agricultura y el bienestar social. El capítulo subraya la necesidad de estrategias adaptativas, particularmente en regiones como Chile, donde el cambio climático puede indicar una transición hacia condiciones más áridas.

Las secciones siguientes incluyen una descripción del contenido principal de los diversos capítulos.

2. DESCRIPCIÓN DE LOS CAPÍTULOS EN LA PARTE I. CONTEXTO Y SITUACIÓN DEL PAÍS: IMPACTOS DE LA SEQUÍA EN CHILE

El capítulo 3 ofrece una visión general de la economía de Chile, detallando su trayectoria histórica, estado actual y desafíos. Desde una economía estatal y aislada, en la década de 1970 se pasa a una economía de mercado abierta, impulsada por la privatización y liberalización bajo el régimen militar de 1973-1989. Los gobiernos democráticos posteriores mantuvieron políticas orientadas al mercado, mientras priorizaban la equidad social, reduciendo significativamente la pobreza y mejorando indicadores sociales como la alfabetización y la esperanza de vida. A pesar de su progreso, Chile enfrenta retos como el estancamiento de la productividad y la distribución desigual del ingreso. El país está macroeconómicamente bien gestionado, con inflación estable y sistemas financieros robustos, respaldados por instituciones autónomas, como el Banco Central. Mirando hacia el futuro, las oportunidades radican en aprovechar sus abundantes recursos naturales para energías renovables y tecnologías verdes, enfrentando el cambio climático mientras se impulsa el crecimiento económico. Sin embargo, lograr el estatus de nación desarrollada requiere mejorar las políticas públicas en educación, investigación y desarrollo, incentivos a la inversión y la adopción de estrategias adaptativas para superar la trampa de ingresos medios y reducir las disparidades.

El clima de Chile es altamente diverso, abarcando desde el desierto de Atacama, el más árido del mundo, hasta las regiones más húmedas y frías de la Patagonia. Esta diversidad climática es impulsada por su amplia extensión latitudinal, su compleja topografía y las influencias oceánicas, como la corriente de Humboldt y el anticiclón del Pacífico. Entre los patrones climáticos clave se encuentran las condiciones mediterráneas en el centro de

Chile, que sustentan la agricultura y la generación de energía hidroeléctrica, además de una significativa variabilidad climática asociada a fenómenos como Enso, que influye en las precipitaciones y las sequías. Las tendencias muestran un aumento de las temperaturas en el interior, una disminución de las precipitaciones en la zona central y sequías más frecuentes y severas, incluida la megasequía de más de una década, vinculada al cambio climático. El capítulo 4 proyecta un calentamiento continuo y una disminución de las precipitaciones, lo que agravará la escasez hídrica y afectará la agricultura, la generación hidroeléctrica y los ecosistemas.

El capítulo 5 examina los impactos económicos de las sequías en Chile, particularmente la megasequía que comenzó en 2010, con un enfoque en la agricultura y el suministro urbano de agua. Destaca las severas reducciones en las precipitaciones, que han generado pérdidas económicas significativas y estrategias de adaptación empleadas por diversos sectores. La agricultura ha enfrentado desafíos notables, como la disminución de los rendimientos de los cultivos, el cambio hacia cultivos de mayor valor, pero más demandantes de agua, como las frutas, y una mayor dependencia de las aguas subterráneas. Aunque estas medidas han mitigado algunos impactos, el costo financiero para los agricultores ha aumentado, debido a la sobreexplotación de los acuíferos y el incremento de los costos operativos. El sector de suministro urbano de agua también ha experimentado un incremento en los costos, ya que las empresas sanitarias han invertido en mejoras de infraestructura para mantener el abastecimiento ante el déficit hídrico. A pesar de las iniciativas sustanciales de resiliencia y adaptación, el capítulo resalta puntos críticos en la escasez de agua que podrían aumentar significativamente los costos económicos. Los hallazgos subrayan la importancia de la planificación proactiva y la colaboración para proteger los sectores dependientes del agua y garantizar la sostenibilidad económica a largo plazo.

Un análisis profundo de los diversos efectos de las sequías en la calidad del agua se presenta en el capítulo 6. Se examinan los impactos multifacéticos sobre la calidad del agua, destacando cómo la disminución de las precipitaciones, el aumento de las temperaturas y la reducción de los caudales alteran los parámetros hidroquímicos en las cuencas andinas de Chile. Entre las consecuencias clave se encuentran el aumento de la salinidad, mayores concentraciones de nutrientes y metales, y niveles reducidos de oxígeno disuelto, debido a tiempos de residencia del agua prolongados y una capacidad de dilución limitada. Las interacciones entre la sequía y la calidad del agua están influenciadas por diversos factores, como el derretimiento de nieve, la erosión y el ciclo de nutrientes, junto con actividades humanas como la agricultura, la minería y la urbanización. El monitoreo y la gestión de la calidad del agua durante las sequías están limitados por la insuficiencia de datos e infraestructura. Fortalecer las redes de monitoreo de calidad del agua y ampliar la recolección de datos es crucial para comprender los impactos específicos en cada lugar y guiar estrategias adaptativas. Estas alteraciones generan retos significativos para el uso del agua en la agricultura, el suministro de agua potable y la salud de los ecosistemas, especialmente en condiciones de sequías prolongadas y acentuadas por el cambio climático.

El último capítulo de esta sección analiza críticamente la gobernanza y las políticas de gestión de sequías en Chile, destacando una importante fragmentación y enfoques predominantemente reactivos. Se identifican 17 entidades clave, entre las que se encuentran la Dirección General de Aguas y el Ministerio de Agricultura, responsables de funciones relacionadas con la sequía, en cuyo ámbito de actuación se advierte una falta de articulación estratégica. Las principales herramientas, las declaraciones de zonas de escasez hídrica y de emergencias agrícolas por déficit hídrico, siguen siendo reactivas, tratando las sequías como eventos extraordinarios en lugar de incorporarlas en la planificación regular de los recursos hídricos. Las brechas jurídicas, la limitada integración de información y la ausencia de medidas preventivas agravan la ineficacia de las políticas actuales. El capítulo enfatiza la relevancia de abordar las vulnerabilidades sociales y fomentar la resiliencia, mediante políticas integradas, trascendiendo las respuestas de emergencia para garantizar la seguridad hídrica y una adaptación sostenible a la variabilidad climática.

3. DESCRIPCIÓN DE LOS CAPÍTULOS EN LA PARTE II. EXPERIENCIAS COMPARATIVAS EN LA GESTIÓN DE LA SEQUÍA

Países como España, Australia, algunos de América del Sur y el Estado de California en Estados Unidos están transitando desde enfoques reactivos a proactivos en la gestión de la sequía, enfatizando la importancia de anticipar y mitigar los impactos a través de estrategias adaptativas. Los capítulos de esta sección presentan un análisis de los instrumentos políticos, herramientas regulatorias y planes de gestión de la sequía en estos países.

El capítulo 8 ofrece una visión general de las políticas de sequía en América del Sur, destacando la necesidad de un enfoque proactivo para enfrentar el aumento en la frecuencia e intensidad de las sequías, impulsado por el cambio climático. Se subraya el reemplazo de la gestión reactiva de crisis por enfoques basados en el riesgo, mediante iniciativas como sistemas de monitoreo, sistemas de alerta temprana y evaluaciones de vulnerabilidad. Mientras que países como Argentina, Bolivia y Ecuador han desarrollado planes específicos de sequía que integran estrategias proactivas, otros, como Venezuela y Uruguay, están rezagados y dependen principalmente de medidas reactivas. No obstante, los marcos de políticas de sequía en varios países de la región siguen fragmentados, con un enfoque predominante en la agricultura, dejando de lado los impactos más amplios en la sociedad. A pesar de los avances en el monitoreo y la planificación de la sequía, persisten importantes brechas, particularmente en las evaluaciones de vulnerabilidad e impacto. La limitada integración de la investigación académica en la formulación de políticas dificulta una gestión eficaz de la sequía. El capítulo acentúa la importancia de la colaboración regional y el intercambio de conocimientos, sugiriendo la armonización de metodologías, la mejora de los sistemas de monitoreo y el fortalecimiento de la resiliencia. Estos esfuerzos están alineados con instrumentos globales, como el Marco de Sendai y el Acuerdo de París, ofreciendo oportunidades para que América del Sur mejore sus capacidades de gestión de sequías.

La política y gobernanza de sequías en España se analiza en el capítulo 9. Se enfatiza la transición desde la gestión de crisis hacia la gestión basada en riesgos en el contexto del aumento de la frecuencia de las sequías debido al cambio climático. Se han logrado avances mediante el desarrollo de planes especiales de sequía y planes de emergencia por sequía para el suministro de agua urbana, con el objetivo de anticipar, prevenir y mitigar los impactos. Sin embargo, el modelo de gestión hídrica, que depende en gran medida de infraestructuras como embalses y presas, ha ejercido una presión significativa sobre los recursos, intensificando la vulnerabilidad durante las sequías. Sin perjuicio de la adopción de la Directiva Marco del Agua de la Unión Europea, que promueve la gestión integrada y sostenible del agua, el país enfrenta dificultades para implementar estrategias proactivas, especialmente en regiones como las Islas Canarias y en municipios más pequeños. Se destaca también la importancia de la participación pública y los avances científicos en el monitoreo de la sequía, como el Monitor Meteorológico de Sequías, para mejorar la comprensión y la comunicación de los riesgos asociados a este fenómeno.

El capítulo 10 analiza la gestión de sequías en California, relevando la dependencia del Estado de una extensa infraestructura hídrica y estrategias adaptativas para enfrentar su clima altamente variable. Sequías históricas, como las de 1976-77 y 2012-16, moldearon las respuestas institucionales, subrayando lecciones como la necesidad de diversificar las fuentes hídricas y mejorar la gestión de aguas subterráneas. Las sequías recientes han evidenciado los efectos crecientes del cambio climático, caracterizados por bajos niveles de precipitación y nieve, temperaturas más altas y mayores repercusiones para la agricultura, las áreas urbanas y los ecosistemas. Estrategias como el reciclaje de agua, la recarga de acuíferos y la conservación de agua a nivel urbano han contribuido a mitigar estos desafíos, aunque persisten deficiencias en la infraestructura y la capacidad de predicción. Se evidencia cómo las sequías han dejado de considerarse emergencias aisladas, para abordarse como desafíos recurrentes moldeados por una aridificación a largo plazo.

La política de sequía de Australia ha evolucionado durante décadas para abordar los retos de su clima altamente variable, marcado por sequías recurrentes y exacerbadas por el cambio climático. Tal como se discute en el capítulo 11, lo que comenzó como medidas *ad hoc* y reactivas, evolucionó significativamente en 1992 con la implementación de la National Drought Policy. Esta política reconoció la sequía como una parte natural del clima del país, fomentando la autosuficiencia entre los agricultores y enfocándose en prácticas sostenibles. Con el tiempo, mecanismos como las disposiciones de Exceptional Circumstances y el esquema de Farm Management Deposits han apoyado la resiliencia financiera. Sin embargo, la implementación ha originado frecuentes medidas de emergencia durante sequías severas, lo que ha socavado los objetivos a largo plazo de la política. Evaluaciones recientes subrayan la importancia de un enfoque cohesivo y orientado hacia el futuro, integrando soluciones innovadoras, como los préstamos contingentes a ingresos *(revenue contingent loans)*, para equilibrar la ayuda financiera con la responsabilidad fiscal. Es necesario un marco de políticas más integral que combine mecanismos de reparto de riesgos, conocimientos de la economía del comportamiento y sostenibilidad ambiental.

4. DESCRIPCIÓN DE LOS CAPÍTULOS EN LA PARTE III. MEJORANDO LA GESTIÓN DE LA SEQUÍA EN CHILE: PROPUESTAS DE POLÍTICAS Y OPCIONES DE ADAPTACIÓN

Las propuestas de políticas públicas para una gestión proactiva de la sequía en Chile se formulan a partir de la evaluación de las políticas actuales y las lecciones aprendidas del estudio comparativo de la situación en otros países. Se busca integrar la gestión de la sequía en marcos más amplios de gobernanza hídrica, garantizando la resiliencia a largo plazo y la alineación con las mejores prácticas internacionales.

Como muestra el capítulo 12, el enfoque de Chile para la gestión de la sequía es principalmente reactivo, disperso y carece de una estrategia unificada. Los esfuerzos están centrados en la respuesta a las crisis, en lugar de la gestión preventiva de riesgos. Aunque se contempla la sequía en las políticas, la falta de una definición estandarizada y de medidas proactivas limita una gestión eficaz. La evaluación de la gestión de sequías permite detectar brechas críticas en seis dimensiones: definición de la sequía, evaluación y aprendizaje, contexto institucional, medidas, recursos y coordinación. Si bien se han logrado algunos avances, como la definición de la sequía y la implementación de medidas como seguros agrícolas, el marco institucional fragmentado limita la efectividad de estas iniciativas. La coordinación entre las múltiples entidades públicas sigue siendo débil, con responsabilidades superpuestas y recursos insuficientes. Las medidas actuales son principalmente reactivas, enfocándose en mitigar los impactos después de las sequías, y no en prepararse para futuros eventos. Para mejorar la resiliencia en este ámbito, el capítulo recomienda un cambio integral hacia una gestión proactiva.

Los capítulos posteriores de esta sección proporcionan un análisis exhaustivo de las principales medidas propuestas para la gestión de la sequía. El capítulo 13 destaca la importancia de los índices cuantitativos para mejorar la planificación, gestión y toma de decisiones. Se propone una nueva plataforma para sistematizar el seguimiento de la sequía mediante la integración de índices estandarizados, como el Standardized Precipitation Index y el Standardized Streamflow Index. Esta plataforma debería calcular automáticamente los índices, utilizando diversas fuentes de información nacional e internacional, imágenes satelitales y modelización. Diseñado para ser flexible, el sistema tiene como objetivo visualizar la severidad de las sequías en diferentes regiones y periodos de tiempo, permitiendo intervenciones adaptadas. Los aportes de herramientas internacionales y consultas con actores locales enfatizan la necesidad de una plataforma de acceso público, fácil de usar, que incorpore una ventana móvil de treinta años de datos climáticos, descripciones territoriales de la sequía y múltiples niveles de severidad. Estas características permitirían a Chile transitar desde una gestión reactiva a una gestión preventiva de la sequía.

En el capítulo 14 se explora el uso de la fenología basada en teledetección como herramienta para monitorear el impacto de la sequía en la productividad de los ecosistemas forestales, como en los bosques templados de América del Sur. A través de índices de vegetación basados en satélites, como el NDVI y el EVI, los autores analizan métricas fenológicas como el inicio, el pico y el fin de las temporadas de crecimiento, proporcionando información sobre la dinámica de la vegetación y su respuesta a la variabilidad climática. Estos índices permiten identificar tendencias de productividad a lo largo del tiempo, destacando diferencias en los tipos de bosques y sus adaptaciones a las condiciones ambientales. Por ejemplo, los bosques caducifolios presentan una mayor variabilidad en la productividad debido a la pérdida estacional de hojas, mientras que los bosques perennifolios muestran niveles de productividad más estables durante todo el año. Este enfoque resalta el papel de la teledetección en la captura de cambios a gran escala en los ecosistemas, ofreciendo una herramienta valiosa para el monitoreo de sequías.

El capítulo 15 realiza un examen exhaustivo del papel de los procesos hidrológicos, incluyendo la niebla, las aguas subterráneas y la dinámica de la vegetación, como indicadores clave de sequías y del cambio climático en las regiones mediterráneas y semiáridas de Chile. Se analiza cómo estas variables responden a sequías prolongadas y al estrés climático. La niebla costera se identifica como una fuente de agua complementaria que atenúa los impactos de la sequía en el norte y centro de Chile, al reducir la evaporación y proporcionar humedad a los ecosistemas. Las aguas subterráneas, esenciales para la agricultura y el consumo humano, han sostenido estas actividades durante las sequías, pero requieren un monitoreo mejorado mediante índices, como el Standardized Groundwater Storage Index (SGWI), para detectar anomalías y orientar la gestión de recursos. Por su parte, la fenología de la vegetación, estudiada utilizando datos satelitales durante dos décadas, destaca los impactos de la sequía y las olas de calor en la productividad de los ecosistemas y evidencia la necesidad de una gestión sostenible de la tierra y la conservación. Los hallazgos enfatizan la importancia de integrar variables indicadoras en las estrategias de gestión adaptativa para mitigar los impactos de las sequías.

En el capítulo 16 se propone un instrumento de política basado en acuerdos preelaborados para la transferencia temporal de agua desde el sector agrícola hacia los servicios urbanos, con un enfoque en la cuenca del río Aconcagua en Chile. La metodología incluye modelación de escenarios, activación de acuerdos basada en índices de sequía y evaluación económica de las compensaciones. Analizando escenarios climáticos optimistas y pesimistas, el estudio identifica la viabilidad y los desencadenantes para implementar estos acuerdos, y evalúa sus implicancias económicas, considerando los costos de oportunidad para la agricultura y los umbrales de consumo humano. Además, se contemplan aspectos regulatorios, precisando que el marco propuesto se alinea con la priorización de la función de subsistencia en la normativa chilena.

El capítulo 17 se centra en la reutilización de agua como una alternativa viable para enfrentar los crecientes desafíos de la sequía y la escasez hídrica. La reutilización de agua, especialmente de aguas grises y residuales, se destaca como una solución sostenible para aliviar la presión sobre los recursos hídricos de alta calidad. A pesar de su historia, el concepto de reutilización de agua es relativamente nuevo en Chile, donde la promulgación de la Ley 21.075, en 2018, marcó un hito significativo hacia la formalización de las prácticas de reutilización de aguas grises. Este marco legal fomenta aplicaciones tanto urbanas como rurales, reconociendo los beneficios ambientales y económicos de reducir la demanda de agua potable mediante fuentes recicladas. Sin embargo, la implementación de la reutilización enfrenta varias barreras, incluidas limitaciones tecnológicas, costos económicos y problemas de percepción pública. Además, el escepticismo público sobre la seguridad y calidad del agua reciclada sigue siendo un obstáculo importante, lo que requiere campañas educativas para generar confianza.

La creciente relevancia de la desalinización como solución para abordar la escasez de agua y las condiciones de sequía se presenta en el capítulo 18. Con una extensa línea costera, Chile ha experimentado un rápido crecimiento en instalaciones de desalinización, con 31 plantas actualmente operativas, en construcción o planificadas. Aunque la desalinización ofrece una alternativa al agua dulce, especialmente para los sectores mineros e industriales, su implementación sostenible enfrenta numerosos desafíos. Los autores concluyen que las principales brechas están en los marcos regulatorios, la gestión institucional fragmentada y la ausencia de un plan nacional cohesivo de recursos hídricos para integrar la desalinización de manera efectiva en estrategias más transversales. Además, se constatan preocupaciones ambientales significativas, como el impacto de la descarga de salmuera en los ecosistemas marinos, las emisiones de gases de efecto invernadero debido a operaciones intensivas en energía y la vulnerabilidad a eventos sísmicos y tsunamis. Consideraciones económicas, como los altos costos del agua desalinizada y los posibles subsidios para sectores como la agricultura, son clave para extender su aplicación.

Finalmente, el capítulo 19 evalúa las políticas operativas para embalses multipropósito, centrándose en equilibrar la generación hidroeléctrica y el riego agrícola en medio de la escasez de agua impulsada por la sequía. Utilizando el lago Laja en Chile como estudio de caso, la investigación integra un modelo de programación hidrotermal y uno de simulación de recursos hídricos para examinar los impactos de políticas modificadas de asignación de agua bajo varios escenarios hidrológicos. Los hallazgos revelan importantes compensaciones entre las emisiones energéticas y la fiabilidad del agua para riego, particularmente en condiciones de sequía. Al probar escenarios de cambios en la asignación de agua, el estudio demuestra que ajustes de medidas específicas pueden mitigar déficits en el riego y mantener la fiabilidad energética, equilibrando, al mismo tiempo, consideraciones ambientales y económicas.

Capítulo 2
DEFINICIÓN Y CARACTERIZACIÓN DE LA SEQUÍA

JORGE GIRONÁS Y MARIALINA NÚÑEZ

Resumen. La sequía es un fenómeno climático multifacético e impredecible que tiene profundos efectos sobre los ecosistemas, las comunidades y las economías. En este capítulo se analiza la naturaleza de la sequía, sus orígenes y se ofrecen definiciones adaptadas a los distintos sistemas afectados. Además, se presentan conceptos relacionados y se abordan posibles malentendidos sobre el concepto y sus consecuencias. El capítulo también presenta propiedades estadísticas e índices para identificar y caracterizar la sequía.

Palabras claves: Identificación de sequías, caracterización de sequías, tipos de sequías, índices de sequía.

1. INTRODUCCIÓN

La sequía corresponde a un fenómeno climático natural (Ding, et al., 2011; Fernández y Gironás, 2021) de carácter accidental, cuyas características no pueden anticiparse totalmente. Es uno de los peligros naturales que afecta al mayor número de personas y genera las mayores pérdidas económicas en el mundo (FAO, 2002; World Bank, 2003). Es un fenómeno regional de gran magnitud y de lento desarrollo, cuyos límites espaciales, así como su inicio y fin, son difíciles de identificar (Mishra et al., 2009). Además, sus impactos no violentos son silenciosos y pueden acumularse en el tiempo, por lo que sus efectos pueden manifestarse incluso años después de que la sequía haya terminado. Finalmente, una sequía puede tener diferentes significados para distintas personas o grupos sociales (Fernández y Gironás, 2017), lo que complica su comprensión y su abordaje. En este capítulo se describe la sequía y sus causas, así como algunas definiciones en función de los sistemas afectados. Además, se discutirán otros conceptos relacionados que suelen confundirse con la sequía, y las posibles implicaciones de un uso erróneo de los conceptos. Por último, se discutirán las propiedades estadísticas y la identificación de la sequía, así como su caracterización cuantitativa, particularmente a través de índices.

2. CONCEPTOS BÁSICOS SOBRE LA SEQUÍA

2.1. Definición de sequía

La gestión de los recursos hídricos durante las condiciones de sequía requiere una definición clara y precisa del fenómeno, en particular a la hora de asignar responsabilidades, entregar recursos adicionales o proporcionar asistencia socioeconómica. La literatura contiene cientos de interpretaciones de lo que constituye una sequía. Como destacan Dai (2011) y Mishra y Singh (2010), la amplia variabilidad del comportamiento hidrometeorológico complica el establecimiento de una definición universalmente aceptada. Los factores económicos, sumados a la naturaleza estocástica de la oferta y la demanda de agua en las diferentes regiones, aumentan aún más la dificultad de definir la sequía con precisión. Esta falta de claridad a menudo conduce a la indecisión o a la ausencia de medidas proactivas por parte de tomadores de decisión, reguladores y otras partes interesadas (Wilhite et al., 1986).

Varias definiciones de uso común son propuestas por organizaciones internacionales y reflejan sus intereses y áreas de influencia. Por ejemplo, la Organización Meteorológica Mundial (1986) define la sequía simplemente como un periodo prolongado de déficit de precipitación en una región específica. La Convención de Lucha contra la Desertificación (UN Secretariat, 1994) describe la sequía como un fenómeno natural que se produce cuando las precipitaciones son significativamente inferiores a la media, lo que da lugar a graves desequilibrios hidrológicos que afectan negativamente a los sistemas que dependen de los recursos naturales. La Organización de las Naciones Unidas para la Agricultura y la Alimentación (FAO, 1983) define la amenaza de sequía como el porcentaje de tiempo en que la humedad del suelo es insuficiente para los cultivos.

Una definición más general y operativa es la de una escasez temporal de agua causada, al menos en parte, por condiciones climáticas inusuales, que tiene impacto sobre actividades específicas, sectores sociales o el medio ambiente (Wilhite y Glantz 1985). Salas (1978) define la sequía como un déficit de agua lo suficientemente severo como para afectar negativamente a la vegetación, el ganado o la sociedad y sus actividades en una región determinada. Rossi et al. (2003) sugieren que una definición orientada a la gestión de los recursos hídricos debe dar cuenta de las necesidades de agua según las características biológicas, económicas y sociales de una región. En general, y considerando la definición anterior y otras, se puede decir que las situaciones aleatorias de escasez de agua características de la sequía poseen las siguientes propiedades: i) la escasez es severa en comparación con las condiciones normales, ii) persiste durante un periodo prolongado y iii) afecta a una gran área geográfica. Estas propiedades son inherentemente subjetivas, ya que dependen de las demandas locales de agua y los impactos negativos percibidos de tales déficits. Por lo tanto, Yevjevich et al. (1983) proponen una definición que abarca estas propiedades, según la cual se establece que las sequías son eventos impredecibles, temporales, de origen meteorológico, que conducen a una reducción significativa en la disponibilidad de agua con respecto a las condiciones normales de una región y resultan en consecuencias ambientales y sociales negativas. A partir de esta definición, la sequía puede, entonces, entenderse como un peligro natural y como un desastre (Pereira et al. 2002).

Es un peligro debido a su imprevisibilidad natural con una frecuencia medible, mientras que también es un desastre debido a la alteración del balance hídrico, con implicaciones en la disponibilidad de agua para los ecosistemas, la agricultura y las actividades humanas en general.

2.2. Causas de la sequía

La intrincada variabilidad temporal y espacial del ciclo hidrológico es una de las principales características del clima de la Tierra. Esta característica produce fluctuaciones significativas en las precipitaciones, la humedad del aire y del suelo en diferentes regiones y escalas temporales. Como resultado, la sequía puede eventualmente ocurrir en cualquier momento y en cualquier lugar del planeta. Los factores meteorológicos son generalmente la causa principal de la sequía, comenzando por la falta de lluvias, que posteriormente afecta a otros componentes del ciclo hidrológico (como las aguas superficiales, la humedad del suelo y las aguas subterráneas), así como a los sistemas socionaturales.

En regiones de latitudes medias, como el centro de Chile, una característica clave de la sequía es la persistencia de aire caliente y seco en la troposfera. Este fenómeno está asociado con zonas de alta presión alrededor de los 30° de latitud y cerca de los polos, que son responsables de la formación de las regiones áridas y semiáridas de la Tierra. La expansión o el desplazamiento de estas zonas de alta presión hacia latitudes más altas es una característica típica de la sequía en estas áreas (Namias, 1983).

Otro relevante factor desencadenante de sequías es la ocurrencia de fenómenos océanoatmosféricos de gran escala (Cook et al., 2007), los cuales se han correlacionado con índices hidrológicos. Algunos de los indicadores utilizados para caracterizar estos fenómenos relacionados con la sequía en Chile son el Índice de la Oscilación del Sur (SOI) (Ropelewski y Halper, 1996), el Índice Multivariado ENSO (MEI) (Wolter y Timlin, 1993) y el Índice de Oscilación Decadal del Pacífico (PDO). Por ejemplo, Fernández y Fernández (2002) identificaron áreas en el cono sur de Sudamérica donde las sequías están influenciadas por La Niña, mientras que Oertel et al. (2020) describen la relación entre el Índice ENSO y los índices de sequía.

2.3. Aridez, desertificación y escasez de agua

Existen otros conceptos importantes que se utilizan a menudo indistintamente y que hacen referencia a fenómenos hidroambientales distintos de la sequía. Estos conceptos son la aridez, la desertificación y la escasez de agua. Cada concepto implica diferentes escalas, procesos e impactos en los ecosistemas y los sistemas humanos.

La aridez se refiere a la condición climática a largo plazo de una región caracterizada por una precipitación media baja, lo que da lugar a un entorno seco en el que la evaporación supera a la precipitación (Tabaria y Aghajanloob, 2012) y donde la vegetación, si está presente, es muy específica y está adaptada a las condiciones secas. Las regiones áridas suelen tener una cantidad insuficiente de lluvia para sustentar un crecimiento significativo de las plantas, aunque pueden prosperar ecosistemas particulares. La aridez es una característica natural, no aleatoria y a largo plazo de ciertas regiones.

Por otra parte, la desertificación se refiere al proceso de degradación de las tierras en zonas áridas, semiáridas y subhúmedas secas debido a diversos factores, incluidas las variaciones climáticas y las actividades humanas, que dan lugar a la transformación de tierras fértiles en condiciones similares a las del desierto (UNCCD, 1994). Si bien los factores climáticos contribuyen, las actividades humanas son las principales impulsoras de la desertificación y, por lo tanto, pueden frenar o incluso revertir el proceso. Por lo tanto, la desertificación no es lo mismo que la sequía, pero puede verse acelerada por ella.

Por último, la escasez de agua se refiere a una situación en la que la demanda de agua excede la oferta disponible en una región determinada. Puede ser causada por factores naturales (como el clima o la reducción de las precipitaciones) o factores inducidos por el hombre (sobreexplotación, contaminación o uso ineficiente del recurso). De esta manera, algunas actividades humanas que pueden causar escasez son la sobreexplotación de las aguas superficiales y subterráneas, o la degradación de su calidad debido a la mala gestión del suelo y las descargas contaminantes a los cuerpos de agua (Paulo y Pereira, 2006). La escasez puede ser temporal (por ejemplo, fluctuaciones estacionales) o crónica (por ejemplo, en zonas donde la demanda supera constantemente la oferta), y se ve agravada por la defectuosa infraestructura hídrica, la contaminación y la deficiente gestión hídrica.

El análisis de estos conceptos muestra que lo que podría entenderse como una sequía de largo plazo, también podría eventualmente significar la ocurrencia de otro fenómeno distinto, como la escasez de agua o la aridez. En cuanto a los conceptos de escasez y sequía, ambos términos suelen confundirse, dando lugar a discusiones sociales sobre si se trata de un fenómeno u otro que pueda estar afectando a una región o país, a pesar de que existen métricas cuantitativas claras para identificar ambos fenómenos. Desgraciadamente, sí suele ocurrir que en muchos casos no existe la información precisa para el cálculo de estas métricas.

En el caso de Chile, hay dos fenómenos relevantes a considerar. El primero es que, si bien el periodo de referencia histórico para identificar administrativamente las sequías corresponde a las últimas tres décadas, la condición de escasez puede estar influenciada por decisiones sobre derechos de agua otorgados en épocas anteriores de mayor abundancia, con poco conocimiento de la disponibilidad de largo plazo de los recursos hídricos superficiales y subterráneos. Esto puede llevar a situaciones de escasez en épocas en que no necesariamente hay sequía, y a confusión en la población cuando ocurre una sequía severa, pero solo se visualiza un problema de escasez.

La otra situación relevante que hay que tener en cuenta es la posible transición de las zonas semiáridas y mediterráneas del país a condiciones más áridas. Las sequías prolongadas en el contexto del cambio climático podrían reflejar las primeras etapas de un cambio prolongado o permanente en el clima de estas zonas. Esto significaría que algunos periodos secos ya no corresponderían a sequías, sino que serían manifestaciones de nuevas condiciones climáticas normales. Por tal motivo, debe haber un seguimiento continuo a lo largo del tiempo para detectar si esta posible transición a climas más áridos realmente está ocurriendo. Si este es el caso, la gestión de los recursos hídricos debe abordar esta nueva normalidad; solo entonces se podrá establecer una preparación a largo plazo para garantizar la sostenibilidad del agua.

2.4. Tipos de sequías

La sequía puede manifestarse de diversas formas dependiendo de sus causas subyacentes y sus impactos. Por lo general, la literatura (Wilhite y Glantz, 1985; American Meteorological Society, 2004; Mishra y Singh, 2010; Fernández y Gironás, 2017) identifica cuatro tipos principales de sequía: meteorológica, agrícola, hidrológica y socioeconómica. Los tipos de sequía tienen sus propias características, afectan a diferentes sectores y, a menudo, se superponen entre ellos, creando una cadena de impactos.

a) **Sequía meteorológica.** Se refiere a una reducción de las precipitaciones durante un periodo específico, en comparación con el promedio a largo plazo en una región en particular. Es esencialmente el punto de partida para otros tipos de sequías y reducciones en la disponibilidad de agua para los ecosistemas y las áreas urbanas. Sus efectos pueden volverse más graves cuando coinciden con etapas críticas del crecimiento de los cultivos.
b) **Sequía agrícola.** Se produce cuando hay una insuficiencia de humedad en el suelo para satisfacer las necesidades de los cultivos u otra vegetación. Este tipo de sequía suele aparecer después de una sequía meteorológica, pero se centra específicamente en la capacidad de la agricultura para mantener el crecimiento y los rendimientos de las cosechas. Los impactos pueden ser incluso más significativos en regiones con cultivos que dependen de la lluvia y tienen sistemas de raíces poco profundos; mientras que los cultivos mantenidos con sistemas de regadío pueden verse menos afectados, dependiendo de la disponibilidad de agua.
c) **Sequía hidrológica.** Se refiere a deficiencias en el suministro de agua, como la reducción de caudales en ríos, bajos niveles en lagos, el agotamiento de las aguas subterráneas y los embalses. Por lo general, sigue a una sequía meteorológica prolongada y refleja los impactos a largo plazo en los sistemas hídricos, con tiempos de retarde que dependen del régimen hidrológico de la cuenca (pluvial o nival). En general, la sequía hidrológica puede ser más prolongada pero menos intensa y reducidas en cantidad, en comparación con la sequía meteorológica (Fernández y Gironás, 2015). Además, la dependencia espacial entre las series de caudales de los ríos en una región refleja la dependencia espacial de la lluvia y, por lo tanto, las extensiones regionales de las sequías meteorológicas e hidrológicas suelen ser similares. Algunos de los impactos de las sequías hidrológicas son la escasez de suministro de agua, el estrés en los ecosistemas y reducciones en la generación hidroeléctrica. Por último, cabe señalar que algunos autores (van Lanen y Peters, 2000; Mishra y Singh, 2010) han restringido la sequía hidrológica principalmente a las aguas superficiales y han propuesto el concepto de sequía de aguas subterráneas para referirse a la disminución de la recarga y las consiguientes reducciones a largo plazo de los niveles y descargas de acuíferos.

d) **Sequía socioeconómica.** Se produce cuando la demanda de agua supera la oferta debido a una combinación de sequías meteorológicas, agrícolas o hidrológicas, lo que afecta las actividades económicas y el bienestar social. Es impulsada tanto por factores naturales como humanos (como el crecimiento demográfico, crecimiento urbano y la mala gestión del agua), y suele tener una amplia gama de efectos indirectos, como interrupciones en distintas industrias, problemas de saneamiento y enfermedades transmitidas por el agua, escasez de alimentos, escasez de energía y conflictos sociales. Cabe señalar que, si bien la sequía socioeconómica es un fenómeno temporal impulsado por sequías naturales y afecta el suministro de agua en un periodo específico, la escasez hídrica es un problema estructural a largo plazo que puede existir independientemente de las condiciones climáticas a corto plazo y refleja una falta fundamental de agua disponible para satisfacer la demanda.

Aunque los cuatro tipos de sequía descritos anteriormente son los más mencionados en la literatura, en los últimos años se ha propuesto un nuevo tipo de sequía conocida como sequía ecológica. El Grupo de Trabajo sobre Sequía Ecológica establecido por la Asociación Ciencia para la Naturaleza y las Personas (SNAPP, por sus siglas en inglés) definió la sequía ecológica como un déficit episódico de agua disponible inducido por factores climáticos y humanos durante el periodo de crecimiento de la vegetación, que en última instancia afecta a otros sistemas (Jiang et al., 2021). Además, Crausbay et al. (2017) proponen una definición más detallada del concepto, afirmando que una sequía ecológica es un déficit episódico en la disponibilidad de agua que lleva a los ecosistemas más allá de los umbrales de vulnerabilidad, impacta los servicios ecosistémicos y desencadena mecanismos de retroalimentación en los sistemas naturales y/o humanos. Se espera que la definición de este nuevo tipo de sequía permita la evaluación de la sequía en los ecosistemas y su impacto en el capital natural que proporcionan a las comunidades humanas (Crausbay et al. 2017).

3. TEORÍA DE SECUENCIAS EN LA IDENTIFICACIÓN DE SEQUÍAS

Las propiedades de las sequías pueden considerarse variables aleatorias, cuyos valores no pueden predecirse con precisión hasta que se produce el fenómeno. Por lo tanto, el análisis estadístico de estas características es crucial, en particular para la planificación y gestión de los recursos hídricos. Se pueden emplear diversos métodos probabilísticos y estocásticos para analizar diferentes aspectos de las sequías, incluidos el análisis de frecuencia, la estimación de los periodos de retorno y los análisis multivariados espaciales y temporales (Mishra y Singh, 2010).

La teoría de secuencias (en inglés, *run theory*) es una herramienta estadística aplicada a la identificación y caracterización de eventos de sequía, los cuales son considerados eventos estocásticos. Este método fue introducido por primera vez por Yevjevich (1967) y desde entonces se ha convertido en un enfoque fundamental en el análisis de la sequía.

En él, se definen dos variables aleatorias: la oferta de agua (o disponibilidad) y la demanda de agua. Luego, se construye una nueva serie temporal basada en la diferencia entre estas dos variables. Una sequía se identifica como una secuencia negativa de valores negativos en esta nueva serie, lo que indica que la oferta de agua no puede satisfacer la demanda.

Una vez que se identifica una sequía, se pueden medir varias características importantes de esta (**Figura 2.1**). Dada la naturaleza aleatoria de las series de oferta y demanda, estas características también son variables aleatorias y, en última instancia, están interrelacionadas.

a) Tiempo de inicio: momento en el que la serie pasa de valores positivos a negativos, indicando el inicio de una sequía.
b) Tiempo de término: momento en el que la serie vuelve de negativa a positiva, marcando el final de la sequía.
c) Duración (D): periodo de tiempo transcurrido entre el inicio y el término de la sequía.
d) Severidad (S): Déficit acumulado durante el periodo de sequía, calculado como la suma de todos los déficits o valores negativos de la serie.
e) Intensidad media (*I*): se define como la severidad dividida por la duración, lo que proporciona una idea del déficit promedio durante el periodo de sequía.
f) Intensidad máxima (I_m): El mayor déficit individual durante el periodo de sequía, resaltando la máxima intensidad de la escasez de agua.

Figura 2.1
Características de los eventos de sequía local utilizando la teoría de secuencias

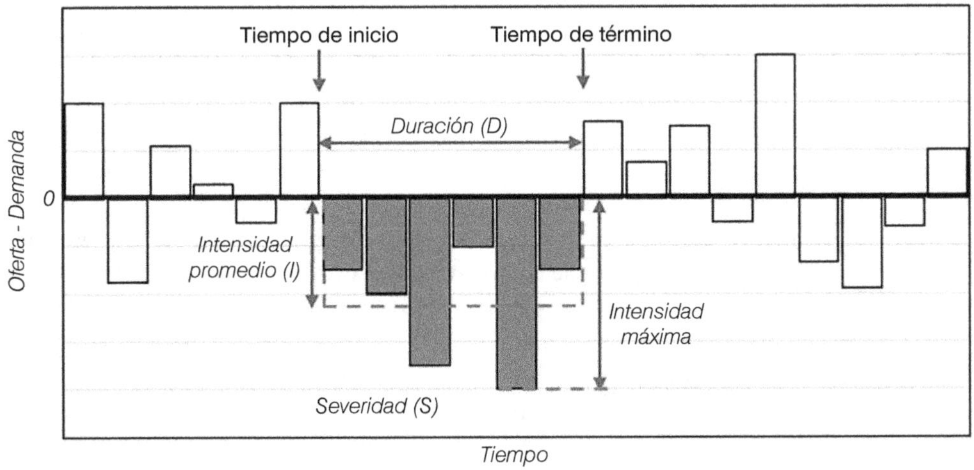

Aunque la formulación general de la teoría de run se refiere a la oferta y la demanda, dada la definición de sequía explicada previamente, la demanda puede considerarse un umbral o condición representativa de la disponibilidad histórica, como, por ejemplo, el promedio. De esta manera, una oferta mayor que la demanda indicaría que la oferta excede la cantidad promedio de agua disponible durante el periodo histórico, también llamado *periodo de referencia*. Además, la teoría de secuencias puede aplicarse no solo a variables físicas que representan la oferta y la demanda, sino también a un índice de sequía, como los que se presentarán a continuación. Estos índices se definen de manera que los valores positivos y negativos indican condiciones de abundancia o déficit, siendo cero el estado normal. Finalmente, la aplicación de la teoría de secuencias a múltiples localidades permite la caracterización de características regionales de sequía, tales como la extensión del área afectada, la magnitud del evento y el volumen total del déficit hídrico en toda la región (Fernández y Gironás, 2017).

4. ÍNDICES DE SEQUÍA

Los índices de sequía son herramientas esenciales para cuantificar la oferta y la demanda de agua en una región. Condensan múltiples variables en un único valor, proporcionando una visión clara de las condiciones de sequía (Hayes, 2006). Esto simplifica tanto el análisis como la comunicación, especialmente cuando se trabaja con información hidrometeorológica compleja (Zargar et al., 2011). Sin embargo, la elección de los índices puede ser compleja, ya que diferentes índices pueden arrojar resultados contradictorios según cómo se perciba y caracterice la sequía (Paulo y Pereria, 2006). En consecuencia, no existe un índice universal, pero se ha desarrollado una amplia variedad de índices para abordar diferentes tipos de sequía, disponibilidad de datos y escalas temporales (Mishra y Singh, 2010). Se han propuesto más de 150 índices de sequía y se han introducido más a medida que avanza la tecnología (Niemeyer, 2008; Zargar et al., 2011). Estos índices, combinados con la teoría de la sequía, facilitan una mejor comunicación de las condiciones de sequía a las partes interesadas y al público en general, lo que hace que el monitoreo en tiempo real, la detección temprana y las evaluaciones de severidad sean más sencillas (Zargar et al., 2011). Finalmente, el uso de índices permite el actuar proactivo y la implementación de medidas de mitigación por parte de administradores y tomadores de decisión (Tsakiris et al., 2007).

Un índice de sequía típicamente mide las desviaciones con respecto a las condiciones normales, siendo la selección de esta condición normal o umbral un aspecto clave, en particular por su relevancia para identificar el inicio y la finalización de la sequía (Tsakiris et al., 2007). Si bien las escalas de tiempo anuales son comunes para las evaluaciones regionales de sequía, son menos adecuadas para el seguimiento detallado y la toma de decisiones. Las escalas mensuales ofrecen más precisión para identificar el inicio y la finalización de la sequía. Sin embargo, el uso de pasos de tiempo más precisos introduce complejidades estadísticas como la no estacionariedad y la estacionalidad hidrológica (Panu y Sharma, 2002; Mishra y Singh, 2010).

La elección de variables para los índices de sequía depende del tipo de sequía y sus impactos. Para las sequías meteorológicas, los índices basados en la precipitación son los más comunes, además de los que capturan las manifestaciones tempranas de la sequía. Algunos ejemplos incluyen el Índice de Anomalía de Lluvia (RAI), el Índice de Severidad de Sequía (DSI) y el ampliamente utilizado Índice de Precipitación Estandarizada (SPI) (McKee et al., 1993). Por otro lado, para tener en cuenta la demanda o los impactos de la sequía meteorológica, otras variables como la temperatura o la evapotranspiración se integran en índices como el Índice de Reconocimiento de Sequía (RDI) y el Índice de Precipitación y Evapotranspiración Estandarizado (SPEI) (Vicente-Serrano et al., 2010).

En el caso de las sequías hidrológicas, los índices incluyen datos de caudales, niveles de embalses y mediciones del manto nival. Algunos ejemplos son el Índice de Suministro de Agua Superficial (SWSI) y el Reclamation Drought Index (RDI) (Shafer y Dezman, 1982; Weghorst, 1996). Por otro lado, los índices de sequía agrícola se centran en el agua disponible para los cultivos, combinando factores como la precipitación, la temperatura y la humedad del suelo. Los índices más comunes son el Índice de Humedad de los Cultivos (CMI) y el Índice de Sequía Específico de los Cultivos (CSDI) (Meyer et al., 1993; Palmer, 1968).

Los índices anteriores son solo algunos de los disponibles en la literatura (Kayantash y Dracup, 2006; Hayes, 2006; Dai, 2011; Zargar et al., 2011 y Mishra y Singh, 2010). Constantemente, se proponen nuevos índices basados en la información disponible, medida *in-situ* o remotamente, características regionales y una mejor comprensión de los impactos de la sequía. La **Tabla 2.1** resume los índices de sequía identificados por Fernández y Gironás (2017), junto con sus principales propiedades (tipo de sequía involucrada, información de entrada, escalas temporales y espaciales correspondientes, fortalezas y desventajas).

Tabla 2.1

Índices de sequía comúnmente utilizados para la planificación, gestión y monitoreo de los recursos hídricos

Índices	Propiedades	Ventajas	Desventajas
Porcentaje de lo normal (Heim, 2002)	Tipo: meteorológico Datos necesarios: precipitación Escala temporal: mes a año Escala espacial: punto	Muy simple y fácil de entender y comunicar.	No se aplica a variables no normales. No se puede utilizar para realizar comparaciones entre estaciones y regiones.
Deciles de precipitación (Gibbs y Maher, 1967; Mpelasoka et al., 2008)	Tipo: meteorológico Datos necesarios: precipitación Escala temporal: mes a año Escala espacial: punto a regional	Proporciona información sobre riesgos. Puede aplicarse a nivel regional.	No considera otras variables. Requiere registros largos para la definición de umbrales.
SPI, Índice de precipitación estandarizado. (McKee et al., 1993)	Tipo: Meteorológico Datos necesarios: registros extensos de precipitaciones Escala temporal: mes a año Escala espacial: punto a regional	Se utiliza para distintas escalas temporales y se relaciona con la probabilidad. Simétrico para comparación.	Requiere registros a largo plazo. No se tiene en cuenta la evapotranspiración.

Índices	Propiedades	Ventajas	Desventajas
SPEI, Índice de precipitación y evapotranspiración Estandarizado (Vicente-Serrano et al., 2010)	Tipo: meteorológico Datos necesarios: precipitación, temperatura y evapotranspiración Escala temporal: múltiple, semanal o mensual Escala espacial: regional	Sensible a las tendencias a largo plazo en los cambios de temperatura. Considera el balance hídrico y la evapotranspiración.	El cálculo de la Evapotranspiración (ET) potencial puede ser complicado.
PDSI, Índice de severidad de sequía de Palmer (Palmer, 1965).	Tipo: agrícola Datos necesarios: precipitaciones, temperatura y suministro de agua Escala temporal: mes a año Escala espacial: regiones agrícolas	Más completo que los índices basados únicamente en la precipitación. También se consideran la ET potencial y la humedad del suelo.	Calibrado para las condiciones de las Grandes Llanuras de Estados Unidos. Aplicabilidad limitada en lugares con condiciones climáticas extremas, terrenos montañosos o capas de nieve, a menos que esté calibrado.
CMI, Índice de humedad de los cultivos (Palmer, 1968)	Tipo: agrícola Datos necesarios: precipitación, temperatura Escala temporal: semanal Escala espacial: regional	Muy adecuado para la predicción de sequías a corto plazo.	Baja aplicabilidad para predecir sequías a largo plazo. Solo se puede utilizar en la temporada de crecimiento y no es adecuado para predicciones de sequías invernales.
NDVI, Índice de vegetación de diferencia normalizada (Ji y Peters, 2003)	Tipo: ecológico y agrícola Datos necesarios: imágenes satelitales multibanda Escala temporal: depende de la imagen Escala espacial: depende de la imagen	Fácil de calcular.	Las nubes, el humo estacional, los aerosoles, etc. pueden contaminar los píxeles. En condiciones húmedas, la reflectancia puede no ser igual en las dos bandas.
TCI, Índice de condición de temperatura (Kogan, 1995)	Tipo: ecológico y agrícola Datos necesarios: brillo y temperatura Escala temporal: semanal, mensual Escala espacial: depende de la imagen	Fácil de calcular.	Solo depende de la temperatura del aire y no considera otras variables.
VCI, Índice de condición de la vegetación (Kogan, 1990)	Tipo: ecológico y agrícola Datos necesarios: NDVI Escala temporal: semanal, mensual, espacial. Escala: punto a regional	Sencillo de calcular. Considera las condiciones de vegetación de toda la serie estudiada.	Interferencia atmosférica, efectos de la condición del suelo (húmedo), anisotropía
VHI, Índice de salud de la vegetación (Kogan, 1995)	Tipo: ecológico y agrícola Datos necesarios: TCI y VCI Escala temporal: escala semanal, mensual (dependiendo de la imagen) Escala espacial: punto a regional	Sencillo de calcular. Considera las condiciones de la vegetación de toda la serie estudiada y la temperatura, aplicando un factor a cada uno de estos factores.	Depende de las condiciones atmosféricas.
NDWI, Índice de agua de diferencia normalizada (Gao, 1996)	Tipo: ecológico y agrícola Datos necesarios: NIR, SWIR Escala temporal: semanal, mensual Escala espacial: dependiente de la imagen, de punto a región	Calcula el contenido de agua en la vegetación, complementando al NDVI.	Depende de las condiciones atmosféricas.

Índices	Propiedades	Ventajas	Desventajas
SWSI, Índice de suministro de agua superficial (Shafer y Dezman, 1982)	Tipo: hidrológico Datos necesarios: precipitación, temperatura, caudal fluvial, manto de nieve y teledetección Escala temporal: mensual Escala espacial: cuenca hidrográfica.	Cálculo sencillo, incluye la gestión del agua, tiene en cuenta el manto nival y el almacenamiento de agua.	No representa bien los fenómenos extremos. No es posible realizar comparaciones entre cuencas (Hayes et al, 1999) ni análisis de sequías a escala global.
RDI, Índice de sequía de recuperación (Weghorst, 1996)	Tipo: hidrológico Datos necesarios: precipitación, temperatura, caudal fluvial, manto de nieve y teledetección Escala temporal: mensual Escala espacial: cuenca hidrográfica	Creado para la detección operativa de eventos de sequía y para la activación de medidas de emergencia.	Se comporta más lentamente, incluso en comparación con el Palmer Hydrologic Drought Index (PHDI)*.
VegDRI, Índice de respuesta de la vegetación a la sequía (Brown et al., 2008)	Tipo: hidrológico Datos necesarios: NDVI, SPI y PDSI Escala temporal: mensual a anual Escala espacial: depende de imágenes satelitales	Proporciona mapas casi en tiempo real de la gravedad de la sequía y su extensión espacial.	Es necesario combinar NDVI, SPI y PDSI.
RSDI, Índice de deficiencia de caudal regional (Sthal, 2001)	Tipo: hidrológico Datos necesarios: caudal, teledetección datos Escala temporal: diaria Escala espacial: región (clúster en zonas homogéneas)	La serie RDI incluye la dimensión espacial en la definición de periodos secos severos. Es posible establecer relaciones y comparaciones entre regiones.	Son necesarias varias cuencas homogéneas afectadas por sequías hidrológicas.
ADI, índice agregado de sequía (Keyantash y Dracup 2004)	Tipo: hidrológico Datos necesarios: precipitación, caudal, almacenamiento en reservorio, evapotranspiración, suelo, humedad y contenido de agua de la nieve Escala temporal: mensual Escala espacial: regional	Considera todas las formas físicas de sequía. Se utiliza el análisis de componentes principales para extraer señales hidrológicas dominantes. Formulación matemática directa.	Se requieren muchos datos para el cálculo.
SMDI, índice de déficit de humedad del suelo, y ETDI, índice de déficit de evapotranspiración (Narasimhan y y Srinivasan 2005)	Tipo: hidrológico Datos necesarios: humedad del suelo (originalmente simulado utilizando el modelo SWAT) y ET Escala temporal: semanal Escala espacial: alta resolución espacial	SMDI y ETDI utilizan un modelo hidrológico integral de alta resolución que incorpora un modelo de crecimiento de cultivos. ETDI y SMDI podrían ser buenos indicadores de sequías agrícolas de corto plazo.	Es difícil calcular la humedad histórica del suelo, se pueden utilizar modelos hidrológicos o NDVI, pero se requiere una gran cantidad de datos y variables calculadas. Los datos proporcionados por las imágenes satelitales pueden verse afectados por las nubes y otras condiciones.

* Un índice de sequía hidrológico que se basa en el Índice de Palmer (PDSI)

5. CONCLUSIONES

La sequía es un fenómeno climático complejo e impredecible que impacta significativamente los ecosistemas, las sociedades y las economías. En este capítulo se describe la sequía y sus causas, y se brindan algunas definiciones del concepto con base en los sistemas afectados. Además, se discuten otros conceptos relacionados con la sequía, junto con las posibles implicancias de su uso erróneo. Finalmente, se presentan las propiedades estadísticas y la identificación de sequías, junto con la caracterización cuantitativa a través de índices. Las principales conclusiones son las siguientes:

a) La sequía es un fenómeno estocástico, de evolución lenta y de gravedad y duración variables, lo que dificulta su predicción, preparación y gestión. Su inicio y su fin son difíciles de determinar con precisión debido a su impacto gradual en los ecosistemas y los sistemas humanos.
b) Los distintos sectores experimentan la sequía de maneras diferentes. Las sequías meteorológicas, agrícolas, hidrológicas, socioeconómicas y ecológicas ponen de relieve que no existe una única definición que sirva para todos, ya que cada tipo afecta a distintos sistemas y requiere distintos enfoques de gestión.
c) La teoría de secuencias proporciona un marco matemático para analizar las sequías al definir variables clave como el inicio y fin, la duración, la severidad y la intensidad de las sequías.
d) Los índices de sequía cuantifican las desviaciones con respecto a situaciones promedio y permiten consolidar datos complejos en métricas manejables, lo que facilita la comunicación oportuna entre científicos, tomadores de decisión y el público. Apoyan el monitoreo en tiempo real y permiten la detección temprana y las medidas de mitigación proactivas.
e) El seguimiento continuo de las sequías, especialmente en regiones que se enfrentan a cambios climáticos a largo plazo, es fundamental para distinguir entre sequías temporales y aridificación permanente. Esto requiere estrategias de gestión adaptativa para garantizar el uso sostenible del agua.

AGRADECIMIENTOS

Los autores agradecen el financiamiento del proyecto ANID FSEQ210018, así como el apoyo de los Centros de Excelencia ANID/Fondap 1523A0004 y 1523A0009.

REFERENCIAS

1. American Meteorological Society (AMS) (2004). "Statement on meteorological drough"t. *Bull. Am Meteorol.* Soc. 85, 771-773.
2. Brown, J.F., Wardlow, B.D., Tadesse, T., Hayes, M.J., and Reed, B.C. (2008). "The Vegetation Drought Response Index (VegDRI): A new integrated approach for monitoring drought stress in vegetation". *GIScience & Remote Sensing* 45, 16-46. Disponible en: https://doi.org/10.2747/1548-1603.45.1.16

3. Cook, E.R., Seager, R., Cane, M.A., and Stahle, D.W. (2007). "North American drought: Reconstructions, causes, and consequences". *Earth-Sci. Rev.* 81, 93-134. Disponible en: https://doi.org/10.1016/j.earscirev.2006.12.002
4. Crausbay, S. D., Ramirez, A. R., Carter, S. L., Cross, M. S., Hall, K. R., Bathke, D. J.,... & Sanford, T. (2017). "Defining ecological drought for the twenty-first century". *Bulletin of the American Meteorological Society*, 98(12), 2543-2550. Disponible en: Crausbay, S. D., Ramirez, A. R., Carter, S. L., Cross, M. S., Hall, K. R., Bathke, D. J.,... & Sanford, T. (2017). Defining ecological drought for the twenty-first century. Bulletin of the American Meteorological Society, 98(12), 2543-2550. DOI: 10.1175/BAMS-D-16-0292.1
5. Dai, A. (2011). "Drought under global warming: a review". *Wiley Interdisciplinary Reviews: Climate Change*. 2, 45-65. Disponible en: https://doi.org/10.1002/wcc.81
6. Ding, Y., Hayes, M. J., & Widhalm, M. (2011). "Measuring economic impacts of drought: a review and discussion". *Disaster Prevention and Management: An International Journal*, 20(4), 434-446. Disponible en: https://ui.adsabs.harvard.edu/link_gateway/2011DisPM..20..434D/doi:10.1108/09653561111161752
7. FAO (2002). *Report of FAO-CRIDA Expert Group Consultation on Farming System and Best Practices for Drought-prone Areas of Asia and the Pacific Region*. Food and Agricultural Organization of United nations. Publishes by Central Research Institute for Dry land Agriculture, Hyderabad, India.
8. Fernández H.W. and B. Fernández (2002). "The influence of ENSO in the precipitation regime in southern South America". *Hydraulic Engineering in Mexico (in Spanish)*, 13(3), 5-16.
9. Fernández, B. and Gironás, J. (2015). "Using standardized precipitation and runoff indices for the identification of extraordinary droughts events in Chile". In Andreu et al. (eds.) *Droughts: research and Science-Policy Interfacing*. Taylor and Francis Group, London, pp. 133-138.
10. Fernández B., Gironás J. (2017) "Drought Characteristics". In Singh VP (ed) *Handbook of applied hydrology*. McGraw-Hill Education, New York.
11. Fernández, B., Gironás, J. (2021). "Droughts". In Fernández, B., Gironás, J. (eds) *Water Resources of Chile*. World Water Resources, vol 8. Springer, Cham. Disponible en: 10.1007/978-3-030-56901-3_8
12. Gao, B.C. (1996). "NDWI A normalized Difference Water Index for remote sensing of vegetation liquid water from space". *Remote Sens. Environ.* 58 (3): 257-266. Disponible en: 10.1016/S0034-4257(96)00067-3
13. Gibbs, W., & Maher, J. (1967). "Background discussion of drought in Australia and maps of annual rainfall for years 1885- 1965". In *Rainfall deciles as drought indicators Australia*. Bureau of Meteorology.
14. Hayes, M.J. (2006). *Drought indices*, Wiley Online Library.
15. Hayes, M.J., Svodoba, M.D., Wilhite, D.A. and Vanyard, O.V. (1999). "Monitoring the 1996 drought using the standardized precipitation index". *Bull. Am. Meteorl. Soc.* 80 (3), 429-438. Disponible en: 10.1175/1520-0477(1999)080<0429:MTDUTS>2.0.CO;2
16. Heim, R.R. (2002). "A review of twentieth-century drought indices used in the United States". *Bull. Am. Meteorol. Soc.* 83 (8), 1149-1165. Disponible en: 10.1175/1520-0477-83.8.1149

17. Ji, L. and A. Peters. (2003). "Assessing vegetation response to drought in the northern Great Plains using vegetation and drought indices". *Remote Sensing Environ.* 87 (1): 85-98. Disponible en: 10.1016/S0034-4257(03)00174-3
18. Jiang, T., Su, X., Singh, V. P., & Zhang, G. (2021). "A novel index for ecological drought monitoring based on ecological water deficit". *Ecological Indicators*, 129, 107804. Disponible en: 10.1016/j. ecolind.2021.107804
19. Keyantash, J.A. and Dracup, J.A. (2004). "An aggregate drought index: Assessing drought severity based on fluctuations in the hydrologic cycle and surface water storage". *Water Resour. Res.* 40, W09304. Disponible en: 10.1029/2003WR002610
20. Kogan, F. (1990). "Remote sensing of weather impacts on vegetation in non-homogeneous areas". *Int. J. Remote Sens.* 11, 1405-1419. Disponible en: 10.1080/01431169008955102
21. Kogan, F. (1995). "Droughts of the late 1980s in the United States as derived from NOAA polar-orbiting satellite data". *Bull. Am. Meteorol. Soc.* 76, 655-668. Disponible en: 10.1175/1520-0477(1995)076<0655:DO TLIT>2.0.CO;2
22. McKee, T.B., Doesken, N.J. and Kleist, J. (1993). "The relationship of drought frequency and duration to time scales". In Proceeding of the 8th Conference on Applied Climatology. Anaheim, Calif., 17-22 June. American Meteorological Society
23. Meyer, S.J., Hubbard, K.G., and Wilhite, D.A. (1993). "A crop-specific drought index for corn: I. Model development and validation". *Agron. J.* 85, 388-395. Disponible en: 10.2134/ agronj1993.0002 1962008500020040x
24. Mishra, A. K., Singh, V. P., and Desai, V. R. (2009). "Drought characterization: a probabilistic approach". *Stochastic Environmental Research and Risk Assessment*, 23(1), 41-55. Disponible en: 10.1007/ s00477-007-0194-2
25. Mishra, A.K., and Singh, V.P. (2010). "A review of drought concepts". *Journal of Hydrology*. 391, 202- 216. Disponible en: 10.1016/j.jhydrol.2010.07.012
26. Mpelasoka, F., Hennessy, K., Jones, R. and Bates, B. (2008). "Comparison of suitable drought indices for climate changes impact assessment over Australia towards resources management". *Intl. J. Climatol.* 28(10): 1283-1292. Disponible en: 10.1002/joc.1649
27. Namias, J. (1983). "Some Causes of United States Drought". *J. Climate Appl. Meteor.*, 22, 30-39. Disponible en: https://doi.org/10.1175/1520-0450(1983)022%3C0030:SCOUSD%3E2.0.CO;2
28. Narasimhan, B. and Srinivasan, R. (2005). "Development and evaluation of Soil Moisture Deficit Index (SMDI) and Evapotranspiration Deficit Index (ETDI) for agricultural drought monitoring". *Agric. For. Meteorol.* 133, 69-88. Disponible en: 10.1016/j.agrformet.2005.07.012
29. Niemeyer, S. (2008). "New drought indices. Options Méditerranéennes". *Série A: Séminaires Méditerranéens*, 80, 267-274.
30. Oertel, M., Meza, F. J., & Gironás, J. (2020). "Observed trends and relationships between ENSO and standardized hydrometeorological drought indices in central Chile". *Hydrological Processes*, 34(2), 159-174. Disponible en: 10.1002/hyp.13596
31. Palmer, W.C. (1965). *Meteorological drought. US Department of Commerce*, Weather Bureau Washington, DC, USA.

32. Palmer, W. C. (1968). "Keeping Track of Crop Moisture Conditions, Nationwide: The New Crop Moisture Index". *Weatherwise*, 21(4), 156-161. Disponible en: 10.1080/00431672.1968.9932814
33. Panu, U. and Sharma, T. (2002). "Challenges in drought research: some perspectives and future directions". *Hydrological Sciences Journal* 47, S19-S30. Disponible en: 10.1080/02626660209493019
34. Paulo, A.A. and Pereira, L.S. (2006). "Drought concepts and characterization: comparing drought indices applied at local and regional scales". *Water Int.* 31, 37-49. Disponible en: 10.1080/02508060608691913
35. Pereira, L.S., Cordery, I. and Iacovides, I. (2002). "Coping with water scarcity. IHP-VI", *Technical Documents in Hydrology*, N 58, UNESCO, Paris. Disponible en: 10.1007/978-1-4020-9579-5_1
36. Ropelewski, C. F. and Halper, M. S. (1996). "Quantifying Southern Oscillation–precipitation relationships". *Journal of Climate* 9,1043-1059. Disponible en: https://doi.org/10.1175/1520-0442(1996)009%3C1043:QSOPR%3E2.0.CO;2
37. Rossi, G., Cacelliere, A., Pereira, L.S., Oweis, T., Shataniawi, M., and Zairi, A. (eds). (2003). *Tool for drought mitigation in Mediterranean Regions. Kluwer Academic Publishers*, The Netherlands. Disponible en: 10.1007/978-94-010-0129-8
38. Salas, J.D. (1978). *Statistical properties of Droughts. United States-Argentinian Workshop on Droughts.* Mar del Plata, Argentina.
39. Shafer, B. and Dezman, L. (1982). "Development of a Surface Water Supply index (SWSI) to assess the severity of drought conditions in snowpack runoff areas". *Proceeding of the Western Snow Conference*, pp. 164-175.
40. Stahl, K. (2001). *Hydrological Drought. A Study across Europe*. Ph.D. thesis, Albert-Ludwigs-Universität. Freiburg, Germany.
41. Tabaria, H. and Aghajanloob, B.N. (2012). "Temporal pattern of aridity index in Iran with considering precipitation and evapotranspiration trends". *International Journal of Climatology* 33(2): 396-409. Disponible en: 10.1002/joc.3432
42. Tsakiris, G., Loukas, A., Pangalou, D., Vangelis, H., Tigkas, D., Rossi, G., & Cancelliere, A. (2007). "Drought Characterization". In *Drought Management Guidelines Technical Annex*, pp. 85-102.
43. UN Secretariat General (1994). *United Nations Convention to Combat Drought and Desertification in Countries Experiencing Serius Drought and/or Desertification, Particularly in Africa*. Paris.
44. UNCCD (United Nations Convention to Combat Desertification) (1994). *Elaboration of an International Convention to Combat Desertification in Countries Experiencing Serious Drought and/or Desertification, particularly in Africa*. U.N. Doc. A/AC.241/27, 33 I.L.M. 1328, United Nations, New York, USA.
45. Van Lanen, H.A.J., and Peters, E. (2000). "Definition, effects and assessment of groundwater droughts". In: Vogt, J.V., Somma, F. (Eds.), *Drought and Drought Mitigation in Europe*. Kluwer Academic Publishers, Dordrecht, pp. 49-61. Disponible en: 10.1007/978-94-015-9472-1_4
46. Vicente-Serrano, S.M., Beguería, S., and López-Moreno, J.I. (2010). "A multiscalar drought index sensitive to global warming: the standardized precipitation evapotranspiration index". *J. Clim.* 23, 1696-1718. Disponible en: 10.1175/2009JCLI2909.1
47. Weghorst, K. (1996, June). "The Reclamation Drought Index: guidelines and practical applications". In *North American water and environment congress & destructive water* (pp. 637-642). ASCE.

48. Wilhite, D.A. and Glantz, M.H. (1985). "Understanding the drought phenomenon: The role of definitions". *Water International* 10, 111-120. Disponible en: 10.1080/02508068508686328

49. Wilhite, D.A., Rosenberg, N.J., and Glantz, M.H. (1986). "Improving federal response to drought. J Clim". *Appl. Meteorol.* 25, 332-342. Disponible en: 10.1175/1520-0450(1986)025<0332: IFRTD>2.0.CO;2

50. Wolter, K. and Timlin, M.S. (1993). "Monitoring ENSO in COADS with a Seasonally Adjusted Principal Component Index". In: *Proc. Seventh Annual Climate Diagnostic Workshop*, Norman, OK, NOAA, pp. 52-57.

51. World Bank (2003) *Report on financing rapid onset natural disaster losses in India: a risk management approach*. Report no. 26844-IN, Washington, DC

52. World Meteorological Organization (WMO) (1986). *Report on Drought and Countries Affected by Drought During 1974-1985*, WMO, Geneva, p. 118.

53. Yevjevich, V. (1967). *An objective approach to definitions and investigations of continental hydrologic droughts*, Colorado State University Fort Collins.

54. Yevjevich, V., Da Cunha, L., and Vlachos, E. (1983). *Coping with drought*. Water Resources Publications, Littleton, Colorado.

55. Zargar, A., Sadiq, R., Naser, B., Khan, F.I. (2011). "A review of drought indices". Env. Rev. 19, 333- 349. Disponible en: 10.1139/a11-013

PARTE I

ENTORNO Y CONTEXTO NACIONAL: IMPACTOS DE LA SEQUÍA EN CHILE

Capítulo 3
LA ECONOMÍA CHILENA: UN PERFIL GENERAL

FELIPE MORANDÉ

Resumen. Este capítulo ofrece una visión general de la economía chilena, detallando su estado actual, su desarrollo histórico, sus marcos institucionales y sus políticas económicas. También analiza los avances recientes, los desafíos y las oportunidades futuras de crecimiento y desarrollo. En 2023, el producto interno bruto (PIB) de Chile fue de aproximadamente US$330 mil millones, con una cifra per cápita de más de US$30 mil en términos de paridad de poder adquisitivo (PPA). La economía del país está altamente integrada al comercio internacional, pues las exportaciones e importaciones representan el 75% del PIB. Chile presenta indicadores sociales elevados, como la esperanza de vida (81,4 años) y la tasa de alfabetización (96,4%), pero la desigualdad de ingresos sigue siendo un problema importante, tal como lo refleja un coeficiente de Gini de 0,46. Chile ha experimentado amplias reformas económicas, incluyendo la liberalización comercial, la privatización y el establecimiento de una economía de mercado. Estas reformas han moldeado de forma significativa el panorama económico actual. A partir de 1990, los gobiernos democráticos se enfocaron en el "crecimiento con equidad", manteniendo políticas orientadas al mercado a la vez que incrementaron el gasto social para enfrentar los altos índices de pobreza y mejorar la equidad social. El Banco Central de Chile, de carácter autónomo, ha sido fundamental para lograr y mantener tasas de inflación bajas y estables, lo cual es esencial para la estabilidad y el crecimiento económico. Los abundantes recursos naturales de Chile, particularmente en litio y energías renovables, presentan oportunidades significativas para el crecimiento económico, especialmente en el contexto de los esfuerzos globales para combatir el cambio climático.

Palabras claves. Economía, sectores económicos, indicadores macroeconómicos, indicadores sociales, reformas de política.

1. INTRODUCCIÓN

Este capítulo tiene como objetivo presentar de manera sucinta la economía chilena tal como es hoy y el camino que ha seguido en los últimos cincuenta años. Más que hacer un relato completo de los acontecimientos, se pone énfasis en los datos que describen la economía y, al mismo tiempo, se centra en las instituciones que caracterizan la dimensión económica de la sociedad chilena. Por supuesto, la economía no funciona en el vacío, por lo que el texto también aborda –muy brevemente– el contexto y el sistema político.

A continuación, se muestra una foto de la economía chilena actual, mientras que la sección siguiente presenta los desarrollos institucionales del último medio siglo que explican cómo el país llegó a donde está ahora.

2. CHILE DE UN VISTAZO

Con una población de cerca de veinte millones de personas, el PIB de Chile alcanzó casi US$330 mil millones en 2023 (cercano al de Suecia o Bélgica), mientras que, en términos per cápita, la cifra es ligeramente superior a los US$30 mil en términos ajustados por paridad de poder adquisitivo (PPA), según el Banco Mundial (2022).

Como se muestra en la **Tabla 3.1**, la mayor parte de la población vive en áreas urbanas (87,8%) y casi el 36% vive en Santiago, la capital. Otras ciudades importantes son Valparaíso, el principal puerto a 100 km de Santiago, y Concepción, en la zona centro-sur (**Tabla 3.2**).

Tabla 3.1
Principales indicadores en Chile

Población (2023)	18.480.43
PIB, millones de dólares estadounidenses (2024)	354.470
PIB per cápita, USD (2024)	17.647
PIB per cápita, PPA, USD (2024)	33.756
Exportaciones, millones de US$(2024)	100.163
Importaciones, millones de US$(2024)	84.155
Área geográfica, km2	756.626
Tasa de población urbana (2024)	88,01%

Fuentes: Elaborado a partir de datos del Instituto Nacional de Estadísticas de Chile (INE, 2024)[1], Banco Central de Chile[2].

[1] INE. (2024). Censo de Población y Vivienda. https://www.ine.gob.cl/estadisticas/sociales/censos-de-poblacion-y-vivienda/censo-de-poblacion-y-vivienda

[2] Banco Central. (2024). Cuentas nacionales. https://www.bcentral.cl/contenido/-/detalle/cuentas-nacionales-2024

Tabla 3.2
Principales ciudades chilenas (2024)

Ciudad	Población	Área geográfica	Temperatura máxima (°C)	Temperatura mínima (°C)	Precipitación (cm)
Santiago	8.420.729	Centro	30	3	21,15
Valparaíso	1.896.053	Centro costa	20	7	18,44
Gran Concepción	1.012.490	Centro sur	23	6	71,52
Antofagasta	441.276	Norte	25	13	0,31
Iquique	231.962	Norte	26	15	0,15
Coquimbo/ La Serena	543.044	Centro norte	21	9	6,11
Talca	242.344	Centro Sur	29	3	44,88
Temuco	309.696	Sur	24	4	81,86
Puerto Montt	280.955	Sur	20	4	96,61
Punta Arenas	145.713	Sur austral	14	0	26,19

Fuente: Basado en INE (2024) y Weather Spark[3].

Chile es un país rico en diversidad de suelos y recursos naturales, lo que puede atribuirse a las diferencias climáticas a lo largo del país, la presencia de la cordillera de los Andes, las características geológicas de las zonas montañosas, la extensa costa sobre el Pacífico marcada por la corriente fría de Humboldt, los atributos de los suelos y la disponibilidad o falta de agua dulce, entre otras razones.

La minería es una actividad relevante, representando casi el 15% del PIB, en particular cobre, litio y hierro, localizados principalmente en la zona norte del país (**Tablas 3.3 y 3.4**). La agricultura, especialmente la fruticultura y la agroindustria, aprovechan el clima mediterráneo de la zona central del país, al igual que la industria vitivinícola. Tanto en el norte como en el sur existen buenas condiciones para la pesca, en tanto en el sur predomina la salmonicultura.

[3] https://weatherspark.com/history

Tabla 3.3
Indicadores sectoriales

Sector económico	% PIB 2022
Industria	9,74
Pesca	0,74
Minería	12,0
Agricultura/silvicultura	3,0
Construcción	7,0
Servicios	56,4
Impuestos sobre productos	10,2

Fuente: Banco Central de Chile (2024) https://www.bcentral.cl/areas/estadisticas.

Tabla 3.4
PIB por regiones (participación en el PIB nacional)

Región	PIB regional/ PIB nacional	Principales sectores productivos (no servicios)
Arica y Parinacota	0,9%	Construcción y minería
Tarapacá	2,7%	Minería y construcción
Antofagasta	8,8%	Minería y construcción
Atacama	2,2%	Minería y construcción
Coquimbo	3,4%	Minería y construcción
Valparaíso	8,2%	Minería y construcción
Metropolitana (Santiago)	46,6%	Industria y construcción
O'Higgins	4,6%	Minería y agricultura/forestería
Maule	4,3%	Industria y agricultura/silvicultura
Ñuble	1,5%	Agricultura/silvicultura y construcción
Bío Bío	6,9%	Industria y construcción
Araucanía	3,2%	Industria y agricultura/silvicultura
Los Ríos	1,5%	Industria y agricultura/silvicultura
Los Lagos	3,8%	Industria y construcción
Aysén	0,7%	Pesca y construcción
Magallanes y la Antártica chilena	1%	Industria y construcción

Fuente: CORFO (2021).

Tabla 3.5
Indicadores macroeconómicos

Indicador		2022
PIB, miles de millones de pesos chilenos		262.593
Consumo privado (% del PIB)		63,9
Consumo público (% del PIB)		14,4
Formación bruta de capital fijo (FBCF) (% del PIB)		24,8
Exportaciones (% del PIB)		35,7
Importaciones (% del PIB)		39,3
Ahorro nacional bruto (% del PIB)		16,4
Inflación (finales de 2023)		3,9%
Tasa de política monetaria (diciembre de 2023)		8,25%
Crecimiento medio del PIB (2018-2023)		2,11%
Principales exportaciones 2022 (% de las exportaciones)	Cobre	45,3%
	Litio	8,2%
	Salmón	6,3%
	Vino	1,9%
	Frutas	5,9%
	Otros agroindustriales	28,5%
	Otras exportaciones	3,8%

Fuente: Basado en datos del Banco Central de Chile (https://www.bcentral.cl/areas/estadisticas).

La **Tabla 3.5** presenta los principales indicadores macroeconómicos de Chile. Se aprecia que la inversión total alcanza casi un cuarto del PIB, mientras que la proporción de exportaciones más importaciones sobre el PIB total (75%) muestra que Chile es una economía altamente integrada al comercio internacional. La disponibilidad de recursos naturales afecta la composición de las exportaciones, en las que predominan los envíos mineros, de salmón, de frutas frescas y vino.

El financiamiento de la inversión total cuenta con un 16,4% del ahorro nacional, variable que ha disminuido en los últimos años junto con una importante desaceleración del crecimiento económico (2,11% promedio anual en los últimos seis años). Sin embargo, Chile cuenta con un amplio acceso al financiamiento externo, lo que le permite hasta el momento asegurar una inversión total significativa.

La inflación, que ha golpeado duramente al mundo entero en los años posteriores a la pandemia del covid-19, actualmente está en descenso en Chile (3,9% en diciembre de 2023) como consecuencia de una política monetaria contractiva implementada desde 2021 –ahora en reversa–[4] y una política fiscal austera durante 2022 y 2023 **(Tabla 3.5)**.

[4] La inflación ha repuntado durante 2024, pero más que nada por impactos de costos (ajuste tarifario eléctrico) y tipo de cambio. Sin embargo, las expectativas a dos años plazo siguen ancladas en 3%, que es la meta.

Tabla 3.6
Indicadores sociales

Esperanza de vida al nacer (2024, INE)	81,4 años
Tasa de pobreza (2024, CASEN)	6,5%
Tasa de pobreza extrema (2024, CASEN)	3,4%
Índice de Desarrollo Humano del PNUD (2024, PNUD)	0,860 (en una escala de 0 a 1)
Coeficiente de Gini 2024 (después de las políticas gubernamentales) (BM)	0,43 (en una escala de 0 a 1)
Tasa de alfabetización (2017, MSDF)	97,16%
Tasa de matriculación en educación superior (MINEDUC)	96%
Cobertura de agua potable (2024, SISS)	99,94%
Cobertura de alcantarillado (2024, SISS)	97,48%
Homicidios, por cada 100.000 habitantes (2024; PDI)	6,7

Fuentes: Elaborado a partir de datos del Casen (https://observatorio.ministeriodesarrollosocial.gob.cl/encuesta-casen-2024) Instituto Nacional de Estadísticas de Chile (https://censo2024.ine.gob.cl/), Banco Central de Chile (https://www.bcentral.cl/areas/estadisticas) y Banco Mundioal (https://www.bancomundial.org/es/country/chile/overview), Ministerio de Desarrollo Social y Familia de Chile (https://www.desarrollosocialyfamilia.gob.cl/informacion-social), MINEDUC (https://educacion-superior.mineduc.cl/wp-content/uploads/sites/49/2024/07/2024-MATRICULA-VF-1.pdf), Superintendencia de Servicios de Salud de Chile (https://www.siss.gob.cl/586/w3-propertyvalue-6415.html), PNUD (https://www.bcn.cl/obtienearchivo?id=repositorio/10221/36478/1/Informe_sobre_el_Desarrollo_Humano__PNUD__la_situacio__n_del_Asia_Paci__fico_y_Chile.pdf), Policía de Investigaciones de Chile (https://prevenciondehomicidios.cl/wp-content/uploads/2024/09/Informe_de_Homicidios_Consumados_Primer_Semestre_2024.pdf).

Chile es un país de ingresos medios y una economía emergente. Sin embargo, muchos de sus indicadores sociales compiten con los de los países desarrollados. Tal es el caso de la esperanza de vida al nacer (81,4 años), la tasa de alfabetización (96,4%) y la población bajo la línea de pobreza (6,5%) (**Tabla 3.6**). En términos más generales, el Índice de Desarrollo Humano del PNUD coloca a Chile, en 2022, por delante de todos los países de América Latina y en el lugar 42 a nivel mundial.

Un indicador social que indica un resultado deficiente es el coeficiente de Gini[5], que, con un valor de 0,46, muestra que en Chile la distribución del ingreso sigue estando sesgada. Con este registro, Chile se ubica entre los países más desiguales de la OCDE y cerca del promedio de América Latina. Sin embargo, ha habido una mejora relevante desde 1990, como se detalla en la sección 3.3.

Chile creció rápidamente durante los 90 y 2000, tan rápido que su PIB per cápita superó con creces al del resto de América Latina[6]. Todavía hoy, tras una década de crecimiento significativamente más reducido con relación a los 90 y 2000, Chile lidera la región según este indicador. En el mundo en general, ocupa el puesto 57, similar a los países de Europa del Este, pero sigue siendo 2/3 de España y 40% de Estados Unidos.

[5] El indicador de Gini va de 0 (todo el ingreso se concentra en una persona) a 1 (el ingreso se distribuye uniformemente entre la población).

[6] Véase la sección 3.3 para una descripción concisa del desarrollo de Chile en los últimos cincuenta años.

Los datos demográficos muestran que Chile tiene una población envejecida (las cohortes de menores de 14 años son más pequeñas que las de mayor edad, como se observa en las **Tablas 3.7a y 3.7b**), pero aún menos que los países más desarrollados (Europa y Japón, por ejemplo). Se espera que para 2050, las personas mayores de 60 años representen más del 25% de la población.

De los aproximadamente veinte millones de habitantes que se estima que tiene Chile, cerca de 1,6 millones son inmigrantes que han llegado en su mayoría en los últimos diez años. Venezuela, Perú, Colombia y Haití son las principales fuentes de inmigración. Normalmente, tienen entre 20 y 30 años, y además tienen más hijos que la familia chilena promedio.

En el mercado laboral, cabe destacar, entre otras, dos cuestiones: la baja participación femenina en la fuerza laboral (alrededor del 50%) y la importante proporción de trabajo informal (27%). En ambos casos, hubo mejoras importantes antes de 2020, pero la pandemia por covid-19 trajo consigo algunos contratiempos que hicieron retroceder en participación femenina y formalidad del empleo.

Tabla 3.7a

Población y mercado laboral

Población (en miles)	Total	19.961
	Hombre	9.849
	Mujer	10.112
Población en edad de trabajar (miles)		16.281
Fuerza laboral (miles)		10.012

Tabla 3.7b

Características demográficas y del mercado laboral

Población	0 a 14 años	18,90%
	15 a 29 años	22,60%
	30 a 44 años	19,60%
	45 a 59 años	19,20%
	60 + años	19,70%
Fuerza laboral (miles)	Empleados	91,27%
	Desempleados	8,73%
Tasa de participación total	Hombres	70,20%
	Mujeres	50,80%
Tasa de empleo informal		27,40%

Fuentes: Elaborado a partir de datos del Instituto Nacional de Estadísticas de Chile (https://censo2024.ine.gob.cl/), Banco Central de Chile (https://www.bcentral.cl/areas/estadisticas) y Ministerio de Desarrollo Social y Familia de Chile (https://www.desarrollosocialyfamilia.gob.cl/informacion-social).

Tabla 3.8
Indicadores de infraestructura

Indicador	2023
Penetración de internet de banda ancha (2022, SUBTEL)	67,4%
Celulares por habitante (2022, Banco Mundial)	1,35
Kilómetros de carretera (2021)	88.150
% de carretera pavimentada (2021)	24%
Red de metro de Santiago (2023)	149 kilómetros
Generación eléctrica con energías renovables (2023)	62%

Fuentes: Banco Mundial (https://datos.bancomundial.org/), Generadores de Chile (https://generadoras.cl/generacion-electrica-en-chile/), SUBTEL (https://www.subtel.gob.cl/estudios-y-estadisticas/), y Observatorio logístico (https://www.observatoriologistico.cl/).

Como se verá en la sección 3.2, a partir de la década de 2000 se ha producido un crecimiento exponencial de estudiantes de educación superior, fenómeno que está asociado al surgimiento de nuevas universidades e instituciones de educación técnica, así como a la creación de un mecanismo financiero subsidiado por el gobierno que facilita el financiamiento de la matrícula. Hoy en día, alrededor del 45% de los estudiantes que se gradúan de la educación secundaria cursan estudios de grado o diploma en universidades o instituciones de educación técnica (Cincel, 2002).

En términos de infraestructura pública, como se puede ver en la **Tabla 3.8**, Chile cuenta con más de 20 mil km de carreteras pavimentadas (24% del total de carreteras), un sistema de transporte subterráneo en Santiago que recorre más de 149 km y una asociación público-privada que ha permitido mejoras significativas en carreteras interurbanas y urbanas, edificios públicos, represas de riego, infraestructura de transporte, hospitales y cárceles. Toda la población urbana tiene acceso a agua potable y más del 99% a un sistema de alcantarillado. Por otro lado, el 52,4% de la población rural tiene acceso a agua potable. Alrededor de dos tercios de la población tiene conexión a internet de banda ancha, aunque solo la mitad de esa cantidad es a través de fibra óptica.

El sistema político chileno es una democracia representativa con un sistema presidencial y un Congreso bicameral. El poder judicial es un tercer poder autónomo y existe, además, una contraloría nacional independiente. El Banco Central también es autónomo. Aunque menos que perfecto, y a pesar de algunas fuertes turbulencias en los últimos cuatro años, el sistema político chileno funciona razonablemente bien, prevalece el Estado de derecho y se respeta totalmente la libertad de expresión, religiosa y de asociación. La corrupción existe, pero es de baja intensidad y muchos indicadores sitúan a Chile bien posicionado en esta materia a nivel mundial y a la cabeza de América Latina.

El sistema económico se basa en mercados libres, una economía abierta al mundo y la prevalencia de sector privado en la provisión de bienes y servicios. A pesar de las numerosas reformas de orientación socialdemócrata implementadas durante las últimas

Figura 3.1
Profundidad financiera M2/PIB

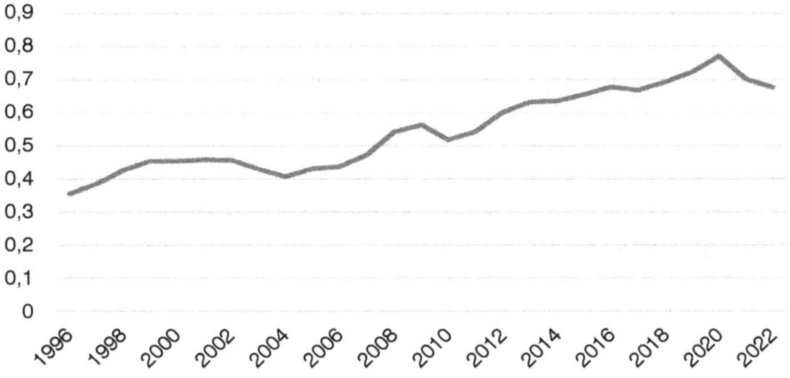

Fuente: Banco Central de Chile (https://www.bcentral.cl/areas/estadisticas.

tres décadas en una economía que a fines de la década de 1980 era muy liberal, Chile sigue ocupando una posición destacada en términos de libertad económica, situándose en el puesto número 22 de acuerdo con la clasificación de la Heritage Foundation[7]. El Estado está presente en la provisión de salud pública y educación, pero las instituciones privadas también juegan un papel significativo en ambos servicios. El sistema de pensiones es totalmente privado y de acumulación de capital individual[8], aunque contempla una pensión mínima básica garantizada para todos quienes estén dentro de los primeros ocho deciles de ingreso, que se financia con dinero de los impuestos generales.

En cualquier caso, los fondos de pensiones representan hoy alrededor de dos tercios del PIB y son un pilar básico de los mercados financieros y de capitales[9]. Más aún, han sido fundamentales para el desarrollo de los mercados financieros internos de largo plazo y, más recientemente, para la financiación de infraestructuras públicas.

Los mercados financieros de Chile presentan un alto grado de desarrollo y sofisticación. Un indicador es la relación M2/PIB, que en Chile ronda el 70% (véase la **Figura 3.1**), comparable a la de Francia, España, el Reino Unido y varias otras economías desarrolladas, y ciertamente superior al 20% de Brasil o al 16% de México[10]. La financiación proporcionada por los fondos de pensiones ha sido clave para este desarrollo.

---

7 Sin embargo, el país ha bajado en este ranking en años recientes.

8 Las contribuciones de los trabajadores dependientes a los fondos de pensiones son obligatorias a una tasa del 10%. Una reforma al sistema aprobada recientemente contempla un incremento gradual de esta tasas hasta 16%.

9 Véase la sección 3.3 para obtener más detalles sobre el sistema de fondos de pensiones.

10 Véase FMI (2023), Indicadores de solidez financiera.

Un problema que ha emergido con fuerza en los últimos años es el de la criminalidad y la seguridad. Lo que resulta particularmente preocupante es el surgimiento de pandillas y crimen organizado en torno al narcotráfico, que ha traído prácticas violentas y uso de armas de fuego de otros países de la región latinoamericana. Aunque los homicidios por cada cien mil habitantes se encuentran en un nivel moderado (6,7 en 2022, similar a Estados Unidos y menor que otros países de América Latina, pero mucho mayor que países europeos o asiáticos), es el triple de lo que era hace apenas cinco años.

3. LA TRAYECTORIA DE LA ECONOMÍA CHILENA EN LAS ÚLTIMAS DÉCADAS

Chile ha tenido un progreso económico significativo en los últimos treinta y cinco años. En particular, su PIB per cápita se ha multiplicado por 6,2 desde 1990 (**Figura 3.2**), mientras que la pobreza se ha reducido del 68% al 6,5% en el mismo periodo (**Figura 3.3**) y el Índice de Desarrollo Humano ha mejorado desde 0,706 en 1990 a 0,855 en 2022 (**Figura 3.4**). En estos tres indicadores generales, Chile ocupa también una posición de liderazgo en América Latina, tras haber sido un país muy rezagado en la región hasta antes de los 90, ciertamente por detrás de Argentina, Uruguay, Venezuela y México.

Es cierto que aún estamos lejos de los países desarrollados y que en la última década el desempeño económico y social ha sido bastante mediocre, pero, en todo caso, lo logrado hasta ahora es loable. Esto no ha sido fruto de la casualidad, sino de políticas públicas que, desde los 70, han ido cambiando las instituciones y el funcionamiento de la economía chilena en muchos aspectos clave.

Figura 3.2
PIB per cápita (USD actuales)

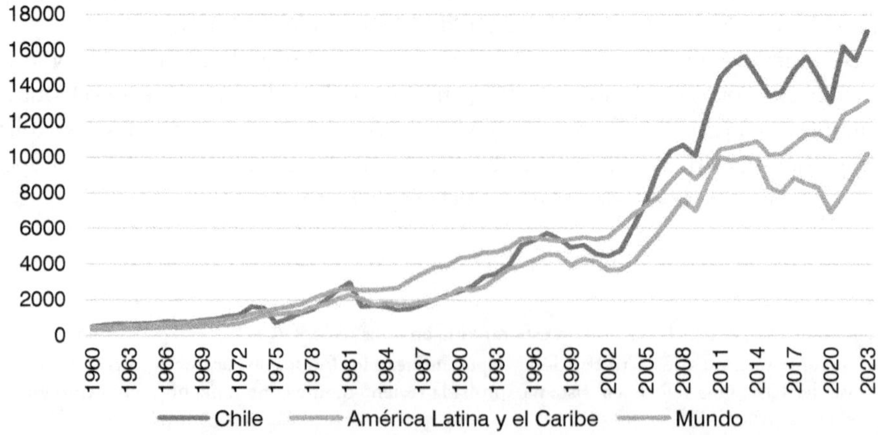

Fuente: Banco Mundial, https://api.worldbank.org/v2/es/indicator/NY.GDP.PCAP.CD?downloadformat=excel.

Figura 3.3

Pobreza

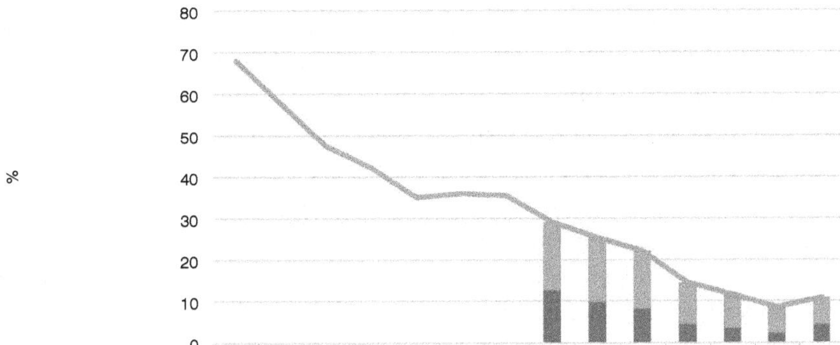

	1960	1992	1994	1996	1998	2000	2003	2006	2009	2011	2013	2015	2017	2020
Pobre no indigente								16,5	15,4	14,1	9,9	8,1	6,3	6,6
Pobre indigente								12,6	9,9	8,1	4,5	3,5	2,3	4,3
Proyección PNUD	68	57,2	47,4	42,1	35	36	35,4	29,1	25,3	22,2	14,4	11,6	8,6	10,8

Pobre indigente   Pobre no indigente   Poyección PNUD

Fuente: Ministerio de Desarrollo Social y Familia de Chile (https://observatorio.ministeriodesarrollosocial.gob.cl/storage/docs/casen/2022/Resultados%20pobreza%20por%20ingresos%20Casen%202022.pdf), PNUD (https://www.undp.org/es/chile/noticias/nueva-publicacion-pnud-por-que-hablar-de-pobreza-en-chile#:~:text=La%20publicaci%C3%B3n%20aborda%20de%20forma%20multidimensional%20la,la%20pandemia%20y%20una%20mirada%20hist%C3%B3rica%20a.

Figura 3.4

Índice de desarrollo humano

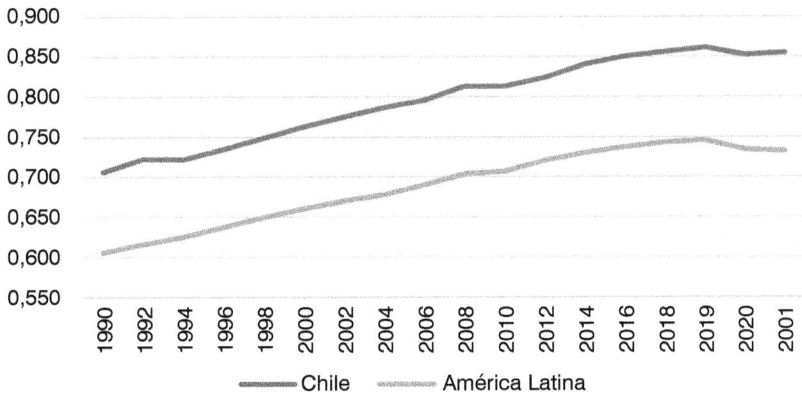

PNUD, https://hdr.undp.org/data-center/human-development-index#:~:text=El%20%C3%8Dndice%20de%20Desarrollo%20Humano,una%20de%20las%20tres%20dimensiones.

3.1. Chile en 1973

Hasta 1973, Chile registraba niveles de desarrollo económico relativamente bajos (PIB per cápita de 1.632 dólares en moneda actual ajustado por PPA), existiendo cuatro razones que en gran medida explican esta situación. En primer lugar, la economía chilena estaba prácticamente aislada de los mercados internacionales como consecuencia de políticas deliberadas por parte del gobierno; en segundo término, existía un sector público hipertrofiado; en tercer lugar, el control estatal se extendía a toda la economía, lo que causaba grandes distorsiones en los precios relativos; y cuarto, existían desequilibrios macroeconómicos severos e insostenibles. Las características antes mencionadas estaban vinculadas entre sí y se influenciaban mutuamente.

El aislamiento de los mercados internacionales fue resultado de una estrategia de "desarrollo hacia adentro" que protegió fuertemente a la industria nacional de la competencia externa mediante elevados aranceles de importación, un régimen de tipos de cambio múltiples y una amplia gama de barreras no arancelarias. En septiembre de 1973, los aranceles alcanzaron en algunos casos el 750% y las barreras no arancelarias incluían cupos de importación, así como extensas listas de importaciones prohibidas, y depósitos previos del 10.000% del valor de lo importado durante noventa días. La brecha entre distintos tipos de cambio llegó a 52 veces entre el más alto y el más bajo. Como resultado, las importaciones se concentraron en insumos intermedios y algunos bienes básicos —entre ellos, el petróleo y el trigo—, mientras que las exportaciones se concentraron en más del 80% en cobre, cuya producción estaba en manos del Estado.

La intervención del Estado en la economía se reflejó en el casi 40% del PIB que representaban las empresas estatales y los servicios públicos, situándose entre el 40% (industria manufacturera) y el 100% (servicios públicos) de la actividad correspondiente en diversos sectores[11]. Asimismo, la política gubernamental contempló controles generalizados de precios, a niveles muy inferiores a los costos efectivos de producción, lo que provocó la proliferación de mercados negros, el racionamiento del crédito y la fijación de tasas de interés por debajo de la inflación.

Mientras tanto, la política fiscal era altamente expansiva y su financiamiento era enteramente monetario. Hacia mediados de 1973, el déficit fiscal superaba el 20% del PIB, mientras que la inflación oficial subía por encima del 100% anual —y más aún si se consideraba la represión de precios y la existencia de mercados negros con precios muy superiores a los regulados[12]. Para la misma fecha, el déficit en cuenta corriente de la balanza de pagos superaba el 15% del PIB y las reservas internacionales se habían agotado.

---

[11] 85% en minería, 70% en transporte, 85% en el sector financiero y 70% en telecomunicaciones (Hachette y Luders, 1987).

[12] A fines de 1973, una vez que los mercados se liberaron, la inflación superó el 500%, y algunas estimaciones de la inflación reprimida por los controles de precios sitúan la cifra anual para ese año por encima del 1.000%. (Véase Cortázar y Marshall, 1980).

3.2. Las reformas económicas del gobierno de facto

En septiembre de 1973, las Fuerzas Armadas dieron un golpe militar que derrocó al presidente Allende, elegido democráticamente en 1970, e instauró un gobierno de facto encabezado por una Junta Militar que suspendió el estado de derecho y la mayoría de las garantías ciudadanas[13].

Este régimen fue largo –desde 1973 hasta 1989– y reformó al país desde el punto de vista institucional, pasando por distintas etapas en la implementación de reformas económicas muy disruptivas respecto de la trayectoria que había tenido hasta entonces la economía chilena. La idea de fondo era convertir a Chile en una economía de mercado, abierta al mundo y orientada al sector privado. Así, el abanico de reformas fue amplio y profundo, incluyendo la plena integración al comercio internacional, una reconfiguración del sistema de seguridad social, una reforma al régimen fiscal, la liberalización de precios, reformas estructurales al régimen laboral, a los mercados financieros, a la salud y a la educación, y dos oleadas de privatizaciones de empresas y bancos.

El cuerpo central de estas reformas persiste en gran medida hasta nuestros días, aunque con algunas modificaciones. Por ello, se presentarán con cierto detalle y en orden cronológico, junto con el contexto en el que se implementaron y sus principales consecuencias económicas.

a) El restablecimiento de los equilibrios macroeconómicos y la liberación de los precios

Muy pronto, el gobierno de facto atacó los dos problemas más agudos que enfrentaba la economía chilena en septiembre de 1973: los graves desequilibrios macroeconómicos y la escasez de bienes resultante de los controles artificiales de precios. El gasto público se redujo significativamente y en 1974 el déficit fue de solo el 4% del PIB –frente al 20% del año anterior–, lo que restringió significativamente la emisión monetaria. La escasez de bienes se resolvió eliminando la gran mayoría de los controles de precios. Además, se descartó el sistema de tipos de cambio múltiples y se aplicó un tipo de cambio ajustable con respecto a la inflación pasada *(crawling peg)*.

Durante los años siguientes, se mantuvo una política fiscal conservadora, se redujo la masa salarial pública –tanto en empleo como en remuneraciones reales–, se simplificó la estructura tributaria y se introdujo el Impuesto al Valor Agregado (IVA). También se devolvieron a sus propietarios empresas anteriormente confiscadas y se privatizaron otras, lo que condujo a la eliminación de cuantiosos subsidios, todo lo cual en conjunto contribuyó a lograr, en 1980, un balance público superavitario del orden del 6% del PIB.

La rápida disminución del déficit público a partir de 1974 fue congruente con la decisión de prohibir al Banco Central otorgar crédito al Tesoro Público, como había sido

---

[13] En lugar de centrarnos en los abusos a los derechos humanos que siguieron y que han sido ampliamente denunciados y condenados, nos centraremos en la gestión económica del gobierno autocrático.

la práctica habitual durante muchos años y hasta 1973. Este precepto fue incorporado explícitamente en la Constitución de 1980 y se mantiene hasta el día de hoy.

La trayectoria de la inflación, sin embargo, fue de una caída muy gradual. De hecho, después de más de 500% en 1973, la inflación seguía siendo de dos dígitos en 1976 (aunque declinando año tras año), y recién en 1981 alcanzaría una cifra de un solo dígito (8%). Esto fue el resultado de una decisión explícita de no eliminar el alto grado de indexación de muchos precios clave a la inflación pasada, como algunas tasas de interés de largo plazo y el tipo de cambio. El propio mercado también indexó los precios de las viviendas y los activos inmobiliarios a la inflación de periodos anteriores, una práctica que fue el resultado de una larga historia inflacionaria facilitada por el establecimiento de una unidad de cuenta indexada paralela a la moneda local, la Unidad de Fomento (UF)[14].

A pesar de la reducción relativamente lenta de la inflación[15], el principio del respeto de los "equilibrios macroeconómicos" –un término acuñado para indicar una conducta de responsabilidad fiscal y monetaria– se estableció como una condición necesaria para la estabilidad de la economía y el progreso económico, que perdura hasta hoy y desde hace casi cincuenta años.

Algo similar ocurrió con la libertad de precios. Tras la apresurada liberalización de los precios de la mayoría de los bienes y servicios en 1973, en torno a 1975 se liberalizaron también los tipos de interés y un año después los de productos básicos, como el pan. En 1982, se liberalizaron también los salarios. A pesar de que algunos servicios básicos prestados por monopolios naturales, como la electricidad y el agua potable, tienen sus precios regidos desde mediados de 1980 por leyes *ad hoc*, que por lo demás simulan el valor que cobraría al público un proveedor perfectamente competitivo, hasta la fecha la libertad de precios sigue siendo la norma en el funcionamiento de los mercados.

b) Apertura de la economía al comercio exterior de bienes, servicios y capitales

Una de las reformas más significativas desde el punto de vista de la asignación de recursos fue la liberalización del comercio exterior, pues significó romper con más de 35 años de aplicación de una estrategia de "desarrollo hacia adentro" descrita con anterioridad. Iniciada en 1974, la apertura a la economía mundial incluyó la abolición completa e inmediata de las barreras no arancelarias y un plan de reducción de aranceles en cuatro años. El arancel promedio se redujo del 105% en 1973 al 10% en 1978, y se hizo una transición desde una estructura en cascada a una tasa plana para todos los productos y servicios (10%).

Un factor muy relevante en este proceso de apertura entre 1974 y 1976 fue el manejo del tipo de cambio por parte del Banco Central. Luego de unificar los tipos de cambio

[14] La UF existía desde los 60, pero en 1975 se "perfeccionó", calculándose oficialmente por día según la proporción diaria de la inflación del mes anterior.

[15] Y una reducción aún más gradual del desempleo, después de un fuerte aumento de esta variable en 1975.

múltiples a fines de 1973, el Banco Central aplicó un sistema de tipo de cambio de paridad móvil para tener en cuenta la inflación local, pero también con el propósito de aumentar el tipo de cambio real, como una forma de enfrentar la caída de los términos de intercambio en 1975-76 y también para compensar la reducción de aranceles y promover las exportaciones. El tipo de cambio real se depreció 45% entre 1974 y 1975. A partir de 1977, sin embargo, el tipo de cambio fue utilizado cada vez más con fines antiinflacionarios, lo que fue apalancado por el aumento significativo de los flujos de capital. Esto, a su vez, correspondió a la mayor liquidez internacional hacia fines de los 70 —consecuencia del reciclaje de los petrodólares—, pero también a la eliminación gradual que se venía produciendo de las restricciones a los flujos de capital por parte del Banco Central. No es sorprendente que en estas circunstancias el tipo de cambio real se apreciara sustancialmente.

La economía chilena, hoy en día, sigue plenamente integrada a los flujos internacionales de comercio e inversión, tanto financieros como directos. Más aún, esta integración se ha profundizado desde 1990, como resultado de las políticas gubernamentales que ha tenido el país desde el retorno a la democracia y que revisaremos más adelante.

c) Reformas de pensiones, salud y educación

Estas tres reformas fueron también pioneras y con un marcado propósito de asignar un papel mayor, y quizás preponderante, al sector privado en servicios tradicionalmente prestados por el Estado. Todas ellas se implementaron alrededor de 1981.

En el caso de la previsión jubilatoria, el cambio implicó también pasar de un sistema tradicional de reparto a uno de capitalización individual. El viejo sistema estaba actuarialmente quebrado, disperso en más de 20 regímenes diferentes, e implicaba una tasa de contribución cercana al 20% de los salarios. Para llevar adelante esta reforma, el gobierno preparó el terreno con un par de años de fuerte superávit fiscal (1979 y 1980) para financiar la transición a partir de 1981. El esquema contemplaba la creación de gestoras de fondos privadas[16] que debían competir entre sí para captar los ahorros de los trabajadores activos y, con el paso de los años, devolver esos recursos, más su rentabilidad, al momento de la jubilación. Como era de esperar, el nuevo esquema trajo consigo con el tiempo una sustancial acumulación de ahorro privado, en parte a expensas del ahorro público, en parte como consecuencia del propio crecimiento de la economía.

Los fondos de pensiones han llegado a rondar el 80% del PIB en su mejor momento (2019), pero el estancamiento de la economía en los últimos años, el propio envejecimiento de la población, que ha implicado un aumento del número de jubilados y, sobre todo, el retiro de una cuarta parte de estos fondos que se permitió durante la pandemia de covid-19, ha reducido la participación al 58% del PIB en 2022 (**Figura 3.5**). En cualquier caso, la acumulación de ahorro permitió con el tiempo el desarrollo de profundos mercados financieros y de capitales, en particular inmobiliarios y de inversiones a largo plazo.

[16] Las AFP, o Administradoras de Fondos de Pensiones.

Figura 3.5
Stock de ahorro (% del PIB)

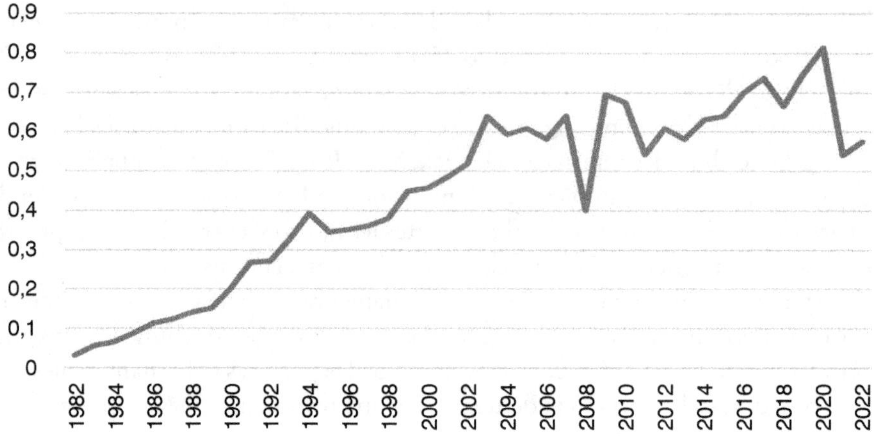

Fuente: CMF, https://www.cmfchile.cl/educa/600/w3-propertyvalue-701.html.

Sin embargo, el diseño del esquema de capitalización con gestoras privadas ha recibido diversas críticas, siendo la más importante que las jubilaciones resultantes han mostrado tasas de reemplazo cercanas al 30 a 40%, muy reducidas en comparación con las expectativas de hace cuarenta años[17]. No es de extrañar entonces que haya sufrido varias modificaciones y que actualmente se esté considerando un aumento de la tasa de cotización, desde el 10% de los salarios que se implementó inicialmente, hasta el 16%. Sin embargo, el sistema de capitalización individual tiene ya más de cuatro décadas de existencia y las modificaciones más recientes no lo han modificado en su esencia, por lo que muy probablemente seguirá prevaleciendo en el futuro previsible.

La reforma de salud, también en 1981, creó instituciones de seguros que administran una contribución obligatoria por cada trabajador (7%), ofreciendo diversos planes de cobertura en un mercado de proveedores privados que compiten entre sí. Estas instituciones tienen la sigla Isapre. Beneficiadas por subsidios estatales (durante la década de 1980) y basadas en una oferta más atractiva para los trabajadores de ingresos medios y altos que la alternativa estatal –que tiene un mayor componente solidario y se llama Fonasa–, las Isapre alcanzaron casi el 20% del total de trabajadores del país. Actualmente, ese porcentaje ha caído por debajo del 15% por diversas razones y las Isapre están muy estresadas financieramente. Es muy probable que con el tiempo sufran reformas más profundas y se transformen en empresas de seguros más tradicionales, pero siempre privadas.

[17] Después de la implementación de la PGU, Pensión Universal Garantizada, en 2022, las tasas de reemplazo han aumentado significativamente para los pensionados de ingresos bajos y medios.

Figura 3.6
Matrícula en educación superior

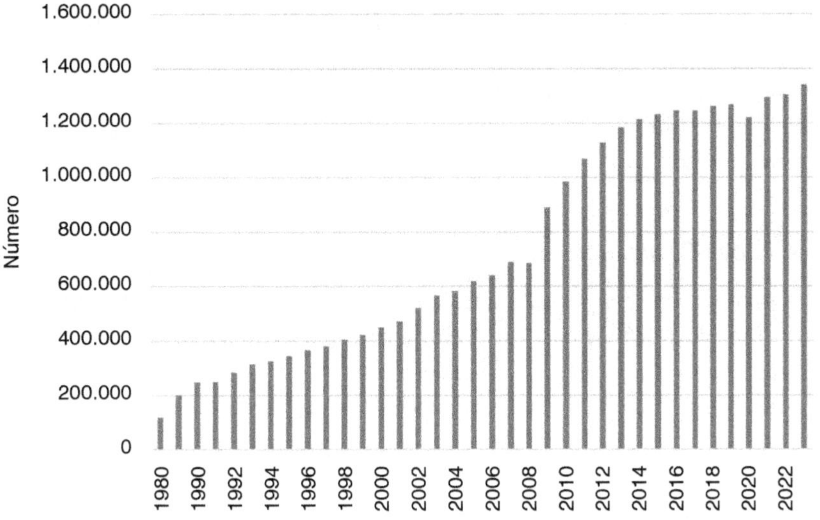

Fuente: Construida en base a información del Ministerio de Educación, https://educacionsuperior.mineduc.cl/wp-content/uploads/sites/49/2024/07/2024-MATRICULA-VF-1.pdf.

Los dos aspectos más llamativos de la reforma de la educación escolar fueron, en primer lugar, la transferencia de establecimientos públicos a las municipalidades (descentralización); y en segundo lugar, la implementación de un sistema de *vouchers* por alumno, tanto en escuelas públicas como en escuelas particulares subvencionadas. Esto último resultó en la práctica en una expansión muy fuerte de la educación particular subvencionada, al punto que actualmente cubre al 55% de la población escolar, mientras que la educación municipal ocupa el 35%. El 10% restante es educación particular pagada. Mientras tanto, el sistema de *vouchers* sigue prevaleciendo hasta el día de hoy.

A nivel de educación superior, en 1981 se abrió la posibilidad de crear nuevas universidades, principalmente privadas, lo que dio como resultado que el número total de establecimientos universitarios (y otras instituciones de educación terciaria) a la fecha alcance 140, muy superior a los 8 que existían antes de esta reforma. En consecuencia, la matrícula en educación superior ha aumentado 890% desde inicios de la década de 1980 hasta inicios de la década de 2020, aunque una parte importante de este aumento está vinculado a la educación técnica no universitaria (**Figura 3.6**).

d) Reforma laboral

El Código del Trabajo instaurado en 1979 estableció la negociación colectiva a nivel de empresa –y no a nivel de rama o industria–, y el derecho a huelga y a *lockout* patronal, así como la libertad de afiliación a sindicatos. Además, se estableció la posibilidad de que el empleador despidiera sin expresión de causa, pero pagando al trabajador afectado una indemnización económica acorde a sus años de servicio. Más allá de los derechos que otorgaba a los trabajadores, el objetivo principal de la ley era sin duda garantizar la flexibilidad en el mercado laboral.

Si bien esta legislación ha sufrido diversos cambios a lo largo del tiempo, hasta ahora se ha mantenido la negociación colectiva a nivel de empresa, aspecto clave que ha contenido el nivel de conflictividad laboral en el sector privado[18].

e) Una nueva Constitución

Una comisión de expertos designada por el gobierno de facto —dirigido por el general Pinochet desde 1976 en lugar de la Junta de Gobierno original— redactó una nueva Constitución, ratificada en referéndum en 1980[19].

El cuerpo legal pretendía sustentar la estructura institucional que se estaba construyendo a través de las reformas que venimos comentando. Algunos de los aspectos económicos más importantes contenidos en esta Carta Magna son los siguientes:

i. Subsidiariedad del Estado: se establece implícitamente el principio de que toda actividad económica debe ser realizada por el sector privado y solo en forma subsidiaria por el Estado, y siempre que sea autorizado por una ley *ad-hoc*. Se suponía que solo unas pocas empresas consideradas estratégicas quedarían en manos del Estado, como la gigante minera del cobre, Codelco, las refinerías de petróleo (Enap) y otras más pequeñas vinculadas a las Fuerzas Armadas[20].
ii. Libertad de elección: las personas pueden elegir los proveedores de servicios obligatorios de educación y salud entre el Estado y empresas privadas.
iii. Se establece igualdad de trato entre el inversionista extranjero y el inversionista nacional.
iv. Se abre la posibilidad de explotación minera por parte de inversionistas extranjeros.
v. Se valida el sistema existente de derechos privados de agua, lo cual es muy relevante para el buen funcionamiento de la agricultura, la minería y la propia provisión de agua para uso de la población.
vi. El Estado tiene derecho a expropiar intereses privados, pero a cambio de una indemnización a valor de mercado.

---

[18] Las huelgas o paros más masivos y disruptivos se dan en Chile en el sector público, que cuenta con su propio régimen laboral. Paradójicamente, este régimen no permite huelgas, por lo que las que se observan son ilegales, aunque toleradas.

[19] Según los resultados oficiales, el 66% de los votantes ratificó el texto propuesto, aunque el referéndum se realizó sin actas electorales y, por tanto, la legitimidad del proceso está en duda desde entonces.

[20] Durante muchos años las Fuerzas Armadas mantuvieron el derecho a recibir el 10% de las ventas anuales de Codelco, y hasta hace poco podían hacer uso discrecional y reservado de esos fondos para efectos de compra de armamento.

vii. El Banco Central tiene prohibido comprar deuda pública o financiar al Estado.
viii. Una serie de leyes se establecen con alto quórum para dificultar su cambio por mayoría circunstancial, entre ellas la futura ley del Banco Central y la que sanciona el sistema de pensiones de cuentas de ahorro individual y administradas por privados.

La Constitución de 1980 ha sufrido muchas modificaciones a lo largo del tiempo, quizá la más relevante en 2005 bajo el gobierno del presidente Ricardo Lagos. Sin embargo, la mayoría de las modificaciones se concentraron más en cuestiones políticas que económicas y no han alterado en gran medida los ocho aspectos vinculados a la economía mencionados en el párrafo anterior[21].

f) La gran recesión de 1982/83 y las nuevas reformas

En 1982, el PIB real cayó 14,2% (15,8% en términos per cápita), mientras que la tasa de desempleo subió a casi 30% a fines de 1982. A principios de 1983, casi todos los bancos fueron intervenidos por el gobierno para evitar una crisis financiera, en vista de los problemas de liquidez y solvencia que experimentaban muchos de esos bancos, incluidos varios de los más grandes. A diferencia del patrón habitual de una crisis posterior a una política de expansión fiscal irresponsable, esta vez la crisis fue desencadenada por el cese abrupto del financiamiento externo –después de años de dinero externo fácil hacia fines de los años 70– ante una expansión insostenible del gasto privado (consumo e inversión) financiado con generosos recursos del exterior. Así, en 1981, el déficit en la cuenta corriente de la balanza de pagos alcanzó el 25% del PIB. Pero, en 1982, eso se detuvo abruptamente, tanto como resultado de una crisis en México que asustó a los inversionistas extranjeros sobre América Latina como de una recesión en los Estados Unidos y los países desarrollados. No obstante, también hubo una clara responsabilidad interna, pues los conglomerados económicos que habían surgido en el país lo habían hecho en torno a un banco en el centro del *holding*, que reciclaba fondos externos hacia las empresas del grupo y su crecimiento. Esto fue posible gracias a la desregulación financiera implementada en los años 80, que se hizo claramente sin las imprescindibles salvaguardas prudenciales. También ayudó la fuerte apreciación real previa del peso –un tipo de cambio fijo desde 1979 y una inflación interna tres veces superior a la internacional– y un mecanismo de ajuste automático de los salarios a la inflación pasada que se incluyó en la reforma laboral de 1979.

---

[21] Se han producido dos intentos, entre 2019 y 2023, de cambiar completamente la constitución a través de dos asambleas consecutivas elegidas específicamente por voto popular. Por diversas razones, que no viene al caso analizar aquí, las propuestas emanadas de dichas asambleas fueron rechazadas en dos referendos sucesivos, uno en septiembre de 2022 y el otro en diciembre de 2023. Como consecuencia, la Constitución de 1980/2005 sigue vigente, aunque sin la figura de leyes de alto quórum.

La economía chilena tardó entre cuatro y cinco años en recuperarse plenamente, y las autoridades implementaron modificaciones sustantivas a sus políticas. La más relevante fue, sin duda, una nueva ley bancaria mucho más exigente que limitó la actividad bancaria e introdujo una regulación prudencial mucho más severa. Desde el punto de vista macro, Chile volvió a un esquema de tipo de cambio de paridad móvil según la inflación pasada y se resguardó el principio de una política fiscal responsable, pese a que el rescate del sistema financiero costó al Estado entre 10 y 15% del PIB entre 1983 y 1990, recursos que fueron aportados financieramente por el Banco Central como agente fiscal, e indirectamente por el creciente ahorro privado en los fondos de pensiones.

El proceso de privatización de empresas en manos del Estado que se había iniciado en la década anterior se profundizó en la segunda mitad de los años 80, incluyendo varios servicios públicos *(utilities)*, como la generación de energía eléctrica y su transmisión y distribución, y las empresas de telecomunicaciones. Para cada uno de estos servicios existían marcos legales previos a su privatización para establecer sus tarifas con el fin de proteger a los consumidores. Si bien en un principio fueron principalmente inversionistas chilenos quienes obtuvieron la propiedad de estas empresas[22], con el tiempo han sido adquiridas por grandes inversionistas extranjeros con conocimiento de las respectivas industrias. Cabe destacar que todas estas empresas permanecen en manos privadas hasta la fecha y que los avances tecnológicos han hecho redundante la fijación de precios por parte del regulador en algunos sectores, como en el caso de las telecomunicaciones.

La última reforma implementada antes del retorno a la democracia fue la que transformó al Banco Central en un ente autónomo del gobierno y con el objetivo de lograr (primero) y mantener (después) la estabilidad de precios y el buen funcionamiento de los medios de pago y del sistema financiero.

4. LAS POLÍTICAS ECONÓMICAS DE LOS GOBIERNOS DEMOCRÁTICOS

Tras perder un referéndum sobre su continuidad en el poder en octubre de 1988, el general Pinochet dejó el cargo de presidente de la República en marzo de 1990, dando paso al gobierno de Patricio Aylwin, líder de la oposición a Pinochet y jefe de una coalición de centroizquierda[23]. Su lema, desde el punto de vista económico, era "crecimiento con equidad", lo que resumía muy bien lo que sería su gobierno y el de su sucesor, Eduardo Frei: mantener una economía de mercado orientada al mundo, y sus bases institucionales, legado de Pinochet y su gobierno, con un nuevo énfasis en la equidad y la justicia social.

---

[22] No sin polémica porque algunos de ellos eran ejecutivos de las respectivas empresas estatales colocados allí por el gobierno y que podrían haber tenido ventajas de información en los procesos de privatización.

[23] Esta coalición recibió el nombre de "Concertación de partidos por la democracia", y luego simplemente "Concertación".

Esta última no era una cuestión menor, porque la pobreza alcanzó al 68% de la población a principios de los 90, un remanente de la crisis de 1982/83 y resultado también del insuficiente gasto público social en los años posteriores.

Para enfrentar esta alta tasa de pobreza, el gobierno de Aylwin implementó un aumento significativo del gasto público en programas sociales, que se financió mediante una reforma tributaria que permitió recaudar un 2% adicional del PIB por año. Esto evidenció también el estricto apego de la coalición gobernante al principio de la prudencia fiscal —el llamado "equilibrio macroeconómico"—, garantía de que no se deseaba regresar a un pasado (antes de 1973) de alta inflación. Por el contrario, la gestión del Banco Central autónomo comenzó con un ajuste contractivo de su política monetaria en 1990 —para enfrentar una inflación que había llegado a 21,4% en 1989— y posteriormente se administraron las políticas monetaria y cambiaria con el fin de lograr una reducción gradual de la inflación de 27,3% en 1990 a 4,7% en 1998.

El gobierno y la oposición de la época también acordaron cambios en la legislación laboral que implicaban la eliminación del paro *(lockout)* empresarial, el aumento de las indemnizaciones por despido y mayores facilidades para la formación de sindicatos. Sin embargo, se mantuvieron aspectos esenciales de la legislación laboral vigente entonces, como la negociación colectiva a nivel de empresa y la libertad de afiliación sindical.

Desde una perspectiva económica, hay dos reformas importantes que tuvieron lugar durante la década de 1990. La primera es la profundización de la integración de la economía chilena a los mercados internacionales (mencionada de paso más arriba) y el inicio de las asociaciones público-privadas para el financiamiento y construcción de obras de infraestructura.

4.1. La profundización de la integración comercial a los mercados globales

La política comercial seguida desde 1990 no solo ha mantenido los mercados chilenos abiertos al comercio internacional, sino que ha profundizado dicha política. Por un lado, el arancel general y único se redujo del 15 al 11% en 1991, y luego al 6% en 2003, tasa que se mantiene hasta el día de hoy. Por otro lado, se han negociado acuerdos de libre comercio que abarcan a 64 países que representan casi el 85% del PIB mundial, lo que llevó a que el arancel efectivo y promedio a las importaciones fuera inferior al 1% a mediados de la década de 2000[24]. Este tipo de enfoque se ha denominado "apertura recíproca", en el sentido de que se negocia una reducción adicional del arancel aduanero local a cambio del acceso —o acceso libre de aranceles— a los mercados del país con el que se negocia. Como parte de esta misma estrategia, Chile también se convirtió en miembro de la Apec en 1994 y firmó un acuerdo de asociación con el Mercosur en 1996. En la Figura 3.7 se presenta la evolución de la participación de las importaciones y exportaciones en el PIB.

[24] Véase Ffrench-Davis (2018).

Figura 3.7

Exportaciones e importaciones (% del PIB)

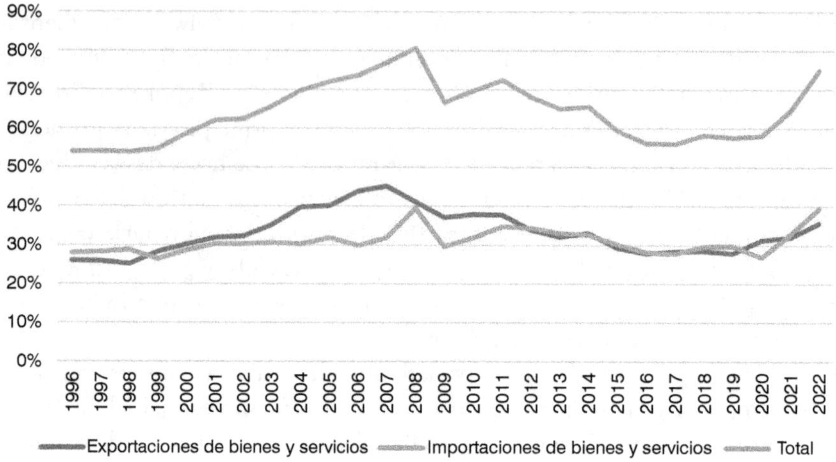

Fuente: Banco Central, https://www.bcentral.cl/areas/estadisticas.

Cabe destacar que Chile cuenta con acuerdos de integración económica de última generación con la Unión Europea (de reciente fecha) y Estados Unidos, que incluyen aspectos laborales, ambientales y de género —en el caso europeo. Además, tiene vigente un acuerdo de amplio espectro con China, principal socio comercial de Chile, constituyendo el 44% de nuestras exportaciones y el 35% de las importaciones (2022).

Si bien en la segunda mitad de la década de 1980 se observó inversión extranjera directa, especialmente en el caso de empresas de servicios públicos privatizadas, recién cuando se hizo evidente que los nuevos gobiernos democráticos mantendrían los rasgos básicos de una economía de mercado abierta al mundo, se verificó un flujo sustancial de inversión directa. Esta llegó masivamente al sector minero, aprovechando una modificación pro inversión realizada en 1981 que no había logrado efectos concretos hasta antes de 1990, en parte debido al cuestionado régimen político chileno previo a esa fecha. Las inversiones mineras y muchas otras vendrían cuando Chile combinara una economía de mercado integrada a los mercados mundiales con un régimen de gobierno democrático. Se estima que en 2022 la inversión extranjera directa total en Chile asciende a más de US$300 mil millones.

La inserción a la economía mundial también permitió a las empresas chilenas realizar inversiones en el exterior, que, en un principio en los años 90, se concretaron sobre todo en América Latina. Hoy, las inversiones se han diversificado hacia Estados Unidos, Europa y otras regiones, alcanzando una cifra cercana a los US$50 mil millones.

Asimismo, los flujos financieros crecieron fuertemente en los años 90 hasta la crisis asiática de 1998-1999, durante la cual prácticamente se secaron, pero se reanudaron con vigor a partir de 2001. Tanto los bancos como las grandes empresas en forma directa han tenido un fluido acceso al financiamiento externo, lo que ha sido facilitado por el grado de inversión que el país obtuvo de los principales organismos internacionales de crédito entre 1995 y 2005. Esto a su vez fue resultado de la política de prudencia fiscal, la robustez del sistema financiero, la prevalencia del Estado de derecho, el tratamiento tributario no discriminatorio al capital extranjero y la propia inserción de Chile en la economía global.

La prima de riesgo de la deuda soberana calculada por el banco JP Morgan ha mostrado consistentemente a Chile como el país de menor riesgo de América Latina entre 1990 y la actualidad, observándose en el presente valores de este indicador similares a países como Polonia y Portugal. Esto a pesar de que en los últimos ocho años Chile ha experimentado reducciones de uno o dos escalones en su clasificación de riesgo, aunque aún está lejos de perder el "grado de inversión"[25].

Otra muestra de la inserción chilena al mundo en términos generales, y también de la positiva evaluación que se hace de sus políticas económicas y de su consolidación institucional en los mercados y foros internacionales, fue el ingreso del país como miembro de la OCDE en 2010. Este organismo multilateral agrupa esencialmente a economías desarrolladas con regímenes democráticos –"like-minded"– y su misión es reunir y recomendar las mejores prácticas en políticas económicas basadas en evidencia empírica.

4.2. La era de las concesiones de obras públicas de infraestructura

En 1993 se aprobó una ley que establecía una fórmula de asociación público-privada que facilitaba la inversión privada (y su construcción) en obras de infraestructura pública, a cambio del derecho a explotar esa infraestructura durante un periodo de tiempo determinado, tras el cual la infraestructura revertía al Estado. En esto, se estaba siguiendo un mecanismo tipo BOT[26], desarrollado inicialmente en el Reino Unido. Tras un inicio algo dubitativo, el mecanismo cuajó con mucha fuerza hacia la segunda mitad de los años 90, acumulando hasta 2022 una inversión total de 21 mil millones de dólares, o el 7% del PIB.

Con este tipo de mecanismos se financiaron inicialmente vías interurbanas, puentes y túneles, más tarde vías urbanas y edificios públicos, y luego hospitales y prisiones. El modelo de negocio se ha adaptado al tipo de obra –en el caso de las carreteras, son los usuarios los que pagan a través de un peaje, en el caso de prisiones y hospitales, es el Estado el que asume un pago (peaje "sombra") al año. También se han utilizado distintos modelos de asignación mediante subasta y distintas formas de garantías por parte del Estado para resolver algunos riesgos.

Aunque ha tenido algunos altibajos a lo largo del tiempo, el procedimiento de concesiones sigue plenamente vigente y hoy en día se utiliza también para reservorios de agua para la agricultura e infraestructura para transporte público.

---

[25] Standard & Poor's y Moody's.

[26] BOT: Build, Operate and Transfer.

4.3. La consolidación del Banco Central autónomo

Entre 1930 y 1990, la inflación media anual en Chile superó el 30% anual. Aunque hubo claros episodios de inflación muy elevada en los años 50, y sobre todo en los 70, lo cierto es que el resto del tiempo no fueron inusuales las tasas de dos dígitos. El origen del fenómeno fue siempre los déficits fiscales financiados mediante la emisión de dinero, en un contexto en el que el Banco Central estaba subordinado a la autoridad política. La Constitución de 1980 cortó el financiamiento monetario del déficit fiscal, cuestión que luego se institucionalizó con la ley de autonomía del Banco Central que entró en vigencia en 1989.

El Banco Central autónomo, encargado de lograr la estabilidad de precios, definida como una inflación "baja y estable", logró, como ya se ha señalado, reducir la inflación del 28% en 1990 al 2% en 1999 (**Figura 3.8**). Se estableció un sistema de objetivos de inflación siguiendo los patrones de Australia, Nueva Zelanda y otros países pioneros en la materia hacia finales de los años 90. La inflación se ha mantenido desde entonces en torno a la meta autoimpuesta del 3% anual, con un margen de tolerancia entre el 2 y el 4% anual. En efecto, desde 2000 hasta 2023, la inflación ha sido en promedio del 3,18% anual, y si hacemos el cálculo hasta 2019, para evitar las anomalías creadas por la pandemia[27], esa media es casi la misma cifra: 3,19% anual.

El gobierno del Banco Central reposa sobre un consejo de cinco miembros designados cada dos años por periodos alternos de diez años cada uno. Sus nombres son propuestos por el presidente de la República y sus nombramientos son aprobados por el Senado por una mayoría de 2/3, lo que ha dado como resultado una representación política en el Consejo similar a las preferencias ciudadanas representadas en el Congreso. Pero lo más importante es que los nombramientos han recaído, generalmente, en técnicos de alta reputación que han honrado eficazmente el mandato del Banco Central[28].

El buen desempeño del Banco Central en términos de mantener a raya la inflación ha sido una base institucional incuestionable y reconocida por todos los sectores políticos como una condición necesaria para el progreso económico.

---

[27] En 2022, como en la mayoría de los países del mundo, la inflación se aceleró hasta llegar al 14% en su punto máximo, como consecuencia de los enormes estímulos de demanda, tanto fiscales como monetarios, implementados durante la pandemia. Desde finales de 2021, el Banco Central ha seguido una agresiva política monetaria contractiva que ha logrado reducir la inflación al 3,9% en diciembre de 2023 y con tendencia a la baja. Se espera que la meta del 3% se alcance antes de finales de 2026, como anticipan los especialistas y los precios financieros, y en consecuencia el Banco Central se encuentra actualmente en un proceso de normalización de su política monetaria camino hacia una posición neutral.

[28] La persona que preside el Consejo es también presidente del Banco Central por cinco años y es nominado por el presidente de la República de entre los consejeros.

Figura 3.8
Inflación general

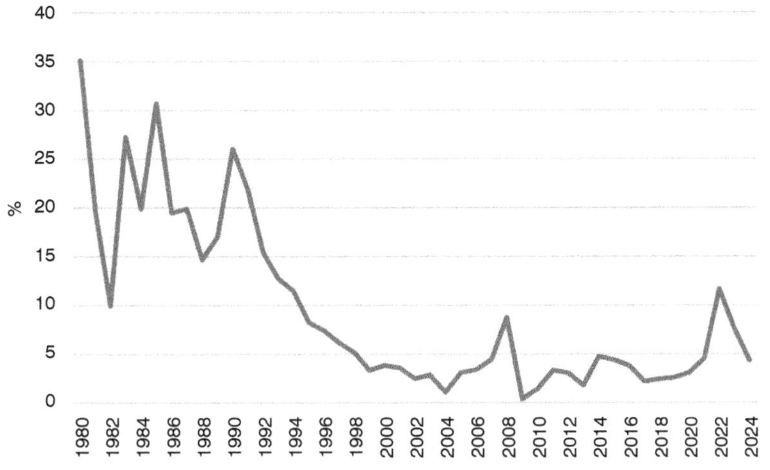

Fuente: Banco Central de Chile, https://www.bcentral.cl/areas/estadisticas.

4.4. La regla fiscal

En 2001, durante el gobierno del presidente Lagos, se diseñó e implementó una regla fiscal denominada "balance fiscal estructural" o "balance ajustado por ciclo", que básicamente consistía en determinar el crecimiento del gasto efectivo en función de los ingresos "estructurales", en lugar de los ingresos proyectados, y una meta para el balance "estructural". Los ingresos estructurales o ajustados por ciclo se calculan en función de un crecimiento potencial o tendencial de la economía y un precio del cobre de largo plazo[29].

Así, si la economía está en la fase alta del ciclo o el precio del cobre es muy alto, el ingreso estructural será menor que el efectivo y el balance estructural será menor que el efectivo. Lo contrario ocurre cuando hay una recesión o el precio del cobre se reduce mucho[30] (**Figura 3.9**). Para cerrar la ecuación, el gobierno debe determinar al inicio de su mandato cuál es su meta de balance estructural para los cuatro años que dura el mismo, sin perjuicio de que dicha meta pueda ser cambiada por razones justificadas dentro de los cuatro años. Cuando se creó la regla, la meta era un superávit de 1% del PIB y el fisco logró acumular del orden de US$20 mil millones hasta 2007, a partir de un periodo de altos precios del cobre. Para la Gran Recesión de 2008-09, provocada por una crisis financiera global, el gobierno utilizó US$9 mil millones de esos ahorros para apoyar la economía y

[29] Esto tiene en cuenta que los ingresos del Estado por las utilidades de Codelco y los impuestos y regalías de las mineras privadas son un rubro importante en el presupuesto.

[30] El ciclo económico en Chile suele estar correlacionado con (si no es causado por) el ciclo económico internacional, que a su vez influye en el precio internacional del cobre.

Figura 3.9
Gasto público e ingreso ajustado cíclicamente (% del PIB)

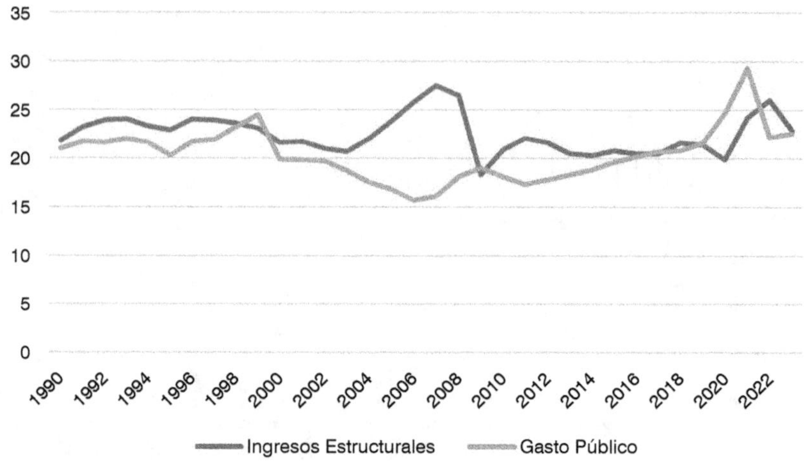

Anuario de las Estadísticas de las Finanzas Públicas, https://www.dipres.gob.cl/598/w3-propertyvalue-15407.html.

evitar una recesión mayor. Desde entonces, la meta de balance estructural de los gobiernos siguientes siempre ha sido de valores negativos, entre -2 y -1% del PIB, mientras que los balances efectivos han sido mayoritariamente negativos, especialmente en 2008-2009 y luego por la pandemia en 2020 y 2021.

Cabe señalar también que la deuda pública sigue las fluctuaciones de los saldos efectivos. En la década de 2000, la deuda pública neta se volvió negativa durante algunos años, mientras que la deuda bruta observó una tendencia creciente desde la Gran Recesión hasta la fecha. Sin embargo, se mantiene (ligeramente) por debajo del 40% del PIB en 2023[31].

El relativo empeoramiento de las cuentas públicas delatado por el aumento de la deuda ha sido, en parte, resultado de las bajas tasas de crecimiento económico que viene mostrando la economía desde mediados de la década pasada, lo que a su vez puede asociarse a un estancamiento de la productividad y a un menor dinamismo de la inversión privada, cuestiones a su vez vinculadas a políticas públicas inadecuadas.

[31] El Consejo Asesor Fiscal, creado por ley en 2017 y cuya misión es monitorear la salud de las cuentas financieras del Estado y recomendar políticas y acciones al respecto, propuso en 2022 que, además de la regla fiscal ya en uso, se agregue un techo a la deuda pública del 45% del PIB, asunto que recogió una ley ya en aplicación de responsabilidad fiscal. En 2024 se proyecta que la deuda pública alcance un 41% del PIB.

Tabla 3.9
PIB per cápita en PPP: Chile como porcentaje de EE.UU., G-7 y América Latina

Año	EE.UU.	G-7	América Latina
1970	31,4	34,8	100,8
1973	27,8	30,2	86,8
1989	24,7	25,9	91
1997	34,3	37	127
2007	36,3	42,2	139,3
2013	42,4	49,4	147,1
2016	41,7	48,9	155,4
2019	39,3	59,9	152,5
2022	39,6	61,2	156,8

Fuente: Ffrench-Davis (2018) y elaboración propia basada en datos del Banco Mundial (https://datos.bancomundial.org/).

5. EVOLUCIÓN RECIENTE Y DESAFÍOS EN EL ÁMBITO ECONÓMICO

La economía chilena sigue siendo hoy la de mayor PIB per cápita de América Latina[32] y la de mejor índice de desarrollo humano, además de estar bien gestionada desde el punto de vista macroeconómico y contar con un conjunto de instituciones lo suficientemente sólidas como para garantizar el buen funcionamiento del régimen democrático y unas reglas que permitan una plena integración a la economía global.

Sin embargo, todavía no es una economía desarrollada. De hecho, su PIB per cápita ajustado por PPP *(Purchasing Power Parity)* es menos de la mitad del de Estados Unidos y el G-7 hasta la fecha (**Tabla 3.9**). A pesar de los importantes avances logrados en la reducción de la pobreza desde 1990, la desigualdad del ingreso sigue siendo alta y es un problema que ni un mayor ingreso per cápita ni mayores recursos asignados a políticas sociales han podido mejorar sustancialmente.

5.1. El problema de la desigualdad

El coeficiente de GINI alcanzó en 2022 un valor de 0,46, muy superior a la media de los países de la OCDE, aunque disminuyó desde el 0,5 de 2010 y el 0,549 de 2000[33].

Es evidente que cuando se trata de reducir la desigualdad, especialmente la de ingresos, no existen atajos que permitan cambios radicales en el muy corto plazo. Es más, el esfuerzo realizado por los sucesivos gobiernos en esta materia no ha sido menor: entre

[32] Aunque recientemente ha sido superada por Panamá.

[33] El GINI es un índice que va de 1 (extremadamente desigual) a 0 (igualdad total).

Tabla 3.10

Desigualdad de ingresos, salarios reales y gasto social en términos reales

Año	Gini	Gasto social per cápita *			Salarios Reales*
		Educación	Salud	Total	
1989	-	100	100	100	100
1990	52,1	94,9	94	97,4	101,8
1996	52,2	-	-	-	-
1997	-	183,4	174,4	154,5	137,8
1999	-	213,1	189,7	174,7	144,8
2000	54,9	-	-	-	-
2003	52,8	261,4	236,1	198	153,7
2006	50,4	290,6	306	229,3	162,5
2009	50	433,5	451,1	319,3	174,7
2011	49,1	473,6	501,4	350,7	183
2013	48,8	562,5	584,3	382,1	196,2
2015	47,6	650,4	710,6	435,6	203,2
2016	44,4	714,9	704,1	462,5	206,1

* Índice 1989 = 100

Fuente: Ffrench-Davis (2018) con datos de CASEN ((https://observatorio.ministeriodesarrollosocial.gob.cl/encuesta-casen-2024) Instituto Nacional de Estadísticas de Chile (https://censo2024.ine.gob.cl/), y DIPRES (https://www.dipres.gob.cl/598/w3-propertyname-706.html).

1989 y 2016, el gasto fiscal en educación y salud creció siete veces, y si sumamos vivienda, seguridad social y otros, el aumento supera las cuatro veces (Tabla 3.10). Sin embargo, la mejora en el coeficiente de GINI después de considerar las políticas sociales es mucho menor que en el caso de los países desarrollados. Esto puede deberse a que un componente importante del gasto social en los países desarrollados se destina a financiar el déficit previsional, beneficiando a los pensionados con menores ingresos, a diferencia de lo que ocurre en Chile, cuyos trabajadores se jubilan con lo que han ahorrado durante su vida activa[34]. Pero también es evidente que gran parte del gasto social en los países más ricos son transferencias monetarias, que han demostrado ser más efectivas para compensar las desigualdades de ingresos. Por el lado tributario, además, la proporción de los ingresos provenientes del impuesto a la renta sobre los recursos tributarios totales en Chile apenas llega al 12%, mientras que lo habitual en los países desarrollados es que este porcentaje supere el 20%. La progresividad del impuesto a la renta es otro factor que ayuda a igualar la desigualdad del ingreso.

[34] A principios de 2022, durante los últimos días del mandato del presidente Piñera, se introdujo la Pensión Garantizada Universal para asegurar al 80% de la población una pensión mínima, independientemente de lo que hayan ahorrado durante su vida activa.

5.2. Estancamiento de la productividad

Como se mencionó anteriormente, desde 2014 la economía ha mostrado un magro crecimiento económico, de 2,25% en promedio hasta 2023, muy inferior al 6,26% de los años 90 y al 4,51% de los años 2000. La caída del crecimiento está especialmente vinculada a un estancamiento de la productividad total de los factores, que prácticamente no ha mostrado aumento desde 2013[35]. En la década de los 90, la década de mayor expansión económica en los últimos 80 años, la contribución de la PTF al crecimiento fue de 3,7 puntos porcentuales por año (1990-1995).

Este estancamiento de la productividad puede deberse a muchas razones. Por un lado, el crecimiento altamente positivo de los años 90 podría haber sido resultado de las ganancias de eficiencia en la asignación de recursos acumuladas gracias a las reformas liberalizadoras de los años 70, 80 y 90. Estas ganancias se habrían desvanecido en los últimos tiempos, ya que no se han llevado a cabo nuevas reformas significativas. Por otro lado, las ganancias de eficiencia dinámicas acumuladas gracias a la inversión en I+D y en innovación en general tampoco están presentes: el gasto en I+D en Chile es inferior al 0,5% del PIB, mucho menos que el 2% de las economías desarrolladas o el 3,5 a 4% de China y otras economías asiáticas. Las mejoras en el capital humano, como el aumento masivo de la matrícula en la educación superior, podrían ser un factor de ayuda, sin embargo, los resultados de PISA muestran que los estudiantes de secundaria de Chile están claramente muy por debajo del promedio de la OCDE. En cualquier caso, es mucho lo que queda por hacer en el área de la productividad.

5.3. Algunas nuevas oportunidades por delante

El mundo se enfrenta a un desafío existencial: los efectos del cambio climático. Las perspectivas no son buenas para el futuro del planeta y de la raza humana si la temperatura sigue aumentando sin control. Para mantener el calentamiento global dentro de niveles soportables –quizás no más allá de dos grados por encima de los niveles preindustriales–, es necesario implementar un conjunto decisivo de políticas a nivel mundial, que a esta altura son bien conocidas, tanto para mitigar las fuentes de emisiones de gases de efecto invernadero de origen humano como para adaptar las infraestructuras y las condiciones de vida a un planeta más cálido y a desastres naturales más frecuentes.

Este desafío existencial es irónicamente una oportunidad para la economía chilena[36]. En primer lugar, Chile cuenta con enormes reservas de litio, un componente clave en la fabricación de baterías para vehículos eléctricos, cuya producción es parte esencial de la

---

[35] Parte de la explicación se encuentra en la caída de la productividad minera, debido a su vez al menor contenido de cobre en el mineral en bruto en las minas principales y de mayor tamaño. Pero a partir de 2014, el estancamiento se ha generalizado en todos los sectores.

[36] Tener un lado positivo no quita que Chile sea uno de los países del mundo más afectados por el cambio climático, según los expertos.

lucha contra el cambio climático. La producción total de litio podría duplicarse antes de 2030 reportando un aumento del 10% en las exportaciones totales. En la misma línea, Chile es actualmente el principal productor de cobre del mundo y cuenta con importantes reservas de este mineral para muchos años más[37]. El cobre también es clave para los vehículos eléctricos. Y segundo, Chile está bendecido con alta y permanente luminosidad solar en el norte del país y vientos fuertes y persistentes en el extremo sur. Esto permite una rica actividad de generación de energía renovable que, a su vez, es clave para la producción de hidrógeno verde. Se calcula que alrededor de US$60 mil millones podrían invertirse en esta industria antes de 2030.

6. CONCLUSIONES

Hasta hace unos años, convertirse en una economía desarrollada parecía perfectamente factible en cuestión de una década o incluso menos. Y era un objetivo político (y un sueño) para muchos, basado en la impresionante trayectoria de crecimiento de los años 90 y 2000. Sin embargo, el casi nulo crecimiento de la productividad y el estancamiento general de la última década, más la agitación política, han puesto esa meta en suspenso. Para algunos, enfrentar las desigualdades debe tener prioridad sobre el crecimiento económico puro. Por eso, hoy alcanzar la frontera del desarrollo –algo así como 40 a 50 mil dólares de PIB per cápita– parece más lejano.

Es cierto que el término "país desarrollado" implica mucho más que un alto ingreso per cápita, pero normalmente existe una estrecha asociación entre el ingreso per cápita y el progreso en la mayoría de los aspectos sociales. Y Chile no es una excepción. Las políticas públicas deben mejorar en muchas áreas, como la salud y la educación, si el país quiere volver a crecer rápido y al mismo tiempo enfrentar la desigualdad. Todo el mundo estaría de acuerdo en eso, pero no en la manera de dar forma a esas políticas. Además, sin un aumento en la inversión en I+D estamos condenados a un bajo crecimiento en el largo plazo y la inversión privada no mostrará un repunte si las regulaciones son demasiadas e ineficientes, como lo son hoy.

Aun así, Chile tiene una oportunidad. Centrándose nuevamente en el crecimiento, poniendo énfasis en la calidad de la educación, invirtiendo en capacitación para los nuevos empleos de la era digital y aprovechando la tríada cobre, litio e hidrógeno verde, el desarrollo puede volver a ser un sueño alcanzable.

[37] Aunque el costo de extracción ha ido aumentando de forma constante en las dos últimas décadas.

REFERENCIAS

1. Cincel (2002). *Informe sobre la educación superior en Chile: 1980-2003*. Disponible en: el.cl/documentos/Recursos/informe_educacion_superior_chile_2003.pdf
2. CORFO (2022). *Chile y sus regiones en datos económicos. Informe económico para la descentralización.* Disponible en: https://wapp4.corfo.cl/archivos/WCSCONTI/IP/GRC/Chile%20y%20sus%20regiones%20en%20datos%20economicos%20Gerencia%20de%20Redes%20y%20Territorios%20CORFO%202022.pdf
3. Cortázar, R y Marshall, J. (1980). "Índice de precios al consumidor", *Colección Estudios CIEPLAN*, No. 4, pp. 159-201.
4. Edwards, S. (1988). "Monetarismo en Chile, 1973-1983: algunos dilemas económicos", en F. Morandé y K. Schmidt-Hebbel, Del auge a la crisis de 1982, 12(9).
5. FMI (2023). *Indicadores de solidez internacional*. Found Monetary International, Washington, DC.
6. Ffrench-Davis, R. (2018). *Reformas económicas en Chile, 1973-2017*, Taurus. Casa aleatoria de pingüinos.
7. Foxley, A. Stipicic, C. y Barría, C. (2005). "Lecciones del desarrollo de Chile en la década de 1990", en Besley, T. y Zagha, R. (eds.), *Desafíos de desarrollo en la década de 1990: los principales responsables de las políticas hablan desde la experiencia*, Oxford University Press.
8. Hachette, D. y Luders, R. (1987). "El proceso de privatización de empresas en Chile, 1974-1982", *Boletín Económico No. 22, Instituto de Economía, U. Católica de Chile.*
9. Llorca-Jaña, M. y Miller, R. (2021). *Historia económica de Chile desde la independencia*, RIL Editores.
10. Morandé, F. (1988). "Apreciación de la moneda nacional y entradas de capital extranjero. ¿Qué viene primero?", *Journal of International Money and Finance*.
11. PNUD (2017). *Desiguales: orígenes, cambios y desafíos de la brecha social en Chile*. Programa de la Naciones Unidas para el Desarrollo, Santiago, Chile.
12. Schmidt-Hebbel, K. y Tapia, M. (2002). "Metas de inflación en Chile", *The North American Journal of Economics and Finance*, N° 13.
13. Velasco, A., Arenas, A., Rodríguez, J., Jorrat, M. y Gamboni, C. (2010). "El enfoque de balance estructural en las políticas fiscales en Chile", *Ministerio de Hacienda*.

Capítulo 4
PERFIL CLIMÁTICO Y CARACTERÍSTICAS DE LA SEQUÍA EN CHILE

Francisco J. Meza

Resumen. Desde una perspectiva climática, Chile es un país de extremos. Desde el desierto más seco del mundo hasta la Patagonia, las comunidades y los ecosistemas se han adaptado a diferentes climas y a soportar periodos de sequía persistente. Con evidencia creciente de los procesos de cambio global, aún no está claro cómo evolucionarán estos regímenes en el futuro y cuáles son los desafíos que los gestores del agua deberán enfrentar para manejar las sequías. Este capítulo describe los principales regímenes climáticos del país, destacando la variabilidad e incertidumbres relacionadas con la ocurrencia de sequías. Se discutirán las proyecciones del cambio climático y su impacto en las sequías.

Palabras clave. Clima, sequía, tendencias climáticas, Chile.

1. CLIMA DE CHILE

1.1. Principales factores atmosféricos, oceánicos y geográficos de Chile

Con una extensión de más de 4.200 km y un ancho promedio de 230 km, Chile presenta una amplia variedad de regímenes climáticos como resultado de la combinación de su extensión latitudinal y posición, la presencia del océano Pacífico y la corriente de Humboldt, el sistema subtropical de alta presión (anticiclón del Pacífico) y una topografía irregular dominada por la cordillera de la Costa y la cordillera de los Andes. A lo largo de su territorio es posible observar una transición de norte a sur, desde el desierto más seco del mundo hasta un clima mediterráneo, que luego da paso a ambientes oceánicos templados y subpolares en las partes central y sur del país, respectivamente. En un eje oeste-este hay una transición desde ecosistemas bajo influencia oceánica y neblina costera hacia características climáticas de tipo alpino.

Cubriendo casi 38° de latitud, la radiación solar entrante es el controlador más importante del clima. Consecuentemente, los climas cálidos se encuentran en la parte norte, mientras que los climas polares marítimos en el extremo sur. Una característica notable, debido a cielos semipermanentemente despejados, es que Chile exhibe los valores más altos de radiación solar disponible en el desierto de Atacama (Rondanelli et al., 2015).

La influencia del océano Pacífico, y especialmente la surgencia de la corriente fría que corre paralela a la costa (corriente de Humboldt), disminuye la amplitud térmica en todo el territorio y reduce sustancialmente la ocurrencia de valores extremos de temperatura. Las temperaturas en localidades costeras no muestran un alto grado de amplitud térmica y el rango de temperaturas de norte a sur no es tan alto como cabría esperar según la extensión latitudinal. De oeste a este, las zonas costeras se caracterizan por cielos nublados y mayores humedades relativas, un efecto que puede observarse varios kilómetros hacia el interior del continente.

En la parte central y sur de Chile, la cordillera de la Costa actúa como un obstáculo para los vientos predominantes del oeste, forzando al aire húmedo a ascender, lo que aumenta la frecuencia de eventos de precipitación aislados en su lado occidental. El descenso adiabático en el lado oriental, por el contrario, causa una alta estabilidad atmosférica que favorece condiciones secas en el "secano interior". Las precipitaciones disminuyen en el valle central, pero luego experimentan un aumento sustancial debido a los efectos orográficos asociados a la presencia de los Andes.

La rama descendente de la célula de Hadley generalmente aterriza alrededor de la latitud 30° (norte y sur). Este centro cuasipermanente de alta presión, con rotación en sentido antihorario en el hemisferio sur, se caracteriza por temperaturas altas debido al calentamiento diabático, baja humedad relativa y bloquea la llegada de sistemas frontales originados en latitudes más altas, generando cielos despejados, alta amplitud térmica y especialmente precipitaciones bajas o casi nulas. El anticiclón del Pacífico muestra ciclos en diferentes escalas de tiempo (estacional a interdecadal). A escala estacional, el anticiclón SPSA es más intenso alrededor de las latitudes 35° sur en el verano austral, mientras que en invierno austral se desplaza hacia el norte (latitudes 28°-30° S), siendo responsable del fuerte comportamiento estacional de las precipitaciones dentro de esas latitudes (Ancapichun, 2015).

1.2. Variabilidad de las precipitaciones

La variabilidad temporal de las precipitaciones puede estar asociada con diferentes patrones climáticos. En la región del Altiplano (Lat 17°-25° S), el vapor de agua es transportado desde la zona de convergencia intertropical durante el verano austral, creando un periodo de intensas precipitaciones que comúnmente caen en forma de nieve y contribuyen a la recarga de acuíferos. Cambios en los vientos predominantes del este y en la posición de los sistemas de alta presión subtropicales introducen un alto grado de variabilidad entre años (Valdés-Pineda et al., 2016; Garreaud, 2000). El desierto de Atacama (Lat 26°-29° S), en cambio, se caracteriza por ser el más árido, con periodos extensos sin precipitaciones en absoluto.

Más al sur (Lat 29°-37° S), hay una extensa zona de climas mediterráneos que alberga no solo grandes ciudades, sino también una proporción significativa de agricultura orientada a la exportación de alto valor, varias importantes plantas hidroeléctricas responsables de más del 25% de la generación de electricidad, grandes explotaciones mineras de cobre y otros minerales, y una parte significativa de las plantaciones que sustentan la industria forestal. En esta región, las tormentas de latitudes medias se desplazan hacia el este y hacia el norte en bandas latitudinales o trayectorias de tormentas. Esta área muestra una huella significativa del fenómeno de El Niño-Oscilación del Sur (ENSO), que es la interacción entre la atmósfera y el océano en el Pacífico tropical, resultando en una variación periódica entre temperaturas superficiales del mar por debajo y por encima de lo normal, y condiciones secas y húmedas a lo largo de varios años.

Durante la fase cálida de ENSO se observan anomalías de presión positiva sobre los mares de Amundsen y Bellingshausen. Estas anomalías bloquean los vientos del oeste y generan un desplazamiento de los sistemas frontales hacia el norte, trayendo precipitaciones por encima de lo normal sobre el centro de Chile durante el invierno austral (Cai et al., 2020). Esto se intensifica a medida que el anticiclón del Pacífico se desplaza hacia el norte y hacia el océano. Lo opuesto ocurre durante la fase fría (años de La Niña).

El fenómeno ENSO es monitoreado mediante una red de boyas (TOA/TRITON) desplegadas en el Pacífico ecuatorial. Se han identificado cuatro regiones principales que muestran la mayor correlación con características climáticas a nivel global. Para Chile, una de las más utilizadas corresponde a la región denominada ENSO3-4 (5N-5S; 120-170W). La **Tabla 4.1** muestra la correlación entre las temperaturas superficiales del mar en la región ENSO3-4 y las precipitaciones en varias estaciones de Chile durante el periodo 1990-2019.

Tabla 4.1

Mapa de calor del coeficiente de correlación de Pearson entre las temperaturas superficiales del mar en la región ENSO 3-4 y las precipitaciones estacionales para varias localidades de Chile. **DEF**: diciembre, enero, febrero; **MAM**: marzo, abril, mayo; **JJA**: junio, julio, agosto; **SON**: septiembre, octubre, noviembre

Localidad	Latitud (°S)	Precipitación Media Anual (PMA) (mm)	DEF	MAM	JJA	SON
La Serena	29.9	76.1	-0.15	0.16	0.41	0.29
Illapel	31.6	155.6	0.13	0.28	0.56	0.50
Los Andes	32.9	214.4	0.08	0.43	0.36	0.13
Quinta Normal	33.4	260.9	0.25	0.35	0.44	0.30
San Fernando	34.6	587.2	0.11	0.29	0.30	0.57
Curicó	35	551.4	0.02	0.36	0.29	0.65
Los Ángeles	37.4	961.0	-0.18	0.15	-0.02	0.66
Temuco	38.7	1023.4	-0.08	0.12	0.17	0.53
Valdivia	39.9	1596.7	-0.09	0.09	0.20	0.46
Osorno	40.6	1143.7	0.08	0.23	0.35	0.48

Fuente: Explorador climático https://explorador.cr2.cl/ y NCAR climate data guide https://climatedataguide.ucar.edu/climate-data/nino-sst-indices-nino-12-3-34-4-oni-and-tni.

Se puede identificar una fuerte huella positiva de ENSO (colores rojos) para las precipitaciones de invierno (JJA) en casi todas las localidades, aunque la señal se debilita a medida que nos movemos hacia el sur. ENSO tiene influencia en las precipitaciones de primavera en localidades del sur.

Se puede declarar una fase cálida o El Niño cuando las anomalías de temperatura superficial del mar (desviaciones de la media a largo plazo) superan un cierto umbral, alrededor de 0,5 °C, durante varios meses. Existe una gran variabilidad dentro de las fases, pero aun así se puede afirmar que se esperan precipitaciones por encima de lo normal durante los años de El Niño.

Figura 4.1

Precipitación estacional en invierno (JJA) para la estación Quinta Normal en función de los valores de temperatura superficial del mar en la región ENSO 3-4

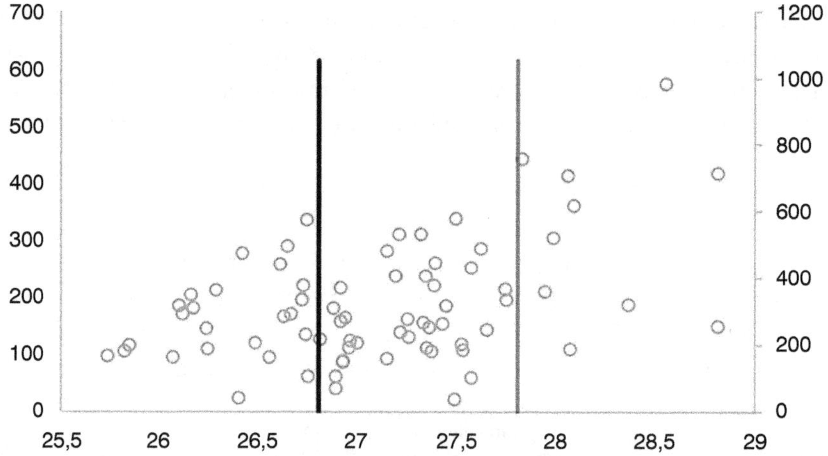

Fuente: Elaboración propia.

La **Figura 4.1** proporciona un ejemplo de las precipitaciones invernales en la estación de Quinta Normal.

ENSO no es el único proceso atmosférico oceánico a gran escala que influye en el régimen climático de Chile; entre ellos se encuentran la oscilación decadal del pacífico (PDO), la oscilación antártica (AAO) y la oscilación madden-julian (MJO) (Valdés-Pineda, 2016). Sin embargo, debido a su simplicidad, capacidad de monitoreo y pronóstico y la escala temporal en la que opera, ENSO ha sido el índice más comúnmente utilizado en pronósticos climáticos y sistemas de alerta temprana.

2. TENDENCIAS CLIMÁTICAS Y PROYECCIONES FUTURAS

Como se describió anteriormente, las temperaturas muestran poca variación a lo largo de la costa, principalmente debido a la presencia de la corriente de Humboldt. En términos de tendencias a largo plazo, Falvey y Garreaud (2009) identificaron una tendencia de enfriamiento en estaciones costeras que puede alcanzar hasta -0,2°C por década. Este efecto aparentemente ha terminado y puede estar asociado con un cambio en la fase del índice del Trípolo para la oscilación interdecadal del pacífico (IPO). Las estaciones del interior muestran una tendencia positiva cuya magnitud depende de la latitud y la altitud (Burger et al., 2018). Dado que la temperatura tiene un efecto directo en la tasa de evapotranspiración, es probable que las demandas de agua atmosférica tiendan a aumentar, contribuyendo marginalmente a exacerbar la incidencia y magnitud de las sequías.

Las precipitaciones en el centro de Chile han mostrado una tendencia discernible, pero no es posible aislar esta característica del efecto de una sequía a largo plazo que ha durado casi una década (Garreaud et al., 2019). El grado de variabilidad es considerable a escalas anuales y estacionales. Varios autores han descrito este efecto a finales del siglo XX con una posible atribución al cambio climático antropogénico (Boisier et al., 2016 y 2018).

La **Figura 4.2** muestra la serie temporal de las precipitaciones anuales desde 1976 (cuando ocurrió un cambio documentado en la PDO) para un conjunto de estaciones ubicadas entre las latitudes 29° y 39° S.

Figura 4.2

Serie temporal de la precipitación total anual de estaciones seleccionadas en el centro y sur de Chile

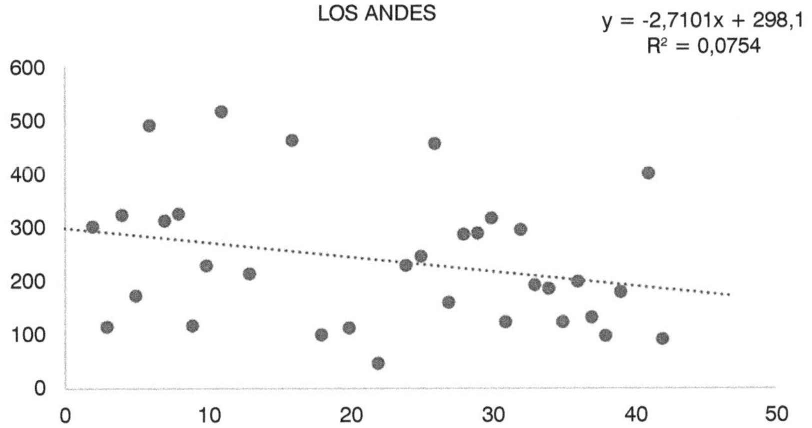

Fuente: Elaboración propia.

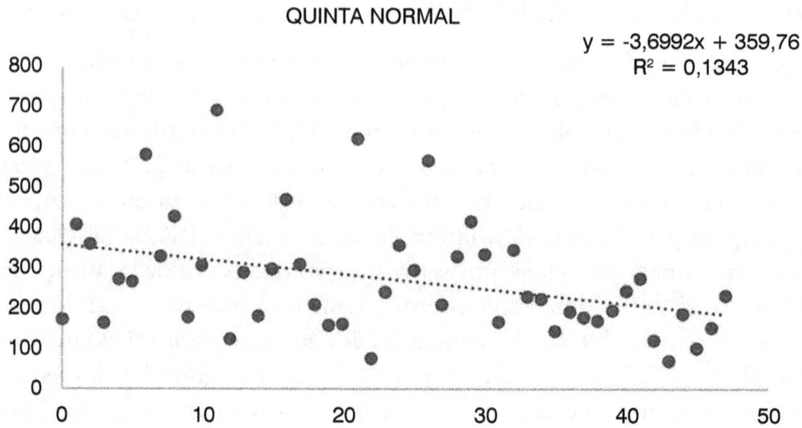

Fuente: Elaboración propia.

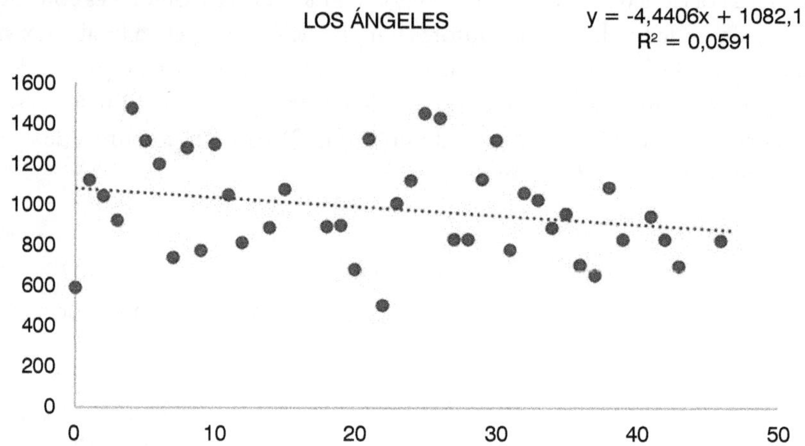

Fuente: Elaboración propia.

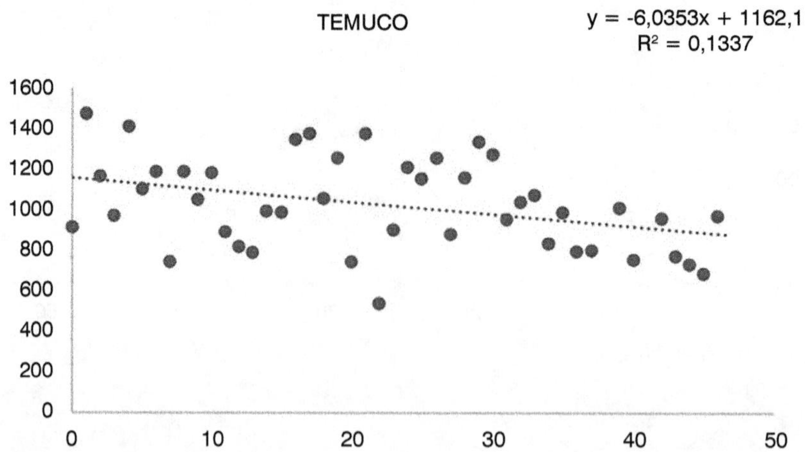

Fuente: Elaboración propia.

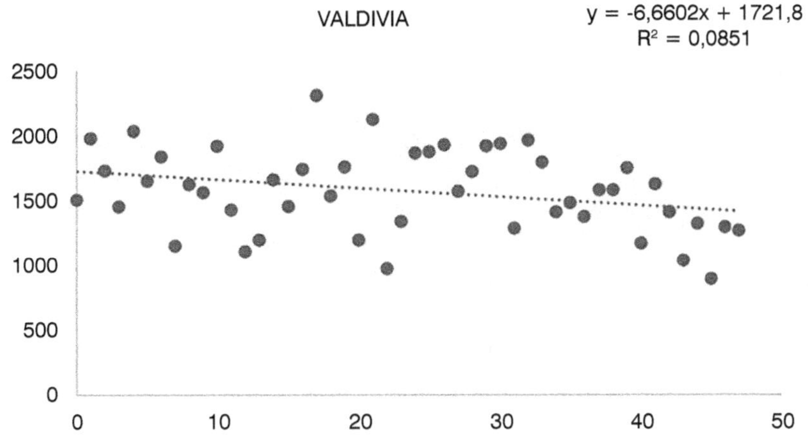

Fuente: Elaboración propia.

Aunque otras variables hidrológicas, como los caudales y la profundidad de la capa freática, son el resultado de múltiples interacciones no lineales y dependen del uso del suelo, el uso del agua y la infraestructura disponible, es importante destacar que los efectos del clima pueden permear en una cuenca y contribuir a agravar las condiciones de sequía. Sangüesa et al. (2023) analizaron las tendencias en los caudales mensuales en 31 cuencas del centro de Chile, encontrando que las tendencias eran predominantemente negativas en las zonas climáticas semiáridas y subhúmedas. Resultados consistentes han sido documentados por Fuentes et al. (2021) al describir tendencias decrecientes en pluviómetros y pozos de monitoreo.

Con respecto a las condiciones climáticas futuras, los Modelos de Circulación Global del Proyecto de Intercomparación de Modelos Acoplados versión 6 (CMIP6), ejecutados bajo las trayectorias socioeconómicas compartidas (SSP), muestran una reducción en la precipitación media anual entre las latitudes 20° y 40° S. El nivel de acuerdo entre los modelos es bastante considerable (90%) (Salazar et al., 2024). Evaluaciones previas desarrolladas bajo CMIP5 también son consistentes y muestran una tendencia decreciente en las precipitaciones, cuya intensidad depende del escenario utilizado (3%-30%) y un calentamiento significativo que varía entre 1,2 y 3,5 °C hacia el final de este siglo (Bozkurt et al., 2018).

3. SEQUÍAS EN CHILE: CARACTERÍSTICAS GENERALES

Como las sequías son eventos meteorológicos extremos que tienen consecuencias en el ciclo hidrológico y afectan el rendimiento agrícola y ecosistémico, no existe una definición única y universalmente aceptada de sequía. La Organización Meteorológica Mundial define las sequías como una disminución sostenida y persistente de las precipitaciones. Por otro lado, la Convención de las Naciones Unidas para Combatir la Desertificación (UNCCD) indica que las sequías ocurren cuando las precipitaciones caen por debajo de los niveles normales, causando impactos en el sistema hidrológico y la productividad de la tierra, mientras que la Organización de las Naciones Unidas para la Alimentación y la Agricultura (FAO) destaca los impactos en la productividad de los cultivos e incluso en el fracaso de las cosechas debido a déficits sostenidos de humedad en el suelo.

Independientemente de la definición y del sector socioeconómico o socioecológico que se analice, una sequía puede conceptualizarse como una desviación sustancial entre la oferta y la demanda de agua, y tratarse como una serie temporal de una variable que representa esas diferencias (ver un ejemplo en Oertel et al., 2018). Así, una sucesión de valores negativos (cuando la oferta no puede satisfacer la demanda) define un periodo de sequía, mientras que la magnitud de la diferencia está relacionada con su severidad (Fernández y Gironás, 2021).

En Chile, las sequías son un fenómeno recurrente que genera pérdidas significativas en la agricultura y el turismo (Aldunce et al., 2016), pudiendo impactar la provisión de agua para consumo humano, la generación de electricidad y otros sectores económicos relevantes (Fernández et al., 2023). La ocurrencia de periodos secos y sequías puede rastrearse hasta mediados del siglo XVI, con estimaciones de entre 51 y 79 eventos hasta el siglo XX (Fernández y Gironás, 2021).

Más recientemente, la adopción de índices de sequía como el índice de precipitación estandarizado (SPI) (McKee et al., 1993), el índice de precipitación y evapotranspiración estandarizado (SPEI) (Vicente-Serrano et al., 2010) y el índice de caudales estandarizado (SSI) (Modarres, 2007) han sido el foco de investigaciones para la caracterización, monitoreo y adopción de políticas y respuestas de mitigación ante desastres.

Fernández y Gironás (2021) presentan un análisis de las características de las sequías en el centro de Chile, utilizando tanto índices meteorológicos (SPI) como hidrológicos (índice de escorrentía estandarizado o SRI). Concluyen que las sequías meteorológicas son más frecuentes, pero suelen ser más intensas, de menor duración y más cortas. Quizás el único evento que no sigue esta regla general es la reciente sequía que ha durado más de una década (comenzando en 2010), conocida como megasequía (Garreaud et al., 2020).

Como podemos observar en la **Figura 4.3** (Fernández y Gironás, 2021), hay una marcada tendencia a la disminución de los valores del SPI con una fuerte influencia de la reciente megasequía. También es evidente que esta característica está presente en una proporción significativa del territorio, lo que indica que las sequías requieren respuestas a nivel nacional para evitar grandes pérdidas en el país.

Aparte de la sequía más reciente, que tiene una fuerte influencia en la evolución de los índices de sequía a lo largo del territorio, es importante destacar que los patrones atmosféricos oceánicos a gran escala, como los asociados al fenómeno ENSO, también tienen una influencia directa en la ocurrencia y duración de las sequías meteorológicas e hidrológicas. Estos efectos se explican por la mayor probabilidad de precipitaciones más intensas durante los años de El Niño y mayores déficits de precipitación durante los años de La Niña (Oertel et al., 2019).

El cambio climático inducido por el ser humano, como consecuencia de la mayor acumulación de gases de efecto invernadero en la atmósfera, tiene un efecto directo en la

Figura 4.3
Evolución de los valores del SPI entre 2016 y 2018 desde el norte (Arica) hasta el sur (Punta Arenas)

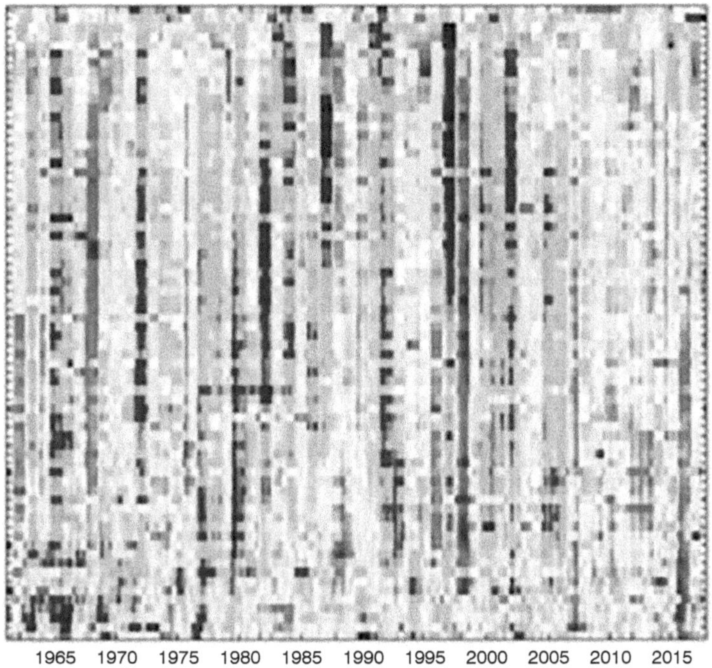

Fuente: Fernández y Gironás, 2021; reproducido de DMC 2019.

ocurrencia y severidad de las sequías. A medida que aumentan las temperaturas y disminuyen las precipitaciones (con un alto consenso en la dirección de esta tendencia entre los modelos de circulación global, GCM), los valores de lluvia y caudales tienden a disminuir, y los índices de sequía reaccionan en consecuencia. Bobadilla et al. (2024) confirman esta evaluación, mostrando que las sequías meteorológicas aumentan en magnitud y duración (especialmente en la cordillera de los Andes), y que las sequías hidrológicas también presentan incrementos en magnitud y duración.

4. NECESIDADES DE INVESTIGACIÓN EN EL MONITOREO Y MANEJO DE SEQUÍAS

Las sequías en Chile siempre han estado presentes, y aunque representan un evento meteorológico (hidrológico) extremo, no pueden considerarse como eventos únicos o aislados. Además, existe una fuerte evidencia de que este tipo de eventos se volverá más frecuente en el futuro a medida que el cambio climático intensifique sus efectos. Por lo tanto, la caracterización de las sequías será cada vez más importante, siendo necesario ampliar el alcance para incorporar otros tipos de impactos (por ejemplo, efectos sobre la calidad del agua, como lo muestran Peña-Guerrero et al., 2021) e incorporar índices basados en observaciones terrestres que puedan capturar los efectos sobre la agricultura y la vegetación natural (Zambrano et al., 2018).

También existen desafíos institucionales para la gestión de sequías y el desarrollo de respuestas efectivas y coordinadas, ya que muchas instituciones están involucradas y el marco legal actual necesita ser mejorado para facilitar mejores respuestas de manejo anticipado (Núñez Cobo et al., 2018).

Asimismo, hay un campo aún por explorar sobre el rol de los pronósticos climáticos estacionales en la gestión de sequías, dado que estas tienen una significativa huella de ENSO que puede ser monitoreada y proyectada en escalas de tiempo estacionales. Aspectos como productos operativos de pronóstico, la combinación con información terrestre sobre la humedad del suelo y las condiciones de la vegetación, la capacidad actual almacenada en embalses, el tiempo de anticipación en los pronósticos para garantizar respuestas oportunas, la evaluación *ex-ante* de las respuestas de gestión, la comunicación y la concienciación pública son ejemplos de estrategias que pueden analizarse individualmente o como parte de carteras más amplias y ambiciosas de gestión de sequías que aumenten la capacidad de adaptación y construyan resiliencia en una era de cambio climático.

AGRADECIMIENTOS

Este trabajo fue parcialmente financiado por el proyecto Fondecyt 1210526 y por ANID Anillo de Ciencia y Tecnología ATE 220055.

REFERENCIAS

1. Aldunce P, Bórquez R, Adler C, Blanco G, Garreaud R. (2016). "Unpacking resilience for adaptation: incorporating practitioners' experiences through a transdisciplinary approach to the case of drought in Chile". *Sustainability*, (8), 905. Disponible en: https://doi.org/10.3390/su8090905
2. Ancapichún, S., & Garcés-Vargas, J. (2015). "Variability of the Southeast Pacific Subtropical Anticyclone and its impact on sea surface temperature off north-central Chile". *Ciencias Marinas*, 41(1), 1-20. Disponible en: http://dx.doi.org/10.7773/cm.v41i1.2338
3. Bobadilla, A., Stehr, A., & Toro, N. (2024). "Evaluation of climate-change impacts on the temporal and spatial behaviour of drought in South-Central Chile". *Hydrological Sciences Journal*, 69(2), 165-184. Disponible en: https://doi.org/10.1080/02626667.2023.2288217
4. Boisier, J. P., Rondanelli, R., Garreaud, R. D., & Muñoz, F. (2016). "Anthropogenic and natural contributions to the Southeast Pacific precipitation decline and recent megadrought in central Chile". *Geophysical Research Letters*, 43(1), pp. 413-421. Disponible en: https://doi.org/10.1002/2015GL067265
5. Boisier, J. P., Alvarez-Garreton, C., Cordero, R. R., Damiani, A., Gallardo, L., Garreaud, R. D.,... & Rondanelli, R. (2018). "Anthropogenic drying in central-southern Chile evidenced

by long-term observations and climate model simulations". *Elem Sci Anth*, 6, 74. Disponible en: https://doi.org/10.1525/elementa.328

6. Bozkurt, D., Rojas, M., Boisier, J. P., Rondanelli, R., Garreaud, R., & Gallardo, L. (2019). "Dynamical downscaling over the complex terrain of southwest South America: present climate conditions and added value analysis". *Climate Dynamics*, 53, 6745-6767. Disponible en: https://doi.org/10.1007/s00382-019-04959-y
7. Burger, F., Brock, B., & Montecinos, A. (2018). "Seasonal and elevational contrasts in temperature trends in Central Chile between 1979 and 2015". Global and planetary change, 162, 136-147. Disponible en: https://doi.org/10.1016/j.gloplacha.2018.01.005
8. Cai, W., McPhaden, M. J., Grimm, A. M., Rodrigues, R. R., Taschetto, A. S., Garreaud, R. D.,... & Vera, C. (2020). "Climate impacts of the El Niño–southern oscillation on South America". *Nature Reviews Earth & Environment*, 1(4), 215-231. Disponible en: https://doi.org/10.1038/s43017-020-0040-3
9. DMC, Dirección Meteorológica de Chile (2019). Reporte Anual de la Evolución del Clima en Chile 2018 (in Spanish). Disponible en: https://climatologia.meteochile.gob.cl/publicaciones/reporteClimatologico/reporteClimatologico-2018.pdf
10. Falvey, M., & Garreaud, R. D. (2009). "Regional cooling in a warming world: Recent temperature trends in the southeast Pacific and along the west coast of subtropical South America (1979-2006)". *Journal of Geophysical Research: Atmospheres*, 114 (D4). Disponible en: https://doi.org/10.1029/2008JD010519
11. Fernández, B., Gironás, J. (2021). "Droughts". En: Fernández, B., Gironás, J. (eds) *Water Resources of Chile*. World Water Resources, vol 8. Springer, Cham. Disponible en: https://doi.org/10.1007/978-3-030-56901-3_8
12. Fernández, F. J., Vásquez-Lavín, F., Ponce, R. D., Garreaud, R., Hernández, F., Link, O.,... & Hanemann, M. (2023). "The economics impacts of long-run droughts: Challenges, gaps, and way forward". *Journal of Environmental Management*, 344, 118726. Disponible en: https://doi.org/10.1016/j.jenvman.2023.118726
13. Fuentes, I., Fuster, R., Avilés, D., & Vervoort, W. (2021). "Water scarcity in central Chile: the effect of climate and land cover changes on hydrologic resources". *Hydrological Sciences Journal*, 66(6), 1028-1044. Disponible en: https://doi.org/10.1080/02626667.2021.1903475
14. Garreaud, R. (2000). "Intraseasonal variability of moisture and rainfall over the South American Altiplano". *Monthly Weather Review*, 128(9), 3337-3346. Disponible en: https://doi.org/10.1175/1520-0493(2000)128%3C3337:IVOMAR%3E2.0.CO;2
15. Garreaud, R. D., Boisier, J. P., Rondanelli, R., Montecinos, A., Sepúlveda, H. H., & Veloso Aguila, D. (2020). "The central Chile mega drought (2010–2018): a climate dynamics perspective". *International Journal of Climatology*, 40(1), 421-439. Disponible en: https://doi.org/10.1002/joc.6219
16. McKee, T. B., Doesken, N. J., & Kleist, J. (1993, January). "The relationship of drought frequency and duration to time scales". In *Proceedings of the 8th Conference on Applied Climatology* (Vol. 17, No. 22, pp. 179-183). to time scales. Proceedings of the 8th Conference on Applied Climatology, American

17. Modarres, R. (2007). "Streamflow drought time series forecasting". *Stochastic Environmental Research and Risk Assessment*, 21(3), 223-233. Disponible en: https://doi.org/10.1007/s00477-006-0058-1
18. Núñez Cobo, J. y Verbist, K. (2018). Chile. En *Atlas de Sequías de América Latina y el Caribe*. UNESCO-CAZALAC.
19. Oertel, M., Meza, F. J., Gironás, J., A. Scott, C., Rojas, F., & Pineda-Pablos, N. (2018). "Drought propagation in semi-arid river basins in Latin America: lessons from Mexico to the Southern Cone". *Water*, 10(11), 1564. Disponible en: https://doi.org/10.3390/w10111564
20. Oertel, M., Meza, F. J., & Gironás, J. (2020). "Observed trends and relationships between ENSO and standardized hydrometeorological drought indices in central Chile". *Hydrological Processes*, 34(2), 159-174. Disponible en: https://doi.org/10.1002/hyp.13596
21. Peña-Guerrero, M. D., Nauditt, A., Muñoz-Robles, C., Ribbe, L., & Meza, F. (2020). "Drought impacts on water quality and potential implications for agricultural production in the Maipo River Basin, Central Chile". *Hydrological Sciences Journal*, 65(6), 1005–1021. Disponible en: https://doi.org/10.1080/02626667.2020.1711911
22. Rondanelli, R., A. Molina, and M. Falvey. (2015): "The Atacama Surface Solar Maximum". *Bull. Amer. Meteor. Soc.*, 96, pp. 405-418. Disponible en: https://doi.org/10.1175/BAMS-D-13-00175.1.
23. Salazar, Á., Thatcher, M., Goubanova, K., Bernal, P., Gutiérrez, J., & Squeo, F. (2024). "CMIP6 precipitation and temperature projections for Chile". *Climate Dynamics*, 62(3), 2475-2498. Disponible en: https://doi.org/10.1007/s00382-023-07034-9
24. Valdés Pineda, R., Valdes, J. B., Diaz, H. F., & Pizarro Tapia, R. (2016). "Analysis of spatio temporal changes in annual and seasonal precipitation variability in South America Chile and related ocean–atmosphere circulation patterns". *International Journal of Climatology*, 36(8), 2979-3001. Disponible en: https://doi.org/10.1002/joc.4532
25. Vicente-Serrano, S. M., Beguería, S., & López-Moreno, J. I. (2010). "A multiscalar drought index sensitive to global warming: the standardized precipitation evapotranspiration index". *Journal of climate*, 23(7), 1696-1718. Disponible en: https://doi.org/10.1175/2009JCLI2909.1
26. Zambrano, F., Vrieling, A., Nelson, A., Meroni, M., & Tadesse, T. (2018). "Prediction of drought-induced reduction of agricultural productivity in Chile from MODIS, rainfall estimates, and climate oscillation indices". *Remote Sensing of Environment*, 219, 15–30. Disponible en: https://doi.org/10.1016/j.rse.2018.10.006

Capítulo 5
IMPACTOS ECONÓMICOS DE LAS SEQUÍAS EN LOS SECTORES AGRÍCOLAS Y DE AGUA POTABLE URBANO

Francisco J. Fernández y Felipe Vásquez-Lavín

Resumen. Este capítulo explora los efectos económicos de las sequías de larga duración en los sectores de la agricultura y abastecimiento de agua potable urbana en Chile, con un enfoque particular en la megasequía actual que comenzó en 2010. Utilizando un marco integral que incorpora la capacidad de infraestructura (CI), la cantidad de agua almacenada (CAA) y las estrategias de adaptación, ofrecemos un análisis detallado de los mecanismos de resiliencia y los impactos económicos de las condiciones de sequía. Nuestros hallazgos subrayan el equilibrio crítico entre la disponibilidad de agua y la sostenibilidad económica, revelando tanto los desafíos como los éxitos en las respuestas adaptativas de los sectores. La evolución del sector agrícola hacia prácticas más sostenibles y las inversiones estratégicas del sector de abastecimiento de agua urbana resaltan un progreso significativo en la resiliencia a la sequía. Sin embargo, la posibilidad de futuros puntos de inflexión respecto a la escasez de agua subraya la necesidad urgente de una gestión integrada de los recursos hídricos, prácticas agrícolas sostenibles y la asignación estratégica de recursos para prevenir una escasez crítica. Este capítulo proporciona recomendaciones para gestionar los impactos económicos de las sequías de larga duración en Chile central, tanto presentes como futuros.

Palabras clave. Impactos de la sequía, impactos económicos, agricultura, abastecimiento de agua urbana, Chile.

1. INTRODUCCIÓN

En Chile, las sequías son un fenómeno natural y estas ocurren con regularidad (Fernández y Gironás, 2021). Garreaud et al. (2017) han informado que se registraron sequías (definidas como años en los que el índice regional de precipitación (IPR) es inferior al 75%) durante 24 años entre 1915 y 2009 (aproximadamente una cuarta parte del tiempo). Durante el último siglo, el país ha experimentado varios episodios de sequía consideradas como graves, en particular en 1924, 1968 y 1998. Desde 2010, Chile se enfrenta a una sequía continua y sin precedentes que se prolongó hasta 2022. Dentro de este periodo, los años 2019 y 2021 han estado entre los episodios de sequía más graves registrados, después de las importantes sequías de 1924 y 1998.

Según datos históricos de precipitaciones en Santiago, en 1924 llovió solo 66 mm, lo que lo convirtió en el año más seco en casi dos siglos (Camus y Jaksic, 2020). El segundo año más seco registrado en el siglo XX y parte del siglo XXI fue 1998. Chile experimentó este año una sequía récord, con un promedio de 89 mm de lluvia. El tercer año más seco entre 1900 y el año actual se registró en 1968, cuando algunas regiones tuvieron un déficit de precipitaciones del 80%. La sequía actual, que comenzó en 2010, ha sido etiquetada como la megasequía de Chile central debido a su extraordinaria duración y patrón espacial (MD) (Garreaud et al. 2017). Esta sequía se ha convertido en la sequía más prolongada desde el siglo XX. Si bien su severidad no ha alcanzado los niveles de las sequías de 1924 o 1998, en 2019 las precipitaciones en Chile alcanzaron un déficit promedio de 39%, mientras que en 2021 alcanzaron un déficit promedio de 43%, siendo el segundo año más seco desde 1968 (DGA, 2022). Las precipitaciones en el país han venido disminuyendo a un ritmo de 4% por década durante los últimos 61 años, tendencia que aumenta a 8% por década al considerar los 41 años anteriores (DGA, 2022).

Bajo este contexto, los agentes económicos han obtenido aprendizajes importantes desde 1924. Los gobiernos y los usuarios del agua han mejorado considerablemente su capacidad para adaptarse a las sequías. El aumento de la infraestructura de almacenamiento de agua y la extracción de aguas subterráneas han sido respuestas clave a estos eventos. Mientras que los actores privados se han centrado principalmente en adaptar tecnologías y prácticas para mejorar la resiliencia, los actores públicos han desempeñado un papel fundamental en la formulación de políticas destinadas a prepararse y mitigar el impacto económico de futuras sequías. Aunque estas acciones han incrementado la resiliencia chilena y la capacidad de reacción de los usuarios de agua, el cambio climático ha agravado las características de las sequías, haciéndolas más frecuentes, intensas y duraderas.

Este capítulo describe el costo económico de la actual megasequía en Chile, considerando los cambios en aquellos factores que aumentan la resiliencia de la región y los cambios en las características de las sequías impulsados por el clima. Presentamos una breve revisión de la literatura sobre las evaluaciones de impacto económico de sequías pasadas en Chile, en su mayoría relacionadas con las descritas en la literatura como las sequías más intensas registradas en el país. Luego, presentamos un nuevo enfoque para evaluar los impactos económicos de las sequías a largo plazo. Este enfoque responde a los nuevos desafíos para evaluar el impacto económico debido a las nuevas características de las sequías impulsadas por el cambio climático y los cambios en la población. Se prestará especial atención a los efectos en la agricultura y otros sectores económicos altamente dependientes del agua, como el suministro de agua en las áreas urbanas.

Este capítulo se basa en los fundamentos de nuestro artículo titulado "The economics impacts of long-run droughts: Challenges, gaps, and way forward" (Fernández et al., 2023). Este capítulo amplía el análisis presentado, profundizando en las particularidades de los impactos económicos. Ampliamos el marco inicial para ofrecer un examen más detallado de los efectos en la agricultura y otros sectores dependientes del agua, proporcionando una mayor perspectiva sobre las estrategias de adaptación y los factores de resiliencia en juego. Exploramos las implicancias más amplias de nuestros hallazgos y desarrollamos una discusión más exhaustiva de las recomendaciones políticas.

2. UNA VISIÓN GENERAL DE IMPACTOS ECONÓMICOS DE LAS SEQUÍAS EN CHILE

Desde la sequía de 1924 hasta la actualidad, hay pocos registros sobre sus impactos económicos. Camus y Jacksic (2020) abordan este tema al analizar la literatura relacionada con la crisis política chilena de 1924, que se desarrolló en paralelo a la sequía más severa registrada en dos siglos. Los autores exploran la crisis de 1924 desde una perspectiva socioecológica y sugieren que la severa sequía pudo haber contribuido al ascenso del poder militar. La peor sequía en doscientos años exacerbó la crisis económica, política y social existente en Chile, provocada por la desaparición de la industria del salitre y la escasez de divisas. Los autores examinan cómo la sequía afectó la agricultura, la ganadería y la disponibilidad de agua, llevando a la hambruna y la migración.

Desde el punto de vista económico, no hay suficiente información sobre el costo económico de esa sequía. Camus y Jacksic (2020) citaron a Urrutia y Lanza (1993) en su recopilación de "Catástrofes de Chile", en donde estos últimos indican que la producción de trigo disminuyó al menos en un millón de quintales (casi el 14% de la producción nacional total) durante la sequía experimentada en la zona central del país (entre Coquimbo y Maule). Las pérdidas de trigo alcanzaron los ciento treinta quintales en la provincia de Coquimbo (menos del 1% de la producción regional). En contraste, en el resto de la zona afectada, se estimó que las pérdidas fueron del setenta por ciento de la producción promedio en tierras secas y del veinte por ciento en tierras de regadío. Además, también en la provincia de Coquimbo, desaparecieron doscientos mil ovejas, doscientos cincuenta mil cabras y veinte mil vacunos debido a la escasez de agua. Los ferrocarriles acordaron reducir el costo del transporte de animales desde el norte al sur de Curicó en un cuarenta por ciento, siempre que el destino no estuviera a menos de ciento cincuenta kilómetros del lugar de partida. En el norte, no se pudieron sembrar tierras en barbecho, el pasto natural no se desarrolló y las ramas no crecieron, por lo que no hubo pasto para los animales.

En resumen, la sequía de 1924 causó fallos en las cosechas y limitó el acceso al agua y al forraje, amenazando la seguridad alimentaria y provocando un declive significativo en la producción agrícola y la productividad ganadera. La escasez de agua causada por la sequía exacerbó el ya vulnerable sistema de gestión hídrica, lo que derivó en una crisis hídrica prolongada que afectó a la economía y los medios de vida de las personas, particularmente en las zonas rurales.

Fernández y Gironás (2021) recopilaron registros de varias instituciones sobre los impactos económicos pasados debido a las sequías. Por ejemplo, los autores indican que la sequía de 1968 afectó a seis millones de hectáreas y se extendió por once provincias, desde la actual región de Atacama en el norte hasta la región del Biobío en el sur. Los cultivos de cereales y hortalizas, así como la ganadería, sufrieron graves daños y se estima que entre 225 mil y 450 mil personas quedaron desempleadas, con un costo estimado de casi mil millones de USD[1] (Donoso, 2022; FAO, 2010; UNESCO, 2012). En 1998, las pérdidas del sector agronómico se estimaron en 250 millones de USD, según la Sociedad Nacional de Agricultura (SNA). Una evaluación más detallada fue presentada por la Dirección General de Aguas (DGA) (1997) y Fernández et al. (1999). Ambos estudios presentaron una evaluación detallada de los eventos de sequía en Chile en los años 90 sobre los impactos en sectores productivos específicos basándose en criterios cuantitativos. Analizaron una serie de déficits mensuales durante 48 años para estudiar más a fondo el impacto económico en los sectores de agricultura, suministro de agua, minería-industria e hidroeléctrico. Estimaron que las pérdidas promedio anuales de estos sectores fueron de 202 millones de pesos chilenos (438 mil USD), equivalentes al 0,005% del PIB nacional total en 1998.

3. EL IMPACTO ECONÓMICO DE LA ACTUAL MEGASEQUÍA: UN NUEVO MARCO CONCEPTUAL

El marco metodológico representado en la **Figura 5.1**, desarrollado por Fernández et al. (2023), representa un enfoque integral para comprender los impactos económicos de la actual megasequía en Chile. Este marco trasciende las evaluaciones tradicionales al incorporar factores clave que influyen en los efectos económicos a largo plazo de las sequías. Específicamente, evalúa la interacción entre la capacidad de infraestructura (CI), la cantidad de agua almacenada (CAA) y la variedad de respuestas de adaptación por parte de los usuarios del agua. Al centrarse en estos factores clave, este enfoque tiene como objetivo proporcionar una comprensión integral del impacto económico en varios sectores económicos, enfatizando los efectos de las sequías prolongadas sobre ellos.

El marco comienza delineando los límites espaciales y temporales de la evaluación. El marco espacial identifica el alcance geográfico de la evaluación, reconociendo los impactos heterogéneos de las sequías y haciendo hincapié en la importancia de identificar las transferencias de suma cero entre las entidades afectadas, que se producen cuando la ganancia de recursos por parte de una entidad resulta directamente en una pérdida equivalente por parte de otra, dejando así inalterado el equilibrio general de recursos (Ding et al., 2011). El aspecto temporal considera la duración de la sequía y sus efectos a largo plazo, reconociendo que los impactos económicos pueden desarrollarse durante un periodo prolongado y no ser evidentes de inmediato. Luego, el marco especifica los sectores económicos que se evalúan, que se seleccionan en función de su dependencia del agua y su importancia para la economía nacional. La elección de la metodología para la evaluación del impacto económico en cada sector se guía por la disponibilidad de datos y la necesidad de reflejar los comportamientos económicos en condiciones de escasez continua de agua.

---

[1] Aunque no hay detalles sobre la estimación de este valor, los autores del libro especifican que este valor está asumiendo una sequía equivalente a la de 1967-68 con el nivel de demanda de agua de 1999 (Norero y Bonilla, 1999).

Figura 5.1
Marco metodológico

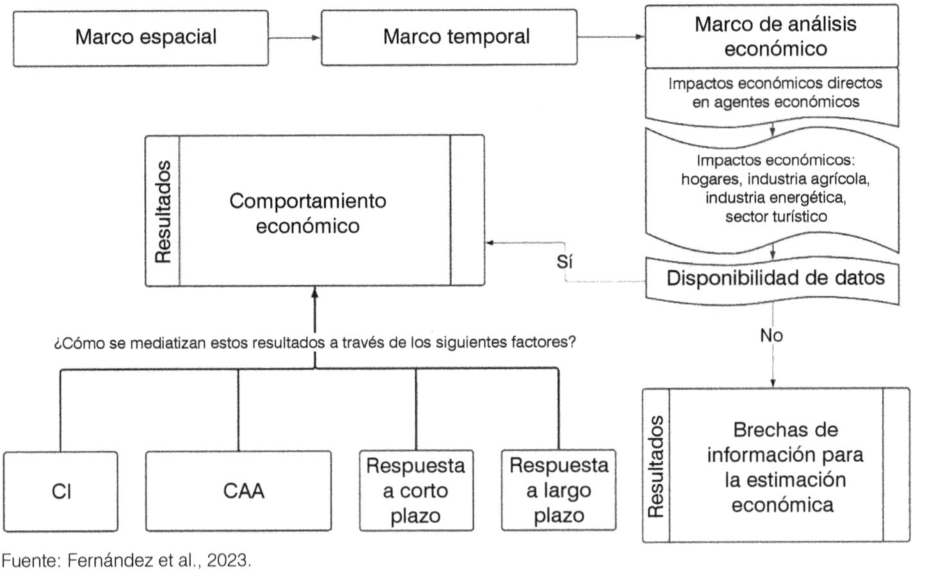

Fuente: Fernández et al., 2023.

Al aplicar este marco, el análisis busca estimar el impacto económico de la sequía en cada sector a través de diversos enfoques metodológicos basados en la disponibilidad de datos. Se espera que estas estimaciones capturen los comportamientos adaptativos de los usuarios del agua en respuesta a déficits hídricos sostenidos. Este enfoque, mediado por la CI, la CAA y las adaptaciones tanto de corto como de largo plazo, ofrece una perspectiva integral sobre el impacto económico de la megasequía actual. La capacidad de infraestructura evalúa la capacidad de la infraestructura hídrica existente para mitigar los efectos de la sequía. Incluye la evaluación de represas, embalses y otros sistemas de gestión del agua que contribuyen a la resiliencia de la región. La CAA sirve como una medida del volumen total de recursos hídricos accesibles. Esto incluye cuerpos de agua superficiales, como ríos y lagos, y embalses subterráneos, conocidos como agua subterránea. Distintivamente, la CAA se considera por separado de la "capacidad de infraestructura" para subrayar la presencia física única y el valor económico del agua almacenada. A diferencia de la CI, que evalúa la capacidad de la infraestructura para gestionar la distribución y el almacenamiento de agua, la CAA cuantifica la disponibilidad real de agua. Esta distinción es fundamental para evaluar la sostenibilidad y la eficiencia del uso del agua, ya que nos permite abordar las diferencias inherentes en la forma en que se reponen, almacenan y extraen las aguas superficiales y subterráneas. Por último, las respuestas de adaptación captan las respuestas de corto y largo plazo de los usuarios del agua a las condiciones de sequía. Incluyen cambios en los patrones de uso del agua, cambios en las prácticas agrícolas y otras adaptaciones conductuales que pueden influir en los resultados económicos.

4. ESTUDIO DE CASO

4.1. Marco espacial y marco temporal

El estudio de caso se centra en la región central de Chile, ubicada entre la cordillera de los Andes y la costa del Pacífico, que se extiende desde los 30° hasta los 38° S. Esta región es particularmente interesante por ser la zona más poblada y por haber enfrentado crecientes impactos ambientales y sociales debido a la megasequía. El marco temporal seleccionado para el análisis abarca desde 2010 hasta 2020. Este periodo fue elegido porque marca la duración de la megasequía de Chile central y la disponibilidad de datos. La región ha experimentado un déficit de precipitaciones que va del 25% al 45% anual durante este tiempo, con una variabilidad significativa en la magnitud del déficit. El año 2019 fue particularmente seco, con solo una cuarta parte de la precipitación anual promedio.

4.2. Enfoque económico

Los sectores económicos seleccionados para el estudio fueron la agricultura y el sector hídrico urbano, elegidos en función de sus requerimientos de agua, su importancia económica nacional y la disponibilidad de datos para su evaluación económica. Con esto, cubrimos la mayor parte de la demanda de agua del país, lo que representa aproximadamente el 95% (FCH, 2019).

a) Sector agrícola

Para el sector agrícola, el impacto económico de la sequía se analizó utilizando un enfoque de programación matemática, específicamente Programación Matemática Positiva (PMP), calibrado con estadísticas nacionales. En este caso, los efectos del CI, el CAA y las respuestas tanto de corto como de largo plazo son capturados implícitamente por los datos del sector (trayectoria base) durante el periodo de evaluación (de 2010 a 2020). Se construyeron dos trayectorias de escenarios para simular la estructura agrícola desde el marco temporal en condiciones "sin escasez de agua", aislando los efectos de precios, rendimientos y costos y brindando un rango económico del impacto de la megasequía. Al modelar las condiciones base del sector y simular escenarios con y sin escasez de agua, aislamos los impactos de la sequía en la economía agrícola. Esta comparación nos permitió estimar el rango económico de los impactos de la sequía, brindando información sobre las posibles pérdidas de ingresos, y destacando la resiliencia y las capacidades de adaptación del sector en la escasez de agua. La **Tabla 5.1** muestra una descripción de las trayectorias base y de escenarios utilizados.

b) Sector de agua potable urbana

En el caso del sector de agua potable urbana, nuestra evaluación del impacto económico se centró en el lado de la oferta, representado por las empresas sanitarias, y el

Tabla 5.1
Descripción de escenarios para el sector agrícola

Trayectorias	Descripción	Supuestos	Foco
Trayectoria línea base	Refleja las actividades agrícolas reales y los resultados de 2010 a 2020.	Incorpora datos reales sobre rendimientos de cultivos, disponibilidad de agua, precios de mercado y costos de producción.	Establecer un punto de referencia para evaluar los impactos de las condiciones de sequía mediante la comparación con escenarios simulados.
Escenario 1 (Scen1)	Simula las actividades agrícolas en condiciones "sin" escasez de agua, aislando los efectos de los cambios en los precios de los cultivos y los costos de producción.	Asume que no hay cambios en la disponibilidad de agua en comparación con los niveles de referencia, lo que permite aislar las variables económicas.	Evaluar el impacto económico de la sequía mediante el análisis de cómo los cambios en precios y costos habrían afectado a la agricultura sin escasez de agua.
Escenario 2 (Scen2)	Similar a Scen1, pero incluye cambios en los rendimientos de 2010 y 2020.	Asume que no hay cambios en la disponibilidad de agua en comparación con los niveles de referencia, lo que permite aislar las variables económicas y de productividad (rendimientos).	Explorar el impacto económico de la sequía mediante el análisis de cómo los cambios precios, rendimientos y costos habrían afectado a la agricultura sin escasez de agua.

Fuente: Elaboración propia.

lado de la demanda, representado por el consumo de agua en los hogares. En cuanto a la oferta, estimamos los costos inducidos por la megasequía analizando las inversiones de las empresas sanitarias en respuesta a la sequía.[2] Estas inversiones abarcaron diversas medidas, como el desarrollo de nuevas fuentes de agua, la mejora de las capacidades de tratamiento de agua y la ampliación de la red de distribución. Al cuantificar estas inversiones, evaluamos la carga financiera que la sequía supuso para las empresas y sus consecuencias para la infraestructura de abastecimiento de agua urbana.

En cuanto a la demanda, realizamos simulaciones del uso doméstico de agua incorporando factores climáticos como la temperatura, las precipitaciones y la desviación estandarizada del índice de vegetación de diferencia normalizada (zcNDVI) acumulado. Nuestro estudio incluyó datos de 215 comunas de Chile central entre 2010 y 2020. Aplicamos una metodología de Mínimos Cuadrados Ordinarios (MCO) y un enfoque de datos de panel de efectos fijos (FE) en nuestro análisis. Para refinar nuestras estimaciones,

[2] Los datos utilizados para los cálculos no están disponibles para uso público debido a un acuerdo de confidencialidad con las empresas participantes.

utilizamos datos sobre las facturas de agua potable de las empresas sanitarias de 2010 a 2020. El modelo desarrollado para la demanda de agua se empleó para pronosticar el uso promedio de agua en los hogares, determinar el excedente del consumidor y evaluar el impacto de los escenarios de racionamiento de agua en el bienestar de los hogares, lo que está en línea con el "Protocolo de Racionamiento de Agua para el Gran Santiago". Al evaluar el excedente del consumidor y los efectos de los posibles escenarios de racionamiento de agua en el bienestar de los hogares, pudimos medir el impacto económico de la sequía en los residentes urbanos. Este doble enfoque en el lado de la oferta y la demanda nos permitió evaluar las implicancias económicas de la sequía en el sector de agua potable urbana, destacando la vulnerabilidad del sector a las condiciones de sequía y los costos económicos asociados con la adaptación a la disminución de la disponibilidad de agua. El estudio supone un equilibrio inicial entre la demanda y la oferta de agua en 2020, incluidas las respuestas de las empresas sanitarias a la megasequía a través de inversiones relacionadas con CI y CAA.

5. RESULTADOS

5.1. Impacto en el sector agrícola

a) Cambio de línea base desde 2010 a 2020

De acuerdo con nuestro modelo, al comparar 2010 y 2020, observamos una disminución en el uso neto de agua de alrededor de 15,3% y una disminución en la superficie agrícola total de 13.5% (Tabla 5.2). A un nivel más detallado, nuestro modelo muestra que las tierras de secano y de regadío disminuyeron en 3,1% y 15,7%, respectivamente. Aunque no podemos establecer causalidad, la sequía es probablemente un factor significativo en la disminución de la superficie de regadío, donde las áreas de riego superficial como tendido y surcos han presentado pérdidas significativas. Sin embargo, el riego por aspersión y el microrriego han aumentado su superficie. Nuestro modelo también indica disminuciones sustanciales en la superficie de cereales (19%), leguminosas (81,9%) y cultivos industriales (63%). Por otro lado, los árboles frutales aumentaron en más de 21 mil hectáreas.

Según las estadísticas agrícolas de 2010 a 2020, nuestra trayectoria actual está en línea con la tendencia. El último Censo Agropecuario y Forestal (INE, 2022) muestra que la superficie agrícola del país ha disminuido un 8,1% (4.165.209 ha) desde 2007, y la superficie irrigada ha disminuido casi un 19% desde 2007. A pesar de ello, el PIB agrícola de Chile aumentó de 4.810 a 5.361 (millones USD) entre 2010 y 2020, manteniendo su contribución sectorial al PIB del país en torno al 3% a lo largo de la actual megasequía (Banco Central, 2021) (Figura 5.2).

Tabla 5.2
Cambios agrícolas entre 2010 y 2020

Descripción	2010	2020	% cambio
Uso neto de agua (10^9 m^3)	67,05	10,27 de reducción	-15,3%
Tierra total (ha)	472.762	63.919 de pérdida	-13,5%
Por sistema			
Tierra irrigada (ha)	388.189	61.258 de pérdida	-15,7%
Secano (ha)	84.572	2.661 de pérdida	-3,1%
Por subsector			
Cereales (ha)	246.326	47.169 de pérdida	-19,1%
Frutas (ha)	175.656	21.144 de incremento	+ 12,0%
Leguminosas y tubérculos (ha)	30.916	25.351 de pérdida	-81,9%
Industriales (ha)	19.863	12.543 de pérdida	-63,1%
Ingreso (millones USD)	3,59	6,66 de incremento	+ 185%
Por subsector			
Cereales (milliones USD)	1,58	0,62 de incremento	+ 37,1%
Frutas (milliones USD)	1,88	4,9 de incremento	+ 326,2%
Leguminosas y tubérculos (millones USD)	0,09	0,06 de pérdida	-69,1%
Industriales (millones USD)	0,04	0,004 de pérdida	-10,1%
Demanda Laboral (Jornales/año)	20.587.618	1.309.189 de incremento	+6,3%

Fuente: Fernández et al., 2023.

Figura 5.2
PIB encadenado agrícola, ganadero y forestal a precios de 2013 (barras) y proporción sectorial en el PIB (línea roja)

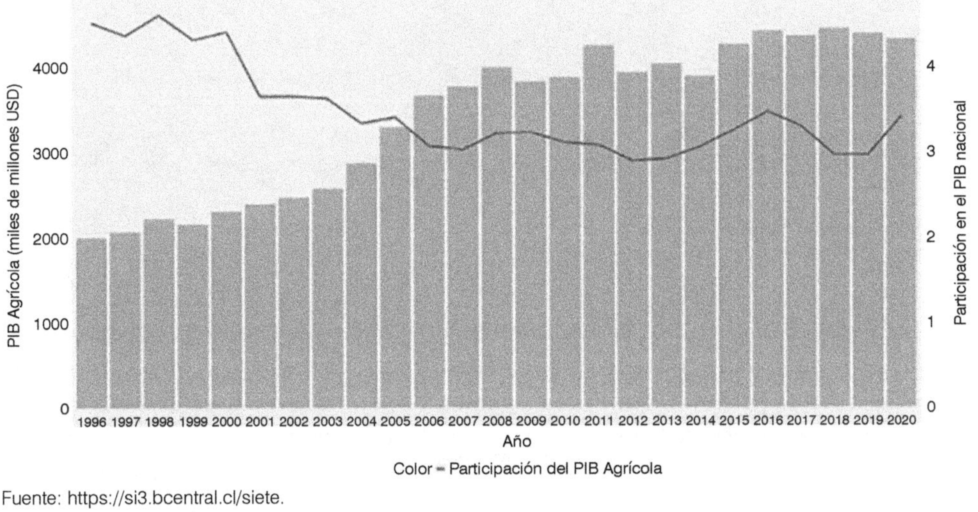

Fuente: https://si3.bcentral.cl/siete.

b) Análisis de escenarios

Para determinar el impacto económico de la megasequía, probamos los efectos aislados y combinados de los precios de los cultivos, los costos y la evolución del rendimiento de 2010 a 2020. La **Figura 5.3** ilustra las pérdidas de ingresos al comparar el ingreso agrícola de la trayectoria de referencia, que es la actividad real entre 2010 y 2020, con dos escenarios. Estos escenarios suponen los niveles de actividad de la década de 2010 y la evolución de los precios, los costos y los rendimientos de 2011 a 2020. Suponemos que la diferencia entre la trayectoria de referencia y las trayectorias de los escenarios representa las pérdidas de ingresos del sector agrícola debido a factores como la megasequía y la escasez de agua sin considerar el impacto de los ingresos, los precios y la evolución del rendimiento.

Figura 5.3

Ingresos agrícolas totales 2010-2020 para la trayectoria de referencia y ambos escenarios (el área entre la trayectoria de referencia y los escenarios indica pérdidas de ingresos)

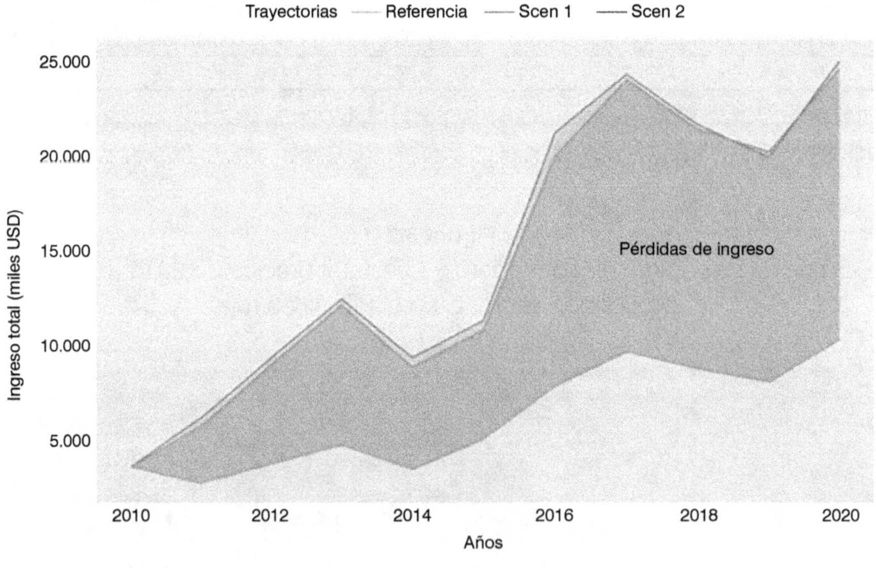

Fuente: Fernández et al., 2023.

La **Figura 5.3** ilustra que la brecha entre la trayectoria de referencia y el escenario 1 y 2, se ha ido ampliando con el tiempo desde 2016. Esto se puede atribuir a la capacidad de infraestructura (CI), el conjunto de respuestas disponibles para hacer frente a la megasequía. En el año inicial de la megasequía, la pérdida de ingresos parece ser insignificante, lo que podría deberse a que los sistemas hídricos, como las aguas subterráneas o las represas, tienen reservas suficientes (CAA). Sin embargo, con el tiempo, la capacidad de alcanzar los ingresos potenciales se vuelve más difícil, ya que las reservas de agua siguen disminuyendo. La pérdida de ingresos acumulada se ha estimado entre 90,46 millones de dólares (escenario 1) y 86,76 millones de dólares (escenario 2).

Se estima que Chile gastó alrededor de 160 millones de dólares en respuesta a emergencias agrícolas entre 2008 y 2017. De este monto, el 64% se destinó a respuestas públicas de emergencia por sequía, según el informe de la FAO en 2021 (FAO, 2021). Según esta estimación, la cifra podría ascender potencialmente a 196,45 millones de dólares, lo que equivale al 0,036% del PIB agrícola de 2020.

c) Impacto regional

A nivel regional, la **Figura 5.4** muestra que, en las regiones de más al norte, representadas por Coquimbo, Valparaíso y Metropolitana, la estructura agrícola es principalmente frutícola. En contraste, las regiones de O'Higgins, Maule y Biobío muestran una estructura agrícola más diversificada con importantes áreas dedicadas a cereales y frutas. La **Figura 5.4**. también sugiere que durante el periodo de megasequía podría haberse producido una transición en la estructura agrícola, posiblemente como respuesta adaptativa a las condiciones secas prolongadas.

Figura 5.4
Estructura agraria por regiones y años

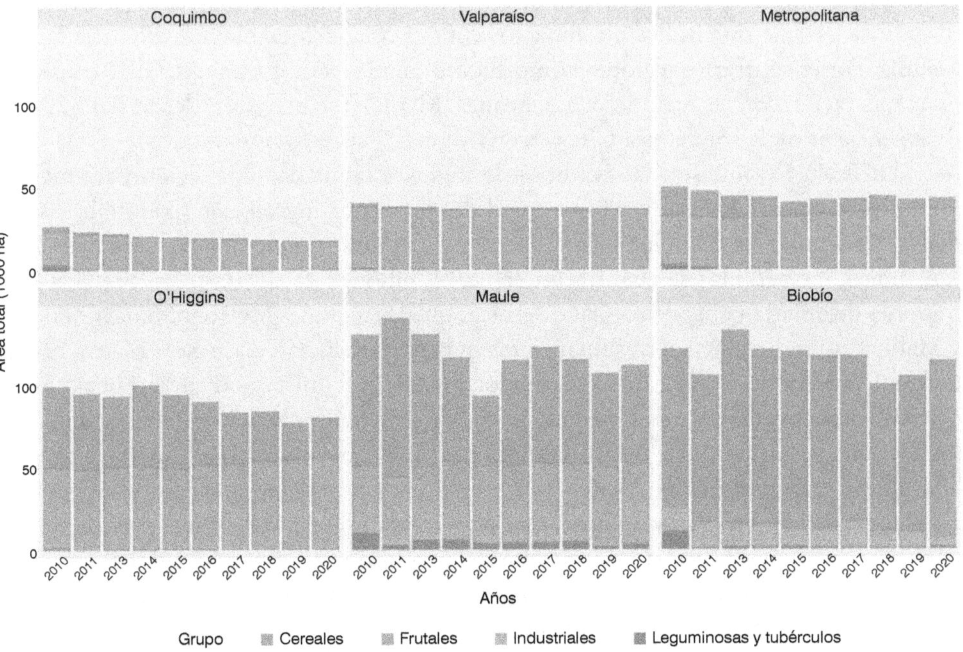

Fuente: Elaboración propia.

En las regiones del norte de Chile central, por ejemplo, en las regiones de Coquimbo y Valparaíso, hubo una disminución en todos los grupos de cultivos entre 2010 y 2020. Esta disminución para todos los grupos conduce a una disminución general de la superficie agrícola total en Coquimbo y Valparaíso del 32,4% (8.790 ha aprox.) y 8,2% (3.390 ha aprox.), respectivamente. Más al sur, dentro de la región Metropolitana, se observan tendencias similares excepto para las frutas que experimentaron un aumento del 23,0%, lo que indica un cambio hacia el cultivo de frutas, con una disminución general de la superficie agrícola total del 14%.

Dentro de las regiones del sur, las regiones de O'Higgins y Maule presentaron un panorama mixto, con una disminución en cereales, legumbres y tubérculos, y cultivos industriales, pero un aumento en frutas del 13,8% y 31,5%, respectivamente. La región del Biobío es la única donde la superficie para cereales aumentó (11,8%), junto con un crecimiento del 52,8% en frutas. Sin embargo, las legumbres y tubérculos disminuyeron en un 66,1% y los cultivos industriales en un 85,8%, lo que contribuyó a una disminución total en el uso de la tierra de 5,6%.

En términos económicos, también existe una variabilidad espacial en los impactos económicos atribuidos a la megasequía. La **Figura 5.5** muestra esta variabilidad entre regiones. En regiones como Coquimbo y Valparaíso, el ingreso en la trayectoria base y los escenarios se mueven estrechamente juntos hasta alrededor de 2016, cuando los escenarios comienzan a diferir levemente de la línea base, lo que sugiere un mayor impacto económico de la megasequía. Sin embargo, la brecha entre las trayectorias base y los escenarios de ambas regiones indica una pérdida constante de ingresos debido a la megasequía. Por otro lado, O'Higgins y Maule presentan escenarios que muestran una marcada desviación de la línea base, lo que indica un impacto económico considerable inducido por la megasequía. Por el contrario, regiones como Biobío manifiestan un impacto más contenido en comparación con las regiones más cercanas (Maule). Sin embargo, desde 2015-2016 la divergencia entre la trayectoria base y Scen1 y Scen2 ha ido aumentando.

La **Tabla 5.3** muestra las pérdidas de ingresos tabuladas por región para mejorar la interpretación de la **Figura 5.5**. Las pérdidas totales de ingresos en Coquimbo ascienden a -3,88 millones de dólares para Scen1 y -5,13 millones de dólares para Scen2. En Valparaíso, las pérdidas se cuantifican en -2,99 millones de dólares para Scen1 y -4,49 millones de dólares para Scen2. Cabe destacar que las regiones Metropolitana, O'Higgins y Maule exhiben repercusiones financieras más pronunciadas. La región Metropolitana enfrenta pérdidas de -11,27 millones de dólares y -14,73 millones de dólares bajo Scen1 y Scen2 respectivamente, mientras que O'Higgins encuentra la mayor discrepancia entre los escenarios con pérdidas de -24,79 millones de dólares para Scen1, ligeramente más altas que -23,68 millones de dólares para Scen2. La región del Maule exhibe las pérdidas más considerables en -34,24 millones de dólares para Scen1 y -28,21 millones de dólares para Scen2, lo que indica la mayor vulnerabilidad de la región a MD. Finalmente, las pérdidas de Biobío se registran en -13,26 millones de dólares para Scen1 y -10,51 millones de dólares para Scen2, lo que indica un impacto económico menor pero significativo.

Figura 5.5
Pérdida de ingresos por regiones

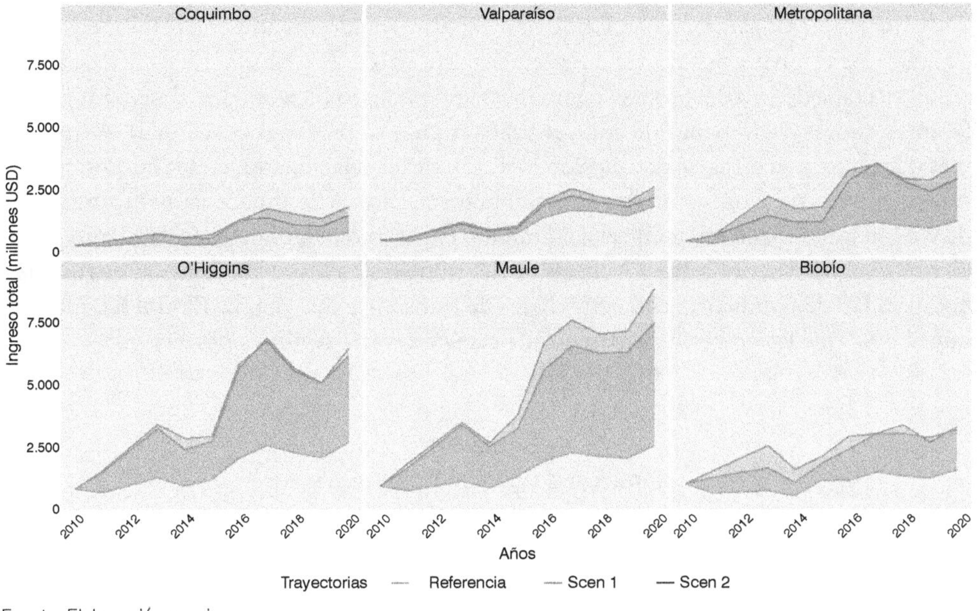

Fuente: Elaboración propia.

Tabla 5.3
Pérdidas de ingresos tabuladas por región y entre escenarios

Region	Pérdida ingresos Línea base - Scen 1 (millones USD)	Pérdida ingresos Línea base - Scen 2 (millones USD)
Coquimbo	-3.88	-5.13
Valparaíso	-2.99	-4.49
Metropolitana	-11.27	-14.73
O'Higgins	-24.79	-23.68
Maule	-34.24	-28.21
Biobío	-13.26	-10.51
Total	-90.46	-86.76

Fuente: Elaboración propia.

5.2. Impacto en el suministro de agua urbano

a) Costos inducidos para las empresas sanitarias

Las empresas sanitarias en Chile han experimentado un aumento en los costos de capital y operacionales debido a la megasequía entre 2010 y 2020. Estos costos se clasificaron según su etapa dentro del proceso como inversión para producción, distribución u "otros" (como estudios o campañas de concientización pública para el uso racional). A un nivel más detallado, los costos de producción incluyen gastos relacionados con la adquisición de nuevas fuentes de agua, como desalinización, instalaciones de almacenamiento, aumento de volúmenes de agua mediante el tratamiento del agua o compra y arrendamiento de derechos de agua. Mientras que los costos de distribución incluyen la extensión de tuberías, la capacidad de bombeo y otras actividades de transporte de agua. La **Figura 5.6** muestra que el peso que las empresas le dan a cada categoría varía según su ubicación.

Figura 5.6
Comparación de gastos por etapa y zona

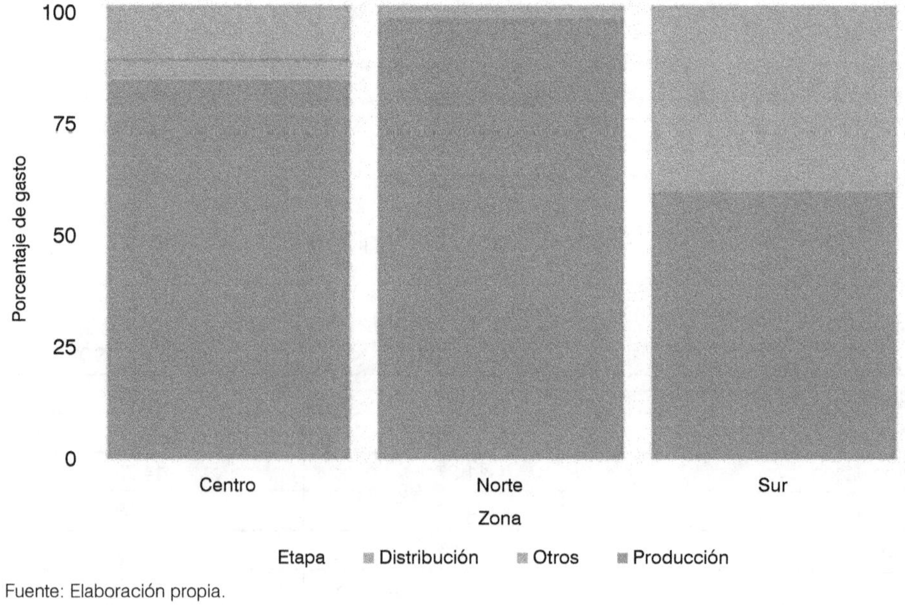

Fuente: Elaboración propia.

Se observa que la producción constituye la mayor parte del gasto en todas las zonas, con una prevalencia particularmente alta en las zonas norte y central, con 97,2% y 84,1%, respectivamente. Las nuevas fuentes de agua (plantas desalinizadoras) y la capacidad de tratamiento de aguas subterráneas para las empresas de la zona norte aumentan los costos de producción. En la zona central, el almacenamiento superficial, la capacidad de tratamiento de aguas superficiales y la profundización y perforación de pozos representan una parte importante del gasto. La zona sur exhibe una distribución relativamente equilibrada entre producción (58,9%) y distribución (41,1%), siendo sus principales costos de transporte, derechos de agua y tratamiento de aguas residuales.

El gasto de capital entre 2010 y 2020 fue de 1.119 millones de dólares. Sin embargo, al incluir los costos operacionales por la sequía, el monto asciende a 318 millones de dólares, para un total de 1.437 millones de dólares, considerando solo las instalaciones de la zona central de Chile, que tuvieron un gasto de capital de 660 millones de dólares. Los gastos operacionales fueron de 155 millones de dólares, lo que implica un gasto total de 815 millones de dólares.

b) Consumo de agua urbano: Costos evitados

La **Tabla 5.4** muestra los resultados del modelo MCO y RE en relación con la demanda de agua. La dirección del efecto del precio sobre el uso residencial de agua es la esperada en todos los modelos. Según investigaciones anteriores (Acuña et al., 2020; Fercovic et al., 2019; Vásquez Lavín et al., 2017), todas las elasticidades son inelásticas (de -0,16 a -0,35).

La **Tabla 5.4** muestra que el ingreso afecta positiva y significativamente el uso del agua. Las variables climáticas examinadas tuvieron los signos esperados. La precipitación mostró un efecto negativo, mientras que los aumentos de temperatura impactaron positivamente el consumo de agua residencial. Específicamente, los aumentos de temperatura llevaron a un aumento de 9% a 15% en la demanda de agua en comparación con las temperaturas promedio entre 0° y 10° C. Por el contrario, una tendencia positiva de la precipitación redujo el consumo de agua entre 2% y 4%. Los resultados sugieren que la precipitación acumulada entre 100 y 200 mm disminuye la demanda de agua en aproximadamente 4% en comparación con la categoría base (es decir, entre 0 y 100 mm de lluvia acumulada). De manera similar, la precipitación acumulada entre 200 y 300 mm disminuyó la demanda en 2% con respecto a la categoría base. Además, la precipitación acumulada por encima de 300 mm redujo la demanda de agua en aproximadamente 3% en comparación con niveles bajos de lluvia (es decir, entre 0 y 100 mm de lluvia acumulada).

La variable zcNDVI indica el comportamiento del consumo de agua durante una sequía vegetacional. Es una medida indirecta del estado hídrico de las plantas, donde los valores más altos de zcNDVI indican un mayor consumo de agua. En este caso, lo utilizamos para indicar el consumo humano de agua relacionado con el riego de patios, jardines y áreas verdes en espacios urbanos. Si el índice de vegetación zcNDVI es mayor que 1, entonces el consumo de agua residencial aumenta alrededor del 2%. Sin embargo, si es menor que 1, entonces el consumo de agua disminuye alrededor del 1%.

Tabla 5.4

Resultados de la estimación. Los errores estándar se encuentran entre paréntesis

Variable	Marco espacial (30°-38°S)	
	MCO	Panel RE
Precio	-0.35***	-0.16***
	(0.01)	(0.00)
Ingreso	0.35***	0.08***
	(0.01)	(0.01)
Población	0.01***	0.09***
	(0.00)	(0.01)
Precipitaciones		
Entre 100 y 200	-0.09***	-0.04***
	(0.01)	(0.00)
Entre 200 y 300	-0.04***	-0.02***
	(0.01)	(0.01)
Mayor a 300	-0.03**	-0.03**
	(0.01)	(0,01)
Temperatura		
Entre 10 y 20	0.06***	0.09***
	(0.01)	(0.00)
Mayor a 20	0.07***	0.15***
	(0.01)	(0.01)
zcNDVI		
Menor que -1	0,03***	-0.01**
	(0.01)	(0.00)
Entre -1 y -0.1	0,06***	-0,01
	(0.01)	(0.00)
Entre 0.1 y 1	0,03***	0,00
	(0.01)	(0.00)
Mayor a 1	0,01**	0,02***
	(0.01)	(0.01)
Constante	0,39***	1,58***
	(0.01)	(0.08)
Observaciones	23538	23538
N		215

***p<0,01, **p<0,05

Fuente: Elaboración propia.

Figura 5.7
Demanda de agua a nivel doméstico y excedente del consumidor

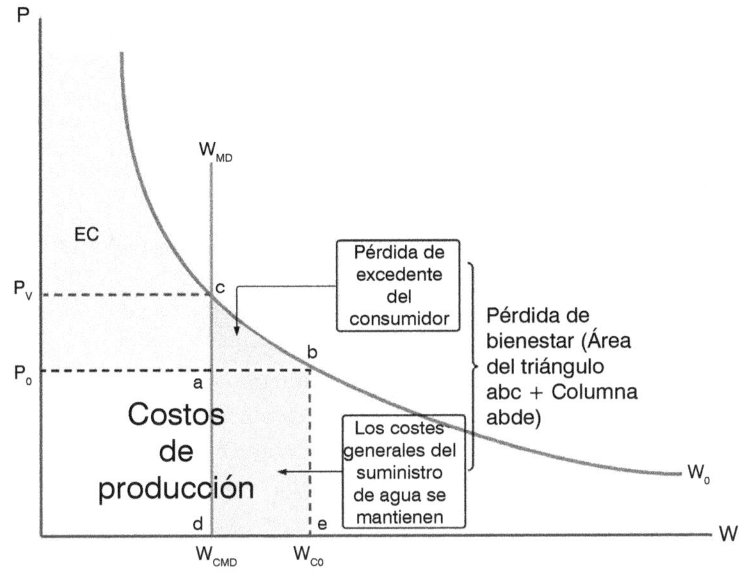

Fuente: Elaboración propia.

La **Figura 5.7** muestra el impacto del racionamiento potencial en la pérdida de bienestar. La variable W_0 representa la demanda actual de agua de los hogares y W_{MD} representa la restricción del suministro de agua en un escenario de racionamiento del 20%. La variable P_0 es el precio fijo del agua debido a restricciones institucionales. W_{C0} representa el consumo de los hogares en la comuna **c** en el escenario inicial, mientras que W_{CMD} representa el consumo de agua de los hogares en la comuna **c** en el escenario de racionamiento. Por lo tanto, los hogares utilizarán menos agua en un escenario de racionamiento del 20%, y el consumo de agua en este escenario es W_{MD}. Como P_0 es fijo, es necesario un precio de agua virtual P_V para calcular la pérdida del excedente del consumidor en la comuna **c**.

El triángulo **abc** representa la pérdida de bienestar de los hogares en un escenario de racionamiento de recursos. El bienestar de los hogares disminuye en 122 USD por año. Además, es importante mencionar que el rectángulo **abed** generalmente no representa un ahorro en los costos de producción. Esto se debe a que los costos variables comprenden solo una pequeña parte de los costos de suministro de agua. Por lo tanto, es poco probable que se cumpla en este caso el supuesto convencional de que cuando se entrega menos agua, el costo de las operaciones de suministro de agua disminuye aproximadamente en la misma proporción. El rectángulo **abed** representa una pérdida de bienestar de 94 USD por año, lo que eleva el total a 217 USD de pérdida de bienestar anual por hogar. Considerando el marco espacial de interés, el costo evitado por año, representado por la pérdida total de excedentes, corresponde a 542,40 millones de USD por año.

Comparamos las inversiones de la empresa en la región más poblada del área de estudio con el impacto económico anual esperado en el escenario de racionamiento del 20%. Considerando la pérdida de bienestar de 217 USD/hogar/año bajo la restricción del 20%, nuestros resultados muestran que un dólar invertido en preparación para la sequía puede prevenir aproximadamente 8,3 dólares en pérdidas económicas.

6. IMPACTO ECONÓMICO TOTAL: ESTRATEGIAS DE RESILIENCIA Y ADAPTACIÓN

Los resultados de nuestra investigación indican que la zona central de Chile ha demostrado un alto nivel de resiliencia frente a los impactos económicos negativos de una sequía que ha persistido durante más de diez años. Cuando combinamos el impacto económico del sector agrícola con las inversiones realizadas por las empresas sanitarias para enfrentar la sequía en la región, descubrimos un impacto económico acumulado de 1011,45 millones de dólares dentro del periodo de análisis definido. Esta cifra representa menos del 0,5% del PIB del país.[3]

A pesar de este efecto económico marginal, un examen más detallado de los patrones históricos de precipitación, el agotamiento del agua almacenada y las tendencias de los costos económicos en diferentes sectores revela una correlación negativa significativa (**Figura 5.8**). Durante las primeras etapas de la sequía, los costos económicos fueron relativamente bajos, gracias a la capacidad casi total de la cantidad de agua almacenada (CAA). Esta fase sugiere que las reservas de agua suficientes podrían proteger a los sectores económicos contra los impactos inmediatos de la sequía, manteniendo la estabilidad económica a pesar de la reducción de las precipitaciones. A medida que la sequía persistió, las reservas de agua comenzaron a disminuir, lo que llevó a un aumento de los costos económicos. Esta tendencia pone de relieve la relación crítica entre la disponibilidad de agua y la resiliencia económica.

El análisis señala la necesidad de centrarse en los "puntos de inflexión" futuros, es decir, en los momentos en que una escasez sustancial de agua podría provocar un aumento brusco de los costos económicos. Estos puntos de inflexión dependen de varios factores, entre ellos la capacidad de infraestructura, la disponibilidad de agua potable y la eficacia de las estrategias de adaptación para mitigar los efectos de la sequía. Sin embargo, las lagunas actuales en los datos y la información hidrológica impiden la predicción precisa de estos puntos de inflexión. Esta limitación afecta a la precisión de las proyecciones de los costos económicos y plantea problemas para el desarrollo de estrategias de adaptación sólidas.

Luego de realizar un análisis detallado del impacto de la sequía a nivel sectorial y desagregar los datos por región, identificamos efectos que no fueron evidentes a nivel agregado. En el sector agrícola, observamos que los impactos económicos en las regiones del norte fueron menos severos en términos económicos a pesar de ser las regiones más afectadas por la falta de precipitación y disminución del agua almacenada en los embalses durante las sequías. A medida que avanzamos hacia el sur, observamos un aumento del

[3] PIB 2020 de 252,9 mil millones de dólares.

Figura 5.8

Abastecimiento de agua (precipitación y agua almacenada) e impactos económicos (inversiones de empresas de saneamiento y pérdidas de ingresos agrícolas). *pr_zscore*: puntuaciones *z* de precipitación calculadas como $(pp_y - \overline{pp}_{1979\text{-}2019} / S_{1979\text{-}2019})$

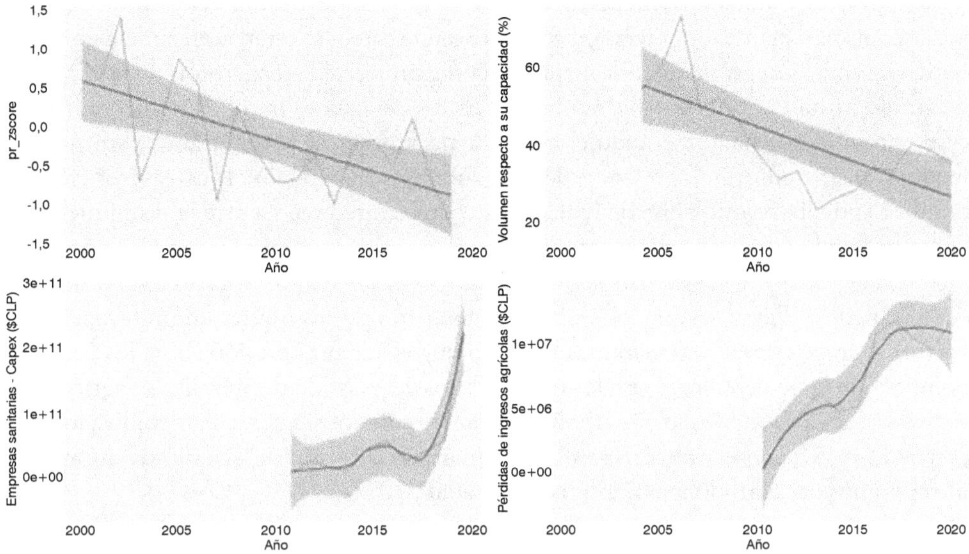

Fuente: Fernández et al., 2023.

impacto económico hasta la región del Biobío, donde los impactos económicos vuelven a disminuir. La CI, la CAA y la efectividad de las estrategias de adaptación son factores clave que explican este fenómeno.

Desde la perspectiva de la CI, la capacidad de almacenamiento de agua superficial se concentra en la zona norte de Chile central. En los últimos cien años se han construido más de diecisiete embalses al norte de Santiago, sumando 112.420 hectáreas de riego (Haindl, 2022). Además, desde la perspectiva de CAA, el sector agrícola ha amortiguado significativamente los impactos económicos de la megasequía a través del uso de aguas subterráneas (Donoso, 2021). El agua subterránea ha ayudado a los agricultores a adaptarse al desequilibrio de la falta de agua superficial a corto plazo. Desde la perspectiva de la eficacia de las estrategias de adaptación, la eficiencia del riego ha aumentado su eficiencia media (Martin y Saavedra, 2018), y los recursos se han asignado de manera más eficiente y económica a cultivos de mayor valor, lo que significa que la estructura de productividad ha cambiado desde cultivos anuales como cereales, legumbres y tubérculos hacia actividades perennes como las frutas, que comúnmente se asocian con una rentabilidad significativa.

Esto es similar a lo que se ha observado en otras regiones mediterráneas (como California o España) (Lund et al., 2018). Los agricultores de la zona central de Chile han reducido sus pérdidas económicas durante las sequías destinando agua a cultivos de alto valor. Los agricultores de las regiones de Coquimbo y Valparaíso pueden haber respondido de manera similar, ya que históricamente han sido las regiones más afectadas durante las sequías severas. Debido a esto, en 2010, una parte importante del territorio de estas regiones ya estaba dedicado a la producción de frutas, lo que puede haber sido una respuesta a las sequías pasadas y también una acción que aumentó su resiliencia a la sequía actual.

A pesar de la notable resiliencia observada en las regiones del norte, los últimos años de megasequía han planteado interrogantes sobre si estas áreas se están acercando a un punto crítico de inflexión en materia de agua. En la región norte, la expansión de la superficie de árboles frutales que requieren un uso intensivo de agua se tradujo en una intensificación continua que ha aumentado el uso de agua superficial y subterránea para riego. A medida que disminuyen las reservas de agua subterránea, aumenta la carga financiera del bombeo agrícola, lo que pone de relieve una correlación directa entre la disminución de la disponibilidad de agua y el aumento de los costos operativos (Rinaudo y Donoso, 2018; Suárez et al., 2014). Además, esta sobreexplotación de los recursos hídricos superficiales y subterráneos ha llevado a que los embalses estén cerca de sus niveles mínimos operativos y a que los niveles freáticos sean más bajos, lo que ejerce más presión sobre los costos de bombeo a lo largo del tiempo. En los últimos años del periodo de análisis, los agricultores se han visto obligados a talar sus árboles o dejar los cultivos sin cosechar debido a los altos costos. Esto se ha observado en el valle del Limarí en la región de Coquimbo durante los últimos años del periodo analizado (Nauditt et al., 2021).

Observamos importantes impactos económicos de la sequía en las regiones centrales, principalmente Maule y O'Higgins. A diferencia de las regiones del norte, que históricamente han experimentado los impactos más severos de la sequía y, en consecuencia, han adaptado sus estructuras agrícolas hacia cultivos menos dependientes del agua, Maule y O'Higgins han dependido significativamente de cultivos anuales. Esta dependencia ha hecho que estas regiones sean particularmente vulnerables a los efectos adversos de las sequías. La estructura agrícola histórica de estas regiones, caracterizada por una mezcla diversa de cereales, legumbres y otros cultivos anuales, ha enfrentado desafíos significativos a raíz del aumento de la frecuencia y la gravedad de las sequías.

Observamos que las regiones de Maule y O'Higgins están emprendiendo un camino similar de cambio estructural al observado en las regiones del norte, en transición hacia cultivos perennes y la adopción de prácticas agrícolas más eficientes en el uso del agua. Sin embargo, la urgencia y la complejidad de las sequías recientes resaltan la necesidad de refinar estas estrategias, asegurando que estas regiones no repliquen los desafíos del norte. En este contexto, resulta crucial priorizar las prácticas sostenibles para ampliar las áreas de cultivo de alto valor y mejorar la eficiencia del riego. Una gestión cuidadosa de los recursos hídricos, incluida la prevención de la sobreexplotación de los acuíferos y la utilización eficiente de las CAA, es imperativa para mantener la viabilidad a largo plazo de la industria agrícola.

Dentro del sector de abastecimiento de agua urbana, destacamos tres hallazgos principales. En primer lugar, las diferencias regionales relacionadas con los costos inducidos asociados con los esfuerzos de mitigación de la sequía reflejan las características específicas del contexto de resiliencia y adaptación. En segundo lugar, una comparación de los costos evitados con los costos inducidos revela la eficacia económica de las medidas de corto y largo plazo adoptadas por las empresas sanitarias. Las inversiones realizadas para mejorar la infraestructura de abastecimiento de agua, en particular en la producción y distribución, han sido clave para mitigar el impacto económico de la sequía. Estas inversiones pueden considerarse acciones preventivas contra la escasez potencial de agua, lo que demuestra cómo las estrategias actuales han ahorrado recursos de manera significativa al prevenir impactos económicos más graves. Por último, a pesar de la resiliencia de la industria, existe un umbral más allá del cual el costo de la mitigación de la sequía podría aumentar exponencialmente. Este umbral está estrechamente vinculado a la eventualidad de restricciones hídricas, un escenario al que Santiago estuvo peligrosamente cerca en abril de 2022. Un escenario de este tipo subraya el equilibrio crítico entre las estrategias de adaptación actuales y el potencial de escasez de agua en el futuro.

7. RECOMENDACIONES DE POLÍTICA Y ORIENTACIONES FUTURAS

Las estrategias de adaptación observadas en las regiones del norte, que ahora se reflejan en las regiones del Maule y O'Higgins, enfatizan la necesidad de prácticas agrícolas sostenibles. La transición a cultivos de mayor valor debe complementarse con programas educativos para los agricultores sobre los beneficios de las prácticas sostenibles. Es vital asegurar que este cambio considere la viabilidad a largo plazo de los recursos hídricos, evitando los problemas que se experimentan debido a la sobreexplotación en el norte.

Es fundamental desarrollar e implementar un plan de Gestión Integrada de los Recursos Hídricos que adopte una visión holística del recurso, incluidas las aguas superficiales y subterráneas. Este enfoque requiere un esfuerzo colaborativo de todas las partes interesadas, como los gobiernos, las comunidades, las industrias y los sectores agrícolas, para trabajar en pos de objetivos compartidos de uso del agua. Es esencial asegurar que las decisiones sobre la asignación del agua se tomen de manera transparente y sostenible. Además, la eficacia de las estrategias de adaptación, en particular en el sector de abastecimiento de agua urbana, ilustra el potencial de los incentivos económicos para promover tecnologías y prácticas de ahorro de agua. La implementación de un marco que ofrezca beneficios financieros para la eficiencia hídrica puede tener un impacto significativo tanto en los sectores agrícola como urbano.

La inminente amenaza de alcanzar puntos críticos de inflexión en materia de agua, evidenciada por la situación límite que casi ocurrió en Santiago en abril de 2022, pone de relieve la importancia de contar con un seguimiento y una previsión hidrológica sólida. La inversión en sistemas avanzados de evaluación de la disponibilidad de agua en tiempo real y la mejora de los modelos predictivos de los impactos de la sequía pueden mejorar significativamente la resiliencia. El fortalecimiento de esta área implica mejoras tecnológicas y un compromiso con políticas de datos abiertos que permitan el libre flujo de información. Esto permite una planificación y estrategias de respuesta más precisas, garantizando que las medidas de adaptación se basen en los datos más actuales y completos disponibles.

8. CONCLUSIONES

En este capítulo se han analizado los impactos económicos de las sequías en la agricultura y el sector de abastecimiento de agua urbana en Chile, destacando los efectos de la megasequía que ha persistido desde 2010. Hemos identificado ideas clave sobre los mecanismos de resiliencia y adaptación mediante el análisis de datos históricos, las estrategias de adaptación de diversos sectores y la implementación de un marco conceptual original para el análisis de sequías de largo plazo. Nuestro estudio revela que, a pesar de los desafíos sustanciales que plantean las condiciones de sequía prolongada, se han dado pasos importantes en la construcción de resiliencia en los sectores agrícola y de abastecimiento de agua urbana.

Un aspecto central de nuestros hallazgos es la interacción entre la capacidad de infraestructura, la cantidad de agua almacenada y las estrategias de adaptación que han sustentado colectivamente la respuesta de los sectores económicos a la sequía. La transición gradual del sector agrícola hacia cultivos más resilientes a la sequía y prácticas de riego eficientes refleja un cambio más amplio hacia la sostenibilidad, informado por las duras lecciones aprendidas de sequías pasadas. De manera similar, las inversiones proactivas y las estrategias de gestión de la demanda del sector de abastecimiento de agua urbana subrayan un enfoque estratégico para garantizar la seguridad hídrica frente a la creciente escasez.

Sin embargo, nuestro estudio también destaca la amenaza inminente de alcanzar puntos críticos de escasez de agua, lo que podría generar fuertes aumentos en los costos económicos y poner a prueba los límites de la resiliencia y las estrategias de adaptación actuales. Por lo tanto, la necesidad de políticas de gestión del agua sólidas y con visión de futuro es más apremiante que nunca, haciendo hincapié en las prácticas sostenibles, la gestión integrada de los recursos hídricos y el papel fundamental de los datos hidrológicos y las previsiones en la toma de decisiones informada.

Mientras Chile continúa afrontando los desafíos que plantea el cambio climático y sus implicaciones para la disponibilidad de agua, las lecciones extraídas de esta megasequía proporcionan información invaluable para los futuros esfuerzos de resiliencia y adaptación a la sequía. El camino a seguir requiere un esfuerzo conjunto de todas las partes interesadas para priorizar el uso sostenible del agua, invertir en infraestructura adaptativa y fomentar una cultura de innovación y colaboración en las estrategias de respuesta a la sequía.

AGRADECIMIENTOS

Agradecemos el apoyo del Centro de Ecología Aplicada y Sustentabilidad (CAPES), ANID PIA/BASAL AFB240003, ANID/FONDAP/15130015 ANID/FONDAP/1523A0001: Centro de Investigación del Agua para la Agricultura y la Minería (CRHIAM) y Fondecyt Iniciación 11230334.

REFERENCIAS

1. Acuña, G. I., Echeverría, C., Godoy, A., & Vásquez, F. (2020). "The role of climate variability in convergence of residential water consumption across Chilean localities". *Environmental Economics and Policy Studies*, 22(1), 89-108. Disponible en: https://doi.org/10.1007/S10018-019-00249-3/TABLES/7
2. Banco Central (2021). Producto interno bruto por actividad económica, volumen a precios año anterior encadenado, series empalmadas, referencia 2013 (miles de millones de pesos encadenados). *Cuentas Nacionales*. Disponible en. https://shorturl.at/VWp8t.
3. Camus, P., & Jaksic, F. (2020). "La extraordinaria sequía de 1924: Crisis socio-ecológica e irrupción del poder militar en Chile". *Revista de geografía Norte Grande*, 2020(77), 397-416. Disponible en: https://doi.org/10.4067/S0718-34022020000300397
4. DGA (1997). Impacto Económico de las Sequías. En Análisis Impacto Económico Originado por Sequías Hidrológicas (p. 152). Ministerio de Obras Públicas.
5. DGA (2022). *Reporte Anual de la Evolución del Clima en Chile*. (p. 46). Disponible en: https://cambioclimatico.mma.gob.cl/wpcontent/uploads/2023/05/reporteEvolucionClima2022.pdf
6. Ding, Y., Hayes, M. J., y Widhalm, M. (2011). "Measuring economic impacts of drought: A review and discussion". *Disaster Prevention and Management*, 20(4), 434-446. Disponible en: https://doi.org/10.1108/09653561111161752
7. Donoso, G. (2021). "Management of Water Resources in Agriculture in Chile and its Challenges". *International Journal of Agriculture and Natural Resources*, 48(3), 171-185. https://doi.org/10.7764/ijanr.v48i3.2328
8. Donoso, G. (2022). "Gestión de los recursos hídricos en la agricultura y sus desafíos". En A. Valdés, F. William, J. Ortega, R. Pérez, & G. Vargas (eds.), *Perspectivas y desafíos de la agricultura y desarrollo rural en Chile*, pp. 194-231.
9. FAO. (2010). *Gestión del riesgo de sequía y otros eventos climáticos extremos en Chile*. Food and Agriculture Organization. Santiago, Chile.
10. FAO. (2021). *Chile – Building agricultural resilience to climate risks. Case study*. Food and Agriculture Organization. Santiago, Chile, p. 60. Disponible en: https://doi.org/10.4060/cb7062en
11. FCH (2019). *Radiografía del Agua. Brecha y Riesgo Hídrico en Chile*. Fundación Chile. Chile, p. 144.
12. Fercovic, J., Foster, W., & Melo, O. (2019). "Economic development and residential water consumption in Chile". *Environment and Development Economics*, 24(1), 23-46. Disponible en: https://doi.org/10.1017/S1355770X18000463
13. Fernández, B., Donoso, G., Luraschi, M., Orphanópoulos, D., y Salazar, C. (1999). "Estimación del impacto económico asociado a sequías hidrológicas". *VI Jornadas del CONAPHI-CHILE*, 16.
14. Fernández, B., & Gironás, J. (2021). "Droughts". En B. Fernández & J. Gironás (Eds.), *Water Resources of Chile* (Vol. 8, pp. 173-187). Springer, Cham. Disponible en: https://doi.org/10.1007/978-3-030-56901-3_8
15. Fernández, F. J., Vásquez-Lavín, F., Ponce, R. D., Garreaud, R., Hernández, F., Link, O., Zambrano, F., & Hanemann, M. (2023). "The economics impacts of long-run droughts: Challenges, gaps, and way forward". *Journal of Environmental Management*, 344, 118726. Disponible en: https://doi.org/10.1016/j.jenvman.2023.118726

16. Garreaud, R. D., Alvarez-Garreton, C., Barichivich, J., Pablo Boisier, J., Christie, D., Galleguillos, M., LeQuesne, C., McPhee, J., & Zambrano-Bigiarini, M. (2017). "The 2010-2015 megadrought in central Chile: Impacts on regional hydroclimate and vegetation". *Hydrology and Earth System Sciences*, 21(12), 6307-6327. Disponible en: https://doi.org/10.5194/HESS-21-6307-2017
17. Haindl, E. (2022). "Los embalses y el desarrollo agrícola de Chile". En *Perspectivas y desafíos de la agricultura y desarrollo rural en Chile*. Ediciones UC.
18. INE (2022). *VIII Censo Agropecuario y Forestal. Resultados preliminares enero 2022*. Instituto Nacional de Estadística. Disponible en: https://www. ine.cl/censoagropecuario
19. Lund, J., Medellin-Azuara, J., Durand, J., & Stone, K. (2018). "Lessons from California's 2012–2016 Drought". *Journal of Water Resources Planning and Management*, 144(10). Disponible en: https://doi.org/10.1061/ (asce)wr.1943-5452.0000984
20. Martin, F., & Saavedra, F. (2018). "Irrigated Agriculture". En G. Donoso (Ed.), *Water Policy in Chile* (Springer, pp. 165-178). Disponible en: https://doi.org/10.1007/978-3-319-76702-4
21. Mellado, M. (1998). "Análisis del Cultivo del Trigo en Chile durante el siglo Veinte". *Agricultura Técnica*, 58(3), pp. 230-240.
22. Nauditt, A., Sycz, J., y Ribbe, L. (2021). "The Limarí River Basin". En J. Schmandt, A. Kibaroglu, R. Buono, & S. Thomas (Eds.), *Sustainability of Engineered Rivers In Arid Lands: Challenge and Response*, pp. 152-163. Cambridge University Press.
23. Norero, A., y Bonilla, C. (1999). *Las Sequías en Chile: Causas, Consecuencias y Mitigación*. Santiago, Chile. Pontificia Universidad Católica de Chile. Facultad de Agronomía e Ingeniería Forestal.
24. Rinaudo, J. D., & Donoso, G. (2018). "State, market or community failure? Untangling the determinants of groundwater depletion in Copiapó (Chile)". *International Journal of Water Resources Development*, 35(2), 283-304. Disponible en: https://doi.org/10.1080/07900627.2017. 1417116
25. Suárez, F., Muñoz, J. F., Fernández, B., Dorsaz, J. M., Hunter, C. K., Karavitis, C. A., y Gironás, J. (2014). "Integrated Water Resource Management and Energy Requirements for Water Supply in the Copiapó River Basin, Chile". *Water*, 6(9), 2590-2613. Disponible en: https://doi.org/10.3390/W6092590
26. UNESCO (2012). *Análisis de riesgos de desastres en Chile*. Organización de las Naciones Unidas para la Educación, la Ciencia y la Cultura.
27. Urrutia, R., y Lanza, C. (1993). "Catástrofes de Chile 1541-1992 (Primera)". *La Noria*. Disponible en: https://bibliotecadigital.ciren.cl/items/7d3f3df0-0659-430b-8ce0-a4084e249865
28. Vásquez Lavín, F. A., Hernandez, J. I., Ponce, R. D., y Orrego, S. A. (2017). "Functional forms and price elasticities in a discrete continuous choice model of the residential water demand". *Water Resources Research*, 53(7), 6296-6311. Disponible en: https://doi.org/10.1002/2016WR020250

Capítulo 6
IMPACTOS DE LA SEQUÍA EN LA CALIDAD DEL AGUA: PROCESOS Y MONITOREO

José A. Díaz, Mauricio Montecinos, Alejandra Vega, Jorge Gironás, María Molinos y Pablo Pastén

Resumen. Los usos de agua pueden verse amenazados por cambios hidroquímicos desencadenados por las sequías. La reducción en las lluvias, escorrentía y fluctuaciones en la temperatura pueden inducir cambios en la salinidad, los sólidos suspendidos, la turbiedad, el oxígeno disuelto, la materia orgánica, el ciclo de nutrientes, el pH, la estratificación y los tiempos de residencia hidráulico. El alcance de estas variaciones viene determinado por el estado de las sequías, la ubicación y su altitud dentro de la cuenca, y el uso de suelo. Se discuten la descripción de los procesos que conducen a estos cambios y las implicaciones para el monitoreo de la calidad del agua y los impactos socioeconómicos en las cuencas andinas chilenas. Se necesita un enfoque de monitoreo coordinado para revelar el intrincado nexo entre los patrones de cambio climático, los eventos de sequía y las consecuencias resultantes para la calidad del agua de las cuencas andinas chilenas.

Palabras clave. Hidroquímica, calidad del agua, monitoreo, agua potable, contaminación, seguridad hídrica, modelos conceptuales, cuencas andinas chilenas.

1. INTRODUCCIÓN: PROCESOS E IMPACTOS DE LAS SEQUÍAS

Este capítulo aborda las implicancias de las sequías en la calidad del agua, centrándose en aspectos relevantes para las cuencas hidrográficas chilenas. El conjunto de actividades humanas y ecosistemas que el agua puede sustentar está determinado por su cantidad y calidad. La calidad del agua se define por un conjunto de propiedades químicas, físicas y biológicas del agua necesarias para su uso. Las sequías son fenómenos naturales complejos que implican la perturbación de factores meteorológicos/climáticos e hidrológicos naturales, afectando los controles hidrogeoquímicos de la calidad del agua (Mosley, 2015). En Chile, la calidad del agua se caracteriza por diversos ambientes hidroquímicos que pueden ser impactados de distinta manera por cambios en los forzantes y variables hidrometeorológicos (por ejemplo, precipitación, temperaturas máximas y mínimas, caudal) en diferentes regiones. Las variables hidrometeorológicas exhiben una variabilidad significativa relacionada con el clima en diferentes regiones de Chile y experimentan fluctuaciones profundas durante eventos climáticos extremos y relacionados con el clima

(Castro y Gironás, 2021), incluidas las sequías. Los cambios en los patrones y magnitudes de las precipitaciones tienen implicancias en variables como el manto de nieve, escorrentía, caudal de los escurrimientos superficiales, niveles de lagos y embalses, almacenamiento de aguas subterráneas y humedales (Mishra y Singh, 2010). Ellos desempeñan un papel clave en el sustento de las poblaciones y la diversidad en los ecosistemas acuáticos, dado que los ciclos de vida están vinculados a los niveles de agua en arroyos, ríos, lagos y humedales (Poff et al., 2002). Mientras que los efectos de las sequías en la cantidad de agua en Chile han recibido mucha atención en investigaciones recientes (Garreaud et al., 2017; Oertel et al., 2020; Fernández y Gironás, 2021; Fuentealba et al., 2021), las consecuencias para la calidad del agua han sido poco estudiadas. Las sequías son uno de los eventos climáticos extremos más relevantes e inminentes (Fabian et al., 2023), por lo tanto, es urgente comprender mejor las conexiones entre las sequías y la calidad del agua.

1.1. Perspectivas de la sequía y factores que influyen en la calidad del agua

La sequía es un fenómeno natural y aleatorio que afecta a la mayor cantidad de personas y genera pérdidas económicas significativas en el mundo (FAO, 2002; World Bank, 2003). Se trata de un fenómeno regional de gran envergadura y desarrollo lento, cuyo inicio, fin y límites espaciales son difíciles de identificar. Además, los impactos silenciosos y no violentos de las sequías pueden manifestarse incluso años después de su finalización, con graves repercusiones no solo en la disponibilidad de agua, sino también en los ecosistemas (Bambach et al., 2013; Meza et al., 2015). La sequía es parte normal del clima, en lugar de una desviación de este (Glantz, 2003), y debe ser considerada activamente en la planificación y gestión del agua, una actividad compleja que enfrenta grandes incertidumbres asociadas al cambio climático, al crecimiento de la población y a las modificaciones en el uso del suelo. Además de garantizar el acceso al agua para usos sociales y productivos, la planificación y gestión deben abordar la protección del medio ambiente, otros recursos naturales y ecosistemas (Gleick, 2000).

Abarcando más de 4.200 km, Chile cubre una amplia gama de zonas climáticas afectadas por una combinación de patrones climáticos y características naturales, como el océano Pacífico, los Andes y el desierto de Atacama (Oertel et al., 2020). Existe una transición de norte a sur desde el desierto más árido del mundo hacia un clima mediterráneo, que da paso a entornos oceánicos templados y subpolares. A lo largo del eje oeste-este, existe una transición desde ecosistemas bajo influencia oceánica y niebla costera hacia características climáticas de tipo alpino. La precipitación está influenciada fuertemente por el anticiclón del Pacífico Sur, cuya intensidad y proximidad explican la estacionalidad de las lluvias (Quintana y Aceituno, 2012; Barrett y Hameed, 2017). Además, existe una fuerte variabilidad interanual, especialmente en las áreas mediterráneas y semiáridas (Pittock, 1980; Aceituno, 1988; Montecinos y Aceituno, 2003). Chile es altamente vulnerable al cambio climático, que probablemente afectará la frecuencia, duración y magnitud de las sequías, particularmente en las regiones mediterráneas y semiáridas para fines del siglo XXI (Dai,

2011; Chadwick et al., 2018). Las temperaturas de primavera y verano ya han aumentado, mientras que la precipitación total ha disminuido, y se han producido, de manera más frecuente, eventos de sequía extrema (Núnez et al., 2011; Vicuña et al., 2013; Burger et al., 2018; Urdiales et al., 2018). De hecho, la mega-sequía en Chile que comenzó en 2010 no se puede explicar considerando solamente la variabilidad natural del clima (Boisier et al., 2016). Esta sequía ha afectado al país como ninguna otra sequía durante el último siglo (Boisier et al., 2016; Aldunce et al., 2017; Garreaud et al., 2017; Garreaud et al., 2020). En general, dado que el cambio climático impulsado por actividades humanas promueve cambios meteorológicos e hidrológicos, se espera que las modificaciones en la temperatura y la disponibilidad y su temporalidad tengan una variedad de efectos, incluidos aquellos efectos sobre los principales factores determinantes de la hidroquímica y la calidad del agua.

a) Perspectivas de las sequías

Analizar la relación entre las sequías y la calidad del agua requiere categorizarlas. Las sequías meteorológicas se refieren a un déficit prolongado de precipitación (Bates et al., 2008) o a la aridez en una región, en términos de la magnitud de la precipitación, en comparación con un valor de referencia o a un periodo sostenido sin lluvias significativas (Wilhite y Glantz, 1985). Las sequías hidrológicas refieren a caudales de ríos, lagos y aguas subterráneas por debajo de los niveles normales (Bates et al., 2008). Un déficit persistente en las precipitaciones da como resultado una reducción de la humedad del suelo, una disminución de la escorrentía superficial hacia los ríos y una menor recarga de aguas subterráneas, lo que lleva a una mayor gravedad de la sequía hidrológica (Giri et al., 2021). Como resultado, las sequías hidrológicas están intrínsecamente relacionadas con las sequías meteorológicas.

Las sequías también han sido vinculadas a desencadenantes o condiciones relacionadas con la actividad humana. El aumento en la extracción de agua para fines de consumo humano contribuye a la incidencia de las sequías hidrológicas, independientemente de los cambios en los factores meteorológicos (Mosley, 2015). Las sequías agrícolas están relacionadas con la deficiencia de humedad del suelo en tierras de cultivo (Bates et al., 2008) o a brechas entre las demandas de agua de las plantas y la disponibilidad de agua en el suelo. Las sequías socioeconómicas ocurren cuando el agua disponible no alcanza para satisfacer las demandas de las actividades humanas establecidas, o cuando esta demanda supera la disponibilidad natural o normal de agua (Wilhite y Glantz, 1985). Este capítulo discute cómo los parámetros y procesos hidroquímicos responden a cambios en la caída de nieve y precipitación (sequías meteorológicas), y al caudal y escurrimiento (sequías hidrológicas).

b) Forzantes relacionados con las sequías que provocan cambios hidroquímicos

Los parámetros hidroquímicos se ven modificados por las sequías a través de tres factores principales o impulsores:

i) **Cambios en el patrón de temperaturas:** las sequías implican un aumento de las temperaturas del aire y del suelo y, como consecuencia, un aumento de las temperaturas en los cuerpos de agua. Las temperaturas controlan la estratificación de los lagos, la dinámica de nutrientes y la composición del fitoplancton (Shimoda et al., 2011), y modifican la cinética de las reacciones químicas, como la oxidación de sulfuros (Schoonen et al., 2000). Además, las temperaturas del aire afectan la caída de nieve y el deshielo, alterando así los caudales, un factor que se discute a continuación.

ii) **Cambios en los caudales:** las alteraciones en los patrones de lluvia, caída de nieve y deshielo asociados con las sequías impactan la distribución y magnitud de los flujos, afectando la calidad del agua de los escurrimientos. Es bien sabido que cambios significativos en la calidad del agua de ríos y lagos surgen a partir de condiciones de bajos flujos en zonas templadas, semiáridas y áridas (Van Vliet y Zwolsman, 2008; Mosley et al., 2012). Algunas consecuencias de los bajos flujos incluyen volúmenes disminuidos y tiempos de residencia prolongados en los cuerpos de agua, lo que lleva a elevadas temperaturas del agua, debido a una mayor capacidad térmica y una mayor sensibilidad al aporte de calor atmosférico (Mosley et al., 2012), junto con alteraciones en varios otros atributos biogeoquímicos, que implican masa, concentración o especiación química. Por ejemplo, las concentraciones de sólidos suspendidos en los cursos superficiales pueden aumentar o disminuir en función de los flujos y perfiles de velocidad. La deposición de sólidos suspendidos a lo largo del flujo o la liberación y suspensión de sedimentos del lecho del río dependen de factores como el peso de las partículas, la flotabilidad, la tensión de corte del flujo y la turbulencia. Existe un umbral entre la erosión y la deposición, vinculado al equilibrio del flujo cargado de partículas (Dorrell et al., 2018), el cual puede cambiar por variaciones en la hidrodinámica del curso de agua como consecuencia de una sequía.

iii) **Cambios en la heterogeneidad de la cuenca hidrográfica:** la distribución espacial de los procesos hidrológicos clave en las cuencas hidrográficas es particularmente relevante en las consecuencias de las sequías en la calidad del agua de los cuerpos de agua (Mishra et al., 2021). En las cabeceras de las cuencas hidrográficas de régimen nival, mayores temperaturas del aire aceleran el deshielo de la nieve, lo que potencialmente disminuye la temperatura de las aguas superficiales en las secciones superiores de la cuenca (Yevenes et al., 2018; Peña-Guerrero et al., 2020). Por el contrario, en cursos de las secciones bajas de una cuenca con un régimen pluvial dominante o mixto, las sequías pueden aumentar la temperatura del agua (Yevenes et al., 2018; Peña-Guerrero et al., 2020).

1.2. Etapas de la sequía e impactos hidroquímicos

Las sequías abarcan diferentes etapas con distintos impactos en la calidad del agua (Bonsal et al., 2011; Parry et al., 2016a; Parry et al., 2016b; Ahmadi y Moradkhani, 2019), dependiendo de las variaciones en los procesos meteorológicos e hidrológicos. Las sequías afectan la calidad del agua durante la sequía en sí y después que esta termina (Crusberg y

Eslamian, 2017), conocidas como las etapas de "sequía" y "post-sequía" (Ylla et al., 2010; Mosley, 2015; Aldunce et al., 2017; Li et al., 2018). La calidad del suelo y la humedad, la cobertura vegetal y la acumulación de contaminantes en suelos y zonas de acumulación de agua experimentan cambios a lo largo de una sequía. Cuando se analizan los impactos hidroquímicos, es crítico identificar en qué etapa de la sequía se recolectan muestras y realizan determinaciones hidroquímicas. Se distinguen cuatro periodos distintos para los estudios de calidad del agua durante sequías:

a) **Pre-sequía:** establece las condiciones de referencia antes de que ocurran las sequías meteorológicas (precipitación) e hidrológicas (caudales de ríos y niveles de lagos). Los datos de calidad del agua del periodo de sequía se comparan directamente con los datos del periodo pre-sequía, lo que permite evaluar los efectos de la sequía en la calidad del agua (Ylla et al., 2010; Mosley et al., 2014; Aldunce et al., 2017; Yevenes et al., 2018; Méndez-Freire et al., 2022).
b) **Sequía:** periodo caracterizado por una disminución de la precipitación, el caudal de los ríos y/o el agua disponible en la cuenca en comparación con los niveles del periodo pre-sequía. Dentro de un marco hidrológico, se definen tres subetapas; crecimiento, persistencia y retroceso (Ahmadi y Moradkhani, 2019). A medida que los niveles de agua disminuyen en toda la cuenca, se producen alteraciones hidrológicas, ecológicas y químicas en la superficie y en los cuerpos de agua durante la sequía. En la cuenca, las sequías inducen la disminución de la vegetación (Garreaud et al., 2017), la acumulación de sales y contaminantes, y la sequedad del suelo, entre otras.
c) **Rehidratación inicial y recuperación de la sequía:** etapa breve cuando la precipitación y los caudales de los ríos comienzan a retomar las condiciones normales, causando un aumento en el agua disponible en la cuenca, como el aumento de la lluvia, el caudal de los ríos o los niveles de lagos (Mosley et al., 2014). Este periodo a menudo se considera como una etapa de transición entre el desarrollo de la sequía y el periodo post-sequía, y se extiende más allá del momento definido como "final de la sequía" (Ahmadi y Moradkhani, 2019). La rehidratación y recuperación desencadenan impactos en la calidad del agua en ríos y lagos (Ylla et al., 2010; Mosley et al., 2014; Fabian et al., 2023), disolviendo sales y movilizando contaminantes almacenados en diferentes componentes ambientales durante las sequías. También puede surgir un cambio significativo y abrupto, especialmente en el contexto de un evento de tipo cascada entre sequía e inundación (una inundación extrema que sigue a una sequía), causando un aumento brusco en los flujos de ríos y esteros, con efectos sustanciales en indicadores de calidad del agua (Mishra et al., 2021).
d) **Post-sequía:** esta etapa ocurre cuando la precipitación y los caudales de los ríos finalmente regresan a condiciones normales o niveles pre-sequía en términos meteorológicos y/o hidrológicos. En ciertos estudios de calidad del agua, la descripción de los datos de este periodo ocasionalmente no se distingue de forma clara de los de la recuperación de la sequía (por ejemplo, considerando inundaciones, que no es una condición típica) (Mosley, 2015). Durante esta etapa, los cambios en las cuencas y cuerpos de agua generados por la sequía pueden conducir a cambios en la calidad

del agua. Además, en ciertos estudios, los datos de calidad del agua del periodo post-sequía se comparan con datos de los periodos pre-sequía y/o sequía para analizar los efectos en la calidad del agua de la sequía, rehidratación y recuperación (Ylla et al., 2010; Aldunce et al., 2017; Li et al., 2018).

Recuperación de la cantidad y calidad del agua después de la sequía

La reducida disponibilidad de agua en las cuencas debido a las sequías, incluidos los caudales de ríos y los volúmenes de lagos, se revierte a niveles normales durante los periodos de recuperación/rehidratación y post-sequía. Ahmadi y Moradkhani (2019) evidenciaron que el tiempo de recuperación para la calidad del agua puede ser más largo que el tiempo necesario para la recuperación del caudal de los ríos. Esto se debe a que existe un tiempo de retardo entre la recuperación de la cantidad de agua y la restauración de la calidad del agua. Estos autores demostraron que ciertos parámetros de calidad del agua pueden regresar a niveles normales durante el fin de la sequía, pero con tiempos de recuperación variables entre ellos. Como ilustración, un análisis de la recuperación de la calidad del agua en cuencas hidrográficas de California durante una sequía hidrológica indicó que, en promedio, la temperatura y el oxígeno disuelto en ríos necesitaron más tiempo que la turbidez para alcanzar los niveles de referencia previos (Ahmadi y Moradkhani, 2019). Sin embargo, no determinaron los forzantes fundamentales que produjeron estas diferencias.

La recuperación de la sequía puede desencadenar impactos adversos a corto y/o largo plazo en la calidad del agua (Caruso, 2001). De hecho, la calidad del agua en los cursos de agua podría deteriorarse durante la recuperación de la sequía, incluso superando a veces la degradación generada durante la sequía misma (Fabian et al., 2023). Las alteraciones en el paisaje de las cuencas, como el estrés de la vegetación, incendios forestales, acumulación de contaminantes o cambios en las propiedades del suelo, no siempre retoman las condiciones pre-sequía de inmediato o en absoluto. Similarmente, en los sistemas lacustres, la recuperación de su volumen puede no restaurar la calidad del agua a los niveles pre-sequía (Li et al., 2018). Los nutrientes y otros componentes pueden quedar retenidos en el hipolimnion y otras zonas con poca circulación, como los fondos de los lagos (Reynolds et al., 2012). Dichos sistemas son particularmente vulnerables a los impactos de las sequías.

Para comprender de manera integral cómo la propagación de una sequía altera las condiciones pre-sequía y afecta posteriormente la calidad del agua y cómo la rehidratación y recuperación de la sequía influyen en la calidad del agua, se necesita un análisis completo de los procesos meteorológicos, hidrometeorológicos, hidrológicos y (bio)químicos que ocurren dentro de una cuenca hidrográfica.

1.3. Procesos afectados por las sequías

Si bien los cambios de la calidad del agua durante las sequías pueden variar debido a características sitio-específicas y particularidades de cada etapa de la sequía, existen visiones comunes con respecto a la integración e identificación de procesos clave que son la base de los impactos de la sequía en la calidad del agua. Según Mosley (2015), emergen tres factores principales: a) forzantes hidrológicos y balances de masa; b) rol de la temperatura y la estratificación; y c) aumento de la influencia de procesos internos y resuspensión. Estos forzantes participan en varios procesos de la cuenca que modifican los ambientes hidroquímicos. Los principales procesos y factores que se discutirán brevemente a continuación son: deshielo, erosión e incendios, transporte, recarga de aguas subterráneas, zonas de mezcla y dilución, reacciones químicas, evapoconcentración, tiempos de residencia, y ciclos de nutrientes y carbono.

a) Deshielos

Las temperaturas elevadas contribuyen a la elevación gradual de la isoterma de 0°C y a la altitud de la línea de nieve (Mardones y Garreaud, 2020), así como el retroceso de los glaciares en regiones de alta montaña (Ayala et al., 2019). Estos factores alteran las áreas de captación de lluvia expuestas a la movilización de material erosionado (Méndez-Freire et al., 2022). Áreas que no habían sido expuestas previamente, pueden contribuir marcadamente a las cargas de sedimentos y contaminantes. Además, se ha observado que los cambios en los niveles freáticos de las laderas recargadas por deshielos alteran las zonas de meteorización, alterando así el flujo de componentes químicos exportados desde las laderas, como el nitrógeno reactivo (Tokunaga et al., 2022).

El deshielo anticipado puede aumentar las concentraciones de contaminantes en los cursos superficiales durante los periodos posteriores a los de bajos caudales (Crouch et al., 2013). Esto se atribuye a la reducida capacidad de dilución de cargas naturales de contaminantes. El deshielo alterado también modifica las temperaturas de los ríos, lo que puede influir posteriormente en el perfil de temperatura y la dinámica de los nutrientes (Pizarro et al., 2016) en los cuerpos de agua receptores.

b) Erosión e incendios

Las sequías están intrínsecamente ligadas a cambios en los patrones de lluvia y cantidades de caudales de ríos. Los cambios en la lluvia anual total (sequía meteorológica) dentro de una cuenca afectan la aridez o sequedad, influyendo en los procesos de erosión en los suelos. Cada evento de lluvia abarca varios procesos a baja escala que colectivamente configuran alteraciones en el ciclo de agua a mayor escala de la cuenca, como se describe en la **Figura 6.1**. Las gotas de lluvia impactan la superficie y continúan su curso, lo cual depende de las propiedades del suelo (por ejemplo, textura del suelo, cobertura vegetal, contenido de materia orgánica), pendiente y humedad del suelo (Léonard y Richard, 2004; Kinnell, 2005; Fernández-Raga et al., 2017). La erosión del suelo es impulsada por el impacto de las gotas de lluvia y el desprendimiento de las partículas del suelo, lo que altera su estructura (Kinnell, 2005). Alternativamente, las gotas de lluvia podrían caer directamente en un cuerpo de agua. Las gotas de lluvia caen y escurren a través de surcos y cárcavas (Kinnell, 2005), liberando y movilizando componentes químicos como metales y metaloides, nutrientes, sólidos no reactivos, contaminantes antropogénicos y otros elementos de los sedimentos y suelos (Walling y Collins, 2008; Rickson, 2014). Los suelos cubiertos de vegetación mitigan la liberación de contaminantes a través de la intercepción, lo cual depende del grado de cobertura (Fernández-Raga et al., 2017; Vaezi et al., 2017). Por el contrario, durante el escurrimiento aumenta la erosión de los suelos arados y desnudos, facilitando el transporte de partículas de suelo desprendidas por la lluvia (Cerdan et al., 2010).

Figura 6.1

Impacto de las gotas de lluvia en los suelos y sus consecuencias en áreas forestales, suelo desnudo y otras zonas con vegetación. La disminución de la lluvia asociada a la sequía conduce a una menor erosión causada por la lluvia

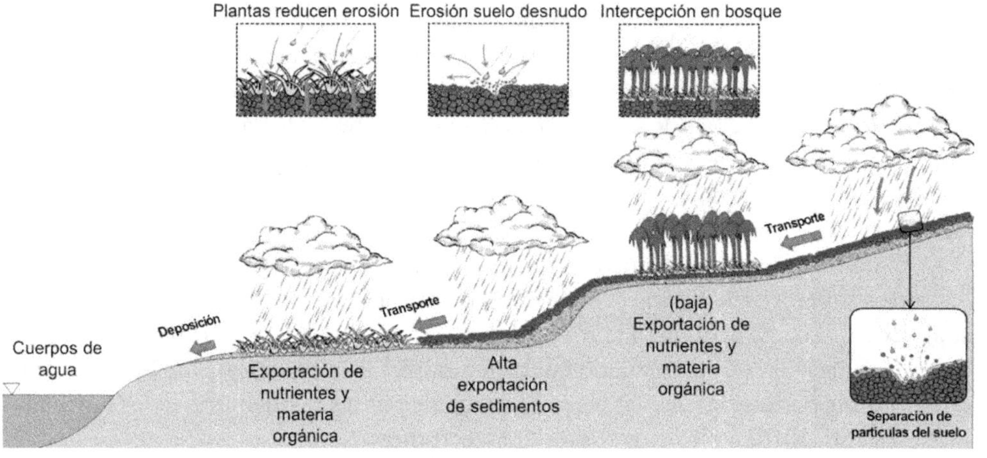

Fuente: Elaboración propia.

La reducción de las precipitaciones debido a la sequía conlleva una disminución de las emisiones difusas de contaminantes (Caruso, 2001). Los periodos de sequía interrumpen los procesos de captación de lluvia, incluida la erosión del suelo debido a la disminución de las precipitaciones (Giri et al., 2021). Sin embargo, la aridez induce un aumento del estrés vegetal (Kogan, 1997; Zambrano et al., 2016), lo que genera cambios en los balances de carbono y nutrientes y flujos asociados (Deng et al., 2021). Tales transformaciones producen que luego el transporte de estos componentes sea dominado por la acumulación durante la propagación de la sequía. La vegetación muerta o el estiércol acumulado pueden movilizarse hacia los cursos de agua y, eventualmente, ingresar a lagos y embalses durante las primeras lluvias intensas o inundaciones (Crusberg y Eslamian, 2017), un proceso que se manifiesta durante la recuperación de la sequía o periodos posteriores a la sequía, donde la lluvia se convierte en un factor que provoca la incorporación de sólidos suspendidos y nutrientes en los cursos superficiales.

Estos procesos generan diferencias entre los diferentes usos del suelo (**Figura 6.1**). En zonas cordilleranas o cabeceras de cuenca, caracterizadas por pendientes pronunciadas, vegetación escasa o la presencia de depósitos limosos y suelos desnudos, la propensión a la erosión durante las lluvias es alta (Descroix y Mathys, 2003; Cerdan et al., 2010). En tierras agrícolas, las emisiones difusas de nutrientes y componentes tóxicos provenientes de los agroquímicos disminuyen cuando se limita el riego (Barros et al., 1995). Sin embargo, si el uso de agroquímicos persiste durante la sequía, los contaminantes pueden acumularse en el suelo. La ausencia de riego en tierras de cultivo durante la sequía puede provocar el lavado de contaminantes del suelo durante la etapa de rehidratación. En pastizales o praderas, la reducción de la lluvia limita las emisiones difusas de nutrientes, junto con la acumulación de formas inorgánicas en los suelos secos. Sin embargo, esto también puede resultar en aumentos de las concentraciones de nitrato durante la rehidratación (Schaeffer et al., 2017; Deng et al., 2021), que pueden posteriormente escurrir hacia los ríos. De manera similar, en praderas y matorrales, la acumulación y descomposición de la hojarasca disminuye durante la sequía, lo que provoca un aumento en las concentraciones de carbono orgánico disuelto y nitrato en los suelos, respectivamente (Deng et al., 2021), lo que puede generar pulsos en sus concentraciones durante la rehidratación. En áreas boscosas, las sequías inducen impactos análogos en la hojarasca, resultando en un aumento significativo de las concentraciones de amoníaco (Deng et al., 2021) y pueden llevar a la pérdida de fósforo orgánico soluble en el suelo (Sardans y Peñuelas, 2007). Como resultado, la escorrentía durante la recuperación de la sequía puede movilizar estas sustancias a través de la lixiviación o erosión. Además, las sequías pueden ejercer impactos sustanciales en la calidad del agua a través de otros cambios en los bosques, como el aumento en la frecuencia de incendios forestales (Westerling et al., 2006).

Las sequías pueden aumentar la probabilidad de incendios forestales, los cuales, a su vez, modifican las propiedades del suelo, el ciclo de nutrientes y reducen la vegetación. Posteriormente, estas condiciones aumentan la erosión y facilitan el transporte de sedimentos, nutrientes y metales hacia las aguas superficiales durante eventos de precipitación posteriores a un incendio (Loiselle et al., 2020; Mishra et al., 2021). Cabe destacar que el impacto de los incendios forestales en la calidad del agua es más significativo después de la sequía (etapa de recuperación) que durante la sequía misma (Crusberg y Eslamian, 2017).

Un factor clave que se encuentra en áreas afectadas por incendios es la ceniza residual, que contiene formas solubles de nutrientes y puede provocar efectos sustanciales en los cuerpos de agua receptores cuando las lluvias regresan (Crusberg y Eslamian, 2017). Un ejemplo de esto es que se gatillen floraciones de cianobacterias fijadoras de nitrógeno, cuyo crecimiento suele estar limitado por la disponibilidad de fosfato, una forma soluble de fósforo.

c) Transporte en cuencas y ríos

Durante la sequía, el transporte de constituyentes del agua y contaminantes experimenta interrupciones, lo que lleva a su acumulación en diversos sistemas acuáticos y terrestres. En zonas semiáridas y áridas, los periodos de bajo flujo que ocurren durante la propagación de la sequía resultan en un bajo escurrimiento en la cuenca, deteniendo el transporte de sedimentos, nutrientes y sales (Mosley et al., 2012). En consecuencia, estos materiales se acumulan durante esta fase. Además, los periodos de sequía alteran los procesos en los ríos, incluida la reducción de la erosión de las orillas y del lecho del río, atribuida a los flujos bajos y a la disminución de la velocidad de turbulencia (Giri et al., 2021). Además, las condiciones de bajo flujo pueden promover la sedimentación de material particulado orgánico e inorgánico en los ríos (Mosley et al., 2012).

Durante la recuperación de la sequía, los flujos moderados movilizan cantidades sustanciales de los sedimentos, nutrientes y sales acumuladas, arrastrándolos desde la cuenca, el lecho del río, las orillas del río y las llanuras de inundación (Mosley et al., 2012). En el periodo posterior a los incendios forestales, la lluvia desencadena el mismo proceso (Crusberg y Eslamian, 2017). Por lo tanto, la duración de la sequía o del periodo seco no solo influye significativamente en la hidrología superficial y la actividad de incendios a lo largo de Chile Central (Garreaud et al., 2017), sino también en la acumulación de contaminantes y constituyentes, afectando posteriormente la magnitud de su transporte en la cuenca (Mosley et al., 2012). Este es un tema relevante, ya que se espera que la duración y frecuencia de las sequías aumenten debido al cambio climático (Dai, 2011; Chadwick et al., 2018).

d) Interacciones con las aguas subterráneas

La baja en los niveles del agua subterránea como resultado de una recarga menor, conducen a niveles mayores de oxígeno, lo que contribuye a la generación de drenaje ácido de roca cuando hay sulfuros presentes, y la liberación de contaminantes y aguas ácidas (Todd et al., 2012; Crouch et al., 2013). A medida que disminuyen los niveles de agua subterránea, un mayor volumen subsuperficial de roca queda expuesto al oxígeno (Crouch et al., 2013), incluyendo rocas más reactivas que previamente no estaban expuestas. Esta exposición incrementa potencialmente la extensión total de la zona de oxidación de sulfuros que luego escurre a los cursos superficiales (Todd et al., 2012).

En el periodo posterior a los incendios forestales, la precipitación lixivia el suelo de las áreas quemadas, lo que conduce a la acidificación del suelo (Crusberg y Eslamian, 2017), liberando metales desde la roca madre e impactando aún más la calidad del agua. A lo largo de las zonas costeras, la disminución en los niveles de agua subterránea puede perturbar el equilibrio entre las interfaces de agua dulce y salina, llevando a la salinización (Djabri et al., 2014).

e) Zonas de mezcla, confluencias y dilución

Las alteraciones en la hidroquímica superficial surgen generalmente cuando cambian las proporciones de mezcla de los afluentes de las confluencias de ríos. La simple dilución atenúa las concentraciones de los contaminantes (Anawar, 2013), además de las reacciones químicas que ocurren dentro de una zona de mezcla. Los ambientes naturales poseen una variedad de zonas de mezcla, que incluyen confluencias de ríos, afluentes de lagos y embalses, y zonas de interacción entre agua superficial y subterránea en ríos y lagos. En estas áreas, los cambios en el flujo de agua o los cambios en los parámetros hidroquímicos de un afluente pueden modificar la composición resultante del agua, implicando una calidad de agua deficiente si disminuye el flujo del escurrimiento de agua del escurrimiento más limpio.

Además, se presentan zonas de mezcla en las descargas antropogénicas en cuerpos de agua, como efluentes de plantas de tratamiento de aguas servidas, aguas residuales industriales, aguas lluvia urbanas, etc. Durante las sequías, el deterioro de la calidad del agua en las aguas superficiales receptoras puede ser más pronunciada debido a los flujos de agua más bajos y una reducida capacidad de dilución. Por el contrario, durante la etapa post-sequía, los aumentos en los caudales de los ríos conducen a una capacidad de dilución sustancial cuando los componentes acumulados en la cuenca ya han sido arrastrados por los eventos iniciales de lluvia durante la recuperación de la sequía (Mosley et al., 2012). El ingreso de aguas subterráneas a aguas superficiales es otro ejemplo de zonas de mezcla afectadas por la sequía. Cuando el aporte de agua desde la cuenca disminuye debido a una menor precipitación, aumenta la influencia de las entradas de aguas subterráneas salinas (Mosley et al., 2012).

Un tipo relevante de zonas de mezcla que afectan la hidroquímica de los ríos son las confluencias reactivas. Las confluencias reactivas son sistemas complejos de ríos donde tienen lugar diversas reacciones químicas, induciendo cambios significativos en las condiciones hidroquímicas (Guerra et al., 2016b; Montecinos et al., 2020; Díaz et al., 2023; Pasten et al., 2023). Las confluencias reactivas ocurren típicamente cuando se juntan ríos con composiciones químicas de agua muy diferentes. Por ejemplo, la mezcla de aguas ácidas naturales o antropogénicas con aguas alcalinas o neutras crea una zona de mezcla que contiene un rango de gradientes químicos, incluidos pH y conductividad eléctrica (Guerra et al., 2016b). Dentro de esta zona, los componentes del agua pueden sufrir transformaciones químicas que afectan su transporte o toxicidad (Balistrieri et al., 2007; Abarca et al., 2017). Cabe destacar que la precipitación química de óxidos y oxihidróxidos conduce a la remoción de contaminantes traza a través de la sorción y/o co-precipitación dentro de la zona de transición entre las aguas ácidas y de pH cercano al neutro de la confluencia (Casiot et al., 2009). Los parámetros que dictan la calidad del agua en las confluencias de ríos están gobernados por los entornos químicos e hidrodinámicos (Abarca et al., 2017; Montecinos et al., 2020), que pueden ser afectados por las sequías debido a cambios en los patrones del flujo de los ríos que alteran el tamaño de los flóculos formados (por ejemplo, la razón de mezcla, la distribución de velocidades).

f) Reacciones químicas

Las altas temperaturas inducidas por la sequía tienen consecuencias significativas en la calidad del agua al influir en las reacciones químicas. La temperatura controla la factibilidad termodinámica y la cinética de las reacciones de precipitación-disolución, sorción-desorción, ácido-base y redox (Schoonen et al., 2000). Por ejemplo, el equilibrio entre la solubilidad del oxígeno en el agua y la presión parcial de oxígeno depende de la temperatura (Tromans, 1998).

El aumento de las temperaturas reduce las tasas de reaireación de los ríos, lo que resulta en concentraciones más bajas de saturación de oxígeno disuelto (Mosley, 2015). En algunas aguas superficiales, el aumento de las temperaturas en verano promueve el desarrollo de condiciones anóxicas o subóxicas en sedimentos, estimulando la actividad bacteriana e intensificando la reducción de óxidos ricos en metales y oxihidróxidos, movilizando así metales y metaloides dentro de los sedimentos (Masson et al., 2007).

La sequía impacta procesos específicos ligados a reacciones químicas, incluyendo el drenaje ácido de roca y el drenaje ácido de minas, así como la acidificación de lagos, como se describe a continuación.

i) **Drenaje ácido:** el aumento de las temperaturas y los cambios en los patrones de lluvia alteran la producción de drenaje ácido y sus impactos en las aguas superficiales y subterráneas. Sin embargo, las investigaciones sobre los efectos en los mecanismos de transporte son escasas y requieren mayor exploración (Anawar, 2013). Los cambios en los regímenes hidrológicos inducen cambios en los procesos biogeoquímicos dentro de los ecosistemas acuáticos, asociados con el drenaje ácido de minas (DAM). Se han observado mayores concentraciones de metales en los ríos durante condiciones de bajo flujo en verano debido a mayores temperaturas y al derretimiento de la nieve con solamente unas pocas semanas de anticipación (Todd et al., 2012; Crouch et al., 2013). Estos cambios están relacionados con flujos reducidos y la variabilidad diaria del pH, lo que introduce una mayor incertidumbre en las evaluaciones de riesgo sitio-específicas para contaminantes ionizables provenientes del drenaje ácido de minas (Anawar, 2013). La reducción de las precipitaciones disminuye la oxidación de minerales de sulfuro y la generación de DAM, mientras que temperaturas más cálidas aumentan las tasas de reacción y la cinética en estos procesos (Schoonen et al., 2000; Anawar, 2013).

ii) **Acidificación de lagos:** las sequías severas en los ríos pueden llevar a reducciones sustanciales en la profundidad y el volumen de los lagos, exponiendo extensas áreas de sedimentos a la atmósfera a lo largo de los bordes del lago (Mosley et al., 2014; Aldunce et al., 2017). Por ejemplo, en la cuenca del río Murray-Darling en Australia, la exposición de los sedimentos durante la sequía desencadena la oxidación de pirita contenida en los sedimentos. Cuando ocurre la rehidratación con las primeras lluvias y se recarga el lago, emergen aguas ácidas superficiales en aquellas zonas, lo que resulta en altas concentraciones disueltas de metales (Mosley et al., 2014) y una mayor salinidad (Aldunce et al., 2017). En ciertos lugares, ocurre una neutralización natural después de la rehidratación, lo que lleva a niveles de pH neutros y a la precipitación de metales. Por otro lado, otras áreas requirieron la adición de caliza para contrarrestar los cambios químicos provocados por la sequía.

g) Evapoconcentración

Las temperaturas elevadas combinadas con caudales reducidos y menores niveles de agua contribuyen a la evapoconcentración, lo que lleva a la acumulación de salinidad, iones principales y metales dentro de ríos, arroyos, lagos y embalses (Mosley et al., 2012; Jirsa et al., 2013; Mosley, 2015). La evapotranspiración en tierras de cultivo en zonas áridas conduce a la acumulación de sales en los suelos, especialmente cuando se utiliza riego subsuperficial (Crusberg y Eslamian, 2017). Como resultado, las condiciones de sequía intensifican la depositación de sales en la superficie del suelo. Luego, el proceso de recuperación de la sequía interrumpe esta acumulación y lava las sales y iones, lo que origina una escorrentía más concentrada.

En algunos casos, los lagos profundamente afectados por sequías extremas no reciben el lavado de los ríos suficiente durante la rehidratación, lo que lleva a concentraciones de nutrientes más altas (Aldunce et al., 2017). Como resultado, la evapoconcentración puede contribuir en estos lagos a una eutrofización más intensa.

h) Tiempos de residencia

La disminución de los volúmenes y el aumento de los tiempos de residencia, resultado de los caudales bajos, aumentan las temperaturas del agua (Mosley et al., 2012). Este efecto se atribuye a la menor capacidad térmica de los cuerpos de agua y la mayor sensibilidad al flujo de calor atmosférico (Mosley y Fleming, 2010).

Los tiempos de residencia extendidos y las condiciones de flujo estancado en los ríos inducen cambios en los procesos geoquímicos que gobiernan las concentraciones de nutrientes, incluida la nitrificación, la asimilación por algas y la adsorción por sólidos suspendidos y sedimentos (Van Vliet y Zwolsman, 2008). Los tiempos de residencia prolongados conducen a un mayor crecimiento celular y acumulación de biomasa, desencadenando floraciones de cianobacterias cuando hay mayores ingresos de nitrato (Whitehead et al., 2009; Glibert et al., 2014).

i) Estratificación térmica

Las altas temperaturas del aire relacionadas con la sequía tienen efectos importantes en la estratificación de los sistemas lacustres. Estos cambios influyen en las concentraciones de nutrientes, la producción de algas, la ocurrencia de floraciones de cianobacterias y menores concentraciones de oxígeno disuelto en la columna de agua (Mosley, 2015).

Las variaciones en los tiempos de deshielo también afectan la estratificación de los lagos (Pizarro et al., 2016). Para los lagos estratificados, la disminución de las temperaturas del agua de los afluentes enfría el hipolimnion, mientras que las temperaturas del aire más cálidas elevan las temperaturas del epilimnion, extendiendo la estratificación (Shimoda et al., 2011). El periodo prolongado de estratificación dificulta la mezcla vertical, disminuyendo el oxígeno disuelto a mayores profundidades. Este cambio resulta en condiciones hipóxicas o anóxicas perjudiciales para los organismos acuáticos y una mayor liberación de nutrientes en la columna de agua (Williamson et al., 2009).

j) Ciclo de los nutrientes y del carbono

Las sequías pueden ejercer una influencia significativa en el ciclo de los nutrientes y del carbono en varios ecosistemas. La productividad de los organismos fotosintéticos, que implica la fijación de carbono, puede ser amplificada por la reducción de los niveles de agua y las temperaturas elevadas (Mosley, 2015). En lagos y embalses, múltiples factores asociados a las sequías llevan a un aumento de la productividad primaria, aumentando las concentraciones de clorofila-a, disminuyendo los niveles de oxígeno disuelto y aumentando el carbono orgánico disuelto (Van Vliet y Zwolsman, 2008; Jirsa et al., 2013).

i) **Aportes externos:** la falta de precipitación inducida por la sequía reduce el arrastre de nutrientes y sus emisiones desde el suelo (Caruso, 2002; Qiu et al., 2023), lo que disminuye el aporte fluvial durante los periodos de sequía. Además, la sequía puede desencadenar cambios en el ciclo de nutrientes y carbono en los suelos vegetados, alterando la disponibilidad de nutrientes para la absorción de las plantas y la posible liberación durante la rehidratación de la cuenca (Johnson et al., 2008; Deng et al., 2021). Los sustratos disponibles, tales como el nitrógeno y carbono orgánico disuelto durante los periodos de sequía, resultan en elevadas pérdidas de estos elementos (Deng et al., 2021). Además, el fosforo orgánico soluble en el suelo, el cual no es una forma fácilmente disponible para ser asimilado por las plantas, puede acumularse en los suelos durante la sequía y ser exportado por la lixiviación o la erosión durante las lluvias posteriores (Sardans y Peñuelas, 2007). La concentración de fósforo, frecuentemente limita la disponibilidad de nutrientes e impulsa la eutrofización de las aguas superficiales (Fabian et al., 2023), por lo que su exportación desde el suelo es un factor significativo en el impacto en la calidad del agua (Lisboa et al., 2020).
   Además, los procesos biológicos que ocurren en el lecho del río durante condiciones de flujo bajo, como la desnitrificación y la reducción de sulfato, pueden llevar a una disminución en las concentraciones de ciertos nutrientes (Andersen et al., 2004). Además de sus impactos en el ciclo biogeoquímico en los suelos, las sequías pueden tener consecuencias significativas en el ciclo interno de nutrientes y la productividad de lagos y embalses. Estos efectos pueden alterar el estado trófico de estos cuerpos de agua, a menudo llevando a un aumento de la eutrofización (Mosley, 2015; Aldunce et al., 2017).

ii) **Procesamiento interno:** los cambios en el procesamiento interno dentro de los lagos y embalses contribuyen al ciclo de nutrientes durante la sequía. Los cuerpos de agua que se estratifican y con bajas concentraciones de oxígeno disuelto experimentan aumentos en las concentraciones de amoníaco, nitrógeno orgánico y fósforo total (Baldwin et al., 2008). Los lagos poco profundos conducen a un aumento de la resuspensión (Mosley et al., 2012) y a pulsos periódicos de nutrientes debido a una mayor circulación en las aguas inferiores ricas en nutrientes (Baldwin et al., 2008).

iii) **Eutrofización**: la eutrofización y las floraciones de cianobacterias son promovidas por varios factores en diferentes etapas: i) temperaturas del agua elevadas durante la sequía (Paerl y Huisman, 2009), ii) mayores aportes internos de nutrientes durante la sequía (Baldwin et al., 2008; Mosley et al., 2012), iii) mayores aportes externos de nutrientes durante la etapa de rehidratación o las lluvias posteriores a incendios forestales, debido al lavado del suelo (Li et al., 2018; Lisboa et al., 2020), y iv) la evapoconcentración de nutrientes como consecuencia de la reducción del lavado fluvial (Aldunce et al., 2017). Estas condiciones conducen a concentraciones elevadas de toxinas de cianobacterias y/u otros cambios en la estructura de la comunidad de fitoplancton. La disminución del oxígeno disuelto debido a la mortalidad de las algas provoca condiciones anóxicas en la columna de agua, desencadenando la liberación de fosfato inorgánico desde los sedimentos del fondo (Crusberg y Eslamian, 2017), alimentando aún más el crecimiento de cianobacterias.

1.4. Factores antrópicos: Fuentes de contaminación e infraestructura hidráulica

La complejidad de las conexiones entre sequías y calidad del agua se ve afectada por el impacto de las actividades humanas en la superficie de la Tierra, que alteran la cantidad de agua de diversas maneras. La extracción de agua, los cambios en la permeabilidad superficial, la construcción de infraestructura hidráulica, y el cambio climático modifican el ciclo del agua. Cambios en el uso del suelo, prácticas agrícolas que provocan erosión del suelo y otras fuentes no puntuales de contaminantes, además de las descargas en cuerpos de agua de desechos industriales y de aguas residuales (fuentes puntuales), contribuyen al deterioro de la calidad del agua. Las consecuencias de la sequía en la calidad del agua difieren según los usos del suelo, ya sean rurales o urbanos (Elsdon et al., 2009).

Los ambientes urbanos ejercen impactos significativos en la calidad del agua de los cuerpos de agua a través de tres vías principales: escorrentía de aguas pluviales, aguas residuales domésticas y efluentes industriales (Walsh, 2000). Numerosos parámetros se ven afectados por la contaminación urbana, incluidas las concentraciones de nutrientes disueltos debido a los niveles elevados de nitrógeno atmosférico y una inadecuada infraestructura de alcantarillado (Walsh, 2000). Tanto durante eventos de precipitación como en momentos sin ella, la deposición atmosférica contribuye al transporte de contaminantes urbanos al agua superficial (Müller et al., 2020). La escorrentía de las aguas lluvia urbanas se caracteriza por concentraciones elevadas de sedimentos en suspensión, metales y contaminantes orgánicos tóxicos (Walsh, 2000; Müller et al., 2020). Los periodos de sequía en áreas urbanas conducen a la acumulación de contaminantes, y la intensidad y duración de las lluvias desempeñan un rol diferencial en el lavado de contaminantes, que también depende de la composición y especiación química de los contaminantes (Murphy et al., 2015). En consecuencia, las sequías meteorológicas afectan la calidad del agua de los cursos de agua naturales que reciben escorrentía urbana, con efectos discernibles durante el periodo de sequía (acumulación de contaminantes) y cuando vuelven las lluvias (lavado de contaminantes).

Los caudales bajos durante las sequías reducen la capacidad de dilución de las aguas superficiales hacia los efluentes de aguas residuales industriales o municipales (Andersen et al., 2004; Crusberg y Eslamian, 2017). Las medidas de conservación de recursos hídricos implementadas por las agencias de agua para reducir la demanda de agua pueden llevar a una disminución en la calidad de las aguas residuales urbanas tratadas. Esto, junto con una mayor proporción de aguas residuales en las aguas superficiales resultantes, limita el potencial de reutilización de estas aguas río abajo (Tran et al., 2017).

En cuencas agrícolas, es probable que la contaminación de fuentes no puntuales disminuya resultado de la reducción de la escorrentía debido a una menor lluvia (Caruso, 2002). La contaminación asociada a la agricultura puede disminuir durante periodos de flujo extremadamente bajo, cuando disminuye el drenaje de nutrientes hacia los ríos debido a las restricciones en el riego tras limitaciones severas en las extracciones de agua (Mosley y Fleming, 2010). Las reducciones en el riego de tierras de cultivo generadas por la sequía también disminuyen la contaminación de agroquímicos a través de la escorrentía subsuperficial y las aguas subterráneas (Barros et al., 1995). El reemplazo de áreas boscosas y arbustivas por tierras de cultivo y pastizales aumenta los impactos en la calidad del agua durante la sequía (Oyarzun et al., 1997). También, las prácticas de riego agrícola y otras demandas de extracción de agua contribuyen a causar sequías, que a su vez deterioran la calidad del agua superficial (Mosley et al., 2012; Aldunce et al., 2017).

Al igual que en las regiones urbanas, las aguas residuales domésticas afectan la calidad del agua en las zonas rurales. Durante periodos de sequía, las emisiones de nutrientes de los sistemas sépticos de aguas residuales pueden luego emerger con menos dilución, afectando la calidad y el potencial uso de los flujos basales de aguas subterráneas o vertientes locales (Crusberg y Eslamian, 2017).

Cabe destacar que los flujos de ríos gestionados o regulados han mostrado resiliencia a las sequías (Meyer et al., 1999). Los sistemas fluviales no regulados experimentan típicamente mayores variaciones de flujo y niveles de agua que aquellos controlados por estructuras como presas (Meyer et al., 1999). El manejo de embalses puede aumentar el aporte de flujos naturales sobre efluentes de aguas residuales, mejorando la capacidad de dilución y, por lo tanto, mejorando la calidad del agua. Sin embargo, estas prácticas pueden significar desafíos para satisfacer la demanda de agua durante todo el año, debido a un menor almacenamiento de agua (Momblanch et al., 2015).

Incluso en estructuras hidráulicas, la calidad del agua puede verse comprometida por las sequías. La disminución de los niveles de agua conduce a la concentración de contaminantes, mientras que estos reservorios de agua también pueden experimentar eutrofización, similar a los lagos (como se mencionó anteriormente). Los embalses de agua potable pueden verse afectados por concentraciones elevadas de toxinas resultantes de floraciones de cianobacterias desencadenadas por temperaturas más altas y mayores aportes de nutrientes (Crusberg y Eslamian, 2017).

Figura 6.2

Representación de las consecuencias de la propagación y recuperación de la sequía en los impactos de contaminantes de origen difuso y puntual en los cursos de agua superficial

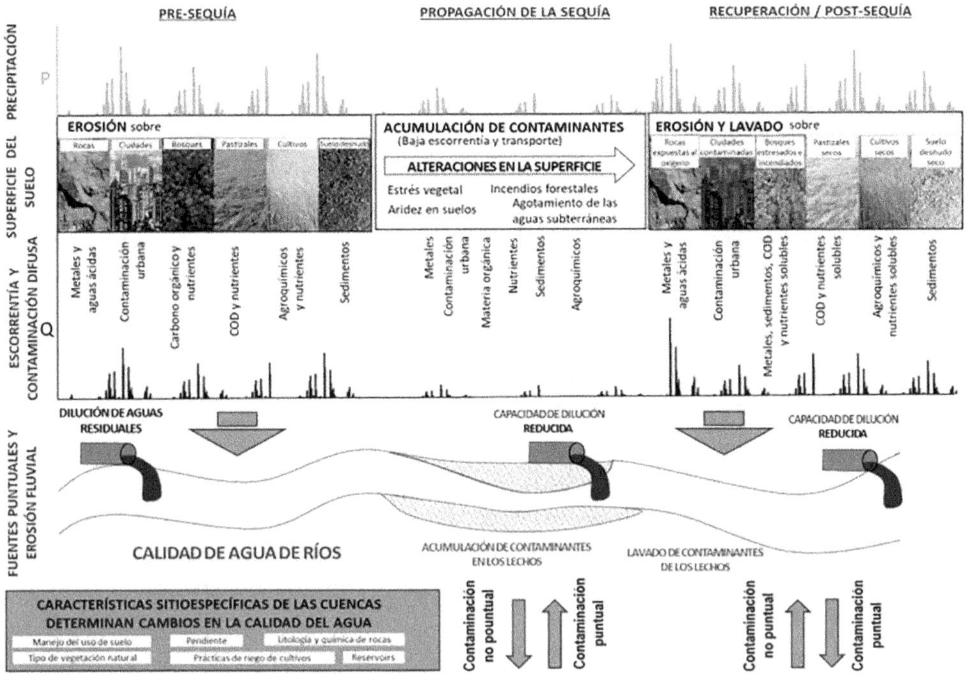

Fuente: Elaboración propia.

Las sequías pueden influir en la hidroquímica de ambientes mineros, incluidos sitios mineros, tranques de relaves y depósitos de desechos mineros no tratados, aunque los impactos de la sequía en las reacciones geoquímicas en los desechos de minería no se han estudiado o revisado extensamente (Anawar, 2013). La calidad del agua de los embalses que reciben aportes de drenaje ácido de minas puede verse afectada cuando las alteraciones en la hidrología específica del sitio afectan a los procesos físicos, químicos y biológicos (Brooks et al., 2011).

Por lo tanto, pueden ocurrir varios impactos en la calidad del agua en diferentes etapas de la sequía, que se pueden conceptualizar como se muestra en la Figura 6.2. Los procesos representados en la Figura 6.2 incluyen fuentes de contaminación puntuales y difusas. Refleja cómo los cambios inducidos por la sequía influyen en el transporte, acumulación y transformación de contaminantes en las cuencas y en los cuerpos de agua. Otros componentes del ciclo del agua, como la dinámica de los mantos de nieve y los sistemas lacustres, no se consideraron para simplificar este modelo conceptual.

2. IMPACTO DE LAS SEQUÍAS EN LA CALIDAD DEL AGUA EN CUENCAS ANDINAS

La distribución e impactos de las sequías en la calidad del agua en regiones montañosas dependen de características hidrológicas, geomorfológicas y geológicas. Las actividades humanas pueden provocar cambios en las propiedades del suelo, la cobertura vegetal y la movilización de contaminantes. Una parte significativa de la investigación sobre la relación entre sequías y calidad del agua se ha realizado en América del Norte, Europa y Australia (Mosley, 2015). Por otro lado, regiones como África, Asia y Sudamérica requieren investigaciones más exhaustivas sobre este fenómeno. Fabian et al. (2023) recientemente examinaron el impacto de las sequías (y las inundaciones) en la calidad del agua en Asia. En el caso de Chile, a pesar de experimentar una mega-sequía en su zona central desde 2010 (Arroyo et al., 2020), la consideración de los impactos de la sequía en la calidad del agua solamente ha cobrado relevancia recientemente, con escasos estudios desde 2017.

Reconocer los factores influyentes para cada parámetro de calidad del agua y comparar con otras regiones permite identificar los efectos hidroquímicos de la sequía en las cuencas andinas. La **Figura 6.3** ilustra la distribución de pendientes y usos del suelo en cuatro cuencas andinas. La mineralogía, los patrones de erosión, los usos del suelo y las actividades humanas varían según la altitud, resultando en exposiciones y distribuciones distintas a los factores que en última instancia determinan la calidad del agua. La morfología y el régimen de los ríos cambian según las distintas altitudes, lo que lleva a diferentes respuestas a la sequía para las secciones superiores e inferiores de la cuenca.

2.1. Características relevantes de las cuencas andinas

Mishra et al. (2021) destacan la importancia de las características de las cuencas para comprender los efectos de las sequías en la calidad del agua superficial y subterránea. Alnahit et al. (2020) presentan un marco conceptual y modelización matemática que identificó las variables clave responsables de la heterogeneidad espacial de la calidad del agua en cuencas de los Estados Unidos. Su estudio concluye que las variaciones en la calidad del agua están influenciadas no solo por factores antropogénicos, sino también por características de la cuenca, como las propiedades del suelo.

Es difícil vincular cuantitativamente la calidad del agua con las sequías, en el contexto de Chile, sin un conjunto de datos de una red de monitoreo de calidad del agua de gran extensión espacial y temporal. Chile se caracteriza por un amplio rango de ambientes hidrogeoquímicos, lo que plantea desafíos en los ámbitos de gestión y monitoreo de la calidad del agua (Pastén et al., 2021). El término "cuencas andinas" se refiere a las cuencas que poseen las siguientes características:

- Localizadas dentro de las zonas montañosas chilenas (cordillera de los Andes) o valles transversales y depresiones intermedias.
- Ríos principales de longitud corta (<500 km).

- Pendientes pronunciadas que generan flujos turbulentos en los escurrimientos superficiales.
- Sujetas a climas estacionales, marcados por una temporada de lluvias/nevadas predominante durante el invierno, y eventos de tormentas ocasionales en verano en la alta cordillera.
- Experimentan climas áridos, semiáridos o templados.
- Exhiben regímenes dominados por la nieve y el deshielo que luego cambian a regímenes dominados por la lluvia en las secciones bajas (Peña-Guerrero et al., 2020), lo que da lugar a confluencias complejas en términos de hidrología e hidroquímica. En Chile, los deshielos en los Andes centrales (30°-37°S) son la principal fuente (>85%) de variabilidad del caudal de los ríos (Masiokas et al., 2006).

Las cuencas andinas también comparten impactos antropogénicos comunes, que incluyen:
- Actividades mineras en las cabeceras de cuenca o en los valles, principalmente en las macrozonas norte y centro de Chile.
- Depósitos de residuos mineros de gran extensión.
- Agricultura y zonas de cultivo en los valles.
- Presas hidroeléctricas, embalses agrícolas o infraestructura para suministro de agua potable.

La ocurrencia de drenaje ácido de rocas plantea un problema recurrente y desafiante en estas cuencas, derivado de la oxidación de minerales sulfurosos, especialmente la pirita (Duhalde et al., 2021). Este fenómeno se ve potenciado por operaciones mineras que incluyen la extracción y acumulación de materiales ricos en azufre, como la disposición de residuos mineros a través de relaves y botaderos (Anawar, 2013). El cambio climático puede potencialmente agravar este impacto. Sin embargo, el clima árido predominante en las cuencas chilenas del norte y centro está intrínsecamente relacionado con condiciones de alcalinidad natural, lo cual mitiga hasta cierto punto los impactos del drenaje ácido (Duhalde et al., 2021). Así, puede observarse un enriquecimiento de metales en ríos asociado al drenaje ácido en varias cuencas del norte y centro de Chile.

Figura 6.3
Distribución de los usos de suelo y características geomorfológicas en las cuencas de los ríos Choapa, Maipo, Itata y Biobío, Chile

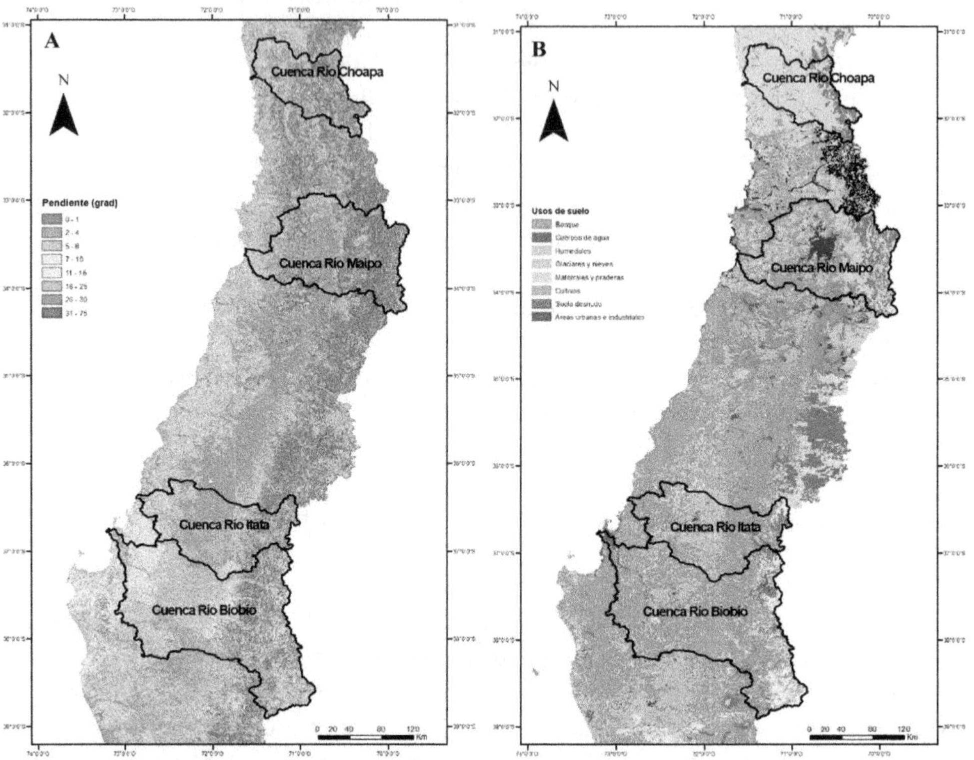

El lado A muestra el mapa de pendientes y el lado B los usos del suelo. Las cuencas andinas muestran una marcada distribución de características geomorfológicas de oeste a este. Esto da lugar a usos específicos del suelo a lo largo de las cuencas, de acuerdo con la pendiente y la altitud.
Fuente: Elaboración propia, basado en los conjuntos de datos geoespaciales de Chile de disposición pública.

2.2. Impactos de la sequía en los parámetros de calidad del agua

Esta sección describe los efectos de las sequías en parámetros específicos de calidad del agua en el contexto de las cuencas andinas de Chile, considerando los hallazgos de investigaciones recientes. La **Figura 6.4** sirve como modelo ilustrativo de una cuenca andina en Chile. Los factores forzantes de las sequías —temperatura, precipitación y caudales fluviales— provocan cambios en las características hidrometeorológicas, hidrológicas, químicas y biológicas. Estos cambios, a su vez, influyen en los parámetros de calidad del agua, mostrando la interacción entre los factores relacionados con la sequía y la dinámica de calidad del agua en las cuencas andinas.

Figura 6.4
Procesos en la cuenca influenciados por las sequías y sus consecuencias en los parámetros de calidad del agua en el sistema de aguas superficiales y subterráneas

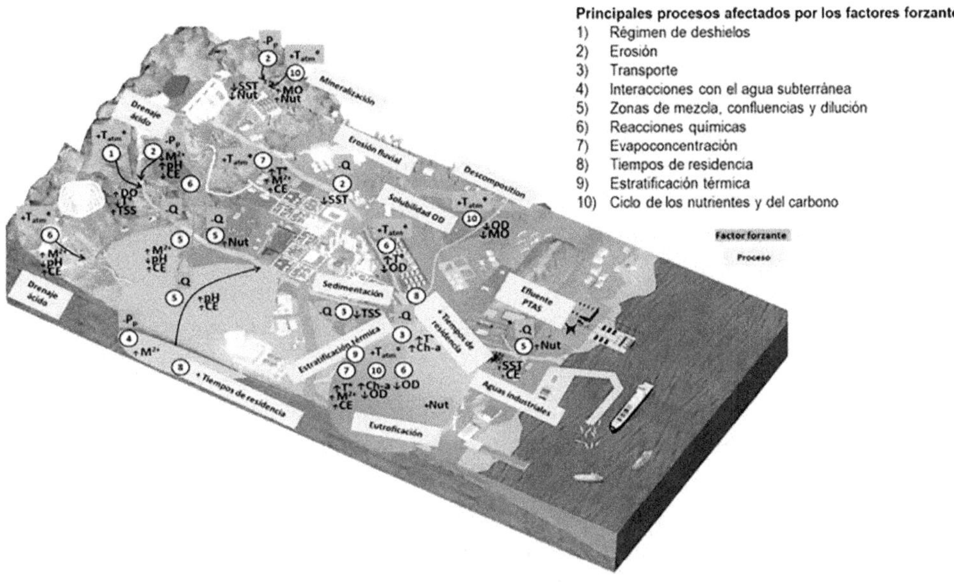

Los recuadros amarillos representan los forzantes que impulsan los cambios hidroquímicos durante las sequías, que incluyen el aumento de las temperaturas y la disminución de los caudales. Los recuadros rojos representan los procesos afectados por estos factores, como los regímenes de deshielo, erosión, transporte, recarga de aguas subterráneas, zonas de mezcla y dilución de aguas, reacciones químicas (por ejemplo, precipitación-disolución), evapoconcentración, tiempos de residencia, estratificación térmica y ciclos de nutrientes y carbono.
Fuente: Elaboración propia, utilizando la representación de una cuenca modelo elaborada por Cedeus.

a) Salinidad y conductividad

La disponibilidad de agua juega un papel crítico en la determinación de los niveles de salinidad y conductividad en los ríos. Una menor disponibilidad de agua corresponde a una reducida capacidad de dilución, lo que conduce a concentraciones elevadas de los iones principales. Esta consecuencia de las sequías ha sido reportada en diferentes sitios a nivel mundial. En el río Meuse (Europa occidental), Van Vliet y Zwolsman (2008) revelaron que las condiciones de sequía llevaron a un aumento en la concentración de cloruro, fluoruro y sulfato. Las concentraciones de estos aniones considerados no reactivos tienden a aumentar debido a la limitada dilución de fuentes antropogénicas que contienen tales aniones, como las provenientes de fuentes difusas o fuente puntuales industriales, urbanas y mineras. De manera similar, las sequías promueven un aumento en la salinidad y la conductividad específica en ríos y áreas forestadas. Esto es una consecuencia de la evaporación sostenida del agua superficial y la reducción de la dilución de fuentes de aguas subterráneas salinas (Sprague, 2005; Mishra et al., 2021).

En los sistemas fluviales andinos, se puede observar una relación inversa entre concentración y caudal (C-Q) en lo que respecta a la conductividad eléctrica y la concentración de iones principales (Cl^-, Na^+, SO_4^{2-}, Mg^{2+}, Ca^{2+}, K^+). Durante periodos de bajo flujo inducidos por la sequía, los principales iones disueltos muestran un aumento en sus valores. Este comportamiento ha sido observado en cuencas en el norte, centro y sur de Chile, incluyendo las cuencas del río Choapa (Hernandez et al., 2023), Maipo (Peña-Guerrero et al., 2020) y Bío-Bío (Yevenes et al., 2018), respectivamente. Estos valores elevados a menudo superaron los límites regulatorios establecidos por las normas chilenas de agua para el uso agrícola (NCh1333/78), y se atribuyeron a una mayor evapoconcentración de sales y a una menor capacidad de dilución de los ríos (Peña-Guerrero et al., 2020).

b) Nutrientes y algas

Las tendencias en las concentraciones de nutrientes y el desarrollo de algas en los ecosistemas fluviales muestran correlaciones cercanas con las actividades humanas, los procesos de erosión y la ubicación de las unidades geomorfológicas (por ejemplo, la altitud de la cuenca). En periodos de sequía, la reducida capacidad de dilución de los efluentes de las plantas de tratamiento de aguas residuales puede resultar en concentraciones elevadas de NH_4^+, NO_3^- y NO_2^- (Sprague, 2005; Van Vliet y Zwolsman, 2008). De hecho, durante los periodos de sequía, estos efluentes pueden constituir la mayor proporción del caudal de un río (Sprague, 2005). La reducción de la dilución junto con elevadas tasas de evaporación puede dar lugar a concentraciones más altas de NO_2^- y PO_4^{3-} derivadas de zonas altamente urbanizadas (Sprague, 2005; Van Vliet y Zwolsman, 2008; Hrdinka et al., 2012; Mishra et al., 2021), y concentración de NO_3^- y K^+ procedentes de tierras agrícolas debido a la lixiviación de fertilizantes (Van Vliet y Zwolsman, 2008; Mishra et al., 2021). La combinación de aportes de nutrientes con temperaturas más elevadas y tiempos de residencia prolongados crea condiciones favorables para floraciones de algas, lo que lleva a concentraciones elevadas de clorofila-a en los ríos durante los periodos de verano (Van Vliet y Zwolsman, 2008; Mosley, 2015; Mishra et al., 2021).

En las cuencas andinas, se puede identificar una respuesta similar a la sequía. Sin embargo, se pueden observar variaciones atribuibles a diferencias en la altitud. Yevenes et al. (2018) estudiaron el efecto de la sequía en la calidad del agua del río Biobío comparando datos recopilados durante el periodo de sequía (2010-2015) con datos de periodos pre-sequía (2000-2009) en varios lugares dentro de la cuenca. Sus hallazgos revelaron que en la sección superior de la cuenca, no hubo diferencias significativas en las concentraciones de NO_3^-, NO_2^- o NH_4^+ entre los dos periodos temporales. En contraste, en la sección inferior de la cuenca, los autores observaron una disminución en las concentraciones de fósforo total y NO_3^-. Esta disminución podría atribuirse a una reducción en el drenaje y exportación de nutrientes causados por las condiciones de sequía.

Peña-Guerrero et al. (2020) obtuvieron resultados diferentes en su estudio del río Maipo, donde identificaron correlaciones negativas entre la descarga diaria y las concentraciones de NO_3^- y PO_4^{3-} en la parte alta y media de la cuenca. Este comportamiento se relacionó con zonas agrícolas en el valle central y la cordillera de la Costa, que entregan aportes consistentes de nutrientes a los ríos (Jorquera et al., 2015). Por lo tanto, las tendencias futuras de concentración de nutrientes en los ríos dependerán en gran medida de los usos humanos del suelo y de la escorrentía que moviliza estos contaminantes hacia las fuentes de agua.

c) Metales y metaloides

En el caso del río Meuse, Van Vliet y Zwolsman (2008) encontraron que la respuesta de la concentración de metales y metaloides a la sequía depende de sus capacidades de adsorción en los sólidos suspendidos. Elementos con bajos coeficientes de partición, como Se, Ba y Ni, que muestran baja afinidad con los sólidos suspendidos, son transportados en fase disuelta. En consecuencia, sus concentraciones muestran una relación negativa con el caudal, ya que están controladas por la capacidad de dilución. Por otro lado, elementos con coeficientes de partición altos, como Pb, Cr, Hg y Cd, mostraron una correlación positiva con el caudal, similar a la concentración de sólidos suspendidos. Elementos con coeficientes de partición moderadamente altos, como Cu, Zn y As, no mostraron variaciones consistentes con la sequía.

En las cuencas andinas, las concentraciones de metales y metaloides, como Cu, As, Fe, Al y Zn, están estrechamente vinculadas al material erosionado proveniente del drenaje ácido de rocas y minas (Guerra et al., 2016a; Montecinos et al., 2020). En estas cuencas, una reducción en los flujos de sedimentos suspendidos, impulsada por la sequía, podría llevar a una disminución en la concentración total de metales y metaloides. La respuesta de la concentración de metales y metaloides durante la sequía varía según sus interacciones de origen con otros ríos. Por ejemplo, en la cuenca del río Maipo, Peña-Guerrero et al. (2020) identificaron relaciones positivas significativas ($p < 0,05$) entre el caudal diario y las concentraciones de Al, As, Cu, Mn, Fe y Zn, con la mayoría de las estaciones de monitoreo mostrando esta tendencia. En consecuencia, las concentraciones de metales y metaloides disminuyeron debido a la retención de contaminantes durante el periodo de sequía, concentrándolos y transportándolos aguas abajo durante caudales altos. Por otro lado, en la cuenca del río Elqui, Hernandez et al. (2023) identificaron un pronóstico favorable en la concentración de Fe en la parte alta de la cuenca. Basándose en una evaluación cualitativa preliminar, estos autores anticiparon que una futura reducción en los caudales resultaría en concentraciones más bajas de Fe. En contraste, Yevenes et al. (2018) observaron en la cuenca del río Biobío un aumento en las concentraciones de Cr, Fe y Co durante los caudales bajos promovidos por la sequía. Este aumento se atribuyó a la intensificación de la evaporación de ríos y aguas subterráneas, junto con tiempos de residencia prolongados e incrementadas interacciones entre el agua y el sedimento en el agua subterránea (Caruso, 2002; Arumí et al., 2012). En consecuencia, se pueden esperar diferentes respuestas según las características de las cuencas. La sequía puede limitar los flujos de metales, al restringir el transporte de sedimentos enriquecidos, o aumentar su concentración al concentrar los metales, reducir la dilución y aumentar la interacción con sedimentos enriquecidos.

d) Materia orgánica

Pocos estudios han abordado el comportamiento de la materia orgánica en las cuencas de ríos andinos afectadas por sequías. Sin embargo, en Chile, un estudio de Peña-Guerrero et al. (2020) sugirió que las temperaturas elevadas resultantes de la sequía en la cuenca del río Maipo condujeron a una mayor mineralización y liberación de materia orgánica. Se espera que estos procesos liberen nitrógeno, fósforo y carbono, que posteriormente pueden ser transportados por eventos de tormenta que siguen al periodo de sequía (Delpla et al., 2009).

e) Sólidos suspendidos

La concentración de sólidos suspendidos totales (SST) en los ríos está influenciada por la generación y la capacidad de transporte de sedimentos, ambos altamente impactados durante las sequías. Muchos estudios han reportado una disminución en la turbiedad de los ríos durante las sequías debido a la reducción del escurrimiento y la erosión del suelo resultante de la disminución de las precipitaciones (Giri et al., 2021; Mishra et al., 2021). Menores aportes de sedimentos están asociados con velocidades de flujo de agua más bajas durante las sequías, lo que limita la erosión de las riberas y el lecho del río y la capacidad de transporte de sólidos suspendidos (Van Vliet y Zwolsman, 2008; Hrdinka et al., 2012; Giri et al., 2021). Sin embargo, es importante tener en cuenta que bajo ciertas condiciones, como la existencia de fuentes puntuales con altas concentraciones de sólidos suspendidos, una menor capacidad de dilución puede llevar a un aumento en la turbiedad (Mishra et al., 2021).

En las cuencas andinas, los impactos de la sequía en los flujos de sedimentos varían según la ubicación dentro de la cuenca (parte superior o inferior) y las condiciones naturales de cada cuenca. Por ejemplo, Yevenes et al. (2018) encontraron que en la parte alta de la cuenca, la sequía aumentó la concentración de SST en el río. Este aumento se atribuyó al derretimiento temprano de la nieve impulsado por el aumento de las temperaturas (Bozkurt et al., 2017), lo que condujo a un mayor escurrimiento en la cuenca (Van Heemst et al., 2013). Sin embargo, en la parte baja de la cuenca, las concentraciones de SST mostraron una fuerte disminución, debido a la reducida capacidad de transporte del río en condiciones de menor flujo de agua. Las condiciones de menor flujo en esta región promovieron la sedimentación de SST a lo largo del río Biobío (Tolorza et al., 2014). Resultados similares fueron encontrados por Méndez-Freire et al. (2022) para la cuenca del río Itata, donde la sequía llevó a una disminución estimada entre 28% y 67% de los valores regulares de los flujos de sedimentos debido a la reducción de la capacidad de transporte bajo un menor caudal de agua. La temporada de máximo transporte de sedimentos también se desplazó de mayo-junio a agosto, influenciada por cambios en el régimen de precipitaciones y las condiciones necesarias para movilizar sedimentos. Estos cambios en los patrones de transporte de sedimentos se pueden esperar en otras cuencas andinas, debido a una mayor reducción del escurrimiento superficial en las partes altas de las cuencas, donde se origina principalmente el sedimento (Martínez-Retureta et al., 2021).

La respuesta de las cargas de sedimentos en los ríos en el contexto de la sequía depende de la capacidad de la cuenca para transportar el material erosionado. En el centro de Chile, el transporte de sedimentos aguas abajo dependerá de condiciones naturales, como la pendiente, la precipitación y la cobertura de la vegetación (Pepin et al., 2010), pero también de las actividades humanas y el uso del suelo. Los embalses juegan un papel significativo en la retención de sedimentos, lo que conduce a reducciones sustanciales en los flujos de sedimentos aguas abajo (Méndez-Freire et al., 2022). Estas infraestructuras hidráulicas introducen complejidad e incertidumbre adicionales en los estudios de respuesta de concentración-caudal (Hernandez et al., 2023) y pueden restringir aún más la transferencia de sedimentos al océano durante y después de la sequía (Méndez-Freire et al., 2022).

f) Temperatura del agua y oxígeno disuelto

Diversos estudios realizados en ríos de Europa y Estados Unidos han reportado un aumento en la temperatura del agua durante eventos de sequía, con valores que superan las temperaturas de referencia en hasta 2°C (Sprague, 2005; Van Vliet y Zwolsman, 2008; Hrdinka et al., 2012; Todd et al., 2012). Este aumento de temperatura se atribuye principalmente a las elevadas temperaturas del aire asociadas a la sequía, y a la fuerte relación entre la temperatura del agua y del aire (Van Vliet y Zwolsman, 2008). En consecuencia, temperaturas más altas del agua llevan a una menor solubilidad del oxígeno, lo que resulta en una menor concentración de oxígeno disuelto en los ríos (Sprague, 2005; Hrdinka et al., 2012; Todd et al., 2012). Los reducidos niveles de oxígeno disuelto, combinados con reducidas tasas de reaireación debido a condiciones de bajo flujo y mayores tasas de descomposición de materia orgánica (Van Vliet y Zwolsman, 2008; Hrdinka et al., 2012), representan un riesgo significativo para los organismos acuáticos. En algunos casos, el crecimiento de fitoplancton y zooplancton puede exacerbar los gradientes de oxígeno (Hrdinka et al., 2012). Sin embargo, en situaciones donde el tiempo de residencia del agua es prolongado, los nutrientes facilitan el desarrollo de floraciones algales, lo que desencadena reacciones de descomposición que resultan en condiciones anóxicas (Mosley, 2015; Mishra et al., 2021).

En cuencas andinas afectadas por la sequía, las respuestas de la temperatura del agua pueden variar según el régimen del río y la ubicación en la cuenca, lo que influye en las concentraciones de oxígeno disuelto. Por ejemplo, en Peña-Guerrero et al. (2020), las secciones de río ubicadas en la parte baja de la cuenca del río Maipo mostraron una relación negativa significativa entre el caudal diario y la temperatura. Estas secciones, caracterizadas por un régimen mixto y pluvial, estaban situadas en localidades agrícolas donde los flujos reducidos llevaron a un aumento en el tiempo de residencia del agua. Este cambio aumentó la sensibilidad de los ríos al calor atmosférico, lo que resultó en temperaturas del agua más altas. Hallazgos similares se reportaron para la cuenca del río Biobío por Yevenes et al. (2018), donde las aguas superficiales en la parte baja de la cuenca experimentaron un aumento de temperatura de 1,9°C durante el periodo de sequía. Por el contrario, la parte alta de la cuenca mostró respuestas opuestas. En la cuenca del río Maipo, las secciones de río ubicadas en zonas más altas, caracterizadas por un régimen nival y aguas más frías, mostraron una relación positiva significativa entre el caudal diario y la temperatura del agua (Peña-Guerrero et al., 2020). Esto se asoció a una relación negativa significativa con las concentraciones de oxígeno disuelto. Sin embargo, en las partes altas de la cuenca del río Biobío, las aguas superficiales experimentaron un aumento de temperatura de 0,9°C durante la sequía, sin afectar significativamente la concentración de oxígeno disuelto (Yevenes et al., 2018).

g) pH

La respuesta del pH a la sequía está condicionada por condiciones específicas del sitio, la que puede ser potenciada por la reducida capacidad de dilución provocada por la sequía. Por ejemplo, la sequía puede inducir un aumento del pH en sitios forestales, como observó Sprague (2005) en la cuenca del río South Platte, quien lo atribuyó a la disminución de la dilución del bicarbonato en aguas subterráneas durante condiciones de sequía. Sin embargo, en cuencas andinas caracterizadas por una concentración de minerales más alta de forma natural, el resultado puede ser diferente. Estas cuencas a menudo muestran niveles de pH bajos debido a la presencia de drenaje ácido de roca y de mina, que suelen ser neutralizados por aportes de agua dulce (Guerra et al., 2016a; Montecinos et al., 2020).

Durante la sequía, la reducción de la precipitación y de la cobertura nival puede disminuir la movilización de material enriquecido en metales, lo que resulta en aumentos localizados de pH de los ríos afectados. Sin embargo, los flujos más bajos y la limitada capacidad de dilución pueden reducir la neutralización por parte del agua dulce, lo que finalmente conduce a una disminución general del pH observado a lo largo de las cuencas.

Las mencionadas consecuencias de la sequía en el pH de las cuencas andinas pueden interactuar con los resultados en los procesos y parámetros analizados en este capítulo, como se expone en la **Figura 6.5**.

Figura 6.5
Impactos de la sequía en la calidad del agua en las confluencias andinas con neutralización de drenaje ácido (DA), utilizando la cuenca alta del río Elqui como ejemplo (Díaz et al., 2023)

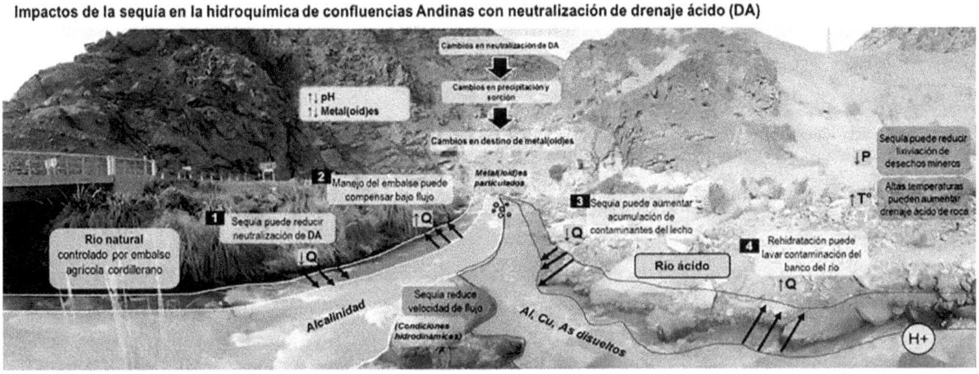

La figura ilustra confluencias representativas que involucran la neutralización del drenaje ácido, con sus dinámicas, equilibrios y la calidad del agua resultante afectada por los determinantes de la sequía (precipitación y temperatura) y varios otros procesos. Estos procesos abarcan la temporalidad del deshielo, la exportación de sedimentos y metales, así como la precipitación y deposición de metales.
Fuente: Elaboración propia.

3. DESAFÍOS DE LA CALIDAD DEL AGUA POR LAS SEQUÍAS EN CHILE

La sección anterior resaltó las conexiones clave entre las sequías, los forzantes hidrometeorológicos y los procesos biogeoquímicos-biofísicos que desencadenan cambios en los parámetros hidroquímicos. Estos cambios hidroquímicos implican dos desafíos que se discutirán aquí. En primer lugar, una brecha significativa en las redes de monitoreo de calidad y cantidad de agua impide la evaluación y predicción adecuada de los impactos específicos de la sequía en sitios particulares. En segundo lugar, la magnitud del impacto de los cambios en los parámetros hidroquímicos depende en gran medida de los usos previstos del agua, ya que distintos límites afectan su idoneidad para diferentes actividades. Por lo tanto, se requiere un análisis cuantitativo cuidadoso que vincule parámetros específicos con los impactos en los usos sociales y ecológicos del agua.

3.1. Monitoreo de la calidad del agua en el contexto de la sequía

El análisis de los impactos de la sequía se basa en datos relacionados con la hidroquímica, meteorología y/o hidrología. En los estudios realizados en ríos y cuencas de Chile mencionados anteriormente, se utilizaron diversas fuentes de datos, siendo una parte significativa obtenida de la Red Nacional de Monitoreo de la Dirección General de Aguas (DGA). Los conjuntos de datos meteorológicos, hidrológicos e hidroquímicos están disponibles públicamente y son recopilados por la red de estaciones de monitoreo de la DGA. Estas estaciones incluyen muestreo de calidad de agua, medición de caudales, sedimentos en suspensión, muestreo de aguas subterráneas, niveles de aguas subterráneas, muestreo de lagos/lagunas y niveles de lagos/lagunas. Los registros de precipitación y temperatura también se obtienen de estaciones de monitoreo gestionadas por la Dirección Meteorológica de Chile (DMC).

La extensión de los registros de ambas instituciones no es uniforme y a menudo contiene un porcentaje significativo de datos faltantes. En todo Chile, solamente 82 y 343 estaciones termométricas y estaciones de precipitación, respectivamente, tienen registros que abarcan treinta años o más (Pastén et al., 2021). Dada la escasez de estaciones meteorológicas, los métodos de interpolación espacial a menudo conllevan altos niveles de incertidumbre, pero este desafío ha sido abordado a través de productos en grilla generados a partir de la "Actualización del Balance Hídrico Nacional" realizada por la DGA en 2017 (DGA, 2017). No obstante, uno de los principales desafíos en los estudios relacionados con la calidad del agua y las sequías es establecer un conjunto integral y continuo de datos para el caudal del río y la calidad del agua de manera simultánea, que abarque numerosas cuencas en todo Chile.

Los programas de monitoreo de calidad del agua realizados por la DGA generalmente comprenden al menos cuatro campañas de muestreo por año, cubriendo las estaciones de verano, otoño, invierno y primavera para aguas superficiales. El monitoreo de aguas subterráneas implica dos campañas al año (Gobierno de Chile, 2017). Estos programas de monitoreo incorporan una amplia gama de parámetros, con los programas más completos enfocados en las Normas Secundarias de Calidad Ambiental (NSCA). Los parámetros que ocasionalmente se miden incluyen clorofila-a, turbiedad, pesticidas, fosfato, oxígeno disuelto y bicarbonato. Sin embargo, la falta de mediciones sistemáticas en toda la red, especialmente para parámetros críticos como DBO, alcalinidad, turbiedad, sólidos suspendidos y metales disueltos, limita el potencial para analizar los datos de calidad del agua resultantes de impactos tanto naturales como antrópicos en ciertas cuencas (Pastén et al., 2021). Abordar este desafío requiere esfuerzos para superar las limitaciones actuales en financiamiento, infraestructura y logística para mejorar la cantidad y frecuencia de los parámetros medidos.

Dado el nivel relativamente limitado de literatura sobre el impacto de las sequías en la calidad del agua en Sudamérica (Mosley, 2015), y en particular en Chile, es crucial mejorar la red de monitoreo de caudales de los ríos y mantener en el largo plazo los programas de monitoreo de calidad del agua. En algunos estudios, la disponibilidad de datos fue relativamente baja debido a la frecuencia de monitoreo trimestral y/o bimensual realizada por la DGA (Hernandez et al., 2023). Para lograr un análisis más profundo de la calidad del agua durante diferentes sequías estacionales y comprender el papel de las condiciones naturales, se requiere un monitoreo más frecuente y completo (Peña-Guerrero et al., 2020). Además, parámetros que se han hecho relevantes recientemente, como contaminantes en sedimentos y contaminantes emergentes, deben incluirse sistemáticamente en la red de monitoreo, enfocándose en priorizar cuencas específicas (Pastén et al., 2021). Esta expansión de la red debería aportar decididamente a mejorar la comprensión de los flujos, dinámicas e impactos de los contaminantes de fuentes de aguas residuales, incluidos los efluentes industriales, aguas residuales urbanas y rurales, especialmente en el contexto de las sequías y el cambio climático. Estos factores plantean desafíos para la disponibilidad de agua y requieren medidas en la gestión del consumo y asignaciones de aguas.

También se generan datos hidroquímicos dentro de la Red de Observación en programas de vigilancia de NSCA a partir de las campañas de muestreo realizadas por la DGA y otras agencias (por ejemplo, Ministerio del Medio Ambiente-MMA, agencia marítima-Directemar, Superintendencia de Servicios Sanitarios-SISS, etc.), aunque con una cobertura espacial y temporal limitada. La expansión de la recopilación y análisis de datos en esta área podría proporcionar valiosas perspectivas sobre los impactos en ecosistemas saludables y el potencial (re)uso de aguas provenientes de ríos que reciben aguas residuales, todo ello en el contexto de las sequías y cambio climático. Estos esfuerzos son esenciales para abordar los desafíos planteados por la disminución de la disponibilidad de agua y la necesidad de una gestión efectiva de los recursos hídricos.

3.2. Implicancias socioeconómicas de la calidad del agua en Chile

La agricultura, que representa aproximadamente el 73% del consumo total de agua en Chile (Odepa, 2021), se ve significativamente afectada cuando la sequía degrada la calidad del agua. Esta degradación, a su vez, impacta negativamente el riego en la ganadería, lo que lleva a problemas socioeconómicos (Peña-Guerrero et al., 2020). La norma técnica NCh1333/87 de agua para diferentes usos establece umbrales específicos para parámetros fisicoquímicos para riego y exige que el agua potable cumpla con la norma técnica NCh409/1. Aunque la NCh1333/87 prescribe estándares para 27 parámetros químicos, la salinidad emerge como el principal determinante en la evaluación de la calidad del agua para riego (El Sabagh et al., 2020). Existe una correlación inversa notoria entre periodos de bajo flujo de agua y una mayor salinidad. El suelo afectado por la salinización muestra una productividad disminuida e impide la absorción eficiente de agua por las plantas (Amin et al., 2019). Destacando las repercusiones del aumento de la salinidad del agua debido a la sequía en Chile, estudios de Arroyo et al. (2020) y Ortiz et al. (2023) han documentado sus efectos adversos en la producción de semillas y en la hierba, respectivamente.

Las sequías también han tenido un impacto en las poblaciones animales. Según el Ministerio de Agricultura de Chile, durante 2019 fallecieron más de diez mil animales, principalmente cabras, bovinos y ovejas, asociado mayormente a la escasez de agua y la insuficiencia de forraje. Además, los carnívoros salvajes, adaptándose a los efectos de la sequía, han alterado sus preferencias de caza de presas silvestres a animales domesticados (Acosta-Jamett et al., 2016). Los peces no están exentos de estas adversidades, enfrentan amenazas de floraciones algales nocivas (FAN) y disminución de oxígeno disuelto. La sequía prolongada en Chile ha llevado a niveles elevados de salinidad y nutrientes en los sistemas de agua, condiciones que favorecen la proliferación de FAN (Chen et al., 2021). Apoyando esto, Quiñones et al. (2019) han destacado los efectos perjudiciales de las FAN, junto con otros desafíos ambientales, tanto en la acuicultura de moluscos como en la de salmones.

Centrándonos en el agua potable, según SISS (2022), el 56,4% del agua potable suministrada en Chile en áreas urbanas es agua subterránea, el 42,1% es agua superficial y el 1,5% es agua desalinizada. Las fluctuaciones en la calidad del agua cruda requieren ajustes en los procesos fisicoquímicos en las plantas de tratamiento de agua potable para cumplir con los estándares establecidos en la norma técnica NCh409/1. Para abordar esto, los proveedores de servicios de agua chilenos invirtieron aproximadamente US$317 millones en 2020 para garantizar el suministro de agua potable, tanto en términos de volumen como de calidad (ANDESS, 2020). Sin embargo, en las zonas rurales de Chile, la situación sigue siendo preocupante. Se estima que alrededor del 47,2% de la población rural, que abarcan alrededor de 383.294 hogares o aproximadamente 1 millón de individuos, carece de acceso constante a un agua potable que cumple con los estándares de volumen y calidad. De estos individuos, un asombroso 84,7% depende de agua subterránea o agua superficial no tratada, que no se monitorea en términos de calidad ni se trata (Amulén, 2020). Por lo tanto, los cambios en la calidad del agua, exacerbados por la sequía, representan riesgos significativos para la salud de estas comunidades.

4. CONCLUSIONES

Las interconexiones entre la calidad del agua y los fenómenos de sequía han sido investigadas por varios grupos en América del Norte, Europa y Asia. En contraste, la investigación sobre el impacto de los cambios producidos por la sequía en la calidad del agua en América del Sur, particularmente en las cuencas andinas chilenas, sigue siendo comparativamente limitada. Dada la diversidad de condiciones climáticas, meteorológicas e hidrológicas presentes en Chile, se vuelve imperativo desarrollar un modelo conceptual que integre las influencias de la sequía en la dinámica de la calidad del agua asociada a los distintos ambientes hidroquímicos y geomorfológicos existentes en el país.

Este trabajo destaca la necesidad de un marco conceptual integral que considere las variaciones en altitud dentro de una cuenca. Las disparidades pronunciadas que existen incluyen atributos climáticos, meteorológicos, hidrológicos, topográficos y de la vegetación, junto con una variedad de factores antropogénicos que difieren entre las diferentes altitudes. Cabe destacar que la revisión de solo cuatro documentos de investigación relacionados con cuencas andinas chilenas acentúa la necesidad de expandir el entendimiento de los procesos hidroquímicos locales que rigen la dinámica hidroquímica.

Entre los principales factores que intensifican las perturbaciones en la calidad del agua durante eventos de sequía se encuentran las altas temperaturas, los flujos alterados de los cursos superficiales y su distribución espacial. Estos determinantes provocan un efecto cascada de los procesos en la cuenca, que abarcan cambios en los deshielos, erosión, incendios forestales, transporte, recarga de aguas subterráneas, zonas de mezcla, reacciones químicas, fenómenos de evaporación-concentración, tiempos de residencia y la interacción intrincada de los ciclos de los nutrientes y del carbono. Es importante destacar que si bien estos procesos son inherentes de las cuencas andinas, su importancia relativa exhibe una variación marcada. Por ejemplo, en sistemas fluviales gobernados por regímenes nivales, la temporalidad del deshielo se vuelve crucial, mientras que los efectos producidos en lagos, lagunas y embalses requieren una investigación más profunda.

La dinámica intrincada de los procesos químicos y el fenómeno de las zonas de mezcla surgen como determinantes clave en la generación y neutralización del drenaje ácido en áreas de enriquecimiento mineral, dictando en última instancia el destino de metales y metaloides. Este aspecto adquiere una gran importancia en las cuencas andinas debido a la incidencia de la generación natural de drenaje ácido y las actividades mineras extensivas. Dada la incipiente etapa de exploración en este ámbito, resulta crucial mejorar y mantener los sistemas de monitoreo para adquirir un conjunto más completo de datos.

Chile enfrenta desafíos considerables de calidad del agua para fines específicos, que se ven agravados por las condiciones de sequía y están regulados por normas y estándares técnicos. La agricultura, como principal actividad consumidora de agua, enfrenta contratiempos durante la degradación de la calidad producida por sequías, especialmente debido al aumento de salinidad. El ganado y la vida silvestre se ven afectados por la escasez de agua y la calidad deteriorada; por ejemplo, peces silvestres y de criaderos enfrentan floraciones algales nocivas vinculadas a niveles elevados de sal y nutrientes. Las áreas urbanas en Chile usan como fuente de agua potable aguas subterráneas, aguas superficiales y en algunos casos desalinización, pudiendo a veces gestionar fuentes y sistemas de tratamiento, lo que lleva a que los sistemas tengan opciones de adaptarse frente a las condiciones de sequía prolongada. Mientras tanto, el Chile rural ha enfrentado históricamente condiciones que presentan menores niveles de adaptabilidad, tratamiento y vigilancia.

A medida que los impactos del cambio climático continúan manifestándose en Chile, surge una necesidad apremiante de utilizar información concreta para refinar la comprensión de cómo los eventos de sequía influyen en la dinámica hidroquímica. En este contexto, la sincronización de las estaciones de monitoreo de caudal y de calidad del agua adquiere una gran relevancia. Este enfoque coordinado permitirá desentrañar el intrincado nexo entre los patrones climáticos cambiantes, los eventos de sequía y las posteriores consecuencias en la calidad del agua de las cuencas andinas chilenas, lo que a su vez permitirá definir estrategias de adaptación y respuesta efectivas.

AGRADECIMIENTOS

Los autores agradecen el apoyo a la investigación otorgada por ANID FSEQ210018, ANID FONDAP 1523A0004, y ANID FONDECYT 1200984.

REFERENCIAS

1. Abarca, M., Guerra, P., Arce, G., Montecinos, M., Escauriaza, C., Coquery, M., Pastén, P. (2017). "Response of suspended sediment particle size distributions to changes in water chemistry at an Andean mountain stream confluence receiving arsenic rich acid drainage". *Hydrological Processes* 31, 296-307. 10.1002/hyp.10995. Disponible en: https://doi.org/10.1002/hyp.10995

2. Aceituno, P. (1988). "On the functioning of the Southern Oscillation in the South American sector. Part I: Surface climate". *Monthly Weather Review* 116, 505-524. Disponible en: https://doi.org/10.1175/1520-0493(1988)116%3C0505:OTFOTS%3E2.0.CO;2
3. Acosta-Jamett, G., Gutiérrez, J.R., Kelt, D., Meserve, P., Previtali, M.A. (2016). "El Niño Southern Oscillation drives conflict between wild carnivores and livestock farmers in a semiarid area in Chile". *Journal of Arid Environments* 126, 76-80. Disponible en: 10.1016/j.jaridenv.2015.08.021
4. Ahmadi, B., Moradkhani, H. (2019). "Revisiting hydrological drought propagation and recovery considering water quantity and quality". *Hydrological Processes* 33, 1492-1505. Disponible en: 10.1002/hyp.13417
5. Aldunce, P., Araya, D., Sapiain, R., Ramos, I., Lillo, G., Urquiza, A., Garreaud, R. (2017). "Local perception of drought impacts in a changing climate: The mega-drought in central Chile". *Sustainability* 9, 2053. Disponible en: 10.3390/su9112053
6. Alnahit, A.O., Mishra, A.K., Khan, A.A. (2020). "Quantifying climate, streamflow, and watershed control on water quality across Southeastern US watersheds". *Science of The Total Environment* 739, 139945. Disponible en: 10.1016/j.scitotenv.2020.139945
7. Amulén (2020). *Pobres de Agua. Radiografía del agua rural de Chile: Visualización de un problema oculto*. Disponible en: https://derechoygestionaguas.uc.cl/es/documentos/new/135-informeamulenpobresdeagua
8. Anawar, H.M. (2013). "Impact of climate change on acid mine drainage generation and contaminant transport in water ecosystems of semi-arid and arid mining areas". *Physics and Chemistry of the Earth*, Parts a/b/c 58, 13-21. Disponible en: 10.1016/j.pce.2013.04.002
9. Andersen, C.B., Lewis, G.P., Sargent, K.A. (2004). "Influence of wastewater-treatment effluent on concentrations and fluxes of solutes in the Bush River, South Carolina, during extreme drought conditions". *Environmental Geosciences* 11, 28-41. Disponible en: 10.1306/eg.10200303017
10. ANDESS (2020). Empresas de agua y saneamiento. Usos del Agua en Chile.
11. Arroyo, M.T., Robles, V., Tamburrino, Í., Martínez-Harms, J., Garreaud, R.D., Jara-Arancio, P., Pliscoff, P., Copier, A., Arenas, J., Keymer, J. (2020). "Extreme drought affects visitation and seed set in a plant species in the central Chilean Andes heavily dependent on hummingbird pollination". *Plants* 9, 1553. Disponible en: 10.3390/plants9111553
12. Arumí, J.L., Rivera, D., Muñoz, E., Billib, M. (2012). "Interacciones entre el agua superficial y subterránea en la región del Bío Bío de Chile". *Obras y proyectos*, pp. 4-13. Disponible en: http://dx.doi.org/10.4067/S0718-28132012000200001
13. Ayala, Á., Farías-Barahona, D., Huss, M., Pellicciotti, F., McPhee, J., and Farinotti, D. (2020) "Glacier runoff variations since 1955 in the Maipo River basin, in the semiarid Andes of central Chile". *The Cryosphere*, 14, 2005-2027, Disponible en: 10.5194/tc-14-2005-2020, 2020.
14. Baldwin, D.S., Gigney, H., Wilson, J.S., Watson, G., Boulding, A.N. (2008). "Drivers of water quality in a large water storage reservoir during a period of extreme drawdown". *Water research* 42, pp. 4711-4724. Disponible en: 10.1016/j.watres.2008.08.020
15. Balistrieri, L.S., Seal II, R.R., Piatak, N.M., Paul, B. (2007). "Assessing the concentration, speciation, and toxicity of dissolved metals during mixing of acid-mine drainage and ambient

river water downstream of the Elizabeth Copper Mine, Vermont, USA". *Applied Geochemistry* 22, pp. 930-952. Disponible en: 10.1016/j.apgeochem.2007.02.005

16. Bambach, N., Meza, F.J., Gilabert, H., Miranda, M. (2013). "Impacts of climate change on the distribution of species and communities in the Chilean Mediterranean ecosystem". *Regional Environmental Change* 13, pp. 1245-1257. Disponible en: 10.1007/s10113-013-0425-7
17. Barrett, B.S., Hameed, S. (2017). "Seasonal variability in precipitation in central and southern Chile: Modulation by the South Pacific high". *Journal of Climate* 30, pp. 55-69. Disponible en: 10.1175/JCLI-D-16-0019.1
18. Barros, M.C., Mendo, M.J.M., Negrao, F.C. (1995). "Surface water quality in Portugal during a drought period". *Science of the total environment* 171, pp. 69-76. Disponible en: 10.1016/0048-9697(95)04671-7
19. Bates, B., Kundzewicz, Z., Wu, S. (2008). "Climate change and water". Intergovernmental Panel on Climate Change Secretariat (Ginebra), Junio 2008.
20. Boisier, J.P., Rondanelli, R., Garreaud, R.D., Muñoz, F. (2016). "Anthropogenic and natural contributions to the Southeast Pacific precipitation decline and recent megadrought in central Chile". *Geophysical Research Letters* 43, pp. 413-421. Disponible en: 10.1002/2015GL067265
21. Bonsal, B.R., Wheaton, E.E., Meinert, A., Siemens, E. (2011). "Characterizing the surface features of the 1999–2005 Canadian prairie drought in relation to previous severe twentieth century events". *Atmosphere-Ocean* 49, pp. 320-338. Disponible en: 10.1080/07055900.2011.594024
22. Bozkurt, D., Rojas, M., Boisier, J.P., Valdivieso, J.S. (2017). *Climate change impacts on hydroclimatic regimes and extremes over Andean basins in central Chile.*
23. Brooks, B.W., Valenti, T.W., Cook-Lindsay, B., Forbes, M.G., Doyle, R.D., Scott, J.T., Stanley, J.K. (2011). *Influence of climate change on reservoir water quality assessment and management: Effects of reduced inflows on diel pH and site-specific contaminant hazards.* Springer.
24. Burger, F., Brock, B., Montecinos, A. (2018). "Seasonal and elevational contrasts in temperature trends in Central Chile between 1979 and 2015". *Global and Planetary Change* 162, pp. 136-147. Disponible en: https://doi.org/10.1016/j.gloplacha.2018.01.005
25. Caruso, B., (2002). "Temporal and spatial patterns of extreme low flows and effects on stream ecosystems in Otago, New Zealand". *Journal of Hydrology* 257, pp. 115-133. Disponible en: https://doi.org/10.1016/S0022-1694(01)00546-7
26. Caruso, B.S. (2001). "Regional river flow, water quality, aquatic ecological impacts and recovery from drought". *Hydrological Sciences Journal* 46, pp. 677-699. Disponible en: https://doi.org/10.1080/02626660109492864
27. Casiot, C., Egal, M., Elbaz-Poulichet, F., Bruneel, O., Bancon-Montigny, C., Cordier, M.-A., Gomez, E., Aliaume, C. (2009). "Hydrological and geochemical control of metals and arsenic in a Mediterranean river contaminated by acid mine drainage (the Amous River, France); preliminary assessment of impacts on fish (Leuciscus cephalus)". *Applied geochemistry* 24, pp. 787-799. Disponible en: https://doi.org/10.1016/j.apgeochem.2009.01.006
28. Castro, L., Gironás, J. (2021). "Precipitation, temperature and evaporation". *Water resources of Chile*, pp. 31-60. Disponible en: https://doi.org/10.1007/978-3-030-56901-3_3
29. Cerdan, O., Govers, G., Le Bissonnais, Y., Van Oost, K., Poesen, J., Saby, N., Gobin, A., Vacca, A., Quinton, J., Auerswald, K. (2010). "Rates and spatial variations of soil erosion in

Europe: A study based on erosion plot data". *Geomorphology* 122, pp. 167-177. Disponible en: https://doi.org/10.1016/j.geomorph.2010.06.011

30. Chadwick, C., Gironás, J., Vicuña, S., Meza, F., McPhee, J. (2018). "Using a statistical pre-analysis approach as an ensemble technique for the unbiased mapping of GCM changes to local stations". *Journal of Hydrometeorology* 19, pp. 1447-1465. Disponible en: https://doi.org/10.1175/JHM-D-17-0198.1
31. Chen, J., Wang, J., Wang, Q., Lv, J., Liu, X., Chen, J., Li, N. (2021). "Common fate of sister lakes in Hulunbuir Grassland: Long-term harmful algal bloom crisis from multi-source remote sensing insights". *Journal of Hydrology* 594, 125970. Disponible en: https://doi.org/10.1016/j.jhydrol.2021.125970
32. Crouch, C.M., McKnight, D.M., Todd, A.S. (2013). "Quantifying sources of increasing zinc from acid rock drainage in an alpine catchment under a changing hydrologic regime". *Hydrological Processes* 27, pp. 721-733. Disponible en: https://doi.org/10.1002/hyp.9650
33. Crusberg, T.C., Eslamian, S. (2017). "Drought and water quality. Handbook of Drought and Water Scarcity". *CRC Press*, pp. 205-218.
34. Dai, A. (2011). "Drought under global warming: A review". *Wiley Interdisciplinary Reviews: Climate Change* 2, pp. 45-65. Disponible en: https://doi.org/10.1002/wcc.81
35. Delpla, I., Jung, A.-V., Baures, E., Clement, M., Thomas, O. (2009). "Impacts of climate change on surface water quality in relation to drinking water production". *Environment international* 35, pp. 1225-1233. Disponible en: https://doi.org/10.1016/j.envint.2009.07.001
36. Deng, L., Peng, C., Kim, D.-G., Li, J., Liu, Y., Hai, X., Liu, Q., Huang, C., Shangguan, Z., Kuzyakov, Y. (2021). "Drought effects on soil carbon and nitrogen dynamics in global natural ecosystems". *Earth-Science Reviews* 214, 103501. Disponible en: https://doi.org/10.1016/j.earscirev.2020.103501
37. Descroix, L., Mathys, N. (2003). "Processes, spatio temporal factors and measurements of current erosion in the French Southern Alps: A review". *Earth Surface Processes and Landforms: The Journal of the British Geomorphological Research Group* 28, pp. 993-1011. Disponible en: https://doi.org/10.1002/esp.514
38. DGA (2017). *Actualización del Balance Hídrico Nacional.* Dirección General de Aguas, División de Estudios y Planificación, Santiago, Chile.
39. Díaz, J., Castillo, D., Oyarzún, R., Briso, A., Montecinos, M., Pastén, P. (2023). "The dynamics of arsenic and copper in solid and aqueous phases in reactive confluences receiving acid drainage: The role of turbidity and particle size". *Environmental Pollution* 327, 121449. Disponible en: https://doi.org/10.1016/j.envpol.2023.121449
40. Djabri, L., Bouhsina, S., Hani, A., Bosch, A., Mudry, J., Cerif Djouamaa, M. (2014). *Impacts of drought on water quality: the case of aquifers in eastern Algeria.* Proc. IAHS 364, pp. 357-362.
41. Dorrell, R., Amy, L., Peakall, J., McCaffrey, W. (2018). "Particle size distribution controls the threshold between net sediment erosion and deposition in suspended load dominated flows". *Geophysical Research Letters* 45, pp. 1443-1452. Disponible en: https://doi.org/10.1002/2017GL076489

42. Duhalde, D., Castillo, D., Oyarzún, R., Oyarzún, J., Arumí, J.L. (2021). "Mining and Industrial Uses". *Water Resources of Chile*, pp. 273-284. Disponible en: https://doi.org/10.1007/978-3-030-56901-3_14
43. El Sabagh, A., Hossain, A., Barutçular, C., Iqbal, M.A., Islam, M.S., Fahad, S., Sytar, O., Çiğ, F., Meena, R.S., Erman, M. (2020). "Consequences of salinity stress on the quality of crops and its mitigation strategies for sustainable crop production: an outlook of arid and semi-arid regions". *Environment, climate, plant and vegetation growth*, pp. 503-533. Disponible en: https://doi.org/10.1007/978-3-030-49732-3_20
44. Elsdon, T.S., De Bruin, M.B., Diepen, N.J., Gillanders, B.M. (2009). "Extensive drought negates human influence on nutrients and water quality in estuaries". *Science of the total environment* 407, pp. 3033-3043. Disponible en: https://doi.org/10.1016/j.scitotenv.2009.01.012
45. Fabian, P.S., Kwon, H.-H., Vithanage, M., Lee, J.-H. (2023). "Modeling, challenges, and strategies for understanding impacts of climate extremes (droughts and floods) on water quality in Asia: A review". *Environmental Research*, 115617. Disponible en: https://doi.org/10.1016/j.envres.2023.115617
46. FAO (2002). *Report of FAO-CRIDA Expert Group Consultation on Farming System and Best Practices for Drought-prone Areas of Asia and the Pacific Region*. Central Research Institute for Dryland Agriculture, Hyderabad, India.
47. Fernández-Raga, M., Palencia, C., Keesstra, S., Jordán, A., Fraile, R., Angulo-Martínez, M., Cerdà, A. (2017). "Splash erosion: A review with unanswered questions". *Earth-Science Reviews* 171, pp. 463-477. Disponible en: https://doi.org/10.1016/j.earscirev.2017.06.009
48. Fernández, B., Gironás, J. (2021). *Droughts. Water Resources of Chile*, pp. 173-187.
49. Fuentealba, M., Bahamóndez, C., Sarricolea, P., Meseguer-Ruiz, O., Latorre, C., (2021). "The 2010–2020'megadrought'drives reduction in lake surface area in the Andes of central Chile (32°-36°S)". *Journal of Hydrology: Regional Studies* 38, 100952. Disponible en: https://doi.org/10.1016/j.ejrh.2021.100952
50. Garreaud, R.D., Alvarez-Garreton, C., Barichivich, J., Boisier, J.P., Christie, D., Galleguillos, M., LeQuesne, C., McPhee, J., Zambrano-Bigiarini, M. (2017). "The 2010–2015 megadrought in central Chile: Impacts on regional hydroclimate and vegetation". *Hydrology and earth system sciences* 21, pp. 6307-6327. Disponible en: https://doi.org/10.5194/hess-21-6307-2017
51. Garreaud, R.D., Boisier, J.P., Rondanelli, R., Montecinos, A., Sepúlveda, H.H., Veloso Aguila, D. (2020). "The Central Chile Mega Drought (2010–2018): a climate dynamics perspective". *International Journal of Climatology* 40, pp. 421-439. Disponible en: https://doi.org/10.1002/joc.6219
52. Giri, S., Mishra, A., Zhang, Z., Lathrop, R.G., Alnahit, A.O. (2021). "Meteorological and hydrological drought analysis and its impact on water quality and stream integrity". *Sustainability* 13, 8175. Disponible en: https://doi.org/10.3390/su13158175
53. Glantz, M. (2003). *Climate Affairs: A Primer. Island Press*, Washington, DC.
54. Gleick, P.H. (2000). "A look at twenty-first century water resources development". *Water international* 25, pp. 127-138. Disponible en: https://doi.org/10.1080/02508060008686804
55. Glibert, P.M., Dugdale, R.C., Wilkerson, F., Parker, A.E., Alexander, J., Antell, E., Blaser, S., Johnson, A., Lee, J., Lee, T. (2014). "Major–but rare–spring blooms in 2014 in San Francisco

Bay Delta, California, a result of the long-term drought, increased residence time, and altered nutrient loads and forms". *Journal of Experimental Marine Biology and Ecology* 460, pp. 8-18. Disponible en: https://doi.org/10.1016/j.jembe.2014.06.001

56. Guerra, P., Gonzalez, C., Escauriaza, C., Pizarro, G., Pasten, P. (2016a). "Incomplete Mixing in the Fate and Transport of Arsenic at a River Affected by Acid Drainage". *Water, Air and Soil Poll* 227, 20. Disponible en: https://doi.org/10.1007/s11270-016-2767-5
57. Guerra, P., Gonzalez, C., Escauriaza, C., Pizarro, G., Pasten, P. (2016b). "Incomplete mixing in the fate and transport of arsenic at a river affected by acid drainage". *Water, Air, and Soil Pollution* 227, pp. 1-20. Disponible en: https://doi.org/10.1007/s11270-016-2767-5
58. Hernandez, V., Arumí, J.L., Boll, J., Duhalde, D., MacDonell, S., Oyarzún, R. (2023). "Streamflow–concentration relationships of surface water in the Choapa basin: historical analysis and projections under climate change". *Hydrological Sciences Journal*, 68(9), pp. 1250–1263. Disponible en: https://doi.org/10.1080/02626667.2023.2212167
59. Hrdinka, T., Novický, O., Hanslík, E., Rieder, M. (2012). "Possible impacts of floods and droughts on water quality". *Journal of Hydro-environment Research* 6, pp. 145-150. Disponible en: https://doi.org/10.1016/j.jher.2012.01.008
60. Jirsa, F., Gruber, M., Stojanovic, A., Omondi, S.O., Mader, D., Körner, W., Schagerl, M. (2013). "Major and trace element geochemistry of Lake Bogoria and Lake Nakuru, Kenya, during extreme draught". *Geochemistry* 73, pp. 275-282. Disponible en: https://doi.org/10.1016/j.chemer.2012.09.001
61. Johnson, D.W., Todd Jr, D.E., Hanson, P.J. (2008). "Effects of throughfall manipulation on soil nutrient status: results of 12 years of sustained wet and dry treatments". *Global Change Biology* 14, pp. 1661-1675. Disponible en: https://doi.org/10.1111/j.1365-2486.2008.01601.x
62. Jorquera, C.O., Oates, C.J., Plant, J.A., Kyser, K., Ihlenfeld, C., Voulvoulis, N. (2015). "Regional hydrogeochemical mapping in Central Chile: natural and anthropogenic sources of elements and compounds". *Geochemistry: Exploration, Environment, Analysis*, 15, pp. 72 – 96. Disponible en: https://doi.org/10.1144/geochem2013-220
63. Kinnell, P. (2005). "Raindrop impact induced erosion processes and prediction: a review". *Hydrological Processes: An International Journal* 19, pp. 2815-2844. Disponible en: https://doi.org/10.1002/hyp.5788
64. Kogan, F.N. (1997). "Global drought watch from space". *Bulletin of the American Meteorological Society* 78, pp. 621-636. Disponible en: https://doi.org/10.1175/1520-0477(1997)078%3C0621:GDWFS%3E2.0.CO;2
65. Léonard, J., Richard, G. (2004). "Estimation of runoff critical shear stress for soil erosion from soil shear strength". *Catena* 57, pp. 233-249. Disponible en: https://doi.org/10.1016/j.catena.2003.11.007
66. Li, T., Li, S., Liang, C., Bush, R.T., Xiong, L., Jiang, Y. (2018). "A comparative assessment of Australia's Lower Lakes water quality under extreme drought and post-drought conditions using multivariate statistical techniques". *Journal of Cleaner Production* 190, pp. 1-11. Disponible en: https://doi.org/10.1016/j.jclepro.2018.04.121
67. Lisboa, M.S., Schneider, R.L., Sullivan, P.J., Walter, M.T. (2020). "Drought and post-drought rain effect on stream phosphorus and other nutrient losses in the Northeastern USA". *Journal*

of Hydrology: Regional Studies 28, 100672. Disponible en: https://ui.adsabs.harvard.edu/link_gateway/2020JHyRS..2800672L/doi:10.1016/j.ejrh.2020.100672

68. Loiselle, D., Du, X., Alessi, D.S., Bladon, K.D., Faramarzi, M. (2020). "Projecting impacts of wildfire and climate change on streamflow, sediment, and organic carbon yields in a forested watershed". *Journal of Hydrology* 590, 125403. Disponible en: https://doi.org/10.1016/j.jhydrol.2020.125403
69. Mardones, P., Garreaud, R.D. (2020). "Future changes in the free tropospheric freezing level and rain–snow limit: The case of central Chile". *Atmosphere* 11, 1259. Disponible en: https://doi.org/10.3390/atmos11111259
70. Martínez-Retureta, R., Aguayo, M., Abreu, N.J., Stehr, A., Duran-Llacer, I., Rodríguez-López, L., Sauvage, S., Sánchez-Pérez, J.-M. (2021). "Estimation of the climate change impact on the hydrological balance in basins of south-central chile". *Water* 13, 794. Disponible en: https://doi.org/10.3390/w13060794
71. Masiokas, M.H., Villalba, R., Luckman, B.H., Le Quesne, C., Aravena, J.C. (2006). "Snowpack variations in the central Andes of Argentina and Chile, 1951–2005: Large-scale atmospheric influences and implications for water resources in the region". *Journal of climate* 19, pp. 6334-6352. https://doi.org/10.1175/JCLI3969.1
72. Masson, M., Schäfer, J., Blanc, G., Pierre, A. (2007). "Seasonal variations and annual fluxes of arsenic in the Garonne, Dordogne and Isle Rivers, France". *Science of the Total Environment* 373, pp. 196-207. Disponible en: https://doi.org/10.1016/j.scitotenv.2006.10.039
73. Méndez-Freire, V., Villaseñor, T., Mellado, C. (2022). "Spatial and temporal changes in suspended sediment fluxes in central Chile induced by the mega drought: The case of the Itata River Basin (36°-37° S)". *Journal of South American Earth Sciences* 118, 103930. Disponible en: https://doi.org/10.1016/j.jsames.2022.103930
74. Meyer, JL, Sale, MJ, Mulholland, PJ & POFF, L (1999). "Impacts of climate change on aquatic ecosystem functioning and health", *Journal of the American Water Resources Association*, 35 (6), pp. 1373-1384. Disponible en: https://www.scopus.com/inward/record.uri?eid=2-s2.0-0033383495&partnerID=40&md5=6ecb7544f4dad78aaa5e54c9410a9f12
75. Meza, F.J., Vicuña, S., Gironás, J., Poblete, D., Suárez, F., Oertel, M. (2015). "Water–food–energy nexus in Chile: the challenges due to global change in different regional contexts". *Water International* 40, pp. 839-855. Disponible en: https://doi.org/10.1080/02508060.2015.1087797
76. Mishra, A., Alnahit, A., Campbell, B. (2021). "Impact of land uses, drought, flood, wildfire, and cascading events on water quality and microbial communities: A review and analysis". *Journal of Hydrology* 596, 125707. Disponible en: https://doi.org/10.1016/j.jhydrol.2020.125707
77. Mishra, A.K., Singh, V.P. (2010). "A review of drought concepts". *Journal of hydrology* 391, pp. 202-216. Disponible en: https://doi.org/10.1016/j.jhydrol.2010.07.012
78. Momblanch, A., Paredes-Arquiola, J., Munné, A., Manzano, A., Arnau, J., Andreu, J. (2015). "Managing water quality under drought conditions in the Llobregat River Basin". *Science of the Total Environment* 503, pp. 300-318. Disponible en: https://doi.org/10.1016/j.scitotenv.2014.06.069

79. Montecinos, A., Aceituno, P. (2003). "Seasonality of the ENSO-related rainfall variability in central Chile and associated circulation anomalies". *Journal of Climate* 16, pp. 281-296. Disponible en: https://doi.org/10.1175/1520-0442(2003)016%3C0281:SOTERR%3E2.0.CO;2
80. Montecinos, M., Coquery, M., Alsina, M.A., Bretier, M., Gaillard, J.-F., Dabrin, A., Pastén, P. (2020). "Partitioning of copper at the confluences of Andean rivers". *Chemosphere* 259, 127318. Disponible en: https://doi.org/10.1016/j.chemosphere.2020.127318
81. Mosley, L., Zammit, B., Jolley, A., Barnett, L. (2014). "Acidification of lake water due to drought". *Journal of Hydrology* 511, pp. 484-493. Disponible en: https://doi.org/10.1016/j.jhydrol.2014.02.001
82. Mosley, L.M. (2015). "Drought impacts on the water quality of freshwater systems; review and integration". *Earth-Science Reviews* 140, pp. 203-214. Disponible en: https://doi.org/10.1016/j.earscirev.2014.11.010
83. Mosley, L.M., Fleming, N. (2010). "Pollutant loads returned to the lower Murray River from flood-irrigated agriculture". *Water, Air, and Soil Pollution* 211, pp. 475-487. Disponible en: https://doi.org/10.1007/s11270-009-0316-1
84. Mosley, L.M., Zammit, B., Leyden, E., Heneker, T.M., Hipsey, M.R., Skinner, D., Aldridge, K.T. (2012). "The impact of extreme low flows on the water quality of the Lower Murray River and Lakes (South Australia)". *Water Resources Management* 26, 3923-3946. Disponible en: https://doi.org/10.1007/s11269-012-0113-2
85. Müller, A., Österlund, H., Marsalek, J., Viklander, M. (2020). "The pollution conveyed by urban runoff: A review of sources". *Science of the Total Environment* 709, 136125. Disponible en: https://doi.org/10.1016/j.scitotenv.2019.136125
86. Murphy, L.U., Cochrane, T.A., O'Sullivan, A. (2015). "Build-up and wash-off dynamics of atmospherically derived Cu, Pb, Zn and TSS in stormwater runoff as a function of meteorological characteristics". *Science of the Total Environment* 508, pp. 206-213. Disponible en: https://doi.org/10.1016/j.scitotenv.2014.11.094
87. Núnez, J.H., Verbist, K., Wallis, J.R., Schaefer, M.G., Morales, L., Cornelis, W. (2011). "Regional frequency analysis for mapping drought events in north-central Chile". *Journal of Hydrology* 405, pp. 352-366. Disponible en: https://doi.org/10.1016/j.jhydrol.2011.05.035
88. ODEPA (2021). Oficina de Estudios y Políticas Agrarias (ODEPA). Agua para la agricultura.
89. Oertel, M., Meza, F.J., Gironas, J. (2020). "Observed trends and relationships between ENSO and standardized hydrometeorological drought indices in central Chile". *Hydrological Processes* 34, pp. 159-174. Disponible en: https://doi.org/10.1002/hyp.13596
90. Ortiz, J., Hernández-Fuentes, C., Sáez, P.L., Fernández Del Saz, N., Cavieres, L.A. (2023). "Compound and simple leaf woody species of the Chilean matorral are equally affected by extreme drought". *Plant Ecology* 224, pp. 33-45. Disponible en: https://doi.org/10.1007/s11258-022-01277-y
91. Oyarzun, C., Campos, H., Huber, A. (1997). "Nutrient export from watersheds with different land uses in southern Chile (Lake Rupanco, X region)". *Revista Chilena de Historia Natural* 70, pp. 507-519.

92. Paerl, H.W., Huisman, J. (2009). "Climate change: a catalyst for global expansion of harmful cyanobacterial blooms". *Environmental microbiology reports* 1, pp. 27-37. Disponible en: https://doi.org/10.1111/j.1758-2229.2008.00004.x
93. Parry, S., Prudhomme, C., Wilby, R.L., Wood, P.J. (2016a). "Drought termination: Concept and characterisation". *Progress in Physical Geography* 40, pp. 743-767. Disponible en: https://doi.org/10.1177/0309133316652801
94. Parry, S., Wilby, R.L., Prudhomme, C., Wood, P.J. (2016b). "A systematic assessment of drought termination in the United Kingdom". *Hydrology and Earth System Sciences* 20, pp. 4265-4281. Disponible en: https://doi.org/10.5194/hess-20-4265-2016
95. Pastén, P., Vega, A., Lizama, K., Guerra, P., Pizarro, J. (2021). "Water Quality", in *Water Resources of Chile*, B. Fernández and J. Gironás, Editors. 2021, Springer International Publishing: Cham. pp. 209-228.
96. Pasten, P.A., Montecinos, M., Díaz, J.A., Turri, A.M., Briso, A.E., Vega, A.S. (2023). "Arsenic and copper in arid and semiarid Andean rivers: controls of suspended particle size distribution by aluminum and iron geochemistry". *Goldschmidt 2023 Conference* (Lyon), 9-14 de julio 2023. Lyon.
97. Peña-Guerrero, M.D., Nauditt, A., Muñoz-Robles, C., Ribbe, L., Meza, F. (2020). "Drought impacts on water quality and potential implications for agricultural production in the Maipo River Basin, Central Chile". *Hydrological Sciences Journal* 65, 1005-1021. Disponible en: https://doi.org/10.1080/02626667.2020.1711911
98. Pepin, E., Carretier, S., Guyot, J.-L., Escobar, F. (2010). "Specific suspended sediment yields of the Andean rivers of Chile and their relationship to climate, slope and vegetation". *Hydrological Sciences Journal–Journal des Sciences Hydrologiques* 55, 1190-1205. Disponible en: https://doi.org/10.1080/02626667.2010.512868
99. Pittock, A. (1980). "Patterns of Climatic Variation in Argentina and Chile—I Precipitation, 1931–60". *Monthly Weather Review* 108, 1347-1361. Disponible en: https://doi.org/10.1175/1520-0493(1980)108%3C1347:POCVIA%3E2.0.CO;2
100. Pizarro, J., Vergara, P.M., Cerda, S., Briones, D. (2016). "Cooling and eutrophication of southern Chilean lakes". *Science of the Total Environment* 541, pp. 683-691. Disponible en: https://doi.org/10.1016/j.scitotenv.2015.09.105
101. Poff, N., Brinson, M., Day, J. (2002). "Potential impacts on inland freshwater and coastal wetland ecosystems in the United States". *Aquatic ecosystems & Global climate change*, pp. 1-44.
102. Qiu, J., Shen, Z., Xie, H. (2023). "Drought impacts on hydrology and water quality under climate change". *Science of The Total Environment* 858, 159854. Disponible en: https://doi.org/10.1016/j.scitotenv.2022.159854
103. Quintana, J., Aceituno, P. (2012). "Changes in the rainfall regime along the extratropical west coast of South America (Chile): 30-43° S". *Atmosfera* 25, pp. 1-22.
104. Quiñones, R.A., Fuentes, M., Montes, R.M., Soto, D., León Muñoz, J. (2019). "Environmental issues in Chilean salmon farming: a review". *Reviews in aquaculture* 11, pp. 375-402. Disponible en: https://doi.org/10.1111/raq.12337
105. Reynolds, C.S., Maberly, S.C., Parker, J.E., De Ville, M.M. (2012). "Forty years of monitoring water quality in Grasmere (English Lake District): separating the effects of enrichment by

treated sewage and hydraulic flushing on phytoplankton ecology". *Freshwater Biology* 57, pp. 384-399. Disponible en: https://doi.org/10.1111/j.1365-2427.2011.02687.x

106. Rickson, R. (2014). "Can control of soil erosion mitigate water pollution by sediments?" *Science of the Total Environment* 468, pp. 1187-1197. Disponible en: https://doi.org/10.1016/j.scitotenv.2013.05.057
107. Sardans, J., Peñuelas, J. (2007). "Drought changes phosphorus and potassium accumulation patterns in an evergreen Mediterranean forest". *Functional Ecology* 21, pp. 191-201. Disponible en: https://doi.org/10.1111/j.1365-2435.2007.01247.x
108. Schaeffer, S.M., Homyak, P.M., Boot, C.M., Roux-Michollet, D., Schimel, J.P. (2017). "Soil carbon and nitrogen dynamics throughout the summer drought in a California annual grassland". *Soil Biology and Biochemistry* 115, pp. 54-62. Disponible en: https://doi.org/10.1016/j.soilbio.2017.08.009
109. Schoonen, M., Elsetinow, A., Borda, M., Strongin, D. (2000). "Effect of temperature and illumination on pyrite oxidation between pH 2 and 6". *Geochemical Transactions* 1, pp. 23-33. Disponible en: https://doi.org/10.1186/1467-4866-1-23
110. Shimoda, Y., Azim, M.E., Perhar, G., Ramin, M., Kenney, M.A., Sadraddini, S., Gudimov, A., Arhonditsis, G.B. (2011). "Our current understanding of lake ecosystem response to climate change: what have we really learned from the north temperate deep lakes?" *Journal of Great Lakes Research* 37, pp. 173-193. Disponible en: https://doi.org/10.1016/j.jglr.2010.10.004
111. SISS (2022). Informe de gestion de empresas sanitarias en Chile.
112. Sprague, L.A. (2005). "Drought effects on water quality in the south platte river basin, colorado 1". *Journal of the American Water Resources Association* 41, pp. 11-24. Disponible en: https://doi.org/10.1111/j.1752-1688.2005.tb03713.x
113. Todd, A.S., Manning, A.H., Verplanck, P.L., Crouch, C., McKnight, D.M., Dunham, R. (2012). "Climate-change-driven deterioration of water quality in a mineralized watershed". *Environmental science & technology* 46, 9324-9332. Disponible en: https://doi.org/10.1021/es3020056
114. Tokunaga, T.K., Tran, A.P., Wan, J.M., Dong, W.M., Newman, A.W., Beutler, C.A., Brown, W., Henderson, A.N., Williams, K.H. (2022). "Quantifying Subsurface Flow and Solute Transport in a Snowmelt-Recharged Hillslope With Multiyear Water Balance". *Water Resour Res* 58. Disponible en: https://doi.org/10.1029/2022WR032902
115. Tolorza, V., Carretier, S., Andermann, C., Ortega Culaciati, F., Pinto, L., Mardones, M. (2014). "Contrasting mountain and piedmont dynamics of sediment discharge associated with groundwater storage variation in the Biobío River". *Journal of Geophysical Research: Earth Surface* 119, 2730-2753. Disponible en: https://doi.org/10.1002/2014JF003105
116. Tran, Q.K., Jassby, D., Schwabe, K.A. (2017). "The implications of drought and water conservation on the reuse of municipal wastewater: Recognizing impacts and identifying mitigation possibilities". *Water research* 124, pp. 472-481. Disponible en: https://doi.org/10.1016/j.watres.2017.07.069
117. Tromans, D. (1998). "Temperature and pressure dependent solubility of oxygen in water: a thermodynamic analysis". *Hydrometallurgy* 48, pp. 327-342. Disponible en: https://doi.org/10.1016/S0304-386X(98)00007-3

118. Urdiales, D., Meza, F., Gironás, J., Gilabert, H. (2018). "Improving stochastic modelling of daily rainfall using the ENSO index: Model development and application in Chile". *Water* 10, 145. Disponible en: https://doi.org/10.3390/w10020145
119. Vaezi, A.R., Ahmadi, M., Cerdà, A. (2017). "Contribution of raindrop impact to the change of soil physical properties and water erosion under semi-arid rainfalls". *Science of the Total Environment* 583, pp. 382-392. Disponible en: https://doi.org/10.1016/j.scitotenv.2017.01.078
120. Van Heemst, C., Willems, J., Weller, A., Van Verseveld, H., Caamaño, D., Aránguiz, R. (2013). "Flood defence alternatives for the lower Bío Bío River, Chile". *Obras y Proyectos* 14, pp. 22-33. Disponible en: https://doi.org/10.4067/S0718-28132013000200002
121. Van Vliet, M., Zwolsman, J. (2008). "Impact of summer droughts on the water quality of the Meuse river". *J Hydrol* 353, pp. 1-17. Disponible en: https://doi.org/10.1016/j.jhydrol.2008.01.001
122. Vicuña, S., Gironás, J., Meza, F.J., Cruzat, M.L., Jelinek, M., Bustos, E., Poblete, D., Bambach, N. (2013). "Exploring possible connections between hydrological extreme events and climate change in central south Chile". *Hydrological Sciences Journal* 58, 1598-1619. Disponible en: https://doi.org/10.1080/02626667.2013.840380
123. Walling, D., Collins, A. (2008). "The catchment sediment budget as a management tool". *Environmental Science & Policy* 11, pp. 136-143. Disponible en: https://doi.org/10.1016/j.envsci.2007.10.004
124. Walsh, C.J. (2000). "Urban impacts on the ecology of receiving waters: a framework for assessment, conservation and restoration". *Hydrobiologia* 431, pp. 107-114. Disponible en: https://doi.org/10.1023/A:1004029715627
125. Westerling, A.L., Hidalgo, H.G., Cayan, D.R., Swetnam, T.W. (2006). "Warming and earlier spring increase western US forest wildfire activity". *Science* 313, pp. 940-943. Disponible en: https://doi.org/10.1126/science.1128834
126. Whitehead, P.G., Wilby, R.L., Battarbee, R.W., Kernan, M., Wade, A.J. (2009). "A review of the potential impacts of climate change on surface water quality". *Hydrological Sciences Journal* 54, pp. 101-123. Disponible en: https://doi.org/10.1623/hysj.54.1.101
127. Wilhite, D.A., Glantz, M.H. (1985). "Understanding: the drought phenomenon: the role of definitions". *Water International* 10, pp. 111-120. Disponible en: https://doi.org/10.1080/02508068508686328
128. Williamson, C.E., Saros, J.E., Vincent, W.F., Smol, J.P. (2009). "Lakes and reservoirs as sentinels, integrators, and regulators of climate change". *Limnology and Oceanography* 54, 2273-2282. Disponible en: https://www.jstor.org/stable/20622831
129. World Bank (2003). *Report on Financing Rapid Onset Natural Disaster Losses in India: A Risk Management Approach*. Washington, DC. Disponible en: http://documents.worldbank.org/curated/en/382141468759569928
130. Yevenes, M.A., Figueroa, R., Parra, O. (2018). "Seasonal drought effects on the water quality of the Biobío River, Central Chile". *Environmental science and pollution research* 25, 13844-13856. Disponible en: https://doi.org/10.1007/s11356-018-1415-6

131. Ylla, I., Sanpera-Calbet, I., Vázquez, E., Romaní, A.M., Munoz, I., Butturini, A., Sabater, S. (2010). *Organic matter availability during pre-and post-drought periods in a Mediterranean stream. Global Change and River Ecosystems–Implications for Structure, Function and Ecosystem Services*, pp. 217-232. Disponible en: https://doi.org/10.1007/978-94-007-0608-8_15
132. Zambrano, F., Lillo-Saavedra, M., Verbist, K., Lagos, O. (2016). "Sixteen years of agricultural drought assessment of the BioBío region in Chile using a 250 m resolution Vegetation Condition Index (VCI)". *Remote Sensing* 8, 530. Disponible en: https://doi.org/10.3390/rs8060530

Capítulo 7
GOBERNANZA Y POLÍTICAS DE GESTIÓN DE SEQUÍAS EN CHILE

Daniela Rivera y Guillermo Donoso

Resumen. En este capítulo se analiza la actual situación institucional, de gobernanza y gestión de sequías en Chile, identificando las principales autoridades y organismos que tienen encomendadas legalmente competencias en este ámbito, y precisando también cuáles son las características centrales de esas funciones. Luego, se revisan las herramientas de mayor relevancia y aplicación, efectuándose un estudio conceptual y práctico de las declaraciones de zonas de escasez hídrica por severa sequía y de emergencia agrícola por déficit hídrico. Finalmente, se reflexiona en torno a las brechas y desafíos existentes frente a un fenómeno hidrológico extremo, de general ocurrencia, y que sigue abordándose bajo el prisma de la emergencia, desastre o catástrofe.

Palabras clave. Sequía, emergencia, gestión hídrica, institucionalidad, Chile.

1. INTRODUCCIÓN

Pese a su recurrencia, la tendencia generalizada a nivel global es abordar la sequía como un episodio anormal, como una emergencia, que se enfrenta con herramientas principalmente reactivas, típicas del manejo de desastres o catástrofes, según su envergadura (Wilhite et al., 2000, 2005; Neuman, 2003; Wilhite, 2009; Brufao, 2012; Courtenay y Hayes, 2012; Fu et al., 2013; Paneque, 2015; Stein et al., 2016; Embid, 2018; Setuaín, 2018; Berbel y Esteban, 2019; Hervás-Gámez y Delgado-Ramos, 2019; Iglesias et al., 2019; Martín, 2019-2020, 2022, 2024; Arana y Miranzo, 2021). Tal como lo afirman varios autores, dicha tendencia carece de efectividad, eficiencia, coordinación y oportunidad, y ha generado escasos avances en la reducción de los riesgos asociados a las sequías (Wilhite et al., 2000, 2005; Neuman, 2003; Paneque, 2015; Martín, 2022). Sin embargo, algunos países han adoptado acciones para cambiar el paradigma en este sentido, y transitar desde una gestión de crisis o emergencia hacia una gestión de riesgos (Wilhite et al., 2000, 2005; Neuman, 2003; Wilhite, 2009; Brufao, 2012; Courtenay y Hayes, 2012; Fu et al., 2013; Paneque, 2015; Stein et al., 2016; Embid, 2018; Setuaín, 2018; Berbel y Esteban, 2019; Hervás-Gámez y Delgado-Ramos, 2019; Iglesias et al., 2019; Martín, 2019-2020, 2022, 2024; Arana y Miranzo, 2021).

Chile ha experimentado numerosos episodios de sequía a lo largo de su historia, algunos de ellos especialmente críticos por su extensión temporal —el último, que todavía está presente en ciertas zonas, ya superaría los catorce años— y espacial —afectación de parte importante del territorio nacional, sin focalizarse solo en aquellas zonas más áridas– (Center for Climate and Resilience Research (CR)2, 2015; Fernández y Gironás, 2021). En ese contexto de vasta experiencia fáctica sobre el tema, podría suponerse que el país ha desarrollado un sistema institucional, de gobernanza y gestión hídrica que le permiten manejar de modo proactivo las sequías, y que la sociedad ha potenciado su resiliencia y capacidad adaptativa a este respecto.

Siguiendo una metodología que ha incorporado un estudio del marco jurídico vigente, de literatura especializada, de pronunciamientos jurisprudenciales y de datos asociados a la materialización de las principales herramientas de manejo de sequías, este capítulo tiene por objeto analizar la actual situación institucional, de gobernanza y de gestión de esta temática en Chile. Así, se identifican los principales organismos y funciones involucrados; luego se revisan los instrumentos de mayor relevancia y más comúnmente implementados en la gestión de sequías; a continuación, se alude al estado de la gobernanza de sequías; y se finaliza con las conclusiones correspondientes.

2. INSTITUCIONALIDAD Y COMPETENCIAS RELATIVAS A LA GESTIÓN DE SEQUÍAS

2.1. Administración del Estado

Desde el informe del Banco Mundial (2013), se sostiene que en Chile hay 43 instituciones (públicas, privadas y autónomas) con competencias hídricas, y un total de 102 funciones ejercidas por tales instituciones de manera desarticulada y dispersa. Esta información debe ser revisada, pues se han producido cambios que hacen necesaria una actualización o reenfoque de estas aseveraciones. Como parte de este cometido, en este capítulo se describen los principales organismos de la Administración del Estado que, de acuerdo con lo que disponen las leyes que rigen su actuación, ejercen tareas vinculadas al manejo de sequías. Nos centramos en organismos administrativos, pues, siendo el agua un bien nacional de uso público, son estas entidades las que detentan (o debieran detentar) las principales potestades en este campo (Embid, 2018). Salvo los casos que indicaremos, no hay referencias específicas sobre sequía en la configuración normativa de la mayoría de estas potestades; se emplean, en términos más generales, conceptos como emergencias, desastres, catástrofes, entre otros, en los cuales se encasilla el mencionado fenómeno hidrológico extremo.

a) Presidente de la República

Situado en la cúspide de la Administración del Estado, el presidente de la República tiene tres potestades genéricas que pueden aplicarse a situaciones de sequía: la declaración del estado de excepción constitucional de catástrofe por calamidad pública (artículos 32, números 5 y 41 de la Constitución Política); la declaración de zona de catástrofe en uso de las atribuciones establecidas en la Ley 16.282, sobre sismos o catástrofes; y la declaración de alerta o emergencia sanitaria en virtud de lo dispuesto en el artículo 36 del Código Sanitario.

Las causales del estado de excepción constitucional de catástrofe son amplias y su declaración habilita al presidente de la República para designar autoridades responsables de coordinar y ejecutar los programas de recuperación definidos para las zonas afectadas (Tapia, 2021).

La Ley 16.282 tiene un carácter sustentado en la emergencia y focalizado en desastres naturales (Soto et al., 2022). Se dispone que, ante sismos o catástrofes que generen daños considerables a las personas o bienes, el presidente emitirá un decreto supremo señalando las zonas afectadas, pudiendo, entre otras tantas atribuciones, transferir del presupuesto nacional los fondos requeridos para financiar los gastos asociados al sismo o catástrofe que imposibiliten el funcionamiento de las instituciones que aportaron con recursos propios (artículos 1 y 10 del Decreto 104, que fija el texto refundido, coordinado y sistematizado del título I de la Ley 16.282). Del mismo modo, se contempla la posibilidad de que la Dirección General de Aguas (DGA), a petición de organizaciones de usuarios de aguas, es decir, juntas de vigilancia, asociaciones de canalistas y comunidades de agua, asuma el financiamiento de las funciones de estos entes en las zonas afectadas, gastos que deberán reembolsarse por los beneficiarios, aunque, en casos calificados, podrían ser solventados total o parcialmente por el Estado (artículo 42 del Decreto 104).

Así, ante una emergencia, podrían decretarse los dos estados de excepcionalidad normativa antes mencionados, los cuales tienen diferentes estatutos, objetivos y autoridades a cargo. En cuanto a sequías, la declaración que ha predominado, según lo revela el estudio de Soto et al. (2022), es la declaración de zona de catástrofe en virtud de la Ley 16.282, reportando diez decretos de esta índole entre 2010 y 2019.

Respecto a la declaración de alerta o emergencia sanitaria contemplada en el artículo 36 del Código Sanitario, esta procede ante epidemias, enfermedades o emergencias que signifiquen grave riesgo para la salud o vida de los habitantes; dentro de esta última causal podría encasillarse una situación de déficit hídrico (dictamen E31.873 de 2020).

Adicionalmente, y dando cuenta de una competencia bastante más específica, corresponde al presidente de la República declarar zonas de escasez por severa sequía (artículo 314 del Código de Aguas). En la práctica, ello se efectúa, vía delegación, por el Ministro del Ministerio de Obras Públicas (MOP).

b) MOP-DGA

Al alero del MOP, se encuentra la principal autoridad administrativa en materia de recursos hídricos: la DGA, que detenta la mayor cantidad de funciones en cuanto a sequías. Desde una óptica general, debe declarar alertas de amenaza sobre recursos hídricos, lo que puede incluir sequías, pero también otros supuestos como inundaciones, aluviones, etc. (artículo 299 b), número 4 del Código de Aguas), lo que debe comunicar al Servicio Nacional de Prevención y Respuesta ante Desastres (SENAPRED).

Desde una perspectiva más específica, la DGA interviene en todo el proceso de emisión y aplicación de los decretos de zonas de escasez hídrica (artículos 314 y 315 del Código de Aguas): a través de una resolución, determina los criterios que permiten calificar a una sequía como severa (Resolución 1.331 de 2022, modificada por la Resolución 579 de 2023); pide e informa al presidente de la República para que declare una zona de escasez hídrica (delegado en el Ministro del MOP); requiere los acuerdos de redistribución a las juntas de vigilancia y a los administradores de obras estatales de desarrollo del recurso cuando su administración no es ejercida por el Estado; aprueba y ordena el cumplimiento de estos acuerdos de redistribución; puede suspender las atribuciones de juntas de vigilancia y los seccionamientos de fuentes naturales, y disponer directamente la redistribución de aguas superficiales y subterráneas; puede autorizar extracciones de aguas y ejecución de obras en cauces mientras esté vigente el decreto de escasez, dando prioridad al consumo humano, saneamiento o uso doméstico de subsistencia; cuando no existan organizaciones de usuarios legalmente constituidas, instruye a los respectivos usuarios la redistribución o se hace cargo de ella; informa las eventuales prórrogas de los decretos de zonas de escasez hídrica.

Desde otra óptica, al aplicar multas por infracciones al Código de Aguas, la DGA puede incrementar su monto, hasta en un 75%, cuando las infracciones se cometan en cauces intervenidos producto de una declaración de zona de escasez hídrica (artículo 173 bis número 2 a) del Código de Aguas).

c) MOP-Dirección de Obras Hidráulicas (DOH)

También bajo la órbita del MOP, la DOH se centra en las distintas fases de diseño, construcción y operación de obras e infraestructura hidráulica, como embalses, plantas desalinizadoras, construcción o profundización de pozos, entre otros (artículo 17 e) del DFL 850).

d) Ministerio de Agricultura (MINAGRI)-Instituto de Desarrollo Agropecuario (INDAP)-Comisión Nacional de Riego (CNR)

Trasladándonos al ámbito de actuación de otro Ministerio, el MINAGRI tiene como instrumento principal en este contexto la declaración de emergencia agrícola por déficit hídrico (Ordinario 989 de 2011, de Subsecretaría de Agricultura; Resoluciones Subsecretaría de Agricultura 309 de 2021, y 769 de 2022), que es independiente y no se dicta en función de los mismos criterios que el decreto de zona de escasez hídrica por severa sequía asociado al MOP.

Adicionalmente, dos organismos vinculados al MINAGRI, el INDAP y la CNR, tienen potestades de fomento, consistentes en el otorgamiento de créditos, subsidios o bonos en materia de regadío agrícola, que podrían tener alguna relación con sequías, materializándose, por ejemplo, en concursos y programas que apoyan la construcción de obras o contribuyen a la seguridad hídrica o adaptación al cambio climático (artículos 1 y 3 Ley 18.910, 1, 3 y 3 ter Ley 18.450; Resolución (exenta) 309 de 2021, de Subsecretaría de Agricultura). Asimismo, el INDAP tiene la atribución de declarar situación de emergencia y/o catástrofe y reasignar recursos de su presupuesto para ayudar a los pequeños agricultores en este supuesto (Resolución (exenta) 309 de 2021, de Subsecretaría de Agricultura), contando con una línea especial de financiamiento o incentivos para emergencias (Resolución (exenta) 1.049, de 2010, de INDAP).

e) Ministerio de Energía (MINEN)-Comisión Nacional de Energía (CNE)

Por su parte, el MINEN, previo informe de la CNE, puede emitir decretos de racionamiento producto de una sequía (artículo 163 del DFL 4, Ley General de Servicios Eléctricos, y Decreto 51 de 2021), en cuya regulación legal no se precisa lo que debe entenderse por sequía, no especificándose si debe haber una vinculación con el decreto de escasez hídrica derivado del MOP o con la declaración de emergencia agrícola por déficit hídrico del MINAGRI. Esta medida de racionamiento se aplicó durante 1998 y 1999. Si bien la grave sequía experimentada en dicha época fue la causal gravitante, se han precisado también otras razones, más asociadas a gestión, de dicha determinación (Bernstein, 1999; Díaz et al., 2000). Con posterioridad, de acuerdo con información proporcionada por la Subsecretaría de Energía, no ha habido decretos de racionamiento propiamente tal, pero sí de medidas para evitar, reducir y administrar déficit de generación, en virtud del mencionado artículo 163 del DFL 4[1].

f) Servicio Nacional de Prevención y Respuesta ante Desastres (SENAPRED)

En 2021, al alero del entonces Ministerio del Interior y Seguridad Pública y como sucesor de la antigua Oficina Nacional de Emergencia, se crea el Servicio Nacional de Prevención y Respuesta ante Desastres (SENAPRED), encargado de asesorar, organizar, planificar y fiscalizar la gestión de riesgo de desastres. Considerando que tradicionalmente la sequía es calificada como una emergencia, cabe tener presente el concepto de emergencia utilizado en el espectro de actuación de este organismo: "evento, o la inminencia de este, que altere el funcionamiento de una comunidad debido a la manifestación de una amenaza de origen natural, biológico o antrópico, que interacciona con las condiciones de exposición, vulnerabilidad y capacidad de afrontamiento, ocasionando una o más de las siguientes afectaciones: pérdidas, impactos humanos, materiales, económicos o ambientales" (Ley 21.364, artículo 2 letra b).

[1] En esa línea se encuentran los Decretos Supremos 26, 38, 39 y 58 de 2011; 51 y 87 de 2021; 1, 29, 66, 69 y 74 de 2022; 12 y 37 de 2022.

g) Delegados presidenciales regionales y delegados presidenciales provinciales

Vinculados también al presidente de la República a través del Ministerio del Interior, estos delegados tienen funciones de prevención y enfrentamiento de emergencias y catástrofes en general (artículos 2 ñ) y 4 e) del DFL 1-19.175). En particular, a las delegaciones presidenciales regionales se les asignó administrativamente la tarea de requerir a la DGA la declaración de zona de escasez hídrica, para ser evaluada y remitida al MOP si es pertinente (resuelvo 3 de la Resolución DGA 1.331 de 2022).

h) Gobiernos regionales

Tienen asociadas funciones de enfrentamiento, prevención y protección ante emergencias o catástrofes en general (artículo 16 j) del DFL 1-19.175), y de elaborar y aprobar, en conjunto con el Comité Regional para el Cambio Climático, los instrumentos para la gestión del cambio climático en la región (artículo 16 o) del DFL 1-19.175), en que, se asume, debiera incluirse la sequía.

i) Municipalidades

Similares funciones a las de los gobiernos regionales tienen, a escala comunal, las municipalidades, que deben gestionar el riesgo de desastres en el territorio de la comuna, y elaborar el plan comunal para la reducción del riesgo de desastres y el plan comunal de emergencia (artículos 4 i) y 26 bis del DFL 1, de 2006).

j) Ministerio de Defensa Nacional (MINDEF)-Fuerzas Armadas

Relacionado al sistema de prevención y respuestas ante desastres, el MINDEF interviene en la coordinación y ejecución de varios instrumentos de la Ley 21.364: Política Nacional para la Reducción del Riesgo de Desastres, Plan Estratégico Nacional para la Reducción del Riesgo de Desastres y Plan Nacional de Emergencia (artículos 16 a 18 de la Ley 21.364). Complementariamente, las Fuerzas Armadas actúan en diversas etapas del ciclo de gestión de desastres del Sistema creado al efecto por la mencionada Ley 21.364 (artículos 17 y 18).

k) Secretarías Regionales Ministeriales (SEREMI) de Salud

Bajo el marco del Ministerio de Salud, cabe igualmente destacar el rol de las SEREMI de Salud en la autorización, vigilancia, fiscalización y sanción de los sistemas de provisión de agua a través de camiones aljibe (artículos 1, 11 y 16 del Decreto 41 de 2018), mecanismo que surgió y cobra relevancia especial en escenarios de sequía, pero que, por diversas razones, ha proliferado y se ha extendido más allá de ellos (Tapia, 2021).

l) Recapitulación

La **Tabla 7.1** contiene un resumen de las principales autoridades y organismos administrativos que tienen asociadas funciones en materia de sequías, según el sector del que depende o al que se vincula cada uno de ellos en el organigrama de la Administración del Estado. Se contabilizan 17 autoridades y organismos distribuidos en siete sectores, evidenciando un grado importante de dispersión. El mayor número se concentra en el sector liderado por el Ministerio del Interior, pero las principales herramientas pertenecen a otros ámbitos; precisamente a aquellos encabezados por el MOP y por el MINAGRI.

Tabla 7.1

Principales sectores, autoridades y organismos administrativos vinculadas a la gestión de sequías

Presidencia de la República	Interior	Obras públicas	Agricultura	Energía	Defensa	Salud
Presidente de la República	SENAPRED Delegados presidenciales regionales Delegados presidenciales provinciales Gobiernos regionales Municipalidades	MOP DGA DOH	MINAGRI CNR INDAP	MINEN CNE	MINDEF Fuerzas Armadas	SEREMI de Salud

Fuente: Elaboración propia.

Por su parte, en la **Tabla 7.2** se presentan las funciones centrales asociadas a las sequías. Como puede observarse, priman las funciones genéricas y no aquellas focalizadas en la sequía en particular; es decir, esta última se enmarca como una más de las posibles situaciones de catástrofe o emergencia bajo las cuales se construye, principalmente, la intervención de autoridades y organismos administrativos. La DGA es el organismo administrativo que tiene más funciones relativas a sequías, y, además, tales funciones aluden expresa y particularmente a este fenómeno. A su vez, y salvo un par de excepciones que responden a cambios normativos relativamente recientes (Ley 21.364 de 2021), como la declaración de amenaza asociada al recurso hídrico (DGA) y la gestión del riesgo de desastres y de sus instrumentos (SENAPRED), se trata de funciones que tienen un acentuado enfoque reactivo, pues surgen como respuesta o reacción frente a un episodio que ya se ha producido. Asimismo, hay varios ejemplos de funciones compartidas o en que intervienen dos o más autoridades u organismos administrativos, lo que pone de manifiesto la necesidad de intensificar la articulación entre todos ellos, para prevenir la interferencia o duplicidad de funciones.

Tabla 7.2
Principales funciones relacionadas a gestión de sequías

Funciones vinculadas a gestión de sequías	Autoridad/organismo involucrado
Declaración de estado de excepción constitucional de catástrofe por calamidad pública (sequía). Declaración de zona de catástrofe por sequía. Declaración de alerta o emergencia sanitaria por déficit hídrico.	Presidente de la República
Declaración de zona de escasez hídrica por severa sequía.	Presidente de la República MOP DGA Delegación presidencial regional
Declaración de alerta de amenaza asociada al recurso hídrico. Calificación de criterios que determinan el carácter de severa sequía. Gestión de declaración de zona de escasez (acuerdos de redistribución, suspensión de atribuciones juntas de vigilancia y de seccionamientos, redistribución directa, autorización de extracciones y de obras, prórroga declaración, etc.). Aplicación de incrementos en multas por infracciones en cauces intervenidos por una declaración de zona de escasez.	DGA
Diseño, construcción y operación de obras e infraestructura hídrica.	DOH
Declaración de emergencia agrícola por déficit hídrico.	MINAGRI
Bonificación y subsidios vinculados al sector agrícola y obras de riego. Otorgamiento de créditos y subsidios a pequeños productores agrícolas y campesinos.	CNR INDAP
Racionamiento eléctrico por situaciones de sequía.	MINEN CNE
Gestión del riesgo de desastres del país y de sus instrumentos asociados.	SENAPRED MINDEF Fuerzas Armadas Delegado presidencial regional Delegado presidencial provincial Gobiernos regionales Municipalidades
Gestión del cambio climático a nivel regional.	Gobiernos regionales
Autorización sanitaria, fiscalización, control y sanción de sistemas de provisión de agua potable a través de camiones aljibe.	SEREMI de Salud

Fuente: Elaboración propia.

2.2. Entidades privadas

Sin perjuicio de las variadas medidas que adoptan los particulares en el uso del agua durante episodios de sequía (por ejemplo, las tendientes a obtener mayor eficiencia en su utilización por parte de los titulares de derechos de aprovechamiento), cabe destacar especialmente el rol de las juntas de vigilancia, una de las organizaciones de usuarios de aguas que regula el Código de Aguas y que ejerce sus atribuciones en fuentes hídricas naturales. Los directorios de estas entidades tienen conferida legalmente la función de declarar la escasez de las aguas en las fuentes naturales que administran y determinar y suspender, cuando corresponda, las medidas de distribución extraordinarias que se adoptarán en ese caso (artículo 274 número 2 del Código de Aguas).

Esta declaratoria de escasez es diversa a la declaración de zona de escasez hídrica por severa sequía en que intervienen el MOP y la DGA, fundamentalmente. El Código de Aguas no especifica qué criterios deben emplearse ni establece ningún otro lineamiento para su emisión. Es parte de la tarea marco de adoptar acuerdos de distribución de aguas, asignada a las juntas de vigilancia, en que proceden según las características de los derechos de aprovechamiento de sus miembros y la disponibilidad de agua existente en la fuente natural en un momento dado. Algunas reglas pueden contenerse en los estatutos de estas organizaciones de usuarios, entendiéndose que son decisiones (la declaratoria de escasez, la definición y la suspensión de medidas de distribución extraordinarias) que adopta autónoma y fundadamente el directorio, basándose en antecedentes técnicos.

Es posible advertir la diferencia terminológica del Código de Aguas, ya que en este supuesto se habla de "declaración de escasez" y de "medidas de distribución extraordinarias"; mientras que en la situación regulada por el artículo 314, se habla de "declaración de escasez por severa sequía" (esta última expresión, severa sequía, no aparece en el supuesto de actuación de las juntas de vigilancia) y de "acuerdos de redistribución".

3. POLÍTICAS E INSTRUMENTOS DE GESTIÓN DE SEQUÍAS

Desde un punto de vista normativo y regulatorio, la sequía se ha abordado tradicionalmente como un episodio anormal, como una "emergencia", que se enfrenta con herramientas principalmente reactivas (propio del manejo de emergencias), y sin conexión con otros fenómenos hidrológicos extremos, como las inundaciones, con las cuales, pese a poseer diferencias basales, comparte una necesidad y exigencia de tratamiento integrado, por los puntos comunes existentes entre ellas, como su intensificación producto del cambio climático (Embid, 2018).

De todos los instrumentos existentes, nos focalizaremos en los dos más utilizados en escenarios de sequía: la declaración de zona de escasez hídrica por severa sequía y la declaración de emergencia agrícola por déficit hídrico.

3.1. Declaración de zona de escasez hídrica por severa sequía

Regulada en los artículos 314 y 315 del Código de Aguas, es una herramienta de gestión de sequías hidrológicas. Se trata de una medida reactiva, que aborda la sequía como algo extraordinario y con un enfoque de emergencia, no coincidente con el carácter estructural y de normalidad que esta tiene en nuestro país (Tapia, 2021).

Por tratarse de la principal herramienta con que el Código de Aguas alude a la sequía, revisamos separadamente sus aspectos más relevantes.

a) Procedimiento, autoridades involucradas y ámbito de aplicación

Según lo dispuesto en las disposiciones recientemente citadas, es el presidente de la República quien dispone de la potestad de decretar zona de escasez. Esta es una de las materias en que el ministro del MOP tiene delegación para firmar los decretos supremos respectivos "por orden del presidente de la República" (artículo 1, IV, número 9 del Decreto 19, de 2001). Por ello, en la práctica, dichas declaraciones son suscritas por el referido ministro.

Dado el escueto marco normativo de este tema, y no obstante que corresponde aplicar supletoriamente la Ley 19.880 de 2003, sobre bases de los procedimientos administrativos de los órganos de la Administración del Estado, no contamos con una regulación legal o reglamentaria expresa de un procedimiento que comprenda todas las fases, actuaciones y requisitos que deben concatenarse para llegar a la emisión del acto administrativo terminal, que es la declaración de zona de escasez. Esta carencia constituye una de las principales debilidades y zonas grises del régimen jurídico vigente sobre sequías, lo que se acentúa considerando el aumento exponencial de estas declaraciones durante los últimos años.

Ha sido un acto administrativo de la DGA (Resolución 1.331 de 2022, modificada por la Resolución 579 de 2023) el que ha incluido detalles procedimentales de la calificación, evaluación y seguimiento de una severa sequía y de la consecuente declaración de zonas de escasez, los cuales no están formalizados en ninguna norma legal o reglamentaria. En la mencionada Resolución se sostiene explícitamente que la Delegación presidencial regional respectiva debe solicitar esta medida a la DGA para su evaluación, debiendo luego, cuando sea pertinente, remitirse al MOP. Es decir, a través de un acto administrativo, y sin un sustento legal, se ha conferido una potestad a un organismo administrativo, lo que contraviene el principio de juridicidad, ya que debió ser la ley y no otra fuente de inferior jerarquía la que regulara este aspecto.

La referida declaración de escasez tiene, a partir de 2022 (Ley 21.435, que modifica el Código de Aguas), una duración máxima de un año, plazo que puede prorrogarse sucesivamente, previo informe de la DGA[2]. En la práctica, ese máximo de un año se toma como regla, ya que todas las declaraciones establecen ese plazo, sin variaciones. La

[2] Con antelación a la reforma de 2022 al Código de Aguas, la declaración de zona de escasez se extendía por un periodo máximo de seis meses y no podía prorrogarse.

precisión de un plazo fijo para este tipo de medidas es cuestionable y problemático, pues la sequía durará lo que tenga que durar, independientemente de lo que indique la ley (Martín, 2019-2020). Sin embargo, es también cierto que, frente a estas declaraciones, se habilita una serie de prerrogativas y normas excepcionales, típicas del enfrentamiento de una situación de emergencia, las cuales tampoco pueden mantenerse vigentes por un plazo incierto y deben limitarse. En ese sentido, entonces, y pese a lo antojadizo y poco realista que pueda parecer, es mejor contar con un plazo de extensión definido de la declaración (Boettiger, 2019).

La declaración de escasez hídrica por severa sequía tiene una aplicación territorial acotada, siendo sus destinatarios todos los titulares de derechos de aprovechamiento en la zona determinada (Boettiger, 2023). La Resolución DGA 1.331 indica que el ámbito territorial de las declaraciones de este tipo podrá ser una cuenca, región, provincia o comuna, cuestión que tampoco tiene un sustento legal. Así, hay una variedad de opciones para definir la espacialidad de esta medida, lo que atenta contra la gestión integrada de recursos hídricos, pues en ocasiones se dispondrá su aplicación en toda una cuenca y, en otras, en alguna de las unidades citadas (región, provincia o comuna). Aunque la cuenca o la unidad más cercana a ella es el ámbito territorial más adecuado para diseñar y llevar a cabo la gestión hídrica (Embid, 2021), han primado las declaraciones de zonas de escasez hídrica en base a la división político-administrativa del país, particularmente comunas, provincias y regiones, en orden de mayor a menor empleo en la práctica. Ello es particularmente notorio desde 2015 en adelante, en que la declaración en base al concepto de cuenca aparece solo una vez en 2015 y una en 2019[3].

b) Presupuestos de dictación

La DGA debe solicitar la dictación de una declaración de zona de escasez hídrica e informar al presidente de la República en torno a esta. Se entiende que la DGA debe basar su accionar en un informe técnico que avale la procedencia de la mencionada declaración (Boettiger, 2023).

La DGA debe calificar las sequías que revisten el carácter de "severas" (antes de la reforma de 2022 al Código de Aguas se hablaba de sequías "extraordinarias"), pues es esta la condición que origina la emisión de una declaración de zona de escasez. No se trata, por tanto, de cualquier tipo de sequía, sino que debe tener características particulares de gravedad o severidad. El Código de Aguas encarga a la DGA la determinación de cuáles son esas características particulares. Esto es lo que ha efectuado la DGA a través de sucesivas resoluciones: 39 de 1984 (derogada); 1.674 de 2012 (derogada); y, 1.331 de 2022, modificada por la 579 de 2023 (vigentes). De acuerdo con estas últimas, la sequía severa se determina, según cuatro macrozonas, en función de condiciones hidrometeorológicas,

---

[3] Antecedentes disponibles en: https://dga.mop.gob.cl/administracionrecursoshidricos/decretosZonasEscasez/Paginas/default.aspx

como son caudales medios mensuales, precipitaciones, condición de embalses y estado de aguas subterráneas. Si estas condiciones hidrometeorológicas no han podido calificarse, la DGA puede igualmente definir una sequía como severa ponderando los antecedentes aportados a la Delegación presidencial regional por un organismo público competente. En ese caso, se considera que la sequía es severa cuando se determine, para un mes, un déficit mayor o igual al 50% del valor mensual, o una probabilidad de excedencia mayor al 85% para dicho mes, siempre que ello ocasione restricciones al consumo humano y saneamiento, o la pérdida de plantaciones, cultivos o ganado que afecten gravemente la economía local.

La Resolución DGA 1.331 de 2022 deberá revisarse y evaluarse en un plazo no mayor a diez años, contado desde su dictación. Por otra parte, el periodo de referencia para calcular los índices es de treinta años, que finaliza antes del último año de la década anterior a tal dictación.

c) Potestades de la DGA

Además de las mencionadas previamente, durante la vigencia de una declaración de zona de escasez hídrica, la DGA tiene las siguientes potestades:

i) Exigir a las juntas de vigilancia y a los administradores de obras estatales de desarrollo del recurso (la declaración de zona de escasez no aplica a embalses particulares), cuando su administración no corresponda al Estado, un acuerdo de redistribución, que deberá presentarse dentro de los quince días corridos desde la declaración de zona de escasez hídrica, y aprobarlo, si procede. Hay aspectos críticos que debe observar y respetar este acuerdo:
    1. Incluir condiciones técnicas mínimas, obligaciones y limitaciones que garanticen que, en la redistribución de aguas entre todos los usuarios de la cuenca y los beneficiarios de las obras estatales antes mencionadas, prevalecerán el consumo humano, saneamiento o el uso doméstico de subsistencia.
    2. Precaver faltas graves o abusos en la redistribución. Como señala la Circular DGA 1 de 2020, debe tenerse presente que:
        - La redistribución de las aguas es una tarea que corresponde, en primer lugar, a las juntas de vigilancia; la DGA solo podrá desarrollarla cuando los usuarios, intermediados por las correspondientes juntas de vigilancia, no logren concretar o cumplir un acuerdo de redistribución adoptado por ellos mismos.
        - Las juntas de vigilancia tienen dos atribuciones legalmente reconocidas para enfrentar la escasez del agua: la contenida en el artículo 274 número 2 del Código de Aguas, que es una medida de orden interno; y, la segunda, es la regulada en el artículo 314 del Código de Aguas, que procede en un escenario particular (en la nomenclatura actual, sequía severa (antes sequía extraordinaria), catalogada expresamente en la Circular en comento como una situación de emergencia). La zona de escasez hídrica debe ser declarada por el MOP, requiriéndose acuerdos de redistribución del agua de fuentes naturales superficiales y subterráneas,

para cuya suscripción los directorios de las juntas de vigilancia están expresamente facultados, pudiendo abarcar las aguas de su propia jurisdicción y también adoptar acuerdos con juntas de vigilancia vecinas, en el supuesto de corrientes seccionadas. Todo ello con el propósito de reducir al mínimo los daños generales de la sequía, lo que es un claro indicio del exclusivo enfoque reactivo o mitigador de esta herramienta.

- Los acuerdos de redistribución deben adoptarse en una sesión especialmente convocada al efecto; aprobarse por mayoría absoluta de los directores existentes, a menos que los estatutos indiquen un quórum diferente; y constatarse en un acta. Asimismo, el artículo 315 del Código de Aguas establece explícitamente que, tratándose de corrientes naturales o cauces artificiales en que no se haya conformado una organización de usuarios de aguas según las disposiciones del Código de Aguas, la DGA podrá, de oficio o a petición de parte, ordenar a los usuarios que lleven a cabo la redistribución del agua o hacerse cargo de ello, alternativamente. Las personas que designe este organismo van a disponer de las mismas atribuciones que tienen los directores o administradores de las referidas organizaciones de usuarios, pudiendo impugnarse sus determinaciones.

3. Si no se presenta oportunamente el acuerdo de redistribución o no se cumplen las medidas vinculadas al aseguramiento prioritario del consumo humano, saneamiento o uso doméstico de subsistencia, la DGA podrá ordenar su cumplimiento, suspender las atribuciones de las juntas de vigilancia y los seccionamientos de las fuentes naturales dentro de la zona de escasez hídrica, realizando la redistribución directamente, con cargo a las juntas de vigilancia y a los administradores de obras estatales de desarrollo del recurso, cuando su administración no corresponda al Estado. En este caso, la DGA puede liquidar y cobrar mensualmente los costos asociados a la redistribución directa.

ii) Autorizar temporalmente (mientras rija la declaración de zona de escasez hídrica) extracciones de agua superficial o subterránea, priorizando los usos de consumo humano, saneamiento o doméstico de subsistencia, y la ejecución de obras necesarias en cauces (aprobar solicitudes relativas a la construcción, modificación, cambio y unificación de bocatomas; cambio de fuente de abastecimiento; traslado de ejercicio de derechos de aprovechamiento; formación de roles provisionales de usuarios; y modificaciones en cauces naturales o artificiales), sin constituir derechos de aprovechamiento, sin sujeción al procedimiento general del Código de Aguas y sin la limitación del caudal ecológico mínimo.

Por lo tanto, hay una flexibilización total de las reglas concesionales y autorizacionales que aplican en periodos de "normalidad" hídrica, o que no constituyen una severa sequía que se traduzca en una declaración de zona de escasez hídrica. En este escenario, incluso la figura del caudal ecológico mínimo resulta afectada, en el sentido de que no será una exigencia o carga para las extracciones temporales que se autoricen, lo que ha sido criticado por convertir en ineficaz dicha figura y por originar diferencias injustas y potencialmente conflictivas (Boettiger, 2019). La función de preservación ecosistémica, entonces, que ha sido robustecida tras la reforma de 2022 al Código de Aguas, pierde vigor ante la severa sequía. En otros términos, los resguardos ambientales se atenúan, lo que responde a una nota característica del tratamiento tradicional de las sequías a nivel global (Iglesias et al., 2019). Esto es contradictorio incluso con la finalidad asociada a la declaración de escasez hídrica (reducir al mínimo los daños generales de la sequía), pues los impactos ambientales derivados de la severa sequía podrían incrementarse o volverse más complejos de mitigar.

iii) Hacer cumplir de inmediato los actos administrativos que adopten las medidas antes referidas, lo que no exime del cumplimiento del trámite de toma de razón de la Contraloría General de la República, que en este caso será posterior y no a priori, como es la regla. Además, es posible el ejercicio de otras vías de control e impugnabilidad (Boettiger, 2019). No obstante, estamos ante una nueva muestra de la rebaja de requerimientos y exigencias que derivan del tratamiento de las sequías como una emergencia, lo que es una tónica común en varios países y que admite diversos cuestionamientos, principalmente, porque implica un aumento de poderes discrecionales de la autoridad administrativa y del gasto público, con tenues formas de supervisión (Brufao, 2012; Martín y Pinto, 2015; Martín, 2019, 2020, 2022, 2024). Asociado a ello, se sostiene que, en importante medida, la sequía es definida y utilizada con sustento político más que científico, para manejar una crisis hídrica al margen del marco jurídico (Martín, 2022).

d) Obligaciones de otros actores

Como contrapartida a las potestades de la DGA y a los lineamientos del Código de Aguas, las juntas de vigilancia y los administradores de obras estatales de desarrollo del recurso, cuya administración no corresponda al Estado, tienen obligaciones fundamentales: i) elaborar el acuerdo de redistribución con condiciones que aseguren la prevalencia del consumo humano, saneamiento o uso doméstico de subsistencia, precaviendo faltas graves o abusos; y ii) cumplir el acuerdo aprobado por la DGA, en un plazo de cinco días corridos desde dicha aprobación.

Por su parte, los administradores de obras estatales de desarrollo del recurso, cuya administración no corresponda al Estado, y las asociaciones de canalistas o comunidades de aguas que tengan entre sus miembros a prestadores de servicios sanitarios, deben adoptar las medidas para que estos puedan garantizar el consumo humano, saneamiento o uso doméstico de subsistencia.

e) Consecuencias penales del incumplimiento de reglas de redistribución

Sin perjuicio de las sanciones administrativas potencialmente aplicables, la modificación efectuada al Código Penal por la Ley 21.595, de 2023, configura como un delito, que puede tener asociadas penas de presidio o reclusión menor o de multa, la extracción de aguas superficiales o subterráneas con infracción a las reglas de redistribución y aprovechamiento en zonas declaradas de escasez hídrica (artículos 305, 307 y 311 del Código Penal). Ello demuestra la relevancia que se otorga al instrumento revisado y los efectos que puede tener la inobservancia de las medidas decretadas a su amparo.

f) Derecho a demandar indemnización de perjuicios en lo relativo a la redistribución del agua

El artículo 314 del Código de Aguas permite que cualquier titular de derecho de aprovechamiento que en la redistribución haya recibido un volumen de agua menor al que le correspondería según la disponibilidad existente, tiene derecho a ser indemnizado por quien corresponda (responsable de la redistribución). La indemnización fiscal solo procederá cuando la redistribución sea efectuada por la DGA en ausencia de un acuerdo de redistribución de las juntas de vigilancia o de los administradores de obras estatales de desarrollo del recurso; cuando tal tarea sea ejecutada por las juntas de vigilancia, como debiera ocurrir en la mayoría de los casos, estas serían los sujetos pasivos de la acción de indemnización. Ahora bien, el Código dispone que esta indemnización no es procedente cuando la menor proporción de agua que recibe un titular de derecho de aprovechamiento se origine en la priorización del consumo humano, saneamiento y uso doméstico de subsistencia.

Sobre todo, respecto a este último punto, es fundamental fijar y delimitar con precisión el concepto de "agua para consumo humano, saneamiento y uso doméstico de subsistencia", y definir qué volumen corresponde a este uso priorizado. Lo anterior no es un tema claro, siendo de la máxima importancia determinarlo, porque la utilización de agua en este fin implica una excepción al derecho a indemnización antes mencionado (y, por ende, una afectación a un titular de derecho de aprovechamiento), no pudiendo configurarse en términos inciertos. Además, debe recordarse que el sustento de la priorización de la función de subsistencia es el derecho humano al agua, el cual tiene un contenido específico y delimitado: agua para uso personal y doméstico. Este contenido, en base a recomendaciones de la Organización Mundial de la Salud y a pronunciamientos jurisprudenciales de Tribunales de Justicia en Chile, se cuantifica en cien litros de agua por persona al día. Por lo tanto, eso debiera tenerse en mente a la hora de evaluar y ponderar la (im)procedencia de la referida indemnización. Además, cabe recordar que el mismo artículo 314 del Código de Aguas mandata que deben precaverse las faltas graves o abusos, en lo que, sin perjuicio de la referida priorización, cabe considerar a todos los usos o funciones del agua.

La configuración de esta excepción a la indemnización no significa que, si en un contexto de sequía, hay negociaciones privadas entre titulares de derechos de aprovechamiento que involucran el traspaso de ciertos volúmenes de agua desde algunos de ellos a los prestadores sanitarios para que estos puedan cumplir su fin, este traspaso deba ser gratuito. Esto forma parte de un asunto distinto, que puede ser propiciado, facilitado o incluso forzado por la priorización de la función de subsistencia, pero la materialización de esta última no es sinónimo de actuaciones o acuerdos desprovistos de todo mecanismo de compensación a los titulares que cedan o transfieran volúmenes a los prestadores de servicios sanitarios.

g) Proliferación de actos administrativos internos de la DGA

Ante la escueta regulación legal existente en lo relativo a la declaración de zona de escasez hídrica (artículos 314 y 315 del Código de Aguas) y la inexistencia de un reglamento general del Código de Aguas o de sequía en particular, han proliferado los pronunciamientos de la DGA, especificando y detallando requisitos, procedimientos y otros aspectos e interpretando normas, como los que se mencionan a continuación:

i) Resolución 1.482, sobre requisitos, procedimiento y forma de operación de autorizaciones temporales de extracción de aguas en zonas de escasez hídrica, de 2022, modificada por la Resolución 265, de 2023.
ii) Resolución 414, sobre procedimiento de liquidación y cobro a las juntas de vigilancia de los costos relacionados a la redistribución de aguas, de 2023.
iii) Resolución 1.104, sobre condiciones técnicas mínimas, obligaciones y limitaciones que deben cumplir los acuerdos de redistribución de aguas y su procedimiento de revisión, de 2022.
iv) Circular 1, sobre atribuciones del directorio de las juntas de vigilancia para promover y suscribir acuerdos de redistribución de aguas en zonas declaradas de escasez hídrica, de 2020.

Si esta práctica administrativa no se ejerce cuidadosamente puede tener asociados vicios de juridicidad, tal como se ha encargado de hacerlo presente la Contraloría General de la República en el pronunciamiento E529.150/2024, en que, junto con precisar que la DGA puede emitir instrucciones sobre temas de su competencia, por medio de circulares, añade que estas últimas no son instrumentos normativos propiamente tales y que "la DGA carece de facultades interpretativas de efectos generales" (dictamen E529.150/2024, p. 2). Por lo tanto, "al ejercer las referidas atribuciones debe limitarse a fijar la forma de aplicar en la práctica la normativa legal y reglamentaria, sin que por esa vía pueda alterar ese marco regulatorio" (dictamen E529.150, 2024, p. 3). Así, y concretamente respecto a la Resolución 1.482 de 2022, antes citada, la Contraloría sostiene que tiene disposiciones que exceden el marco legal contenido en el artículo 314 del Código de Aguas, por cuanto fija requisitos y modos de operación de las autorizaciones temporales de extracción en zonas de escasez que son ajenos a dicho Código (dictamen E529.150, 2024). Sobre la Resolución 414, de 2023, previamente citada, la Contraloría afirma que no comparte los reproches de juridicidad formulados por el requirente (dictamen E529.150, 2024).

Las otras resoluciones antes indicadas no fueron objeto de análisis por Contraloría en el dictamen comentado, pues no se incluyeron en el requerimiento respectivo. No obstante, la Resolución 1.104 fue objeto de una acción de protección, en cuya resolución la Corte de Apelaciones de Santiago esgrimió que su dictación se fundamenta en la necesidad de dar certeza a los usuarios sobre aspectos técnicos que inciden en la aprobación o rechazo de los acuerdos de redistribución, y se enmarca en las competencias legales de la DGA, por lo que se descarta ilegalidad o arbitrariedad de este organismo a su respecto (Junta de Vigilancia del Río Mataquito y otras con DGA, 2024).

h) Foco reactivo y de priorización de la función de subsistencia

De manera expresa, el artículo 314 del Código de Aguas señala que las medidas allí contempladas tienen el objetivo de reducir al mínimo los daños generales de la sequía. Esto evidencia el enfoque reactivo o *ex post* de la declaración de zona de escasez hídrica; si existieran herramientas adicionales que complementaran suficientemente este enfoque con una perspectiva de preparación o prevención, no habría mayor problema, pero, como esto no ocurre, resulta criticable la perspectiva limitada del Código de Aguas en este contexto.

Lo que se persigue con todas las potestades y obligaciones relacionadas a la declaración de zona de escasez hídrica es, principalmente, garantizar el consumo humano, saneamiento o el uso doméstico de subsistencia. No obstante, en una sentencia reciente, la Corte de Apelaciones de Santiago ha sostenido que también debe priorizarse la función de preservación ecosistémica en la redistribución de aguas efectuada en el marco de una declaración de zona de escasez (Junta de Vigilancia del Río Mataquito y otras con DGA, 2024). Ante ello debe recordarse lo ya expuesto respecto a la flexibilización de la figura del caudal ecológico mínimo ante autorizaciones temporales de uso de agua en zonas de escasez hídrica, con lo cual ese resguardo ambiental queda en una situación difusa.

i) Aplicación práctica

A efectos de constatar cómo ha operado en la práctica la declaración de zona de escasez hídrica, se incluye a continuación una breve sistematización del número y localización regional de los decretos dictados entre 2008 y octubre de 2024 (**Figuras 7.1 y 7.2**).

Hasta ahora, 2021 es el periodo que concentra la mayor cantidad de estas declaraciones (38); le siguen muy de cerca los años 2022 (35) y 2020 (33). El alza en la dictación de estos decretos se aprecia con claridad desde 2019 a 2021, presentando una leve disminución en 2022, y reduciéndose considerablemente en 2023 y 2024.

No estamos frente a una herramienta de anormal aplicación, sino que, por el contrario, tiene una profusa presencia, lo que contrasta con la consideración de las sequías como un evento extraordinario (Boettiger, 2019; Tapia, 2021). Tal como se ha evidenciado para otros casos, como España, California y Mendoza, normas y figuras supuestamente excepcionales o de urgencia se transforman en generales, manteniendo indefinidamente la flexibilización de reglas o estándares jurídicos ordinarios, lo que es inadmisible desde variados puntos de vista (Brufao, 2012; Paneque, 2015; Urquijo et al., 2015; Boettiger, 2019; Martín y Pinto, 2015; Martín, 2019-2020, 2022).

A nivel territorial y en orden decreciente, son las regiones Metropolitana de Santiago (79 declaraciones), Valparaíso (72 declaraciones) y Coquimbo (35 declaraciones) las que tienen asociadas las cantidades más elevadas de estos decretos en el lapso analizado, lo cual es, en general, coincidente con la localización de la mayor intensidad de la sequía en los últimos años.

Figura 7.1

Número de decretos de zonas de escasez hídrica emitidos entre 2008 y octubre 2024

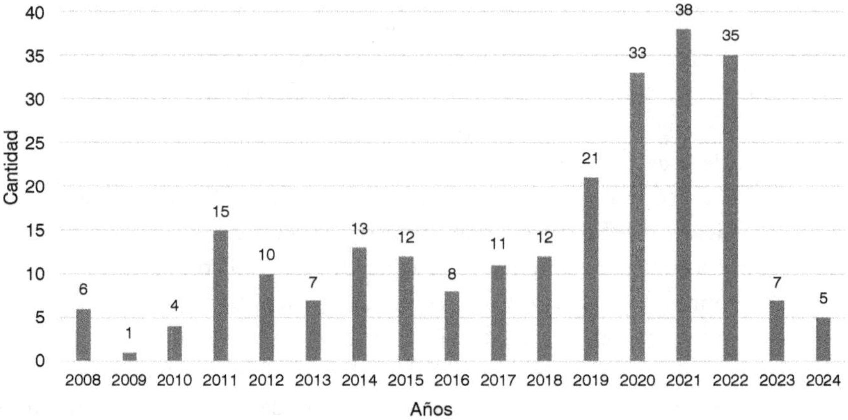

Fuente: Elaboración propia, en base a información disponible en el sitio web de la DGA (https://dga.mop.gob.cl/administracionrecursoshidricos/decretosZonasEscasez/Paginas/default.aspx).

Figura 7.2

Distribución regional de decretos de zonas de escasez hídrica (2008 a octubre 2024)

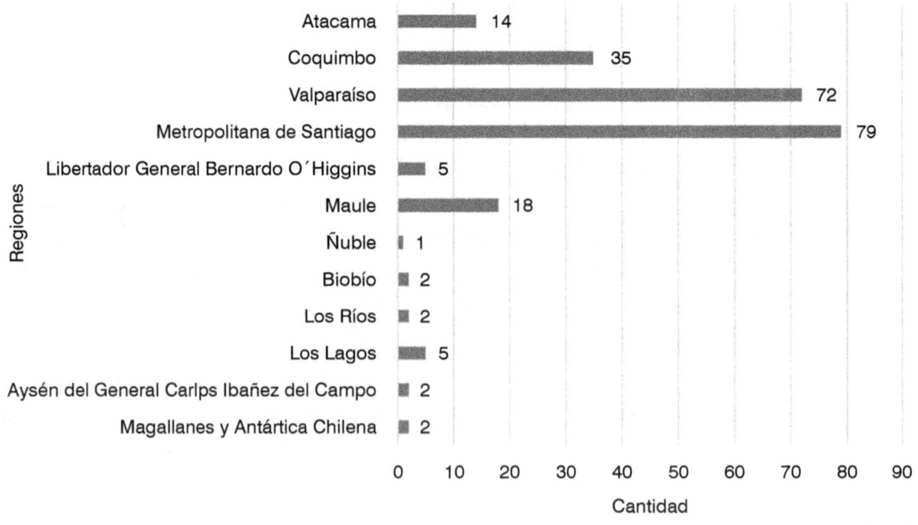

Fuente: Elaboración propia, en base a información disponible en el sitio web de la DGA (https://dga.mop.gob.cl/administracionrecursoshidricos/decretosZonasEscasez/Paginas/default.aspx).

j) Pronunciamientos jurisprudenciales de interés

Para complementar la revisión que se viene realizando, se sistematizan a continuación algunos criterios establecidos por Tribunales Ordinarios de Justicia y por la Contraloría General de la República respecto al contenido e implicancias de las declaraciones de zonas de escasez hídrica (Tabla 7.3).

Tabla 7.3

Criterios jurisprudenciales sobre declaraciones de zonas de escasez hídrica

Criterios generales	Pronunciamientos jurisprudenciales
Foco de reforma de 2022 al Código de Aguas	
La reforma al Código de Aguas por la Ley 21.435, de 2022, cambió las circunstancias de la regulación de la declaración de zona de escasez hídrica, introduciendo más mecanismos jurídicos para reducir al mínimo los daños generales de la sequía, particularmente para asegurar el consumo humano, saneamiento o el uso doméstico de subsistencia.	Junta de Vigilancia de la Primera Sección del Río Aconcagua con DGA, 2023 y 2024.
Motivación de la declaración de zona de escasez hídrica	
El acto administrativo que declara una zona de escasez debe estar motivado, debiendo acompañarse, en su control de legalidad, todos los antecedentes que sirven de base al informe técnico que lo sustenta.	Dictámenes 7.105, 2017; 14.818, 2017; 3.142, 2018, entre otros.
Potestades de la DGA	
Las potestades de la DGA ante una declaración de zona de escasez no se limitan al ámbito de competencia de una determinada junta de vigilancia, sino que deben ejercerse en toda el área afectada, y comprender a todos los usuarios, respetando la igualdad de trato.	Dictamen 7.449, 1991. Junta de Vigilancia de la Primera Sección del Río Aconcagua y otros con MOP y otros, 2018. Sociedad Contractual Minera Los Pelambres con DGA, 2023.
Para ejercer las potestades restrictivas contenidas en el artículo 314 del Código de Aguas, no es exigible que la DGA deba generar, después de la declaración de zona de escasez, un pronunciamiento formal de los usuarios en cuanto a su falta de acuerdo sobre la redistribución del agua. Este organismo puede advertir de otro modo esa carencia de acuerdo.	Junta de Vigilancia de la Primera Sección del Río Aconcagua y otros con MOP y otros, 2018.
Entre las atribuciones de una junta de vigilancia que puede suspender la DGA está la de distribución de las aguas en cauces naturales. Dado que esta función corresponde a los directorios de las juntas de vigilancia, se suspenden también las atribuciones de dichos directorios en ese ámbito, lo cual no constituye una usurpación de funciones.	Junta de Vigilancia de la Primera Sección del Río Aconcagua con DGA, 2023 y 2024.
La potestad de la DGA de suspender los seccionamientos puede ser parcial, no siendo obligatorio incluir a la totalidad de la corriente respectiva, si se cumple el objetivo de reducir al mínimo los daños generales de la sequía, particularmente para asegurar el consumo humano, saneamiento o el uso doméstico de subsistencia.	Junta de Vigilancia de la Primera Sección del Río Aconcagua con DGA, 2023 y 2024.

La suspensión de las atribuciones de las juntas de vigilancia y de los seccionamientos no son cargas públicas. Son medidas de intervención, control y administración contempladas legalmente para reducir al mínimo los daños generales de la sequía, particularmente para asegurar el consumo humano, saneamiento o el uso doméstico de subsistencia.	Junta de Vigilancia de la Primera Sección del Río Aconcagua con DGA, 2023.
Redistribución de aguas	
La redistribución es la medida que el Código de Aguas establece como apta para enfrentar un evento de escasez.	-Junta de Vigilancia de la Primera Sección del Río Aconcagua con DGA, 2024.
La redistribución administrativa tiene como fin reducir al mínimo los daños de la sequía y, en especial, garantizar el consumo humano, saneamiento y uso doméstico de subsistencia, debiendo considerar la diversidad geográfica y climática, la disponibilidad efectiva de recursos hídricos y la situación de cada cuenca hidrográfica.	Dictamen E410.284, de 2023. Dictamen E522.141, de 2024.
La redistribución mandatada por la DGA no debe realizarse necesariamente a prorrata de los derechos de aprovechamiento existentes, sino que puede, en función de criterios técnicos fundados, materializarse en una proporción distinta, siempre que se cumpla con los fines de reducción de daños de la sequía y priorización de consumo humano, uso doméstico de subsistencia y saneamiento.	Dictamen E410.284, de 2023. Dictamen E522.141, de 2024.
En conformidad con el principio de unidad de la corriente, la redistribución efectuada por la DGA es una medida administrativa que debe adoptarse en base a la disponibilidad total del cauce y de los derechos de aprovechamiento de aguas de todos sus usuarios (no por sección), independientemente de que la fuente hídrica se encuentre seccionada.	Dictamen E210.030, de 2022. Dictamen E273.030, de 2022. Dictamen E410.284, de 2023.
Cuando la DGA realiza directamente la redistribución, puede impartir instrucciones a los repartidores de agua o juez de río correspondiente.	Junta de Vigilancia de la Primera Sección del Río Aconcagua con DGA, 2023.
Cuando la DGA ordena llevar a cabo la redistribución a una junta de vigilancia, no tiene la obligación de dirigirse o informar a cada usuario de la cuenca, ya que esa tarea corresponde a la referida junta de vigilancia.	Sociedad Contractual Minera Los Pelambres con DGA, 2023.
La redistribución implica una limitación al ejercicio de derechos de aprovechamiento, que genera daño a los usuarios de una cuenca, y se sustenta en el interés público o general.	Sociedad Contractual Minera Los Pelambres con DGA, 2023.
Las obligaciones y limitaciones derivadas de la redistribución gravan a todos los usuarios, incluyendo aguas superficiales y subterráneas.	Sociedad Contractual Minera Los Pelambres con DGA, 2023.
El acuerdo de redistribución debe ser compartido por todos los usuarios de zona declarada bajo escasez hídrica, incluyendo a los titulares de derechos de aprovechamiento de aguas subterráneas*.	Dictamen 52.947, 2020. Dictamen E210.030, de 2022. Dictamen E273.030, de 2022.
El acuerdo de redistribución debe estar suscrito por todos los usuarios y ser completo, abarcando todos los aspectos. Si falta alguno, la DGA puede complementar, redistribuyendo las aguas en todo lo no contemplado por tal acuerdo.	Junta de Vigilancia de la Primera Sección del Río Aconcagua con DGA, 2021.

La redistribución debe priorizar el consumo humano, el uso doméstico de subsistencia y el saneamiento. Los titulares de derechos que reciban una menor proporción de agua que la que les correspondería tienen derecho a ser indemnizados, salvo que esa menor proporción sea producto de la priorización mencionada.	Dictamen E273.030, de 2022. Dictamen E410.284, de 2023.
El concepto "usuarios" empleado por el Código de Aguas a propósito de los acuerdos de redistribución solo alude a titulares de derechos de aprovechamiento, ya que en función de dichos derechos debe tomarse la referida medida. Ahora bien, los servicios sanitarios rurales que no sean titulares de derechos de aprovechamiento pueden pedir autorizaciones temporales para extraer agua para consumo humano y saneamiento durante la vigencia del decreto de escasez.	Dictamen E346.302, de 2023.
La DGA tiene atribución total para examinar los acuerdos de redistribución u ordenar directamente tal redistribución, incluyendo aguas superficiales y subterráneas.	Sociedad Contractual Minera Los Pelambres con DGA, 2023.
Ante la falta de acuerdo de los usuarios o determinación de la DGA en torno a la redistribución, las juntas de vigilancia deben seguir distribuyendo el agua según los derechos de aprovechamiento y la disponibilidad de la fuente hídrica.	Junta de Vigilancia de la Tercera Sección del Río Aconcagua con Junta de Vigilancia de la Primera Sección del Río Aconcagua, 2014b. Junta de Vigilancia de la Tercera Sección del Río Aconcagua con Junta de Vigilancia de la Primera Sección del Río Aconcagua, 2014a.
Obras de captación de emergencia	
En el marco de una declaración de zona de escasez hídrica, no se requiere autorización municipal para la construcción de pozos de emergencia en cauce de río (bien nacional de uso público) por parte de la DOH.	Dictamen 55.520, 2014.

* No obstante, la propia DGA ha manifestado la dificultad de inclusión de las aguas subterráneas en los modelos de redistribución, lo cual se debería a la implementación progresiva o gradual de los sistemas de monitoreo de extracciones efectivas y de transmisión y a la falta de conformación de comunidades de aguas subterráneas. Ver dictamen E273.030, de 2022.
Fuente: Elaboración propia.

3.2. Declaración de emergencia agrícola por déficit hídrico

La agricultura es el sector con más alto consumo de agua en Chile, alcanzando el 82% (Meza et al., 2021). En términos geográficos, esta actividad se desarrolla especialmente en la zona central, que posee un clima mediterráneo, una oferta hídrica relativamente menos abundante que en la zona sur (Barría et al., 2021; Donoso, 2021), y un desbalance entre disponibilidad de agua superficial y consumo total de agua por parte de la agricultura (Vicuña et al., 2014).

Atendidas estas características, el MINAGRI cuenta con programas de apoyo a los agricultores. En caso de sequías, este apoyo se ha materializado históricamente una vez que el fenómeno está en curso. Una de las herramientas más relevantes y de mayor aplicación práctica es la declaración de emergencia agrícola por déficit hídrico, cuyos aspectos centrales se comentan seguidamente.

a) Concepto

La declaración de emergencia agrícola es un instrumento administrado por el MINAGRI, destinado a ayudar a los territorios afectados por amenazas climáticas, catástrofes u otros eventos que causen perjuicios a los sistemas agrícolas. Permite (re)asignar y (re)destinar recursos del presupuesto del año en curso para el financiamiento de medidas o acciones extraordinarias, paliativas de los referidos daños.

En sentido estricto, no es una herramienta de gestión preventiva, sino que se construye bajo la lógica de manejo de una emergencia (crisis), cuya declaración permite la liberación y/o reasignación de recursos financieros para mitigar los efectos de la sequía.

b) Procedimiento, ámbito de aplicación y autoridades involucradas

A diferencia de la declaración de escasez hídrica por severa sequía manejada por el MOP-DGA, el proceso de declaración de la emergencia agrícola no está explícitamente regulado en una norma legal o reglamentaria. Se aborda, principalmente, en la Resolución (exenta) 309, de 2021 (modificada por la Resolución (exenta) 769, de 2022), que aprueba el Plan Nacional Operativo de Emergencia del MINAGRI, en que se hace alusión al Protocolo de Emergencias Agrícolas, aprobado mediante el Ordinario 989, de 2011, de la Subsecretaría de Agricultura.

La emergencia agrícola no aplica solo a las situaciones de déficit hídrico, sino que cubre todo el espectro de amenazas sobre el sector silvoagropecuario, sean eventos climáticos o no climáticos. En efecto, de acuerdo con la Resolución 309, de 2021, el plan de emergencia puede activarse ante sequías, heladas, nevazones, lluvias excesivas y/o extemporáneas, inundaciones, granizos, aluviones y/o remoción en masa, erupciones volcánicas, terremotos, emergencias químicas, plagas cuarentenarias, pandemias, entre otros.

La emergencia agrícola es declarada a través de una resolución que determina el fenómeno causante y las comunas afectadas. El proceso es liderado por la SEREMI de Agricultura respectiva. El delegado presidencial regional evalúa los antecedentes técnicos y el plan de acción valorizado que proporciona la SEREMI de Agricultura, definiendo el mérito de emitir la declaración de emergencia, con indicación de las fuentes de financiamiento aplicables, todo lo cual se envía al ministro del MINAGRI, quien debe dictar el acto administrativo que declara la emergencia agrícola, aprueba el plan y su financiamiento (lo cual implica un trabajo colaborativo con el gobierno regional correspondiente), definiendo las instituciones que tendrán la responsabilidad de atender a los afectados (Resolución (exenta) 309, de 2021, de Subsecretaría de Agricultura). A este respecto, se ha sostenido que la emisión de la declaración de emergencia agrícola es rápida y que la coordinación a nivel de Ministerio y autoridades regionales es eficaz (Meza et al., 2010), mientras que su implementación se ha traducido en un elevado gasto fiscal (Tapia, 2021).

En cuanto a la extensión temporal, las declaraciones de emergencias agrícolas están sujetas a la disponibilidad de recursos fiscales, por lo que rigen durante el año presupuestario respectivo (hay una glosa particular que permite financiar gastos no previstos originados por fenómenos climáticos, catástrofes naturales y/o situaciones de emergencia o daño productivo que afecten a productores agrícolas y habitantes rurales). Consecuentemente, tienen una duración máxima de un año, requiriéndose uno nuevo acto administrativo para prolongar su vigencia, si es requerido.

Si bien la Resolución 309, de 2021, regula un marco de actuación frente a emergencias y un procedimiento de declaración, con responsabilidades en la toma de decisiones en cada nivel del proceso, no se establecen indicadores, umbrales o gatillos que determinan una situación de emergencia agrícola (en el caso que nos interesa, por sequía) para un territorio o cultivo.

Específicamente, el Protocolo de Emergencias Agrícolas consigna que el Instituto de Investigaciones Agropecuarias, a través de sus centros regionales, realiza un reporte en que analiza los datos meteorológicos, así como distintos indicadores agrometeorológicos. Además, se revisa la condición de los principales rubros, entregando recomendaciones para enfrentar la emergencia. Por otro lado, se considera la información provista por el Observatorio Agroclimático. No hay criterios o indicadores objetivos que determinen que un territorio está en condiciones de ser declarado en emergencia agrícola. Sin embargo, debe existir información que demuestre que se está ante una situación anormal, que ha causado o podría causar daños significativos a los sistemas productivos y/o habitantes rurales, lo que hace necesaria la ayuda del MINAGRI (Ordinario 989, de 2011, de Subsecretaría de Agricultura). Asimismo, se establece que algunos indicadores que debieran contemplarse son el porcentaje de precipitación, de caudal medio mensual, anomalías significativas con relación al promedio normal de serie de datos de precipitaciones, temperaturas, pronósticos de variables climáticas que constaten permanencia de fenómenos adversos, entre otros (Ordinario 989, de 2011, de Subsecretaría de Agricultura).

No se contempla el uso de otros indicadores disponibles en otras instituciones, como la DGA, que permitirían tener una panorámica más completa de la situación agroclimática, especialmente relacionado con sequías hidrológicas que afectan la agricultura de riego. Tampoco hay diferenciación de información e indicadores para la declaración de sequías meteorológicas, que afectan a la agricultura de secano, y para las sequías hidrológicas, que influyen en la agricultura de riego.

Por lo tanto, los criterios para la declaración de la emergencia agrícola deben ser mejorados, pues no son totalmente idóneos para abordar oportunamente los efectos de la sequía, no hay estándares homogéneos para evaluar el nivel de impacto y hay un importante espacio para la subjetividad y para la incidencia de factores sociales y políticos (Meza et al., 2010).

En cuanto a la unidad territorial que es objeto de la declaración de emergencia agrícola por déficit hídrico, y siguiendo la misma tendencia observada en las declaraciones de escasez hídrica, la práctica demuestra que priman las declaratorias en base a comunas, aunque también hay algunas alusiones a provincias y regiones. El concepto de cuenca, por tanto, tiene escasa recepción en este instrumento, pese a tratarse, como ya sostuvimos previamente, de la unidad básica y óptima de gestión de recursos hídricos.

c) Aplicación práctica

Para evidenciar cómo ha operado en la práctica la declaración de emergencia agrícola por déficit hídrico, se incluye a continuación una breve sistematización del número y localización regional de los decretos dictados entre 2008 y octubre de 2024 (**Figuras 7.3 y 7.4**).

En el periodo estudiado, el año 2008 concentra la mayor cantidad de estas declaraciones (13); le siguen los años 2012 y 2015 (9 declaraciones cada uno). Como puede apreciarse, no hay coincidencia en la cantidad ni en la distribución numérica anual de los decretos de zonas de escasez hídrica (MOP-DGA) y los de emergencia agrícola por déficit hídrico (MINAGRI), lo que reafirma la premisa de que obedecen a supuestos y tienen fines distintos. Ahora bien, lo adecuado sería que existiera un grado de coordinación entre estas herramientas, de manera de propiciar una respuesta o proceder más unificado frente a sequías, pues, hasta ahora, ello presenta un carácter sectorial y aislado, dividido en función del tipo de sequía de que se trata (hidrológica o agrícola) y del organismo administrativo que interviene.

A nivel territorial, son las regiones de O'Higgins (19 declaraciones), Valparaíso y Metropolitana de Santiago (17 declaraciones cada una) las que tienen asociada, en orden decreciente, la mayor cantidad de estos decretos en el lapso analizado. Tampoco hay correspondencia en cuanto a la concentración territorial de los decretos de zonas de escasez hídrica y los de emergencia agrícola por déficit hídrico, aun cuando las regiones Metropolitana de Santiago y de Valparaíso tienen fuerte presencia de ambas herramientas.

Figura 7.3

Número de decretos de emergencia agrícola por déficit hídrico emitidos entre 2008 y octubre 2024

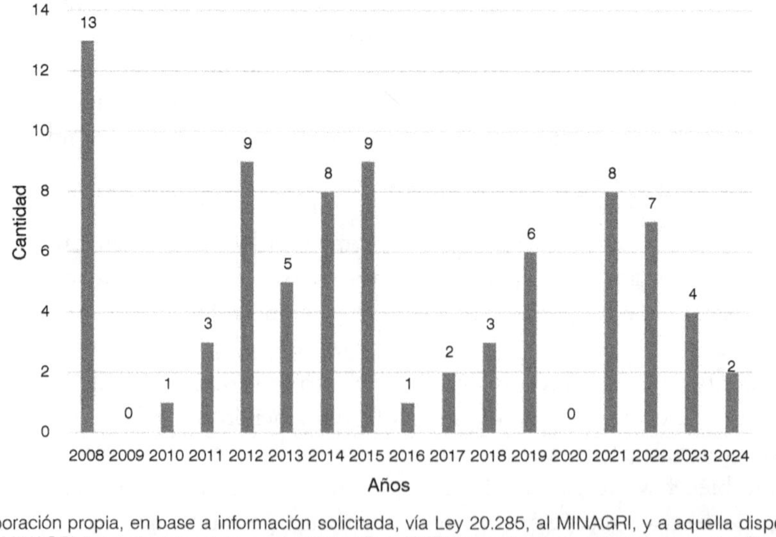

Fuente: Elaboración propia, en base a información solicitada, vía Ley 20.285, al MINAGRI, y a aquella disponible en el sitio web de MINAGRI (https://www.portaltransparencia.cl/PortalPdT/directorio-de-organismos-regulados/?org=AR001).

Figura 7.4
Distribución regional de emergencia agrícola por déficit hídrico emitidos entre 2008 y octubre 2024

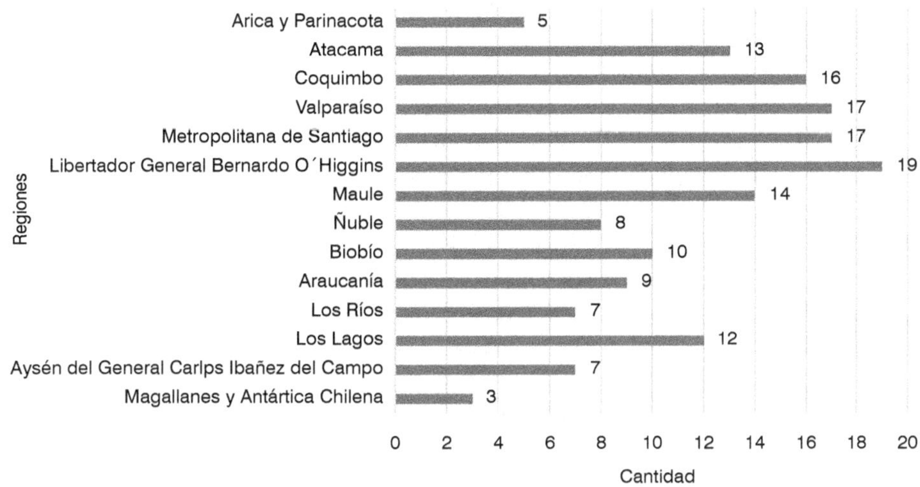

Fuente: Elaboración propia, en base a información solicitada, vía Ley 20.285, al MINAGRI, y a aquella disponible en el sitio web de MINAGRI (https://www.portaltransparencia.cl/PortalPdT/directorio-de-organismos-regulados/?org=AR001).

4. GOBERNANZA DE SEQUÍAS

Según Glückler et al. (2019) la gobernanza alude a modelos y prácticas de coordinación de la acción colectiva en un escenario de intereses creados, recursos distribuidos y búsqueda de objetivos comunes legítimos y aceptados. La gobernanza excede la actuación de una autoridad individual, requiriendo negociación entre distintos intereses y la coordinación de interesados independientes hacia fines consensuados (Glückler et al., 2019). En la misma línea, se entiende a la gobernanza como la interacción entre actores públicos y privados con el fin de resolver problemas sociales o crear oportunidades sociales en un contexto institucional con una base normativa dada (Bressers et al., 2016a).

De este modo, el concepto matriz de la gobernanza es la articulación o unidad de acción, que, coincidentemente, es una de las bases jurídicas particulares de la organización administrativa, siendo un imperativo para los organismos que conforman la Administración del Estado (artículo 5 DFL 1-19.653, fija el texto refundido, coordinado y sistematizado de la Ley 18.575, Orgánica Constitucional de Bases Generales de la Administración del Estado). La gobernanza hídrica es clave, pues se trata de un sistema complejo e interconectado, que abarca muchas áreas (Bressers et al., 2016a). Y su rol es más crítico en escenarios de sequía, en que se requieren acciones concertadas en múltiples niveles y escalas temporales (Bressers et al., 2016b).

Desde un punto de vista teórico, las 17 entidades de la Administración del Estado identificadas en este capítulo como aquellas que ejercen las principales competencias en lo relativo a gestión de sequías en Chile deberían actuar articuladamente. Sin embargo, lo que se aprecia en la práctica es una serie de actuaciones inconexas y dispersas, reflejando una cooperación institucional débil y una fragmentación de roles gubernamentales, lo que también acontece en otros países, como en el Mediterráneo europeo (Iglesias at al., 2019).

Ahora bien, esta carencia de articulación no es propia de las sequías, sino que es una nota común de la gestión hídrica en Chile, y ha sido reiteradamente catalogada como una de las principales brechas existentes en esta materia (Banco Mundial, 2013; Mesa Nacional del Agua, 2022). Sin perjuicio de ello, las sequías, dado el tratamiento de emergencia que tradicionalmente han recibido, generan un espacio aún más propicio para la intensificación de esta brecha, pues muchas reglas y controles se flexibilizan, supuestamente para propiciar una respuesta más acorde y oportuna a esta situación de urgencia.

Adicionalmente, el marco normativo, acorde en este sentido con la carencia o déficit que implica la sequía, pero contrario a la relevancia de este tema, no promueve tampoco un proceder sistemático e integrado. La palabra "sequía" se menciona expresamente cuatro veces en el Código de Aguas, mientras que "escasez" figura doce veces. Así, para el legislador se trata de una situación anormal, de excepcional ocurrencia, por lo que se le regula escuetamente (Crocco, 2021; Tapia, 2021), siendo en particular solo dos artículos de este Código (314 y 315) los que se destinan a esta materia, dejando varias interrogantes abiertas e incluyendo otros tantos conceptos indeterminados de difícil precisión. Así, todo indicaría que el parámetro rector es la abundancia, o al menos suficiencia, de agua, induciendo a una errónea comprensión del fenómeno y de la situación hídrica del país. Lo anterior se vincula con una de las debilidades fundamentales de los marcos jurídicos en torno a sequías, que es la ausencia de atribuciones claras de responsabilidad institucional para adoptar decisiones, aprobar acciones, ejecutarlas y supervisarlas, lo cual es una consecuencia lógica de la limitada importancia política que se le asigna a este asunto y de la escasa atención que, en general, se le ha prestado en la normativa o legislación (Iglesias et al., 2019).

Por lo tanto, lo que en realidad tenemos es una "desgobernanza" de la sequía, con una pluralidad de actores, herramientas, recursos y fines, sin planificación ni instancias de coordinación efectivas. Y ello se ha mantenido sin variaciones sustantivas pese a los constantes y prolongados periodos de sequía que ha experimentado Chile. En efecto, tras la última megasequía de más de catorce años, y que todavía afecta a algunas regiones del territorio nacional, no se han producido cambios significativos a nivel regulatorio o institucional que alteren el paradigma de gestión de emergencias y de actuaciones tipo silo o sectoriales. En ese sentido, por ejemplo, y sin perjuicio de las modificaciones introducidas a los artículos 314 y 315 del Código de Aguas en 2022 (Ley 21.435), la herramienta nuclear sigue siendo la declaración de zona de escasez hídrica por sequías severas, no contemplándose una distinción de diferentes escenarios de déficit hídrico y que debieran tener relacionadas, cada uno, diversas medidas de gestión (incluyendo preparación y adaptación), sin tener que esperar a que la sequía tenga el carácter de severa para poder actuar.

Se evidencia así un contraste con lo que se observa normalmente en casos comparados, en que es usual que graves fenómenos hidrológicos extremos definan e impulsen alteraciones en el ordenamiento jurídico para incluir el foco preventivo y de gestión de riesgos, como ha ocurrido en España, California (Embid, 2018; Berbel y Esteban, 2019) y Australia (Courtenay y Hayes, 2012; Berbel y Esteban, 2019). En este sentido se ha sostenido que es clave normalizar la sequía y sus consecuencias, integrándola en la planificación y gestión ordinaria de los recursos hídricos (Neuman, 2003; Courtenay y Hayes, 2012; Urquijo et al., 2015; Setuaín, 2018).

Es claro, entonces, que hasta ahora no hemos aprovechado bien la oportunidad que ofrecen estos acontecimientos, no solo para introducir ajustes normativos y de prácticas o actuaciones (públicas y privadas), sino también para abordar objetivos transversales y esenciales: mejorar la capacidad de resiliencia y reducir la vulnerabilidad frente a un fenómeno que es y seguirá siendo parte de nuestra realidad. La sequía no es en sí misma un desastre o catástrofe, pero podría llegar a serlo en función de los impactos que genere en la población, economía y medio ambiente y de nuestra mayor o menor habilidad como sociedad para enfrentarla y recuperarnos tras su ocurrencia (Wilhite, 2009; Brufao, 2012).

5. CONCLUSIONES

Como un eco de la dispersión institucional existente en materia hídrica en Chile, se observa una variedad importante de actores, públicos y privados, actuando, a diversa escala y sin mayor articulación, en lo relativo a las sequías. Correlativamente, es posible detectar una multiplicidad de políticas públicas y acciones, con distintos enfoques y objetivos, sin una hoja de ruta clara y común, y cuya ejecución ha implicado, seguramente, un elevado gasto público, pues no hay que olvidar que la financiación adecuada es un presupuesto basal para que los entes públicos puedan cumplir cabalmente sus obligaciones ante este tipo de fenómenos (Jiménez, 2018; Iglesias et al., 2019). Lo anterior revela una diseminación de esfuerzos y recursos, por lo que los efectos de todo el accionar desplegado en lo relativo a sequías se diluyen o no son fácilmente perceptibles.

Las herramientas principales en este ámbito, por ser las de mayor aplicación práctica, son las declaraciones de zonas de escasez hídrica por severa sequía y de emergencia agrícola por déficit hídrico. Estas no solo dependen de distintos organismos, sino que también tienen diferentes procedimientos y fines. Comparten la brevedad de la regulación normativa que las rige, aunque en el caso de las primeras al menos existe un sustento legal que establece algunos aspectos centrales, mientras que en las segundas priman los actos administrativos. Tienen en común también su anclaje en la consideración de las sequías como emergencias, y, consecuentemente, un perfil y foco reactivo.

En ese escenario, y pese a la recurrencia de este tipo de fenómenos en Chile, hablar de gobernanza de sequías es complejo, puesto que lo que en verdad se observa es fragmentación, dispersión, desorden y, podemos presumir, aunque ese no es el objeto de este capítulo, sino de otro posterior[4], poca efectividad de las medidas implementadas. Y esos efectos son precisamente los contrarios a los esperados de una buena gobernanza.

---

[4] Ver capítulo 12, titulado "Evaluación general de la gobernanza y gestión de sequías y propuestas de mejora".

Pese a que pueda estimarse que está concluyendo el momento más álgido de la última sequía que ha afectado al país (que todavía se mantiene en algunas zonas), es altamente probable que una próxima sequía sucederá. Un reorden institucional y de políticas es necesario, debiendo tener como eje la gestión de riesgos y una combinación planificada e integrada de diferentes estrategias e instrumentos preventivos y reactivos (Stein et al., 2016; Hurlbert et al., 2019). La gestión de riesgos por sí sola no basta para reducir los efectos de eventos extremos, siendo esencial abordar equitativamente los factores sociales de su impacto (Tellman and Eakin, 2022). El foco debe ser la seguridad hídrica, el desarrollo y fortalecimiento de la resiliencia y la reducción de la vulnerabilidad frente a este y otros fenómenos hidrológicos extremos, como las inundaciones, a los cuales debemos mirar no solo desde sus diferencias, sino también desde sus semejanzas.

AGRADECIMIENTOS

Este trabajo fue desarrollado en el marco del proyecto ANID FSEQ210018, cuyo apoyo y financiamiento agradecemos.

REFERENCIAS

1. Arana, E., y Miranzo, J. (2021). *La gestión de la escasez de agua y de las sequías por parte de las entidades locales. Guía para una gestión eficiente*. Navarra, Editorial Aranzadi.
2. Banco Mundial (2013). *Chile. Estudio para el mejoramiento del marco institucional para la gestión del agua*. Santiago, Banco Mundial.
3. Barría, P., Chadwick, C., Ocampo-Melgar, A., Galleguillos, M., Garreaud, R., Díaz-Vasconcellos, R., Poblete, D, Rubio-Álvarez, E., y Poblete-Caballero, D. (2021). "Water management or megadrought: what caused the Chilean Aculeo Lake drying?" *Regional Environmental Change*, 21(1), 19. Disponible en: 10.1007/s10113-021-01750-w
4. Berbel, J., y Esteban, E. (2019). "Droughts as a catalyst for water policy change. Analysis of Spain, Australia (MDB), and California". *Global Environmental Change*, 58, 101969. Disponible en: https://doi.org/10.1016/j.gloenvcha.2019.101969
5. Bernstein, J. S. (1999). "Racionamiento eléctrico: causas y posibles soluciones". *Puntos de Referencia*, 209, pp. 1-11.
6. Boettiger, C. (2019). "Análisis crítico de la declaración de escasez". Costa, E., and Montenegro, S. (dir.*), La regulación jurídica de las aguas: nuevos desafíos del siglo XXI. Actas de las II Jornadas del régimen jurídico de las aguas* (Santiago, Der Ediciones), pp. 345-376.
7. Boettiger, C. (2023). "Limitaciones o restricciones cuantitativas al ejercicio de los derechos de aprovechamiento de aguas". *Actualidad Jurídica*, 47, pp. 193-218.
8. Bressers, N., Bressers, H., y Larrue, C. (2016a). "Introduction". Bressers, H., Bresssers, N., and Larrue, C. (eds.), *Governance for drought resilience*. Switzerland, Springer, pp. 1-16.
9. Bressers, H., Bressers, N., Kuks, S., y Larrue, C. (2016b). "The governance assessment tool and its use". Bressers, H., Bresssers, N., y Larrue, C. (eds.), *Governance for drought resilience*. Switzerland, Springer, pp. 45-65. Disponible en: https://doi.org/10.1007/978-3-319-29671-5_3

10. Brufao, P. (2012). "El régimen jurídico de las sequías: crítica a la regulación extraordinaria y urgente de un fenómeno natural y cíclico propio del clima". *Revista de Administración Pública*, 187, pp. 199-239.
11. Center for Climate and Resilience Research (CR)2. Report to the nation. The 2010-2015 megadrought: a lesson for the future (Santiago, (CR)2). Disponible en: https://www.cr2.cl/eng/wp-content/uploads/2020/07/Mega-drought-Report.pdf
12. Courtenay, L., y Hayes, M. (2012). "Drought triggers and declarations: science and policy considerations for drought risk management". *Natural Hazards*, 64, pp. 139-151. Disponible en: 10.1007/s11069-012-0231-4
13. Crocco, J. J. (2021). *Megasequía: diagnóstico, impactos y propuestas. Puntos de Referencia.* Centro de Estudios Públicos, 559.
14. Díaz, C., Galetovic, A., y Soto, R. (2020). "La crisis eléctrica de 1998-1999: causas consecuencias y lecciones". *Estudios Públicos*, 80, pp. 149-192.
15. Donoso, G. (2021). "Economics of Water" Resources. Fernández, B. y Gironás, J. (eds.), *Water Resources of Chile* (Cham, Springer), pp. 335-346.
16. Embid, A. (2018). "Elementos para la construcción de una teoría general de las sequías e inundaciones como fenómenos hidrológicos extremos". Embid, A. (dir.), *Sequía e inundación como fenómenos hidrológicos extremos*. Navarra, Editorial Aranzadi, pp. 25-84.
17. Embid, A. (2021). "El concepto de seguridad hídrica: contenido y funcionalidad". Embid, A. (dir.), *La seguridad hídrica: desafíos y contenido*. Navarra, Editorial Aranzadi, pp. 27-70.
18. Fernández, B., y Gironás, J. (2021). "Droughts". Fernández, B., y Gironás, J. (eds.), *Water Resources of Chile* (Cham, Springer), pp. 173-187.
19. Fu, X., Svoboda, M., Tang, Z., Dai, Z., y Wu, J. (2013). "An overview of US state drought plans: crisis or risk management?" *Natural Hazards*, 69, pp. 1607-1627. Disponible en: 10.10007/s11069-013-0766-z
20. Glückler, J., Rehner, J., y Handke, M. (2019). "Gobernanza, redes y territorio". *Revista de Geografía Norte Grande*, 74, pp. 5-20. Disponible en: http://dx.doi.org/10.4067/S0718-34022019000300005
21. Hervás-Gámez, C., y Delgado-Ramos, F. (2019). "Drought management planning policy: from Europe to Spain". *Sustainability*, 11, 1862. Disponible en: 10.3390/su11071862
22. Hurlbert, M., Gupta, J., y Verrest, H. (2019). "A comparison of drought instruments and livelihood capitals". *Climate and Development*, 11(10), pp. 863-872. Disponible en: 10.1080/17565529.2019.1585318.
23. Iglesias, A., Garrote, L., y Granados, A. (2019). "On the institutional framework for drought planning and early action". Iglesias, A., Assimacopoulos, D., and Van Lanen, H. (eds.), *Drought. Science and policy* (Chichester, Wiley Blackwell).
24. Jiménez, I. (2018). "Gasto público e instrumentos económico-financieros alrededor de los fenómenos hidrológicos extremos: el tributo al servicio de la gestión de sequías e inundaciones". Embid, A. (dir.), *Sequía e inundación como fenómenos hidrológicos extremos*. Navarra, Editorial Aranzadi, pp. 85-147.
25. Martín, L., y Pinto, M. (2015). "Escasez extraordinaria y derecho de aguas". *Revista de Derecho Administrativo Económico*, 20, pp. 147-164. Disponible en: https://dx.doi.org/10.7764/redae.20.5

26. Martín, L. (2019-2020). "Emergencia hídrica, ambiental y climática. Elementos para su configuración y relación en el Estado de Derecho". *Revista Derechos en Acción*, Año 5, 5, pp. 224-253. Disponible en: https://doi.org/10.24215/25251678e358
27. Martín, L. (2022). "From scarcity to emergency. A comparative study on water and drought management in the Americas". Nicolas-Artero, C., Velut, S., Schneier-Madanes, G., Poupeau, F., y Chavarochette, C. (dir), *Luttes pour l'eau dans les Amériques*. Paris, Éditions de l'IHEAL, pp. 43-57.
28. Martín, L. (2024). "Emergencia climática. Desafíos jurídicos y políticos". Setuaín, B. (dir.), *Perspectivas jurídicas sobre clima, agua y energía. Estudios en reconocimiento al magisterio del profesor Antonio Embid Irujo*. Madrid, Editorial Aranzadi, pp. 29-55.
29. Mesa Nacional del Agua (2022). *Informe final* (Santiago, Mesa Nacional del Agua). Disponible en: https:// derechoygestionaguas.uc.cl/es/documentos/new/507-2022-mesa-nacional-del-agua-informe-final/ file
30. Meza, L., Corso, S., y Soza, S. (2010). *Gestión del riesgo de sequía y otros eventos climáticos extremos en Chile. Estudio piloto sobre la vulnerabilidad y la gestión local del riesgo* (Santiago, Organización de las Naciones Unidas para la Agricultura y la Alimentación, FAO).
31. Meza, F., Gil, P., y Melo, O. (2021). "Agricultural Uses". Fernández, B. y Gironás, J. (eds.), *Water Resources of Chile*. Cham, Springer, pp. 243-258.
32. Neuman, J. (2003). "Drought proofing water law". *University of Denver Water Law Review*, 1(7), pp. 92-110.
33. Paneque, P. (2015). "Drought management strategies in Spain". *Water*, 7, 6689-6701. Disponible en: 10.3390/w7126655
34. Setuaín, B. (2018). "Respuestas jurídicas a la reciente situación de sequía en España". Embid, A. (dir.), *Sequía e inundación como fenómenos hidrológicos extremos*. Navarra, Editorial Aranzadi, pp. 149-193.
35. Soto, F., Ejsmentewicz, D., y Riveros, D. (2019). "El tratamiento constitucional de los desastres socio-naturales: antecedentes y desafíos ante el debate constituyente". *Estudios Constitucionales*, 20(1), pp. 81-109. Disponible en: http://dx.doi.org/10.4067/S0718-5200202200010 0081
36. Stein, U., Özerol, G., Tröltzsch, J., Landgrebe, R., Szendrenyi, A., y Vidaurre, R. (2016). "European drought and water scarcity policies". Bressers, H., Bresssers, N., and Larrue, C. (eds.), *Governance for drought resilience*. Switzerland, Springer, pp. 17-43.
37. Tapia, F. (2021). "Revisión a los instrumentos regulatorios de respuesta a la escasez hídrica en Chile: ¿emergencia o normalidad?" Montenegro, S., Costa, E., y Celume, T. (dir). *Repensando la regulación de las aguas: crisis socioambiental y proceso constituyente. Actas de las III Jornadas del régimen jurídico de las aguas*. Santiago, Der Ediciones, pp. 389-418.
38. Tellman, B., y Eakin, H. (2022). "Risk management alone fails to limit hazard impact". *Nature*, 68, pp. 41-43. Disponible en: https://doi.org/10.1038/d41586-022-02031-0
39. Urquijo, J., De Stefano, J., y La Calle, L. (2015). "Drought and exceptional laws in Spain: the official water discourse". *International Environmental Agreements: Politic, Law and Economics*, 15, pp. 273-292. Disponible en: 10.1007/s10784-015-9275-8

40. Vicuña, S., Álvarez, P., Melo, O., Dale, L., y Meza, F. (2014). "Irrigation infrastructure development in the Limarí Basin in Central Chile: implications for adaptation to climate variability and climate change". *Water International*, 39(5), pp. 620-634. Disponible en: 10.1080/02508060.2014.945068
41. Wilhite, D., Hayes, M. J., y Knutson, C. (2000). "Planning for drought: moving from crisis to risk management". *Journal of the American Water Resources Association*, 36(4), pp. 697-710. Disponible en: https://doi.org/10.1111/j.1752-1688.2000.tb04299.x
42. Wilhite, D., Hayes, M. J., y Knutson, C. (2005). "Drought preparedness planning: building institutional capacity. Wilhite, D. (ed.), Drought and water crises". *Science, technology, and management*. Boca Raton, CRC Press, pp. 93-135.
43. Wilhite, D. (2009). "Drought monitoring as a component of drought preparedness plan". Iglesias, A., Garrote, L., Cancelliere, A., Cubillo, F. y Wilhite, D. (eds.), *Coping with drought risk in agriculture and water supply systems*. Springer, pp. 3-19.

Jurisprudencia

1. Administrativa
    - Dictamen 7.449 (1991). Contraloría General de la República, 22 de marzo de 1991.
    - Dictamen 55.520 (2014): Contraloría General de la República, 21 de julio de 2014.
    - Dictamen 7.105 (2017): Contraloría General de la República, 1 de marzo de 2017.
    - Dictamen 14.818 (2017): Contraloría General de la República, 26 de abril de 2017.
    - Dictamen 3.142 (2018): Contraloría General de la República, 25 de enero de 2018.
    - Dictamen E31.873 (2020). Contraloría General de la República, 1 de septiembre de 2020.
    - Dictamen 52.947 (2020). Contraloría General de la República, 18 de noviembre de 2020.
    - Dictamen E210.030 (2022). Contraloría General de la República, 4 de mayo de 2022.
    - Dictamen E273.030 (2022). Contraloría General de la República, 3 de noviembre de 2022.
    - Dictamen E346.302 (2023). Contraloría General de la República, 17 de mayo de 2023.
    - Dictamen E410.284 (2023). Contraloría General de la República, 30 de octubre de 2023.
    - Dictamen E522.141 (2024). Contraloría General de la República, 1 de agosto de 2024.
    - Dictamen E529.150 (2024). Contraloría General de la República, 20 de agosto de 2024.
2. Judicial
    - Junta de Vigilancia de la Tercera Sección del Río Aconcagua con Junta de Vigilancia de la Primera Sección del Río Aconcagua (2014a). Corte de Apelaciones de Valparaíso, 9 de enero de 2014, Rol 6.845-2014.
    - Junta de Vigilancia de la Tercera Sección del Río Aconcagua con Junta de Vigilancia de la Primera Sección del Río Aconcagua (2014b). Corte Suprema, 25 de marzo de 2014, Rol 2.014-2014.
    - Junta de Vigilancia de la Primera Sección del Río Aconcagua y otros con MOP y otros (2018). Corte Suprema, 6 de septiembre de 2018, Rol 8.811-2018.
    - Junta de Vigilancia de la Primera Sección del Río Aconcagua con DGA (2021). Corte de Apelaciones de Valparaíso, 2 de diciembre de 2021, Rol 44755-2021. Sentencia confirmada, sin modificaciones, por la Corte Suprema con fecha 17 de junio de 2022, Rol 95.117-2021.

- Junta de Vigilancia de la Primera Sección del Río Aconcagua con DGA (2023). Corte de Apelaciones de Santiago, 2 de noviembre de 2023, Rol 150-2023. Rechazado recurso de casación en el fondo interpuesto en su contra.
- Sociedad Contractual Minera Los Pelambres con DGA (2023). Corte de Apelaciones de Santiago, 12 de diciembre de 2023, Rol 73-2023. Sentencia ejecutoriada.
- Junta de Vigilancia del Río Mataquito y otras con DGA (2024). Corte de Apelaciones de Santiago, 18 de abril de 2024, Rol 515-2023. Sentencia ejecutoriada.
- Junta de Vigilancia de la Primera Sección del Río Aconcagua con DGA (2024). Corte Suprema, 4 de septiembre de 2024, Rol 247867-2023.

Normas y actos administrativos citados

- Código Penal, de 1874.
- DFL 725, Código Sanitario, de 1968.
- Decreto 104, fija el texto refundido, coordinado y sistematizado del título I de la Ley 16.282, de 1977.
- DFL 1.122, fija texto del Código de Aguas, de 1981.
- Ley 18.450, aprueba normas para el fomento de la inversión privada en obras de riego y drenaje, de 1985.
- Ley 18.910, sustituye Ley Orgánica del Instituto de Desarrollo Agropecuario, de 1990.
- DFL 850, fija el texto refundido, coordinado y sistematizado de la Ley 15.840, de 1964, y del DFL 206, de 1960, de 1998.
- Decreto 19, faculta a los Ministros de Estado para firmar "por orden del Presidente de la República", de 2001.
- DFL 1-19.653, fija texto refundido, coordinado y sistematizado de la Ley 18.575, Orgánica Constitucional de Bases Generales de la Administración del Estado, de 2001.
- Ley 19.880, establece bases de los procedimientos administrativos que rigen los actos de los órganos de la Administración del Estado, de 2003.
- Decreto 100, fija el texto refundido, coordinado y sistematizado de la Constitución Política de la República de Chile, de 2005.
- DFL 1-19.175, fija el texto refundido, coordinado, sistematizado y actualizado de la Ley 19.175, Orgánica Constitucional sobre Gobierno y Administración Regional, de 2005.
- DFL 1, fija el texto refundido, coordinado y sistematizado de la Ley 18.695, Orgánica Constitucional de Municipalidades, de 2006.
- DFL 4, fija texto refundido, coordinado y sistematizado del Decreto con Fuerza de Ley 1, de Minería, de 1982, Ley General de Servicios Eléctricos, en materia de energía eléctrica, de 2007.
- Resolución 1.049 (exenta), establece el procedimiento operativo para el otorgamiento de incentivos de emergencia, Instituto de Desarrollo Agropecuario, de 2010.
- Ordinario 989, protocolo de emergencia agrícola, Subsecretaría de Agricultura, de 2011.
- Decreto 41, Reglamento sobre condiciones sanitarias para la provisión de agua potable mediante el uso de camiones aljibe, de 2018.

- Circular 1, aclara atribuciones del directorio de las juntas de vigilancia para promover y suscribir acuerdos de redistribución de aguas en zonas declaradas de escasez, en virtud del artículo 314 del Código de Aguas, Dirección General de Aguas, de 2020.
- Decreto 51, decreta medidas preventivas que indica de acuerdo a lo dispuesto en el artículo 163 de la Ley General de Servicios Eléctricos, de 2021.
- Ley 21.364, establece el sistema nacional de prevención y respuesta ante desastres, sustituye la Oficina Nacional de Emergencias por el Servicio Nacional de Prevención y Respuesta ante Desastres, y adecúa normas que indica, de 2021.
- Resolución 309 (exenta), aprueba plan nacional operativo de emergencia del Ministerio de Agricultura, Subsecretaría de Agricultura, de 2021.
- Ley 21.435, reforma el Código de Aguas, de 2022.
- Resolución 769 (exenta), modifica resolución exenta 309, de 2021, que aprueba plan nacional operativo de emergencia del Ministerio de Agricultura y establece Comisión de Riesgos y Emergencias Silvoagropecuarias, Subsecretaría de Agricultura, de 2022.
- Resolución 1.104 (exenta), establece condiciones técnicas mínimas, obligaciones y limitaciones que deben cumplir los acuerdos de redistribución de aguas, y establece procedimiento de revisión, conforme al artículo 314 del Código de Aguas, Dirección General de Aguas, de 2022.
- Resolución 1.331 (exenta), deja sin efecto la Resolución DGA 1.674 (exenta), de 12 de junio de 2012, y establece criterios que determinan el carácter de severa sequía, de conformidad a lo dispuesto en el artículo 314 del Código de Aguas, Dirección General de Aguas, de 2022.
- Resolución 1.482 (exenta), establece requisitos, procedimiento y forma de operación de autorizaciones temporales de extracción de aguas en zonas declaradas de escasez hídrica, de conformidad a lo dispuesto en el artículo 314 inciso 7° del Código de Aguas, Dirección General de Aguas, de 2022.
- Ley 21.595, ley de delitos económicos, de 2023.
- Resolución 265 (exenta), modifica Resolución DGA (exenta) 1.482, de 23 de junio de 2022, establece requisitos, procedimiento y forma de operación en materia de autorizaciones temporales de extracción de aguas en zonas declaradas de escasez hídrica, de conformidad a lo dispuesto en el artículo 314 inciso 7° del Código de Aguas, en los términos que indica, Dirección General de Aguas, de 2023.
- Resolución 414 (exenta), establece procedimiento de liquidación y cobro a las juntas de vigilancia de los costos asociados a la redistribución de aguas, conforme al artículo 314 del Código de Aguas,
- Dirección General de Aguas, de 2023.
- Resolución 579 (exenta), modifica Resolución DGA 1.331 (exenta), de 7 de junio de 2022, en los términos que indica, Dirección General de Aguas, de 2023.

PARTE II

EXPERIENCIAS COMPARADAS EN LA GESTIÓN DE LA SEQUÍA

Capítulo 8
ANÁLISIS DE LAS POLÍTICAS DE GESTIÓN DE LA SEQUÍA: PERSPECTIVA REGIONAL DESDE AMÉRICA DEL SUR

Julia Urquijo-Reguera, Jairo Paizano-Potoy, Jesús López-Santiago y David Pereira

Resumen. La sequía es uno de los fenómenos meteorológicos extremos que afecta a un mayor número de personas, generando impactos negativos significativos en todo el mundo. Los patrones de sequía y sus efectos se prevé que empeoren debido al cambio climático; por lo tanto, surge la necesidad de abordar los eventos de sequía bajo un enfoque proactivo, que permita abordar las causas subyacentes de la misma, así como hacer frente a los factores de vulnerabilidad para prevenir, reducir, mitigar o adaptarse a sus impactos. Sin embargo, la sequía en muchos casos se maneja bajo un enfoque de crisis, de carácter reactivo, en lugar desde un enfoque basado en el riesgo y proactivo. Avanzar hacia la adopción de este enfoque es clave para mejorar las respuestas a través del desarrollo de políticas de sequía bajo una perspectiva adaptativa y con enfoque de gestión del riesgo. No obstante, la literatura al respecto es limitada y existe la necesidad de contribuir a esta área de estudio mejorando nuestra comprensión sobre cómo estamos respondiendo a los eventos de sequía en todo el mundo. En este capítulo se revisa específicamente la situación para la región de América del Sur. El objetivo es analizar las características de las políticas de sequía a nivel nacional a través del marco regulatorio y de planificación existente en cada país. Se trata de entender cuáles son los avances hacia la adopción de un enfoque proactivo para la gestión de la sequía. Los resultados proporcionan una visión del progreso, las brechas y las oportunidades de mejora desde una perspectiva regional y se esbozan recomendaciones que pueden ser útiles en la toma de decisiones encaminadas a mejorar la gestión de la sequía a nivel nacional.

Palabras clave. Políticas de sequía, gestión integrada de sequías, reducción del riesgo a desastres, monitoreo y alerta temprana, vulnerabilidad e impacto, mitigación y respuesta, América del Sur.

1. INTRODUCCIÓN

La sequía es un riesgo natural complejo debido a su lento inicio y desarrollo progresivo, lo que conlleva dificultades para determinar su inicio y su fin, tanto a escala temporal como territorial. Además, la sequía afecta a todas las regiones y países del mundo provocando graves impactos (UNCDD, 2023; IPCC, 2022; UNDRR, 2021). Los impactos pueden ser múltiples y en cascada, afectando a todos los sectores de la sociedad. Son dependientes del contexto, ya que un evento de sequía de similares características puede provocar diferentes niveles y tipos de impactos según el territorio donde tenga lugar. Además, estos impactos pueden ser directos o indirectos y ocurrir en el corto, mediano o largo plazo, lo cual dificulta su identificación y medición. En muchas ocasiones, las relaciones causa-efecto no son bien conocidas, particularmente respecto a su interacción con las personas (Van Loon et al., 2016; Savelli et al., 2022), ya que existen pocos estudios sistemáticos o bases de datos sobre los impactos de la sequía (por ejemplo, EM-DAT[1], EDO[2], EDII[3] y US Drought Monitor[4]). Sin embargo, se reconoce que la sequía es una amenaza natural que afecta a una gran parte del planeta y de la población mundial (CRED, 2021). Un estudio reciente estima en 1.840 millones el número de personas afectadas por la sequía en el mundo, especialmente en países de ingresos bajos y medios, siendo las mujeres y la infancia dos de los grupos más vulnerables afectados por este fenómeno (UNCCD, 2023). En este sentido, es necesario destacar que pocos peligros naturales causan más pérdidas económicas y afectan a todos los sectores de la sociedad que la sequía (UNCCD, 2023). A esto se suma que se espera que los eventos de sequía aumenten en magnitud, duración e intensidad, así como sus consecuencias, ya que se estima que la población expuesta a la sequía aumente de un 3% al 8% para 2100 según el IPCC (UNCCD, 2023).

A pesar de los grandes impactos de las sequías en las sociedades y el desarrollo en todo el mundo, su desarrollo silencioso y la limitada atención que recibe de los medios de comunicación da lugar a respuestas tardías e insuficientes, así como a una percepción errónea del problema por parte de diferentes actores y grupos. Así, existe una necesidad urgente de abordar eficazmente la gestión de la sequía con el fin de prevenir, mitigar y recuperarse de sus impactos, para estar mejor preparados para enfrentar futuros episodios de sequía. Según la literatura sobre gestión de riesgos, la gestión de la sequía debe hacerse bajo un enfoque proactivo o de riesgo (Hayes, Wilhelmi & Knutson 2004; Wilhite et al. 2000; 2014), ya que esta aproximación permite abordar de forma integral todas las dimensiones del problema y limitar sus consecuencias negativas, mientras que el enfoque reactivo o de crisis, de carácter más tradicional, solo se centra en gestionar la situación de emergencia y la recuperación de los efectos desencadenados por un evento de sequía.

El enfoque proactivo implica considerar, al menos, la caracterización de la sequía como peligro y el monitoreo de estos episodios, la evaluación de la vulnerabilidad y los impactos, así como la inclusión de un conjunto de medidas y acciones para abordar los efectos de la sequía. En la última década, la planificación de las sequías ha pasado de

[1] The International Disaster Database. Centre for Research on the Epidemiology of Disasters (EM-DAT). Disponible en https://www.emdat.be/.

[2] European Drought Observatory (EDO). Disponible en: https://edo.jrc.ec.europa.eu/edov2/php/index.php?id=1000.

[3] European Drought Impact Report Inventory (EDII) (Stahl et al., 2016).

[4] U.S. Drought Monitor. Disponible en: https://droughtmonitor.unl.edu/.

un enfoque de gestión de crisis de carácter reactivo a un enfoque proactivo basado en la gestión de la sequía como un riesgo, ya que es la mejor manera de mitigar eficazmente los impactos de este tipo de eventos (UNDRR, 2021; Hagenlocher et al., 2019; Wilhite et al., 2014; Kampragou et al. 2011). Adoptar un enfoque proactivo provoca un triple beneficio: evitar pérdidas futuras al reducir el riesgo, aumentar la productividad e impulsar la innovación, y fomentar múltiples beneficios tanto sociales como ambientales (UNCCD, 2023).

El diseño e implementación de políticas de gestión de la sequía es un tema poco representado en las investigaciones acerca de la sequía y, por lo general, el problema de la sequía no es abordado en muchos de los documentos de políticas públicas en los que debería abordarse (FAO, 2019). Si bien numerosos trabajos académicos analizan las características de la sequía como riesgo natural, la literatura existente sobre la gestión de la sequía es mucho más limitada (Kallis, 2008), aunque cada vez está recibiendo una mayor atención la relación entre la sequía y sociedad (Savelli et al., 2022). Además, desde la primera década de los años 2000 se han venido elaborando directrices concretas para orientar y guiar sobre cómo desarrollar políticas o planes de sequía bajo este enfoque de gestión de riesgo (Knutson et al., 1998; Iglesias et al., 2007; UNISDR, 2009; UNDP, 2011; Wilhite et al., 2014). Todos estos esfuerzos para promover y facilitar el desarrollo de políticas de sequía a nivel internacional culminaron con el lanzamiento del Programa de Gestión Integrada de la Sequía (IDMP, por sus siglas en inglés) (WMO y GWP, 2014), una iniciativa internacional que "apoya a los gobiernos y otras partes interesadas a todos los niveles en la implementación de la Gestión Integrada de la Sequía, brindándoles orientación política, técnica y de gestión y compartiendo conocimientos científicos y mejores prácticas". Esta iniciativa se lanzó como resultado de la Reunión de Alto Nivel sobre Política Nacional de Sequía (HMNDP) que tuvo lugar en Ginebra, Suiza, del 11 al 15 de marzo de 2013 (Sivakumar et al., 2014). Desde entonces, se han logrado avances importantes en todo el mundo. Recientemente, se ha lanzado la Alianza Internacional para la Resiliencia a la Sequía (IDRA) durante la Cumbre del Clima (COP 27) celebrada en Sharm El-Sheikh, Egipto, en 2022, bajo el liderazgo de España y Senegal. Su objetivo es catalizar el impulso político y facilitar la movilización de recursos para mejorar la resiliencia ante la sequía en países, ciudades y comunidades de todo el mundo. La Convención de las Naciones Unidas para la lucha contra la desertificación (UNCCD, por sus siglas en inglés) junto con otras organizaciones, ha apoyado la puesta en marcha de la Alianza desde sus inicios.

A pesar de lo anterior, sigue existiendo una brecha importante entre la teoría y la práctica (Fu et al., 2013) y el desarrollo de planes de gestión de sequías u otras herramientas de planificación relacionadas con la sequía son todavía muy limitados. Aunque la IDMP proporciona una buena plataforma para compartir conocimientos, intercambiar experiencias e información sobre el desarrollo de políticas de sequía, nuestro conocimiento sobre cómo estamos abordando la sequía en la práctica es reducido, ya que este tipo de análisis están dispersos y son heterogéneos e insuficientes. Este es concretamente el caso de la región de América del Sur, donde las brechas de información sobre la gestión de la sequía siguen siendo significativas y mayores que en otras regiones como Estados Unidos de América, Europa o Australia. Cabe señalar que la publicación del "Atlas de sequías de América Latina y el Caribe" (Nuñez Cobo y Verbist, 2018), aborda el tema desde una perspectiva integral y abarca a la mayor parte de los países de América del Sur: Argentina, Bolivia, Brasil, Chile, Colombia, Ecuador, Perú, Uruguay y Venezuela; y Honduras de la región Centroamericana.

Sin embargo, necesitamos entender mejor cómo los países de América del Sur están diseñando la gestión de la sequía, como punto de partida para avanzar hacia el desarrollo de políticas de sequía integrales y que reflejen un enfoque de gestión del riesgo. Por tanto, en este estudio se realiza una revisión sistemática de las características de las políticas de sequía por país y se analiza en qué medida adoptan un enfoque proactivo para abordar los problemas de sequía. Los resultados pueden ayudar a entender cómo se configuran las políticas de sequía en diferentes países y aportar un panorama de los esfuerzos a nivel regional, indicando el grado de adopción del enfoque de gestión del riesgo, así como comprender los desafíos que enfrentan actualmente. Esto dará como resultado una información valiosa para los tomadores de decisiones en los países analizados.

2. METODOLOGÍA

La investigación tiene como objetivo comprender las características de las políticas de gestión de sequías en los países de América del Sur. Para ello, se formularon las siguientes preguntas: i) ¿Cuáles son los principales instrumentos de política desarrollados para la gestión de sequías en cada país? Esto implicó analizar en qué área/sector se incluyen dichas políticas, la escala en la que operan, su alcance geográfico y el marco temporal de acción; y ii) ¿Cuál es el grado de adopción de un enfoque proactivo? Para responder a esta pregunta se analizaron las características de la gestión de sequías considerando diversos elementos clave articulados en torno a los 3 pilares propuestos por el IDMP (WMO y GWP, 2014): sistemas de monitoreo y alerta temprana, evaluación de impactos y vulnerabilidad, y desarrollo de medidas preventivas, de mitigación y de recuperación.

El alcance geográfico del estudio es la región de América del Sur: Argentina (ARG); Bolivia (BOL); Brasil (BRA); Colombia (COL); Ecuador (ECU); Guyana (GUY); Perú (PER); Paraguay (PRY); Uruguay (URY); Venezuela (VEN). Esto incluye a todos los países de la región, excepto Chile[5].

Este estudio se basa en una revisión exhaustiva de la literatura sobre gestión y políticas de sequías para los países seleccionados. La documentación analizada estaba accesible y disponible en internet para su análisis y consulta. En cuanto a las fuentes de información, se utilizaron dos tipos: i) literatura científica y académica; y ii) literatura política, regulatoria y gris sobre temas de sequía.

Como punto de partida se revisaron dos bases de datos internacionales para obtener información sobre el marco regulatorio y normativo existente en cada país: i) ECOLEX:

[5] Chile ha sido excluido de este análisis, ya que está ampliamente cubierto por otros capítulos del libro.

La puerta de entrada al derecho ambiental[6]; y ii) ELAW: Environmental Law Alliance Worldwide (Alianza de Derecho Ambiental a Nivel Mundial)[7]. Se analizaron las principales leyes, estrategias y planes sobre cuestiones ambientales relacionadas con la sequía. Posteriormente, se siguió un enfoque de bola de nieve para actualizar y llenar los vacíos de información en cada país. Otras fuentes de información consultadas provienen de agencias de la ONU y de organismos internacionales especializados en sequía, riesgo y cambio climático (por ejemplo, Organización de la Naciones Unidad para la Alimentación y la Agricultura (FAO), Oficina de las Naciones Unidas para la Reducción del Riesgo de Desastres (UNDRR), Convención de las Naciones Unidas de Lucha contra la Desertificación (UNCCD), Convención Marco de las Naciones Unidas sobre el Cambio Climático (UNCCD), Organización Meteorológica Mundial (WMO), Global Water Partnership (GWP)), así como la información disponible de los servicios meteorológicos nacionales, unidades de protección civil y ministerios de agricultura, principalmente. Además, se realizó una revisión sistemática de la literatura académica para complementar lo investigado sobre algunos temas específicos como los impactos, la vulnerabilidad, pero también sobre las características de los eventos y las medidas de mitigación y respuesta.

El marco analítico se adaptó del documento de la WMO y el GWP (2014) "Directrices de política nacional de gestión de sequías: una guía para la acción". En este documento se plantea cuál puede ser el proceso y los elementos claves a considerar para desarrollar una Política Nacional de Sequía bajo un enfoque de gestión proactiva del riesgo. Se tomó de referencia porque supone una guía cuya aplicación implicaría una buena práctica de integración del enfoque proactivo en el desarrollo de una política nacional de sequía. Así se definieron las categorías de análisis basadas en los 3 pilares que propone la IDMP (WMO & GWP, 2014; Vogt et al 2018; Crossman, 2018; FAO, 2019) (Tabla 8.1).

Cada pilar ha sido calificado cualitativamente en una escala de 1 al 3 que se corresponden con bajo, medio y alto, respectivamente, donde el valor alto (3) corresponde a un desarrollo bueno y completo del pilar, el valor medio (2) corresponde a un desarrollo parcial o incompleto del pilar y el valor bajo (1) corresponde a un desarrollo limitado o insuficiente del pilar.

Por último, agregamos los valores de los tres pilares en un índice donde cada pilar tenía el mismo peso y muestra el grado de desarrollo de un enfoque integrado y proactivo de cada país.

---

[6] Servicio de información sobre legislación ambiental que dirigen conjuntamente la FAO, la UICN y el PNUMA. Disponible en https://www.ecolex.org/.

[7] Alianza global de abogados, científicos y otros defensores que colaboran a través de las fronteras para construir un futuro sostenible y justo. Disponible en https://www.elaw.org/.

Tabla 8.1
Pilares para el análisis de las políticas de sequía

Pilares	Descripción
Monitoreo y alerta temprana (1)	El monitoreo de sequías permite conocer el progreso y el estado de la sequía, lo que proporciona información oportuna y esencial sobre la que se debe apoyar su gestión. Puede incluir índices meteorológicos, hidrológicos y agronómicos, así como datos sobre los impactos. Un componente de pronóstico también es valioso para ayudar a predecir la evolución de la sequía. Así, esta información permitirá desarrollar un Sistema de Alerta Temprana (SAT) basado en el análisis del estado y evolución de la sequía y vincularlo con la activación de medidas (a través de umbrales). De acuerdo con esto, analizamos la existencia y las características de los siguientes elementos a nivel de país: – Tipo de sequía y variables calculadas: meteorológicas, hidrológicas, agronómicas, socioeconómicas. – Características del sistema de monitoreo de sequía, que incluye vigilancia del estado de la sequía y la generación de mapas, análisis de los impactos o del nivel de riesgo y actividades de pronóstico. – Sistema de comunicación establecido, en términos de la publicación de un boletín específico de sequía, emisión de alertas meteorológica, hidrológica o agrícola u otra información relevante.
Análisis de vulnerabilidad e impactos (2)	Comprender la vulnerabilidad y los impactos es fundamental para diseñar una respuesta adecuada y eficaz de gestión de la sequía. Se trata de cuestiones complejas y específicas de cada contexto y no existe un modelo universal para su análisis, lo que dificulta su incorporación en el desarrollo de políticas de sequía y la existencia de coherencia entre países. Por ello, para este pilar se analiza la existencia y las características de la evaluación de vulnerabilidad e impactos disponibles, tanto en los documentos de políticas como en la literatura académica.
Mitigación, preparación y respuesta (3)	Las acciones para enfrentar la sequía son diversas, ya que deben cubrir las diferentes etapas de evolución de los eventos de sequía (prevención, mitigación, emergencia y recuperación), los diferentes sectores afectados (agricultura, suministro de agua, industria, energía, protección civil, entre otros), varias perspectivas temporales, considerando estrategias de corto, mediano y largo plazo y escala multinivel (ámbito local, regional y nacional). También es clave que estén suficientemente descritas en términos de objetivos, impactos abordados, recursos necesarios y su proceso de activación y vinculación con el estado y evolución de la sequía. Por ello, se analiza la existencia y el grado de descripción de las medidas, principalmente en las herramientas de planificación de sequías disponibles para cada país.

Fuente: Elaboración propia.

3. RESULTADOS

3.1. Marcos regulatorios y planificación de la sequía en los países de América del Sur

Existe un amplio conjunto de herramientas y documentos normativos aprobados por cada país para abordar la gestión de la sequía en la región, especialmente vinculados con el agua, la agricultura, el cambio climático y la gestión del riesgo de desastres. El análisis de esta documentación proporciona un buen panorama de la extensión y diversidad de los marcos normativos existentes y de las herramientas disponibles. Si bien las bases de datos jurídicas consultadas (ecoLex y eLax) no han resultado ni completas ni actualizadas en muchos casos, sí han proporcionado un buen punto de partida para empezar a analizar las características y el nivel de desarrollo de los marcos normativos relacionados con la sequía. Por ello, esta información se tuvo que complementar con una revisión bibliográfica más amplia basada en literatura gris, documentos y datos, a través de diferentes sitios web oficiales y especializados de cada país (Tabla 8.2).

Tabla 8.2

Panorama de las principales herramientas regulatorias y de planificación para la sequía

País	Principales herramientas, planes o regulaciones sobre las sequías
ARG	Plan de Acción para la reducción de riesgo de sequías en Argentina (2023). Plan Nacional para la Reducción del Riesgo de Desastres 2024-2030 (2023). Plan Nacional para la Reducción del Riesgo de Desastres 2018-2023 (PNRRD) (2018). Protocolo Interinstitucional de Gestión de Información ante la amenaza de sequías en el territorio argentino (2022). Plan Nacional de Adaptación y Mitigación al Cambio Climático (2022). Programa de Acción Nacional de Lucha contra la Desertificación y Mitigación de los Efectos de la Sequía (PAN) actualizado a la meta 2030 (2021).
BOL	Plan Plurinacional de Respuesta Inmediata a la Sequía (2022). Monitor de Sequía de Bolivia (2020). Plan Agua para Vivir Bien (2020). Estrategia Nacional de gestión de riesgo agropecuario y adaptación al cambio climático para una agricultura resiliente (2017-2020). Ley 602 de Gestión de Riesgos (2014). Planes Maestros Metropolitanos de Agua Potable y Alcantarillado Sanitario. Planes de Contingencia de desastres y/o emergencias locales. Plan Nacional de Lucha Contra la Desertificación PAN-LCD (1995-1997).
BRA	Plan Nacional de Gestión de Riesgos y Atención a Desastres Naturales (2012-2014). Política Nacional de Cambio Climático (2009). Programa de Acción Nacional de Combate a la Desertificación y Mitigación de los Efectos de la Sequía (PAN-Brasil 2004).
COL	Plan Nacional de Contingencia Primera Temporada Seca (2022). Estrategia Climática de Largo Plazo de Colombia E2050 (2021). Estrategia Nacional para la Gestión Integral de la Sequía en Colombia (2018). Plan Nacional de Gestión del Riesgo de Desastres (PNGR) 2015-2025 (2015). Sistema de Alerta Temprana en el Fenómeno El Niño 2014-2016. Política Nacional de Gestión de Riesgos de Desastres (2012). Plan Nacional de Adaptación al Cambio Climático (2012). Plan Nacional de lucha contra la Desertificación y la Sequía en Colombia (2004).

ECU	Plan Nacional de Sequía 2021-2025 (2021). Plan Nacional de Respuesta ante Desastres (2018). Código Orgánico del Ambiente (COA) (2017). Normas de la Autoridad Ambiental Nacional de Desertificación, Degradación de Tierras y Sequía (2014). Estrategia Nacional de Cambio Climático 2012-2025. (2012). Plan de Acción Nacional para la Lucha contra la Desertificación, Degradación de Tierras y Sequía (PAND) (2004).
GUY	Plan Nacional de Adaptación y Mitigación de la Sequía de Guyana (2020). Plan Nacional de Acción y Política sobre Cambio Climático (2020-2030) (2020). Protocolo del Sistema de Alerta Temprana de Sequías (2015). Plan Nacional de Gestión Integrada del Riesgo de Desastres y Estrategia de implementación para Guyana (2013). Ley de Agua y Alcantarillado (2002).
PER	Sistema Nacional de Gestión del Riesgos de Desastres (SINAGERD) (Ley 29664) (2011). Plan de Género y cambio Climático del Perú (2016). Estrategia Nacional de Lucha contra la Desertificación y la Sequía (ENLCDS), 2016-2030 (2016). Estrategia Nacional ante el Cambio Climático (ENCC) (2015). Plan Nacional de Recursos Hídricos (PNRH) (2015). Plan Nacional de Gestión de Riesgo y Adaptación al Cambio Climático en el Sector Agrario, periodo 2012-2021 (PLANGRACC-A) (2012).
PRY	Informe: Paraguay, impactos económicos y sociales de la sequía (2022). Plan de contingencia Climática (2021). Plan de Acción Nacional de Lucha contra la Desertificación y Sequía de la República del Paraguay 2018-2030 (2018). Plan Nacional de Agua Potable y Saneamiento (2023). Plan Nacional de Mitigación al Cambio Climático y Programa de Acción (2017). Manual Básico de gestión integral de riesgos Agroclimáticos de Paraguay (2017). Plan Nacional de Cambio Climático (2016). Plan Nacional de GRD y adaptación al Cambio Climático del Sector Agrícola 2016-2022. Caracterización de la sequía en el Paraguay mediante la utilización del SPI (2016). Plan Nacional de Desarrollo Paraguay 2030 (2014).
URY	Sistema Nacional de Emergencia (2020). Uruguay, compendio de mapas de riesgo (2020). Plan Nacional de Aguas 2017 (2017). Política Nacional de Cambio Climático (2017). Estrategia de Fomento del Desarrollo de la Agricultura Regada en Uruguay (2015). Plan de Acción Nacional de Lucha contra la Desertificación y la Sequía-PAN (2005).
VEN	Ley Orgánica del Ambiente (Ley 5.833) (2019). Estrategia Nacional Neutralidad en la Degradación de las Tierras (NDT), hacia el 2030, Informe final (2019). Diagnóstico de Capacidades para Enfrentar la Sequía en Venezuela (2018). Sistema para la Alerta Temprana de Sequías Meteorológicas en Venezuela. Tesis Doctoral (2012). Informe Nacional sobre la Implementación de la Convención de Naciones Unidas de Lucha contra la Desertificación y Mitigación de la Sequía (2000).

Fuente: Elaboración propia.

Figura 8.1
Nivel de planificación de las sequías

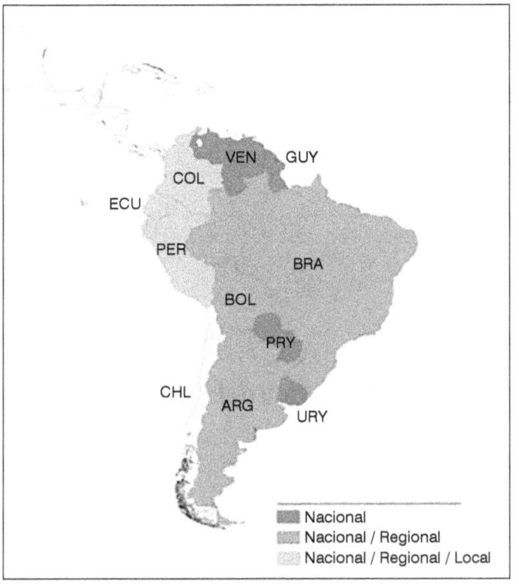

Fuente: Elaboración propia.

En América del Sur existen normativas a diferentes niveles, desde el nivel nacional hasta el regional y local (**Figura 8.1**). Las iniciativas de planificación de sequías se establecen principalmente a escala nacional (GUY, PRY, URY, VEN), mientras que, en algunos países, también se han desarrollados herramientas específicas para el nivel sub-nacional (ARG, BOL, BRA) o nivel local (COL, ECU, PER).

Desde una perspectiva sectorial, las políticas de sequía han estado tradicionalmente vinculadas a la política agrícola y/o de gestión del agua y de los recursos hídricos en todos los países analizados. Más recientemente, el cambio climático (CC) y la reducción del riesgo de desastres (RRD) o la gestión del riesgo de desastres (GRD) han emergido como áreas de política que incluyen aspectos relevantes para la gestión del riesgo de sequía, proporcionando marcos normativos y conceptuales adecuados e integrales para su gestión. Dadas las iniciativas internacionales y nacionales para promover una mejor planificación en estos temas, la mayoría de los países de la región han desarrollado nuevas normativas y planes dentro de estas políticas temáticas (ARG, BRA, COL, ECU, GUY, PER, PRY, URY), con excepción de VEN. Esta situación refleja un contexto donde se asientan unas bases sólidas, tanto a nivel político como conceptual, para seguir avanzando y mejorando en el desarrollo de los futuros planes o estrategias específicas de sequía en países donde aún no se desarrollan. Por otra parte, cabe destacar que cinco de los diez países analizados, lo que representa el 50% de los países incluidos en el estudio (ARG, BOL, COL, ECU, GUY), ya han desarrollado planes específicos para enfrentar la sequía (**Tabla 8.3**).

Tabla 8.3
Principales planes de sequía desarrollados en países de América del Sur

País	Periodo	Nombre del plan
ARG	2023	Plan de Acción para la reducción de riesgo de sequías en Argentina.
BOL	2022	Plan Plurinacional de Respuesta Inmediata a la Sequía.
ECU	2021	Plan Nacional de Sequía 2021-2025.
GUY	2020	Plan Nacional de Guyana para la Mitigación y Adaptación a la Sequía.
COL	2018	Estrategia Nacional para la Gestión Integral de la Sequía en Colombia.

Fuente: Elaboración propia.

Como se muestra en la **Tabla 8.3**, el desarrollo de estos planes es relativamente nuevo, siendo el primer plan de sequía aprobado en la región en el año 2018 y corresponde a COL. Los cuatro planes restantes han sido aprobados en los últimos tres años (2020-2023); por tanto, se trata de unos avances muy recientes.

Además, cabe señalar que los esfuerzos para abordar los problemas de sequía promovidos por la Convención de las Naciones Unidas de Lucha contra la Desertificación (UNCCD) se plasman en el desarrollo de Planes Nacionales de Lucha contra la Desertificación y la Sequía, presentes en todos los países analizados.

Así, el alcance de las regulaciones relacionadas con la sequía presenta un amplio desarrollo en la región, ya que existen diferentes normativas e instrumentos de planificación, a todos los niveles y para todos los sectores vinculados con este fenómeno. Además, la mitad de los países cuenta con planes específicos de sequía aprobados recientemente, mientras que el resto presenta una base política y conceptual desde la perspectiva de gestión de riesgos y resiliencia al cambio climático.

3.2. Pilar 1: Monitoreo y alerta temprana de sequías

Los sistemas de monitoreo de sequías son el primer paso para desarrollar un sistema de alerta temprana completo y pertinente. Al examinar las características de los sistemas de Monitoreo y Alerta Temprana (M&AT) de la sequía en los países de América del Sur, se puede observar una amplia gama de enfoques y niveles de desarrollo. En la región solo dos países han desarrollado su propio sistema de monitoreo de sequía: BOL y BRA. En el resto de los países, encontramos situaciones diferentes. Por ejemplo, varios países se apoyan en un monitor regional, pero que no está totalmente integrado a las políticas nacionales (ARG y PER), en otros países los sistemas se encuentran en desarrollo (COL, ECU, GUY) y en otros las actividades desarrolladas al respecto son muy limitadas (PRY, URY, VEN).

En BOL, el Monitor de Sequía de Bolivia, establecido en 2020, ofrece una plataforma web para visualizar mapas de severidad de sequía a través de un Índice Combinado de Sequía[8]. Este instrumento está alojado en la plataforma del Servicio Nacional de Meteorología e Hidrología (SENAMHI) y se relaciona con el Sistema de Alerta Temprana Agropecuaria (SAT AGRO), que ofrece diversos niveles de riesgo y alertas para cuestiones meteorológicas, hidrológicas y agrícolas. Sin embargo, los criterios para la transición entre los diferentes estados de sequía considerados (Condiciones Excepcionales, Extremas, Severas, Moderadas, Débil y Normales) no están claramente definidos, y no se asocian medidas específicas a cada fase.

BRA ha estado operando su Monitor de Sequía de Brasil (Monitor do Secas) desde 2014, ofreciendo un sitio web[9] para visualizar mapas de intensidad de la sequía en base al SPI/SPEI (Débil, Moderada, Grave, Extrema, Excepcional), así como una indicación del Tipo de impactos (A Corto, Medio o Largo plazo). Cabe señalar que fue el primer monitor de sequía establecido en la región de América del Sur. Al igual que en BOL, no hay medidas específicas vinculadas a cada estado o condición. Además, BRA también dispone de una herramienta regional de monitoreo y alerta basado en el seguimiento de la cobertura vegetal a través del SPI y NDVI[10], denominado Sima Caatinga (Sistema de Monitoramento e Alerta para a Cobertura Vegetal da Caatinga) para o semiárido de Brasil.

Cabe destacar que existen dos monitores regionales de sequía relevantes: el Sistema de Información sobre Sequía para el Sur de Sudamérica (SISSA) que cubre ARG, BOL, BRA, PRY y URY y el Centro Climático Regional para el Oeste de Sudamérica (CRS-OCA), un instrumento regional de monitoreo de la sequía basado en SPI para BOL, COL, ECU, PER y VEN. Si bien estas herramientas proporcionan información y datos valiosos sobre las características de la sequía, no están integradas en las políticas nacionales de sequía, excepto para ARG y PER.

Por ejemplo, ARG no cuenta con un sitio web nacional de monitoreo de sequías, sino que depende del SISSA, con el que ha colaborado para establecer un "Protocolo Interinstitucional de gestión de información ante la amenaza de sequías en el territorio argentino: Etapa Preparación para la Emergencia (2022)", que integra pronósticos meteorológicos y agronómicos para las fases de sequía moderada y severa. Sin embargo, este sistema carece de análisis e información hidrológica o socioeconómica. Las iniciativas relacionadas con la sequía hidrológica son realizadas por el Instituto Nacional del Agua (INA), pero aún no se han integrado en un sistema de monitoreo integral. Además, ARG cuenta con un SAT local conocido como el "Sistema de Información y Alerta Temprana del Sudoeste de Buenos Aires (SIAT)".

PER cuenta con un monitor de sequía que integra información meteorológica e hidrológica y presenta diferentes tipos de mapas. Este trabajo fue apoyado inicialmente por la UNESCO y la FAO, y actualmente la SENAMIH, del Ministerio de Ambiente,

---

[8] Disponible en: www.monitorsequias.senamhi.gob.bo

[9] Disponible en: https://monitordesecas.ana.gov.br/mapa?mes=10&ano=2024

[10] Normalized difference vegetation index (Índice de Vegetación de Diferencia Normalizada o NDVI).

calcula y mapea varios índices de sequía[11] y también dispone de un Sistema de monitoreo y pronóstico de sequías hidrológicas-OASIS[12].

COL, ECU, GUY, PRY, URY y VEN no cuentan actualmente con monitores nacionales de sequía. En COL y ECU se están desarrollando monitores nacionales de sequía con el apoyo del Centro Internacional de Investigación sobre el Fenómeno de El Niño (CIIFEN) y Euroclima+. En COL, a través del sitio web del Instituto de Hidrología, Meteorología y Estudios Ambientales (IDEAM), se pueden consultar y visualizar datos y mapas relevantes relacionados con la sequía, vinculados, a su vez, con boletines de comunicación sobre diferentes tipos de sequía. Sin embargo, estos no están integrados en un sitio común de monitoreo de la sequía, por lo que, aunque existe numerosa información, esta se encuentra algo dispersa. El sistema de monitoreo nacional de sequías de ECU se encuentra actualmente en desarrollo, con el apoyo del Centro y Red de Tecnología del Clima de las Naciones Unidas (CTCN), basado en visores de datos hidroclimáticos y meteorológicos disponibles a través del Instituto Nacional de Meteorología e Hidrología (INAMHI). Asimismo, cuenta con un Sistema de Monitoreo de Sequía Agrícola[13] (ASIS), pero ambos tipos de información no están integrados. GUY ha desarrollado actividades de monitoreo de sequía y un protocolo del sistema de alerta temprana de sequía, pero carece de un sitio web dedicado al monitoreo de sequía. Es miembro de la Red de Monitoreo de Sequía y Precipitación del Caribe (CDPMN). PRY, URY y VEN presentan los sistemas de monitoreo de sequía menos desarrollados en la región, ya que carecen de un sitio web específico para el sistema de monitoreo de sequía a nivel nacional y actualmente se apoyan en los sistemas de monitoreo regionales SISSA y CIIFEN.

Este panorama refleja diferentes niveles y estrategias de desarrollo de los sistemas de monitoreo y alerta temprana de la sequía en la región, encontrando una combinación de iniciativas regionales sobre las que se apoyan ciertos países, sistemas nacionales desarrollados o en proceso, así como el monitoreo de diferentes índices y tipos de sequía.

Considerando los diferentes tipos de sequías que pueden ser monitoreadas, meteorológica, agrícola e hidrológica, BOL, COL, ECU abordan el monitoreo de los tres tipos. PER solo cubre dos tipos de sequía, meteorológicas e hidrológicas, mientras que ARG y BRA se orientan principalmente a la sequía meteorológica y agrícola. Por otro lado, cuatro países, GUY, PRY, URY y VEN, solo consideran la sequía meteorológica. Los esfuerzos para monitorear los impactos de la sequía y vincularlos a un monitor de sequía y un sistema de alerta temprana están disponibles en ARG, BOL y BRA, siendo el componente de un sistema de alerta temprana menos desarrollado en la región. En contraste, las actividades de pronóstico se basan particularmente en variables meteorológicas relacionadas con la sequía, como el Índice de Precipitación Estandarizado (SPI), y están presentes en todos los países, aunque con diferente grado de detalle y desarrollo y en algunos casos aún no están incorporadas en una herramienta específica para el monitoreo de la sequía.

---

[11] Disponible en: https://www.senamhi.gob.pe/?p=sequias

[12] Disponible en: https://www.senamhi.gob.pe/?p=monitoreo-pronostico-sequias

[13] Disponible en: http://asis.agricultura.gob.ec/mapas

La comunicación sobre las situaciones de sequía y su evolución es clave para la toma de decisiones que permitan adoptar una respuesta adecuada y en el momento oportuno. Así, la existencia de un boletín específico de sequía es una herramienta importante para el buen funcionamiento de un sistema de alerta temprana sobre sequía si este está vinculado al monitor de sequía y se emite con una adecuada frecuencia de entrega, principalmente de carácter mensual, aunque varía entre países. Estos boletines están disponibles en la mayoría de los países de la región, ARG, BOL, BRA, COL, ECU, GUY y PER. Sin embargo, las características y calidad de los boletines y mapas producidos son diferente entre los países y puede estar acompañado de otras actividades de seguimiento adicionales. Por ejemplo, en ARG, la Oficina de Monitoreo de Emergencias Agropecuarias (OMEGA) informa, a través de un boletín semanal a las instituciones y al público en general sobre los indicadores de emergencia establecidos, incorporando información sobre diferentes amenazas y medidas de prevención y mitigación de la vulnerabilidad social y productiva a sequías, incendios e inundaciones. BRA utiliza el Sistema de Información Agrometeorológica (Agritempo) para complementar la información del monitoreo de sequías basada en SPI.

Cabe señalar que solo tres países no cuentan con boletines específicos de sequía: PRY, URY y VEN. Sin embargo, emiten otros tipos de boletines agroclimáticos, hidrológicos o agrometeorológicos, que pueden considerarse un paso preliminar en el desarrollo de un boletín específico de sequía.

En resumen, las características y el nivel de desarrollo de los sistemas de monitoreo y alerta temprana de la sequía varían entre los países de la región, donde cabe señalar que seis de los diez países analizados presentan una valoración baja, reflejando un limitado nivel de desarrollo. Sin embargo, en la mayoría de los casos ya se han sentado las bases y, por tanto, muestran oportunidades de mejora importantes, particularmente para los países del noroeste de la región sudamericana (Figura 8.2).

En contraste, ARG y BOL presentan un alto nivel de desarrollo, aunque todavía deben afrontar algunos desafíos vinculados con la integración de la información. Otros dos países presentan un nivel de desarrollo moderado, BRA y PER, que refleja la necesidad de realizar mayores esfuerzos para avanzar en el desarrollo y análisis de los impactos y niveles de riesgo de la sequía. ECU, COL y GUY están en proceso de desarrollar su propio sistema de monitoreo y muestran algunos avances importantes en la consecución de este pilar. Por último, cabe destacar que PRY, URY y VEN presentan un menor desarrollo de estos sistemas, que todavía se estima limitado.

Así, el principal desafío respecto a este primer pilar es lograr que los Monitores Nacionales de Sequía estén alineados entre los países de la región, de modo que proporcionen datos e información compatibles y compartidos sobre las características y tipos de sequía. Actualmente, el CIIFEN proporciona una buena base para hacerlo, alineado a su vez con el Monitor de Sequías de Brasil, que utiliza su mismo enfoque metodológico y de cálculo (Boletín CIIFEN 2023).

Figura 8.2
Nivel de desarrollo de los sistemas de monitoreo y alerta temprana por país

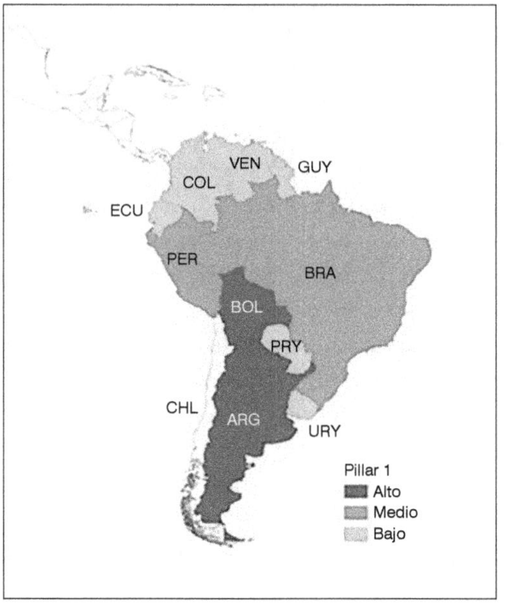

Fuente: Elaboración propia.

3.3. Pilar 2: Vulnerabilidad e impactos

El análisis de la vulnerabilidad y el impacto son cuestiones clave que se deben abordar para la adopción de enfoque de gestión proactivo de la sequía, ya que permiten comprender mejor sus efectos y causas subyacentes. Sin embargo, el nivel de inclusión de estos temas en los planes o estrategias de sequía varía mucho y, en términos generales, suele ser limitado.

Algunos países han desarrollado evaluaciones específicas de vulnerabilidad a la sequía y las incluyen en su correspondiente documento o herramienta de planificación y gestión de la sequía. Este es el caso de ARG, ECU y PER. Otro grupo de países presenta un análisis de vulnerabilidad a la sequía, pero este se considera parcial, ya que se aborda desde una perspectiva muy teórica o conceptual y apenas se detalla o aplica para el territorio en cuestión (BOL, GUY) o se realiza solo desde una perspectiva sectorial, aplicándolo, por ejemplo, en la agricultura (PRY). En contraste, no se ha encontrado un análisis de la vulnerabilidad para BRA, COL, URY y VEN.

Cabe destacar que la evaluación de los impactos de la sequía está más desarrollada que la investigación sobre vulnerabilidad. A nivel regional, el "Atlas de Sequías de América Latina y el Caribe" (Nuñez Cobo & Verbist, 2018) proporciona una buena síntesis de los principales impactos de la sequía para los países analizados (ARG, BRA, COL, ECU, PER, URY, VEN). Además, se pueden destacar otras dos iniciativas internacionales relevantes. En primer lugar, destaca Desinventar[14], un sistema de gestión de información sobre desastres gratuito y de código abierto, vinculado con el Marco de Sendai para reducción de riesgo de desastres y que comprende la principal base de datos sobre desastres e impactos para la región de América del Sur. Sin embargo, cabe señalar que la información proporcionada no está integrada ni parece que se utilice de manera sistemática por los países para respaldar sus estrategias y planes de sequía.

En segundo lugar, la base de datos internacional sobre desastres, EM-DAT[15], se ha posicionado como la principal base de datos de desastre, incluyendo un registro de eventos y sus impactos, que tiene una cobertura mundial y que recopila datos desde 1988. Si bien esta base de datos se usa comúnmente en algunos planes y políticas para presentar una descripción general de los impactos de uno o varios desastres, tampoco está integrada en las iniciativas nacionales que abordan los impactos de las sequías.

En el ámbito nacional, varios de los países vinculan claramente la evaluación del impacto de la sequía con un proceso de declaración de emergencia por sequía (BOL, BRA). Las evaluaciones de impacto están relacionadas principalmente con los impactos agrícolas (ARG, BOL, PRY, URY) y, en menor medida, con los impactos en los recursos hídricos en términos de cantidad y calidad. En VEN, el análisis se realiza en relación con eventos de sequía específicos y no en términos generales. Cabe señalar que los impactos de la sequía se abordan en todos los países analizados, excepto en VEN.

En ARG, tanto los impactos como la vulnerabilidad se analizan en conjunto. El Plan de Acción para la Reducción de Riesgo de Sequías (2023) describe un marco conceptual general para realizar el análisis de riesgo de la sequía, mientras que un estudio más detallado se puede encontrar en el Plan de Acción Nacional para la Adaptación y Mitigación del Cambio Climático (2022) y en el Reporte final sobre las bases para una estrategia nacional de adaptación y mitigación de los efectos de la sequía en la República Argentina (2020), donde se presenta información completa acerca de los impactos y la vulnerabilidad a la sequía en el país. Además, contribuciones académicas como las de Tomazs et al. (2023), Bert et al. (2021), Solano-Hernández et al. (2020), y Naumann et al. (2019) enriquecen la comprensión de estos temas en el contexto argentino.

Al igual que ARG, BOL y ECU abordan los impactos y la vulnerabilidad de manera integrada. En BOL, la Estrategia Nacional de Gestión del Riesgo Agropecuario y Adaptación al Cambio Climático (2017-2020) ofrece cierta información sobre los impactos y la vulnerabilidad a la sequía, aunque esta es algo limitada. Sin embargo, el Reporte Nacional de Afectación por Sequías 2023, publicado por el Viceministerio de Defensa Civil (VIDECI), proporciona datos sobre los impactos de la sequía a nivel municipal, incluyendo las áreas y poblaciones afectadas. La literatura académica, a través de las contribuciones de Canedo-Rosso et al. (2021), Heyer et al. (2018), y Walsh-Dilley (2020), explora más a fondo estos temas. En ECU, el Plan Nacional de Sequía 2021-2025, ofrece un análisis detallado de

[14] Disponible en: https://db.desinventar.org/

[15] Disponible en: https://www.emdat.be/

los impactos de la sequía por evento y sector, incluyendo una evaluación exhaustiva de la vulnerabilidad y el mapeo de riesgos. Sin embargo, la literatura académica específica sobre los impactos de la sequía o la vulnerabilidad en este país es muy escasa.

Algunos países presentan grandes diferencias en el grado en que consideran estos temas, ya que el análisis de vulnerabilidad es principalmente insuficiente en BRA y COL. En BRA, el Sistema Integrado de Información sobre Desastres (S2ID) y el Atlas Brasileño sobre Desastres Naturales sirven como herramientas clave para analizar los impactos de la sequía, entre otras amenazas, y ofrecen una plataforma web de mapeo basada para el análisis histórico de estos eventos. Si bien es una herramienta innovadora y pionera para la región con respecto a los impactos, se detecta una carencia importante en cuanto a la disponibilidad de análisis de la vulnerabilidad y resiliencia a la sequía a nivel nacional, como destacan Gutiérrez et al. (2014). Fuentes académicas adicionales, como Dantas et al. (2020) y de Azevedo Reis et al. (2020), contribuyen a la generación de conocimiento y debate sobre los impactos de la sequía y la vulnerabilidad en BRA. Respecto a COL, los impactos de la sequía se abordan en la Estrategia Nacional para la Gestión Integrada de la Sequía en Colombia de 2018, donde la vulnerabilidad se incorpora en los objetivos de varias líneas de acción, pero no se presenta una evaluación integral de la misma. Algunos trabajos académicos (Nauditt et al., 2022; Weng et al., 2020) proporcionan información adicional sobre estos temas.

En PER las evaluaciones de vulnerabilidad presentan un trabajo avanzado, por ejemplo, el vinculado a los Planes de Prevención y Reducción del Riesgo de Desastres, disponibles para diferentes regiones y municipalidades. Además, se analizan los niveles de vulnerabilidad calculados a nivel distrital en el Plan Nacional de Reducción del Riesgo de Desastres y Adaptación al Cambio Climático en el sector agropecuario (2012-2021). Sin embargo, respecto a los impactos, solo la Estrategia Nacional de Lucha contra la Desertificación y la Sequía (2016) ofrece un análisis general de estos. En la literatura académica se han encontrado aportes a estos temas de Condori-Apaza et al. (2021).

En contraste, en GUY, PRY, URY y VEN se identifica un desarrollo limitado de la evaluación de impactos y vulnerabilidad a la sequía. En GUY se prevé un análisis de la vulnerabilidad en el marco de la declaración del Estado de Sequía según el protocolo SAT. El Plan Nacional de Mitigación y Adaptación a la Sequía de 2020 presenta el marco conceptual para analizar la vulnerabilidad, pero no se realiza un estudio al respecto. Además, este plan detalla los impactos de la sequía específicos para varios eventos y por sectores, pero no existe una base de datos de impactos como tal. Los impactos de la sequía en PRY están particularmente vinculados a la agricultura y el reciente informe apoyado por el PNUD, Paraguay: Impactos económicos y sociales de la sequía, analiza los impactos en la agricultura y el sistema alimentario de manera detallada. El documento Bases para la Estrategia Nacional de Sequía en Paraguay describe la vulnerabilidad a la sequía para el sector agrícola y de abastecimiento de agua, análisis que se complementa con el disponible en el Plan Nacional de Lucha contra la Desertificación y la Sequía. En URY, en el Atlas de Riesgos de Uruguay (2020) se documentan algunos impactos de la sequía, pero de manera general, y se realiza un análisis de vulnerabilidad para determinados cultivos y

Figura 8.3
Nivel de evaluación de la vulnerabilidad e impactos de la sequía por país

Fuente: Elaboración propia.

ganadería, por lo que se enfoca en el sector agropecuario principalmente y no se abordan estos temas para otros sectores. Existen a su vez algunos artículos académicos, como el de Diaz et al. (2018), que se centra en la vulnerabilidad en la ganadería. Sin embargo, faltan documentos oficiales e información más concreta y sistemática para la evaluación de los impactos de la sequía en URY. En VEN, no existen documentos oficiales sobre vulnerabilidad ni impactos de sequía, pero se han encontrado algunos artículos académicos sobre estos temas (Paredes-Trejo et al., 2023; Olivares et al., 2017).

Las investigaciones y artículos académicos sobre los impactos y/o vulnerabilidad a la sequía son muy limitados para los países analizados, a excepción de BRA, país donde se han encontrado numerosos estudios sobre vulnerabilidad e impactos.

En resumen, el análisis de los impactos de la sequía es abordado por la mayoría de los países analizados, y en muchos casos se centra en el sector agropecuario. Respecto a las evaluaciones de vulnerabilidad están menos desarrolladas y la información contenida en los documentos de planificación sobre la sequía es muy limitada y cuando se encuentra es principalmente a nivel teórico o cualitativo. Esto también es coherente con la escasez de literatura académica específica encontrada en relación con estos dos temas en la región. Así, la mayoría de los países presentan un nivel moderado de desarrollo de este segundo pilar (**Figura 8.3**), lo que refleja una clara necesidad de mejora e investigación sobre vulnerabilidad e impactos de la sequía.

3.4. Pilar 3: Mitigación y respuesta

El análisis de las medidas y respuestas a la sequía debe ir más allá del análisis de los planes o políticas de gestión existentes, ya que las acciones para hacer frente a la sequía pueden ser transversales y provenir o afectar a diferentes áreas o sectores, como recursos hídricos, agricultura, cambio climático, reducción del riesgo de desastres y la protección civil, entre otros ámbitos de actuación. Por ello, el análisis de este pilar es aún más complejo, lo que se suma a una evidente falta de directrices y referencias prácticas sobre cómo evaluar de manera concreta las diferentes medidas de lucha contra la sequía.

En los cinco planes de sequía existentes en la región analizados (Tabla 8.3), la identificación y descripción de las medidas realizada resulta diversa y heterogénea en cuanto al tipo de información proporcionada, su extensión y nivel de detalle. Por ejemplo, ARG no especifica las medidas concretas, pero sienta las bases para su definición, mientras que COL plantea medidas de mitigación y adaptación a la sequía por sectores, pero no diferencia entre tipos de medidas: preventivas, mitigación, emergencia, recuperación; y no se describen con suficiente detalle. Por tanto, solo tres países, BOL, ECU, GUY, proporcionan una descripción detallada de las medidas propuestas en sus respectivos planes de sequía.

Cabe señalar que el resto de los países de la región, aunque no dispongan de un plan específico de gestión de la sequía, sí cuentan con medidas al respecto contempladas en otros planes o estrategias relacionados. Así, algunos de los países hacen referencia específicamente a medidas de emergencia o recuperación (BRA, PRY, URY, VEN), y en general este tipo de medidas se encuentran vinculadas a la provisión de subsidios, ayuda financiera o el establecimiento de fondos de emergencia específicos, particularmente para la agricultura (ARG, BRA, COL, ECU, GUY, PER, URY), o para el suministro de agua (BOL).

El análisis general de este pilar revela que tres países (BOL, ECU, GUY) presentan un desarrollo adecuado y detallado de los diferentes tipos de medidas de mitigación y respuesta a la sequía que contemplan. Un segundo grupo de tres países (ARG, COL, PER) presenta avances significativos respecto a la identificación y definición de sus medidas de mitigación y respuesta a sequías, mientras que el resto de los países (BRA, PRY, URY, VEN) no cuentan con un plan de mitigación y respuesta a sequías bien establecido. Cabe señalar que debido a la poca información encontrada sobre VEN, se hace necesario realizar un análisis más profundo para comprender mejor sus procesos y dinámicas de gestión de la sequía y cuáles son las medidas concretas que tienen disponibles (Figura 8.4).

A continuación, se destacan algunos aspectos clave de cada país para entender mejor las características de este pilar a nivel nacional.

BOL detalla las medidas de sequía dentro de su plan de sequía, clasificándolas por tipo (prevención, respuesta, recuperación) y por actor, con una explicación clara del proceso de alerta y respuesta de emergencia en los niveles municipal, departamental y nacional. El plan también describe los objetivos y acciones específicas para cada sector: alimentación y seguridad alimentaria, salud, agua y saneamiento, e infraestructuras y recuperación temprana, donde se incluyen temas de agricultura. Las medidas de sequía también están bien descritas en ECU, ya que su Plan Nacional de Sequía incluye un conjunto integral de medidas destinadas a la prevención, la reducción del riesgo de sequía y

Figura 8.4
Nivel de desarrollo de medidas de mitigación y respuesta a la sequía

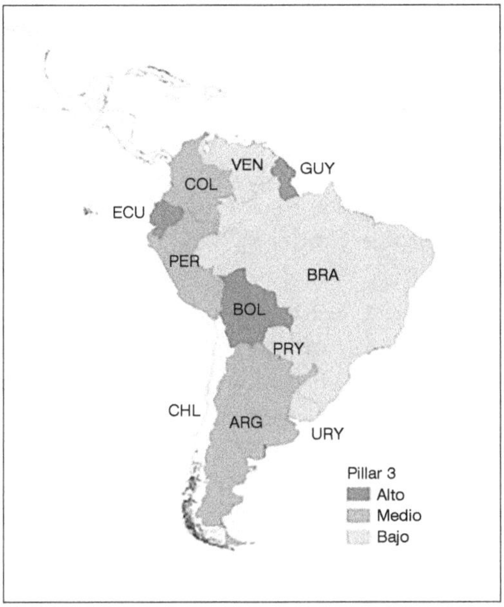

Fuente: Elaboración propia.

el desarrollo de un sistema de monitoreo de sequía, entre otros objetivos. El plan introduce un indicador específico, el Índice de Gestión del Riesgo de Sequía, calculado para varios años para integrar aspectos de identificación, reducción, gestión y gobernanza de los problemas ocasionados por la sequía. Asimismo, ECU también dispone en un Plan Nacional de Respuesta ante Desastres que sirve de referencia para las acciones de respuesta frente a la ocurrencia de un evento adverso y que rige la declaración de emergencia. Por lo tanto, el marco político para la gestión de la sequía en ECU está muy bien detallado en los documentos estratégicos analizados. El plan de sequía de GUY también presenta de manera detallada medidas preventivas, de adaptación y de mitigación. Además, también contempla las acciones de respuesta y comunicación, estando autorizado el Ministerio de Agricultura a emitir declaraciones de sequía.

En ARG, el Plan de Acción para la gestión del riesgo de sequías no presenta una tipología clara de medidas y no brinda información sobre los niveles de preparación, prevención o mitigación, si bien establece las bases para su definición. Sin embargo, el Plan Nacional de Adaptación y Mitigación del Cambio Climático de 2022, presenta una lista y descripción de las medidas de mitigación y adaptación, ofreciendo un enfoque integral de gestión de la sequía en varios ámbitos. Por lo tanto, se observan buenas bases para mejorar las herramientas y los procedimientos de planificación de sequías en el país y avanzar en la definición de las medidas concretas.

En COL, la Estrategia Nacional para la Gestión Integral de la Sequía de 2018 aborda brevemente la descripción de las medidas, centrándose en acciones específicas de prevención y mitigación para diferentes tipos de sequías (meteorológicas y agrícolas), particularmente dentro del sector agrícola. Los esfuerzos de recuperación se incorporan en otras herramientas de planificación de contingencia y gestión de desastres, donde se detallan los procesos de declaración de emergencia y recuperación, así como la distribución de fondos. Así, COL cuenta con un Plan Nacional de Contingencia-Primera Temporada seca y además desarrolla planes especiales, según sea necesario, tanto a nivel local como regional, como por ejemplo el Plan de Acción para Combatir la Sequía y los Incendios Forestales en el Departamento de Córdoba (2017), que complementa los esfuerzos nacionales en esta materia.

En PER el Plan de Gestión de Riesgos y Adaptación al Cambio Climático en el Sector Agrario (2012-2021) proporciona un marco estratégico detallado con objetivos, prioridades y acciones específicas para hacer frente a la sequía. Si bien no se trata de un plan específico de sequía como tal, la información que contiene es muy valiosa para la gestión de la sequía desde un enfoque proactivo. Las acciones que contempla se complementan con varios planes de prevención y reducción del riesgo de desastres a nivel departamental, provincial y distrital, donde también se detallan acciones, responsabilidades, presupuestos y plazos de implementación.

Hay cuatro países donde las medidas de sequía son principalmente reactivas y se centran en las fases de emergencia y recuperación de los eventos de sequía. En BRA, el enfoque de gestión de la sequía implica principalmente la declaración de situaciones de emergencia, lo que permite la asignación de fondos en función de los impactos identificados a través del Formulario de Informaciones de Desastres (FIDE). En URY existen mecanismos similares, mientras que las medidas de sequía están principalmente orientadas a la emergencia con un enfoque especial sobre el sector ganadero. PRY presenta una situación diferente, ya que el enfoque de gestión de la sequía se describe en el documento de Bases para la Estrategia Nacional de Sequía de Paraguay, donde se identifican las acciones recomendadas en base a varias líneas estratégicas, aunque el plan aún no ha sido aprobado. PRY cuenta a su vez con un Plan de Contingencia Climática que se centra en la mitigación de las consecuencias y los efectos de la sequía, con un enfoque reactivo y centrado en los temas agrícolas. En VEN, las medidas de sequía se refieren a la gestión del agua y la recuperación agrícola, pero la información disponible es muy reducida.

3.5. Perspectiva general: el enfoque de gestión de la sequía por país

El análisis conjunto de los tres pilares a nivel de país proporciona una buena panorámica general de cómo cada país está desarrollando su propia política nacional de sequía y ofrece información valiosa sobre en qué medida está incorporando un enfoque proactivo (Figura 8. 5).

Ninguno de los países analizados presenta el grado máximo de desempeño posible, lo que implicaría tener la valoración máxima para cada uno de los tres pilares. Sin

Figura 8.5
Nivel de desarrollo del enfoque de gestión de riesgo a la sequía

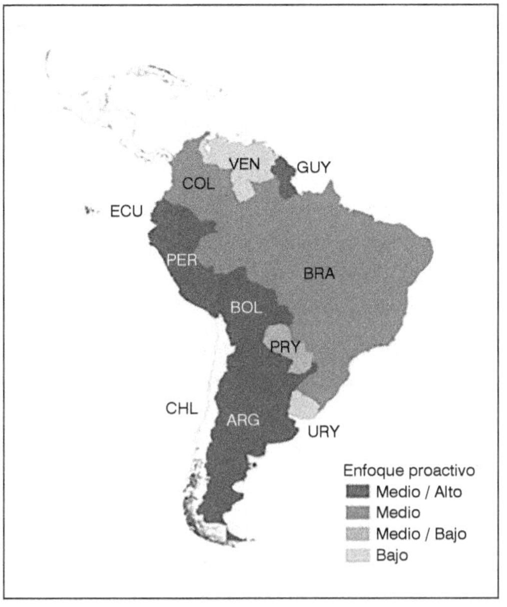

Fuente: Elaboración propia.

embargo, cinco países presentan un nivel medio-alto, ya que cuentan con valoraciones altas para la mayoría de los pilares, pero presentan cierto potencial de mejora para alguno de ellos, ya sea el pilar 1 (ECU, GUY, PER); el pilar 2 (BOL); o el pilar 3 (ARG, PER). En un nivel moderado de desarrollo de este enfoque proactivo para la gestión de la sequía, encontramos a dos países, BRA, COL, ya que presentan avances importantes, pero algún pilar presenta limitaciones específicas o presentan una valoración moderada para todos los pilares. Otro país, PR, presenta valores bajos y medios para los tres pilares, mientras que un grupo de dos países, URY, VEN, se encuentra en las posiciones más bajas debido a su limitado desarrollo en los pilares, y donde predomina un enfoque reactivo para la gestión de la sequía.

Así, el desarrollo de políticas de sequía en los países sudamericanos revela un panorama diverso: algunos han avanzado considerablemente en la incorporación de un enfoque proactivo para la gestión de la sequía, mientras que otros siguen un modelo de gestión más reactivo.

ARG ha adoptado un marco de gestión proactivo de la sequía, basado en leyes y planes de gestión integral del riesgo. La aprobación de su primer Plan de acción para la Gestión del Riesgo de Sequías en 2023 marca un avance significativo, ofreciendo información completa de las características, los impactos y las vulnerabilidades asociadas a la sequía. A pesar de estos avances, el desarrollo de medidas específicas para hacer frente a la sequía sigue siendo limitado, y muchas de las acciones se centran mayoritariamente en el seguimiento de los impactos dentro del sector agrícola. Los recientes avances en planificación y desarrollo de herramientas de gestión durante los últimos cinco años subrayan su postura proactiva, aunque se podrían realizar mejoras en los sistemas de monitoreo y definición de medidas, así como su vinculación concreta con los niveles de alerta.

La gestión de sequías en BOL ha estado históricamente vinculada a las políticas de gestión del agua, con un enfoque en asegurar el acceso y la disponibilidad de este recurso, particularmente en relación a la mitigación de los impactos en la agricultura. Sin embargo, recientemente se ha producido un cambio hacia la integración de la perspectiva de gestión del riesgo y adaptación al cambio climático. El Plan Plurianual de Respuesta inmediata a la Sequía de 2022 describe estrategias y acciones para enfrentar los eventos de sequía, respaldado por el reciente desarrollo de un Monitor de Sequía de Bolivia, que está vinculado a un Sistema de Alerta Temprana Agrícola. Estas iniciativas indican que Bolivia avanza hacia un enfoque más proactivo, siendo la disponibilidad y difusión de datos áreas de mejora identificadas.

La gestión de sequías en BRA se ha caracterizado por la gestión de emergencias y ayudas para hacer frente a sus impactos y consecuencias. A pesar de tener un sistema de monitoreo bien desarrollado y una base de datos sobre impactos, BRA enfrenta desafíos para establecer un marco proactivo donde se integren medidas preventivas, adaptativas y de mitigación que complementen a su sistema de gestión de emergencias.

COL cuenta con un enfoque de gestión integrada de riesgo a la sequía, y con una Estrategia Nacional, así como un Plan nacional de contingencia, que se complementan. A través de estos planes se cubren todas las etapas de preparación, atención, recuperación y evaluación, y el país dispone de datos y mapas relevantes, pero que todavía no se encuentran integrados en un sistema de monitoreo nacional de sequías como tal. El enfoque proactivo de COL para la gestión de sequías es evidente, aunque las mejoras en las evaluaciones de impacto y vulnerabilidad podrían fortalecer aún más esta estrategia.

ECU ha avanzado en la adopción de un enfoque proactivo para la gestión de sequías con el desarrollo del Plan Nacional de Sequía 2021-2025, alineado con el Plan Nacional de Respuesta ante Desastres de 2018. Su sistema de monitoreo de la sequía está actualmente en desarrollo, pero cuenta con uno específico para el sector agrícola, además de evaluaciones detalladas de los impactos y vulnerabilidad a la sequía incluidas en el Plan Nacional.

En 2020, GUY aprobó un Plan Nacional de Mitigación y Adaptación a la Sequía, que complementa al Plan Integral de Gestión de Riesgo de desastres y estrategia de implementación para Guayana. El enfoque de gestión proactiva es evidente en el plan de sequía y en el desarrollo de un protocolo de SAT de la sequía de 2015, que contempla los tres pilares del marco DRAM. Desde del Ministerio de Agricultura se emiten declaraciones de sequía, ilustrando así el mecanismo establecido para abordar las emergencias de sequía.

En PER el Plan de Gestión de Riesgos y Adaptación al Cambio Climático en el Sector Agrario (2012-2021) incorpora claramente un enfoque proactivo para el análisis y la gestión del riesgo de sequía, respaldado por un monitor de sequía funcional y escenarios de riesgo. A pesar de la integración de la gestión de la sequía dentro de una estrategia más amplia de reducción del riesgo de desastres, la falta de un plan específico para la sequía limita su alcance.

PRY dispone de un documento de planificación estratégica que refleja un enfoque proactivo y que sienta las bases de la gestión de la sequía sobre la adaptación al cambio climático y la reducción del riesgo de desastres, pero carece de un plan específico de gestión de la sequía. Sin embargo, mucha de la información disponible está dispersa o es de carácter sectorial, con énfasis en la agricultura. No obstante, se identifican mejoras en el sistema de monitoreo de la sequía y un marco operativo más claro para la implementación de las medidas.

En URY la gestión de la sequía se realiza principalmente bajo un enfoque reactivo, aunque la reciente publicación del Atlas de Riesgos (2020) ofrece una base potencial para avanzar hacia un enfoque proactivo. Sin embargo, las cuestiones de la sequía aún no están integradas en políticas relacionadas, como la Política Nacional de Cambio Climático (2017), y las actividades de monitoreo de la sequía y de SAT son limitadas, centrándose principalmente en los sectores agrícola y ganadero.

En VEN la gestión de la sequía se caracteriza por adoptar un enfoque de gestión de crisis, de carácter reactivo, con políticas dispersas a nivel sectorial e información limitada sobre el monitoreo de la sequía, las evaluaciones de vulnerabilidad e impacto, y la definición de medidas, centradas principalmente en emergencias y recuperación.

4. DISCUSIÓN

En la última década se han promovido importantes esfuerzos para la mejora de la planificación y gestión de las sequías en la región de América Latina y el Caribe, donde los países de América del Sur han experimentado un importante avance en los últimos cinco años especialmente. Así, los planes específicos de sequía aprobados en la región son relativamente nuevos, aunque están acompañados de un amplio conjunto de normativa, regulaciones y herramientas de planificación complementarias que proporcionan un marco político adecuado y sólido para la integración y desarrollo de las políticas de sequía. Cabe señalar que México, en 2014, fue el primer país de la región en desarrollar una política nacional de sequía, que actualmente se encuentra muy avanzada y que ha recibido una notable atención que se refleja en varias publicaciones académicas (Ortega-Gaucin, Perez &Arreguín Torres, 2016; Aguilar-Barajas et al., 2016).

Para muchos países de América del Sur, las iniciativas, estudios y planes desarrollados para hacer frente a la sequía están relacionados con el sector agrícola, ya sea porque se centran en mitigar los impactos sobre la agricultura o porque enmarcan la gestión de la sequía en la política agrícola. No obstante, se detecta una ampliación de enfoques al empezar a incorporar los temas vinculados con la sequía no solo a través de las políticas agrarias y de gestión de recursos hídricos, sino a través de las estrategias de adaptación al cambio climático y reducción del riesgo de desastres. El abordaje de la gestión de la sequía desde el ámbito agrario sigue predominando en muchos casos para analizar los impactos, la vulnerabilidad y las medidas, recibiendo críticas al respecto (Savelli et al., 2022).

No obstante, existe una oportunidad de aunar esfuerzos y contribuir a la mejora de la coherencia de políticas relacionadas con la sequía si esta se aborda de manera transversal y coordinada desde diferentes ámbitos, lo cual se espera que resulte en una gestión de la sequía más eficaz, reduciendo así las consecuencias negativas de la sequía.

El análisis se centra en analizar cómo se gestiona la sequía en los diferentes países de la región buscando entender su nivel de desarrollo a través de los 3 pilares definidos que recogen un enfoque proactivo y de gestión del riesgo. Los tres pilares analizados presentan diferentes niveles de desarrollo. El pilar 1, sobre monitoreo y alerta temprana de la sequía, es el que presenta mayores avances en relación con los otros dos pilares, seguido del pilar 2, dirigido al análisis de la vulnerabilidad y los impactos, y del pilar 3, relacionado con las medidas de mitigación y respuesta, que cuenta con el menor nivel de desarrollo comparativamente. Esto puede deberse a distintas razones, que además pueden variar según el país considerado. Por un lado, algunos países, como Brasil, tienen una amplia tradición en el monitoreo de la sequía, mientras que otros, como Argentina, han desarrollado sus sistemas nacionales de monitoreo a través del apoyo de iniciativas internacionales o regionales lanzadas desde diferentes organizaciones y organismos internacionales para contribuir a la mejorar de las capacidades de los países respecto a los sistemas de monitoreo y alerta temprana de la sequía. Además, dado que el punto de partida para construir un sistema de gestión de la sequía proactivo es comprender las características de los eventos de sequía dentro de un territorio, la necesidad de empezar invirtiendo esfuerzos en este tipo de actividades englobadas en el pilar 1 parece obvio. Así, algunos países que tradicionalmente gestionaban la sequía mediante un enfoque de gestión de crisis o reactivo han aprovechado la oportunidad para avanzar rápidamente hacia un enfoque de gestión proactivo y han realizado grandes mejoras en el desarrollo de sus propios sistemas nacionales de monitoreo y alerta temprana en los últimos años.

Los avances logrados en el monitoreo de sequías han sido significativos y son esenciales para establecer o mejorar los sistemas de alerta temprana, donde surgen varios desafíos a los que es necesario hacer frente. En primer lugar, se debe establecer un vínculo claro entre los niveles de riesgo de sequía y las medidas establecidas para que estas sean eficaces y contribuyan a la reducción de los impactos negativos. En segundo lugar, la promoción de aplicar metodologías compartidas que permitan la comparabilidad de los datos contribuye a aumentar la utilidad de las experiencias de monitoreo de sequías a nivel regional, pudiendo aprender unas de otras e intercambiar experiencias. Es necesario tener en cuenta que ya existe una amplia literatura sobre índices de sequía (OMM y GWP, 2016), así como experiencias de monitoreo regionales. Se necesita un análisis más profundo respecto a las características, índices utilizados y los tipos de sequías cubiertos por los sistemas de monitoreo existentes actualmente en los países de la región.

En relación con los impactos de la sequía y el análisis de la vulnerabilidad incluidos en el pilar 2, surgen retos para mejorar cómo se abordan estos aspectos en la región de América del Sur, especialmente los temas de vulnerabilidad, ya que están subrepresentadas en los documentos de las políticas, así como en la literatura académica (de Azevedo Reis et al., 2020). Los impactos de la sequía pueden integrarse en los sistemas de monitoreo y alerta temprana de la sequía, pero primero las iniciativas de recolección de datos sobre impactos de las sequías deben ampliar su alcance e ir más allá del sector agrícola. También hay espacio para construir mejores bases de datos a nivel nacional o para integrar las ya disponibles, como EM-DAT o Desinventar, como fuente de información inicial sobre la que ampliar la información sobre los impactos. En el caso de Brasil, se incluyen los impactos de las sequías en una plataforma más amplia, el Sistema Integrado de Información sobre Desastres (S2ID), que incluye los impactos de otras amenazas. Sin embargo, como señalan Sutanto et al., (2019), las predicciones sobre impactos siguen faltando y los sistemas de monitoreo están lejos de poder incluir este tipo de información para gestionar el riesgo.

Del análisis se desprende la necesidad de promover la realización de investigaciones académicas para evaluar la vulnerabilidad a la sequía a nivel nacional, regional y local, enfocadas a mejorar nuestra comprensión sobre los impactos de la sequía y sus causas en el contexto particular de la región de América del Sur. Además, este tipo de información está subrepresentada en la literatura académica en comparación con otras regiones como Europa (Rossi et al., 2023) o Australia (Wilhite, Boterril y Monnik, 2005). A su vez, sería muy recomendable contar con un marco y directrices comunes para abordar las evaluaciones de la vulnerabilidad a la sequía en la región, de manera que los resultados sean consistentes y comparables. Estas investigaciones son esenciales para llenar vacíos de información existentes, así como sus implicaciones prácticas para la gestión de la sequía (Hagenlocher et al., 2019, 2023). Por lo tanto, se necesitan esfuerzos adicionales para disponer de dicha información y poderla utilizar en el proceso de toma de decisiones sobre la gestión de la sequía.

El tercer pilar, relativo a las medidas de mitigación y respuesta, es el que presenta un mayor margen de mejora, especialmente en lo que respecta a la elaboración de planes nacionales o mejora de los existentes. En estos se podría mejorar el nivel de detalle y precisión de las medidas establecidas, donde se debería incluir un vínculo claro con los estados de la sequía y su progreso o nivel de riesgo, con el fin de aumentar la eficiencia del sistema de gestión planteado. Asimismo, las medidas deben poder entenderse según su tipología (prevención, preparación, respuesta, recuperación, entre otras) y la respuesta a la sequía debe ir más allá de las cuestiones agrícolas y ampliarse a otros sectores relevantes afectados, como la salud, la industria, el turismo o la energía, entre otros. Además, surge como necesaria la inclusión de una perspectiva a largo plazo que se refleje adecuadamente en los estudios sobre sequías y las herramientas de planificación, para poder "ofrecer información útil sobre la forma en que la sociedad y el riesgo de sequía evolucionan conjuntamente a lo largo del tiempo y del espacio" (Savelli, et al 2022, p. 13), lo cual es clave para adoptar un enfoque proactivo.

Por último, es importante destacar que se han encontrado mejoras significativas hacia la adopción de un enfoque proactivo en los países de América del Sur analizados. Si bien aún hay margen de mejora, solo en un número limitado de países predomina un enfoque de gestión de crisis. Alinear los esfuerzos para abordar los ODS de la Agenda 2030, el Marco de Sendai y el Acuerdo de París sobre cambio climático contribuirá a hacer frente a los desafíos de adaptación, brindando la oportunidad de aunar esfuerzos para el desarrollo de políticas proactivas y resilientes que ayuden a superar los enfoques reactivos que siguen existiendo.

5. CONCLUSIONES

En los últimos años, los países de América del Sur han avanzado en el establecimiento de una agenda sobre políticas en gestión de sequías, creación de sistemas de monitoreo y definición de herramientas de planificación y gestión. Estos avances reflejan un mayor compromiso político y una mayor conciencia sobre la importancia de abordar los impactos de la sequía en el sector agrícola, la urgencia de hacer frente al cambio climático, y la necesidad de promover la resiliencia en las comunidades para hacer frente a las necesidades del desarrollo sostenible. Además, la sequía ha calado en la agenda de los medios de comunicación, donde le están concediendo una mayor cobertura y atención, especialmente en relación con los debates sobre el cambio climático y la reducción del riesgo de desastres. Esta creciente atención ha ayudado a integrar con más fuerza el tema de la sequía en la agenda política a nivel regional, y a promover un debate de alto nivel sobre las consecuencias negativas de las sequías y la necesidad urgente de actuar. Por lo tanto, es importante aprovechar este impulso para continuar apoyando la consolidación de las experiencias en curso y fortalecer la adopción de enfoques proactivos de gestión de la sequía en América del Sur, apostando por un mayor desarrollo de los tres pilares.

Cabe destacar la existencia de iniciativas y experiencias valiosas que promueven un enfoque proactivo para enfrentar la sequía en América del Sur, tanto a nivel nacional como internacional. Sin embargo, esos esfuerzos están algo dispersos y pueden resultar insuficientes para abordar la reducción de la vulnerabilidad y los impactos. El marco regulatorio y la información sobre sequía se encuentran incorporados en diferentes ámbitos políticos como un tema transversal, por lo que es fundamental integrar todos los avances ya logrados en las políticas nacionales de sequía para aumentar la coherencia y eficacia en la gestión de la sequía. Los esfuerzos requeridos para lograr esto son mínimos en muchos casos y valen la pena por las mejoras que se obtendrían en la gestión de las sequías en la región. Además, es clave alentar un diálogo entre los actores políticos, técnicos y sectores económicos para enriquecer el proceso de integración sugerido para el desarrollo de políticas nacionales de sequía.

Por último, es importante promover la recopilación de buenas prácticas y la gestión de conocimientos en toda la región para hacer frente a las necesidades de intercambio de experiencias y aprendizaje mutuo entre los países, lo que contribuiría a mejorar la coherencia de las políticas de sequía.

REFERENCIAS

1. Aguilar-Barajas, I., Sisto, N. P., Magaña-Rueda, V., Ramírez, A. I., & Mahlknecht, J. (2016). "Drought policy in Mexico: a long, slow march toward an integrated and preventive management model". *Water Policy*, 18(S2), pp. 107-121. Disponible en: https://doi.org/10.2166/wp.2016.116
2. Bert, F., de Estrada, M., Naumann, G., Negri, R., Podestá, G., de los Milagros Skansi, M.,... y Quesada, M. (2021). *The 2017-18 drought in the Argentine Pampas–Impacts on Agriculture*. Disponible en: https://www.preventionweb.net/files/78456_cs1.14laplataargentinafinal20210215.pdf
3. Canedo-Rosso, C., Hochrainer-Stigler, S., Pflug, G., Condori, B., & Berndtsson, R. (2021). "Drought impact in the Bolivian Altiplano agriculture associated with the El Niño–Southern Oscillation using satellite imagery data". *Natural Hazards and Earth System Sciences*, 21(3), pp. 995-1010. Disponible en: https://pure.iiasa.ac.at/17107
4. Caribbean Drought and Precipitation Monitoring Network (CDPMN). Disponible en: http://www.cimh.edu.bb/cami/files/cdpmn.pdf
5. CAZALAC. Disponible en: https://www.cazalac.org/
6. Centro Internacional para la Investigación del Fenómeno de El Niño (CIIFEN). Disponible en: https://ciifen.org/
7. Condori-Apaza, V., Mamani-Luque, O. R., Alfaro-Alejo, R., Laqui, W., & Condori, W. F. (2021). "Analysis and impact of meteorological droughts in the agriculture of Puno region", *Peru. EDP Sciences*, 304, 03002. Disponible en: https://doi.org/10.1051/e3sconf/202130403002
8. CRED (2021*). Disasters in numbers*. Brussels: CRED; 2022.
9. Crossman, N.D. (2018). *Drought resilience, Adaptation and Management Policy* (DRAMP) *Framework*. Disponible en: https://www.unccd.int/sites/default/files/relevant-links/2018-08/DRAMP_Policy_Framework.pdf
10. Dantas, J. C., da Silva, R. M., & Santos, C. A. G. (2020). "Drought impacts, social organization, and public policies in northeastern Brazil: a case study of the upper Paraíba River basin". *Environmental monitoring and assessment*, 192, pp. 1-21. Disponible en: https://doi.org/10.1007/s10661-020-8219-0
11. de Azevedo Reis, G., de Souza Filho, F. A., Nelson, D. R., Rocha, R. V., & da Silva, S. M. O. (2020). "Development of a drought vulnerability index using MCDM and GIS: study case in São Paulo and Ceará, Brazil". *Natural Hazards*, 104, pp. 1781-1799. Dipsonible en: https://doi.org/10.1007/s11069-020-04247-7
12. DESINVENTAR. Disponible en: https://db.desinventar.org/.
13. Diaz, I., Achkar, M., & Mazzeo, N. (2018). "Drought vulnerability assessment of cattle producers in the Sierras del Este-Uruguay: Interactions between actors and agents". *Outlook on Agriculture*, 47(4), pp. 315-325. Disponible en: https://doi.org/10.1177/0030727018808807
14. EM-DAT. The international disasters database (https://www.emdat.be/).
15. FAO (2019). *Proactive approaches to drought preparedness–Where are we now and where do we go from here?* Rome.
16. Fu, X., y Tang, Z. (2013). "Planning for drought-resilient communities: An evaluation of local comprehensive plans in the fastest growing counties in the US". *Cities*, 32, pp. 60-69. Disponible en: https://doi.org/10.1016/j.cities.2013.03.001

17. Gutiérrez, A. P. A., Engle, N. L., De Nys, E., Molejón, C., & Martins, E. S. (2014). "Drought preparedness in Brazil". *Weather and Climate Extremes*, 3, pp. 95-106. Disponible en: https://doi.org/10.1016/j.wace.2013.12.001
18. Hagenlocher, M., Meza, I., Anderson, C. C., Min, A., Renaud, F. G., Walz, Y., Siebert, S., & Sebesvari, Z. (2019). "Drought vulnerability and risk assessments: State of the art, persistent gaps, and research agenda". *Environmental Research Letters*, 14(8), 083002. Disponible en: https://doi. org/10.1088/1748-9326/ab225d
19. Hagenlocher, M., Naumann, G., Meza, I., Blauhut, V., Cotti, D., Döll, P.,... & Wens, M. (2023). "Tackling growing drought risks—The need for a systemic perspective". *Earth's Future*, 11(9), Disponible en: e2023EF003857.
20. Hayes, M. J., Wilhelmi, O. V., & Knutson, C. L. (2004). "Reducing drought risk: bridging theory and practice". *Natural Hazards Review*, 5(2), pp. 106-113. Disponible en: 10.1061/~ASCE!1527-6988~2004!5:2~106!
21. Heyer, J. P., Power, M. J., Field, R. D., & van Marle, M. J. E. (2018). "The impacts of recent drought on fire, forest loss, and regional smoke emissions in lowland Bolivia". *Biogeosciences*, 15(14), pp. 4317-4331. Disponible en: https://doi.org/10.5194/bg-15-4317-2018
22. Iglesias, A., Moneo, M., & Quiroga, S. (2007). Methods for evaluating social vulnerability to drought. OPTIONS Méditerranéennes. Série B: Etudes et Recherches (CIHEAM).
23. Information System on Drought for Southern South American Region - SISSA (Sistema de Información sobre Sequías para el sur de Sudamérica). Disponible en: https://sissa.crc-sas.org/.
24. Integrated Drought Management Programme (IDMP). Disponible en: https://www.drought-management.info/
25. International Drought Resilience Alliance (IDRA). Disponible en: https://www.unccd.int/international-drought-resilience-alliance
26. IPCC. (2022). In H.-O. Pörtner, D. C. Roberts, M. Tignor, E. S. Poloczanska, K. Mintenbeck, A. Alegría, et al. (Eds.), *Climate change 2022: Impacts, adaptation and vulnerability. Contribution of working group II to the sixth assessment report of the intergovernmental panel on climate change.* Cambridge University Press.
27. Knutson, C., Hayes, M., & Phillips, T. (1998). *How to reduce drought risk. University of Nebraska – Lincoln.* Disponible en: https://digitalcommons.unl.edu/cgi/viewcontent.cgi?article=1165&context=droughtfacpub
28. Kallis, G. (2008). "Droughts". *Annual review of environment and resources*, 33, pp. 85-118. Disponible en: https://doi.org/10.1146/annurev.environ.33.081307.123117
29. Kampragou, E., Apostolaki, S., Manoli, E., Froebrich, J., & Assimacopoulos, D. (2011). "Towards the harmonization of water-related policies for managing drought risks across the EU". *Environmental science & policy*, 14(7), pp. 815-824. Disponible en: https://doi.org/10.1016/j.envsci.2011.04.001
30. Lasage, R.; Muis, S.; Sardella, C.S.E.; Van Drunen, M.A.; Verburg, P.H.; Aerts, J.C.J.H. (2015). "A Stepwise, Participatory Approach to Design and Implement Community Based Adaptation to Drought in the Peruvian Andes". *Sustainability*, 7, pp. 1742-1773. Disponible en: https://doi.org/10.3390/su7021742

31. Nauditt, A., Stahl, K., Rodríguez, E., Birkel, C., Formiga-Johnsson, R. M., Kallio, M.,... y Hann, H. (2022). "Evaluating tropical drought risk by combining open access gridded vulnerability and hazard data products". *Science of the Total Environment*, 822, 153493. Disponible en: https://doi.org/10.1016/j.scitotenv.2022.153493
32. Naumann, G., Vargas, W. M., Barbosa, P., Blauhut, V., Spinoni, J., & Vogt, J. V. (2019). "Dynamics of socioeconomic exposure, vulnerability and impacts of recent droughts in Argentina". *Geosciences*, 9(1), 39. Disponible en: https://doi.org/10.3390/geosciences9010039
33. Núñez Cobo, J. y K. Verbist (Eds.). (2018). *Atlas de Sequía de América Latina y el Caribe*. UNESCO y CAZALAC.
34. Olivares, B., Cortez, A., Lobo, D., Parra, R., Rey, J., & Rodriguez, M. (2017). "Evaluation of agricultural vulnerability to drought weather in different locations of Venezuela". *Revista de la Facultad de Agronomía, Universidad del Zulia*, 34(1), pp. 103-129.
35. Ortega-Gaucin, D., Pérez, M. L., & Cortés, F. A. (2016). "Drought risk management in Mexico: Progress and challenges". *International Journal of Safety and Security Engineering*, 6(2), pp. 161-170. Disponible en: http://hdl.handle.net/20.500.12013/2086
36. Paredes-Trejo, F., Olivares, B. O., Movil-Fuentes, Y., Arevalo-Groening, J., & Gil, A. (2023). "Assessing the Spatiotemporal Patterns and Impacts of Droughts in the Orinoco River Basin Using Earth Observations Data and Surface Observations". *Hydrology*, 10(10), 195. Disponible en: https://doi.org/10.3390/hydrology10100195
37. Rossi, L., Wens, M., De Moel, H., Cotti, D., Sabino Siemons, A., Toreti, A., Maetens, W., Masante, D., Van Loon, A., Hagenlocher, M., Rudari, R., Naumann, G., Meroni, M., Avanzi, F., Isabellon, M. and Barbosa, P., European Drought Risk Atlas, "Publications Office of the European Union", Luxembourg, 2023.
38. Savelli, E., Rusca, M., Cloke, H., & Di Baldassarre, G. (2022). "Drought and society: Scientific progress, blind spots, and future prospects". *Wiley Interdisciplinary Reviews: Climate Change*, 13(3), e761. Disponible en: https://doi.org/10.1002/wcc.761
39. Sena, A., Barcellos, C., Freitas, C., & Corvalan, C. (2014). "Managing the health impacts of drought in Brazil". *International journal of environmental research and public health*, 11(10), 10737-10751. Disponible en: https://doi.org/10.3390/ijerph111010737
40. Solano-Hernández, A., Bruzzone, O., Groot, J., Laborda, L., Martínez, A., Tittonell, P., & Easdale, M. H. (2020). "Convergence between satellite information and farmers' perception of drought in rangelands of North-West Patagonia, Argentina". *Land Use Policy*, 97, 104726. Disponible en: https://doi.org/10.1016/j.landusepol.2020.104726
41. Stahl, K., Kohn, I., Blauhut, V., Urquijo, J., De Stefano, L., Acácio, V.,... & Van Lanen, H. A. (2016). "Impacts of European drought events: insights from an international database of text-based reports". *Natural Hazards and Earth System Sciences*, 16(3), pp. 801-819. Disponible en: https://doi.org/10.5194/nhess-16-801-2016
42. Sutanto, S. J., van der Weert, M., Wanders, N., Blauhut, V., & Van Lannen, H. A. J. (2019). "Moving from drought hazard to impact forecasts". *Nature Communications*, 10(1), 4945. Disponible en: https://doi.org/10.1038/s41467-019-12840-z
43. Thomasz, E. O., Vilker, A. S., Pérez-Franco, I., & García-García, A. (2023). "Impact valuation of droughts in soybean and maize production: the case of Argentina". *International Journal*

of Climate Change Strategies and Management. Disponible en: https://doi.org/10.1108/IJCCSM-11-2022-0139

44. UNCCD (2022). *Drought in numbers 2022*. Disponible en: https://www.unccd.int/sites/default/files/2022-05/Drought%20in%20Numbers.pdf.
45. UNCCD (2023). *Global drought snapshot 2023. The need for proactive action*. Disponible en: https://www.unccd.int/sites/default/files/202312/Global%20drought%20snapshot%202023.pdf.
46. UNISDR (2009) *Drought Risk Reduction Framework and Practices Contributing to the Implementation of the Hyogo Framework for Action United Nations secretariat of the International Strategy for Disaster Reduction* (UNISDR), Geneva, Switzerland. Disponible en: https://www.unisdr.org/files/11541_DroughtRiskReduction2009library.pdf.
47. UNISDR (2021). *GAR Special Report on Drought 2021*. Geneva. Disponible en: https://www.undrr.org/publication/gar-special-report-drought-2021.
48. Van Loon, A. F., Stahl, K., Di Baldassarre, G., Clark, J., Rangecroft, S., Wanders, N., Gleeson, T., Van Dijk, A. I., Tallaksen, L. M., Hannaford, J., & Uijlenhoet, R. (2016). "Drought in a 240 human-modified world: Reframing drought definitions, understanding, and analysis approaches". *Hydrology and Earth System Sciences*, 20(9), pp. 3631–3650. Disponible en: https://doi.org/10.5194/hess-20-3631-2016
49. Vogt, J.V., Naumann, G., Masante, D., Spinoni, J., Cammalleri, C., Erian, W., Pischke, F., Pulwarty, R., Barbosa, P. (2018). *Drought Risk Assessment. A conceptual Framework*. EUR 29464 EN, Publications Office of the European Union, Luxembourg.
50. Walsh-Dilley, M. (2020). "Resilience compromised: Producing vulnerability to climate and market among quinoa producers in Southwestern Bolivia". *Global Environmental Change*, 65, 102165. Disponible en: https://doi.org/10.1016/j.gloenvcha.2020.102165
51. Weng, W., Becker, S. L., Lüdeke, M. K., & Lakes, T. (2020). "Landscape matters: Insights from the impact of mega-droughts on Colombia's energy transition". *Environmental Innovation and Societal Transitions*, 36, pp. 1-16. Disponible en: https://doi.org/10.1016/j.eist.2020.04.003
52. Wilhite, D. A., Hayes, M. J., Knutson, C., & Smith, K. H. (2000). "Planning for Drought: Moving From Crisis to Risk Management". *JAWRA Journal of the American Water Resources Association*, 36(4), pp. 697-710. Dipsonible en: https://doi.org/10.1111/j.1752-1688.2000.tb04299.x
53. Wilhite, D. A., Botterill, L., & Monnik, K. (2005). "National drought policy: lessons learned from Australia, South Africa, and the United States". *Drought and Water Crises: Science, Technology and Management Issues. CRC Press*, Boca Raton, pp. 137-172.
54. Wilhite, D. A., Sivakumar, M. V., & Pulwarty, R. (2014). "Managing drought risk in a changing climate: The role of national drought policy". *Weather and climate extremes*, 3, pp. 4-13. Disponible en: https://doi.org/10.1016/j.wace.2014.01.002
55. World Meteorological Organization (WMO) and Global Water Partnership (GWP) (2016): *Handbook of Drought Indicators and Indices* (M. Svoboda and B.A. Fuchs), Integrated Drought Management Programme (IDMP), Integrated Drought Management Tools and Guidelines Series 2. Geneva.

56. World Meteorological Organization (WMO) and Global Water Partnership (GWP) (2014) National Drought Management Policy Guidelines: A Template for Action (D.A. Wilhite). Integrated Drought Management Programme (IDMP) Tools and Guidelines Series 1. WMO, Geneva, Switzerland and GWP, Stockholm, Sweden.
57. Zuleta, D., Duque, A., Cardenas, D., Muller Landau, H. C., & Davies, S. J. (2017). "Drought induced mortality patterns and rapid biomass recovery in a terra firme forest in the Colombian Amazon". *Ecology*, 98(10), 2538-2546. Disponible en: https://doi.org/10.1002/ecy.1950

Anexo – Documentos relacionados con la sequía por país

Argentina

- Ministerio de Agricultura, Ganadería y Pesca (2022). Protocolo Interinstitucional de Gestión de Información ante la amenaza de sequías en el territorio argentino. 17p.
- Ministerio de Ambiente y Desarrollo Sostenible (2020). Reporte final sobre las bases para una estrategia nacional de adaptación y mitigación de los efectos de la sequía en la República Argentina. 207p.
- Ministerio de Ambiente y Desarrollo Sostenible (2022). Plan Nacional de Adaptación y Mitigación al Cambio Climático.
- Sistema de Información sobre Sequías para el Sur de Sudamérica (2023). Plan de Acción para la reducción de riesgo de sequías en Argentina. Documento Final. Documento elaborado por Maria Soledad Ordoqui. 54p.
- Sistema Nacional para la Gestión Integral del Riesgo (2017). Plan Nacional para la Reducción del Riesgo de Desastres 2018-2023 (PNRRD). Ministerio de Seguridad de la Nación,
- Sistema Nacional para la Gestión Integral del Riesgo (2023).Plan Nacional para la Reducción del Riesgo de Desastres 2024-2030. Ministerio de Seguridad de la Nación, Noviembre 2023, 133p.
- Secretaría de Gobierno de Ambiente y Desarrollo Sustentable (2021). Programa de Acción Nacional de Lucha contra la Desertificación y Mitigación de los Efectos de la Sequía (PAN) Actualizado a la meta 2030. 126p.

Bolivia

- Ministerio de Desarrollo Rural y Tierras (2017). Estrategia Nacional de gestión de riesgo agropecuario y adaptación al cambio climático para una agricultura resiliente (2017-2020). La Paz, Bolivia 2018. 102p.
- MMA, MDRyT, MD (2022). Plan Plurinacional de Respuesta Inmediata a la Sequía. La Paz, Bolivia, noviembre 2022. 96 págs.
- Viceministerio de Defensa Civil (2023). Reporte Nacional de Afectación por la Sequía 2023.
- Servicio Nacional de Meteorología e Hidrología (SENAMHI) (2020) Monitor de la Sequía de Bolivia. Disponible en http://monitorsequias.senamhi.gob.bo/#/
- Gobierno de Bolivia (2023). Planes Maestros Metropolitanos de Agua Potable y Alcantarillado Sanitario.

- Gobierno de Bolivia (2023). Planes de contingencia de desastres y/o emergencias locales.
- Gobierno de Bolivia (2023) (2020). Plan Agua para Vivir Bien.

Brasil

- National Plan on Risk Management and Response to Natural Disasters (2012–2014)
- National Climate Change Policy (PNMC)
- National Action Program to Combat Desertification and Mitigate the Effects of Drought (PAN-Brazil 2004)

Colombia

- Unidad Nacional para la Gestión del Riesgo de Desastres (2022). Plan Nacional de Contingencia para la primera temporada seca de 2022 con Condición Fenómeno La Niña. Periodo del plan 01/02/2022-14/03/2022). Bogotá D.C., Colombia 2022. 123p.
- Unidad Nacional para la Gestión del Riesgo de Desastres (2014). Plan Nacional de Gestión del Riesgo de Desastres-PNGR 2015-2025
- Gobierno de Colombia (2021). Estrategia Climática de Largo Plazo de Colombia E2050. Estrategia climática de largo plazo de Colombia E2050 para cumplir con el Acuerdo de París. 137p.
- Gobierno de Colombia (2018). Estrategia Nacional para la Gestión Integral de la Sequía en Colombia. 79p.
- Unidad Nacional para la Gestión del Riesgo de Desastres (2022). Plan Nacional de Contingencia Primera Temporada Seca
- Gobierno de Colombia (2012). Plan Nacional de Adaptación al Cambio Climático. 100p.
- Ministerio de Ambiente, Vivienda y Desarrollo Territorial (2004). Plan Nacional de lucha contra la Desertificación y la Sequía en Colombia (PAN). Bogotá D.C., Colombia 2022. 176p.
- Unidad Nacional para la Gestión del Riesgo de Desastres (2016). Sistema de alerta temprana seguida en el Fenómeno El Niño 2014 – 2016.
- Unidad Nacional para la Gestión del Riesgo de Desastres (2012). Política Nacional de Gestión de Riesgos de Desastres.

Ecuador

- República del Ecuador. Ministerio del Ambiente (2012). Estrategia Nacional de Cambio Climático 2012-2025. 153Pp.
- Ministerio del Ambiente, Agua y Transición Ecológica (2021). Plan Nacional de Sequía 2021-2025. Juntos construyendo resiliencia. 172p.
- Secretaría de Gestión de Riesgos (2018). Plan Nacional de Respuesta ante Desastres. 446p.
- Ministerio del Medio Ambiente (2004). Plan de Acción Nacional para la Lucha contra la Desertificación, Degradación de Tierras y Sequía (PAND)

Guyana

- Epstein, M. (2015). Guyana Drought Early Warning System Protocol. Guyana Land and Surveys Commission (GLSC) and United Nations Development Programme (UNEP). 37p.

- Guyana Land and Surveys Commission and Co-operative Republic of Guyana (2020). Guyana's National Drought Mitigation and Adaptation Plan. July 2020, 133p.
- Office for climate Change (2019). National Climate Change Policy and Action Plan (2020-2030). Draft 2.0. May 14, 2019.

Perú

- Ministerio de Agricultura (2012). Plan Nacional de Gestión de Riesgo y Adaptación al Cambio Climático en el Sector Agrario, periodo 2012 - 2021 (PLANGRACC-A). Lima, Perú. 98p.
- Ministerio de Ambiente (2015). Estrategia Nacional ante el Cambio Climático (ENCC). Perú. 88p.
- Ministerio de Ambiente (2016) Estrategia Nacional de Lucha contra la Desertificación y la Sequía (ENLCDS) 2016-2030.

Paraguay

- Benítez, V.C.D (2016). Caracterización de la sequía en el Paraguay mediante la utilización del SPI. CONACYT. 90p.
- Ministerio de Agricultura y Ganadería & FAO (2016). Plan Nacional de GRD y adaptación al Cambio Climático del Sector Agrícola 2016-2022. Asunción, 2016. 80p.
- SEAM, PNUD, FMAM. (2017). Plan Nacional de Adaptación al Cambio Climático. Proyecto TCN e IBA. Asunción, Paraguay. 160p.
- SEAM, PNUD (2017). Plan Nacional de Mitigación al Cambio Climático y Programa de Acción. Paraguay. 166p.
- Ministerio del Ambiente y Desarrollo Sostenible (2017). Plan de Acción Nacional de Lucha contra la Desertificación y Sequía de la República del Paraguay 2018-2030
- Gauto Ortigoza, J (2019). Bases para la Estrategia Nacional de Sequía de Paraguay. Ministerio del Ambiente y Desarrollo Sostenible, Paraguay. 87p.
- PNUD (2022). Informe: Paraguay, impactos económicos y sociales de la sequía. Asunción, Paraguay. 33p.
- Dirección de Agua Potable y Saneamiento (2023). Plan Nacional de Agua Potable y Saneamiento.
- Presidencia de la República del Paraguay (2014). Plan Nacional de Desarrollo Paraguay 2030 (Decreto N° 2.794).
- Ministerio de Agricultura y Ganadería, IICA (2017). Manual Básico de gestión integral de riesgos Agroclimáticos de Paraguay.

Uruguay

- República Oriental del Uruguay (2020). Sistema Nacional de Emergencia. Reglamento de la ley 18.621.
- Cardona, O.D., Bernal, G., Escovar, M.A., Gonzáles, D., Grajales, S., Marulanda, P., Molina, J., Rincón, D., y Villegas, C. (2020). Uso de datos masivos para la eficiencia del Estado y la integración regional. Compendio de mapas de riesgo de Uruguay. Preparado para Fundación Ricaldoni. INGENIAR Risk Intelligence Ltda. Bogotá Plan Nacional de Aguas 2017 (2017)
- Sistema Nacional Ambiental (2017). Política Nacional de Cambio Climático. 32p.

- Ministerio de Agricultura, Ganadería y Pesca (2015). Estrategia de Fomento del Desarrollo de la Agricultura Regada en Uruguay. 38p.
- Gobierno de Uruguay (2005). Plan de Acción Nacional de Lucha contra la Desertificación y la Sequía - PAN

VENEZUELA

- Asamblea Nacional de la República Bolivariana de Venezuela (2009). Ley Orgánica del Ambiente (Ley No. 5.833)
- Ministerio del Poder Popular para el Ecosocialismo (2019). Estrategia Nacional Neutralidad en la Degradación de las Tierras (NDT), hacia el 2030, Informe final.
- Universidad de los Andes (2019). Índice de Áreas Ambientalmente Sensibles a la Desertificación (IAASD), parroquia San Juan, Mérida, Venezuela.
- Franklin Paredes, Universidad de Carabobo (2012). Sistema para la Alerta Temprana de Sequías Meteorológicas en Venezuela. Tesis Doctoral.
- Ministerio del Ambiente y de los Recursos Naturales (2000). Informe Nacional sobre la Implementación de la Convención de Naciones Unidas de Lucha contra la Desertificación y Mitigación de la Sequía.

Capítulo 9
GOBERNANZA Y GESTIÓN DE SEQUÍA EN ESPAÑA. NUEVAS HERRAMIENTAS Y RETOS PENDIENTES

JESÚS VARGAS-MOLINA Y PILAR PANEQUE-SALGADO

Resumen. La sequía es un fenómeno natural y recurrente en España. Los modelos de cambio climático predicen un aumento en la frecuencia e intensidad de este riesgo en el futuro. Por lo tanto, las estrategias de gestión de sequías deben cambiar de un paradigma de gestión de crisis a un paradigma de gestión de riesgos basado en la anticipación, la prevención y la mitigación. Se han producido importantes avances en este sentido, principalmente a través de la obligatoriedad de elaborar planes de sequía tanto a nivel de demarcaciones hidrográficas como para los sistemas de abastecimiento urbano. Sin embargo, el modelo de gestión del agua tiende a aumentar la presión sobre los recursos hídricos, lo que genera una mayor vulnerabilidad de los sistemas para soportar un periodo de sequía. Este capítulo repasa los avances en la política y gobernanza de la sequía en España, analiza y evalúa las principales herramientas de gestión y realiza un análisis crítico de los avances y retos pendientes para una adecuada gestión preventiva del riesgo de sequía en España.

Palabras clave. Sequía, gestión de riesgos, gestión de crisis, planes de sequía, herramientas de gestión de sequías, España.

1. INTRODUCCIÓN

La sequía es, junto con las inundaciones, el riesgo que se da con mayor frecuencia y además el que más impactos socioeconómicos genera. Los modelos de cambio climático regionalizados para España pronostican una disminución en la disponibilidad de recursos hídricos, que se agravará a medida que avanza el siglo XXI, y un aumento en la frecuencia e intensidad de las sequías (Centro de Estudios y Experimentación de Obras Públicas, CEDEX, 2017). La gestión y gobernanza de este riesgo es, por tanto, uno de los principales desafíos a los que se enfrenta España en el contexto actual de cambio climático.

Para abordar los retos que presenta la gestión de este riesgo conviene diferenciar entre la sequía como fenómeno natural y la sequía como riesgo. La sequía como fenómeno natural se define como un periodo de descenso temporal de las precipitaciones en un área determinada respecto a los valores considerados como normales (Wilhite, 2000). Este fenómeno natural es recurrente y condigno a las condiciones climáticas de

España (Pita, 2007). Cuando este descenso natural y temporal de las precipitaciones puede generar problemas para atender las diferentes demandas de agua, se convierte en un riesgo que hay que gestionar. Sin embargo, esta transición de fenómeno natural (sequía meteorológica) a riesgo es un proceso complejo, que se hace evidente a diferentes escalas temporales (sequía edáfica, hidrológica y/o socioeconómica) y espaciales, que estará determinado no solo por la frecuencia, duración y magnitud del descenso de precipitaciones, sino también por la forma de gestionar los recursos hídricos y el desarrollo de estrategias y herramientas para hacer frente a este tipo de eventos, que determinan la vulnerabilidad de los diferentes sistemas ante el inicio del periodo de sequía y la capacidad de respuesta cuando el fenómeno aparece.

El interés del estudio de la sequía en el campo de los riesgos naturales radica en las consecuencias que la anomalía de las precipitaciones puede tener sobre la sociedad o el medio ambiente cuando el episodio de descenso de precipitaciones no se limita a una mengua de los totales pluviométricos, sino que repercute en los volúmenes de agua necesarios para el mantenimiento de cultivos, el abastecimiento de agua potable y la conservación de los ecosistemas (Morales Gil et al., 2000). Es el carácter coyuntural y anómalo el que otorga a la sequía su capacidad para generar perjuicios, ya que supone una ruptura de las condiciones normales (Pita, 1989). Sin embargo, en el contexto español, la sequía es un fenómeno coyuntural que forma parte de la normalidad climática de España, al ser una característica inherente de esta. Los episodios más severos en términos de pérdidas económicas que afectaron a casi la totalidad del país son los de 1941-45, 1979-83, 1990-95, 2004-08, 2015-2018 y 2020-23. En este contexto, es fundamental percibir y asumir la normalidad de la ocurrencia de periodos de sequía e integrarla en la gestión ordinaria de los recursos hídricos, para reducir la vulnerabilidad de los sistemas frente a la aparición de este tipo de fenómenos (Vargas y Paneque, 2019).

El riesgo de sequía presenta una serie de características que la diferencian de otros riesgos de origen natural y que plantean importantes dificultades para su gestión: los efectos de una sequía pueden acumularse durante largos periodos de tiempo y persistir durante muchos años; los límites temporales y espaciales de la sequía a menudo pueden ser difíciles de determinar, los impactos de la sequía rara vez resultan en daños estructurales, por lo que la cuantificación del impacto es mucho más difícil (Wilhite, 1985, 2000; Wilhite et al., 2014). Además, la alteración del ciclo hidrológico por parte del ser humano dificulta la atribución de la sequía únicamente a las características meteorológicas que inciden en la frecuencia e intensidad del descenso de precipitaciones. Estas características particulares de la sequía como fenómeno de riesgo colocan las estrategias para su gestión en el marco de procesos de percepción e interpretación social.

Para comprender los retos que enfrenta España en relación con la gestión y gobernanza del riesgo de sequía es necesario considerar previamente la caracterización del fenómeno climático, sus diferencias espaciales y sus proyecciones a futuro, así como contextualizar las herramientas de gestión en el marco más amplio sobre la gestión y planificación de los recursos hídricos en el que se insertan. Así, en este capítulo, en primer lugar, se presenta una caracterización climática del país en relación con el régimen de precipitaciones y sequías, que incluye los efectos previsibles del cambio climático para las variables determinantes del fenómeno. En segundo lugar, se aborda un análisis sobre el modelo de gestión y explotación de los recursos hídricos y las implicaciones que este modelo tiene sobre la vulnerabilidad de los sistemas para soportar un periodo de descenso de precipitaciones. Posteriormente, se presentan y analizan los diferentes planes de sequía que desde 2007 se han venido implementando en España como herramienta principal para prevenir y mitigar los impactos. Por último, se incluye una discusión sobre los avances y los retos pendientes que presenta España para lograr una efectiva gestión y gobernanza del riesgo de sequía.

2. UN FENÓMENO NATURAL Y RECURRENTE EN UN CONTEXTO DE VARIABILIDAD CLIMÁTICA

La distribución de las precipitaciones en España se caracteriza por su variabilidad e irregularidad interanual, la elevada diversidad de regímenes pluviométricos estacionales y una compleja distribución espacial (Martín-Vide, 1996). En España llueve una media de 650 mm al año (serie de referencia 1981-2010). Sin embargo, el nivel de precipitaciones presenta una marcada variabilidad interanual en la que de forma natural se alterna una sucesión habitual de uno o varios años húmedos seguidos de uno o más años secos. A esto se añade una importante variabilidad espacial de las precipitaciones en España, con las regiones del noroeste recibiendo una precipitación superior a los 800 mm anuales y algunas regiones del sureste que apenas alcanzan los 250 mm anuales de precipitación acumulada (**Figura 9.1**).

Además, las precipitaciones en España tienen una marcada estacionalidad, produciéndose la mayoría de estas en los meses de otoño y primavera, con una acentuada ausencia de precipitaciones durante los meses de verano (**Figura 9.2**).

Esta irregularidad responde, por un lado, a la posición latitudinal que ocupa la Península Ibérica en la transición entre dos zonas climáticas distintas, la atlántica y la mediterránea y, por otro, a su extensión territorial y diferente orografía (Gil Olcina y Olcina, 2000). En este contexto de irregularidad, la aparición de fenómenos de sequía meteorológica es un hecho natural y recurrente en el clima mediterráneo, también con diferentes variaciones temporales y espaciales que afectan de forma desigual a los distintos territorios del país. Los factores que determinan la ocurrencia de sequías meteorológicas en España son complejos. Influenciadas tanto por factores vinculados con procesos hidroatmosféricos, como por factores geográficos como la disposición del relieve o la altitud, todas las regiones españolas sufren con mayor o menor intensidad y frecuencia episodios de sequías meteorológicas con un diferente significado territorial (Olcina, 2008).

En España existen fuertes diferencias espaciales en la frecuencia, la duración media y magnitud de los eventos de sequía, pero, en general, existe un gradiente norte-sur. Los episodios de sequía son más frecuentes en el norte en comparación con el centro y sur. Sin embargo, los episodios en el centro y sur tienden a ser de una mayor duración y magnitud (Domínguez-Castro et al., 2019; Vicente-Serrano et al., 2022). Los posibles impactos de los diferentes episodios de sequía están determinados por la escala de tiempo

Figura 9.1

Distribución anual (1961-2022) de la precipitación media anual en España

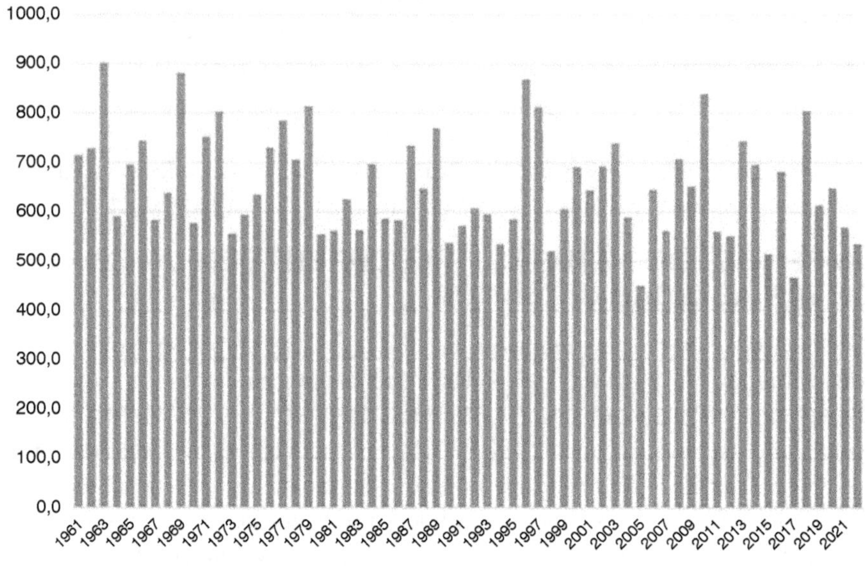

Fuente: Agencia Estatal de Meteorología (AEMET), 2022.

Figura 9.2

Distribución espacial (1981-2010) de la precipitación media anual en España

Fuente: Agencia Estatal de Meteorología (AEMET), 2022.

en la que se evalúa la sequía. De esta forma, las primeras consecuencias del descenso de precipitaciones se manifiestan en la falta de disponibilidad de humedad del suelo (sequía agronómica) con afecciones inmediatas sobre la vegetación, los cultivos de secano y las explotaciones ganaderas. Si el déficit de precipitaciones se prolonga en el tiempo, empiezan a descender los niveles de reservas naturales y artificiales, tanto superficiales como subterráneas, dando lugar a una sequía hidrológica. En ambos casos, si la escasez hídrica supone impactos económicos, ambientales o sociales se puede hablar de sequía socioeconómica. La sequía meteorológica está en el origen de los otros tipos de sequía, en los que se introduce la componente humana (que demanda y gestiona los recursos). Mientras que las sequías meteorológicas están causadas por factores naturales, las sequías hidrológicas, agronómicas y socioeconómicas son resultado de la combinación de factores ambientales y socioeconómicos (UNISDR, 2009). Es en este punto cuando el evento natural, el descenso coyuntural de las precipitaciones, puede derivar en un riesgo, al limitar la capacidad de las sociedades para satisfacer las demandas. El tiempo de respuesta con respecto a las condiciones meteorológicas precedentes es muy variable entre regiones y cuencas, y depende principalmente de las características fisiográficas de la cuenca (geología, topografía, suelos y vegetación), las condiciones meteorológicas precedentes (tasas de evapotranspiración, cobertura de nieve e intensidad de lluvia) y las estrategias de gestión del agua (Lorenzo-Lacruz et al., 2013; Vicente-Serrano & López-Moreno 2005). En España se identifican dos tipos de respuesta principales de la sequía hidrológica frente a la sequía meteorológica: en la zona norte se observa un patrón de respuesta que indica una mayor sensibilidad hidrológica a escalas temporales cortas, mientras que en la zona central y meridional se observa una respuesta sostenida que implica mayor sensibilidad a las sequías meteorológicas a escalas temporales más largas (Lorenzo-Lacruz et al., 2013).

Sobre los cambios previsibles en el régimen de sequías en el futuro, el sexto informe del IPCC (2023) viene a corroborar con un mayor nivel de confianza que su predecesor, que las sequías serán cada vez más frecuentes, más severas, más duraderas y cubrirán más territorio. Especialmente, la zona mediterránea ha experimentado en las últimas décadas sequías meteorológicas e hidrológicas más frecuentes y severas, lo que está en línea con la tendencia esperada hacia una alta frecuencia de periodos de sequía en un futuro clima más cálido.

Existen grandes incertidumbres a la hora de estimar los impactos del cambio climático sobre los recursos hídricos y las sequías. Por un lado, la incertidumbre asociada a las diferentes proyecciones de emisiones de Gases de efecto invernadero (GEI), que presentan diferentes escenarios sobre variables como la precipitación y la temperatura. Por otro, la multitud de factores hidrometeorológicos y antrópicos que interactúan en el ciclo del agua dificulta el establecimiento de relaciones directas entre la variabilidad climática y las variables hidrológicas (por ejemplo, caudal, niveles de lagos, tasas de almacenamiento de embalses, etc.) (Räisänen, 2007; Raje y Mujumdar, 2010; Alkama et al., 2011).

En el caso español, la AEMET ha realizado una regionalización de los escenarios climáticos de los Representative Concentration Pathways (RCP) 4.5, 6.0 y 8.5 derivados del quinto informe del IPCC (2014) y en base a ellos el Centro de Investigación y Experimentación de Obras Públicas (CEDEX) publicó en el año 2017 el informe “Evaluación de los efectos del cambio climático sobre los recursos hídricos y las sequías en España". Este informe evalúa la posible evolución futura de diferentes variables hidrológicas (precipitación, escorrentía, recarga de acuíferos y evapotranspiración potencial) para los escenarios RPC4.5 y RP8.5 a las escalas temporales 2010-2040, 2040-2070 y 2070-2100. A pesar de las incertidumbres asociadas, se muestra una tendencia generalizada hacia una reducción de las precipitaciones (entre -2% y - 4% para 2010-2040, -6% y -8% para 2040-2070 y -7% y -14% para 2070-2100), un descenso de la escorrentía (entre -3% y -7% para 2010-2040, -11% y -14% para 2040-2070 y -13 y -24% para 2070-2010), un descenso en la recarga de acuíferos (entre -3% y -7% para 2010-2040, -11% y -14% para 2040-2070 y -13% y -24% para 2070-2010) y un aumento de la evapotranspiración potencial, por efecto del aumento de la temperatura (entre 3% y 4% para 2010-2040, 7% y 10% para 2040-2070 y 9% y 12% para 2070-2100). Por tanto, hay una tendencia hacia la reducción de los recursos hídricos, que se agravará conforme avance el siglo XXI, y que será más intensa en el sur peninsular y en los archipiélagos, así como hacia una menor reducción de recursos, o incluso aumento, en algunas zonas del este peninsular. La **Tabla 9.1** presenta los resultados regionalizados por demarcaciones hidrográficas sobre

Tabla 9.1

Cambios en los recursos disponibles para los escenarios RCP 4.5 y RCP 8.5 en las demarcaciones hidrográficas españolas (periodo 2010-2040) en relación con la serie histórica de referencia 1940-2006

Demarcación hidrográfica	RCP 4.5	RCP 8.5
Miño-Sil	-3%	-7%
Cantábrico occidental	-2%	-6%
Cantábrico oriental	-4%	-8%
Duero	-5%	-10%
Tajo	-5%	-10%
Guadiana	1%	-5%
Guadalquivir	0%	-7%
Segura	3%	-4%
Júcar	-8%	-15%
Ebro	-1%	-15%
Cuencas mediterráneas andaluzas	1%	-7%
Tinto-Odiel-Piedras	3%	-7%
Guadalete-Barbate	3%	-4%
Cuencas internas de Catalunya	7%	-3%
Galicia costa	-4%	-7%
Cuencas internas del País Vasco	-4%	-8%
Islas Baleares	-29%	-36%
Canarias	-12%	-20%

Fuente: CEDEX, 2017.

los cambios previsibles en la escorrentía superficial para los escenarios RCP 4.5 Y RCP 8.5 en relación con la serie histórica de referencia 1940-2006.

El escenario RCP 4.5 arroja un panorama más optimista, con reducciones más importantes en las demarcaciones del norte y centro peninsular de vertiente atlántica, destacando las reducciones más importantes en los archipiélagos balear y canario. Para el escenario RCP 8.5 se prevé una reducción de los recursos mucho más agravada, donde nuevamente destacan los descensos de los dos archipiélagos y las demarcaciones de vertiente mediterránea del Ebro y del Júcar.

En relación con el régimen de sequías, el informe evalúa los previsibles cambios para sequías de dos y cinco años de periodo de retorno. La mayoría de las proyecciones climáticas muestran un futuro en el que las sequías serían más frecuentes, agravándose también a medida que avanza el siglo XXI. Para el RCP 4.5, las sequías de dos años de duración serán más frecuentes (menor periodo de retorno para un mismo déficit) en el 2010-2040 y 2040-2070 (tres proyecciones) con mayor incertidumbre para 2070-2100. Lo mismo ocurre con las sequías de cinco años de duración. Para el escenario RCP 8.5 se aprecian pocas diferencias con respecto al RCP 4.5, si bien las sequías tenderían a ser más frecuentes para el escenario RCP 8.5, sobre todo para los últimos periodos del siglo XXI. Respecto a la distribución espacial de las sequías en el futuro, todos los escenarios apuntan al aumento en la frecuencia a medida que avanza el siglo XXI en todas las demarcaciones hidrográficas españolas. Este aumento en la frecuencia de las sequías será menos acusado en el norte y más importante en las demarcaciones hidrográficas centrales y del sur y sureste peninsular.

3. LA SEQUÍA EN EL MARCO DE LA GESTIÓN DEL AGUA EN ESPAÑA

La irregularidad espacial, interanual y estacional de las precipitaciones y la frecuente aparición de periodos de sequía meteorológica en España ha servido de pretexto para fomentar una política hidráulica de intervención sobre los recursos hídricos mediante la construcción de grandes infraestructuras hidráulicas que permitieran el almacenamiento, la regulación y los trasvases de agua de unas zonas a otras (Del Moral et al., 2003). Esta política hidráulica, que se ha desarrollado desde el siglo XIX, sitúa a España como el tercer país europeo con mayor número de barreras fluviales, con un total de 171.203, según el proyecto *Adaptive Management of Barriers in European Rivers* (Amber Barrier Atlas, 2024),de las cuales más de 1.200 son presas y embalses de regulación con una capacidad total para el conjunto del país de 56.000 hm^3, lo que supone aproximadamente el 50% del caudal fluvial del país (MITERD, 2023), aún con marcadas diferencias territoriales. En la **Figura 9.3** se muestra la distribución espacial de los embalses, la capacidad de regulación de cada una de las demarcaciones hidrográficas y la distribución espacial de los canales y trasvases de agua.

La mayor capacidad de regulación se encuentra en las demarcaciones hidrográficas del centro y sur peninsular, dada la mayor irregularidad de las precipitaciones en estas

Figura 9.3
Capacidad de regulación y distribución de embalses (izquierda) y canales (derecha)

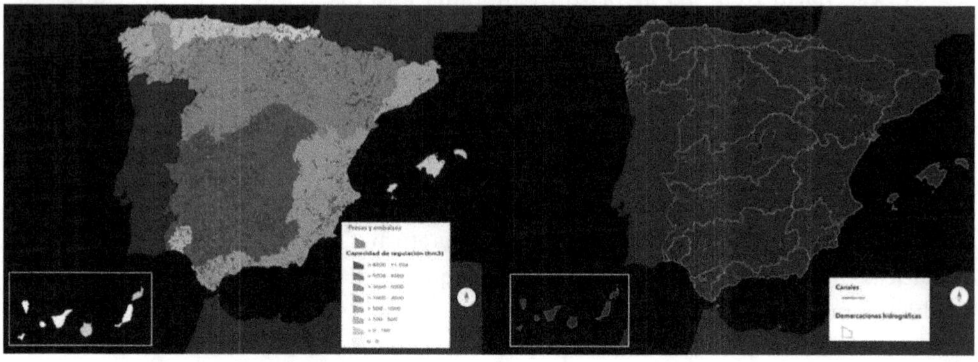

Fuente: Elaboración propia a partir de MITERD, 2023.

zonas. Además, la mayor longitud y una orografía más favorable para la construcción de grandes presas y embalses de los ríos de vertiente atlántica permiten una mayor capacidad de regulación que los de vertiente mediterránea y cantábrica, con la excepción del Ebro.

Esta red de infraestructuras ha constituido tradicionalmente un motor de la economía española, generando, mediante la regulación de los recursos hídricos, grandes beneficios en diversos sectores como el regadío, el abastecimiento a la población, la generación hidroeléctrica y la industria turística, entre otras. Ha permitido alterar significativamente la respuesta hidrológica natural a las sequías meteorológicas, retrasando los impactos de los déficits de precipitación en escalas de tiempo prolongadas, especialmente en aquellas demarcaciones hidrográficas que cuentan con mayor capacidad de regulación. También desde mediados del siglo XX se ha producido un importante aumento del uso de las aguas subterráneas, especialmente en el sur y sureste español, que ha permitido la extensión del regadío y el sector turístico de estas zonas (Estela y Vargas, 2016). Si bien este uso ha fomentado el desarrollo social y económico de algunas zonas, también se asocia con graves problemas de contaminación y sobreexplotación de acuíferos, repercutiendo en los ecosistemas asociados.

Este modelo empieza a ser cuestionado a principios de siglo XXI a la vista de las externalidades ambientales, económicas y sociales que supone. A esto se añade la experiencia de la sequía de 1991-1995, que afectó a gran parte del país, en la que hubo restricciones a miles de hectáreas de riego y cortes de suministro para abastecimiento humano a más de diez millones de personas, además de graves efectos medioambientales que nunca fueron contabilizados. La crisis abierta por la sequía de los noventa inició un importante periodo de reflexión y debate sobre la presión ejercida sobre los recursos hídricos, sobre los ritmos de crecimiento de la superficie de riego y sobre los patrones de respuesta al riesgo. A este debate se ha incorporado más recientemente, aunque con ciertas reticencias todavía, los efectos del cambio climático sobre los recursos hídricos y las sequías. Así, el debate actual sobre las políticas del agua en España se caracteriza por el camino hacia una transición hidrológica desde un paradigma tradicional, dominado por la intervención sobre los sistemas hidrológicos a través de la construcción y gestión de infraestructura hidráulica (fundamentalmente trasvases y embalses de regulación), que se está abandonando progresivamente, pero que todavía persiste, hacia paradigmas encaminados hacia la gestión sostenible de la demanda, la protección y conservación de los ecosistemas acuáticos, así como la incorporación de la gestión del riesgo y de estrategias preventivas vinculadas a la propia gestión del recurso.

Un importante impulso hacia este cambio de paradigma se produjo con la aprobación de la Directiva Marco del Agua (DMA) en el año 2000, de obligado cumplimiento en todos los Estados miembros de la Unión Europea. El fundamento de la DMA es promover una política comunitaria integrada de aguas, con el objetivo de mantener y mejorar el medio acuático de la Unión Europea. La DMA promueve una nueva forma de entender la gestión de los recursos hídricos, desde las tradicionales políticas basadas en el aumento de la oferta de agua hacia la detención del deterioro y la protección de los recursos hídricos y los ecosistemas asociados a ellos. Para ello, la DMA plantea la demarcación hidrográfica (DH) como nuevo marco territorial para gestión y planificación del agua (zona marina y terrestre compuesta por una o varias cuencas hidrográficas vecinas y las aguas subterráneas y costeras asociadas) y los planes hidrológicos de demarcación como herramientas de gestión de cada DH, cuyos documentos deben ser sometidos a un proceso de información y consulta pública y deben ser revisados y actualizados cada seis años en un proceso cíclico de planificación. Estos planes introducen también de forma novedosa el concepto de "masa de agua", definida como una porción, una extensión, un volumen o una parte significativa y homogénea de un curso de agua superficial o subterráneo, natural o artificial, continental o marino (aguas costeras), tanto en estado líquido como en estado sólido (por ejemplo, glaciares). La incorporación de una unidad de gestión como esta es categorizar (proporcionar un orden y clasificar) un número limitado de "divisiones de agua", con el objetivo de facilitar su gestión y proceder al mantenimiento o la mejora de su estado ecológico, químico y cuantitativo (equilibrio entre extracciones y necesidades que garantiza o asegura una buena capacidad de renovación del recurso). El objetivo final de la DMA no es otro que alcanzar en buen estado global de todas las masas de agua.

Aunque la DMA no aborda de manera sustancial la gestión del riesgo de sequía, sí incluye como uno de los objetivos de la planificación hidrológica ordinaria el de paliar los efectos de las sequías e inundaciones. Además, en su artículo 4.6., sobre los objetivos ambientales de las masas de agua, incluye que el deterioro temporal del estado de las masas de agua no constituirá infracción si se debe a causas naturales o de fuerza mayor que sean excepcionales o no hayan podido preverse razonablemente, en particular graves inundaciones y sequías prolongadas, siempre que se hayan tomado todas las medidas necesarias para evitar el deterioro. Cabe mencionar que a nivel europeo no existe una Directiva que establezca las obligaciones y directrices básicas para la gestión de la sequía en los Estados miembros, como sí ocurre en el caso de la gestión del riesgo de inundación[1].

[1] Directiva 2007/60 de evaluación y gestión de los riesgos de inundación.

Figura 9.4

Marco territorial y competencial de la gestión y planificación del agua en España. 1: El Hierro; 2: La Palma; 3: La Gomera; 4: Tenerife; 5: Gran Canaria; 6: Lanzarote; 7: Fuerteventura

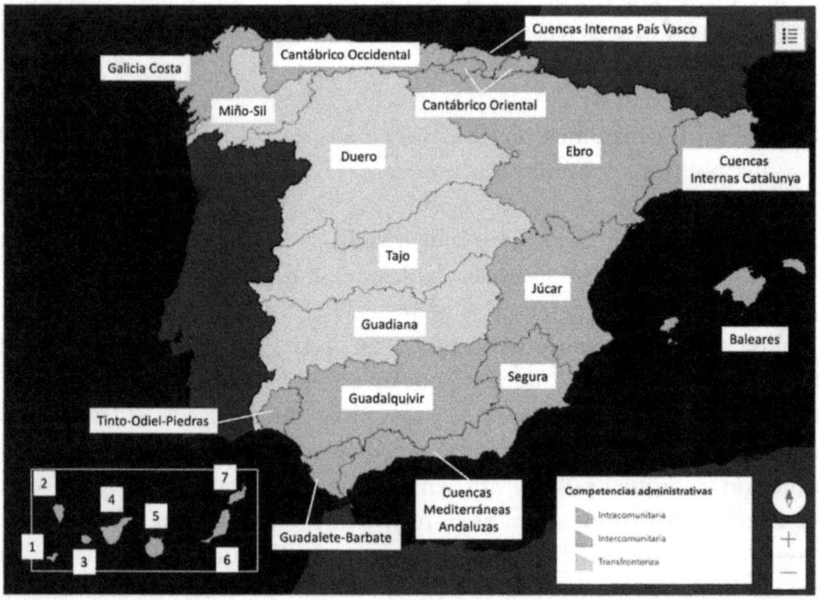

Fuente: Elaboración propia.

La trasposición de la DMA al marco jurídico español se produce en el año 2003[2]. En cuanto a la distribución de competencias sobre la gestión de las nuevas demarcaciones hidrográficas, se diferencia entre demarcaciones intercomunitarias (aquellas cuya superficie excede los límites de una Comunidad Autónoma y son gestionadas por el Estado) y demarcaciones hidrográficas intracomunitarias (aquellas cuya superficie se incluye completamente el ámbito territorial de una Comunidad Autónoma, que ostenta las competencias sobre gestión y planificación). Como se muestra en la **Figura 9.4** existen nueve organismos de cuenca intercomunitarias, llamados confederaciones hidrográficas, adscritos al Ministerio para la Transición Ecológica y Reto Demográfico (MITERD), a través de la Dirección General del Agua; y doce ámbitos de gestión en cuencas intracomunitarias, competencia de administraciones hidráulicas de las Comunidades Autónomas. Además, cabe señalar que existen cuatro demarcaciones hidrográficas transfronterizas (en todos los casos compartidas

[2] Ley 62/2003, de 30 de diciembre, de medidas fiscales, administrativas y del orden social que incluye, en su artículo 129, la modificación del texto refundido de la Ley de Aguas, aprobado por Real Decreto Legislativo 1/2001, de 20 de julio (TRLA).

con Portugal), que se rigen por el Convenio de Albufeira y cuya competencia de la parte española también recae sobre el Estado a través de las confederaciones hidrográficas (DH Guadiana, DH Tajo, DH Duero y DH Miño-Sil).

La trasposición de la DMA incluye, además, como objetivo la armonización del desarrollo regional y sectorial, permitiendo para ello el incremento de las disponibilidades del recurso[3]. El objetivo de la planificación hidrológica en España tiene, por tanto, una doble y contradictoria vertiente, al pretender alcanzar el buen estado de todas las masas de agua y, a su vez, permitir un aumento de las presiones para satisfacer nuevas demandas que condicionan y limitan la consecución del primer objetivo. Esta trasposición de la DMA al marco jurídico español legitima la persistencia de un modelo tradicional de aumento de oferta de agua, que se observa en el mantenimiento de la política de construcción. Como muestra, los planes hidrológicos del primer (2009-2015) y segundo ciclo de planificación (2016-2021) mantienen como opciones prioritarias en sus respectivos programas de medidas la puesta en servicio y proyección de nuevos embalses y el incremento de la superficie regable, lo que, en definitiva, demuestra la continuidad de las inercias del paradigma intervencionista tradicional, que impiden aprovechar la reorientación del modelo de planificación y gestión del agua que ofrece la DMA (Sampedro y Del Moral, 2014).

Si bien es cierto que se observa un cambio importante en los planes hidrológicos del tercer ciclo de planificación (2022-2027), que limita la construcción de nuevas infraestructuras hidráulicas, se mantiene la expansión del regadío en varias de las demarcaciones hidrográficas españolas. Esta ampliación del regadío se justifica en el supuesto ahorro de agua que producirá la modernización del regadío, al cambiar los sistemas de riego localizados hacia sistemas localizados mucho más eficientes en el consumo de agua. Sin embargo, la experiencia demuestra que en aquellas demarcaciones donde se ha apostado por la modernización no se han producido ahorros de agua. Esto se debe a que la modernización de regadío no ha ido acompañada de una revisión de las concesiones de agua, de forma que el posible ahorro de agua que se pudiera obtener en el agua usada con frecuencia se utiliza para producir más, intensificando el cultivo y muchas veces también ampliando la superficie regada. Por eso, la mayor eficiencia en el uso del agua de la modernización de regadíos suele conducir al final a un mayor consumo en lugar de un ahorro (Aliod y Martínez, 2022). Como resultado del modelo intervencionista de política de agua en España, la demanda de agua ha ido aumentando en los dos primeros ciclos de planificación y se ha consolidado en el tercero. Este aumento de las demandas ha sido generalmente en favor de la agricultura, que en la actualidad representa el 79,6% de las demandas de agua totales, frente a la urbana (16,1%) y la industrial (4,2%), con algunas diferencias territoriales que se pueden ver en la **Figura 9.5**.

Este aumento de las demandas de agua se ha producido fundamentalmente a costa de recursos naturales renovables, pues, como se observa en la **Figura 9.6**, el uso de recursos alternativos en España (desalación y regeneración de aguas residuales) es todavía insignificante.

---

3 Artículo 40 de la Ley 62/2003, de 30 de diciembre, de medidas fiscales, administrativas y del orden social.

Figura 9.5
Distribución de demandas de agua por demarcaciones hidrográficas en el 3er ciclo de planificación hidrológica (2022-2027)

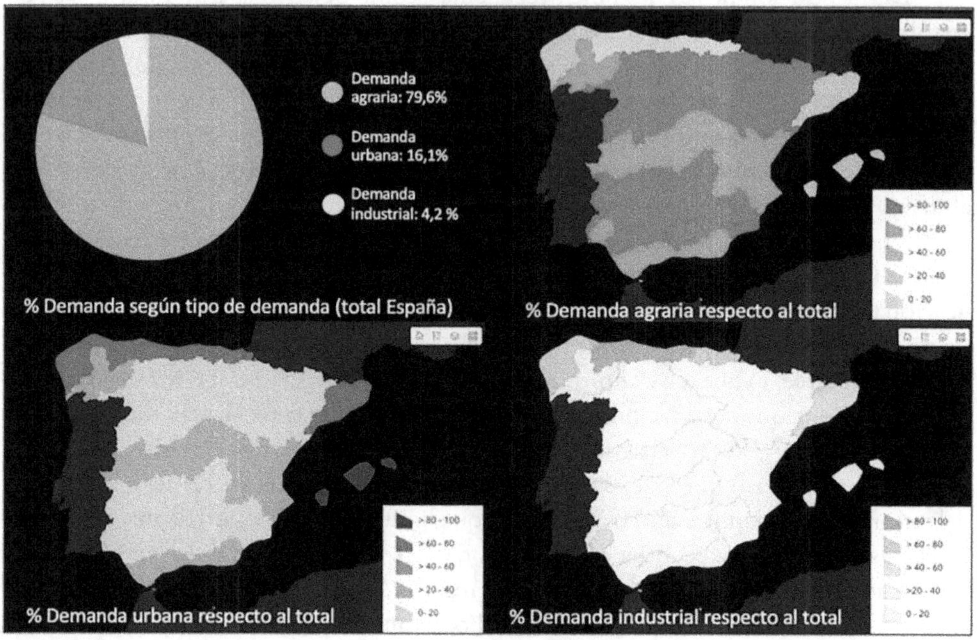

Fuente: Elaboración propia a partir de planes hidrológicos de demarcación 2022-2027.

Figura 9.6
Volumen de aguas regeneradas (izquierda) y capacidad de desalación (derecha) de las demarcaciones hidrográficas españolas (hm3)

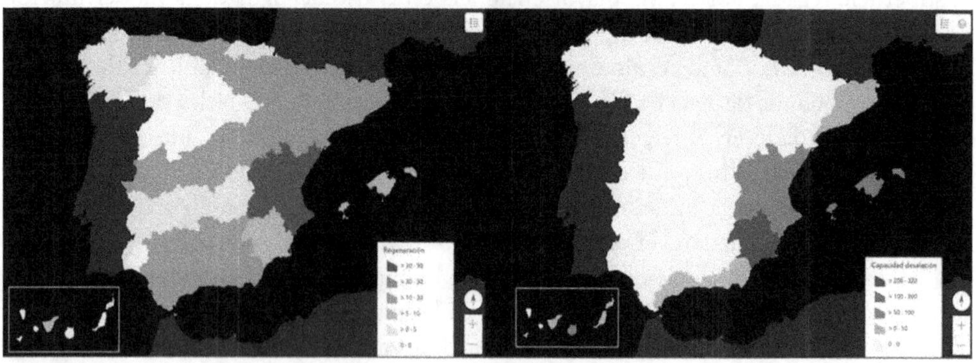

Fuente: Elaboración propia a partir de planes hidrológicos de demarcación 2022-2027.

El aumento de las demandas de agua se ha traducido en un aumento de la presión de los recursos hídricos. La presión sobre los recursos hídricos se ve agravada por la sequía: cuanto mayor es la presión sobre los recursos hídricos más difícil es satisfacer las demandas cuando la disponibilidad de recursos disminuye debido a la sequía (European Environmental Agency, EEA, 2021). El nivel de presión sobre los recursos hídricos en una DH puede caracterizarse mediante dos variables: el nivel de estrés al que están sometidos los recursos hídricos y el estado de las masas de agua, que son las fuentes de las que se abastecen las diferentes demandas.

En España, muchas de las demarcaciones hidrográficas se encuentran en situación de estrés hídrico, siendo el agua consumida por la agricultura y el sector turístico, las claves de la presión sobre los recursos hídricos. La **Figura 9.7** presenta los resultados del nivel de estrés hídrico de todas las demarcaciones hidrográfica españolas como resultado de la aplicación de dos indicadores. Por un lado, se presentan los resultados utilizando el indicador *S-Water Exploitation Index (S-WEI)*, que relaciona el porcentaje que suponen las asignaciones de agua respecto al recurso disponible, es decir, la previsible extracción frente al recurso. El segundo indicador utilizado es el *Water Exploitation Index+ (WEI+)*, propuesto por la Agencia Europea de Medio Ambiente en 2012 como el indicador de referencia para calcular el nivel de estrés hídrico. Este indicador relaciona la cantidad total de recursos consumidos (consumo sin retorno) con la cantidad total de recursos renovables (EEA, 2012). Para ambos indicadores, valores WEI por debajo del 10% implican que el sistema analizado no está sometido a ningún tipo de estrés, si el valor está entre 10-20% implica un bajo nivel de estrés hídrico, si supera el 20% se considera en alarma por niveles de estrés hídrico y, si supera el 40%, estrés severo.

Figura 9.7
Valores de S-WEI (izquierda) y WEI+ (derecha) para las demarcaciones hidrográficas españolas

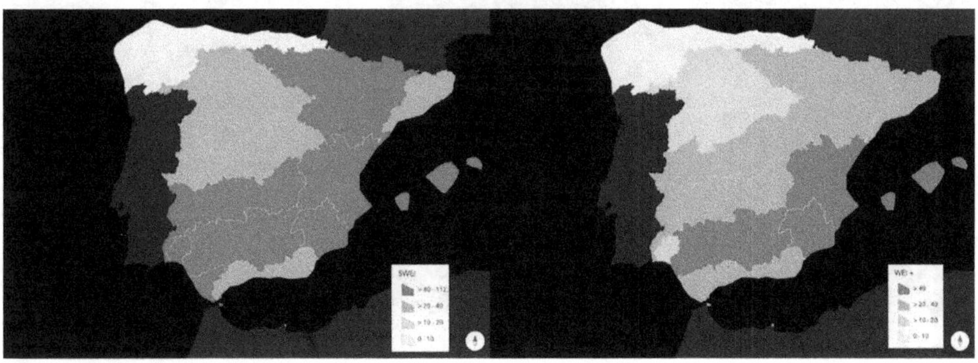

Fuente: Elaboración propia a partir de MITECO, 2018.

El indicador S-WEI muestra valores de estrés hídrico severo para 15 de las 24 demarcaciones hidrográficas y 4 más en alarma por estrés hídrico. Solo las demarcaciones hidrográficas del noroeste peninsular presentan niveles de estrés hídrico bajo. Los valores obtenidos para el WEI+ presentan en general unos valores más bajos de estrés en casi todas las demarcaciones hidrográficas. Las diferencias se deben a particularidades en los cálculos que se explican en cada uno de los planes hidrológicos de demarcación. En especial, la metodología empleada para el cálculo del WEI+ en alguna de las demarcaciones puede minusvalorar el nivel de estrés hídrico al comparar recursos hiperanuales, dada la gran capacidad de regulación de algunas demarcaciones con demandas anuales.

Por otro lado, la evaluación del estado de las masas de agua es un indicador que revela el estado de presión y la afección de las diferentes demandas sobre los recursos hídricos. Para evaluar el estado global de cada una de las masas de agua superficiales (río, lago, transición y costeras) se analiza por un lado el estado o potencial ecológico (para las masas de agua artificiales o muy modificadas, que por su naturaleza no pueden alcanzar el buen estado), que se puede calificar como muy bueno, bueno, moderado, deficiente y malo y, por otro, el estado químico, que se puede caracterizar como bueno o malo. Para cada masa de agua subterránea se analiza, por un lado, el estado cuantitativo, que puede ser bueno o malo y, por otro lado, el estado químico, que también se caracteriza como bueno o malo. Para ambos casos (masas de agua superficiales y subterráneas) el criterio para la definición final del estado global de cada masa de agua viene condicionado por el peor valor de los dos índices utilizados. La **Figura 9.8** muestra el estado global de todas las masas de agua superficiales y subterráneas para el tercer ciclo de planificación (2022-2027).

Figura 9.8
Estado global de las masas de agua superficial (izquierda) y subterránea (derecha)

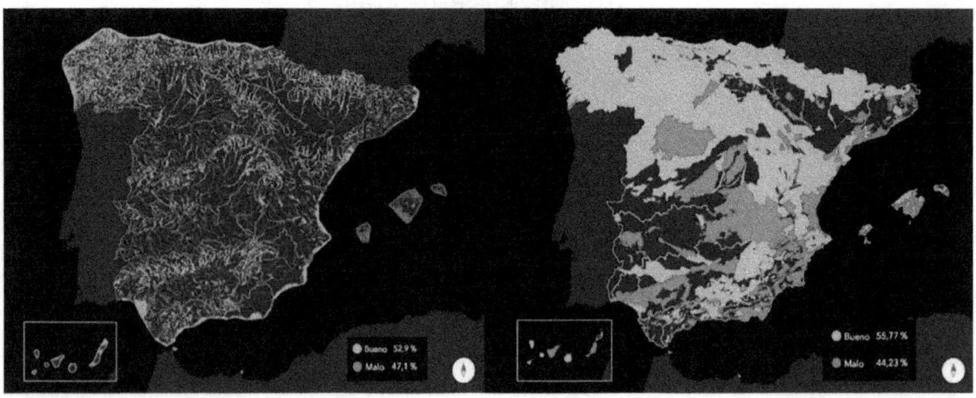

Fuente: Elaboración propia a partir de planes hidrológicos del tercer ciclo 2022-2027.

Para el conjunto de España, de las 5.162 masas de aguas superficiales, solo el 52% de ellas alcanzan el buen estado global. Respecto al estado o potencial ecológico, el 12,7% se encuentran en estado muy bueno, el 42% en bueno, el 29% en moderado, el 9,3% en deficiente, el 5% en malo y el 2% no han sido todavía evaluadas. Sobre el estado químico, el 88% de las masas de agua alcanzan el buen estado químico, frente al 6% en mal estado y el 6% que todavía no han sido evaluadas. En relación con las aguas subterráneas, de las 768 masas de aguas subterráneas en el conjunto de España, solo el 55% alcanzan el buen estado global. Sobre la valoración del estado cuantitativo, el 75,7% alcanza el buen estado, frente al 24,3% restante, que se caracterizan por tener un mal estado cuantitativo. El 64% presenta un buen estado químico y el 36% restante un mal estado químico. Como se aprecia en los datos ofrecidos, tras más de veinte años desde la entrada en vigor de la DMA que establecía en 2015 como horizonte temporal para lograr el buen global de todas las masas de agua, en España este objetivo está muy lejos de cumplirse.

4. CAMBIO DE PARADIGMA: DE LA GESTIÓN DE CRISIS A LA GESTIÓN DE RIESGOS

Las estrategias tradicionales de gestión de las sequías se han enmarcado en un modelo de gestión de agua intervencionista. Desde este enfoque la sequía se ha interpretado como un desastre ante el que nada o poco se podía hacer, más allá de la aplicación de medidas reactivas y de emergencia una vez que se han manifestado los impactos. A este enfoque se le ha denominado el enfoque de gestión de crisis (Wilhite et al., 2000; UNISDR y NDMC, 2009; WMO y GWP, 2014). Desde este enfoque, la sequía se considera como una situación excepcional y los impactos se interpretan como crisis del sistema hidráulico intervencionista, que ha contribuido a justificar la consolidación de la política de oferta (Hernández-Mora y Del Moral, 2015). Los principales instrumentos políticos y de gestión utilizados son medidas de emergencia excepcionales, construcción de nuevas infraestructuras (embalses, trasvases y pozos) para aumentar la oferta de agua y compensaciones económicas para paliar daños y pérdidas (Paneque, 2015; Urquijo et al., 2015; Estela y Vargas, 2016). Estas medidas se han articulado a través de la aprobación de Reales Decretos que, justificados en la situación de alarma y amparados en la declaración de "interés general", se han aprovechado para justificar, legitimar y reforzar la consolidación de políticas de oferta de agua y la construcción de infraestructuras, como única solución viable para afrontar la escasez de agua (Paneque, 2015). El sentido de urgencia sirve para desviar la atención sobre las causas fundamentales que hacen que un descenso en las precipitaciones genere situaciones de escasez, al atribuir la causalidad de la sequía exclusivamente al fenómeno natural, sin cuestionar la forma en que se gestiona y explota el recurso. En España, el sentido de urgencia y excepcionalidad se ha utilizado además para justificar la toma de decisiones que han eludido los mecanismos establecidos en la planificación sobre la justificación económica de las medidas, la determinación de las consecuencias ambientales, la evaluación de alternativas y los procesos de participación pública (Urquijo et al, 2015).

A la luz del aumento de pérdidas asociadas al riesgo de sequía, y pese a los esfuerzos realizados para paliar sus impactos, en las últimas décadas del siglo pasado algunos autores empiezan a cuestionar la eficacia de este tipo de enfoques reactivos para hacer frente a las sequías (Wilhite et al., 2000). Las principales críticas a este enfoque son: i) la ineficacia del enfoque reactivo para reducir las pérdidas asociadas a las sequías; ii) la limitación de soluciones a aspectos técnicos en cuyo diseño no existe evaluación de alternativas ni participación de grupos de interés; iii) la poca capacidad de reacción y adaptación mediante aplicación de medidas de urgencia una vez que se ha presentado el evento; y iv) el énfasis en los impactos en lugar de en las causas subyacentes que los determinan. Como alternativa a este enfoque reactivo surge el enfoque de la gestión de riesgos, basado en el mejor conocimiento sobre las causas subyacentes que determinan el riesgo de sequía (naturales y antrópicas) como base para la prevención, mitigación y adaptación al riesgo (Wilhite et al., 2000). Estas se centran en identificar las causas y consecuencias de la vulnerabilidad (sectores, regiones, comunidades o grupos de población) para implementar medidas de mitigación y de adaptación adaptadas a cada contexto.

5. AVANCES Y NUEVAS HERRAMIENTAS DE GESTIÓN DE SEQUÍAS EN ESPAÑA

Siguiendo a Polanski et al. (2017), tres aspectos fundamentales para una adecuada gestión preventiva del riesgo son: i) la mejora del conocimiento científico sobre los determinantes del riesgo; ii) una adecuada comunicación del riesgo; y iii) la ampliación de herramientas orientadas hacia la prevención y la adaptación.

En España se han realizado importantes avances en el conocimiento de la componente meteorológica del riesgo de sequía (Dominguez-Castro et al., 2019; Donaire, 2006; Jimenez-Donaire, 2020; Lorenzo-Lacruz, et al., 2013; Noguera et al., 2020; Vicente-Serrano et al., 2017; Vicente-Serrano et al., 2020). Especialmente relevante para esta cuestión es el monitor de sequía meteorológica realizado por el Consejo Superior de Investigaciones Científicas (CSIC) y puesto a disposición del público en acceso abierto (https://monitordesequia.csic.es/monitor/). En este monitor pueden consultarse datos de duración e intensidad de las sequías meteorológicas a diferentes escalas temporales (1, 3, 6, 9, 12 y 24 meses) para los índices de sequía SPI y SPEI desde enero de 1961 hasta la actualidad. El monitor de sequía se actualiza en función de la información en tiempo real recopilada de las estaciones automáticas, que a su vez requiere información histórica para identificar y rastrear eventos de sequía (Vicente-Serrano et al., 2022).

La comunicación del riesgo de sequía se articula como un elemento indispensable para la legitimación social de determinadas políticas públicas de agua y la aplicación de medidas en situaciones de riesgo, al permitir tener una población más formada e informada. Sobre este tema quedan todavía muchos retos pendientes. Como muestra, destaca la encuesta realizada por el Observatorio Ciudadano de la Sequía sobre percepción de agua y sequía en España (Lafuente et al., 2023), en la que se constata un desconocimiento de la población en general sobre el uso del agua y la gestión de la sequía en el país.

Cabe citar aquí, a modo de ejemplo ilustrativo, que solo el 31% de la población considera que el mayor consumo de agua se produce en la agricultura, cuando los datos reales señalan que este sector consume casi el 80% de los recursos. Para una transición hídrica es necesario avanzar en la comprensión social del problema que supone la sobreexplotación generalizada de los recursos hídricos (Del Moral, 2023).

En cuanto a las herramientas operativas de gestión, el cambio de paradigma se consolida en el plano institucional tras la aprobación de la Ley 10/2001, de 5 de julio, del Plan Hidrológico Nacional, que en su artículo 27, dedicado a la gestión de sequías, establece: i) la obligación de establecer un sistema de indicadores que permita prever las situaciones de sequía; ii) la obligación por parte de los organismos de cuenca de elaborar en el ámbito de las demarcaciones hidrográficas, planes especiales de actuación en situaciones de alerta y eventual sequía (en adelante, PES), incluyendo las reglas de explotación de los sistemas y las medidas a aplicar en relación con el uso del dominio público hidráulico; y iii) la obligación de las administraciones públicas responsables de sistemas de abastecimiento urbano que atiendan, singular o mancomunadamente, a una población igual o superior a veinte mil habitantes de disponer de un plan de emergencia ante situaciones de sequía (en adelante, PEM), que deberán tener en cuenta las reglas y medidas en los PES, debiendo estar operativos en 2005.

Estos planes se apoyan en el establecimiento de un sistema de indicadores que permite prever y hacer un seguimiento de la evolución de un periodo de sequía y así establecer una serie de medidas progresivas conforme avanza el fenómeno, con el objetivo de minimizar los impactos ambientales, económicos y sociales. Los PES y los PEM deben estar coordinados entre sí y con la planificación hidrológica ordinaria, de manera que los primeros sean planes dependientes del plan hidrológico de demarcación y los últimos se adapten y sean coherentes con los PES.

5.1. Los planes especiales de alerta y eventual sequía

La elaboración de los PES en el ámbito de las demarcaciones hidrográficas corresponde a los Organismos de cuenca y deben incluir las reglas de explotación de los sistemas y las medidas a aplicar en relación con el uso del dominio público hidráulico (artículo 27 de la Ley del PHN). En 2007 se aprobaron los primeros PES en las demarcaciones hidrográficas intercomunitarias. Estos PES fueron revisados y actualizados en 2017 y recientemente, en 2023, han vuelto a ser actualizados. En lo que respecta a los PES de las demarcaciones intracomunitarias han seguido calendarios diferentes y, aunque con cierto retraso respecto a sus homólogos intercomunitarios, han sido aprobados y actualizados en su mayoría en la actualidad. Situación diferente y excepcional presentan las siete demarcaciones hidrográficas del archipiélago canario, que todavía no cuentan con un PES en vigor.

Los PES aprobados en 2007 se fundamentaron en la idea de hacer balances hidrológicos sencillos, mediante la comparación de los recursos disponibles y las previsiones de evolución de estos, con las demandas establecidas, para estimar la probabilidad de que se produzcan desequilibrios entre recursos y demandas, y determinar así la potencial gravedad de estos. De esta manera, la imposibilidad de atender la demanda con las probabilidades de aportación fijada permite establecer diferentes umbrales que sirven de referencia para la aplicación de diferentes tipos de medidas. El PES introduce dos aspectos fundamentales. Por un lado, la tarea de identificar, diseñar y proponer las medidas a aplicar en un periodo de sequía de manera preventiva, reduciendo o eliminando así el sentido de urgencia y la aplicación unilateral de medidas propias de otros procedimientos reactivos, como los decretos de sequía. Por otro lado, el PES establece medidas diferenciadas para cada una de las fases o escenarios, incluso en fase de normalidad. Esto lo convierte en una herramienta flexible que permite la adaptación de las medidas a cada contexto y situación concreta.

Estos primeros PES incluyeron la aprobación de decretos de sequía como una de las posibles medidas para paliar los efectos de la sequía en las fases de alerta y emergencia. Aunque la aprobación de estos decretos pueda resultar necesaria para la activación de determinadas medidas (aplicación de medidas económicas y fiscales para las que la administración del agua no tiene competencia), su consideración como una medida ordinaria y sus contenidos cuando se aprueban (obras extraordinarias, ayudas fiscales indiscriminadas, reformas jurídicas que exceden el alcance del evento de sequía, etc.), los convierte en un exponente de la permanencia del enfoque reactivo y de urgencia de gestión de las sequías, al llevarse de nuevo al plano de urgencia y de la unilateralidad en las decisiones y permitir que se eludan las garantías jurídicas, características que son propias del modelo tradicional de gestión de este tipo eventos.

A la vista de las limitaciones que presentaron los PES aprobados en 2007, en 2017 el entonces Ministerio de Agricultura y Pesca, Alimentación y Medio Ambiente (hoy Ministerio para la Transición Ecológica y el Reto Demográfico) publicó la *Instrucción Técnica para la elaboración de los planes especiales de sequía y definición del sistema global de indicadores de sequía prolongada y escasez (IT)*. El cambio fundamental que propone la IT es la diferenciación en los nuevos PES entre situaciones de sequía prolongada y situaciones de escasez coyuntural. En base a esta diferenciación, se establecen nuevas unidades territoriales de gestión para cada una de las dos situaciones (Figura 9.9), nuevos indicadores capaces de identificar, evaluar y hacer un seguimiento de los estados de sequía prolongada y escasez coyuntural y el establecimiento de diferentes tipologías de medidas para cada una de estas dos situaciones. Los PES en España se basan en dos indicadores: el indicador de sequía prolongada basado en la variable de precipitación, y el indicador de escasez coyuntural basado en balances hidrológicos entre recursos y demandas de agua, que podría adaptarse o no al caso de Chile. Además, los PEM mencionados son un componente de los PES y están bajo la supervisión de la autoridad de cuenca.

La sequía prolongada se refiere a situaciones en las que una disminución temporal de las precipitaciones reduce significativamente las aportaciones hídricas (independientemente de las demandas). La sequía prolongada se evalúa mensualmente para cada una de las Unidades Territoriales de Sequía (UTS) de cada DH. El indicador utilizado para la evaluación de la sequía prolongada es el SPI que cada DH adapta a la escala temporal que mejor se adapta a sus características (3, 6, 9 o 12 meses). El valor que adquiere este indicador es normalizado, pasando a adquirir valores comprendidos entre un valor mínimo

Figura 9.9
Unidades Territoriales de Sequía Prolongada (UTS) (izquierda) y Unidades Territoriales de Escasez Coyuntural (UTE) (derecha)

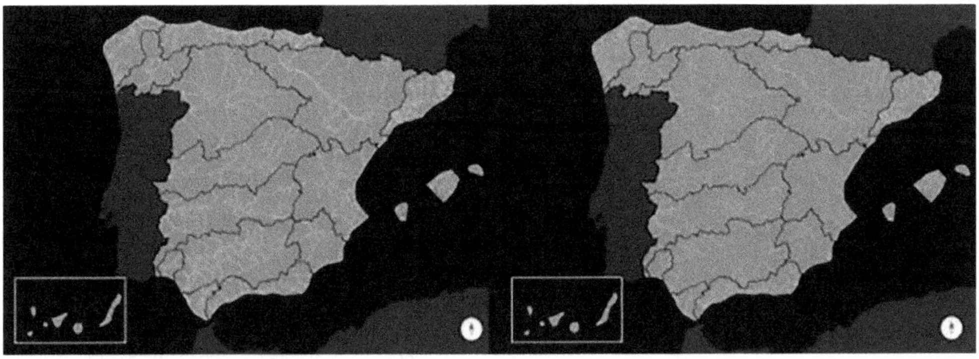

Fuente: Elaboración propia a partir de MITERD.

de 0 y un valor máximo de 1. En función del valor que adquiere este índice normalizado, cada UTS se sitúa en alguno de los escenarios posibles: sequía prolongada, cuando el I_e es menor a 0,3, y ausencia de sequía cuando el valor del I_e es igual o superior a dicho valor.

Por su parte, la escasez coyuntural se refiere a situaciones en las que una disminución temporal de los recursos disponibles puede poner en riesgo la atención de las demandas existentes para usos socioeconómicos. La escasez coyuntural se evalúa mensualmente para cada una de las Unidades Territoriales de Escasez (UTE) de cada DH. Los indicadores utilizados para evaluar la garantía de las demandas son el nivel de embalse, los niveles piezométricos o una combinación de ambos. Del valor del indicador obtenido y representativo de cada UTE, se calcula el índice de estado (I_e), que representa un valor numérico adimensional (entre 0 y 1) capaz de cuantificar la situación actual respecto a la proximidad o gravedad de una escasez, y posibilitar la comparación cuantitativa de los diversos indicadores. En función de los valores que adquiere este I_e, cada UTE se sitúa en alguno de los escenarios posibles: normalidad, prealerta, alerta o emergencia, cada uno de los cuales tiene determinadas previamente unas medidas específicas (Tabla 9.2).

Las medidas asociadas a las situaciones de sequía prolongada son dos: i) permitir el deterioro temporal de las masas de agua; y ii) permitir la reducción del régimen de caudales ecológicos que no estén en espacios protegidos (habitualmente Red Natura). Respecto a las medidas de escasez coyuntural, los PES incluyen un amplio espectro de medidas específicas y adaptadas a cada una de las UTE, entre las que se incluyen medidas de seguimiento y vigilancia, de gestión de la demanda que priorizan la reducción de las dotaciones sobre los usos socioeconómicos del agua en favor de las demandas de abastecimiento urbano y de las que se excluyen la construcción de infraestructuras hidráulicas que no serían efectivas en el corto plazo y que por sus efectos ambientales, económicos y sociales deben ser incluidas y debatidas en el proceso de planificación hidrológica ordinaria. Estas medidas están orientadas a paliar los efectos de las sequías hidrológicas, pero no las de la sequía edáfica; por lo tanto, no incluyen medidas para minimizar los impactos sobre la agricultura de secano ni en la ganadería extensiva, a pesar de que son los primeros afectados cuando se produce una sequía meteorológica.

Tabla 9.2

Resumen de escenarios, umbrales y tipología de medidas incluidas en los PES para situaciones de sequía prolongada y escasez coyuntural

Situación	Unidad Territorial	Índice de estado (I_e)	Escenarios	Medidas
Sequía prolongada	Unidades Territoriales de Sequía Prolongada (UTS)	$I_e < 0,30$	Ausencia	Seguimiento
		$I_e \geq 0,30$	Sequía prolongada	Admisión justificada del deterioro temporal de las masas de agua.
				Régimen de caudales ecológicos menos exigente.
Escasez coyuntural	Unidades Territoriales de Escasez Coyuntural (UTE)	$I_e > 0,50$	Normalidad	Planificación general y seguimiento.
		$0,50 < I_e \geq 0,30$	Prealerta	Concienciación, ahorro y seguimiento.
		$0,30 < I_e \geq 0,15$	Alerta	Medidas de gestión (demanda y oferta), y de control y seguimiento.
		$I_e < 0,15$	Emergencia	Intensificación de las medidas consideradas en alerta y posible adopción de medidas excepcionales.

Fuente: Elaboración propia.

Además, los PES introducen una tercera posible situación de "excepcional sequía extraordinaria". Esta situación hace referencia a situaciones en las que en una o varias UTE coincidan escenarios de escasez en escenarios de alerta que coincidan temporal y geográficamente con algún ámbito territorial en situación de sequía prolongada, o cuando se da una situación de escasez en escenarios de emergencia (Artículo 92. Reglamento de Planificación Hidrológica). Por tanto, la situación de sequía extraordinaria se puede declarar incluso en ausencia de sequía prolongada, resultando en la posibilidad de permitirse un deterioro temporal de las masas de agua o la reducción de caudales ecológicos en el sentido del artículo 4.6 de la DMA, sin que el I_e de sequía prolongada se sitúe por debajo del umbral de 0.3, siendo suficiente para la aplicación de estas medidas un desequilibrio entre los recursos y las demandas causado por una mala planificación y no por una situación de sequía meteorológica (FNCA, 2023).

La última actualización de los PES (2023) no ha traído novedades importantes, manteniéndose los conceptos, los indicadores aplicados, los ámbitos territoriales y las medidas a implementar. Los avances se han basado en la mejora de los indicadores para caracterizar la sequía prolongada y la escasez coyuntural mediante la incorporación de nuevas estaciones meteorológicas y la adaptación de series temporales de referencia más actualizadas, para el caso de la sequía prolongada, y la incorporación de indicadores complementarios en algunas de las UTE para la caracterización de la escasez coyuntural (FNCA, 2023).

5.2. Los planes de emergencia por sequía para abastecimientos urbanos (PEM)

Los PEM no tienen como objetivo hacer frente a situaciones de escasez estructural, sino paliar los efectos de las situaciones de escasez puntual que vengan derivadas de un periodo de sequía. Para ello, el funcionamiento de estos PEM es similar al de los PES, pero solo en relación con las situaciones de escasez y deben ser capaces de prevenir situaciones de sequía operacional, con el objetivo de tomar medidas paulatinas en los diferentes escenarios de normalidad, prealerta, alerta y emergencia con el fin de evitar o retrasar lo máximo posible las restricciones al consumo humano.

Las competencias en materia de abastecimiento y saneamiento de agua son de los municipios[4] (entidades básicas de la organización territorial del Estado español). Por lo tanto, la obligación y las competencias para la elaboración de los PEM recaen sobre los municipios que prestan servicio de abastecimiento de manera individualizada o a los consorcios o mancomunidades (agrupación de municipios) que prestan el servicio de manera conjunta a más de un municipio, siempre y cuando superen el umbral de los 20.000 habitantes. Cabe citar que la división de competencias administrativas entre demarcaciones hidrográficas inter e intracomunitarias y la existencia de leyes propias en materia de aguas en aquellas Comunidades Autónomas con competencia en gestión y planificación de agua (Andalucía, Baleares, Canarias, Catalunya, Galicia y País Vasco) genera diferentes marcos competenciales, y en lo que se refiere a los PEM, en el caso de la Comunidad Autónoma de Andalucía la Ley 9/2010 de Aguas para la Comunidad Autónoma de Andalucía reduce el umbral poblacional que determina la obligación de elaborar un PEM hasta los 10.000 habitantes (el resto de Comunidades Autónomas con legislación propia en materia de agua mantiene el criterio de los veinte mil habitantes). Esto genera una situación en la que dentro de la Comunidad Autónoma de Andalucía existen regímenes legales diferentes, al formar parte de varias demarcaciones hidrográficas intercomunitarias (Guadalquivir, Segura y Guadiana), para las que se aplica el umbral de los 20.000 habitantes, y tres demarcaciones intracomunitarias (Cuencas mediterráneas andaluzas y Guadalete-Barbarte y Tinto-Odiel-Piedras), para las que se reduce hasta los diez mil habitantes.

A esto se añade la peculiaridad sobre el marco competencial en la gestión del ciclo integral del agua urbana (CIAU) en España, que comprende cuatro servicios complementarios cuya gestión puede ser concesionada a una Mancomunidad o consorcio o a una empresa pública o privada: i) el abastecimiento en alta, que incluye la captación del agua desde las fuentes (río, embalse, acuífero, agua de mar) y su transporte a los depósitos de

[4] Ley 7/1985, de 2 de abril, Reguladora de las Bases de Régimen Local.

cabecera del sistema de abastecimiento de que se trate (depósitos municipales y/o de la Mancomunidad, en su caso), y la potabilización del agua en las estaciones de tratamiento de agua potable (ETAP); ii) el abastecimiento o distribución de agua en baja, que implica la distribución del agua desde los depósitos de cabecera hasta el usuario final (doméstico, comercial, industrial, institucional, etc.); iii) el alcantarillado y recogida y canalización de aguas pluviales en baja, que incluye la recogida de aguas residuales desde los usuarios (domicilios, comercios, empresas etc.) hacia los colectores y/o planta depuradora y la canalización, almacenamiento y reutilización (en su caso), y vertido de pluviales; y iv) el saneamiento y depuración en alta, que incluye el transporte de las aguas residuales hacia los colectores, su depuración en las estaciones de depuración de aguas residuales (EDAR) y su devolución al medio ambiente en buenas condiciones o, en su caso, la regeneración y reutilización.

Cada uno de estos cuatros servicios puede prestarse de manera mancomunada o de forma individualizada. Los PEM solo deben incluir la parte del CIAU que incluye el abastecimiento en alta y en baja, pudiéndose dar tres situaciones diferentes que derivan en diferentes obligaciones a la hora de elaborar un PEM: i) cuando a través de una mancomunidad o consorcio se presta el servicio de abastecimiento en alta y baja a varios municipios; ii) cuando un municipio gestiona de forma individualizada el servicio de abastecimiento en alta y baja; y iii) cuando un municipio recibe el abastecimiento en alta a través de una mancomunidad o consorcio, pero gestiona de forma individualizada el servicio de abastecimiento en baja.

Figura 9.10
Vinculación entre planificación hidrológica y planes de sequía

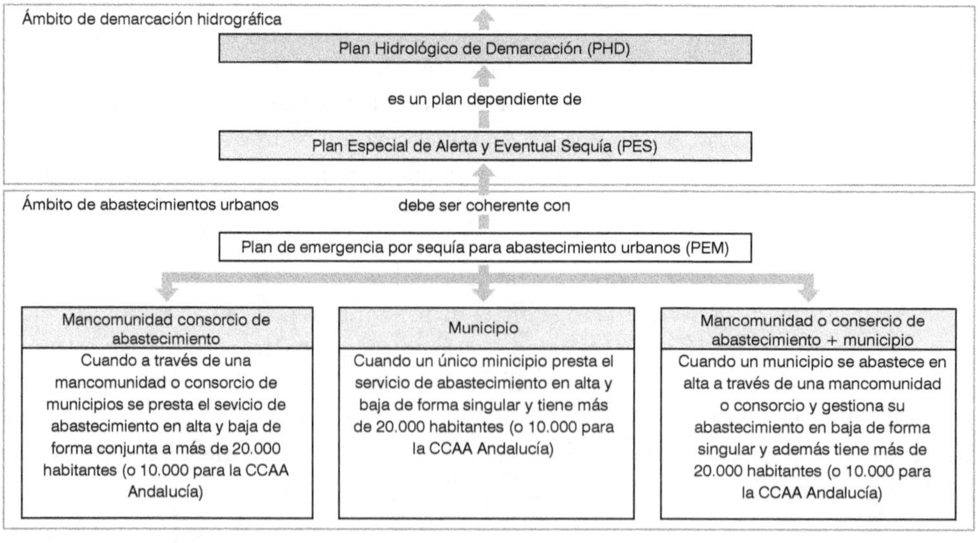

Fuente: Elaboración propia.

En la **Figura 9.10** se muestra a modo de resumen la vinculación entre la planificación hidrológica ordinaria y los diferentes planes de gestión de sequía (PES y PEM) y se presenta la diferente casuística y obligaciones derivadas de los diferentes modelos de gestión del CIAU a la hora de elaborar un PEM.

En la **Tabla 9.3** se muestra un resumen sobre el cumplimiento de los PEM en el conjunto de DH españolas. Se relaciona el número de municipios o mancomunidades que tienen obligación de elaborar un PEM y la población que debería estar cubierta por ellos, así como el número y porcentaje de ellos que en la actualidad están aprobados y la población total cubierta.

Tabla 9.3

Relación de sistemas de abastecimiento con obligación de elaborar PEM y situación administrativa por demarcaciones hidrográficas

Demarcación hidrográfica	Número de sistemas con obligación de elaborar PEM	Población total	Número de PEM aprobados	Porcentaje de PEM elaborados	Población total cubierta por PEM	Porcentaje de la población total cubierta por PEM
Miño - Sil	5	370.177	0	0	0	0
Cantábrico occidental	14	1.087.837	1	7,1	42.877	3,9
Cantábrico oriental	5	1.814.206	2	40	1.108.511	61,1
Duero	15	1.311.288	6	40	814.544	62,1
Tajo	15	7.660.728	4	26,7	6.977.276	91,1
Guadiana	25	1.024.632	9	36	418.394	40,8
Guadalquivir	21	3.926.982	10	47,6	3.227.065	82,2
Segura	4	1.881.455	2	50	1.816.999	96,6
Júcar	40	3.444.663	9	22,5	3.063.341	88,9
Ebro	18	3.516.946	12	66,7	3.026.184	86
Cuencas mediterráneas andaluzas	62	2.764.221	0	0	0	0
Tinto-Odiel-Piedras	11	342.216	0	0	0	0
Guadalete-Barbate	22	972.965	2	9,1	126.850	13
Cuencas internas de Catalunya	sin datos	sin datos	sin datos	sin datos	sin datos	sin datos
Galicia costa	19	1.198.156	3	15,8	219.369	18,3
Cuencas internas del País Vasco	5	273.114	0	0	0	0
Baleares	24	1.454.519	0	0	0	0
Canarias*	sin datos	sin datos	sin datos	sin datos	sin datos	sin datos
TOTAL	305	33.044.105	60	19,7	20841410	63,1

* Los datos de las siete DH de Canarias se han agregado.
Fuente: Elaboración propia a partir de Planes Especiales de Alerta y Eventual Sequía en vigor.

Pese a que los PEM debían haber entrado en vigor en 2005, de los 305 sistemas de abastecimiento que debían elaborar un PEM en España, solo el 19,7% lo tienen. La población actualmente cubierta por un PEM asciende al 63,1% del total. Este contraste entre el porcentaje de PEM aprobado y la población cubierta por ellos se debe fundamentalmente a que los PEM aprobados son los de grandes sistemas de abastecimiento que abastecen a una gran cantidad de población. Entre demarcaciones se observan grandes diferencias entre unas y otras e incluso algunas de ellas no ofrecen datos sobre las obligaciones y el estado administrativo de los PEM. A la vista de este incumplimiento del artículo 27 del PHN y las dificultades que muchos de los municipios y sistemas de abastecimiento encuentran para elaborar estos PEM, se han publicado dos guías metodológicas para facilitar la elaboración de estos PEM: la "Guía para la elaboración de planes de emergencia ante situaciones de sequía en sistemas de abastecimiento urbano" (AEAS, 2019) y la "Guía metodológica para la elaboración participada de planes de gestión de sequías en pequeñas y medianas poblaciones" (Hernández-Mora y Vargas, 2018). Esta última introduce novedades y herramientas para mejorar los procesos participativos y la capacitación social de las poblaciones y está enfocada a sistemas de abastecimiento más pequeños y con menos medios técnicos, económicos y humanos para abordar la elaboración de este tipo de planes.

6. RETOS PENDIENTES PARA UNA ADECUADA GESTIÓN DEL RIESGO DE SEQUÍA EN ESPAÑA: DISCUSIÓN Y CONCLUSIONES

España es un territorio para el que las proyecciones de cambio climático pronostican un escenario de reducción de precipitaciones y disponibilidad de recursos hídricos, derivado no solo del descenso de las precipitaciones y la escorrentía, sino de un aumento generalizado de las temperaturas que vienen a confirmar el balance cada vez más negativo entre precipitaciones y evapotranspiración y, por tanto, una menor disponibilidad de recursos hídricos en condiciones normales, por lo que los desequilibrios entre la demanda de agua y los recursos disponibles se agravarán con el tiempo. En este contexto, la aparición de sequías meteorológicas, rasgo inherente al clima español, tenderá a aumentar su frecuencia y magnitud a medida que avanza el siglo XXI, comprometiendo todavía más las necesidades de abastecimiento para el consumo humano, los diferentes usos socioeconómicos del agua y la conservación de los ecosistemas acuáticos. Hacer frente a las sequías y a los efectos del cambio climático sobre la disponibilidad de recursos hídricos es uno de los principales retos a los que se enfrenta España en el futuro. Aunque se han realizado notables esfuerzos para mejorar la gestión del riesgo de sequía en el país, todavía existen importantes desafíos pendientes para una adecuada adaptación.

Se ha avanzado notablemente en el conocimiento del fenómeno meteorológico y se han desarrollado herramientas de acceso abierto que permiten el uso de los datos meteorológicos a la población interesada. Especialmente relevante es el monitor de sequía meteorológica (Vicente-Serrano et al., 2020). También se han hecho importantes esfuerzos para regionalizar los efectos del cambio climático sobre los recursos hídricos y el régimen de sequías en España, que nos permiten tener una idea de lo que acontecerá en el futuro (CEDEX, 2017). Desde comienzos del siglo XXI, también se han producido avances importantes en la forma de percibir y gestionar el riesgo de sequía, con los planes de sequía como máximo exponente de estos cambios. Sin embargo, la aplicación del paradigma de la gestión de riesgos a través de los planes de sequía todavía presenta limitaciones importantes. Por un lado, hay demarcaciones hidrográficas (las siete del archipiélago canario) que todavía no han redactado sus PES. Peor escenario se observa si atendemos a los PEM, donde solo el 19,7% de los sistemas de abastecimiento tiene aprobados y en vigor sus PEM. Por otro lado, los PES deben ser una herramienta que permita identificar y anticipar las situaciones de escasez de recursos para satisfacer las demandas como efecto derivado de la reducción de recursos motivado por una sequía meteorológica. La principal debilidad de los PES es la diferenciación que realizan entre situaciones de sequía prolongada y escasez coyuntural y en especial las incoherencias temporales y espaciales en las que a menudo se dan situaciones de escasez coyuntural donde no aparecen situaciones de sequía prolongada, demostrando que la escasez coyuntural en muchas ocasiones tiene más que ver con una gestión deficiente que con el efecto del descenso de las precipitaciones. La lógica detrás del establecimiento de umbrales para determinar la sequía prolongada radica en la adaptación al artículo 4.6. de la DMA y en la incorrecta adaptación de este a la normativa sobre los PES, pues permiten el deterioro de una masa de agua o la reducción de caudales ecológicos en situaciones en las que hay sequía prolongada, aunque no haya habido restricciones a los usos del agua.

También desde la entrada en vigor de la DMA ha habido importantes avances en la aplicación de procesos de participación pública, especialmente en lo que se refiere al acceso a la información y la consulta pública a los documentos de los planes hidrológicos de demarcación y los PES. Todas las demarcaciones hidrográficas publican de forma actualizada los documentos y ponen a disposición del público infraestructuras de datos espaciales donde es posible la consulta y la descarga de información geográfica. Sin embargo, los planes hidrológicos y los PES siguen siendo documentos con gran cantidad de información técnica, de difícil acceso y comprensión para un público no especializado, lo que dificulta una mayor implicación y participación de la ciudadanía en los procesos de participación pública. Situación diferente presentan los PEM, donde los procesos de información, consulta y el acceso a los documentos oficiales no se hace de forma de efectiva en la mayoría de los casos. Seguir reforzando estos procesos de gobernanza y participación pública es central para una adecuada gestión del riesgo por varias razones: i) el riesgo de sequía, a diferencia de otros, radica en la disminución de un recurso vital para el mantenimiento de las condiciones de vida, las actividades económicas y la salud de los ecosistemas y, por tanto, es un riesgo que atañe a toda la sociedad; ii) cuando se gestiona un riesgo, se están gestionando situaciones futuras dominadas por la incertidumbre en torno a un recurso, el agua, sobre el que existen diferentes valores e intereses sociales, económicos y ambientales en juego, por tanto la puesta en común de aquellos conocimientos (experto y no experto) y las distintas valoraciones legítimas del recurso y del riesgo, contribuyen a mejorar los procesos de diagnóstico y la búsqueda de soluciones consensuadas; iii) los procesos de información y participación fomentan la capacitación social, la generación de opiniones informadas y la implicación de la ciudadanía, aspecto fundamental cuando hablamos de riesgos; y iv) se produce una legitimación de los procesos de toma de decisiones que puede contribuir a evitar conflictos cuando medidas menos aceptadas por la población se lleven a cabo.

Las mejoras en el conocimiento científico sobre el fenómeno meteorológico, el desarrollo de escenarios regionalizados sobre cambio climático en España, la constatación de que los mecanismos tradicionales de gestión de sequía no han sido ni efectivos ni eficientes y el cambio de mentalidad en el plano normativo e institucional sobre la forma de percibir y gestionar las sequías, abren una ventana de oportunidad para la anticipación y la adaptación de los efectos del cambio climático sobre la disponibilidad de recursos hídricos en España en el futuro. La capacidad de aprovechar esta ventana de oportunidad no puede radicar solo en la efectividad de los planes de sequía, sino que debe acompañarse de un cambio de paradigma real y efectivo en la gestión de los recursos hídricos, que por fin se adapte a los escenarios de cambio climático a través del control y de la reducción de las demandas de agua.

La vulnerabilidad al riesgo de sequía en España está significativamente influenciada por el alto nivel de presión sobre los recursos hídricos, como se pone de manifiesto en este capítulo a través de los índices de estrés hídrico y el estado de las masas de agua. Esta presión sobre los recursos hídricos derivada del modelo intervencionista y garantista de gestión del agua, condicionan la capacidad de estos para soportar un periodo de sequía. El cambio hacia una transición hidrológica de estas características exige una reflexión y un debate profundo sobre el modelo de gestión del agua y del suelo, que sea capaz de aceptar la escasez de recursos y la sequía, siguiendo las recomendaciones que ya hace años realizaba la Unión Europea (EU, 2007). La asignación inadecuada del agua entre sectores económicos produce un desequilibrio entre las necesidades y los recursos hídricos existentes y especialmente sobre el futuro sector agrario, cuya sostenibilidad, de mantener el modelo actual, se encuentra seriamente amenazada. En términos generales, falta coherencia entre políticas sectoriales y en ocasiones, algunas de ellas, pueden tener efectos contraproducentes para la protección de los recursos hídricos. En este debate deben estar incluidos todos los actores sociales involucrados, pues solo desde soluciones consensuadas se podrá caminar de manera efectiva hacia una transición hidrológica justa. Sigue siendo una asignatura pendiente abrir esta reflexión y el análisis de alternativas de gestión al conjunto de la ciudadanía, ya que tradicionalmente han sido solo los agentes económicos los que han tenido voz en este debate. En este debate se debe incluir también la posibilidad de aumentar el uso de recursos alternativos, como la desalación y la reutilización de aguas regeneradas del abastecimiento urbano, que en España y, pese a su potencial, todavía son insignificantes. Un reto social de esta magnitud requiere de información, facilitación y deliberación, de forma que se logre construir nuevos discursos sobre el agua y la sequía.

AGRADECIMIENTOS

Esta publicación es parte del proyecto de I+D+i PID2022-139046OA-I00, financiado/a por MCIN/ AEI/10.13039/501100011033/ y "FEDER Una manera de hacer Europa".

REFERENCIAS

1. AEAS (Asociación Española de Abastecimientos de Agua y Saneamiento) (2019). *Guía para la elaboración de planes de emergencia ante situaciones de sequía en sistemas de abastecimiento urbano.* Madrid. España. Disponible en https://shorturl.at/bVnfW.
2. Aliod, R. y Martínez, J. (2022). "Los proyectos de modernización de regadíos y el concepto de interés general". En La Roca, F. y Martínez, J. (Coords.). *Retos de la planificación y gestión del agua en España. Informe 2022. Observatorio de Políticas Públicas.* Fundación Nueva Cultura del Agua. Zaragoza, España. Disponible en: https://fnca.eu/biblioteca-del-agua/documentos/documentos/Informe-OPPA-2022.pdf
3. Alkama, R., Decharnme, B., Douville, H. y Ribes, A. (2011). "Trends in global and basin-scale runoff over the late twentieth century: methodological issues and sources of uncer-tainty". *Journal of Climate*, 24, 3000-3014. Disponible en: https://doi.org/10.1175/2010JCLI3921.1
4. Amber Barrier Atlas (2024). Adaptive Management of Barriers in European Rivers. Disponible en: https://amber.international/european-barrier-atlas/
5. CEDEX (Centro de estudios hidrográficos y experimentación de obras públicas) (2017). *Evaluación del cambio climático en los recursos hídricos y las sequías en España. Ministerio de Agricultura, Alimentación y Medio Ambiente.* Madrid, España. Disponible en https://shorturl.at/SqkZK.
6. Del Moral, L. (2023). "Retos a la planificación y gestión del agua en España ante situaciones de crisis hídrica". *Temas para el debate*, 343, pp. 29-31.
7. Del Moral, L., Van der Werff, P., Bakker, K. y Handmer, J. (2003). "Global Trends and Water Policyin Spain". *Water International*, 28(3), pp. 358-366. Disponible en: https://doi.org/10.1080/02508060308691710
8. Domínguez-Castro, F. Sergio M. Vicente-Serrano, S. M., Miquel Tomás-Burguera, M. T., Peña-Gallardo, M., Beguería, S., El Kenawy. A., Luna, Y. y Morata, A. (2019). "High spatial resolution climatology of drought events for Spain: 1961-2014". *International journal of climatology*, 39 (13), pp. 5046-5064. Disponible en: https://doi.org./10.1002/joc.6126.
9. EEA (European Environmental Agency) (2012). EEA Report N° 11/2012. *Water resources in Europe in the context of vulnerability EEA 2012 state of water assessment.* Luxembourg: Office for Official Publications of the European Union, 2012. Disponible en: https://doi.org./doi:10.2800/65298
10. EEA (European Environmental Agency) (2021). *EEA Report N° 12/2021 Water resources across Europe. confronting water stress: an updated assessment.* Luxembourg. Publications Office of the European Union, 2021. Disponible en: https://doi.org./10.2800/320975.
11. Estela, T. y Vargas, E. (2016). "Drought Management Plans in the European Union. The Case of Spain". *Water Resources Management*, 26(6), pp. 1537-1553. Disponible en: https://doi.org/10.1007/s11269-011-9971-2

12. EU (European Union) (2007). Communication from the Commission to the European Parliament and the Council - Addressing the challenge of water scarcity and droughts in the European Union {SEC(2007) 993} {SEC(2007) 996}.
13. FNCA (Fundación Nueva Cultura del Agua) (2023). *Observaciones a la propuesta de Plan Especial de Sequías de las demarcaciones intercomunitarias españolas*. Fundación Nueva Cultura del Agua. Disponible en: https://fnca.eu/biblioteca-del-agua/documentos/documentos/20230628Obs-PES.pdf
14. Gil Olcina, A. y Olcina, J. (2001). "Circulación atmosférica general y diversidad climática". En Gil Olcina, A. y Gómez Mendoza, J. (Eds.): *Geografía de España*. Ariak. Barcelona, España, pp. 87-122.
15. Hernández-Mora, N. y Del Moral, L. (2015). "La experiencia de sequías en España: inercias del pasado y nuevas tendencias en la gestión de riesgos". *Conference: 5° Water Governance International Meeting, Water Governance Practices under Water Scarcity*. November 10th to 13th 2015, Universidade de São Paulo, São Paulo, Brasil.
16. Hernández- Mora, N. y Vargas, J. (Coords.) (2018). "Guía metodológica para la elaboración participada de planes de gestión de riesgo por sequía en pequeñas y medianas poblaciones". *Fundación Nueva Cultura del Agua*. Zaragoza, España. Disponible en: https://fnca.eu/biblioteca-del-agua/ directorio/file/2840?search=1
17. IPCC. *Global Warming of 1.5 °C. An IPCC Special Report on the Impacts of Global Warming of 1.5 °C Above Pre-Industrial Levels and Related Global Greenhouse Gas Emission Pathways. In The Context of Strengthening the Global Response to the Threat of Climate Change, Sustainable Development, and Efforts to Eradicate Poverty*; Masson-Delmotte, P., Zhai, H.O., Pörtner, D., Roberts, D., Skea, J., Shukla, P.R., Pirani, A., Moufouma-Okia, W., Péan, C., Pidcock, R., et al., Eds. Disponible en: https://www.ipcc.ch/sr15/
18. Jimenez- Donaire, M., Giraldez, J. y Vanwalleghem, T. (2020). "Impact of Climate Change on Agricultural Droughts in Spain". *Water*, 12 (11), 3214. Disponible en: https://doi.org./10.3390/w12113214
19. Lafuente, R., Paneque, P., Ganuza, E. y Vargas, J. (2023). "Informe de resultados de la encuesta sobre el agua y la sequía". *Observatorio Ciudadano de la Sequía*. Disponible en: https://doi.org./10.46661/rio.20230720_1
20. Lorenzo-Lacruz, J., Vicente-Serrano, S. M., González-Hidalgo, J. C., J. I. López-Moreno, J. I., Cortesi, N (2013). "Hydrological drought response to meteorological drought in the Iberian Peninsula". *Climate Research*, 58, pp. 117-131. Disponible en: https://doi.org/10.3354/cr01177
21. Martín-Vide, J. (1996). "Decálogo de la pluviometría española, clima y agua". En Mazol, J. (Ed.): *La Gestión de un Recurso Climático*. Tabapress: Madrid, España, pp. 15-24.
22. MITECO (Ministerio para la Transición Ecológica) (2018). *Síntesis de los planes hidrológicos españoles Segundo ciclo de la DMA (2015-2021)*. NIPO: 013-18-124-7 DL: M-28707-2018. Disponible en: https://shorturl.at/9bWwV
23. MITERD (Ministerio para la Transición Ecológico y el Reto Demográfico) (2023). *Boletín Hidrológico Nacional*. Disponible en: https://www.arcgis.com/apps/dashboards/912dfee767264e3884f7aea8eb1e0673

24. Morales Gil, A., Olcina, J. y Rico Amorós, A. M. (2000). "Diferentes percepciones de la sequía en España: adaptación, catastrofismo e intentos de corrección". *Investigaciones Geográficas*, 23, pp. 5-46. Disponible en: http://dx.doi.org/10.14198/INGEO2000.23.06
25. Noguera, I., Dominguez-Castro, F. y Vicente-Serrano, S. M. (2020). "Characteristics and trends of flash droughts in Spain, 1961-2018". *Annals of the New York Academy of Sciences*, 1472(1), pp. 155-172. Disponible en: https://doi.org./10.1111/nyas.14365
26. Olcina, J. (2008). "Prevención de riesgos: cambio climático, sequías e inundaciones", en *Panel científico-técnico de seguimiento de la política de aguas en España.*
27. Paneque, P (2015). "Drought Management Strategies in Spain". *Water*, 7(12), 6689-6701. Disponible en: https://doi.org./10.3390/w7126655
28. Pita, M. F. (1989). "Reflexiones en torno a la sequía". *Boletín de la Asociación de Geógrafos Españoles*,10, pp. 21-40.
29. Pita, M.F. (2007). "Recomendaciones para el establecimiento de un sistema de Indicadores para la previsión, el seguimiento y la gestión de la sequía". En *La Sequía en España. Directrices Para Minimizar su Impacto*. Comité de Expertos en Sequía del Ministerio de Medio Ambiente; Ministerio de Medio Ambiente: Madrid, Spain, pp. 69-85.
30. Poljansek, K., Marin Ferrer, M., De Groeve, T. y Clark, I. (2017). *Science for Disaster Risk Management 2017: Knowing better and losing less*. Publications Office of the European Union.
31. Raje, D. y Mujundmar, P. (2010). "Reservoir performance under uncertainty in hydrologic impacts of climate change". *Advances in Water Resources*, 33(3), pp. 312-326. Disponible en: https://doi.org/10.1016/j.advwatres.2009.12.008.
32. Räisänen, J. (2007). "How reliable are climate models?" *Dynamic meteorology and oceanography*, 59(1), pp. 2-29. Disponible en: https://doi.org/10.1111/j.1600-0870.2006.00211.x
33. Sampedro, D. y Del Moral, L. (2014). "Tres décadas de política de aguas en Andalucía". *Análisis de procesos y perspectiva territorial. Cuadernos Geográficos*, 53(1), pp. 36-67. Disponible en: https://revistaseug.ugr.es/index.php/cuadgeo/article/view/1448
34. UNISDR (2009). "Drought Risk Reduction Framework and Practices: Contributing to the Implementation of the Hyogo Framework for Action". United Nations secretariat of the International Strategy for Disaster Reduction (UNISDR), Geneva, Switzerland.
35. UNISDR y NDMC (United Nations secretariat of the International Strategy for Disaster Reduction & National Drought Mitigation Center) (2009). *Drought Risk Reduction Framework and Practices Contributing to the Implementation of the Hyogo Framework for Action*. United Nations. Disponible en: https://www.unisdr.org/files/11541_DroughtRiskReduction2009 library.pdf
36. Urquijo, J, De Stefano. L. y La Calle, A. (2015). "Drought and exceptional laws in Spain: the official water discourse". *International Environmental Agreements-Politics Law and Economics*, 15(3), pp. 273-292. Disponible en: https://doi.org/10.1007/s10784-015-9275-8
37. Vargas, J. y Paneque, P. (2019). "Challenges for the Integration of Water Resource and Drought-Risk Management in Spain". *Sustainability*, 11(2), 308. Disponible en: https://doi.org/10.3390/su11020308

38. Vicente-Serrano, S., Domínguez-Castro, F., Reig, F., S. Beguería, S., M. Tomas-Burguera, M., Latorre, B., Peña-Angulo, D., I. Noguera, I., Rabanaque, I, Luna, M., Morata, A. y El Kenawy, A. (2022). "A near real-time drought monitoring system for Spain using automatic weather station network". *Atmospheric Research*, 271, 106095. Disponible en: https://doi.org/10.1016/j.atmosres.2022.106095
39. Vicente-Serrano, S. y López-Moreno, J. (2005). "Hydrological response to different time scales of climatological drought: an evaluation of the Standardized Precipitation Index in a mountainous Mediterranean basin". *Hydrol. Earth Syst. Sci.*, 9, pp. 523-533, Disponible en: https://doi.org/10.5194/hess-9-523-2005.
40. Vicente-Serrano, S., Tomas-Burguera, M., Beguería, S., Reig, F., Latorre, B., Peña-Gallardo, M., Luna, M., Morata, A. y González-Hidalgo, J. (2017). "A High Resolution Dataset of Drought Indices for Spain". *Data*, 2(3), 22. Disponible en: https://doi.org./10.3390/data2030022.
41. Wilhite, D. (2000). *Drought: A Global Assessment*; Routledge: New York, NY, USA.
42. Wilhite, D.A.; Sivakumarb, M. y Pulwartyc, R. (2014). "Managing drought risk in a changing climate: The role of national drought policy". *Weather Clim. Extremes*, 3, pp. 4-13. Disponible en: https://doi.org/10.1016/j.wace.2014.01.002
43. WMO y GWP (World Metheorological Organization y Global Water Partnership) (2014). "National Drought Management Policy Guidelines A Template for Action". Wilhite, D.A. (ed.) *Integrated Drought Management Programme* (IDMP) *Tools and Guidelines Series* 1. WMO, Geneva, Switzerland and GWP, Stockholm, Sweden.

Capítulo 10
COMPRENDIENDO LAS SEQUÍAS EN CALIFORNIA

JEANINE JONES

Resumen. Este capítulo comienza proporcionando antecedentes sobre la gestión del agua en California y luego revisa las sequías históricas más significativas de este Estado. Se discuten los resultados y las lecciones aprendidas de estas sequías, junto con las expectativas sobre las condiciones futuras de este fenómeno. La gestión de sequías en California históricamente se ha centrado en considerarlas periodos de años consecutivos secos con un alcance espacial en todo el Estado. La capacidad adaptativa proporcionada por la extensa infraestructura hídrica y el acceso generalizado a aguas subterráneas hace que un solo año seco no sea una preocupación significativa para la gestión del agua[1].

Palabras clave. Sequía, California, cambio climático, aridificación.

1. INTRODUCCIÓN Y CONTEXTO

El crecimiento de la población de California y su economía agrícola han sido facilitados por un extenso sistema de infraestructura hídrica desarrollado en respuesta al clima altamente variable y al desequilibrio entre las ubicaciones de disponibilidad de recursos hídricos y su uso. La sequía es una característica climática recurrente en California y ha resultado en una experiencia operativa sustancial en la respuesta y gestión de este fenómeno. Las sequías más significativas han llevado a adaptaciones institucionales destinadas a mejorar la capacidad de respuesta ante futuras sequías. Los impactos experimentados en las sequías del siglo XXI han sido significativamente más graves que aquellos de las sequías del siglo XX, impulsados por el calentamiento climático.

En todo este capítulo, las sequías y los datos hidrológicos se expresan en años hidrológicos, ya que el término es utilizado por las agencias de agua de los Estados Unidos para reportar estos datos. Este periodo abarca del 1 de octubre al 30 de septiembre. Por ejemplo, el año hidrológico 2024 cubre desde el 1 de octubre de 2023 hasta el 30 de septiembre de 2024.

---

[1] Las opiniones expresadas en este capítulo son del autor, no del Estado de California.

2. CONFIGURACIÓN FÍSICA E HIDROCLIMÁTICA

La variabilidad de la topografía y el clima es una característica distintiva de California. El Estado contiene tanto el punto de menor elevación en los Estados Unidos (Death Valley, a más de 60 metros bajo el nivel del mar), como el punto más alto en los Estados Unidos contiguos (Mount Whitney, con una elevación de casi 4.400 metros), once provincias geomórficas y la mayor variabilidad anual de precipitación en la nación (Dettinger, 2011). Espacialmente, la precipitación promedio anual varía desde más de 2.500 milímetros en algunas cadenas montañosas hasta aproximadamente 50 milímetros en los desiertos más áridos (**Figura 10.1**).

Figura 10.1
Variabilidad anual de la precipitación en California

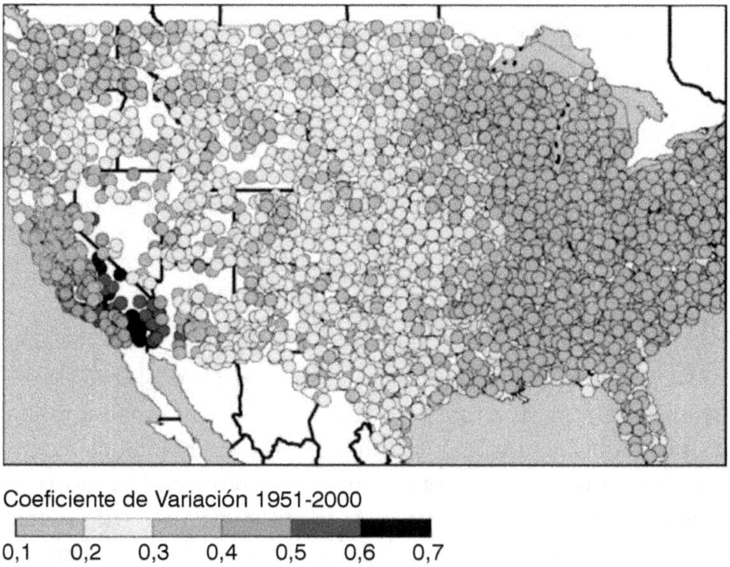

Fuente: Mike Dettinger, U.S. Geo Survey.

La proximidad de California al océano Pacífico y sus principales cadenas montañosas (**Figura 10.2**) da forma a su contexto hidroclimático. La mayor parte de la precipitación de California se origina en vapor de agua atmosférico que viaja a través del océano Pacífico; este vapor de agua se condensa y cae como lluvia o nieve al cruzar cadenas montañosas como la cordillera Costera o Sierra Nevada. Históricamente, el manto de nieve en las montañas Cascade y Sierra Nevada ha servido como almacenamiento invernal para el agua que llega en primavera en forma de deshielo, alimentando los ríos más grandes del Estado y las cuencas de agua subterránea en el valle central.

Figura 10.2
Mapa topográfico de California

Fuente: Topographic California Map STL model.

Figura 10.3
Precipitación y escorrentía anual promedio por región hidrológica

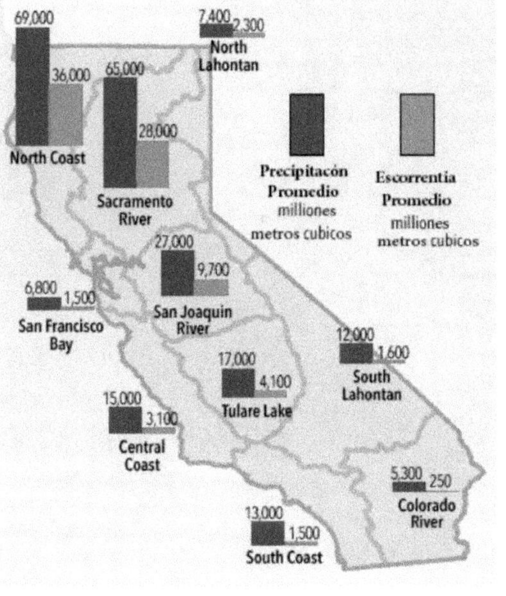

Fuente: U.S. Geo Survey.

California posee un clima mediterráneo caracterizado por veranos secos y cálidos o calurosos e inviernos húmedos y frescos o fríos. Los periodos estivales son áridos debido a una zona de alta presión que desvía el vapor de agua. De manera similar, la principal causa de las sequías invernales es una zona de alta presión persistente en el Pacífico. Aproximadamente, el 70% de la precipitación anual se concentra entre noviembre y marzo, y la mitad de esta cantidad entre diciembre y febrero (Jones, 2020). El balance hídrico anual depende de pocas tormentas de gran magnitud; la ausencia de algunas puede resultar en un año seco, mientras que unas pocas tormentas extremadamente húmedas pueden convertir el año en lluvioso.

El norte de California recibe una mayor cantidad de precipitación que el sur (**Figura 10.3**), y muchas fuentes de agua provienen de la lluvia y nieve en las montañas Cascade y Sierra Nevada. No obstante, la mayor parte de la demanda de agua urbana y agrícola se encuentra en el sur, lo que ha llevado al desarrollo de importantes proyectos hidráulicos.

Figura 10.4
Infraestructura hídrica de California

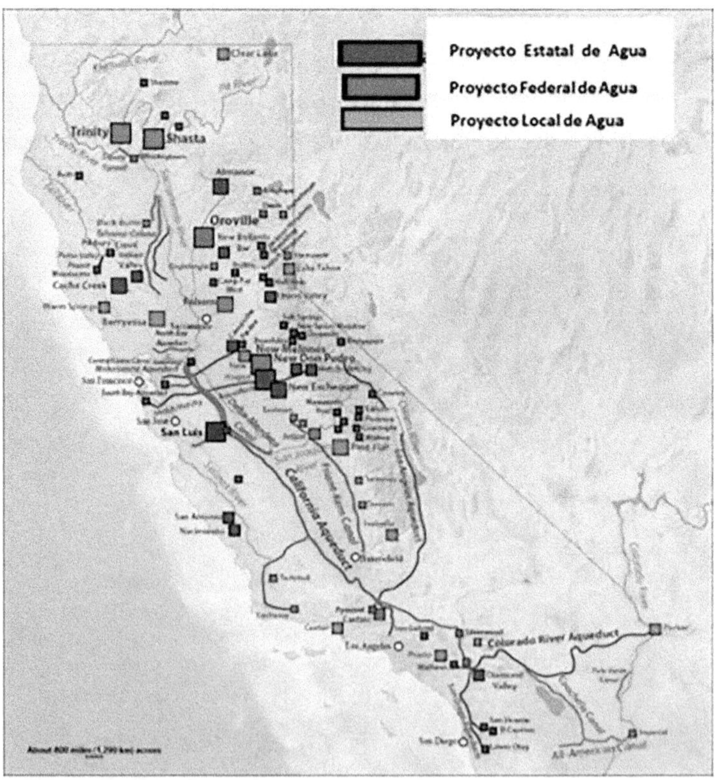

Fuente: https://water.ca.gov/programs/state-water-project.

El mayor consumo de agua para uso urbano y agrícola se concentra en el sur, impulsando proyectos hidráulicos a gran escala (**Figura 10.4**). La mayoría del suministro de agua proviene de fuentes internas; sin embargo, el río Colorado, compartido por siete Estados de Estados Unidos y México, abastece partes del sur de California.

California tiene más de 1.500 presas y embalses (de propiedad federal, estatal, local o privada) (USACE, s.f.), pero la mayoría son relativamente pequeños; gran parte de la capacidad total de almacenamiento en embalses del Estado –más de 53 mil millones de metros cúbicos (MCM) (PPIC, 2018)– se concentra en unos pocos cientos de embalses. Casi todos los embalses más grandes (con una capacidad de 1.200 MCM o más) se ubican en las laderas occidentales de la cordillera de las Cascades y Sierra Nevada, y se operan tanto para el suministro de agua como para la reducción del riesgo de inundaciones. Los grandes embalses que abastecen la parte norte del valle central (valle de Sacramento) operan bajo un régimen mixto de lluvia y nieve según las características de las tormentas individuales, dado que el 95% del área de las principales cuencas hidrográficas del valle de Sacramento está por debajo de los 2.300 metros de altitud. Los grandes embalses que abastecen la parte sur del valle central (valle de San Joaquín) operan bajo un régimen dominado por el deshielo, ya que el 50% del área de las principales cuencas se encuentra por encima de los 2.100 metros de altitud (Jones, 2021). El almacenamiento en los embalses montañosos de mayor tamaño está restringido durante los meses de otoño e invierno para proporcionar capacidad de gestión de inundaciones, y posteriormente se permite que se llenen en primavera con el deshielo para el suministro de agua.

Se almacena mucha más agua en los más de 500 acuíferos subterráneos del Estado que en los embalses superficiales. De estos acuíferos, 94 han sido identificados como de prioridad especial para los requisitos estatales de gestión de aguas subterráneas y, por lo tanto, deben elaborar planes de gestión local, tal como se explica más adelante en este capítulo. Estos 94 acuíferos, junto con otras 30 áreas bajo adjudicaciones de extracción de agua subterránea administradas por tribunales, representan el 98% de la extracción de agua subterránea en California (**Figura 10.5**). En promedio, el agua subterránea proporciona cerca del 40% del suministro de agua agrícola y urbana de California, porcentaje que aumenta al 60% en años secos, cuando escasean los suministros superficiales (CDWR, 2020).

El agua subterránea es la fuente de suministro dominante para la mayoría de los proveedores de agua potable pequeños y medianos, y una fuente parcial para muchos otros de mayor tamaño. California cuenta con numerosos proyectos de recarga y almacenamiento gestionado de aguas subterráneas, iniciados ya en la década de 1910; la mayoría utiliza cuencas construidas o segmentos de canales fluviales para la recarga, en lugar de pozos de inyección. Los mayores proyectos cuentan con capacidades de almacenamiento gestionado de, aproximadamente, 1.200 MCM, comparables en tamaño con un gran embalse de agua superficial.

El Departamento de Recursos Hídricos de California (CDWR) ha estimado el consumo anual de agua en todo el Estado durante muchos años con fines de planificación general. Se calcula que el consumo anual promedio de agua entre 1998 y 2020 fue de 99 mil millones de metros cúbicos para fines urbanos, agrícolas y ambientales (CDWR, 2023).

Figura 10.5
Acuíferos de California y áreas adjudicadas

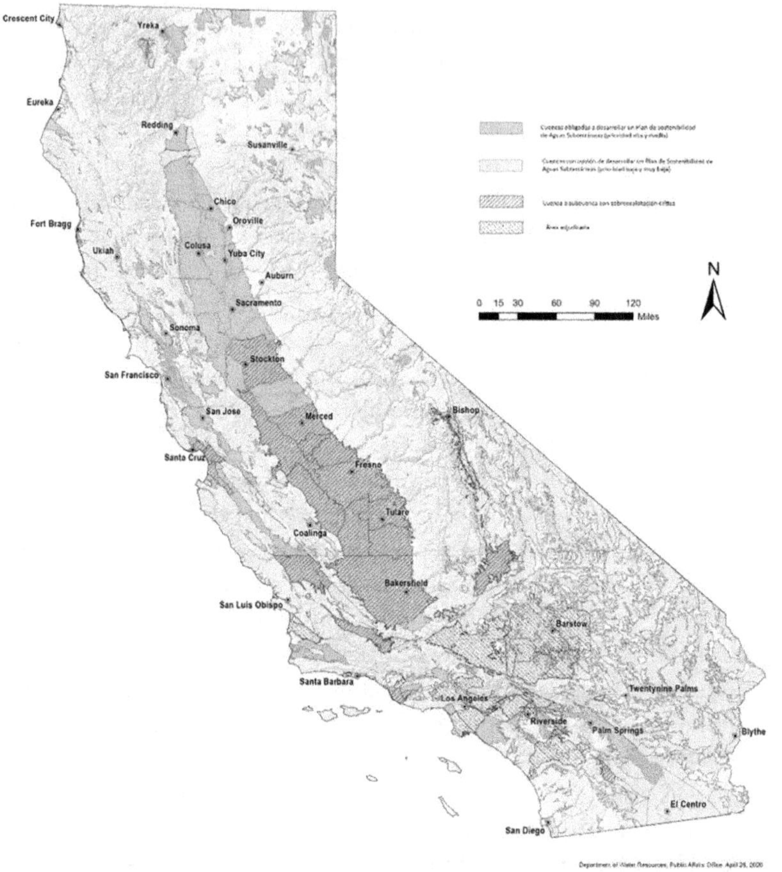

Fuente: California Department of Water Resources.

El Departamento de Recursos Hídricos de California define el uso de agua ambiental como aquella que se reserva por mandato legal o normativo para refugios de vida silvestre gestionados, caudales ecológicos en los ríos, caudales en ríos catalogados como silvestres y pintorescos, y el caudal de agua dulce requerido hacia la bahía de San Francisco.

El consumo de agua varía considerablemente año a año en función de las condiciones hidrológicas, tal como se ilustra en la **Figura10.6** para años recientes húmedos y secos. La agricultura y el medio ambiente son las categorías con más uso de agua; sin embargo, el uso de agua con fines ambientales disminuye de manera significativa en años secos, ya que está dominado por el caudal en ríos protegidos como silvestres. El agua clasificada como ambiental en estos ríos no cuenta en gran medida con respaldo de almacenamiento, de modo que los caudales se reducen en años secos.

Figura 10.6

Consumo de agua en California en años húmedos y secos

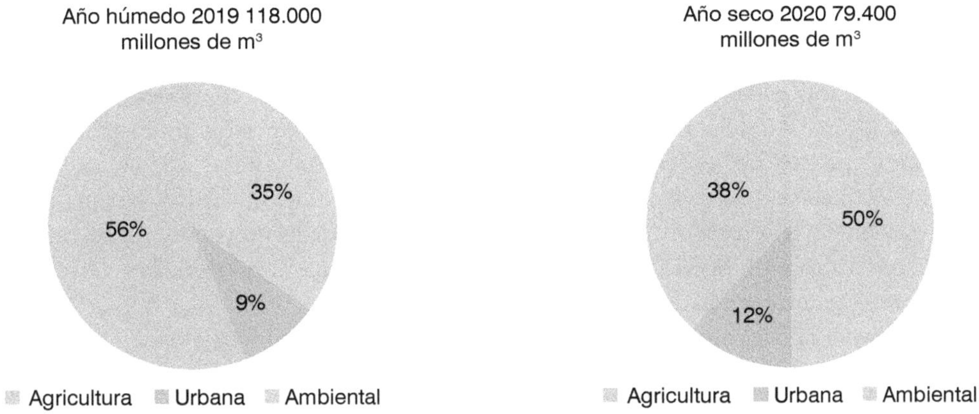

Fuente: California Department of Water Resources.

Durante décadas, California ha sido el principal productor agrícola de Estados Unidos, debido a su clima favorable y abundante tierra cultivable. Según el Departamento de Recursos Hídricos de California, la superficie regada alcanzó casi cuatro millones de hectáreas en 1980 (Jones, 2020). Sin embargo, la urbanización y otros factores han reducido esta cifra a cerca de 3.6 millones de hectáreas en años con disponibilidad promedio de agua, con variaciones que dependen de los precios de los cultivos y la disponibilidad del recurso hídrico.

La mayoría de los cultivos requieren riego, dada la insuficiencia de precipitaciones durante la mitad del año. En algunas regiones, con condiciones climáticas favorables, es posible cultivar durante todo el año. Se estima que, como resultado de las recientes sequías, aproximadamente 200 mil hectáreas de tierras agrícolas han quedado sin cultivar debido a la escasez hídrica (Jones, 2020).

3. ANTECEDENTES HISTÓRICOS

La gestión de los recursos hídricos en California se centró tempranamente en proyectos de gran escala de aguas superficiales, los cuales fueron posteriormente clave para la capacidad de enfrentar las sequías. La llamada Gran Inundación de 1862, que convirtió parte del valle central en un mar interior, fue seguida por la Gran Sequía de 1863-1864, la cual puso fin de manera efectiva a gran parte de la ganadería de estilo rancho español existente antes de que California se convirtiera en Estado.

En la década de 1880, el Estado de California llevó a cabo una planificación integral para proyectos de suministro de agua y riego, motivado en parte por la devastación sufrida en la década de 1860. El primer proyecto a gran escala de suministro de agua urbana fue ejecutado por una agencia local, el Acueducto de Los Ángeles; se finalizó en 1913, permitiendo la importación de agua desde más de 300 kilómetros de distancia.

El gobierno estatal comenzó una planificación detallada para un proyecto hídrico de propiedad estatal en la década de 1920, con la publicación en 1931 del Plan Estatal del Agua (CDPW, 1931). Dicho plan describía las instalaciones y los costos de un enorme proyecto de infraestructura para trasladar agua desde el valle de Sacramento –rico en recursos hídricos– hacia zonas del sur. El Estado no pudo financiar el proyecto durante la Gran Depresión de la década de 1930 en Estados Unidos y solicitó ayuda al gobierno federal. A finales de esa misma década, la Oficina de Reclamación (USBR, por sus siglas en inglés) inició la construcción de las primeras instalaciones del proyecto del valle central (CVP, por sus siglas en inglés), destinado principalmente al suministro agrícola y convertido en el proyecto interestatal de agua más grande de California.

Cuando la Segunda Guerra Mundial llegaba a su fin, California experimentó un importante crecimiento demográfico, lo que llevó al gobierno estatal a profundizar la planificación y a construir, en la década de 1960, el Proyecto Estatal de Agua (SWP, por sus siglas en inglés), enfocado principalmente en el suministro urbano, y que es el segundo proyecto intraestatal más grande del Estado. El SWP también desarrolla recursos hídricos en el valle de Sacramento y los transporta a través de un acueducto de más de 650 kilómetros hacia el sur hasta la zona metropolitana del sur de California.

Durante ese mismo periodo, las agencias locales de agua también estuvieron activas en la construcción de proyectos hídricos: las ciudades en el lado oriental de la bahía de San Francisco y la propia ciudad de San Francisco completaron acueductos para llevar agua desde embalses de la Sierra Nevada a sus áreas en 1929 y 1934, respectivamente. Un consorcio de ciudades del sur de California, ubicado en la región de Los Ángeles, construyó un acueducto de cerca de 400 kilómetros de extensión hasta el río Colorado en 1941.

Para la década de 1970, la mayor parte de la infraestructura principal de almacenamiento y transporte de agua –estatal, local y federal– ya se había construido. Mucho menos visible, pero esencial para la expansión de la agricultura de regadío, fue el desarrollo e instalación generalizada, hacia las décadas de 1920 y 1930, de bombas turbina de pozo profundo, que permitieron extraer volúmenes significativos de agua subterránea de acuíferos antes poco explotados.

A partir de la década de 1970 se redujo de forma considerable la construcción de grandes infraestructuras hídricas y aumentó el enfoque en acciones institucionales y regulatorias, así como en proyectos de menor escala de agencias locales de agua urbana. Para ese entonces, en varias cuencas subterráneas las agencias locales ya habían reconocido los impactos negativos de la sobreexplotación de los acuíferos y habían tomado medidas al respecto.

Simultáneamente, el Estado comenzó a formular metas para la reutilización del agua y la desalinización de agua de mar; se construyó un creciente número de proyectos de reutilización de agua en zonas urbanas, y se impusieron medidas obligatorias de conservación de agua urbana. Asimismo, se implementaron regulaciones adicionales para gestionar o controlar el uso del agua en respuesta a las condiciones de sequía propias del siglo XXI.

El sistema actual de administración de derechos de agua superficial en California se estableció mediante legislación en 1914, pero no se creó un sistema estatal para regular los derechos sobre el agua subterránea en ese momento; no fue sino hasta 2014 que se aprobó una legislación estatal que exige la gestión local obligatoria de las aguas subterráneas. Los impactos negativos de la sobreexplotación a largo plazo de las aguas subterráneas se habían reconocido durante varias décadas, pero lograr un consenso legislativo sobre una solución fue difícil. La sobreexplotación de agua subterránea en el intensamente cultivado valle de San Joaquín promedió entre 1.200 y 2.400 millones de metros cúbicos anuales durante décadas; algunas áreas localizadas experimentaron hasta 30 pies de hundimiento del terreno entre la década de 1920 y el presente, lo que dañó la infraestructura de grandes sistemas de transporte de agua y destruyó las tuberías de los pozos. La legislación de 2014 exigió la conformación de nuevas agencias locales que debían adoptar planes de gestión entre 2020 y 2022, y tendrán un plazo de veinte años para reducir las extracciones excesivas y lograr el cumplimiento de sus planes. Se ha estimado que para cumplir con estos planes es posible que se deba dejar cerca de 200 mil hectáreas de tierras agrícolas sin cultivar en el valle de San Joaquín (Hanak, 2023). La implementación de estos planes influenciará la respuesta de las agencias locales ante futuras sequías; en el pasado, la extracción sin restricciones de agua subterránea era una solución común ante la escasez de agua superficial durante las sequías.

Los requisitos legales y regulatorios para la protección ambiental relacionados con la gestión hídrica han evolucionado con el tiempo. Poco después de que California se convirtiera en Estado, se promulgaron disposiciones básicas de protección para el paso de los peces en los cursos de agua, y estas disposiciones se desarrollaron aún más en 1937. Con el fin de mitigar la construcción de grandes presas, especialmente aquellas en las estribaciones de las cordilleras Cascade y Sierra Nevada, que bloqueaban la migración de peces anádromos, se construyeron criaderos de peces.

En la década de 1970 se adoptaron las leyes de especies en peligro de extinción, tanto a nivel estatal como federal, lo que autorizó acciones regulatorias estrictas para proteger a las especies incluidas en las listas de especies amenazadas. Igualmente, a finales de la década de 1960 y principios de la de 1970 se promulgaron las leyes de ríos silvestres y escénicos (Wild and Scenic Rivers Acts) a escala estatal y federal, con el fin de prohibir la construcción de nueva infraestructura hídrica en tramos de ríos previamente designados.

Además, se han impuesto requisitos de caudales ecológicos *(instream flows)* mediante la concesión de derechos de agua y por la vía judicial con base en la doctrina del fideicomiso público *(public trust)*, para reducir los suministros de agua existentes destinados a agencias urbanas y agrícolas con fines de protección ambiental. Un ejemplo de ello es el uso de la doctrina del fideicomiso público para reducir las extracciones de afluentes de Mono Lake por parte de la ciudad de Los Ángeles (SWRCB, 1994).

En 1992, la legislación federal destinó un gran volumen de agua de la producción del Proyecto del Valle Central (CVP, por sus siglas en inglés) para la pesca, otorgando a ese uso la misma prioridad que a los suministros urbanos y agrícolas, e imponiendo además entregas mínimas a refugios de vida silvestre específicos. En virtud de esta legislación y otras autorizaciones, las agencias federales y estatales han invertido cientos de millones de dólares en la mejora de hábitats y en medidas de restauración de ecosistemas.

4. MARCO INSTITUCIONAL

Los gobiernos estatales en Estados Unidos tienen la responsabilidad principal de administrar la disponibilidad de agua mediante la emisión de derechos de agua, que facultan a agencias, empresas privadas e individuos a utilizar cantidades específicas de agua con fines determinados. California (al igual que la mayoría de los Estados del relativamente árido oeste del país) se rige por la doctrina de apropiación previa, la cual otorga prioridad de uso durante periodos de escasez a quienes comenzaron antes a desviar agua de una fuente superficial en particular. Asimismo, California reconoce los derechos de agua ribereños que permiten a los propietarios de tierras adyacentes a un curso de agua desviar agua hacia dichas tierras; en situaciones de escasez, los usuarios ribereños comparten las reducciones de manera equitativa.

Las leyes estatales autorizan la formación de diferentes tipos de distritos especiales (agencias locales) con facultades específicas en materia de gestión del agua. Estos distritos pueden crearse al amparo de leyes generales (por ejemplo, distritos de riego, distritos de agua o autoridades de agua del condado) o por medio de una ley individual diseñada para un área geográfica en particular, dotada de atribuciones específicas para las circunstancias de ese territorio. En total, hay varios miles de distritos especiales en California, abarcando alrededor de 50 tipos principales. De ellos, más de mil cuentan con alguna forma de autoridad relacionada con el agua.

Los distritos especiales varían significativamente en cuanto a tamaño y alcance. El Distrito Metropolitano de Agua del Sur de California, por ejemplo, proporciona suministros adicionales de agua en un área de servicio que abarca a más de 19 millones de personas, mientras que un área de servicio de un condado podría abastecer de agua a tan solo 50 viviendas. Junto con las ciudades y los condados, los distritos especiales se consideran subdivisiones políticas del Estado. Existen más de siete mil sistemas de agua (tanto gubernamentales como privados) regulados por leyes federales y estatales para el suministro de agua potable (SWRCB, 2022).

California es un caso atípico en Estados Unidos por ser propietaria de un proyecto estatal de agua, operado por el CDWR; la mayoría de los proyectos hídricos en Estados Unidos son de propiedad y están operados por agencias locales o por el gobierno federal. Dos agencias federales, la Oficina de Reclamación de los Estados Unidos (USBR, por sus siglas en inglés), que opera solo en el oeste del país, y el Cuerpo de Ingenieros del Ejército de los Estados Unidos (USACE, por sus siglas en inglés), son las principales agencias federales de gestión del agua.

Otras agencias federales pueden influir de manera significativa en la gestión del agua en California a través de programas de regulación, especialmente aquellos relacionados con la protección ambiental. Tanto el gobierno federal como el estatal regulan la calidad del agua potable.

La sequía no se define mediante un enfoque legal explícito; más bien, son los impactos de la sequía (escasez de agua para un fin específico o mayor riesgo de incendios forestales) los que pueden abordarse a través de estatutos o regulaciones. El principal impacto de la sequía en la salud y la seguridad en California se ha asociado a los incendios forestales, los cuales se regulan mediante leyes federales y estatales que cubren la silvicultura y la gestión de emergencias. Otros impactos de la sequía también pueden atenderse a través de las autoridades federales o estatales de gestión de emergencias; sin embargo, la principal autoridad federal para desastres mayores (Ley Stafford) está enfocada casi exclusivamente en eventos de rápida aparición y rara vez se invoca específicamente para la sequía, ya que sus efectos pueden mitigarse a nivel local o estatal.

La respuesta federal central específica para la sequía consiste en brindar asistencia financiera a los productores agrícolas, en el marco de un programa que cubre diversas condiciones que afectan la agricultura (por ejemplo, inundaciones, heladas, calor y plagas). La ley estatal exige que los proveedores de agua potable preparen y actualicen planes que detallen cómo responderán a la escasez causada por cualquier circunstancia (por ejemplo, sequía, terremoto o incendio forestal), siendo más complejos los planes de los proveedores grandes que los de aquellos de menor tamaño.

5. SEQUÍAS PASADAS EN CALIFORNIA

El CDWR ha publicado una serie de informes que describen las sequías pasadas en California (Santos, 1978; Jones, 2000, 2010, 2020 y 2021). En esta sección se resume parte de esa información, pero se recomienda a los lectores consultar dichos informes para obtener más detalles.

Los datos paleoclimáticos de alta resolución sobre caudal y precipitación, obtenidos a partir de reconstrucciones basadas en anillos de árboles, han proporcionado una buena comprensión de la severidad y duración de las sequías durante aproximadamente el último milenio. El CDWR ha financiado este tipo de reconstrucciones para ayudar a las agencias de agua a comprender el riesgo de sequía en el contexto de la variabilidad climática natural (Meko, 2017). En términos generales, las reconstrucciones muestran que las sequías de larga duración son relativamente poco frecuentes, aunque tanto estas como otras reconstrucciones indican que ha habido periodos de sequía de varias décadas en gran parte del oeste de Norteamérica, los cuales representarían grandes desafíos de gestión hídrica si volvieran a ocurrir en la actualidad.

En un análisis realizado para el CDWR de más de mil años de caudales reconstruidos en los ríos más grandes del Estado (Sacramento y San Joaquín), se observó que un periodo seco en la década de 1920-1930 se ubicó entre las diez décadas más secas de todo ese lapso histórico (Meko, 2014).

En el registro hidrológico observado, la década de 1920-1930 fue una época muy seca en California (**Figura 10.7**); sin embargo, no se manejó como una sequía en el sentido moderno. Los impactos que se reportaron fueron relativamente pocos y apenas guardan similitud con los efectos sufridos en las sequías actuales. La diferencia radica en el uso del

Figura 10.7
Escorrentía anual de California

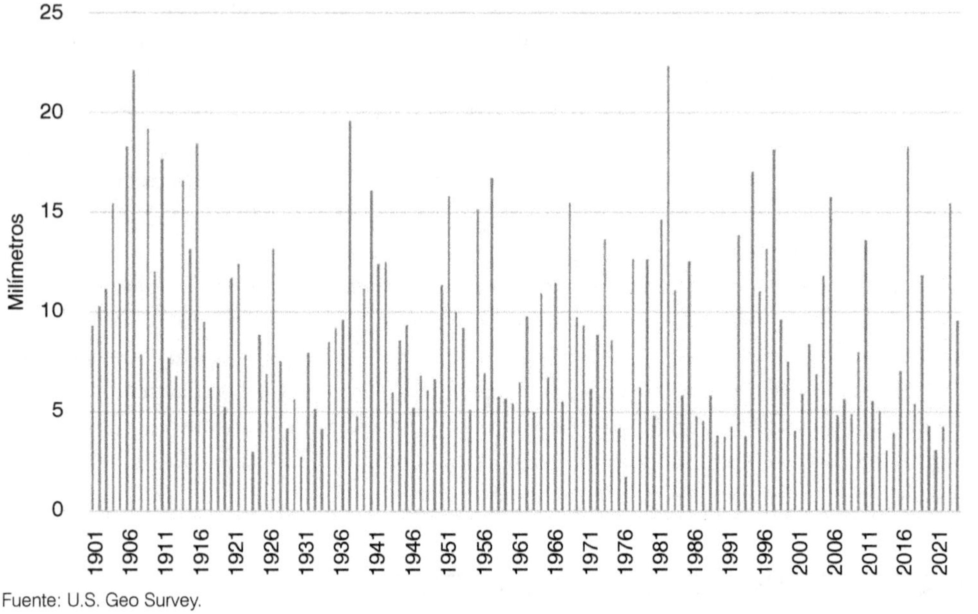

Fuente: U.S. Geo Survey.

agua. En 1930, la población de California era de tan solo 5.7 millones de habitantes y la superficie irrigada estimada era menos de la mitad de los niveles actuales.

Este periodo fue además un momento de construcción activa de nuevos proyectos de agua. Posteriormente, el lapso de seis años entre los años hidrológicos 1924 y 1929 se clasificó como una de las sequías más severas del Estado (en términos de hidrología, no de impactos), y la hidrología de esta sequía se utilizó ampliamente como criterio de diseño o de operación de embalses en varios de los grandes proyectos de agua construidos a partir de la década de 1940.

La sequía no fue un problema importante en las décadas que siguieron inmediatamente a la de 1920-1930; aunque hubo periodos secos de varios años a nivel estatal, su hidrología no fue severa y sus impactos no fueron destacables. La siguiente sequía significativa a escala estatal fue el evento de dos años correspondiente a los años hidrológicos 1976-1977. Las agencias de agua se vieron sorprendidas por la severidad de la hidrología tras un largo periodo de relativa abundancia y no estaban preparadas para gestionar la escasez.

En ese entonces, la población de California era de 22 millones de habitantes y los requisitos de asignación de recursos hídricos para fines ambientales eran modestos en comparación con los estándares actuales, aunque la superficie de riego era similar a la de hoy en día. La conservación del agua en zonas urbanas y el racionamiento obligatorio fueron características destacadas de la sequía, y algunas áreas urbanas necesitaron medidas como la instalación de tuberías de emergencia y conexiones temporales.

Las acciones del Estado incluyeron la aplicación estricta de los derechos de agua superficial y la construcción, por parte del CDWR, de barreras rocosas de emergencia en canales estuarinos que desembocan en la bahía de San Francisco para controlar la intrusión de agua salina. Las agencias de agua urbanas, que hasta entonces dependían únicamente de una sola fuente local de agua superficial, aprendieron una importante lección sobre la necesidad de diversificar sus carteras de suministro.

En respuesta a la sequía, se creó una comisión estatal para revisar la normativa de derechos de agua en California. Esta comisión identificó numerosos cambios que podrían mejorar la gestión del agua durante condiciones de escasez, entre ellos la regulación de la extracción de aguas subterráneas y el establecimiento de un marco legal para la conservación del agua y las transferencias de recursos hídricos (Governor's Commission, 1978).

El periodo de seis años correspondiente a los años hidrológicos 1987-1992 fue la primera sequía prolongada de California desde la de 1920-1930, y sigue siendo la sequía más larga del Estado (medida en años consecutivos secos) bajo un nivel de desarrollo casi moderno. La población estatal era de alrededor de treinta millones de habitantes, y la superficie irrigada estaba prácticamente en los niveles actuales. La asignación de recursos hídricos con fines ambientales era mayor que en 1976-1977, pero seguía siendo modesta en comparación con los estándares de hoy en día; se establecieron nuevos requisitos cerca del final de la sequía, aunque aún no estaban en vigor.

La mayoría de los usuarios abastecidos por los proveedores más grandes del Estado no empezó a enfrentar escasez sino hasta el tercer o cuarto año de la sequía. La larga duración de esta sequía impulsó avances en el establecimiento de un marco institucional para las transferencias de agua (arriendos de corto plazo de derechos de agua superficial). El CDWR operó por primera vez un "banco de agua" estatal para comprar agua a vendedores dispuestos y luego revenderla a entidades que estaban sufriendo escasez.

La extensa infraestructura de transporte de agua con la que cuenta el Estado facilitó la realización de transferencias a gran escala, y la sequía propició nuevas interconexiones entre los mayores proveedores de agua urbana y agrícola. Asimismo, fue un impulso para la adopción de un paquete de legislación estatal que codificó muchas de las recomendaciones sobre conservación de agua y transferencias de agua formuladas tras la sequía de 1976-1977.

La sequía de 2007-2009 fue la primera en California para la cual se utilizaron disposiciones estatales de gestión de emergencias con el fin de dar respuesta a la sequía. Se emitió una declaración de emergencia a nivel estatal para respaldar las acciones de emergencia. Mediante esta declaración se pueden suspender temporalmente ciertas leyes y regulaciones estatales (no federales) para agilizar la respuesta.

En ese momento, de acuerdo con los datos de precipitación, esta sequía fue solo el séptimo periodo de tres años más seco del registro observado. No obstante, un factor determinante para emitir la proclamación de emergencia fue la restricción de suministros sin precedentes en los dos proyectos hídricos más grandes del Estado, consecuencia de nuevos requisitos federales para proteger a determinadas especies de peces. Estas medidas regulatorias exacerbaron significativamente los impactos de la sequía hidrológica. Los usuarios agrícolas del valle de San Joaquín fueron especialmente afectados, y, además, la sequía coincidió con una importante recesión económica en Estados Unidos que afectaba de manera severa a esta zona. Los empleos agrícolas que podrían haber atenuado los efectos de la recesión se vieron reducidos debido a la escasez hídrica, lo que convirtió a esta sequía en la primera de California para la cual se emitió una declaración de emergencia específica con el fin de ordenar asistencia social de emergencia (como bancos de alimentos) para la zona afectada.

La sequía impulsó la adopción de una ley estatal que exige a los propietarios de determinados pozos reportar periódicamente los niveles de agua al Estado. Hasta entonces, las agencias estatales y el público no tenían acceso a dichos datos de los pozos privados y de las agencias locales, lo que dificultaba enormemente la capacidad de planificar respuestas de emergencia. Asimismo, en 2009 se promulgó una legislación que exigía una reducción del 20 por ciento en el uso de agua urbana para 2020. Al final de la sequía, la población de California era de aproximadamente 37 millones de habitantes.

La sequía de cinco años registrada entre 2012 y 2016 destacó por su severidad hidrológica, al establecer un récord de cuatro años consecutivos con la precipitación más baja a nivel estatal, lo que obligó a tomar medidas de respuesta que no se habían requerido desde 1976-1977. También se caracterizó por las temperaturas cálidas récord en todo el Estado, que contribuyeron a mínimos históricos en el contenido de agua en la nieve, un parámetro medido de forma rutinaria por el CDWR desde 1950. El mínimo anterior, equivalente al 25% del promedio establecido en 1977, se igualó en 2014, y en 2015 se impuso un récord de apenas el 5% del promedio.

Durante esta sequía se presentaron impactos nuevos y más graves en comparación con sequías anteriores, impulsados por un clima cada vez más cálido, como se detalla más adelante. Por primera vez, en 2014 el Proyecto del Valle Central (CVP) federal no suministró agua a sus contratistas agrícolas, y el Proyecto Estatal de Agua (SWP) solo entregó el cinco% de lo normalmente asignado. La escasez de agua superficial resultante en el valle de San Joaquín –donde la agricultura es intensiva– causó un aumento en la construcción de pozos y la extracción de aguas subterráneas, lo cual derivó en una expansión de las zonas con subsidencia, con tasas de subsidencia que igualaron máximos históricos. Sin embargo, miles de pozos domésticos poco profundos en áreas rurales del valle de San Joaquín se secaron.

El CDWR puso en marcha una iniciativa pionera para utilizar un radar de apertura sintética interferométrica aerotransportado (InSAR) a fin de monitorear la subsidencia en todo el valle central. Además, y por primera vez, se le asignó la tarea de proveer asistencia de emergencia a los propietarios de pozos domésticos secos en las zonas más afectadas, mediante la construcción de sistemas de distribución que los conectaran con proveedores de agua potable de mayor envergadura.

Después de la sequía, se promulgó una ley estatal que exige a los proveedores de agua urbanos lograr estrictas reducciones en el uso de agua per cápita, requiriendo esfuerzos adicionales a los establecidos en 2009. Además, se adoptó una legislación estatal que autoriza una asignación de 130 millones de dólares anuales del Fondo General, durante un periodo de diez años, para atender los problemas de sistemas de agua de menor escala. A la Junta Estatal de Control de Recursos Hídricos (SWRCB), la agencia que regula a los proveedores de agua potable, se le otorgó la facultad de exigir la consolidación obligatoria de sistemas pequeños en situación crítica con sistemas más grandes.

La sequía de 2012-2016 fue seguida de cerca por la sequía de 2020-2022, generando una sensación de déjà vu al volver a observarse una hidrología extrema y sus consecuentes impactos. Esos tres años establecieron otro récord como los tres años consecutivos con la precipitación estatal más baja. El Proyecto del Valle Central (CVP) tuvo dos años consecutivos sin entregas para sus contratistas agrícolas y, por primera vez, realizó entregas exclusivamente para salud y seguridad a sus contratistas municipales. El Proyecto Estatal de Agua (SWP) entregó únicamente el 5% durante dos años consecutivos. La agencia local que abastece gran parte del sur de California también suministró solamente la cantidad mínima necesaria para salud y seguridad a parte de su área de servicio.

Varios sistemas de agua pequeños (proveedores de agua potable) experimentaron problemas de escasez y recibieron asistencia financiera estatal. El CDWR continuó con proyectos para conectar pozos domésticos secos a sistemas de agua municipales. Por primera vez, se registraron impactos significativos en las aguas subterráneas (subsidencia y múltiples pozos domésticos secos) en el valle de Sacramento, una región tradicionalmente rica en recursos hídricos.

Esta sequía terminó con uno de los inviernos más nevados de California, en el año hidrológico 2023, cuando las agencias de agua tuvieron dificultades para maximizar las oportunidades de recarga de acuíferos ante los grandes volúmenes de agua de deshielo e inundaciones inesperadas. Durante la sequía se promulgó legislación estatal que impuso requisitos de planificación de escasez para los sistemas de agua pequeños, siguiendo la misma lógica de las exigencias aplicadas a sistemas más grandes, así como requisitos de planificación de escasez para los condados en nombre de los sistemas más pequeños y de los propietarios de pozos domésticos privados (CDWR y SWRCB, 2022).

6. CAMBIO CLIMÁTICO Y EL XERICENO

El término Antropoceno ha sido propuesto como un nombre alternativo para el Holoceno o como designación para la parte más reciente de este periodo, en la que los impactos del calentamiento climático de origen antropogénico empiezan a hacerse evidentes. Siguiendo esta lógica, las dos sequías más recientes de California podrían describirse, desde la perspectiva de la gestión del agua, como ejemplos del "Xericeno". La evolución del sistema climático hacia la aridificación en un futuro más cálido y seco se está superponiendo a la alta variabilidad de la precipitación que caracteriza al Estado. El enfoque que California ha utilizado hasta ahora –considerar la sequía como un problema de gestión de emergencias– no está diseñado para abordar esta problemática.

Las sequías de 2012-2016 y 2020-2022 difirieron de manera fundamental de las sequías anteriores, con efectos nuevos y más graves, atribuibles al cambio climático observado hasta la fecha (**Figura 10.8**). Históricamente, en California la sequía se ha considerado un fenómeno normal y recurrente de su clima, que podía enfrentarse mediante

Figura 10.8
Temperatura promedio en California

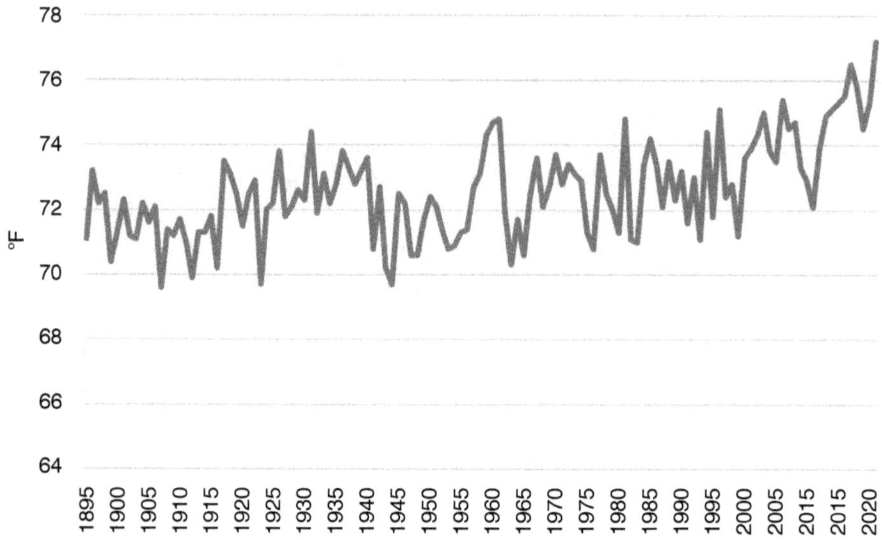

Fuente: NOAA National Centers for Environmental Information.

la estructura institucional típica de gestión de emergencias empleada en situaciones de menor duración, como inundaciones, incendios forestales o terremotos. Las tres sequías experimentadas en el siglo XXI se gestionaron a través de declaraciones estatales de emergencia, que por su naturaleza están concebidas como respuesta de corto plazo a eventos episódicos relativamente breves.

Sin embargo, 11 de los primeros 23 años de este siglo (hasta el final de la sequía 2020-2022) han sido años de sequía multianual a nivel estatal. Si se suman años secos aislados a nivel estatal, como los años hidrológicos 2001 o 2018, más de la mitad de los años transcurridos en este siglo serían secos. Herramientas como el Modelo de Caracterización de Cuencas del Servicio Geológico de los Estados Unidos (Flint, 2021) permiten examinar de manera cuantitativa cómo las temperaturas crecientes influyen en los procesos hidrológicos. Dicho modelo utiliza datos de temperatura y precipitación en cuadrículas para calcular balances de agua y energía, y así mostrar cambios a lo largo del tiempo en variables como la eficiencia de la escorrentía o el déficit hídrico climático (diferencia entre evapotranspiración potencial y la real) a una escala espacial detallada. El uso de este modelo ha permitido al CDWR detectar que el déficit hídrico climático ha empeorado con el paso del tiempo en años de sequía severa, como 1977, 2014 y 2021, lo cual confirma la razón por la que los impactos de la sequía se han vuelto más graves.

El cambio climático afecta mucho más que las relaciones entre precipitación y escorrentía que determinan los suministros de agua. También influye en el entorno natural y en sistemas no gestionados, intensificando los impactos de la sequía. Dos ejemplos de ello son el aumento del efecto de la sequía en los incendios forestales y en las pesquerías, ambos muy notables en las sequías recientes. Históricamente, los mayores impactos económicos cuantificables de la sequía en California han estado relacionados con la pérdida de recursos madereros y los incendios forestales, pero estos últimos han alcanzado ahora un nuevo nivel de amenaza.

Los diez incendios forestales más costosos en Estados Unidos (**Tabla 10.1**) ocurrieron en California durante o después de sequías que crearon condiciones ideales para los megaincendios (III, 2022). El riesgo de incendios forestales permanece elevado incluso después de que concluya la sequía hidrológica, debido a la gran masa de combustible (vegetación leñosa muerta o moribunda) que queda en el paisaje. Además, un año húmedo después de una sequía favorece un abundante crecimiento de pasto que, al secarse en el verano, se convierte en un combustible adicional para iniciar incendios.

La sequía entre 2012 y 2016 causó una mortalidad significativa de árboles en Sierra Nevada. La escasez de agua debilitó los árboles, haciéndolos susceptibles a los escarabajos de corteza. Una encuesta aérea realizada por el Servicio Forestal de Estados Unidos estimó que 129 millones de árboles habían muerto en California desde 2010.

Todas menos dos de las conflagraciones más dañinas en California han ocurrido desde el año 2000, al igual que todos menos dos de los incendios más grandes en cuanto a superficie quemada (CAL FIRE, s.f.). Los daños por incendios forestales en los sistemas de agua, antes principalmente limitados a los sistemas más pequeños en zonas remotas, han aumentado y ahora afectan también a sistemas más grandes en áreas más urbanizadas, conforme aumentan las dimensiones de los incendios.

Tabla 10.1
Diez incendios forestales de mayor costo en Estados Unidos

Año	Nombre del incendio	Pérdidas aseguradas estimadas (miles de millones de US$ nominales)
2018	Camp	10
2017	Tubbs	8.7
2018	Woolsey	4.2
1991	Oakland Hills	1.7
2017	Atlas	3
2020	Glass	2.95
2020	CZU Lightning Complex	2.5
2017	Thomas	2.25
2020	LNU Lightning Complex	2.25
2007	Witch	1.6

Fuente: III, 2022.

El incendio de Tubbs en 2017 y el incendio de Camp en 2018, incluidos en la tabla 10.1, causaron daños inimaginables hasta ese momento en la infraestructura hídrica. El incendio de Tubbs tuvo lugar en una comunidad altamente urbanizada y destruyó el sistema de distribución de agua en los vecindarios residenciales afectados. Asimismo, provocó la contaminación del sistema de distribución con compuestos orgánicos volátiles (COV), como benceno procedente de tuberías de plástico derretidas, lo que resultó en órdenes de "no beber ni hervir el agua" durante casi un año en parte del sistema. Por su parte, el incendio de Camp destruyó gran parte de la pequeña ciudad de Paradise, causando daños similares a su sistema de distribución de agua y contaminación por COV.

Las sequías afectan a los ecosistemas, especialmente los acuáticos, y suponen un factor de estrés adicional para poblaciones de peces que ya pueden encontrarse en declive debido al desarrollo humano, la competencia con especies de peces no nativas introducidas y otros factores. Las especies de salmónidos, que en el siglo XIX eran abundantes en los cursos de agua costeros y en los principales ríos que desembocan en el valle central, se han visto particularmente afectadas.

Durante las sequías, las agencias estatales y federales de pesca han adoptado medidas de respuesta como rescates de peces, cierres de la pesca recreativa y comercial (tanto en el mar como en aguas interiores), y el transporte de peces jóvenes de criaderos para su liberación en la bahía de San Francisco; asimismo, han utilizado sus facultades regulatorias para reducir las extracciones de agua de las agencias hídricas. Los cierres de la pesca en aguas interiores (ya sea recreativa o comercial) se han vuelto comunes en años de sequía. En 2023 se cerró la pesca comercial y recreativa de salmón Chinook en la costa de California debido a la baja abundancia de peces en el mar.

Los salmónidos presentan un problema particular en un clima en calentamiento debido a la sensibilidad de sus huevos y alevines a la temperatura. Las condiciones excepcionalmente cálidas de las sequías de 2012-2016 y 2020-2022 ocasionaron periodos en los que la temperatura de los ríos fue letal para huevos y alevines; se calculó, por ejemplo, que entre el 75 y el 86% de los huevos de salmón Chinook de carrera invernal en el río Sacramento murieron en 2014, 2015 y 2021 (los años más secos y cálidos de estas sequías), cuando no quedaba suficiente agua fría en los embalses para mantener el río a una temperatura adecuada para la supervivencia de los huevos (NOAA Fisheries, s.f.).

Como peces anádromos, los salmónidos también están en riesgo cuando las temperaturas del océano se vuelven demasiado cálidas, lo que altera las redes alimentarias marinas y provoca floraciones algales nocivas de gran magnitud. La mayor ola de calor marina documentada en la parte este del océano Pacífico Norte se registró entre 2014 y 2016, y se han producido grandes olas de calor marinas cada año entre 2019 y 2022 (IEA, s.f.).

El cambio climático se ha vuelto cada vez más importante como impulso para la planificación futura del suministro de agua. Aunque las métricas exactas de cambio varían conforme se actualizan los modelos climáticos y se examinan diferentes trayectorias representativas de concentración de gases de efecto invernadero, los temas generales se mantienen claros: se espera que las temperaturas continúen aumentando, las precipitaciones podrían mantenerse aproximadamente en el mismo rango (aunque podría disminuir la cantidad de grandes tormentas y las que ocurran serían más intensas), y el aumento de las temperaturas y la evapotranspiración se intensificará. Se prevé que la capa de nieve de montaña disminuya más de un tercio para mediados de siglo y más de la mitad para finales de siglo (CCAS, s.f.).

7. DISCUSIÓN Y LECCIONES APRENDIDAS

La severidad hidrológica imprevista de 1976-1977 fue tanto una sorpresa como un desafío para los proveedores de agua, que carecían de herramientas para responder a la escasez, tales como interconexiones entre sistemas y un marco institucional para la conservación y las transferencias de agua. Una revisión de las acciones de respuesta a la sequía en ese momento no atribuyó los impactos sufridos a la falta de inversión en infraestructura, dado que recientemente se había construido una gran cantidad de nueva infraestructura (Santos, 1978). Una de las lecciones básicas aprendidas en la sequía de 1976-1977 fue, sencillamente, que eran posibles sequías multianuales de gran severidad.

En la **Tabla 10.2** se compara el almacenamiento en los embalses de todo el Estado al final de las sequías más significativas de California, específicamente de los alrededores de 150 embalses grandes, cuyo almacenamiento es monitoreado de manera rutinaria por el CDWR. Entre 1976-1977, las agencias de agua operaron sus embalses para maximizar el rendimiento, sin priorizar la reserva de almacenamiento residual. Posteriormente, muchas agencias modificaron sus criterios de operación de embalses para volverse más conservadoras en años secos y así mantener un mayor volumen de almacenamiento residual, por si el año siguiente también fuera seco. Además, las protecciones reglamentarias con fines ambientales han obligado a algunos operadores de embalses a retener mayores volúmenes de almacenamiento residual para caudales destinados a la pesca.

En cierta medida, la sequía de 1987-1992 también sorprendió a los usuarios de agua debido a su duración prolongada; el periodo seco extenso y la hidrología severa de la década de 1920-1930 eran ya un recuerdo distante. Sin embargo, para la sequía de 2007-2009,

Tabla 10.2
Almacenamiento estatal en embalses al final del año hidrológico en sequías de varios años

Año	Almacenamiento como porcentaje del promedio
1977	36
1992	58
2009	79
2016	82
2022	67

Fuente: California Department of Water Resources, 2023.

el entorno institucional había cambiado de forma considerable, incrementando los desafíos de gestión hídrica La población estatal había aumentado en 15 millones desde 1976-1977, la superficie irrigada se mantenía prácticamente igual y se habían impuesto restricciones adicionales en la operación de los proyectos CVP y SWP con fines pesqueros o ambientales, lo que redujo las entregas de estos proyectos a los usuarios de agua urbanos y agrícolas. Tras 1977, ambos proyectos proporcionaron a sus contratistas el total de las entregas solicitadas hasta 1989, pero posteriormente dejó de ser frecuente satisfacer al 100% dichas solicitudes.

Como se mencionó antes, en comparación con el siglo XX, en el siglo XXI se han construido pocos proyectos de desarrollo de agua a gran escala o de alcance regional. La conservación y la reutilización de agua comenzaron a verse cada vez más como soluciones de sequía para las agencias urbanas; por ejemplo, la meta de reducir un 20% el consumo de agua para 2020, establecida en 2009. A lo largo del tiempo, California ha tenido éxito en la aplicación de mandatos legislativos y regulatorios para disminuir el uso de agua urbano per cápita, aunque con el riesgo de un "endurecimiento de la demanda" en futuras sequías, pues muchas comunidades han aprovechado el agua ahorrada para sostener el crecimiento poblacional. La reducción más reciente en el uso de agua, promulgada en 2018, requería que los proveedores urbanos alcanzaran un estándar de 208 litros per cápita diarios (LPCD) de uso de agua en interiores para 2025, pero la legislación de 2022 redujo dicho valor a 178 LPCD en 2025 y a 159 LPCD en 2031. Si bien los proyectos de reutilización de agua son cada vez más comunes, su contribución al suministro total de agua sigue siendo relativamente reducida. El CDWR estimó que en 2021 había 287 instalaciones locales productoras de agua reciclada en todo el Estado, generando un suministro de 900 MCM (CDWR, 2023).

La experiencia de California demuestra que las grandes agencias urbanas de agua pueden gestionar con éxito las sequías multianuales debido a que cuentan con bases de usuarios suficientemente amplias como para financiar la fiabilidad en el suministro. En contraste, los sistemas de agua pequeños —aquellos que pueden abastecer únicamente a decenas, centenares o unos pocos miles de conexiones— a menudo no disponen de los recursos suficientes, y muchos de ellos en zonas rurales dependen de aguas subterráneas en estratos rocosos fracturados, que pueden resultar poco fiables durante las sequías.

Los problemas de escasez de agua potable en periodos de sequía se han asociado históricamente con estos sistemas pequeños y con los pozos domésticos privados. Las sequías de 2012-2016 y 2020-2022 actuaron como catalizadores para poner el foco en esta problemática y propiciar la adopción de normativa destinada a mejorar la situación en futuras sequías.

Aunque se ha avanzado de manera considerable, persiste un problema sin resolver: la falta de mejora en las predicciones de precipitación de alcance subestacional a estacional. Si dichas predicciones fueran precisas, es decir, si se pudieran realizar pronósticos de precipitación más allá de los típicos siete a diez días de los pronósticos meteorológicos convencionales, se permitiría una operación más eficiente de la infraestructura hídrica y una mejor preparación y respuesta ante la sequía, al brindar tiempos de anticipación más

Figura 10.9
Habilidad histórica de los pronósticos estacionales de precipitación de la NOAA

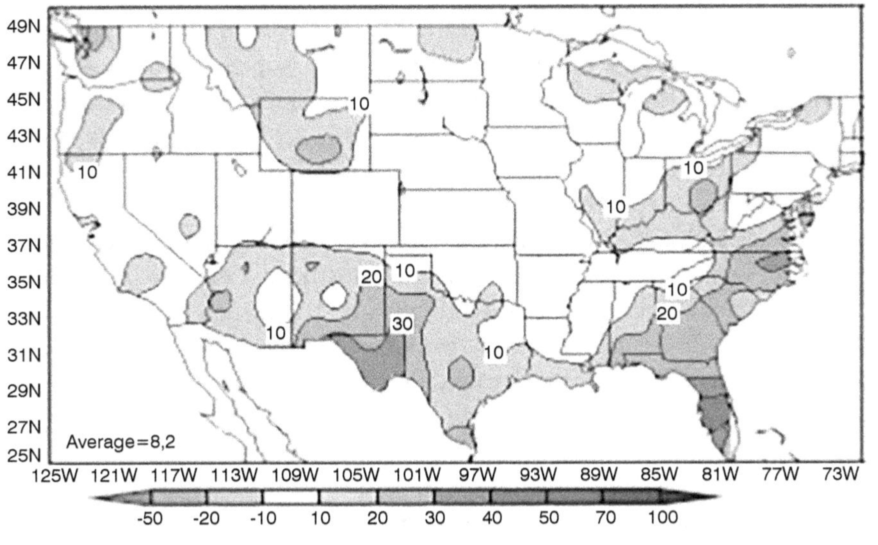

Fuente: NOAA Climate Prediction Center.

largos para implementar medidas de mitigación. Negociar transferencias de agua anuales, obtener permisos para operaciones temporales de recarga de aguas subterráneas o poner en marcha programas de perforación de pozos de emergencia para pequeños sistemas de agua son ejemplos de acciones de respuesta a la sequía que requieren tiempo de preparación.

Pronósticos adecuados respaldarían, además, tecnologías emergentes, como la operación de embalses basada en pronósticos (Forecast-Informed Reservoir Operations, Reauthorizing the Weather Act, 2023). La agencia federal responsable de los pronósticos meteorológicos y climáticos (NOAA, por sus siglas en inglés) ha emitido proyecciones operacionales de precipitación estacional desde mediados de la década de 1990, pero su fiabilidad es mínima al medir el Índice de Habilidad (Heidke Skill Score) de Precipitación Estacional (Lead 0.5 meses) en el periodo DJF (invierno) para pronósticos manuales de 1995 a 2022 (**Figura 10.9**). Mejorar las predicciones de precipitación a plazos más largos presenta desafíos científicos considerables y requiere un compromiso continuo para respaldar la investigación necesaria. No obstante, dicha inversión es mucho menos costosa que las acciones de respuesta de emergencia a la sequía o los programas federales de asistencia por desastres agrícolas.

Dado que California presenta una variabilidad anual de precipitación tan alta, la pérdida promedio de suministro de agua en todos los tipos de años hidrológicos en algún momento futuro no constituye un indicador relevante desde el punto de vista de la gestión hídrica. La pregunta más pertinente es la disponibilidad de agua durante periodos de sequía multianuales. Estudios de modelos climáticos realizados para evaluar los impactos del calentamiento en la disponibilidad de agua durante los periodos de sequía en los principales ríos que drenan hacia el valle central sugieren que los déficits futuros podrían ser mucho más graves que los observados en las sequías recientes, que ya han sido de gran severidad (Stewart, 2020; Lynam, 2021).

La disminución del manto de nieve en las montañas incrementa el riesgo en la gestión hídrica y afecta a los principales ríos de California, que proporcionan gran parte del suministro de agua del Estado. Esos embalses y la infraestructura de transporte asociada fueron diseñados con base en la hidrología de mediados del siglo XX, la cual no refleja las condiciones actuales. La reciente normativa de California en materia de gestión de aguas subterráneas y la necesidad de compensar la reducción del almacenamiento en la nieve evidencian la importancia de construir nueva infraestructura que permita maximizar las oportunidades de almacenamiento subterráneo a partir de eventos de inundación de corta duración, que se espera ocurran con menor frecuencia, pero en volúmenes mayores.

La mayoría de los grandes embalses de California almacenan menos agua que el caudal promedio anual de sus cuencas. Además, en las sequías más recientes, la operación de los grandes embalses del CVP y el SWP ha priorizado cada vez más el uso de almacenamiento residual para caudales dirigidos a la pesca y al medio ambiente, enfatizando así la importancia de maximizar la recarga de aguas subterráneas para respaldar a los usuarios urbanos y agrícolas.

Las reducciones esperadas en la disponibilidad de agua durante años secos en futuras sequías ilustran por qué el paradigma histórico de considerar la sequía como una emergencia ocasional está perdiendo efectividad. En las sequías más recientes, California ha experimentado impactos para los usuarios de agua que habrían sido impensables en el pasado. Enfrentar los déficits previstos en un clima cada vez más cálido requerirá una inversión sustancial en nueva infraestructura, que tomará años en implementarse. Adaptarse a un clima en calentamiento implica un paradigma de planificación diferente al de la gestión de emergencias a corto plazo, aunque las herramientas de respuesta de emergencia pueden seguir siendo útiles para manejar las sequías.

El enfoque histórico de conceptualizar las sequías como incidentes aislados que requieren una respuesta de emergencia no está preparado para abordar la aridificación de largo plazo del sistema climático y sus repercusiones en la infraestructura y en la gestión del agua.

REFERENCIAS

1. CAL FIRE (s.f.). *Statistics*. Disponible en: https://www.fire.ca.gov/our-impact/statistics.
2. California Climate Adaptation Strategy (s.f.). *Summary of Projected Climate Change Impacts on California*. Disponible en: https://climateresilience.ca.gov/overview/impacts.html.
3. California Department of Public Works (1931). *Bulletin No. 25 Report to Legislature of 1931 on State Water Plan 1930*. California Department of Public Works. Disponible en: https://ia804701.us.archive.org/26/items/state1931egislat25calirich/state1931egislat25calirich.pdf.

4. California Department of Water Resources (2020). *California's Groundwater: Update 2020*. California Department of Water Resources. Disponible en: https://shorturl.at/AUlqv.
5. California Department of Water Resources (2023). *California Water Plan 2023 Update, Public Review Draft*. California Department of Water Resources. Disponible en: https://shorturl.at/8UJpW.
6. California Department of Water Resources & State Water Resources Control Board (2022). *Primer of Senate Bill 552: Drought Planning for Small Water Suppliers and Rural Communities*. California Department of Water Resources and State Water Resources Control Board. Disponible en: https://shorturl.at/vhAtr.
7. Dettinger, M.D., Ralph, F. M., Das, T., Neiman, P. J., y Cayan, D.R. (2011). "Atmospheric Rivers, Floods, and the Water Resources of California". *Water*, 3(2), pp. 455-478. Disponible en: 10.3390/w3020445.
8. Flint, L.E., Flint, A.L., & Stern, M.A. (2021). *The Basin Characterization Model - A monthly regional water balance software package (BCMv8) data release and model archive for hydrologic California* (ver. 3.0, June 2023): U.S. Geological Survey data release. Disponible en: https://doi.org/10.5066/P9PT36UI.
9. Governor's Commission to Review California Water Rights Law (1978). *Governor's Commission to Review California Water Rights Law: Final Report: California Agencies*. Disponible en: https://digitalcommons.law.ggu.edu/caldocs_agencies/426/
10. Hanak, E., Ayres, A., Peterson, C., Escriva-Bou, A., Cole, S., y Joaquín Morales, Z. (2023). *Managing Water and Farmland Transitions in the San Joaquin Valley*. Public Policy Institute of California. Disponible en: https://shorturl.at/fu7j5.
11. Insurance Information Institute (2022). *Facts + Statistics: Wildfires*. Disponible en: https://shorturl.at/YxOp4.
12. Integrated Ecosystem Assessment (s.f.) *California Current Integrated Ecosystem Assessment*. Disponible en: https://bit.ly/3Fa7DSd.
13. Jiang, X., Waliser, D.E., Gibson, P.B., Chen, G., y Guan, W. (2022). "Why Seasonal Prediction of California Winter Precipitation is Challenging". *Bulletin of the American Meteorological Society*, 103 (12), pp. 2688-2700.Disponible en: https://doi.org/10.1175/BAMS-D-21-0252.
14. Jones, J. (2000). *Preparing for California's Next Drought: Changes Since 1987-92. California Department of Water Resources*. Disponible en: https://bit.ly/4jcywTs.
    —. (2010). *California's Drought of 2007-2009: An Overview*. California Department of Water Resources. Disponible en: https://bit.ly/4moGQ5n
    —. (2020). *California's Most Significant Droughts: Comparing Historical and Recent Conditions*. California Department of Water Resources. Disponible en: https://bit.ly/4moPBwf
    —. (2021). *California's Drought of 2012-2016: An Overview. California Department of Water Resources*. Disponible en: https://bit.ly/4kqugRb
15. Lynam, L., & Piechota, T. (2021). "California Drought Outlooks Based on Climate Change Models' Effects on Water Availability". *Water*, 13(22), 3211. Disponible en: http://dx.doi.org/10.3390/w13223211

16. Meko, D.M., Woodhouse, C.A., Touchan, R. (2014). *Klamath/San Joaquin/Sacramento Hydroclimate Reconstructions from Tree-Rings.* Prepared for California Department of Water Resources under Agreement 4600008850. Disponible en: https://cawaterlibrary.net/wp-content/uploads/2017/05/DWR-Tree-Ring-Report.pdf
17. Meko, D.M., Woodhouse, C.A., Bigio, E.R. (2017). *University of Arizona Southern California Tree-Ring Study, Final Report.* Prepared for California Department of Water Resources under Agreement 4600011071. Disponible en: https://bit.ly/3YUK06O.
18. National Oceanic and Atmospheric Administration Fisheries (s.f.). "River Temperatures and Survival of Endangered California Winter-Run Chinook Salmon in the 2021 Drought". Disponible en: https://bit.ly/4k3EtDn
19. Public Policy Institute of California (2018). *Storing Water.* Disponible en: https://bit.ly/4jdLQXA.
20. Reauthorizing the Weather Act: Users of Weather Data and Areas for Improvement by Sector: Hearing Before the Subcommittee on Environment Committee on Science, Space, and Technology United States House of Representatives, 118th Cong. (2023) (testimony of Jeanine Jones). Disponible en: https://science.house.gov/2023/6/environment-subcommittee-hearing
21. Santos, J., Godwin, A.F. (1978). *The 1976-1977 California Drought: A Review.* California Department of Water Resources. Disponible en: https://bit.ly/4k5Lx2s.
22. State Water Resources Control Board (1994). *Mono Lake Basin Water Rights Decision 1631. State Water Resources Control Board.* Disponible en: https://www.waterboards.ca.gov/publications_forms/publications/general/docs/monolake_wr_dec1631_a.pdf
23. State Water Resources Control Board (2022). Drinking Water Program Annual Compliance Report. *State Water Resources Control Board.* Disponible en: https://www.waterboards.ca.gov/waterrights/board_decisions/adopted_orders/decisions/d1600_d1649/wrd1631.pdf
24. Stewart, I.T., Rogers, J., y Graham, A. (2020). "Water security under severe drought and climate change: Disparate impacts of the recent severe drought on environmental flows and water supplies in Central California". *Journal of Hydrology* X, 7, 100054, Disponible en: https://doi.org/10.1016/j. hydroa.2020.100054.
25. U.S. Army Corps of Engineers (s.f.). *Dams of California. National Inventory of Dams.* Disponible en: https://nid.sec.usace.army.mil/#/

Capítulo 11
GOBERNANZA Y GESTIÓN DE LA SEQUÍA EN AUSTRALIA

Alec Zuo y Sarah Ann Wheeler

Resumen. Australia enfrenta desafíos recurrentes debido a su clima altamente variable, caracterizado por periodos de sequía y eventos de fuertes precipitaciones. El cambio climático agrava estos eventos, afectando la agricultura, las comunidades rurales y los ecosistemas. La regulación de sequía, históricamente impulsada por crisis, se centra en el bienestar de las explotaciones agrícolas, pero suele descuidar los impactos socioeconómicos más amplios y las medidas preventivas. Las políticas recientes dan prioridad a respuestas puntuales en lugar de a la gestión de riesgos a largo plazo. La llamada "Sequía del Milenio", en la década del 2000, junto con otras sequías graves, pone de relieve la vulnerabilidad del país y ha provocado la implementación de medidas de alivio temporales, a la vez que subraya la necesidad de crear marcos de política sostenible. Aunque las políticas actuales de sequía reconocen la importancia de la gestión de riesgos y la adaptación, carecen de cohesión y no abordan las causas subyacentes de las dificultades financieras de los agricultores. Se han propuesto soluciones alternativas, como los préstamos contingentes a los ingresos (Revenue Contingent Loans), con el objetivo de equilibrar la responsabilidad fiscal y brindar un apoyo adecuado a los agricultores. Las revisiones de política deberían centrarse en enfoques basados en la evidencia para promover la resiliencia en todo el sector. De cara al futuro, un enfoque integral de la política de sequía debería priorizar los mecanismos de distribución del riesgo, promover prácticas agrícolas sostenibles, comprender los factores de la economía conductual, replantearse el apoyo a la salida de la actividad agrícola para quienes lo necesiten y abordar cuestiones socioeconómicas más amplias.

Palabras clave. Política de sequía, gestión del riesgo de sequía, medidas preventivas, Australia.

1. INTRODUCCIÓN

Australia tiene un clima excepcionalmente variable, con periodos de sequía interrumpidos por episodios de fuertes precipitaciones que pueden causar inundaciones generalizadas (Nicholls et al., 1997; King et al., 2020; Wheeler et al., 2020). El país continúa experimentando con regularidad bajas precipitaciones, altas temperaturas y sequías prolongadas;

además, se prevé que el cambio climático no haga más que exacerbar la frecuencia y la gravedad de estos eventos (Ault, 2020; King et al., 2020; IPCC, 2021a).

La política de sequía suele ser de interés únicamente de forma periódica para la opinión pública australiana, en lugar de ser un tema de preocupación continua, como, por ejemplo, la política de tasas de interés (Peterson, 2016). Como crisis, se ve complicada por aspectos del ethos nacional que responden a imágenes de agrarismo y que, al evocarse, pueden entorpecer la racionalidad del debate sobre las respuestas políticas adecuadas (Botterill, 2003).

Como describen Fleming-Muñoz et al. (2023) y Gironás y Nuñez (2025) en el capítulo 2, se distinguen cuatro "tipos" de sequía:

- **Meteorológica**: una medida de la aridez, que suele definirse cuando las precipitaciones de una región se sitúan en el extremo inferior de la variación experimentada durante un periodo de tiempo.
- **Hidrológica**: implica una reducción en el flujo superficial, el almacenamiento o los niveles de agua subterránea en comparación con los valores históricos de la región.
- **Agrícola**: se produce como consecuencia de la sequía meteorológica o hidrológica y sucede cuando la disponibilidad de humedad afecta el crecimiento y desarrollo de las plantas.
- **Socioeconómica**: se da cuando las sociedades experimentan impactos económicos derivados de las sequías meteorológica, agrícola o hidrológica.

Se podría argumentar que los más afectados en Australia son el gran número de pequeñas y medianas explotaciones agrícolas familiares, ya que carecen de los recursos financieros necesarios para enfrentar los impactos de la sequía. Por esta razón, la Política Nacional de Sequía, vigente desde hace más de tres décadas, se ha centrado en las explotaciones agrícolas y las necesidades de bienestar de las comunidades rurales (Botterill, 2021). Si bien los principios declarados que sustentan la política han permanecido relativamente estables -enfocándose en la gestión del riesgo y la autosuficiencia de los agricultores-, la política sigue centrada principalmente en la crisis, en especial los grandes desembolsos de gasto de emergencia que a menudo se anuncian durante sequías graves, debido al imperativo político de responder (Botterill et al., 2017; Botterill, 2021).

Además del impacto económico, los efectos sociales negativos de la sequía en las comunidades rurales están recibiendo una creciente atención, especialmente en lo que respecta al bienestar de los agricultores y de quienes dependen directamente de los ingresos de las explotaciones (Austin et al. 2018; Edwards et al. 2019; Yazd et al. 2020). El Fondo de Ayuda de Emergencia por Sequía implementado a nivel estatal ha proporcionado programas de apoyo a la salud mental en situaciones de sequía. Sin embargo, estas medidas suelen centrarse en la mitigación en lugar de la prevención, dejando a las comunidades rurales vulnerables expuestas a riesgos de salud mental ante sequías cada vez más frecuentes y graves (Wheeler et al., 2019).

La política de sequía en Australia se encuentra intrínsecamente relacionada con la conservación ambiental, la competitividad agrícola y el ajuste estructural rural (McColl y

Young, 2005; Grafton y Wheeler, 2018; Wheeler et al., 2020b). Esta vinculación destaca la necesidad de abordar las cuestiones medioambientales y económicas de manera integral para implementar estrategias efectivas que mitiguen los efectos adversos de la sequía. La política medioambiental, cuyo objetivo principal es proteger ecosistemas frágiles y la biodiversidad, influye en la política de sequía al incidir en los patrones de uso del suelo, las estrategias de gestión de recursos hídricos y las iniciativas de conservación. Cabe destacar que el Plan de la Cuenca Murray-Darling del Gobierno australiano busca reasignar agua destinada a la agricultura hacia la conservación ambiental a través de medidas estratégicas, como la compra de derechos de agua y la inversión en infraestructura hídrica más eficiente.

La adquisición de derechos de agua facilita el ajuste estructural rural al apoyar a las explotaciones agrícolas menos viables para que reduzcan sus operaciones o abandonen el sector. Por otro lado, la estrategia de infraestructura incentiva a los productores primarios a diversificarse hacia cultivos de alto valor e intensivos en agua, como los cultivos perennes. Sin embargo, esta estrategia podría contradecir los objetivos de la política de sequía, ya que aumenta los riesgos para los productores de cultivos perennes en futuras sequías (Nauges et al., 2016; Wheeler, 2022; Wheeler et al., 2020). Alcanzar la coherencia entre estos ámbitos de política exige un enfoque integral que armonice los imperativos económicos, ambientales y sociales, garantizando así la sostenibilidad y la resiliencia del sector agrícola de Australia frente a los desafíos cambiantes que plantea la sequía.

2. ANTECEDENTES HISTÓRICOS SOBRE EL CLIMA Y LA OCURRENCIA DE SEQUÍAS EN AUSTRALIA

La sequía es una característica climática ampliamente reconocida en la agricultura australiana de secano (Kingwell y Xayavong, 2017). El principal cultivo de cereales de Australia, el trigo, se produce principalmente en regiones donde los veranos suelen ser calurosos y secos, y los inviernos, templados y húmedos. Los periodos prolongados de escasas precipitaciones, altas temperaturas, elevada evapotranspiración y suelos con baja capacidad de retención de humedad suelen dar lugar a rendimientos agrícolas y ganaderos bajos (Ockwell, 1990). Estos bajos rendimientos se atribuyen generalmente a periodos de sequía. La sequía también puede causar incendios forestales, tormentas de polvo y degradación del suelo (BoM, 1990).

Además, el clima australiano presenta una gran variabilidad a lo largo del continente, así como entre distintas estaciones, años y décadas. Las características de cada sequía también varían considerablemente en Australia. Tal como se describió anteriormente con los cuatro tipos de sequía, estas difieren de forma significativa en su duración e intensidad, el intervalo de tiempo entre ocurrencias, la temperatura, las precipitaciones y otros factores climáticos. Asimismo, se diferencian en cuanto a su distribución geográfica; no es inusual que algunas zonas reciban buenas precipitaciones al mismo tiempo que otras enfrentan sequía (Peterson, 2016).

La peor sequía registrada en Australia, conocida como la Sequía del Milenio, dio lugar a reducciones en las asignaciones de agua para riego y contribuyó a una menor productividad en tierras de secano, particularmente durante 2002-2003 (**Figura 11.1**) y entre 2006 y 2009 (**Figura 11.2**) (Van Dijk et al., 2013; Wittwer & Young, 2020). Durante la Sequía del Milenio, el sureste de Australia sufrió el periodo más seco desde 1900, según varias mediciones, con consecuencias para los ecosistemas, la economía y la sociedad en su conjunto (van Dijk et al., 2013). La Commonwealth Scientific and Industrial Research Organisation (CSIRO, 2010) afirmó que el periodo 1997-2009 efectivamente registró la precipitación promedio nacional más baja de la que se tiene registro (aunque con algunos años de precipitación superior a la media). En contraste, Van Dijk y Renzullo (2009) concluyeron que la escasez de recursos hídricos superficiales se había originado ya alrededor de 1994.

El periodo conocido como la Sequía del Milenio, que se extendió entre 2001 y 2009, representa la fase más prolongada de baja precipitación registrada en el sureste de Australia desde, al menos, el año 1900 (BoM, 2023a). El fin de la sequía resulta menos ambiguo: a principios de 2010, un intenso evento de La Niña provocó precipitaciones muy abundantes e inundaciones a gran escala en muchas zonas del sureste y el este de Australia (Beard et al., 2011). Sin embargo, extensas áreas del país —en particular la región de la Cuenca Murray-Darling (MDB) en el sureste de Australia— volvieron a sufrir sequía entre 2017 y 2019 (King et al., 2020; BoM, 2023a), según se puede apreciar en la **Figura 11.3**.

Figura 11.1

Deciles de precipitación para Australia desde el 01/07/2002 al 30/06/2003

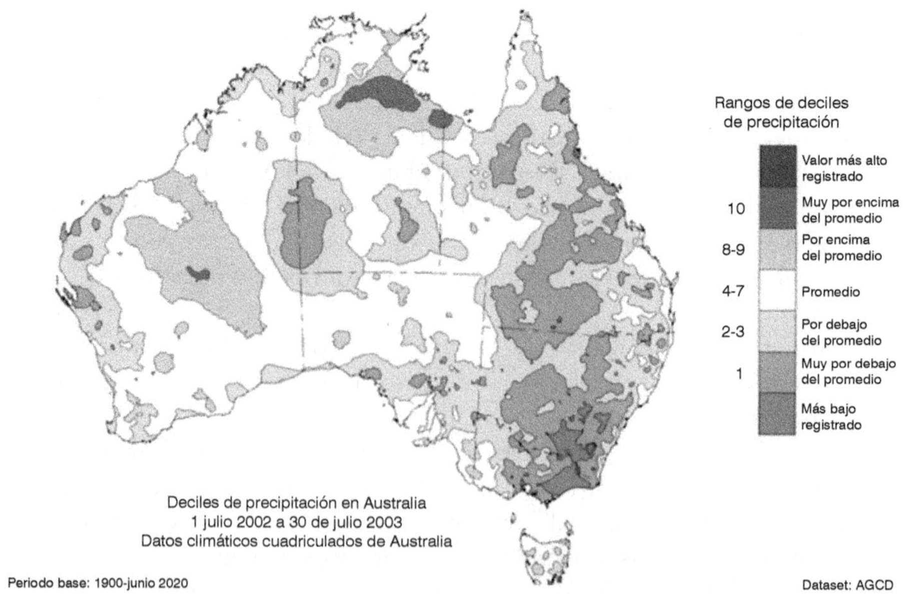

Fuente: Bom (2023b).

Figura 11.2

Deciles de precipitación para Australia desde el 01/07/2006 al 30/06/2009

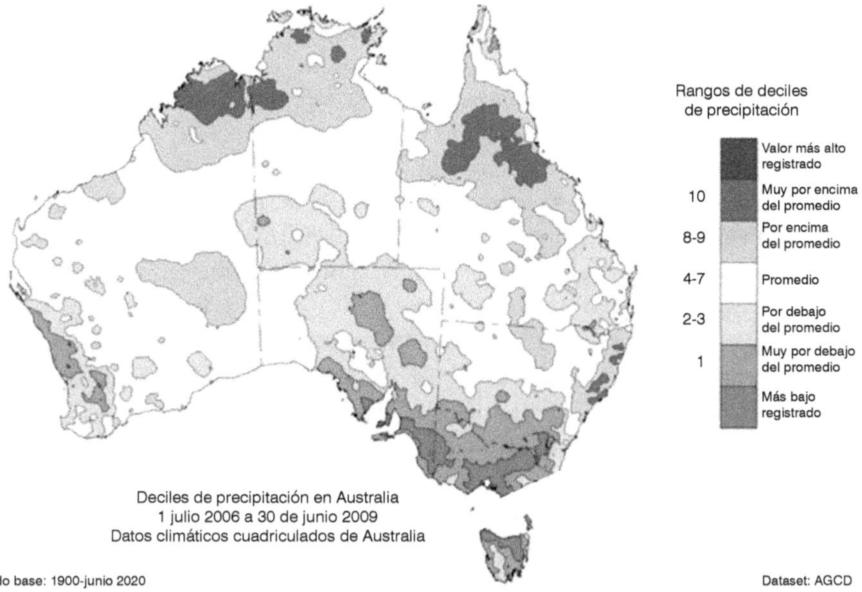

Fuente: Bom (2023b).

Figura 11.3

Deciles de precipitación para Australia desde el 01/01/2017 al 31/12/2019

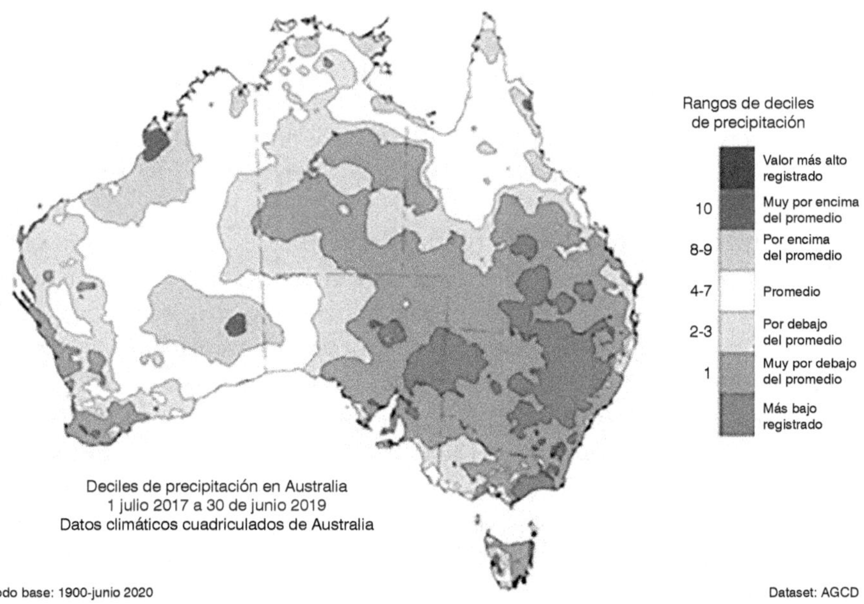

Fuente: Bom (2023b).

La ocurrencia de sequías en Australia, especialmente en las zonas rurales, es un problema recurrente y apremiante que afecta profundamente la productividad agrícola, los recursos hídricos y los medios de subsistencia rurales. Fleming-Munoz et al. (2023) ofrecen una revisión reciente de los diversos impactos y costos de la sequía. Las comunidades rurales, que frecuentemente dependen de la agricultura como su principal actividad económica, enfrentan las consecuencias más severas de los prolongados periodos de sequía y los patrones de precipitación irregulares. Esta situación exacerba las vulnerabilidades relacionadas con la seguridad hídrica y la producción alimentaria. Tal como señalan Fleming-Munoz et al. (2023), se estima que la sequía de 1982-1983 tuvo un impacto de una reducción de aproximadamente 200.000 puestos de trabajo, la de 2006-2007 unos seis mil empleos y la de 2018-2020 cerca de 34 mil empleos en Nueva Gales del Sur (NSW).

Como respuesta a estos desafíos, la política de gestión de sequías en Australia ha evolucionado y se ha adaptado a lo largo del tiempo, buscando equilibrar el apoyo a las comunidades afectadas con el fomento de la resiliencia y la autosuficiencia de los agricultores. Sin embargo, la efectividad de estas medidas suele ser cuestionada, especialmente en lo relativo a abordar los complejos y multifacéticos impactos de la sequía en las economías y comunidades rurales. A medida que se intensifica el cambio climático, con proyecciones de sequías más frecuentes y severas en el futuro, existe una necesidad cada vez mayor de que los responsables de la formulación de políticas reevalúen y perfeccionen las estrategias de gestión de sequías, asegurando que sean adaptables, holísticas e incluyan las diversas necesidades de las zonas regionales y sus comunidades.

3. POLÍTICA DE SEQUÍA EN AUSTRALIA

3.1. Política de sequía histórica

La reforma de la política de sequía en Australia tiene una larga historia que se remonta a mediados del siglo XIX. En sus inicios, se buscaba proteger la agricultura contra la sequía mediante la expansión del riego (Peterson, 2016). La responsabilidad constitucional de los desastres naturales siempre ha recaído en los Estados; sin embargo, en 1939, el Gobierno Federal intervino por primera vez con la decisión de otorgar mil libras a Tasmania para la asistencia tras incendios forestales (Botterill, 2003). La sequía representó una de las diversas razones por las cuales el Gobierno Federal decidió, en 1934, brindar apoyo a los productores de trigo que enfrentaban dificultades, aunque no constituyó el principal motivo para la legislación subsecuente. Durante las tres décadas siguientes, la participación federal en la asistencia ante desastres fue puntual, hasta que finalmente surgió una política que permitió que el Gobierno Federal igualara los gastos de los Estados destinados a la asistencia por dificultades personales y a la restauración de bienes públicos (Buttler, 1979).

El Gobierno Federal incrementó la política de igualar dólar por dólar los fondos destinados a la asistencia en desastres con disposiciones especiales, incluyendo la sequía de 1965-66 (Botterill, 2003). A finales de 1965, el primer ministro Robert Menzies comunicó a la Cámara de Representantes que había informado a los primeros ministros de Nueva

Gales del Sur y Queensland que "la asistencia cubriría cualquier déficit que pudieran tener finalmente en sus presupuestos como resultado de las medidas contra la sequía que se adoptaran" (Menzies, 1965, p. 3.647). Este compromiso se concretó en las dos Leyes de Subvenciones Estatales (Asistencia por Sequía) de 1966, que proporcionaron apoyo federal bajo cinco categorías de ayuda relacionada con la sequía. A estas leyes les siguió, en 1968, otra legislación similar para apoyar a Australia Meridional y Victoria (Botterill, 2003).

La política gubernamental cambió de forma significativa en 1971, cuando las sequías empezaron a considerarse desastres naturales (Chapman y Botterill, 2002), supervisados entonces por los Acuerdos Permanentes de Asistencia ante Desastres Naturales (NDRA, por sus siglas en inglés)[1]. Estos acuerdos definían las responsabilidades compartidas entre el Gobiernos Federal y los estatales para gestionar y financiar la asistencia ante desastres (Botterill, 2021). Sin embargo, no fue hasta casi veinte años después, en 1989, cuando se reconoció que la sequía era distinta a otros desastres naturales: de desarrollo lento y sin un inicio o fin fácilmente reconocibles (Peterson, 2016). Alrededor de la misma época, se reveló que el Gobierno de Queensland había estado utilizando las declaraciones de sequía para desviar fondos (Botterill, 2021). Como consecuencia, el Gobierno Federal anunció que la sequía sería eliminada de la lista de eventos cubiertos por el NDRA. Se creó entonces un grupo de trabajo para identificar opciones de política destinadas a fomentar que el sector agrícola adoptara enfoques de autosuficiencia en la gestión de la sequía y para evaluar la integración de la política de sequía con otras políticas pertinentes, tales como gestión de la tierra, bienestar social, ajustes estructurales, conservación del ganado reproductor y bienestar animal (Kerin, 1989).

Se formularon diversas recomendaciones fundamentadas en el principio de que la sequía constituye un componente intrínseco del entorno operativo de los agricultores australianos. De hecho, el grupo de trabajo argumentó que la gestión de la sequía consiste en gestionar los riesgos propios de la actividad agrícola, dada la variabilidad climática (Drought Policy Review Task Force, 1990). Esto condujo a la primera Política Nacional de Sequía del país en 1992. Además, fue la primera en el mundo en ofrecer un conjunto de medidas completas basadas en principios de gestión de riesgos, a diferencia de lo que ocurre en Estados Unidos, donde desde la década de 1980 se han alzado voces en favor de una política nacional de sequía basada en principios similares, sin éxito hasta la fecha (Wilhite y Easterling, 1987; Wilhite et al., 2006; Botterill, 2013). El fundamento de este nuevo enfoque radicaba en entender que la sequía es una parte normal del clima australiano y constituye uno más de los diversos riesgos a los que se enfrentan las explotaciones agrícolas y ganaderas (Botterill, 2021). La **Tabla 11.1** presenta una breve historia de la política de sequía australiana, mientras que en la **Tabla 11.A.1** del **anexo** se incluye una lista más detallada de la legislación federal y estatal.

1 Ahora se conoce como Natural Disaster Relief and Recovery Arrangements (NDRRA, 2023).

Tabla 11.1
Política de sequía en Australia: Una breve historia

Año	Políticas
1971	Acuerdos Federales de Asistencia ante Desastres Naturales (NDRA): la sequía se reconoce como un desastre natural
1989	Revisión de la política: la cobertura de sequía es eliminada del NDRA.
1992	Política Nacional de Sequía: se hace hincapié en la preparación ante la sequía, el mantenimiento de la base de recursos y la recuperación de la agricultura.
1997	Subvención de la tasa de interés y pago de ayuda por Circunstancias Excepcionales (EC): apoyos a los agricultores en zonas declaradas en sequía.
2000	Se reemplazan los mecanismos de EC: el apoyo a los agricultores se sustituye por el Farm Management Deposit Scheme y el Rural Financial Counselling Service.
2013	Acuerdo Intergubernamental sobre la Reforma del Programa Nacional de Sequía: se declara un nuevo enfoque centrado en preparar a las empresas agrícolas para la sequía.
2018	Acuerdo Nacional de Sequía: refuerza el enfoque en el desarrollo de medidas que respalden la gestión de riesgos de las empresas agrícolas.

Fuente: Adaptado de NACC, 2023.

Botterill et al. (2017) caracterizan la política de sequía en dos grandes categorías. En primer lugar, las medidas basadas en contingencias, como los subsidios a las tasas de interés, diseñadas para reducir la carga asociada al pago de préstamos comerciales. El sistema de subvenciones por sequía bajo la legislación de Circunstancias Excepcionales (EC) fue descontinuado y reemplazado en 2015 por el Programa de Préstamos Concesionales por Sequía. En segundo lugar, los mecanismos de estabilización de ingresos, incluidos los bonos de sequía y otros instrumentos, han evolucionado para convertirse en el actual Esquema de Depósitos para la Gestión de Explotaciones Agrícolas (FMD). Estas dos áreas de política se discuten en las siguientes dos subsecciones, seguidas de un análisis sobre investigación y desarrollo en materia de sequía y una descripción general de la gobernanza de la política de sequía en Australia.

3.2. Políticas de contingencia ante la sequía

La política de 1992 tenía como objetivos principales fomentar la autosuficiencia en la gestión climática para los productores y la Australia rural, proteger los recursos agrícolas y medioambientales durante el estrés climático, y facilitar la pronta recuperación de las industrias agrícolas y rurales, asegurando niveles sostenibles a largo plazo (DAFF, 2021). La nueva política nacional se enfocó en el recientemente revisado Esquema de Ajuste Rural del Gobierno Federal, específicamente en sus disposiciones sobre circunstancias excepcionales (EC). Estas disposiciones permiten proporcionar asistencia durante "crisis excepcionales" a explotaciones agrícolas viables que enfrenten dificultades financieras temporales (Productivity Commission, 2009). Como los esquemas rurales anteriores, esta versión se estableció por ley federal. No obstante, los gobiernos estatales eran responsables de implementarla y financiar los subsidios a las tasas de interés, el principal apoyo financiero del esquema. Esa contribución era mayor para los subsidios pagados bajo las disposiciones de EC (Rural Adjustment Act 1992, s21), lo que garantizaba que los Estados no solicitaran declaraciones de EC sin considerar cuidadosamente sus méritos, dado el impacto financiero en los presupuestos estatales (Botterill, 2021).

La política también contemplaba disposiciones de apoyo temporal para los hogares, programas de estabilización de ingresos y acumulación de reservas de efectivo, así como capacitación, educación y medidas para la gestión de recursos naturales (Botterill, 2021). No obstante, la definición de "sequía por circunstancias excepcionales" resultó especialmente polémica y se convirtió en el eje central del debate de políticas, junto con los límites geográficos de las áreas declaradas en EC, lo que llegó a denominarse el problema de las "líneas en los mapas". El debate se intensificó con la introducción de la Ley de Pagos de Ayuda por Sequía de 1994 (Drought Relief Payment Act 1994, DRP), que establecía un pago de asistencia social al que podían acceder los hogares agrícolas en zonas declaradas en ECs (Botterill, 2003; 2021).

El DRP puede considerarse una adaptación a los valores agrarios y representa un ejemplo claro de la "rotación" entre valores que ocurre en el proceso de formulación de políticas, mientras los gobiernos buscan conciliar objetivos políticos contrapuestos (Botterill, 2003; Thacher y Rein, 2004). Finalmente, después del cambio del Gobierno Federal del Partido Laborista a la Coalición de los Partidos Liberal y Nacional en 1996 y una revisión realizada en 1997 (McColl et al., 1997), se concluyó el Rural Adjustment Scheme. Las disposiciones de EC se mantuvieron en forma de subsidios a las tasas de interés, mientras que el DRP se amplió y pasó a denominarse Exceptional Circumstances Relief Payment (Botterill, 2021).

En 2008, se llevó a cabo una amplia revisión de la Política Nacional de Sequía[2]. La Productivity Commission (2009) evaluó la efectividad de los programas gubernamentales; la Commonwealth Scientific and Industrial Research Organisation (CSIRO) y la Bureau of Meteorology (BoM) publicaron informes sobre el impacto probable del cambio climático en las futuras sequías australianas (Hennessy et al., 2008); además, un panel de expertos investigó diversos impactos sociales derivados de la sequía (Expert Social Panel, 2008). Tras la revisión, cesaron los subsidios a las tasas de interés bajo las EC, y la Comisión señaló que "la justificación que subyace a la mayoría de los objetivos de la Política Nacional de Sequía es sólida". Asimismo, advirtió sobre "el uso de medidas reactivas de asistencia empresarial, como subsidios a las tasas de interés y otros subsidios basados en transacciones, incluidas exenciones de gastos comerciales legítimos" (Productivity Commission, 2009, p. 44).

2 Se realizaron revisiones de la política de sequía de menor alcance en 1997 y 2004; sin embargo, no fueron tan exhaustivas como la revisión del Grupo de Trabajo de 1990 (que derivó en la Política Nacional de Sequía de 1992) ni como la revisión posterior de 2008.

A comienzos de 2013, el gobierno federal y los estatales formalizaron un Acuerdo Intergubernamental referente a la Reforma del Programa Nacional de Sequía. Según Botterill (2021), el acuerdo carecía de detalles específicos, ya que sus "resultados" incluían el acceso continuo al esquema de Depósitos para la Gestión de Explotaciones Agrícolas (Farm Management Deposit, FMD), un pago de apoyo para los hogares agrícolas, un enfoque nacional para la capacitación de las empresas rurales, mejores herramientas y tecnologías para facilitar la toma de decisiones de los agricultores y un enfoque coordinado para la prestación de servicios de apoyo social (DAFF, 2013). Más tarde, ese mismo año, el Gobierno Federal anunció una serie de medidas de ayuda para el sector agrícola, entre ellas préstamos con condiciones preferenciales, un esquema FMD mejorado, financiamiento continuo para el Servicio de Asesoramiento Financiero Rural (Rural Financial Counselling Service) y un enfoque nacional coherente de mediación de deudas (DAFF, 2021). Posteriormente, en diciembre de 2018, los gobiernos federal, estatales y territoriales firmaron un nuevo Acuerdo Nacional de Sequía (National Drought Agreement, NDA, 2018), que describe cómo colaborarían los distintos gobiernos en este tema. El nuevo acuerdo definió las responsabilidades para apoyar a los productores agrícolas, familias y comunidades, enfocándose en desarrollar medidas que gestionen los riesgos agrícolas (DAFF, 2021).

3.3. Políticas de estabilización de ingresos

Los gobiernos de Australia han intervenido durante décadas en el mercado de crédito agrícola para estabilizar los ingresos (Botterill y Chapman, 2009a). La primera de estas iniciativas fue el Drought Bond, introducido por el Gobierno Federal tras la gran sequía de la década de 1960. El programa de Bonos de Sequía (Drought Bond) se dirigía explícitamente a los productores ganaderos para fomentar la acumulación de reservas financieras durante los años de altos ingresos. Los bonos generaban intereses y vencían después de diez años; sin embargo, podían ser canjeados antes de su vencimiento en caso de sequía (Glau, 1970).

El programa de Bonos de Sequía fue sustituido por el esquema de Depósitos de Igualación de Ingresos (Income Equalisation Deposit, IED) a partir de julio de 1975, dado que se concluyó que "comparativamente pocos productores primarios" se habían acogido al programa de Bonos de Sequía (Harris et al., 1974, p. 78). Mientras que el enfoque de los Bonos de Sequía se limitaba exclusivamente a los productores ganaderos, el esquema IED tenía un alcance mucho mayor, abarcando a todos los productores primarios (Douglas y Davenport, 1993). El IED también incorporaba el principio de intervención gubernamental para estabilizar los ingresos agrícolas. El Libro Verde sobre Política Rural indicaba que la inestabilidad de los ingresos agrícolas genera costos significativos en el bienestar social de los agricultores y las áreas rurales, además de conducir a un uso subóptimo de los recursos agrícolas (Harris et al., 1974). El documento añadía que "las disposiciones de estabilización de ingresos merecen un análisis detallado por parte de expertos" (Harris et al., 1974, p. 81).

A pesar de la tendencia hacia la desregulación en las políticas durante la década de 1970, este tipo de intervenciones ha continuado vigente hasta el presente. Esto se manifiesta a través de subsidios a las tasas de interés ofrecidos en programas de ajuste sectorial y, como se mencionó anteriormente, en el contexto de la política de sequía (Botterill y Chapman, 2009a). Varias revisiones han indicado que dichos subsidios son una forma desigual e ineficaz de brindar apoyo (por ejemplo, Freebairn, 1983; Productivity Commission, 1996; McColl et al., 1997). Botterill y Chapman (2009a) señalan que estas intervenciones pueden implicar transferencias significativas de dinero público a agricultores individuales y, en consecuencia, solo brindan alivio a quienes tienen deudas o están dispuestos a endeudarse. Además, los subsidios a las tasas de interés pueden llegar a ser regresivos, dado que los productores con explotaciones más grandes, mayores ingresos y niveles de deuda más elevados reciben subsidios mayores (Botterill y Chapman, 2009a).

A finales de la década de 1980, el enfoque del debate sobre la política de sequía se modificó, incluyendo cambios en los mecanismos de estabilización de ingresos, pasando de un énfasis en la estabilización de ingresos a la gestión de riesgos (Botterill y Chapman, 2009a). La Política Nacional de Sequía de 1992 fue negociada mediante un consejo ministerial conjunto federal-estatal, el Agriculture Council of Australia and New Zealand (ACANZ). La política se enfocaba en los "principios de desarrollo sostenible, gestión de riesgos, crecimiento de la productividad y ajuste estructural en el sector agrícola" (ACANZ, 1992, p.13). Es relevante mencionar que la política incluía una disposición relativa a "descensos severos", durante los cuales se proporcionaría apoyo a "quienes tengan buenas perspectivas y estén temporalmente en dificultades" (ACANZ, 1992, p. 13). Tal como se describe en la **Tabla 11.1**, esta respuesta a eventos graves –incluida la sequía– se concretó en las disposiciones de circunstancias excepcionales de la Rural Adjustment Act 1992.

No obstante, en 1997 se realizó una revisión del Rural Adjustment Scheme que destacó los problemas de vincular la asistencia social con el apoyo empresarial (Botterill y Chapman, 2009b). Específicamente, se señaló que la "ayuda social no debe proporcionarse a través de instrumentos destinados a asistir a las empresas. Un enfoque de este tipo confunde el objetivo de la intervención, no aborda con eficacia el problema de bienestar social y distorsiona las señales de mercado que reciben las empresas agrícolas beneficiadas" (McColl et al., 1997, p. 38). Además, se contemplaba la implementación de un nuevo instrumento, el Farm Management Bond (FMB), que complementaría el esquema IED. Este instrumento tendría un tratamiento fiscal más favorable, pero con condiciones de retiro más estrictas, accesible únicamente durante "periodos de estrés financiero causados por factores como la sequía, el colapso de precios de productos básicos, graves brotes de enfermedades, etc." (ACANZ, 1992, p. 15).

A principios de 1998, el Gobierno Federal anunció los detalles del nuevo programa de Depósitos para la Gestión de Explotaciones Agrícolas (Farm Management Deposit, FMD), que sustituiría tanto al IED como al FMB. Una característica destacada de los FMD es que se administran a través de instituciones financieras comerciales, en contraste con los depósitos en planes de igualación de ingresos anteriores, que se realizaban en el gobierno (Botterill y Chapman, 2009b). Además, las tasas de interés aplicables a los depósitos en los FMD se establecieron de manera comercial, en lugar de aplicarse la tasa de los bonos gubernamentales a tres años (Anderson, 1998). Al presentar el esquema FMD, el Gobierno Federal volvió a destacar su uso como herramienta de gestión del riesgo financiero, declarando que el proyecto de ley se había diseñado para "fomentar una mayor autosuficiencia financiera entre los agricultores, teniendo en cuenta la gran variabilidad de los ingresos agrícolas y la vulnerabilidad de las explotaciones a los fenómenos naturales" (Scott, 1998, p. 4.066).

La Productivity Commission concluyó que el esquema FMD "ha estimulado a los agricultores a ahorrar y a ser más autosuficientes" (Productivity Commission, 2009). En la revisión más reciente del esquema FMD (revisiones anteriores se llevaron a cabo en 2002, 2006 y 2012), las opiniones de las partes interesadas sobre el programa eran comparables a las expresadas en años anteriores, en el sentido de que se consideraba a los FMD una herramienta eficaz para ayudar a los productores primarios en la planificación y gestión de sus operaciones. Con todo, algunos opinaron que el esquema carecía de flexibilidad, lo que podría limitar su adopción por parte de posibles participantes (DAWE, 2021).

La **Figura 11.4** muestra el valor trimestral de los FMD, junto con el número de titulares, desde junio de 1999 hasta diciembre de 2023. En junio de 2002, tanto el valor de los FMD como la cantidad de titulares aumentaron significativamente en comparación con los niveles iniciales de 1999. Después de 2002, el número de titulares se mantuvo relativamente estable entre 40 mil y 50 mil, mientras que el valor total experimentó un aumento constante desde diciembre de 2010 hasta septiembre de 2019. El valor y el número de cuentas evidencian un patrón estacional claro: alcanzan su máximo en el trimestre de junio y disminuyen en el

Figura 11.4

Valor de las tenencias de FMD y número de titulares, 1999-2023

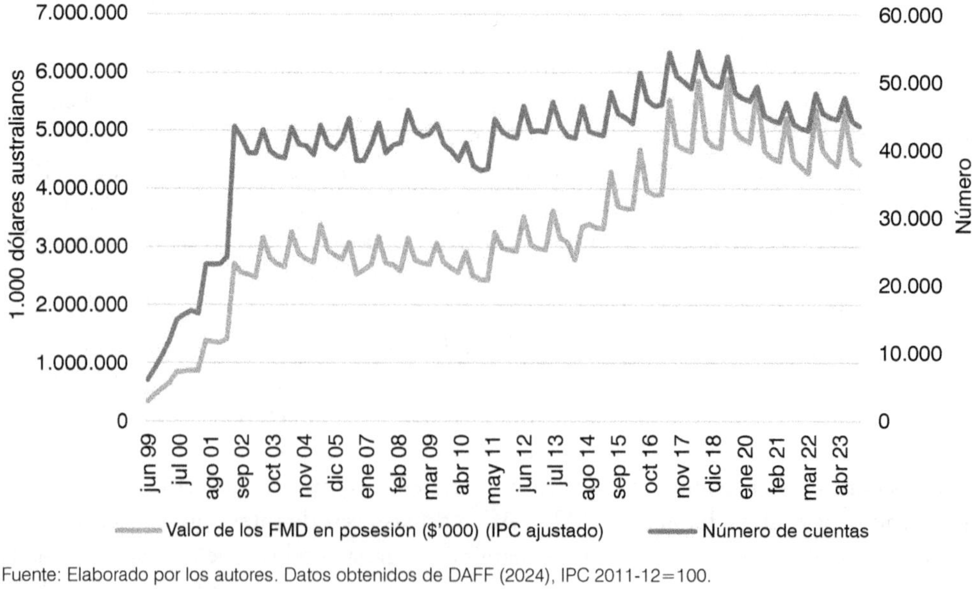

Fuente: Elaborado por los autores. Datos obtenidos de DAFF (2024), IPC 2011-12=100.

trimestre de diciembre. Esto sugiere que los agricultores realizan depósitos significativos antes del cierre del año fiscal en junio y efectúan retiros a mitad del ejercicio. El descenso entre 2019 y 2022 coincidió con la caída de los ingresos medios de las explotaciones agropecuarias de tipo extensivo, atribuida a la sequía que afectó gran parte de Australia (Litchfield et al., 2021), y también podría reflejar la incertidumbre derivada de la pandemia de covid-19.

En relación con el uso principal de los FMD, el Departamento de Agricultura, Agua y Medio Ambiente (DAWE) realizó una encuesta a productores primarios (n=183) que mostró que los FMD se empleaban mayoritariamente para la planificación y gestión ante la sequía, seguidos por la atenuación de ingresos y la gestión fiscal (DAWE, 2021).

3.4. Investigación y desarrollo en materia de sequía

Durante las décadas de 1970 y 1980, la investigación sobre la sequía en Australia avanzó de manera significativa, especialmente a través de la publicación de estudios científicos innovadores en el ámbito de las ciencias del clima. Estos avances permitieron una mejor comprensión de la variabilidad climática y fomentaron el desarrollo de la investigación en predicción climática. Como resultado, se impulsó la creación de productos de pronóstico climático cuasioperativos por parte de la Oficina de Meteorología (BoM) y de diversas organizaciones estatales, principalmente enfocadas en la gestión de las industrias primarias (Stone, 2014). Simultáneamente, el Gobierno Federal de Australia implementó incentivos diseñados para mejorar la autosuficiencia y la gestión de las explotaciones agrícolas, permitiendo una preparación adecuada para las temporadas y años de sequía. Durante este periodo, la formulación de políticas gubernamentales logró generar cambios significativos en la asistencia por sequía a través de nuevas iniciativas que, en ese momento, eran sin precedentes a nivel mundial (O'Meagher et al., 2000; Wilhite, 2005).

La implementación de la Política Nacional de Sequía de Australia en 1992 representó un impulso significativo en las predicciones climáticas estacionales y en la inversión en investigación de sistemas agrícolas enfocados en mejorar la resiliencia de las explotaciones ante la sequía. Como se indicó anteriormente, estos avances representaron un cambio notable respecto a los anteriores subsidios motivados por crisis, orientándose hacia un enfoque de gestión de riesgos más proactivo, destinado a fomentar la autosuficiencia en la gestión de la variabilidad climática (Laughlin y Clark, 2000). Aun así, sigue existiendo una necesidad urgente de abordar el riesgo y la vulnerabilidad asociados al clima, en especial en lo relativo a la sequía y la seguridad hídrica en gran parte de las zonas urbanas y rurales de Australia (por ejemplo, Nelson et al., 2008; Fragar et al., 2010; Rickards, 2012; Kiem y Austin, 2013).

Lellyett et al. (2022) han llevado a cabo recientemente una revisión exhaustiva de los sistemas de alerta temprana de sequía en Australia. En ella identificaron diversos avances en la información climática, la predicción y las áreas de investigación y desarrollo actuales y futuras. Las investigaciones basadas en redes de alta resolución (Lewis y Karoly, 2013; Frost et al., 2016; Evans et al., 2020) y definiciones precisas de la sequía, tanto meteorológicas como no meteorológicas (UNIDSR, 2009; WMO, 2016; Clark et al., 2017), han mejorado los análisis retrospectivos. Recientes avances se han logrado en la generación de resultados predictivos y proyecciones, destacándose especialmente la mejora en los pronósticos estacionales e interanuales (Wang et al., 2011; Hudson et al., 2017) y una mayor precisión en las proyecciones climáticas (IPCC, 2021b).

Las áreas de investigación actuales y futuras destacadas por Lellyett et al. (2022) incluyen la predicción de la humedad del suelo (Zhao et al., 2017; Griffiths et al., 2017; Frost et al., 2018) y la evapotranspiración (Nguyen et al., 2017; Frost et al., 2018). También se enfatiza la necesidad de una mejor diferenciación entre la "sequía repentina" y el inicio de sequías más prolongadas y de mayor alcance (Frost et al., 2018; Nguyen et al., 2019), así como mejores predicciones de la duración de la sequía en pronósticos a varios años (Sheen et al., 2017; Luo et al., 2018). Este último aspecto sigue siendo un desafío significativo, y existe una considerable dificultad para cuantificar cuándo terminará la sequía meteorológica, especialmente en lo referente a la sequía agrícola.

Otras investigaciones en Australia acerca de la conducta de los agricultores frente a la sequía se han centrado en aspectos de economía del comportamiento y, en particular, en el estudio de la relación entre las actitudes de los agricultores hacia el cambio climático y las medidas de adaptación que implementan en sus explotaciones (por ejemplo, Seidl et al., 2021). Wheeler et al. (2021) demostraron que la actitud de los agricultores frente al cambio climático ha cambiado considerablemente a lo largo del tiempo, desde un nivel bajo (Wheeler et al., 2013) hasta uno más favorable hacia la ciencia. Sin embargo, este estudio también identificó un *loop* de retroalimentación entre las actitudes hacia el cambio climático y las medidas de adaptación en la explotación agrícola. Se constató que los agricultores que, durante el periodo 2010-2011, consideraban que el cambio climático representaba un riesgo, eran más propensos a implementar medidas de producción destinadas a mitigar dicho riesgo. Estas medidas incluían modificar la combinación de cultivos, reducir la superficie de riego y, como consecuencia, vender derechos de agua. A su vez, estas acciones disminuían la percepción declarada del riesgo asociado al cambio climático en el periodo 2015-2016. Por otro lado, los agricultores que inicialmente negaban la existencia del cambio climático tendían a tomar decisiones de producción más arriesgadas, como aumentar el uso de agua y la superficie de riego, lo cual mejoraba su percepción del riesgo asociado al cambio climático en el periodo 2015-2016. Este estudio, junto con Wheeler y Marning (2019), sugirió la posibilidad de que existan diferencias en los tipos de conductas de adaptación llevadas a cabo por los agricultores, y que las modificaciones relacionadas con la gestión de recursos naturales o las habilidades blandas no tengan el mismo grado de retroalimentación. Wheeler et al. (2015) encontraron evidencias de que las explotaciones agrícolas de riego orgánicas consumen menos agua en comparación con las convencionales, utilizan una menor proporción del agua recibida y tienen una mayor productividad por uso del agua (es decir, el uso de agua dividido por el ingreso neto de la explotación). Wheeler et al. (2015) y Wheeler y Marning (2019) sugirieron que los gobiernos reorienten las políticas de riego hacia prácticas más amplias e inclusivas que promuevan mejores condiciones del suelo y una gestión más adecuada del agua y de los recursos naturales, en lugar de centrarse en otorgar subsidios para la adopción de tecnología como medida de seguridad hídrica.

3.5. Disposiciones de gobernanza para la política de sequía

Las disposiciones actuales sobre la política y la gobernanza de la sequía del Gobierno de Australia se describen en la **Figura 11.5**. Se identifican los principales órganos responsables de la implementación de la política de sequía, destacando el Acuerdo Nacional de Sequía (NDA) de 2018 como la política estratégica y sostenible clave. Además, las políticas y programas subordinados son ejecutados por organismos del Gobierno Federal (NDA, 2018; Samnakay, 2023). Aunque no se mencionan aquí las iniciativas estatales, se reconoce que los Estados son firmantes del NDA y tienen responsabilidades de implementación. Algunos programas coordinados a nivel nacional se realizan en colaboración con los gobiernos estatales, como el Servicio de Asesoramiento Financiero Rural (DAFF, 2019).

Figura 11.5
Disposiciones de gobernanza de la política de sequía en Australia

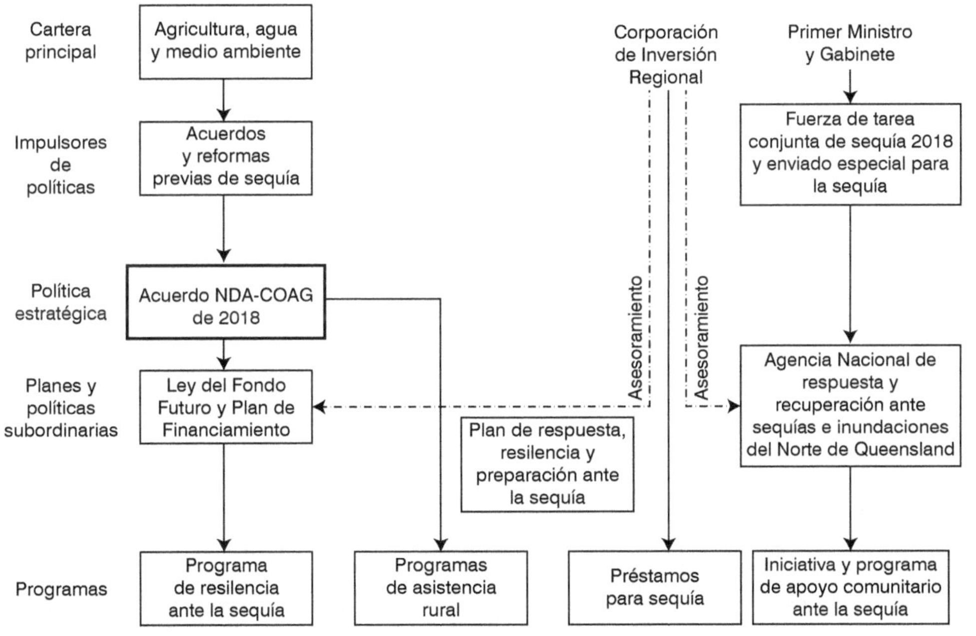

Fuente: Samnakay, 2023, p. 152.

Según Botterill (2021), tras el acuerdo de 2018, la sequía ocurrida entre 2017 y 2019 llevó a los gobiernos estatales y al Gobierno Federal a anunciar diversas medidas que implican considerables sumas de dinero. Por ejemplo, el Gobierno de Nueva Gales del Sur (NSW) anunció 190 millones de dólares australianos en subsidios de transporte (Grain Central, 2018), una forma de apoyo que los Estados habían acordado eliminar gradualmente en 1992. Dichos subsidios habían recibido críticas de la Productivity

Commission, que concluyó que, al igual que los subsidios a los intereses en las EC, "los subsidios transaccionales estatales son ineficaces, pueden fomentar prácticas de gestión deficientes y deberían eliminarse" (Productivity Commission, 2009, p. 20).

Más recientemente, el Gobierno de NSW anunció otros 310 millones de dólares australianos para apoyar a los agricultores durante la fase de recuperación de la sequía, incluidos préstamos a interés preferencial, más subsidios de transporte (esta vez para la reposición de ganado) y el doble del importe ofrecido en sus préstamos sin intereses por sequía, hasta alcanzar los cien mil dólares australianos (ABC News, 2020). Mientras tanto, la respuesta más reciente del Gobierno Federal ha incluido la ampliación de los préstamos a bajo interés, la concesión de subsidios adicionales para los hogares, la creación del Fondo para la Sequía del Futuro (Future Drought Fund) y el nombramiento de un Coordinador General para la Sequía (Botterill, 2021). Además, se ha revisado el NDA antes de que finalice el 30 de junio de 2024, y se han propuesto cambios para "garantizar que los agricultores y las comunidades agrícolas reciban un apoyo adecuado antes, durante y después de la sequía" (NDA, 2022, p. 5). La **Figura 11.6**, a continuación, ofrece una perspectiva general de la evolución de la política de sequía hasta el Acuerdo Nacional de Sequía de 2018 y en adelante.

Figura 11.6
Evolución de la política de sequía en Australia

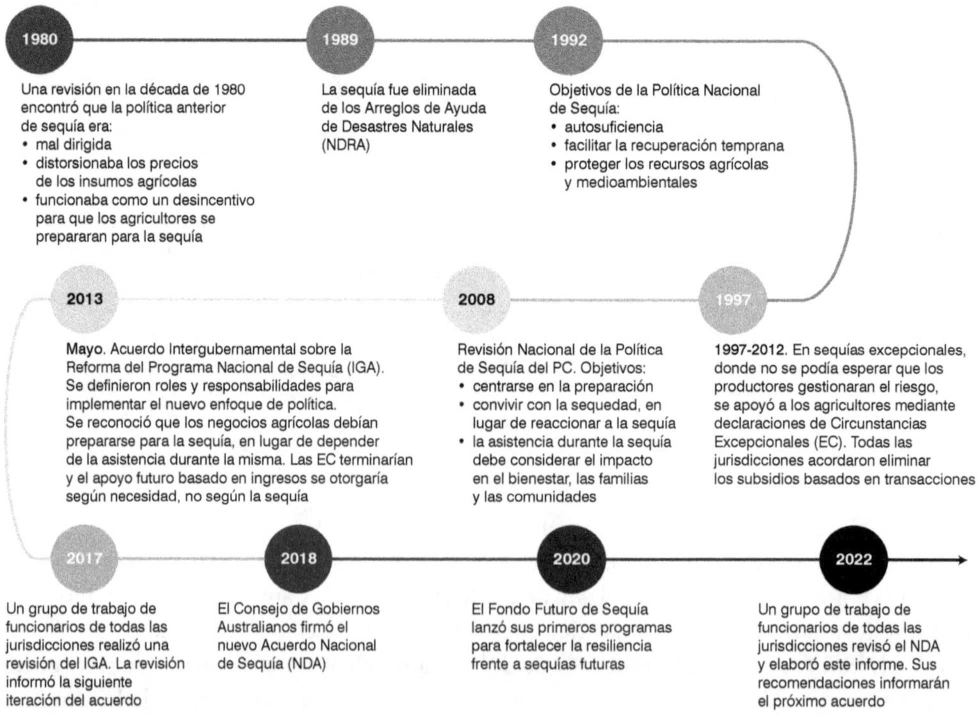

Fuente: NDA, 2022, p. 11.

Botterill (2021) compara el lenguaje de la Política Nacional de Sequía original de 1992 con el NDA de 2018. Si bien los objetivos son aparentemente similares, la ejecución de ambas políticas difiere significativamente. A diferencia de la política original, el acuerdo actual brinda un marco que abre la puerta a respuestas políticas apresuradas. Cualquier medida introducida durante la sequía está destinada a cumplir con los principios establecidos en el acuerdo. No obstante, estos principios presentan una ambigüedad que permite diversas interpretaciones posibles.

A lo largo del tiempo, las disposiciones para circunstancias excepcionales bajo la política de 1992 se volvieron controvertidas y problemáticas debido a las cuestiones relacionadas con las "líneas en los mapas". Sin embargo, cualquier medida vinculada a la sequía se establecía previamente, así como los detalles del apoyo disponible durante los periodos de sequía. Un elemento fundamental de cualquier política nacional de sequía que se centre en la preparación y la autosuficiencia es la certidumbre sobre el tipo de apoyo gubernamental que se podría ofrecer y cuándo. Botterill (2021) afirma que el enfoque de tres fases del NDA de 2018 sigue dejando abierta la posibilidad de respuestas gubernamentales *ad hoc*.

4. DISCUSIÓN

Existen diversos desafíos que enfrentan los gobiernos al desarrollar la política de sequía. En primer lugar, está la dificultad de definir la sequía, incluyendo la distinción entre sequía "normal" y "grave" (Wilhite y Glantz, 1985; Chapman y Botterill, 2002). Es importante considerar si el apoyo por sequía debe dirigirse a toda la familia o solo a la explotación agrícola, debido a la alta integración entre hogar y empresa agrícola (McColl et al., 1997; Botterill y Chapman, 2009). Un problema adicional para los encargados de formular políticas gira en torno al ajuste estructural, el cual tiene implicancias relevantes en la elegibilidad para los programas de apoyo por sequía; en esencia, si la ayuda debiera destinarse únicamente a aquellos agricultores con viabilidad a largo plazo (Botterill, 2000; Chapman y Botterill, 2002). Dado que la sequía (o la escasez de agua) se considera un factor importante en el abandono de explotaciones (Wheeler et al., 2020b; Zuo et al., 2015). En el contexto de la baja productividad agrícola (Wheeler y Zuo, 2017), se recomienda que el apoyo frente a la sequía se centre más en el hogar agrícola que en la empresa. Esta estrategia podría contribuir al ajuste estructural rural y aumentar la resiliencia y competitividad del sector agropecuario en su totalidad. Es necesaria una mayor discusión sobre la salida del sector agrícola, especialmente en áreas donde ciertos sistemas de producción, como el riego, podrían dejar de ser viables debido al cambio climático y la futura reasignación de recursos hídricos (Wheeler, 2023).

Si bien los principios de gestión de riesgos originales continúan sustentando la política de sequía australiana, Botterill y Fenna (2019) sostienen que gran parte de la intención y cohesión de la política de 1992 se ha perdido en años recientes. El conflicto entre un enfoque centrado en la gestión de riesgos en la explotación y la presión política para actuar durante sequías severas —impulsado por la fuerte simpatía del público hacia los agricultores– ha resultado, según se argumenta, en la desaparición del objetivo primordial de la política: dejar de lado las respuestas políticas *ad hoc* durante los periodos de sequía (Botterill y Fenna, 2019). La Productivity Commission (2009, p. 24) identificó una clara discrepancia entre los objetivos de la Política Nacional de Sequía y los programas implementados. Desde sus inicios, la política "aparentemente se ha centrado en ayudar a los agricultores a reforzar su autosuficiencia para gestionar la variabilidad climática y prepararse ante las sequías. Sin embargo, el gasto programático no se ha orientado a este fin, sino que principalmente ha fluido como pagos de emergencia a una minoría de agricultores en situación de precariedad y a explotaciones agrícolas con problemas financieros".

Existen dos inquietudes fundamentales respecto al enfoque del Gobierno Federal en materia de política de sequía (Botterill et al., 2017). Primero, las subvenciones directas y los subsidios a las tasas de interés otorgados a explotaciones agrícolas son considerados gastos presupuestarios que carecen de las características redistributivas necesarias. Los contribuyentes, quienes a menudo también enfrentan limitaciones financieras, deben cubrir dichos costos para ayudar a los agricultores, lo cual puede no abordar de manera efectiva las causas de base de la angustia financiera. En segundo lugar, aunque el esquema actual de préstamos concesionales resulta menos oneroso que los préstamos comerciales convencionales, ofrece un alivio limitado frente a los riesgos del endeudamiento. De hecho, podría agravar los problemas de solvencia, pues estos préstamos requieren un reembolso total en algún momento, lo que podría llevar a su conversión en préstamos comerciales y, por ende, sumar mayores presiones financieras.

Siguiendo las investigaciones previas de Chapman et al. (2004), Botterill et al. (2017) han propuesto un enfoque de política de sequía diseñado para abordar las preocupaciones indicadas: un Préstamo Contingente a Ingresos (Revenue Contingent Loan, RCL). Se trata de un instrumento financiero concebido para minimizar los subsidios estatales a la par que brinda a los agricultores protección contra el impago. De acuerdo con los principios del Higher Education Contribution Scheme (HECS), un RCL proporciona asistencia financiera que se reembolsa según la capacidad financiera de la explotación, minimizando así el riesgo de incumplimientos de pago (Chapman, 2006). A través de la modelización de los flujos de ingresos de un RCL contemporáneo, los autores demuestran una importante estabilidad en los plazos de reembolso y un mínimo requerimiento de subsidios gubernamentales. Asimismo, la modelización destaca los beneficios intrínsecos de estabilización de ingresos propios de un RCL.

Como se ha indicado anteriormente, el Programa de Depósitos para la Gestión de Explotaciones Agrícolas (Farm Management Deposit, FMD) ha demostrado ser altamente eficaz. Este programa permite que las explotaciones agrícolas ahorren durante años de bonanza y utilicen esos ahorros como un respaldo financiero en tiempos de dificultad (DAFF, 2022). Por el contrario, un RCL opera de manera inversa: permite a los agricultores "anticipar" ingresos provenientes de años futuros con buenos rendimientos para mitigar los efectos de la sequía presente (Chapman, 2006). En consecuencia, una política de sequía futura podría integrar los Regímenes de Compensación por Pérdidas (RCL) con los Fondos de Mitigación de Desastres (FMD) en una única estrategia de gestión de riesgos financieros.

Bajo este enfoque, los agricultores podrían utilizar primero sus FMD y posteriormente acceder a un RCL una vez agotadas dichas reservas, manteniendo potencialmente una parte de los FMD como capital de trabajo (Botterill et al., 2017). Este esquema también resolvería una importante limitación de los FMD para quienes ingresan al sector y no tienen tiempo suficiente para acumular reservas antes de enfrentar crisis financieras (DAWE, 2021). Además, los Recursos de Contingencia Local (RCL) proporcionarían asistencia a aquellos que carecen de FMD adecuado durante los periodos de sequía (Botterill, 2021).

Finalmente, es imperativo e inaplazable integrar el aspecto del bienestar en la política de sequía (McColl et al., 1997; Botterill, 2007; Botterill y Chapman, 2009b; Botterill, 2021). Mientras la pobreza en las explotaciones no sea abordada como un problema de política independiente, las preocupaciones sobre el efecto de la sequía en el bienestar de las familias agrícolas seguirán obstaculizando los intentos de desvincular las necesidades del hogar de las propias de la empresa agrícola (Botterill, 2007). Botterill (2021) afirma que la falta de investigación sobre la naturaleza y el alcance de la pobreza en las explotaciones australianas ha derivado en la formulación de políticas basadas en suposiciones en lugar de evidencia empírica, lo cual complica la aplicación de la política de sequía y podría agravar las disparidades con otros grupos comunitarios.

5. CONCLUSIONES

La Política Nacional de Sequía de Australia es conocida internacionalmente por su enfoque en la incertidumbre y variabilidad climática, así como por su énfasis en la adaptación de las explotaciones agrícolas a dichas condiciones. La política no subsidia la agricultura en zonas con baja pluviometría. Sin embargo, aunque sus principios fundamentales parecen sólidos, después de tres décadas de implementación, los cambios incrementales en los programas que la sustentan han diluido su mensaje de gestión de riesgos, han perpetuado la dependencia de las disposiciones de circunstancias excepcionales y han dado lugar a disparidades entre agricultores y entre agricultores y no agricultores.

Debido al apoyo agrario entre el electorado australiano, los gobiernos continuarán proporcionando asistencia financiera a los agricultores afectados por la sequía. Por consiguiente, la política de sequía debe centrarse en identificar a los agricultores que realmente necesitan asistencia, garantizando al mismo tiempo la equidad y la capacidad de gestión de riesgos. El análisis del impacto y los costos de las sequías debe sustentarse en investigaciones rigurosas que guíen el apoyo a la recuperación (Fleming-Munoz et al., 2023). Una línea de investigación para mejorar la gestión de riesgos podría consistir en desarrollar sistemas de alerta temprana más precisos y fiables, que integren datos climáticos, teledetección y algoritmos de aprendizaje automático para predecir con mayor exactitud el inicio y la intensidad de la sequía. Asimismo, se requiere un mayor énfasis en la investigación interdisciplinaria para examinar las repercusiones socioeconómicas de las sequías, incluidas la seguridad alimentaria, el rendimiento educativo y la salud pública (Hanigan et al., 2012; Xu et al., 2023).

La investigación en economía del comportamiento (por ejemplo, Wheeler et al., 2021; Wheeler et al., 2020a) también pone de manifiesto la importancia de comprender la relación entre las actitudes de los agricultores hacia el cambio climático y la sequía, y su comportamiento de adaptación en las explotaciones. Otorgar subsidios para infraestructura física, como sistemas de riego y represas, puede resultar menos beneficioso para los agricultores en comparación con fortalecer el capital natural de sus explotaciones y promover habilidades en la adopción de "gestión de riesgos blandos" (Wheeler y Marning, 2019). Además, comprender y facilitar la salida del sector agrícola (Zuo et al., 2015) es otro factor crucial que requerirá mucha más atención en los próximos años.

Los esfuerzos persistentes en la política de sequía deben continuar priorizando el desarrollo de mecanismos de distribución de riesgos entre temporadas (por ejemplo, MGF) y entre agricultores (por ejemplo, seguros basados en índices), asegurando así un enfoque colectivo para gestionar los impactos de la sequía. Esto implica fomentar una cultura de preparación y resiliencia dentro de la comunidad agrícola. Los programas de política de sequía a largo plazo han de centrarse en ofrecer información precisa sobre las condiciones de sequía a escalas geográficas más detalladas, así como en promover prácticas agrícolas intrínsecamente resilientes a la sequía. Los responsables de formular políticas también deben considerar otras cuestiones que afectan a las comunidades agrícolas y regionales, como la degradación medioambiental, el ajuste rural y el contexto del comercio internacional. Al centrar la atención en estos aspectos, la política de sequía puede contribuir a la construcción de un sector agrícola más resiliente y sostenible, capaz de enfrentar los desafíos climáticos futuros.

AGRADECIMIENTOS

Los autores expresan su agradecimiento a Adam Wheeler por su valiosa asistencia en la investigación y al Consejo Australiano de Investigación por financiar este estudio (FT220100695).

REFERENCIAS

1. ABC News (2020). *NSW Government announce new $310 million drought support package as farmers struggle 'for at least another year'*. Australian Broadcasting Corporation, Sydney, Australia. Disponible en: https://shorturl.at/rEmjA.
2. ACANZ (1992). *Record and Resolutions: 138th Meeting*, Mackay 24 July 1992. Australian Government, Canberra.
3. ACANZ (1992). *Record and Resolutions: 138th Meeting*, Mackay 24 July 1992. Australian Government, Canberra.
4. Anderson, J., the Hon MP (1998). *Farm Management Deposits Scheme Even Better for Farmers*. Media Release by Minister for Primary Industries and Energy DPIE98/44A, 17 April 1998.
5. Ault, T. (2020). "On the essentials of drought in a changing climate". *Science*, 368 (4688), pp. 256-260. Disponible en: https://doi.org/10.1126/science.aaz5492

6. Austin, E. K., Handley, T., Kiem, A. S., Rich, J. L., Lewin, T. J., Askland, H. H.,... y Kelly, B. J. (2018). "Drought related stress among farmers: findings from the Australian Rural Mental Health Study". *Medical Journal of Australia*, 209(4), pp. 159-165. Disponible en: https://doi.org/10.5694/mja17.01200
7. Australian Government (2023). *Federal Register of Legislation*. Australian Government, Canberra. Disponible en: https://www.legislation.gov.au
8. BoM (2023a). *Previous Droughts*. Bureau of Meteorology, Melbourne, Australia. Disponible en: https://shorturl.at/pvvl1.
   –. (2023b). *123 Years of Australian Rainfall*. Bureau of Meteorology, Melbourne, Australia. Disponible en: http://www.bom.gov.au/climate/history/rainfall/
9. Botterill, L. C. (2000). "Government responses to farm poverty: the policy development process". *Rural Society*, 10(1), pp. 15-27. Disponible en: https://doi.org/10.5172/rsj.10.1.15
   –. (2003). "Uncertain climate: the recent history of drought policy in Australia". *Australian Journal of Politics & History*, 49(1), pp. 61-74.Disponible en: https://doi.org/10.1111/1467-8497.00281
   –. (2007). "Responding to farm poverty in Australia". *Australian Journal of Political Science*, 42(1), pp. 33-46. Disponible en: https://doi.org/10.1080/10361140601158534
   –. (2013). "Are policy entrepreneurs really decisive in achieving policy change? Drought policy in the USA and Australia". *Australian Journal of Politics & History*, 59(1), pp. 97-112. Disponible en: https://doi.org/10.1111/ajph.12006
   –. (2021). "From national drought policy to national drought agreement: the evolution of Australia's drought response". *The Rangeland Journal*, 43(3), pp. 77-86. Disponible en: https://doi.org/10.1071/RJ20065
10. Botterill, L. C. y Chapman, B. (2009a). "A revenue contingent loan instrument for agricultural credit with particular reference to drought relief". *Australian Journal of Labour Economics*, 12(2), pp. 181-196.
   –. (2009b). Income Contingent Loan for Drought Relief: Delivering Better Outcomes for Farmers and Taxpayers. Centre for Economic Policy Research, Australian National University, Canberra.
11. Botterill, L. C., Chapman, B. y Kelly, S. (2017). "Revisiting revenue contingent loans for drought relief: government as risk manager". *Australian Journal of Agricultural and Resource Economics*, 61(3), pp. 367-384. Disponible en: https://doi.org/10.1111/1467-8489.12213
12. Botterill, L. C. y Fenna, A. (2019). *Interrogating public policy theory: A political values perspective*. Edward Elgar Publishing, Cheltenham, UK, pp. 1-11.
13. Butler, J. R. G. (1979). *The Economics of Natural Disaster Relief in Australia*. Centre for Research on Federal Financial Relations, ANU Press, Canberra, Australia.
14. Chapman, B. (2006). *Government Managing Risk: Income contingent loans for social and economic progress* (Vol. 40). Routledge, Abingdon.
15. Chapman, B. y Botterill, L. C. (2002). *Developing Equitable and Affordable Government Responses to Drought in Australia. (Discussion Paper No. 455)*. Centre for Economic Policy Research, Australian National University, Canberra, Australia.

16. Chapman, B., Botterill, L. y Egan, M. (2004). *Income related loans for drought relief Centre for Economic Policy Research discussion paper, Discussion Paper No. 472*. Disponible en: URL:https://ideas.repec.org/p/auu/dpaper/472.html
17. Clark, A. J., McGowen, I. M., Crean, J. J., Lines-Kelly, R. y Wang, B. (2016). *Stage 1: Enhanced Drought Information System-NSW DPI Combined Drought Indicator*. Technical Report, NSW Department of Primary Industries, Orange, NSW, Australia.
18. DAFF (2013). *Intergovernmental Agreement on National Drought Program Reform*. Department of Agriculture, Fisheries and Forestry, Australian Government, Canberra. Disponible en: https://shorturl.at/V7iyz

    —. (2019). *Internal Review into the 2016 to 2020 Rural Financial Counselling Service Program*. Department of Agriculture, Fisheries and Forestry, Canberra. Disponible en: https://shorturl.at/FNlv0

    —. (2021). *History of drought policy*. Department of Agriculture, Fisheries and Forestry, Australian Government, Canberra. Disponible en: https://shorturl.at/FPYQQ.

    —. (2022). *Farm Management Deposits*. Department of Agriculture, Fisheries and Forestry, Australian Government, Canberra. Disponible en: https://bit.ly/3Zm6opO.

    —. (2024). *Historical Farm Management Deposits Statistics*. Department of Agriculture, Fisheries and Forestry, Australian Government, Canberra. Disponible en: https://bit.ly/3SLD4Fs.
19. DAWE (2021). *Farm Management Deposits Scheme: 2021 evaluation*. Department of Agriculture, Water and the Environment, Australian Government, Canberra. Disponible en: https://www.agriculture.gov.au/sites/default/files/documents/fmds-evaluation-2021-report_0.pdf
20. Douglas, R., & Davenport, S. (1993). *A Review of the Income Equalisation Deposit Scheme*. New South Wales Agriculture, Australia. Disponible en: https://catalogue.nla.gov.au/catalog/1852897
21. Drought Policy Review Task Force (1990). *National Drought Policy*. National Library of Australia: Canberra, Australia. Disponible en: https://catalogue.nla.gov.au/Record/1924829
22. Edwards, B., Gray, M. y Hunter, B. (2019). "The social and economic impacts of drought". *Australian Journal of Social Issues*, 54(1), pp. 22-31. Disponible en: https://doi.org/10.1002/ajs4.52
23. Evans, A., Jones, D., Smalley, R., & Lellyett, S. (2020). *An enhanced gridded rainfall analysis scheme for Australia*. Bureau of Meteorology, Melbourne, Australia.
24. Expert Social Panel (2008). *It's about people: changing perspectives on dryness, an assessment of the social impacts associated with drought*. Australian Government: Canberra, Australia. Disponible en: https://bit.ly/3H59yIg
25. Fleming Muñoz, D., Whitten, S., & Bonnett, G. (2023). "The economics of drought: A review of impacts and costs". *Australian Journal of Agricultural and Resource Economics*, 67(4), pp. 501-523. Disponible en: https://doi.org/10.1111/1467-8489.12527
26. Fragar, L., Stain, H. J., Perkins, D., Kelly, B., Fuller, J., Coleman, C.,... y Wilson, J. M. (2010). "Distress among rural residents: does employment and occupation make a difference?" *Australian Journal of Rural Health*, 18(1), pp. 25-31. Disponible en: https://doi.org/10.1111/j.1440-1584.2009.01119.x
27. Freebairn, J. W. (1983). "Drought assistance policy". *Australian Journal of Agricultural Economics*, 27(3), pp. 185-199. Disponible en: https://doi.org/10.22004/ag.econ.22745

28. Frost, A.J., Hendon, H., Lellyett, S.C. y Griffiths, M. (2018). *Sydney Water ACCESS-S Downscaled Seasonal Forecast/AWRA-L Project, Report to Sydney Water*. Bureau of Meteorology. Melbourne, Australia.
29. Frost, A. J., Ramchurn, A. y Smith, A. (2016). *The bureau's operational AWRA landscape (AWRA-L) Model. Bureau of Meteorology Technical Report*. Bureau of Meteorology, Melbourne, Australia.
30. Glau, T. E. (1970). "The Commonwealth Drought Bond". *Australian Journal of Agricultural Economics*, 14(2), pp. 121-130. Disponible en: https://doi.org/10.1111/j.1467-8489.1970.tb00570.x
31. Grafton, R. Q., & Wheeler, S. A. (2018). "Economics of water recovery in the Murray-Darling Basin, Australia". *Annual Review of Resource Economics*, 10, pp. 487-510. Disponible en: https://doi.org/10.1146/annurev-resource-100517-023039
32. Grain Central (2018). *NSW offers freight subsidies as drought's grip tightens*. Grain Central, Brisbane, Australia. Disponible en: https://www.graincentral.com/news/nsw-offers-freight-subsidies-as-droughts-grip-tightens/
33. Griffiths, M., Shi, L. y Hendon, H. (2017). Preliminary Evaluation of ACCESS-S Calibrated Predictions for the Sydney Water ACCESS-S Downscaling/AWRA-L Project. Bureau of Meteorology, Melbourne, Australia
34. Hanigan, I., Butler, C., Kokic, P. y Hutchinson, M. (2012). "Suicide and drought in new South Wales, Australia, 1970–2007". *Proceedings of the National Academy of Sciences*, 109(35), 13950-13955. Disponible en: https://doi.org/10.1073/pnas.1112965109
35. Harris, S. (1974). *The principles of rural policy in Australia: A discussion paper* (No. 92). Australian Government Publishing Service, Canberra, Australia.
36. Hennessy, K. J., Fawcett, R., Kirono, D., Mpelasoka, F., Jones, D., Bathols, J..,... & Plummer, N. (2008). *An assessment of the impact of climate change on the nature and frequency of exceptional climatic events*. CSIRO and Bureau of Meteorology: Melbourne, Australia.
37. Hudson, D., Alves, O., Hendon, H., Lim, E., Liu, G., Luo, J. J.,... y Zhou, X. (2017). "ACCESS-S1 The new Bureau of Meteorology multi-week to seasonal prediction system". *Journal of Southern Hemisphere Earth Systems Science*, 67(3), pp. 132-159. Disponible en: https://doi.org/10.1071/ES17009
38. IPCC (2021a). Climate Change 2021: The Physical Science Basis. En Masson-Delmotte, V., P. Zhai, A. Pirani, S.L. Connors, C. Péan, S. Berger, ... y B. Zhou (eds.), *Contribution of Working Group I to the Sixth Assessment Report of the Intergovernmental Panel on Climate Change*. Cambridge University Press. In Press.

    —. (2021b). Summary for Policy Makers. En Climate Change 2021: The Physical Science Basis. Contribution of Working Group I to the Sixth Assessment Report of the IPCC, Masson-Delmotte, V., Zhai, P., Pirani, A., Connors, S.L., Péan, C., Berger, S., Caud, N., Chen, Y., Goldfarb, L., Gomis, M., et al., (Eds). Intergovernmental Panel on Climate Change, Geneva, Switzerland.
39. Kerin, J. (the Hon MP) (1989). Task Force to Review Drought Policies. Media Release by Minister for Primary Industries and Energy PIE 89(102K), 12.

40. Kiem, A. S., & Austin, E. K. (2013). "Drought and the future of rural communities: Opportunities and challenges for climate change adaptation in regional Victoria, Australia". *Global Environmental Change*, 23(5), pp. 1307-1316. Disponible en: https://doi.org/10.1016/j.gloenvcha.2013.06.003
41. King, A. D., Pitman, A. J., Henley, B. J., Ukkola, A. M. y Brown, J. R. (2020). "The role of climate variability in Australian drought". *Nature Climate Change*, 10(3), pp. 177-179. Disponible en: https://doi.org/10.1038/s41558-020-0718-z
42. Kingwell, R. S. y Xayavong, V. (2017). "How drought affects the financial characteristics of Australian farm businesses". *Australian Journal of Agricultural and Resource Economics*, 61(3), pp. 344-366. Disponible en: https://doi.org/10.1111/1467-8489.12195
43. Laughlin, G., & Clark, A. (2000). "Drought Science and Drought Policy in Australia: A Risk Management Perspective". In *Proceedings of the World Meteorological Organisation Expert Group Meeting on Early Warning Systems for Drought Preparedness and Drought Management*, Lisbon, Portugal, 5-7 September 2000; pp. 32-44.
44. Lellyett, S. C., Truelove, R. N. y Huda, A. K. (2022). "Improving Early Warning of Drought in Australia". *Climate*, 10(7), 91. Disponible en: https://doi.org/10.3390/cli10070091
45. Lewis, S. C. y Karoly, D. J. (2013). "Anthropogenic contributions to Australia's record summer temperatures of 2013". *Geophysical Research Letters*, 40(14), pp. 3705-3709. Disponible en: https://doi.org/10.1002/grl.50673
46. Litchfield, F., Weragoda, A., Coelli, R. y Ashton, D. (2021). *Farm management deposits: analysis of survey results. ABARES research report* 21.06. Australian Bureau of Agricultural and Resource Economics, Canberra.
47. Luo, J., Nguyen, H., Hendon, H., Alves, O., Liu, G.; Dunstone, N. y MacLachlan, C. (2018). *Assessment of Multi-Year Climate Predictions for Potential Use by Sydney Water*. Bureau of Meteorology, Melbourne, Australia.
48. McColl, J., Donald, R. y Shearer, C. (1997). *Rural Adjustment: Managing Change. Mid-term review of the Rural Adjustment Scheme*. Australian Government: Canberra, Australia.
49. McColl, J y Young, M., (2005). Managing Change: Australian structural adjustment lessons for water, Natural Resource Management Economics, Policy and Economic Research Unit, CSIRO Land and Water, Adelaide, Australia.
50. Menzies, R (the Hon MP) (1965). *Drought Assistance: Ministerial Statement to the Commonwealth Parliamentary Debates*, by the Rt Hon. Sir Robert Menzies, MP, House of Representatives, 7 December 1965, p. 3647.
51. NACC (2023). *Resources for Drought Resilience Plan in the Mid-West. Northern Agricultural Catchments Council, Geraldton, Australia*. Disponible en: https://www.nacc.com.au/resources-for-drought-resilience-plan-in-the-mid-west/
52. Nauges, C., Wheeler, S. y Zuo, A. (2016). "Elicitation of irrigators' risk preferences from observed behaviour". *Australian Journal of Agricultural and Resource Economics*, 60(3), pp. 442-458. Disponible en: https://doi.org/10.1111/1467-8489.12134
53. NDA (2018). *National Drought Agreement. Department of Agriculture, Fisheries and Forestry, Canberra*. Disponible en: https://www.agriculture.gov.au/agriculture-land/farm-food-drought/drought/drought-policy/national-drought-agreement

54. NDA (2022). *Review of the National Drought Agreement. Department of Agriculture, Fisheries and Forestry, Canberra*. Disponible en: https://www.agriculture.gov.au/sites/default/files/ documents/nda-review-report.pdf
55. NDRRA (2023). *Natural Disaster Relief and Recovery Arrangements. Australian Government, Canberra, Australia*. Disponible en: https://www.disasterassist.gov.au/disaster-arrangements/ natural-disaster-relief-and-recovery-arrangements
56. Nelson, R., Howden, M. y Smith, M. S. (2008). "Using adaptive governance to rethink the way science supports Australian drought policy". *Environmental Science & Policy*, 11(7), pp. 588-601. Disponible en: https://doi.org/10.1016/j.envsci.2008.06.005
57. Nguyen, H., Wheeler, M. C., Otkin, J. A., Cowan, T., Frost, A. y Stone, R. (2019). "Using the evaporative stress index to monitor flash drought in Australia". *Environmental Research Letters*, 14(6), 064016. Disponible en: 10.1088/1748-9326/ab2103
58. Nguyen, H., Zhang, H.-Q., Hendon, H. y Lellyett, S. (2017). *ACCESS-S1 Seasonal Forecast Skill Assessment for Evapotranspiration and Other Hydro-Climate Variables over Sydney Region*. Bureau Research Report. Bureau of Meteorology, Melbourne, Australia.
59. Ockwell, A. (1990). "The economic structure of Australian agriculture". In Williams, D.B. (ed.), *Agriculture in the Australian Economy*, 3rd Edition. Sydney University Press: Sydney, Australia, pp. 27-49.
60. O' Meagher, B., Stafford-Smith, M. y White, D. H. (2000). "Approaches to integrated drought risk management: Australia's national drought policy". In: Wilhite, D.A. (Ed.) *Drought: A Global Assessment, vol.2*. Routledge, London, pp.115-128.
61. Peterson, D. C. (2016)." Drought policy: lessons and strategies to change the transformational game". In Young, M. and Esau, C. (eds.), *Transformational Change in Environmental and Natural Resource Management*, pp. 134-149. Routledge, London, UK.
62. Productivity Commission (2006). *Industry Commission Submission to the Mid-Term Review of the Rural Adjustment Scheme*. Productivity Commission, Melbourne, Australia. Disponible en:https:// www.pc.gov.au/research/supporting/rural-adjustmentscheme/ruraladjustment-scheme.pdf
63. Productivity Commission (2009*). Government drought support. Report No. 46, Final Inquiry Report*. Productivity Commission, Melbourne, Australia. Disponible en: https://www.pc.gov. au/inquiries/completed/drought/report/drought-support.pdf
64. Rickards, L. (2012). "Critical Breaking Point: the effects of climate variability, climate change and other pressures on farm households". *Report for the Birchip Cropping Group and the Sustainable Agriculture Initiative Platform Australia.*
65. Samnakay, N. (2023). "Evaluating Australian drought policy from the perspective of good-practice strategic policymaking". *Australasian Journal of Water Resources*, 27(1), pp. 149-159. Disponible en: https://doi.org/10.1080/13241583.2022.2118808
66. Scott, B., the Hon MP (1998). *Taxation Laws Amendment (Farm Management Deposits)*, Bill 1998. House of Representatives Hansard, p. 4066, 28 May 1998.
67. Seidl, C., Wheeler, S. A. y Zuo, A. (2021). "The drivers associated with Murray-Darling Basin irrigators' future farm adaptation strategies". *Journal of Rural Studies*, 83, pp. 187-200. Disponible en: https://doi.org/10.1016/j.jrurstud.2020.10.048

68. Sheen, K. L., Smith, D. M., Dunstone, N. J., Eade, R., Rowell, D. P. y Vellinga, M. (2017). "Skilful prediction of Sahel summer rainfall on inter-annual and multi-year timescales". *Nature Communications*, 8(1), 14966. Disponible en: https://doi.org/10.1038/ncomms14966
69. Stone, R. C. (2014). "Constructing a framework for national drought policy: The way forward– The way Australia developed and implemented the national drought policy". *Weather and Climate Extremes*, 3, pp. 117-125. Disponible en: https://doi.org/10.1016/j.wace.2014.02.001
70. Treasury (2021). *Tax Benchmarks and Variations Statement* 2020. Department of the Treasury, Canberra, Australia. Disponible en: https://treasury.gov.au/sites/default/files/2021-01/145906_2020-tbvs.pdf
71. Truss, The Hon Warren MP (2003a) 'Farm Management Deposits continue to help farmers cope with the drought's financial burden', Media Release by the Federal Minister for Agriculture, Fisheries and Forestry AFFA03/293WT, 22 October.
72. UNISDR (2009). *Drought Risk Reduction Framework and Practices: Contributing to the Implementation of the Hyogo Framework for Action*. United Nations Secretariat of the International Strategy for Disaster Reduction (UNISDR), Geneva, Switzerland.
73. Van Dijk, A., Beck, H., Crosbie, R., De Jeu, R., Liu, Y., Podger, G.,... y Viney, N. (2013). "The Millennium Drought in southeast Australia (2001–2009): Natural and human causes and implications for water resources, ecosystems, economy, and society". *Water Resources Research*, 49(2), pp. 1040-1057. Disponible en: https://doi.org/10.1002/wrcr.20123
74. Wang, G., Hudson, D., Yin, Y., Alves, O., Hendon, H., Langford, S.,... y Tseitkin, F. (2011). POAMA-2 SST skill assessment and beyond. *CAWCR Research Letters*, 6, 40-46.
75. Wilhite, D. A., Diodato, D., Jacobs, K., Palmer, R., Raucher, B.,... y Wilhelmi, O. (2006). "Managing drought: a roadmap for change in the United States". En *A conference report from managing drought and water scarcity in vulnerable environments*, pp. 18-20.
76. Wilhite, D. A. y Easterling, W. E. (1987). "Drought policy: toward a plan of action", in Wilhite, D. A., Easterling, W. E. and Wood, D. A. (Eds.) *Planning for Drought: Toward a Reduction of Societal Vulnerability*. Westview Press: Boulder, CO, USA, pp. 573–583.
77. Wilhite, D. A. y Glantz, M. H. (1985). "Understanding: the drought phenomenon: the role of definitions". *Water international*, 10(3), pp. 111-120. Disponible en: https://doi.org/10.1080/02508068508686328
78. Wittwer, G. y Young, M. D. (2020). *Distinguishing between policy, drought, and international events in the context of the Murray-Darling Basin plan (No. g-295)*. Victoria University, Centre of Policy Studies/IMPACT Centre.
79. Wheeler, S. (2022). "Debunking Murray-Darling Basin water trade myths". *Australian Journal of Agricultural and Resource Economics*, 66(4), pp. 797-821. Disponible en: https://doi.org/10.1111/1467-8489.12490
80. Wheeler, S. (2023). "Informal and formal markets in meeting water needs". *Nature Sustainability*, 6(11), pp. 1291-1292. Disponible en: https://doi.org/10.1038/s41893-023-01178-6
81. Wheeler, S., Carmody, E., Grafton, Q., Kingsford, R. y Zuo, A. (2020a). "The rebound effect on water extraction from subsidising irrigation infrastructure in Australia". *Resources, Conservation and Recycling*, 159, 104755. Disponible en: https://doi.org/10.1016/j.resconrec.2020.104755

82. Wheeler, S. y Marning, A. (2019). "Turning water into wine: exploring water security perceptions and adaptation behaviour amongst conventional, organic and biodynamic grape growers". *Land Use Policy*, 82, pp. 528-537. Disponible en: https://doi.org/10.1016/j.landusepol.2018.12.034
83. Wheeler, S.., Nauges, C. y Zuo, A. (2021). "How stable are Australian farmers' climate change risk perceptions? New evidence of the feedback loop between risk perceptions and behaviour". *Global Environmental Change*, 68, pp. 1-14. Disponible en: https://doi.org/10.1016/j.gloenvcha.2021.102274
84. Wheeler, S., Xu, Y. y Zuo, A. (2020b). "Modelling the climate, water and socio-economic drivers of farmer exit in the Murray-Darling Basin". *Climatic Change*, 158(3), pp. 551-574. Disponible en: https://doi.org/10.1007/s10584-019-02601-8
85. Wheeler, S. y Zuo, A. (2017). "The impact of drought and water scarcity on irrigator farm exit intentions in the Murray–Darling Basin". *Australian Journal of Agricultural and Resource Economics*, 61(3), pp. 404-421. Disponible en: https://doi.org/10.1111/1467-8489.12218
86. Wheeler, S., Zuo, A. y Loch, A. (2015). "Watering the farm: Comparing organic and conventional irrigation water use in the Murray–Darling Basin, Australia". *Ecological Economics*, 112, pp. 78-85. Disponible en: https://doi.org/10.1016/j.ecolecon.2015.02.019
87. Wheeler S, Zuo A, Xu Y, Grafton Q. (2019). Emergency Drought Relief Package - Health and Resilience Services: an Evidence Check rapid review brokered by the Sax Institute for the NSW Ministry of Health.
88. WMO (2016). Handbook of Drought Indicators and Indices. En Svoboda, M. y Fuchs, B. A. (Eds), Integrated Drought Management Programme (IDMP), Integrated Drought Management Tools and Guidelines Series 2. World Meteorological Organisation Global Water Partnership (GWP), Geneva, Switzerland.
89. Xu, Y., Wheeler, S. y Zuo, A. (2023). "Drought and hotter temperature impacts on suicide: evidence from the Murray-Darling Basin, Australia". *Climate Change Economics*, 2350024. Disponible en: https://dx.doi.org/10.1142/S2010007823500240
90. Yazd, S. D., Wheeler, S. A. y Zuo, A. (2020). "Understanding the impacts of water scarcity and socio-economic demographics on farmer mental health in the Murray-Darling Basin". *Ecological Economics*, 169, 106564. Disponible en: https://doi.org/10.1016/j.ecolecon.2019.106564
91. Zhao, M., Zhang, H. Q. y Dharssi, I. (2017). "Impact of land-surface initialization on ACCESS-S1 and comparison with POAMA, Research Report No. 023". Bureau of Meteorology, Melbourne, Australia.
92. Zuo, A., Wheeler, S. A., Boxall, P., Adamowicz, W. L. y Hatton MacDonald, D. (2015). "Identifying Water Prices at which Australian Farmers Will Exit Irrigation: Results of a Stated Preference Survey". *The Economic Record*, 91, pp. 109-123. Disponible en: https://doi.org/10.1111/1475-4932.12186

Anexo

Tabla 11.A.1

Legislación del Gobierno Federal en Australia relacionada con la sequía desde 1940 en adelante

Legislación	En vigor	Objetivo(s)
States Grants (Drought Relief) Act 1940 (six states (NSW, QLD, SA, TAS, VIC, WA)	No	Aliviar las dificultades que sufren los productores de trigo a causa de la sequía.
Loan (Drought Relief) Act 1940	No	Autorización para recaudar dinero que se prestará como ayuda por sequía en NSW, VIC, QLD, SA y WA.
States Grants (Drought Relief) Act 1944	No	Estados con efectos de sequía en cultivos de cereales.
Drought Relief Act 1945 (amend the State Grants (Drought Relief) Act 1944)	No	Aumentar el apoyo financiero de 1.5 millones de libras a 1.86 millones de libras e incluir el ACT en la ley.
States Grants (Drought Relief) Act 1946	No	Estados con efectos de sequía en cultivos de cereales.
New South Wales Grant (Drought Relief) Act 1947	No	Otorgar asistencia financiera a Nueva Gales del Sur para aliviar la sequía.
States Grants (Drought Assistance) Act 1966	No	Disponer la concesión de asistencia financiera a Nueva Gales del Sur y Queensland para mitigar los efectos de la sequía.
States Grants (Drought Assistance) Act 1966 (No.2)	No	Otorgar asistencia financiera a NSW y QLD.
States Grants (Drought Reimbursement) Act 1968	No	Otorgar asistencia financiera a VIC y SA para cubrir el costo de las medidas para aliviar los efectos de la sequía.
States Grants (Drought Assistance) Act 1968	No	Otorgar asistencia financiera a NSW, VIC, QLD, y SA.
Loan (Drought Bonds) Act 1969	No	Crear y emitir acciones denominadas "Drought bounds".
Income Tax Assessment Act (No. 3) 1969	No	Modificar la ley relativa al impuesto sobre la renta aplicable a los Bonos por Sequía.
Income Tax (Drought Bonds) Act 1969	No	Imponer el impuesto sobre la renta a determinadas amortizaciones de bonos de sequía en función del impuesto ahorrado gracias a su compra.
Loan (Drought Bonds) Amendment Act 1976	Sí	Modificar la Ley de Préstamos (Bonos por Sequía) de 1969.
Drought Assistance (Primary Producers) Act 1982	No	Los Estados (incluido el Territorio del Norte) recibirán asistencia por sequía destinada a los productores primarios.
Rural Adjustment Act 1992	Sí	Fomentar el desarrollo de un sector agrícola más rentable, capaz de operar de forma competitiva en un entorno financiero y de mercado desregulado, y mejorar la competitividad del sector agrícola de manera sostenible.

Legislación	En vigor	Objetivo(s)
States Grants (Rural Adjustment) Amendment Act 1992	Sí	Tres enmiendas a la mencionada Ley de Ajuste Rural de 1992 en lo referente a la sequía.
Drought Relief Payment Act 1994	Sí	Modificar la Ley de Apoyo a los Hogares Rurales de 1992 en lo referente a los requisitos para acceder al pago de ayuda por sequía, el certificado de circunstancias excepcionales por sequía, la tasa de apoyo a los hogares rurales y la tasa del pago de ayuda por sequía. Modificar la Ley de Seguro de Salud de 1973 y la Ley de Evaluación del Impuesto sobre la Renta de 1936.
Taxation Laws Amendment (Drought Relief Measures) Act 1995	No	Modificar la Ley de Evaluación del Impuesto sobre la Renta de 1936, relacionadas con el Drought Investment Allowance, así como enmiendas a la Ley de Préstamos (Depósitos de Igualación de Ingresos) de 1976, específicamente en lo referente a los Farm Management Bonds.
Farm Household Support Amendment (Additional Drought Assistance Measures) Act 2008	Sí	Modificar la Ley de Apoyo a los Hogares Rurales de 1992 para mejorar el acceso al pago de ayuda por circunstancias excepcionales y aumentar la portabilidad de dichos pagos.
Appropriation (Drought and Equine Influenza Assistance) Act (No. 1 & No. 2) 2007-2008	No	Autoriza la asignación de fondos procedentes del Fondo Consolidado de Ingresos para los servicios anuales ordinarios del Gobierno (y para determinados gastos) relacionados con la sequía, la asistencia ante la influenza equina y otros fines relacionados.
Future Drought Fund Act 2019	Sí	Refuerza la capacidad del Gobierno Federal para establecer acuerdos con personas o entidades en materia de resiliencia frente a la sequía y para otorgar subvenciones a personas o entidades con el mismo fin. El Future Drought Fund consta de la Future Drought Fund Special Account y las inversiones del propio Future Drought Fund.
Future Drought Fund Investment Mandate Direction 2019	Sí	Proporciona orientación a la Junta sobre su estrategia de inversión para el Fondo.
Future Drought Fund (Consequential Amendments) Act 2019	Sí	Aborda los asuntos derivados de la promulgación de la Ley Future Drought Fund de 2019 y otros fines. Las enmiendas incluyen cambios generales, la supresión del fondo Building Australia y correcciones técnicas.
Regional Investment Corporation (Agribusiness Natural Disaster Loans – 2019 North Queensland Flood) Rule 2019	No	Establece los términos y condiciones que la corporación de inversión regional puede incluir en los préstamos otorgados a explotaciones agrícolas que hayan sufrido daños directos a raíz de las inundaciones en el norte de Queensland durante enero y febrero de 2019.
Regional Investment Corporation (Small Business Drought Loans) Rules 2020	Sí	Permite que se ofrezcan préstamos a las pequeñas empresas afectadas por la sequía que puedan demostrar una dependencia directa de los agricultores, mediante la provisión de bienes y servicios relacionados con la producción primaria a explotaciones agrícolas que actualmente estén en sequía.

Legislación	En vigor	Objetivo(s)
Regional Investment Corporation (Drought Loans Expansion) Rule 2020	Sí	Amplía los criterios de elegibilidad para los préstamos por sequía para incluir a las explotaciones agrícolas ubicadas fuera de la zona afectada definida por la Convención de las Naciones Unidas de Lucha contra la Desertificación.
Regional Investment Corporation (Drought and Small Business Drought Loans) (Cessation of Interest-Free Period) Amendment Instrument 2020	Sí	Los agricultores y las pequeñas empresas vinculadas a la agricultura tenían hasta el 30 de septiembre de 2020 para aprovechar dos años sin intereses del RIC antes de que cambiaran las condiciones de los préstamos relacionados con la sequía.
Future Drought Fund (Drought Resilience Funding Plan 2020 to 2024) Determination 2020	Sí	El Plan de Financiación para la Resiliencia ante la Sequía (el Plan) establece un enfoque para la formalización de acuerdos o subvenciones en materia de resiliencia frente a la sequía, así como para la celebración de convenios relacionados con dichas subvenciones.

Fuente: Adaptado del Registro Federal de Legislación (Australian Government, 2023).

PARTE III

PERFECCIONAMIENTO DE LA GESTIÓN DE LA SEQUÍA EN CHILE: PROPUESTAS, POLÍTICAS Y OPCIONES DE ADAPTACIÓN

Capítulo 12
EVALUACIÓN GENERAL DE LA GOBERNANZA Y GESTIÓN DE SEQUÍAS Y PROPUESTAS DE MEJORA

Guillermo Donoso, Daniela Rivera y Cristian Jordán

Resumen. La gestión de las sequías en Chile muestra una fragmentación considerable. Diversas instituciones públicas y privadas abordan los desafíos asociados en diferentes niveles, a menudo sin coordinación efectiva ni una estrategia clara y definida. La respuesta es reactiva, enfocándose en mitigar daños. Este capítulo analiza las principales brechas y desafíos en la gestión de sequías en Chile, abarcando aspectos legales, institucionales, económicos y ambientales. Se evalúa el desempeño institucional, estudiando seis dimensiones políticas con una metodología cualitativa que combina datos empíricos y perspectivas de actores involucrados. Finalmente, se ofrecen recomendaciones de política pública para mejorar la gestión de sequías en el país. Es fundamental implementar una estrategia efectiva que descentralice la gestión, fomente la participación comunitaria, fortalezca capacidades locales y priorice un enfoque preventivo centrado en el riesgo.

Palabras clave. Sequía, desempeño de la gestión de sequías, propuestas de políticas, Chile.

1. INTRODUCCIÓN

Aunque las sequías son frecuentes y afectan considerablemente a las sociedades, se han tratado a nivel mundial como eventos anormales que requieren respuestas de emergencia. Este enfoque reactivo se centra en los impactos de la sequía una vez que han ocurrido, sin abordar las causas subyacentes de las vulnerabilidades asociadas (Wilhite y Pulwarty, 2005; Wilhite et al., 2014).

La creciente frecuencia de sequías y sus impactos significativos destacan las debilidades del enfoque actual basado en crisis. Es necesario adoptar un enfoque proactivo para prevenir, mitigar y recuperarse de las sequías, y estar mejor preparados para futuros eventos (Hayes, Wilhelmi y Knutson, 2004; Wilhite et al., 2000, 2014).

Algunos países están transitando desde la gestión de crisis a la gestión del riesgo (Wilhite et al., 2000, 2005; Paneque, 2015; Embid, 2018; Setuaín, 2018; Berbel y Esteban, 2019; Martín, 2019-2020, 2022, 2024). Diversos autores han destacado la ineficacia, falta de eficiencia, coordinación y oportunidad del paradigma de gestión de crisis, lo que ha limitado la mitigación de riesgos asociados a las sequías (Wilhite et al., 2000, 2005; Neuman, 2003; Paneque, 2015; Martín, 2022).

España ha avanzado con planes obligatorios de sequía para cuencas fluviales y suministros urbanos, aunque enfrenta retos en medidas preventivas (Vargas y Paneque, 2025, capítulo 9 de este libro). Jones (2025, capítulo 10 de este libro) destaca que la respuesta de emergencia de California es insuficiente para la aridificación climática a largo plazo. De igual modo, Australia debe priorizar la gestión de riesgos para reducir la vulnerabilidad frente a la sequía (Zuo y Wheeler, 2025, capítulo 11 de este libro).

El análisis de la evolución y los desafíos de la política de sequía en Chile se realiza utilizando el modelo de la Organización Meteorológica Mundial (OMM) y la Alianza Mundial para el Agua (GWP) de 2014. Este marco analítico es empleado por Urquijo et al. (2025) en el capítulo 8 de este libro para la evaluación de políticas de gestión de sequías en Sudamérica. Este marco consta de tres pilares para la gestión proactiva de sequías: i) sistemas de monitoreo, pronóstico y alerta temprana; ii) análisis de vulnerabilidad, riesgo e impacto; y iii) estrategias de mitigación, preparación y respuesta (**Figura 12.1**). Los autores identificaron múltiples iniciativas y experiencias que buscan promover un enfoque proactivo para la gestión de sequías en la región sudamericana. A pesar de estos avances, los esfuerzos siguen siendo fragmentados e insuficientes, lo que lleva a una gestión ineficaz de los impactos y vulnerabilidades de las sequías.

Esta fragmentación también se observa en Chile. Rivera y Donoso (2025), en el capítulo 7 de este libro, identificaron numerosas entidades públicas y privadas que desempeñan un papel en la gestión de sequías en diferentes niveles. Las principales características observadas son la fragmentación, la dispersión, el desorden y la falta de coordinación y plan unificado. Para mejorar esta política, la sección 2 de este capítulo contiene una visión general de la metodología de evaluación de desempeño empleada. Posteriormente, la sección 3 presenta la evaluación del desempeño de la política de sequías en Chile. Tomando como base estos resultados, la sección 4 propone un conjunto de recomendaciones de políticas públicas para mejorar la gestión de sequías en Chile. Finalmente, la sección 5 concluye el capítulo con algunos mensajes clave.

Figura 12.1
Pilares para la gestión proactiva de la sequía

Fuente: WMO y GWP, 2014.

2. METODOLOGÍA

La metodología contempló dos actividades principales: identificación y evaluación de brechas y desafíos en el estado actual de las políticas públicas sobre sequía; y, evaluación de la gestión de la sequía.

2.1. Identificación y evaluación de brechas y desafíos en el estado actual de las políticas públicas sobre sequía

Utilizamos el marco analítico presentado en el capítulo 8 de este libro (Urquijo et al., 2025) para examinar los avances de Chile en los tres pilares de la gestión proactiva de la sequía (Tabla 12.1). Este análisis se basa en datos recopilados de agencias gubernamentales mediante entrevistas semiestructuradas.

Tabla 12.1
Cuestionario

Pilares	Preguntas
Pilar 1 Sistemas de monitoreo, pronóstico y alerta temprana	¿Su institución genera información que se utiliza para el monitoreo/alerta de sequías (hidrológica y agrícola)?
	¿El sistema de información implementado o la información generada por su organización interactúa o se vincula con otro sistema de información?
	¿La información generada cumple con alguna norma, regulación o protocolo?
	¿Su institución realiza alguna acción para difundir información generada por otras entidades?
	¿Su institución elabora o emite algún tipo de advertencia/recomendación a las autoridades o al público en relación con las sequías?
	¿Su institución integra información generada por otros organismos en su análisis?
Pilar 2 Análisis de vulnerabilidad, riesgo e impacto	¿Su institución dispone de instrumentos/programas para enfrentar futuras sequías?
	¿Su institución genera estudios, investigaciones y/o evidencia científica que contribuyan a la generación de información sobre el impacto, la gestión y la adaptación a largo plazo frente a sequías o escasez de recursos hídricos?
Pilar 3 Estrategias de mitigación, preparación y respuesta	¿Su institución tiene un mandato para implementar medidas de gestión de sequías?
	¿Su institución desarrolla o forma parte del desarrollo de planes de respuesta frente a sequías?
	¿Su institución cuenta con una estrategia o plan que incluya la sequía o el cambio climático en su formulación?
	¿Su institución implementa medidas para mitigar los efectos de las sequías?
	¿Su institución implementa medidas de apoyo (económico, técnico, etc.) para mitigar los efectos de las sequías?
	¿Su institución coordina con otras entidades públicas o privadas la implementación de medidas de apoyo frente a la sequía?
	¿Existe un procedimiento formalmente regulado para la aplicación de las tareas mencionadas anteriormente?

Fuente: Elaboración propia.

Se elaboró un conjunto de preguntas correspondientes a los tres pilares. Estas preguntas se compilaron en un cuestionario que sirvió como guía para las entrevistas. El cuestionario fue revisado y aprobado por el Comité de Ética Científica de Ciencias Sociales, Artes y Humanidades de la Pontificia Universidad Católica de Chile.

Realizamos 23 entrevistas con instituciones involucradas en la gestión de sequías, 17 públicas y 6 privadas, algunas de las cuales son identificadas en el capítulo 7 de este libro. En virtud del análisis de los datos recopilados, cada pilar fue calificado cualitativamente en una escala de alto (3), medio (2) y bajo (1), donde alto corresponde a un desarrollo bueno y completo, medio corresponde a un desarrollo parcialmente incorporado o incompleto, y bajo corresponde a un desarrollo limitado o insuficiente.

Para comparar nuestros resultados para Chile con los reportados en el capítulo 8 de este libro (Urquijo et al., 2025) para otros países de América del Sur, empleamos la misma metodología y agregamos los valores de los tres pilares en un índice ponderado igual como aproximación para mostrar el grado de desarrollo de un enfoque integrado y proactivo a nivel nacional.

2.2. Evaluación de la gestión de sequías

Evaluamos la gestión de la sequía mediante el análisis de las seis dimensiones clave de políticas propuestas por Urquijo et al. (2017) utilizando un enfoque cualitativo que combina datos factuales y percepciones de las partes interesadas. El modelo conceptual comprende seis dimensiones de análisis que se alinean con las etapas del ciclo de políticas. Las dimensiones del modelo se presentan en la **Tabla 12.2**.

Este análisis se basa en datos de encuestas realizadas a agencias gubernamentales y privadas. Siguiendo a Urquijo et al. (2017), las seis dimensiones se definieron mediante veinte criterios (**Tabla 12.3**), que sirvieron como base para las preguntas de la encuesta. El Comité de Ética Científica de la Pontificia Universidad Católica de Chile revisó y aprobó la encuesta, la cual fue completada por veintidós instituciones.

Producto del análisis de los datos recopilados, cada criterio fue calificado cualitativamente en una escala de alto (3), medio (2) y bajo (1), donde alto corresponde a un buen y completo desarrollo, medio corresponde a un desarrollo parcialmente incorporado o incompleto, y bajo corresponde a un desarrollo limitado o insuficiente. Posteriormente, se determinaron los valores de conjuntos difusos (*fuzzy set*) para cada dimensión.

Tabla 12.2
Descripción de las seis dimensiones del marco de análisis

Pilares	Dimensión	Descripción	
Pilar 1	1	Definición de sequía	Cómo se define la sequía en instrumentos normativos oficiales.
		Monitoreo de sequía	Características del sistema de monitoreo de sequía, incluyendo la vigilancia del estado de sequía, mapas y actividades de pronóstico.
Pilar 2	2	Evaluación y aprendizaje	Revisión de las prácticas y acciones realizadas, identificando brechas y fallas que deben corregirse para mejorar la gestión de la sequía.
Pilar 3	3	Contexto institucional	Escenario para la implementación de políticas, que se encuentra en planes estratégicos, programas, leyes (normales o de excepción), etc.
	4	Medidas para enfrentar la sequía	Acciones implementadas para reducir los efectos de la sequía, que deben planificarse con anticipación e incluir medidas estratégicas, de gestión y de recuperación.
	5	Recursos	Disponibilidad de recursos financieros y humanos para enfrentar la sequía.
	6	Coordinación y participación	Articulación entre instituciones y participación de las partes interesadas y la sociedad civil en la toma de decisiones sobre la sequía.

Fuente: Elaboración propia, basado en Urquijo et al. (2017) y capítulo 8 de este libro.

Tabla 12.3
Criterios de evaluación para cada dimensión

Dimensión	Criterio
Definición de sequía	Existencia de una definición oficial de sequía. Presencia de una definición operativa de sequía. Grado de implicaciones prácticas de las definiciones de sequía en las prácticas de gestión. Grado en que las partes interesadas comprenden el concepto de sequía.
Evaluación y aprendizaje	Grado de mejora en la gestión de la sequía en comparación con sequías anteriores. Alcance de las prácticas de evaluación.
Contexto institucional	Adecuación del marco regulatorio. Nivel de desarrollo de la política de sequía. Existencia de una evaluación de la vulnerabilidad a la sequía.
Medidas para enfrentar la sequía	Presencia de diferentes tipos de instrumentos (estratégicos, de gestión y de recuperación). Percepción de la implementación de las medidas (partes interesadas). Grado de contribución de las medidas para mitigar los impactos.
Recursos	Disponibilidad de recursos financieros para la gestión de la sequía. Nivel adecuado de recursos financieros. Grado de equilibrio en la distribución de recursos entre sectores y/o necesidades. Grado de adecuación de los recursos humanos responsables de la gestión de la sequía.
Coordinación y participación	Existencia de una institución responsable de la gestión de la sequía. Adecuación de la participación de las partes interesadas durante las sequías. Grado de formalización de los mecanismos/procesos que permiten la participación. Grado de inclusión y equilibrio de representación.

Fuente: Elaboración propia, basada en Urquijo et al., 2017.

3. RESULTADOS

3.1. Identificación y evaluación de brechas y desafíos en el estado actual de las políticas públicas sobre sequía

El progreso de Chile en los tres pilares de la gestión proactiva de la sequía se presenta en la **Figura 12.2**. Este análisis se basa en datos recopilados de agencias gubernamentales mediante entrevistas semiestructuradas. Los tres pilares muestran niveles de desarrollo variables: el pilar 3 (mitigación, preparación y respuesta) es el más avanzado, seguido por el pilar 1 (monitoreo de sequías y alerta temprana). El pilar 2 (evaluación de vulnerabilidad, riesgo e impacto) permanece sin desarrollo.

Como se observa en la **Figura 12.2**, el pilar 1 se evalúa como bajo, dado que los sistemas de monitoreo, pronóstico y alerta temprana para la sequía están en una etapa embrionaria de desarrollo. Los resultados de las entrevistas muestran que solo el 22% de las instituciones generan y utilizan información. Es importante señalar que, con pocas excepciones, la información sobre sequías no se comparte entre instituciones y, por ende, no existe un sistema integrado al respecto. Hay una difusión insuficiente de la información de sequías hacia otros actores interesados, debido a cierta desconfianza y la falta de fluidez en el intercambio de información.

No existe una definición universalmente aceptada de sequía, por lo que se emplean diversos índices con distintos niveles de severidad para su clasificación. Solo el 4% de las instituciones encuestadas dispone de una definición operativa de sequía. Actualmente, no hay un sistema oficial de monitoreo ni uno administrado por la Dirección General de Aguas (DGA). Además, no se cuenta con un sistema de alerta temprana.

La evaluación de los impactos sociales y económicos de la sequía es importante para tomar decisiones informadas y desarrollar e implementar planes proactivos. Sin embargo, como se ilustra en la **Figura 12.2**, el pilar 2 (evaluación de vulnerabilidad e impacto) está ausente. Esta ausencia se debe a que ninguna institución tiene el mandato de realizar evaluaciones sobre la vulnerabilidad e impactos de la sequía. Solo unas pocas investigaciones han sido realizadas por instituciones académicas y de investigación.

El pilar 3 presenta un desarrollo parcial y, por lo tanto, se califica como medio. La gestión de la sequía involucra a muchos actores, tanto públicos como privados, que operan en diferentes escalas con poca coordinación y con dispersión y fragmentación (ver capítulo 7 de este libro). Además, hay numerosas políticas públicas y acciones con enfoques y objetivos variados, pero sin una hoja de ruta unificada.

Como se muestra en la **Figura 12.3**, los principales instrumentos de política sobre sequías están concentrados en dos instituciones: el Ministerio de Obras Públicas (MOP-DGA) y el Ministerio de Agricultura (Minagri). Es importante señalar que estos instrumentos son reactivos, ya que su objetivo es mitigar los efectos de diferentes tipos de sequías.

El análisis conjunto de los tres pilares a nivel nacional indica que Chile presenta una puntuación general baja. Esto resalta la dependencia de medidas reactivas, típicas de la gestión de sequías basada en desastres, en lugar de un enfoque proactivo. De este modo, Chile se alinea con Uruguay y Venezuela en un enfoque reactivo para la gestión

Figura 12.2
Situación actual de los tres pilares en Chile

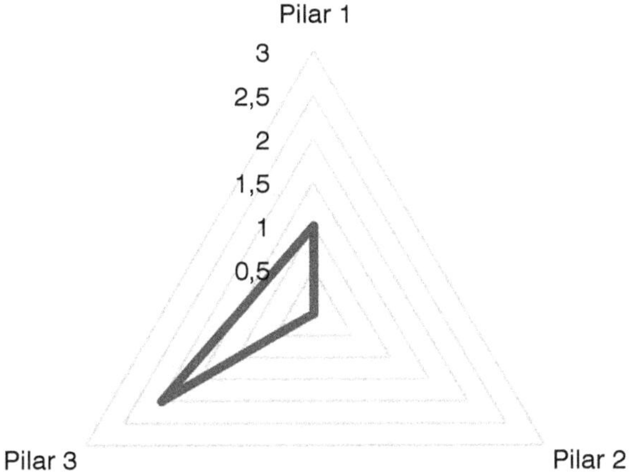

Fuente: Elaboración propia.

Figura 12.3
Principales medidas frente a la sequía implementadas en Chile

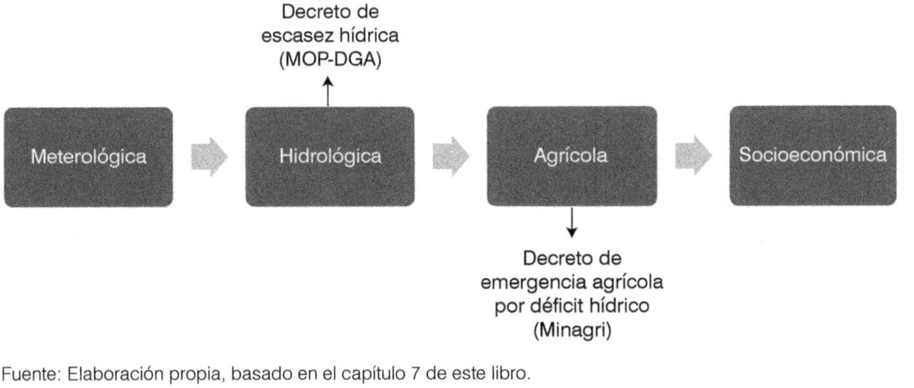

Fuente: Elaboración propia, basado en el capítulo 7 de este libro.

de sequías, ya que muestran bajas puntuaciones en todos los pilares (Urquijo et al., 2025, capítulo 8 de este libro).

Como se muestra en el capítulo 8 de este libro, solo cinco países de América del Sur (Argentina, Bolivia, Ecuador, Guyana y Perú) presentan un nivel medio-alto de gestión de sequías. Brasil, Colombia y Paraguay muestran avances moderados hacia una gestión proactiva de sequías. En consecuencia, Chile se encuentra entre los dos países con las clasificaciones más bajas, debido a su limitado progreso en los tres pilares y su enfoque predominantemente reactivo en la gestión de sequías.

3.2. Evaluación de la gestión de sequías

La **Figura 12.4** presenta un análisis de las fortalezas y debilidades de Chile en términos de gobernanza y gestión de sequías. Las puntuaciones más elevadas reflejan una administración más sólida del riesgo. El perfil sugiere que Chile implementa una estrategia orientada a la gestión de crisis, en lugar de una gestión preventiva del riesgo.

Figura 12.4
Evaluación de la gestión de sequías

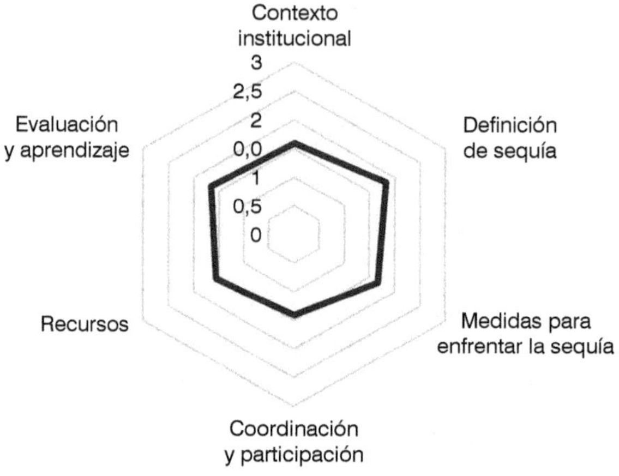

Fuente: Elaboración propia.

Las dimensiones revelan un nivel de desarrollo general de bajo a medio, con una variación mínima. Las puntuaciones de desarrollo para las dimensiones varían entre 1,41 y 1,82. La dimensión 1 (definición de sequía) es la más avanzada, seguida de las dimensiones 4 (medidas frente a la sequía) y 2 (evaluación y aprendizaje). Las dimensiones 3 (contexto institucional) y 5 (recursos) muestran niveles intermedios de progreso en comparación con las otras dimensiones. La dimensión 6 (coordinación y participación) presenta el nivel de desarrollo más bajo.

La dimensión 1 que se refiere a la definición de sequía, recibió la calificación más alta, con una puntuación de 1,82 en una escala de 1 a 3. Esta calificación baja a media es consistente con la evaluación previa de los tres pilares para una gestión proactiva eficaz de la sequía. A pesar de que nuestra evaluación indica la ausencia de una definición clara de sequía, las agencias gubernamentales y privadas encuestadas reconocen su existencia. Esto podría explicarse parcialmente por el hecho de que la "sequía" se menciona expresamente cuatro veces en el Código de Aguas y por la resolución de la Dirección General de Aguas (DGA) que establece los criterios para calificar una sequía como severa, lo que permite declarar una zona de escasez hídrica (Rivera y Donoso, 2025, capítulo 7 de este libro). Esto podría considerarse un desarrollo suficiente. Sin embargo, la puntuación refleja que la ausencia de una definición operativa precisa de sequía ha dificultado una gestión efectiva en Chile. En particular, falta claridad para distinguir entre sequía y escasez de agua a largo plazo. Además, el Código de Aguas solo contempla una concepción unívoca de sequía: la sequía severa. No existe una clasificación de los distintos estados o grados de sequía que permita diferenciar y aplicar medidas según la intensidad o gravedad del fenómeno.

Las medidas para enfrentar la sequía, dimensión 4, son la segunda dimensión mejor valorada, con una puntuación de 1,67. Su desempeño se considera bajo a medio debido a la multiplicidad de políticas públicas y acciones con diferentes enfoques y objetivos, sin una hoja de ruta clara y común. Además, la mayoría de estos instrumentos se han implementado en respuesta a episodios de sequía que ya han impactado a la sociedad. Muchas medidas involucran a múltiples autoridades o agencias administrativas, lo que enfatiza la necesidad de una mejor coordinación para evitar duplicidades e inconsistencias. La puntuación de esta dimensión refleja la dispersión de esfuerzos y recursos, lo que hace que los efectos de las acciones tomadas se diluyan o sean poco perceptibles.

La dimensión 2 (evaluación y aprendizaje) tiene una calificación baja, de 1,66. Esto contrasta con nuestra evaluación de los pilares para la gestión proactiva de la sequía, que mostró que esta dimensión está ausente en Chile. La falta de evaluaciones sobre la vulnerabilidad e impactos de la sequía se debe a la ausencia de una institución con este mandato específico. Solo un número limitado de estudios han sido realizados por instituciones académicas y de investigación. Por ejemplo, Fernández y Vásquez-Lavín (2025), en el capítulo 5 de este libro, presentan un marco integral que incorpora la capacidad de infraestructura, la cantidad de agua almacenada y estrategias de adaptación para realizar un análisis detallado de los mecanismos de resiliencia y los impactos económicos de las condiciones de sequía. La calificación baja a media podría indicar una evaluación positiva de estos estudios académicos. Sin embargo, es importante señalar que este resultado no es exclusivo de Chile; González Tánago et al. (2016) identificaron solo 46 evaluaciones de vulnerabilidad a la sequía a nivel global, indicando que estos estudios no son una práctica común.

La dimensión 3 (contexto institucional) obtuvo una puntuación de 1,59, lo que evidencia una fragmentación significativa dentro de las instituciones y organizaciones relacionadas con el agua en Chile. Esto refleja la dispersión institucional existente en los temas hídricos, caracterizada por instituciones con responsabilidades superpuestas y una asignación de funciones poco clara. Este enfoque fragmentado ha llevado a la carencia de una entidad fuerte que identifique, formule e implemente políticas de sequía y brinde coherencia a las acciones de las diversas instituciones. Esta calificación también revela la inexistencia de coordinación horizontal y vertical efectiva.

La dimensión 5 (recursos) recibió la segunda puntuación más baja (1,55). La percepción de los actores públicos y privados es que la implementación de medidas frente a la sequía ha generado un alto gasto público, aunque insuficiente para enfrentar los graves impactos de la sequía. Esto revela una dispersión de esfuerzos y recursos, lo que diluye los efectos de las acciones implementadas y reduce su rentabilidad. Además, los recursos y las capacidades humanas en las instituciones públicas responsables de la gestión de la sequía son insuficientes, afectando la efectividad y oportunidad de las medidas adoptadas.

La dimensión 6 (coordinación y participación) es la dimensión con la calificación más baja. Esto indica que los organismos administrativos que ejercen competencias en la gestión de sequías en Chile (los principales se identifican en el capítulo 7 de este libro), no actúan de manera articulada. Se observan acciones desconectadas y dispersas, lo que denota una cooperación institucional débil y una fragmentación de los roles gubernamentales. Sin embargo, esta falta de coordinación no es específica de la gestión de sequías, sino una característica recurrente de la gestión hídrica en Chile, reconocida como una debilidad por el Banco Mundial (2011, 2013) y la OCDE (2011). En Chile, la implementación de un marco participativo para la gestión hídrica ha enfrentado diversas dificultades. Varias reformas del marco institucional y legal no han abordado completamente un modelo participativo para la gestión del agua (Donoso, 2014; Peña, 2018).

Esta evaluación ofrece una visión integral de la gestión de sequías en Chile, indicando que la estrategia actual se basa, principalmente, en la gestión de crisis. Se muestran desafíos clave que deben abordarse para transitar hacia un enfoque de gestión de riesgos y se destacan instrumentos de política que deben considerarse para enfrentar desafíos previamente mal gestionados. Estas propuestas de política se presentan en la siguiente sección.

4. PROPUESTAS DE POLÍTICAS PÚBLICAS PARA LA GESTIÓN PROACTIVA DE SEQUÍAS

Las propuestas de políticas públicas para la gestión proactiva de sequías se formulan en base a las evaluaciones previas. Se alinean con un enfoque de gestión de riesgos, lo que requiere preparativos de la sociedad antes de que ocurran las sequías, acciones de respuesta para mitigar los impactos durante las sequías y una evaluación de la política para proponer reformas basadas en las lecciones aprendidas. Estas propuestas fueron validadas mediante la colaboración con actores públicos y privados y con investigadores durante un taller.

4.1. Dimensión 1: Definición de sequía

La Tabla 12.4 contiene propuestas de políticas para mejorar la definición y el monitoreo de sequías, centrándose en medidas de preparación.

En primer lugar, debido a la definición poco clara de la sequía en la normativa, proponemos definirla a nivel legal o reglamentario. Definir el fenómeno de la sequía es esencial debido a su impacto significativo en el desarrollo y uso de los recursos hídricos en las regiones afectadas. Una gestión efectiva de este recurso requiere una caracterización exhaustiva de las condiciones de sequía. Gironás y Núñez (2025), en el capítulo 2 de este libro, definen la sequía y examinan las condiciones para su estudio en Chile.

En segundo lugar, de acuerdo con los resultados presentados en el capítulo 13 de este libro (Gironás et al., 2025), se debe implementar un sistema de monitoreo, seguimiento y gestión de sequías basado en índices cuantitativos. La plataforma debe considerar múltiples índices, con diferentes niveles de severidad y activadores para su clasificación. Estos índices deben ser calculados automáticamente, utilizando la mayor cantidad de información posible, tanto de fuentes nacionales como internacionales, puntuales, de productos satelitales y de teledetección, procesos hidrológicos centinela e incluso obtenida a partir de modelos. Además, estos índices deben permitir un análisis y comparación simples de las condiciones de sequía a lo largo del tiempo y en diferentes ubicaciones espaciales.

Tabla 12.4
Propuestas de políticas para la dimensión 1

Propuesta	Tipo de medida		
	Preparación	Respuesta	Recuperación
Incorporar una definición de sequía a nivel legal o reglamentario, que permita establecer especificaciones a nivel de planes nacionales, de cuenca y sectoriales.	X		
Crear un sistema de monitoreo, seguimiento y gestión de sequías basado en índices cuantitativos y sus umbrales para activar los diferentes instrumentos ante distintas categorías o grados de sequía, permitiendo considerar las particularidades en los planes nacionales, de cuenca y sectoriales.	X	X	

Fuente: Elaboración propia.

Esta plataforma debe ser de acceso público y diseñada para abordar las necesidades de diferentes usuarios. Por lo tanto, su visualización debe ser sencilla, clara y flexible. La herramienta también debe centrarse en identificar un evento de sequía a partir de información cuantitativa y proporcionar información sobre su manifestación en el territorio y su pronóstico a corto plazo. Todos estos atributos son esenciales para sentar las bases de políticas públicas enfocadas en la gestión preventiva y proactiva de sequías.

4.2. Dimensión 2: Evaluación y aprendizaje

Como señalan Urquijo et al. (2017), la evaluación es una fase crucial del ciclo de políticas, ya que mejora la capacidad de aprendizaje, permitiendo identificar brechas y deficiencias que deben abordarse para mejorar la gestión de sequías. Nuestra evaluación de los pilares para una gestión proactiva efectiva de sequías indicó que esta dimensión estaba ausente en Chile. Por lo tanto, proponemos que la Dirección General de Aguas (DGA) sea la institución principal que asuma el mandato de realizar evaluaciones *ex post* de la gestión integrada de sequías (Tabla 12.5).

Tabla 12.5
Propuestas de políticas para la dimensión 2

Propuesta	Tipo de medida		
	Preparación	Respuesta	Preparación
Realizar evaluación ex post de la gestión integrada de sequías (liderada por la DGA).	X		X
Estimar la vulnerabilidad social, económica y ambiental por cuenca o unidad territorial.	X		
Desarrollar una evaluación de vulnerabilidad a sequías.	X		X

Fuente: Elaboración propia.

4.3. Dimensión 3: Contexto institucional

La evaluación da cuenta de una fragmentación significativa dentro de las instituciones y organizaciones relacionadas con los recursos hídricos en Chile, caracterizada por la superposición de responsabilidades y la asignación poco clara de funciones. La **Tabla 12.6** presenta las propuestas para enfrentar estos desafíos.

Tabla 12.6
Propuestas de políticas para la dimensión 3

Propuesta	Tipo de medida		
	Preparación	Respuesta	Preparación
Plan hídrico nacional con un capítulo o sección sobre sequías.	X	X	X
Elaborar y actualizar planes estratégicos de recursos hídricos a nivel de cuencas, incorporando un capítulo sobre sequías.	X	X	X
Revisar y ajustar el Código de Aguas en temas de sequía, para definir los elementos básicos o criterios esenciales para su gestión.	X	X	X
Elaborar y dictar un reglamento sobre sequías, con criterios, procedimientos, umbrales, medidas e instrumentos (enfoque de preparación, respuesta y recuperación), con una articulación efectiva entre las instituciones y sus respectivas herramientas.	X	X	X
Elaborar un marco regulatorio, institucional y financiero que viabilice el desarrollo de fuentes hídricas complementarias, como la desalinización y el reúso.	X	X	

Fuente: Elaboración propia.

Chile carece de un plan hídrico nacional que sirva como un instrumento orientador y vinculante, desarrollado con estándares de participación, difusión de información e inclusión. Por ello, proponemos que se desarrolle un plan hídrico nacional con una referencia clara a la gestión de sequías, para garantizar la seguridad hídrica a largo plazo. Las políticas y planes hídricos nacionales no están regulados como instrumentos vinculantes, por lo que se debe fomentar su inclusión. La planificación hídrica también debe considerar fuentes complementarias de agua, como la desalinización, para garantizar un suministro hídrico seguro a largo plazo, considerando las proyecciones del cambio climático (Molinos-Senante et al., 2025, capítulo 18 de este libro). La creación de programas y políticas a escala nacional o territorial para la planificación y ejecución de fuentes complementarias de agua es necesaria para su desarrollo coordinado (Voutchkov, 2022). Adicionalmente, este marco integral de planificación hídrica debe incluir mecanismos para monitorear el plan y disposiciones para su actualización periódica.

Asimismo, los planes estratégicos de gestión hídrica a nivel de cuenca, que se han establecido y continúan formulándose en las distintas cuencas del país, deben alinearse adecuadamente con el plan nacional y considerar planes locales de gestión de sequías.

Como se señaló, la fragmentación institucional ha llevado a la falta de una institución sólida que identifique, formule e implemente políticas de sequía y que proporcione coherencia a las acciones de otras instituciones. Además, existe una multiplicidad de acciones, con enfoques y objetivos diferentes, sin una hoja de ruta clara y común. Varias de estas medidas involucran a múltiples autoridades u organismos administrativos, lo que enfatiza la necesidad de una mejor coordinación para prevenir duplicidades e inconsistencias. Asociado a ello, proponemos una revisión y ajuste del Código de Aguas para incluir temas de sequía y definir los elementos o criterios esenciales para su gestión.

También es necesario elaborar y dictar regulación específica (a través de un reglamento, por ejemplo) sobre sequías, con criterios, procedimientos, umbrales, medidas e instrumentos que abarquen los tres pilares para una gestión proactiva, con instancias efectivas de articulación entre instituciones y sus respectivas herramientas. Estas medidas específicas las proponemos en la dimensión 4.

En la misma línea, es importante crear un marco regulatorio, institucional y económico que haga viable la implementación de fuentes hídricas complementarias, como la desalinización (Molinos-Senante et al., 2025, capítulo 18 de este libro) y la reutilización de aguas residuales tratadas. Hasta ahora, ambos temas permanecen en gran medida sin regulación y es fundamental avanzar en este ámbito.

4.4. Dimensión 4: Medidas para enfrentar la sequía

Desde el punto de vista normativo y regulatorio, la sequía ha sido tradicionalmente abordada como una emergencia, con múltiples instrumentos y medidas que operan bajo un marco reactivo. De todos los instrumentos existentes, los dos más utilizados son la declaración de zona de escasez hídrica debido a sequía severa y la declaración de emergencia agrícola por déficit hídrico.

Tabla 12.7
Propuestas de políticas para la dimensión 4

Propuesta	Tipo de medida		
	Preparación	Respuesta	Preparación
Desarrollar e implementar un seguro sectorial meteorológico e hidrológico (indexado).	X		
Implementar tarifas por uso de agua (titulares de derechos de aprovechamiento de aguas).	X		
Instaurar sistemas precisos de información hídrica.	X	X	
Establecer mecanismos reveladores de precios para facilitar el mercado de volúmenes de agua y de derechos de aprovechamiento como estrategia de adaptación a la sequía.	X	X	
Desarrollar instrumentos financieros, como acuerdos contingentes o contratos de opción entre usuarios y sectores.		X	
Establecer instrumentos económicos para apoyar a grupos vulnerables.			X

Fuente: Elaboración propia.

Proponemos una combinación de instrumentos de política (Tabla 12.7). En primer lugar, se debe implementar un seguro sectorial indexado meteorológico e hidrológico. Chile cuenta con un seguro agrícola meteorológico no indexado; sin embargo, este no cubre todos los cultivos. Además, no existe un seguro para la sequía hidrológica o agrícola. Se propone un seguro hidrológico indexado; la base para su diseño es una definición clara de sequía (capítulo 2 de este libro) y los índices correspondientes (capítulo 13 de este libro).

El consumo de agua ha aumentado en las últimas décadas. Por lo tanto, desvincular el crecimiento económico del aumento en la demanda hídrica no ha sido un subproducto automático del crecimiento de los ingresos nacionales y requiere políticas específicas para mejorar la asignación de agua entre usos competitivos, de modo que no limite el crecimiento económico futuro. Además, el consumo per cápita de agua en las principales áreas urbanas aumentó durante el reciente periodo de sequía. Esto sugiere que los usuarios no respondieron a la disminución de disponibilidad hídrica. La tarificación del agua se ha convertido en un tema clave tanto en países desarrollados como en desarrollo, principalmente debido al aumento de la escasez hídrica. Dinar et al. (2015) indican que las experiencias en ambos contextos sugieren un cambio en la tarificación del agua, pasando de enfocarse únicamente en la recuperación de costos o la eficiencia a considerar también parámetros sociales y factores ambientales. Ha habido un aumento en el uso de tarifas que reflejen la escasez relativa del agua en todos los sectores. Chile no ha utilizado la tarificación del agua para incluir señales de escasez. Por lo tanto, sugerimos crear y aplicar tarifas de agua como una medida general, no solo para periodos de sequía.

Ante la creciente probabilidad de sequías debido al cambio climático, los sistemas hídricos necesitan ser más resilientes. Una posible respuesta a la sequía es la implementación de un sistema flexible de reasignación de recursos hídricos entre demandas competitivas (Koopman et al., 2017). Durante los periodos de sequía, los mercados de agua han surgido como una herramienta crítica para la redistribución efectiva y eficiente entre diversos usos y usuarios (Loch et al., 2013). Estos mercados han servido cada vez más como un mecanismo de reasignación flexible en condiciones de sequía (Bjornlund, 2003; Grafton et al., 2010). Según Holley y Sinclair (2016), para maximizar los beneficios de los mercados de agua como mecanismo de reasignación flexible, es esencial contar con una regulación sólida. Esto incluye un sistema de información precisa de la disponibilidad del agua, mecanismos reveladores de precios y la consideración de impactos ambientales y sociales. Por lo tanto, proponemos implementar un mecanismo robusto, transparente y confiable de información de precios para reducir la variabilidad de precios y un sistema de información de disponibilidad hídrica, fortaleciendo así los mercados de agua como una estrategia de adaptación a la sequía.

Una medida proactiva adicional involucra instrumentos financieros, como acuerdos contingentes o contratos de opción para la transferencia temporal de volúmenes de agua entre prestadores sanitarios y otros titulares de derechos de aprovechamiento de aguas. La activación del acuerdo se basa en una definición clara de indicadores de sequía y umbrales. Vicuña et al. (2025) presentan, en el capítulo 16 de este libro, un estudio de caso sobre su viabilidad de implementación en Chile.

Goodwin et al. (2022) identificaron que intervenciones específicas de apoyo mantuvieron los ingresos de los hogares durante las sequías, mientras que otras fomentaron comportamientos adaptativos. Dado que los impactos de las sequías no pueden ser evitados en su totalidad, se propone una combinación de instrumentos financieros para apoyar a los grupos vulnerables. El diseño de estos esquemas debe considerar consultas con los beneficiarios, realizar evaluaciones ex ante de los impactos potenciales y costos de implementación de diferentes instrumentos de apoyo, y llevar a cabo evaluaciones basadas en necesidades (Bevan y Cook, 2014; Clark et al., 2017; Goodwin et al., 2022).

4.5. Dimensiones 5 (recursos) y 6 (coordinación y participación)

Las propuestas para fortalecer las dimensiones 5 y 6 se resumen en la **Tabla 12.8**.

La evaluación identificó que Chile carece de un financiamiento robusto para enfrentar las sequías. Las instituciones públicas tienen recursos limitados, lo que conduce a una gestión ineficaz de este fenómeno. Por lo tanto, proponemos la creación de un fondo para sequías destinado a financiar medidas de preparación, respuesta y recuperación, con mecanismos efectivos de transparencia y control. El diseño de este fondo debe considerar las tres principales fuentes de ingresos gubernamentales: impuestos, tarifas de usuarios y transferencias, de modo que esté estrechamente alineado con la medida para enfrentar sequías de implementar tarifas de agua.

Tabla 12.8
Propuestas de políticas para las dimensiones 5 y 6

Dimensión	Propuesta	Tipo de medida		
		Preparación	Respuesta	Preparación
Recursos	Crear un fondo para sequías destinado a financiar medidas de preparación, respuesta y recuperación, con mecanismos efectivos de transparencia y control.	X	X	X
Coordinación y participación	Introducir a nivel legal, como una función de la DGA, la articulación de todas las instituciones y funciones públicas relacionadas con la gestión de sequías.	X	X	X
	Incluir mecanismos de participación en los planes hídricos a diferentes niveles (nacional, de cuenca, sectorial).	X		

Fuente: Elaboración propia.

Finalmente, dado que la evaluación mostró que la dimensión 6 (coordinación y participación) presenta el nivel más bajo de desarrollo, proponemos dos medidas: incluir a nivel legal, como una función explícita de la DGA, la articulación de todas las entidades y funciones públicas relacionadas con la gestión de sequías; incorporar mecanismos de participación en los planes hídricos a diferentes niveles (nacional, de cuenca, sectorial). Hay avances en la participación a nivel de cuenca a través de las Mesas Estratégicas de Recursos Hídricos. Estas mesas, lideradas por la DGA, incluyen representantes de entidades públicas y actores de las cuencas, y colaborarán en el desarrollo de los planes estratégicos de recursos hídricos. Esta forma inicial de participación requiere evaluación y, probablemente, un refuerzo.

5. CONCLUSIONES

Los resultados de este capítulo indican que la gestión de sequías en Chile se adopta de manera fragmentada y reactiva, lo cual resulta insuficiente para enfrentar los impactos crecientes de este fenómeno cada vez más recurrente. A pesar de algunos avances en áreas específicas, como el establecimiento de seguros agrícolas y planes estratégicos de recursos hídricos a nivel de cuenca, persisten brechas significativas en los tres pilares de la gestión proactiva de sequías: monitoreo y alerta temprana, evaluación de vulnerabilidad e impactos, y mitigación, preparación y respuesta.

El análisis destaca que, si bien Chile reconoce formalmente la sequía en instrumentos normativos y de política pública, no existe una definición operativa unificada, lo que lleva a inconsistencias en su aplicación entre las instituciones. La coordinación entre los diversos actores públicos y privados sigue siendo débil, agravada por la superposición institucional y la falta de marcos de actuación coherentes. Esta situación ha generado ineficiencias y dispersión de recursos y medidas que, a menudo, son reactivas en lugar de preventivas.

Para abordar estos desafíos, este capítulo propone una revisión integral del enfoque de gestión de sequías. Las recomendaciones abogan por un marco normativo e institucional claro que integre la sequía como un componente central de la política hídrica nacional, no como una emergencia, sino como una parte regular de la realidad hídrica. Un punto de partida crítico es el establecimiento de una definición legalmente vinculante de sequía, que considere diferentes grados de severidad, junto con el desarrollo de un plan hídrico nacional que incluya una sección dedicada a la gestión de sequías. Dicho plan debe incorporar sistemas de monitoreo robustos, índices cuantitativos y umbrales para activar intervenciones tempranas.

Además, son esenciales las reformas institucionales para abordar la fragmentación. Fortalecer el rol de entidades existentes como la Dirección General de Aguas (DGA) es crucial para garantizar acciones coordinadas y una rendición de cuentas clara. Medidas complementarias, como instrumentos financieros para apoyar a las poblaciones vulnerables, esquemas de seguros indexados y mecanismos flexibles de reasignación de agua, también son vitales para mejorar la resiliencia.

La transición hacia un marco de gestión de riesgos proactiva requiere un cambio cultural hacia la acción preventiva. Esto incluye fomentar una mayor participación de los actores interesados a todos los niveles, desde el nacional hasta el de cuenca y sectorial, y mejorar la transparencia en los procesos de toma de decisiones. Además, son necesarias inversiones en investigación y desarrollo de capacidades para mejorar la comprensión de las vulnerabilidades frente a las sequías y las estrategias adaptativas.

En síntesis, si bien el enfoque vigente en Chile para enfrentar las sequías pone de relieve las limitaciones de los sistemas de corte reactivo, también brinda la oportunidad de reformular su gobernanza hídrica. Al implementar las medidas recomendadas, el país avanzará hacia un modelo de gestión de sequías sostenible e integrado que no solo reduzca las vulnerabilidades actuales, sino que también refuerce la resiliencia frente a desafíos futuros. Esta transformación alineará a Chile con las prácticas internacionales más destacadas y aportará significativamente a sus metas de adaptación climática y seguridad hídrica.

REFERENCIAS

1. Arana, E. y Miranzo, J. (2021). *La gestión de la escasez de agua y de las sequías por parte de las entidades locales*. Guía para una gestión eficiente. Navarra, Editorial Aranzadi.
2. Banco Mundial (2011). *Diagnóstico de la gestión de los recursos hídricos*. Santiago, Banco Mundial. Disponible en: https://www.academia.edu/download/62341620/Diagnostico_gestion_de_recursos_hidricos_en_Chile_Banco_Mundial20200311-25794-1vn2e5i.pdf

   —. (2013). Estudio para el mejoramiento del marco institucional para la gestión del agua. Santiago, Banco Mundial. Disponible en: https://bibliotecadigital.ciren.cl/bitstream/20.500.13082/33281/1/BANCO_MUNDIAL_2013-Estudio-para-el-Mejoramiento-del-Marco-Institucional-para-la-Gestion-del-Agua-DGA-BM-2013.pdf

3. Berbel, J. y Esteban, E. (2019). "Droughts as a catalyst for water policy change. Analysis of Spain, Australia (MDB), and California". *Global Environmental Change*, 58, 101969. Disponible en: https://doi.org/10.1016/j.gloenvcha.2019.101969
4. Bjornlund, H. (2003). "Efficient water market mechanisms to cope with water scarcity". *Water Resources Development*, 19(4), pp. 553-567. Disponible en: https://doi.org/10.1080/0790062032000161364
5. Bevan, D. y Cook, S. (2014). *Public expenditure following disasters*, Policy Research Working Paper 7355, World Bank SDRFI Impact Appraisal Project.
6. Brufao, P. (2012). "El régimen jurídico de las sequías: crítica a la regulación extraordinaria y urgente de un fenómeno natural y cíclico propio del clima". *Revista de Administración Pública*, 187, pp. 199-239.
7. Clark, D. J., Mahul, O., Poulter, R., y Teh, T. L. (2017). "Evaluating sovereign disaster risk finance strategies: a framework". *The Geneva Papers on Risk and Insurance-Issues and Practice*,42, pp. 565-584. Disponible en: https://doi.org/10.1057/s41288-017-0064-1
8. Courtenay, L. y Hayes, M. (2012). "Drought triggers and declarations: science and policy considerations for drought risk management". *Natural Hazards*, 64, pp. 139-151. Disponible en: 10.1007/s11069-012-0231-4
9. Dinar, A., Pochat, V. y Albiac-Murillo, J. (Eds.). (2015). *Water pricing experiences and innovations*. Switzerland, Springer International Publishing.
10. Donoso, G. (2014). "Integrated Water Management in Chile". Llamas, R. y Garrido, A. (Eds.), *Integrated water resources management in the 21st century: Revisiting the paradigm* (RC Press/ Balkema-Taylor & Francis Group).
11. Embid, A. (2018). "Elementos para la construcción de una teoría general de las sequías e inundaciones como fenómenos hidrológicos extremos". Embid, A. (Dir.), *Sequía e inundación como fenómenos hidrológicos extremos*. Navarra, Editorial Aranzadi, pp. 25-84.
12. Fernández, F.J. y Vásquez-Lavín, F. (2025). "Economic Impacts of Droughts on Agriculture and Urban Water Supply Sector". Rivera, D. y Donoso, G. (Eds.), *Droughts in Chile: Impacts, Monitoring, and Adaptation (Management) Policies (Springer).*
13. Fu, X., Svoboda, M., Tang, Z., Dai, Z. y Wu, J. (2013). "An overview of US state drought plans: crisis or risk management?" *Natural Hazards*, 69: 1607-pp. 1627. Disponible en: https://doi.org/10.1007/s11069-013-0766-z
14. Gaxiola, A., del Río, C., Miranda, M. y Suárez, F. (2025). "Sentinel Hydrological Processes: Informing Drought Management Strategies in Chile". Rivera, D. y Donoso, G. (Eds.), *Droughts in Chile: Impacts, Monitoring, and Adaptation (Management) Policies (Springer).*
15. Gironás, J. y Nuñez, M. (2025). "Definition and Characterization of Drought". Rivera, D. y Donoso, G. (Eds.), *Droughts in Chile: Impacts, Monitoring, and Adaptation (Management) Policies (Springer).*
16. Gironás, J., Núñez, M., Vicuña, S., Aedo, S., Morales, D., Javier Vargas, Guzmán, J. y Suárez, F. (2025). "Towards a Drought Monitoring, Tracking, and Management Platform Based on Quantitative Indices". Rivera, D. y Donoso, G. (Eds.), *Droughts in Chile: Impacts, Monitoring, and Adaptation (Management) Policies (Springer).*
17. González Tánago, I., Urquijo, J., Blauhut, V., Villarroya, F. y De Stefano, L. (2016). "Learning from experience: a systematic review of assessments of vulnerability to drought". *Natural Hazards*, 80, pp. 951-973. Disponible en: https://doi.org/10.1007/s11069-015-2006-1

18. Grafton, R. Q., Landry, C., Libecap, G. D., McGlennon, S. y Brien, R. O. (2010). "An integrated assessment of water markets". *Review of Environmental Economics and Policy*, 5, pp. 219–239. Disponible en: https://doi.org/10.1093/reep/rer002
19. Hervás-Gámez, C. y Delgado-Ramos, F. (2019). "Drought management planning policy: from Europe to Spain". *Sustainability*, 11, 1862. Disponible en: 10.3390/su11071862
20. Holley, C. y Sinclair, D. (2016). "Governing Water Markets: Achievements, Limitations and the Need for Regulatory Reform". *Environmental and Planning Law Journal*, 33(4), pp. 301-324. Disponible en: https://ssrn.com/abstract=3159081.
21. Iglesias, A., Garrote, L. y Granados, A. (2019). "On the institutional framework for drought planning and early action". Iglesias, A., Assimacopoulos, D. y Van Lanen, H. (Eds.), *Drought. Science and Policy* (Chichester, Wiley Blackwell).
22. Jones, J. (2025). "Understanding Drought in California". Rivera, D. y Donoso, G. (Eds.), *Droughts in Chile: Impacts, Monitoring, and Adaptation* (Management) Policies (Springer).
23. Koopman, J. F., Kuik, O., Tol, R. S. y Brouwer, R. (2017). "The potential of water markets to allocate water between industry, agriculture, and public water utilities as an adaptation mechanism to climate change". *Mitigation and Adaptation Strategies for Global Change*, 22, pp. 325-347. Disponible en: https://doi.org/10.1007/s11027-015-9662-z
24. Loch, A., Wheeler, S., Bjornlund, H., Beecham, S., Edwards, J., Zuo, A. y Shanahan, M. (2013). *The role of water markets in climate change adaptation*, National Climate Change Adaptation Research Facility, Gold Coast. 142.
25. OECD (2011). *Water Governance in OECD Countries: A Multi-level Approach*, OECD Studies on Water, (OECD Publishing). Disponible en: http://dx.doi.org/10.1787/9789264119284-en
26. Martín, L. (2019-2020). Emergencia hídrica, ambiental y climática. Elementos para su configuración y relación con el Estado de Derecho. *Revista Derechos en Acción*, 5(5), pp. 224-253.
27. Martín, L. (2022). "From scarcity to emergency. A comparative study on water and drought management in the Americas". Nicolas-Artero, C., Velut, S., Schneier-Madanes, G., Poupeau, F. y Chavarochette, C. (Dir), *Luttes pour l'Eau dans les Amériques* (Paris, Éditions de l'IHEAL), pp. 43-57.
28. Martín, L. (2024). "Emergencia climática. Desafíos jurídicos y políticos". Setuaín, B. (Dir.), *Perspectivas jurídicas sobre clima, agua y energía. Estudios en reconocimiento al magisterio del profesor Antonio Embid Irujo Madrid,* Editorial Aranzadi, pp. 29-55.
29. Molinos-Senante, M, Rivera, D., Donoso, G. y Melo, O. (2025). "Desalination in Times of Drought". Rivera, D. y Donoso, G. (Eds.), *Droughts in Chile: Impacts, Monitoring, and Adaptation (Management) Policies* (Springer).
30. Neuman, J. (2003). "Drought Proofing Water Law". University of Denver Water Law Review, 1(7), pp. 92-110.
31. Paneque, P. (2015). "Drought management strategies in Spain". *Water*, 7, pp. 6689-6701. Disponible en: 10.3390/w7126655
32. Peña, H. (2018). "Integrated Water Resources Management in Chile: Advances and Challenge". Donoso, G. (Ed.), *Water Policy in Chile (Cham, Springer)*, pp. 197-208. Disponible en: https://doi.org/10.1007%2F978-3-319-76702-4

33. Rafey, W. (2023). "Droughts, Deluges, and (River) Diversions: Valuing Market-Based Water Reallocation". *American Economic Review*, 113(2): pp. 430–71. Disponible en: 10.1257/aer.20201434
34. Rivera, D. y Donoso, G. (2025). "Governance and Drought Management Policies". Rivera, D. y Donoso, G. (Eds.), *Droughts in Chile: Impacts, Monitoring, and Adaptation (Management) Policies* (Springer).
35. Setuaín, B. (2018). "Respuestas jurídicas a la reciente situación de sequía en España. Embid", A. (Dir.), *Sequía e inundación como fenómenos hidrológicos extremos*, Navarra, Editorial Aranzadi, pp. 149-193.
36. Stein, U., Özerol, G., Tröltzsch, J., Landgrebe, R., Szendrenyi, A. y Vidaurre, R. (2016). "European drought and water scarcity policies". Bressers, H., Bresssers, N. y Larrue, C. (Eds.), *Governance for Drought Resilience* (Switzerland, Springer), pp. 17-43.
37. Urquijo, J., Pereira, D., Dias, S. y De Stefano, L. (2017). "A methodology to assess drought management as applied to six European case studies". *International Journal of Water Resources Development*, 33(2), pp. 246-269. Disponible en: https://doi.org/10.1080/07900627.2016.1174106
38. Urquijo, J., Paizano-Potoy, J., López-Santiago, J. y Pereira, D. (2025). "Drought Policy Overview: Insights from South America region". Rivera, D. y Donoso, G. (Eds.), *Droughts in Chile: Impacts, Monitoring, and Adaptation (Management) Policies* (Springer).
39. Vargas-Molina, J. y Paneque, P. (2025). "Drought policy and Governance in Spain. New tools and remaining challenges". Rivera, D. y Donoso, G. (Eds.), *Droughts in Chile: Impacts, Monitoring, and Adaptation (Management) Policies* (Springer).
40. Voutchkov, N. (2022). "Desalinated water". Qadir, M., Smakhtin, V., Koo-Oshima, S. y Guenter, E. (Eds.), *Unconventional Water Resources* (Cham, Springer), pp. 233-254.
41. Wilhite, D. (2009). "Drought monitoring as a component of drought preparedness plan". Iglesias, A., Garrote, L., Cancelliere, A., Cubillo, F. y Wihite, D. (Eds.), *Coping with Drought Risk in Agriculture and Water Supply Systems* (Springer), pp. 3-19.
42. Wilhite, D. A. y Pulwarty, R. S. (2005). "Drought and water crises: lessons learned and the road ahead". *Drought and water crises: Science, Technology, and Management Issues*, pp. 389-398.
43. Wilhite, D., Hayes, M. J. y Knutson, C. (2000). "Planning for drought: moving from crisis to risk management". *Journal of the American Water Resources Association*, 36(4), pp. 697-710. Disponible en: https://doi.org/10.1111/j.1752-1688.2000.tb04299.x
44. Wilhite, D. A., Sivakumar, M. V. y Pulwarty, R. (2014). "Managing drought risk in a changing climate: The role of national drought policy". *Weather and Climate Extremes*, 3, pp. 4-13. Disponible en: https://doi.org/10.1016/j.wace.2014.01.002
45. WMO (World Meteorological Organization) y GWP (Global Water Partnership) (2014). *National Drought Management Policy Guidelines: A Template for Action (D.A. Wilhite)*. Integrated Drought Management Programme (IDMP) Tools and Guidelines Series 1. WMO, Geneva, Switzerland and GWP, Stockholm, Sweden.
46. Zuo, A. y Wheeler, S. (2025). "Drought Policy in Australia". Rivera, D. y Donoso, G. (Eds.), *Droughts in Chile: Impacts, Monitoring, and Adaptation (Management) Policies* (Springer).

Capítulo 13
HACIA UNA PLATAFORMA PARA EL MONITOREO, SEGUIMIENTO Y GESTIÓN DE SEQUÍAS BASADA EN ÍNDICES CUANTITATIVOS

Jorge Gironás, Marialina Núñez, Sebastián Vicuña, Sebastián Aedo, David Morales, Javier Vargas, Juan de Dios Guzmán y Francisco Suárez

Resumen. La sequía es un fenómeno complejo que afecta el desarrollo y aprovechamiento de los recursos hídricos del país. La caracterización a través de índices es clave en la planificación, gestión y toma de decisiones para mitigar los efectos de la sequía, particularmente cuando estos están implementados en plataformas en línea para el monitoreo, alerta y seguimiento del fenómeno. Estas herramientas sirven de base para la implementación de un conjunto de medidas con foco en el corto, mediano y largo plazo, orientados a distintos públicos, y con diferenciación de procedimientos y entidades involucradas según sea el caso. Este trabajo tiene como objetivo plantear las bases técnicas para la elaboración de un monitoreo preventivo de sequías en Chile a través de una plataforma de visualización. A partir de un análisis comparado de herramientas internacionales, así como de los resultados de una consulta a expertos, se analizan las características relevantes de un sistema para el monitoreo, seguimiento y gestión de sequías basada en índices estandarizados de sequía. Se concluye que una plataforma de este tipo debe considerar múltiples índices de sequía, con distintos niveles de severidad para su clasificación. Estos índices deben ser calculados automáticamente utilizando la mayor cantidad posible de información, tanto de fuentes nacionales como internacionales, de origen puntual como también elaborada a partir de productos satelitales y de percepción remota, e incluso obtenida a partir de modelación. Por otra parte, la visualización debe ser simple, clara y flexible, y la información entregada debe proveer información sobre la manifestación de la sequía en el territorio y su pronóstico al corto plazo.

Palabras clave. Índices de sequía, plataforma, monitoreo, Resolución DGA 1.331.

1. INTRODUCCIÓN

Recientemente, la Organización Meteorológica Mundial (OMM, 2017) ha definido como nueva normal climatológica estándar, o periodo de referencia para la evaluación de condiciones climáticas, al periodo entre 1991 a 2020, que también fue adoptado por Chile (MOP, 2021). Durante estos 30 años, los efectos del cambio climático han comenzado a experimentarse en el país; en promedio, a la escala nacional, la temperatura media T_{media} ha aumentado en 0,13 °C/dec, mientras que la precipitación P_{anual} ha disminuido en 27 mm/dec. Paralelamente, ha habido reducciones en los niveles de acuíferos, a las que también ha contribuido el aumento en las demandas sobre el agua subterránea. Adicionalmente, desde 2009, Chile se encuentra en una megasequía (por ejemplo, Boisier et al., 2018; Garreaud et al., 2019), convirtiéndose en la más prolongada que afecta a la región desde que se tiene registro, agravando una tendencia al aumento de la sequedad y poniendo a Chile a la cabeza de la crisis hídrica de la región (OMM, 2022). Este fenómeno ha generado que, a marzo del 2022, 188 de 346 comunas (aproximadamente el 50% de la población) hayan estado bajo decretos de zona de escasez hídrica (DGA, 2022a).

La sequía es un fenómeno complejo que afecta de manera importante el desarrollo y aprovechamiento de los recursos hídricos en una región (Fernández, 1997), que puede ocurrir en cualquier régimen climático (por ejemplo, Bordi y Sutera, 2007; Svoboda y Fuchs, 2016) y que afecta, en promedio, a 55 millones de personas cada año, además de ser el mayor peligro para el ganado y los cultivos en casi todo el mundo (OMS, 2022). Este fenómeno se puede clasificar, según la perspectiva o foco de interés, típicamente como meteorológica, hidrológica, agrícola y socioeconómica (Wilhite y Glantz, 1985). Ahora bien, una definición general (Fernández, 1997) corresponde a la de periodos prolongados de escasez de recursos hídricos, los cuales son capaces de provocar efectos adversos sobre la sociedad o los sistemas productivos.

Para mitigar los efectos de la sequía, su caracterización se vuelve clave para apoyar la planificación, la gestión y la toma de decisiones de las autoridades correspondientes (Fernández y Gironás, 2017). En esta línea, para facilitar el seguimiento de las sequias, surgen los indicadores y los índices de sequía. Según la OMM (2016), los primeros corresponden a variables o parámetros utilizados para describir las condiciones de las sequías, tales como la precipitación, temperatura, caudales fluviales, niveles de las aguas subterráneas, etc.; mientras que los segundos son representaciones numéricas que informan sobre la gravedad de las sequías, permitiendo analizar el fenómeno en un periodo de tiempo determinado. En general, los índices de sequía tienen ciertas ventajas frente a los indicadores de sequía, ya que proporcionan un enfoque cuantitativo de la gravedad, localización geográfica, desarrollo cronológico y duración de los episodios de sequía, permitiendo simplificar relaciones complejas, de forma que se realice un seguimiento del fenómeno y se pueda comunicar la información respectiva a distintos públicos y usuarios (OMM, 2016) e informe la toma de decisión. Es por esto que se han propuesto diversos índices de sequía para proporcionar una descripción sintética y objetiva del fenómeno (Hao et al., 2018).

Los indicadores e índices de sequía pueden ser calculados tanto históricamente como en tiempo real. En particular, los sistemas de monitoreo y alerta temprana de sequías son una práctica común en países que buscan enfrentar preventivamente el fenómeno. Estos sistemas sirven de base para la implementación de un conjunto de medidas con foco en el corto, mediano y largo plazo, orientados a distintos públicos y con diferenciación de procedimientos y entidades involucradas, según sea el caso. Este trabajo tiene como objetivo plantear las bases técnicas para generar un monitoreo preventivo de la sequía en Chile a través de una plataforma de visualización, aprovechando la creciente disponibilidad de datos que hay en el país y las nuevas herramientas tecnológicas disponibles en el mundo. Se busca contribuir a abordar una necesidad cada vez más imperativa: enfrentar la sequía no como un fenómeno extraordinario frente al cual se debe reaccionar, sino como un fenómeno permanente que requiere de un continuo de acciones propias de un enfoque adaptativo y preventivo.

2. SEGUIMIENTO DE SEQUÍA

2.1. Índices de sequía

Dentro de los índices de sequía, un conjunto de ellos que destacan por su simplicidad, claridad y facilidad al momento de comparaciones espaciales y temporales son los índices estandarizados. Estos índices se desarrollaron a partir del índice de precipitación normalizado (SPI) propuesto por McKee et al. (1993) y recomendado por la OMM para su uso generalizado en los países que deseen hacer un seguimiento de la sequía meteorológica (Hayes et al., 2011). Este índice se ha vuelto muy popular, llegando a ser usado en América Latina con el nombre de Índice de Precipitación Estandarizado (IPE). Este puede tomar diversos periodos de acumulación, cuya escala puede ir de 1 a 72 meses (Edwards y McKee, 1997), aunque para efectos prácticos se recomienda que sea de 1 a 12 meses. Esto dependerá de los fines para los que se calcule el índice, puesto que ciertos usuarios, como los agricultores, pueden estar interesados en periodos más cortos (3 o 6 meses), mientras que gestores del recurso hídrico pueden estar más interesados en duraciones desde 6 a 24 meses (Wu et al., 2001). Posteriormente, se propusieron otros índices estandarizados similares para diferentes variables hidrológicas, como los caudales (es decir, el índice de caudal estandarizado o ICE) (Modarres, 2007; Telesca et al. 2012), el balance local de precipitación frente a evapotranspiración (es decir, el índice estandarizado de precipitación evapotranspiración o SPEI) (Vicente-Serrano et al., 2010) y la humedad del suelo (es decir, el índice estandarizado de humedad del suelo, SSMI) (Hao y AghaKouchak, 2013; Carrão et al., 2016).

Para el cálculo de este índice, es necesario estimar la función de probabilidad de la variable en la zona de estudio de interés, con el periodo de acumulación estipulado (por ejemplo, precipitación acumulada de 6 meses hasta marzo, P^{6}_{marzo}). Lo anterior se hace a partir de una serie de, ojalá, al menos 30 años de duración, sin datos faltantes (McKee et al., 1993). Esta distribución permite establecer que tan alta o baja, en el contexto de la historia, es P^{6}_{marzo} para un año cualquiera o, en particular, para el año en curso. La función de distribución utilizada puede variar, aunque típicamente tiene una cierta asimetría; incluso puede ser necesario recurrir a distribuciones de probabilidad mixtas para describir variables que tienen en muchos casos un valor de cero, como, por ejemplo, la precipitación de 3 meses durante el verano en climas áridos y semiáridos (DGA, 2020b). Una vez ajustada la función de probabilidad de los datos, se determina la distribución acumulada, para luego realizar una transformación de equiprobabilidad de esta distribución

Figura 13.1

Ejemplos de transformación de una distribución de probabilidad para la variable precipitación a una distribución normal estándar del IPE. El ejemplo ilustra el valor del IPE correspondiente a 10 mm de lluvia en un cierto lugar y para dos periodos de acumulación

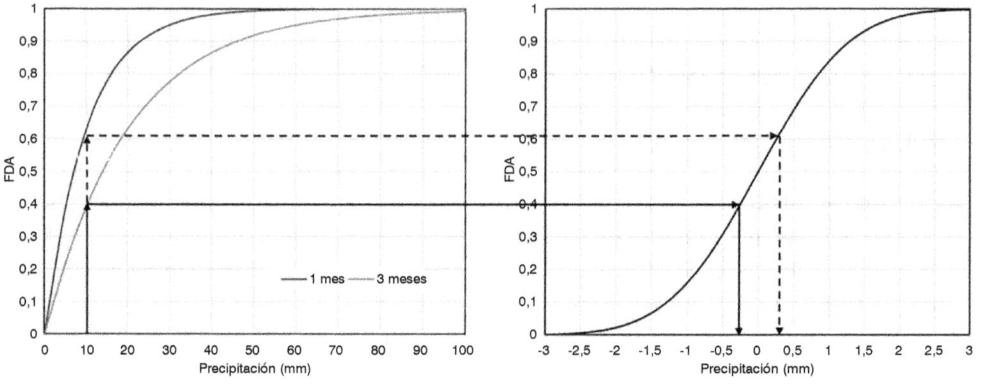

Fuente: Elaboración propia.

a una distribución normal estándar con una media de cero y una varianza de uno, siendo el cuantil para dicha probabilidad en el dominio de la variable normal estándar el correspondiente valor del indicador estandarizado (por ejemplo, Wu et al., 2001; DGA, 2020b). Esta transformación se puede observar gráficamente en la **Figura 13.1**. En esta figura se muestra el valor del IPE asociado a un valor de 10 mm para dos acumulaciones distintas. Así entonces, para una acumulación corta de, por ejemplo, 1 mes, 10 mm de precipitación pueden ser representativo y levemente superior a lo que se observa en un 50% del tiempo, lo que implica un valor del IPE ligeramente superior a 0. Por otra parte, si se consideran 3 meses de acumulación, 10 mm de precipitación es una cantidad baja, y, por lo tanto, está asociado a un valor del IPE menor a cero.

Como los valores de un índice estandarizado corresponden a cuantiles de la distribución normal estándar, la ocurrencia de un valor del indicador se puede asociar a periodos de retorno, tal como lo muestra la **Tabla 13.1**.

El valor del índice estandarizado, por ende, cuantifica la desviación del valor de una variable, con respecto a una condición media para un periodo de acumulación definida por quién calcula el índice. Debido a la normalización y estandarización propias del cálculo, sus valores pueden compararse entre diferentes regiones, y pueden utilizarse a lo largo de todo el año (Hayes et al., 1999; Bordi y Sutera, 2007), cuantificando la ocurrencia y gravedad de sequías. Una clasificación de esta gravedad, o severidad, es la propuesta originalmente por McKee et al. (1993) que se muestra en la **Tabla 13.2**. Tanto el cálculo cómo la clasificación inicialmente propuesta para el índice IPE son análogos para otros indicadores estandarizados, en particular el ICE también utilizado hace ya un tiempo en Chile.

Tabla 13.1
Periodos de retorno asociados a distintos valores del SPI

Valor IPE	Periodo de retorno (años)
0	2
-0,5	3,2
-1	6,3
-1,5	15
-2	44
-2.5	161
-3	740

Fuente: Elaboración propia.

Tabla 13.2
Clasificación de gravedad o severidad del SPI en función de su valor

Valores IPE	Clasificación
2.0 ≤ IPE	Extremadamente húmedo
1.5 ≤ IPE < 2.0	Muy húmedo
1.0 ≤ IPE < 1.5	Moderadamente húmedo
-1.0< IPE < 1.0	Normal
-1.5 < IPE ≤ -1.0	Moderadamente seco
-2.0 < IPE ≤ -1.5	Muy seco
IPE ≤ -2.0	Extremadamente seco

Fuente: Adaptado de OMM, 2012.

2.2. Contexto nacional

Para identificar y declarar administrativamente las sequías en el país, la recientemente promulgada Resolución 1.331 (2022c) define cuatro macrozonas con características hidroclimáticas similares (**Figura 13.2**). Estas macrozonas permiten considerar el gradiente de precipitaciones de norte a sur, el que oscila entre < 10 mm en el norte hiperárido a > 3.000 mm en la parte más húmeda del sur del país (Aceituno et al., 2021). Las macrozonas son las siguientes:

- Macrozona 1 (18°S-26°S, desde la región de Arica y Parinacota hasta la de Antofagasta), la cual presenta un clima árido a semiárido, con escasas precipitaciones que aumentan levemente hacia el sur.
- Macrozona 2 (26°S-36,3°S, desde la región de Atacama hasta la del Maule), la cual tiene un clima semiárido y mediterráneo, con precipitaciones moderadas concentradas en invierno y una estación seca de 7 - 8 meses.

Figura 13.2
División de macrozonas en Chile para la gestión de sequías

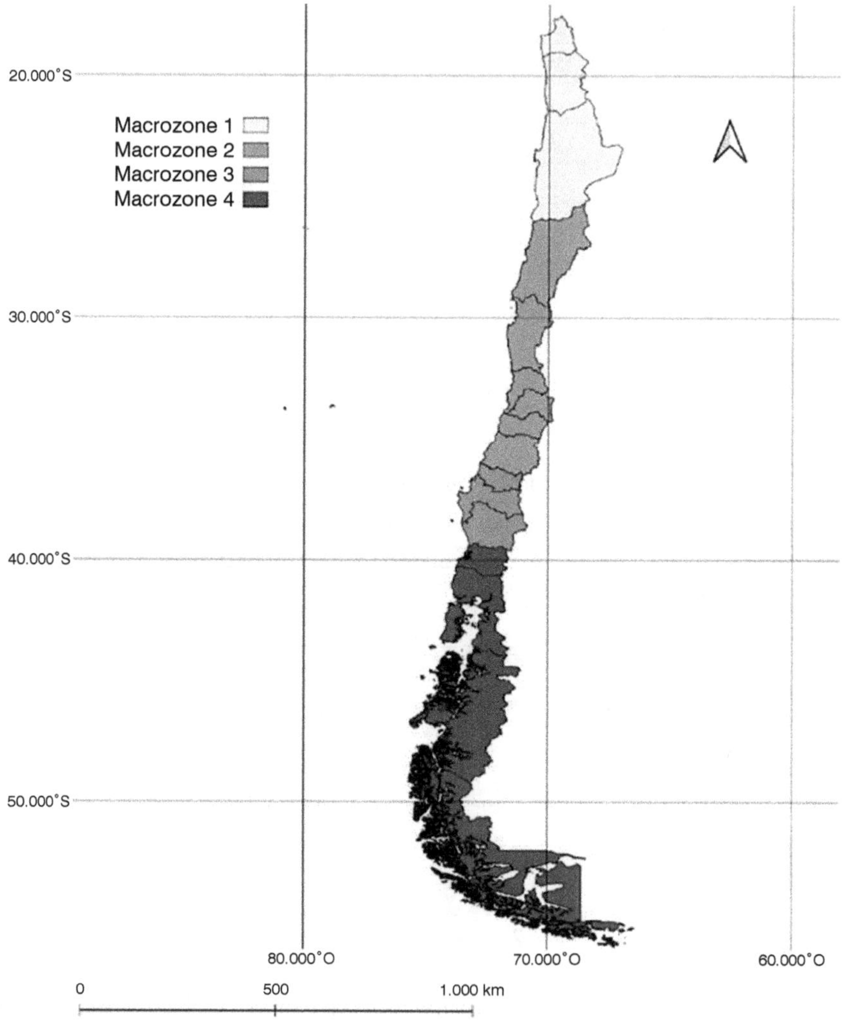

Fuente: Elaboración propia.

- Macrozona 3 (39,3°S-39,5°S, desde la región de Ñuble hasta la de La Araucanía), la cual presenta climas templado lluvioso y marítimo lluvioso, con precipitaciones abundantes que aumentan hacia el sur.
- Macrozona 4 (39,5°S-55,6°S, desde la región de Los Ríos hasta la Antártica Chilena), la cual tiene un clima lluvioso todo el año, lo que provoca las mayores descargas y volúmenes de escorrentía de Chile (~70% de la escorrentía del país), así como la existencia de ~80 de los cuerpos de agua del país.

Tabla 13.3
Condiciones necesarias de los índices de sequía para declarar sequía severa para las diferentes Macrozonas de Chile según la Resolución 1.331

Macrozona	Condición
1	ICE 1 por tres meses consecutivos
2	IPE 12 o ICE 6
3	IPE 6 o ICE 6
4	IPE 3 o ICE 3

Fuente: DGA (2022c).

La Resolución 1.331 establece el IPE y ICE como los dos índices a usar para declarar sequías, de acuerdo con periodos de acumulación definidos para las cuatro macrozonas del país (**Tabla 13.3**). Independientemente del índice, el decreto define un valor umbral de -1,04 para identificar y declarar una sequía como severa. A estos valores de los índices de sequía se agregan condiciones en los embalses y acuíferos del país, las que también pueden motivar la declaración. Esta declaración desencadena un procedimiento administrativo definido en el código de aguas y dirigido por la DGA para hacer frente al evento de sequía.

3. ANTECEDENTES PARA PLATAFORMA DE MONITOREO DE SEQUÍA

Para plantear una plataforma de monitoreo que se haga cargo de presentar información relevante sobre el estado de la sequía en una región, un estudio reciente (DGA, 2022b) propuso dos líneas de acción: i) una revisión del estado del arte de las plataformas de monitoreo internacional, y ii) un trabajo de consulta pública o *focus group* para entender las necesidades de los usuarios a quienes estaría destinada la plataforma.

3.1. Revisión del estado de arte internacional

Existen una serie de observatorios de sequía o plataformas de monitoreo con distintas características y finalidades. Algunas de estas herramientas son las siguientes (DGA, 2022b):

- **National Integrated Drought Information System (NIDIS):** plataforma de Estados Unidos que recopila datos de sequía de otras agencias sobre condiciones actuales, pronóstico, impactos, humedad del suelo, vegetación, incendios, temperatura, precipitación, situación agrícola, sequía nival, entre otros.
- **United States Drought Monitor (USDM):** plataforma de Estados Unidos que presenta un mapa con las condiciones de sequía en el país según diversos índices. El estado de sequía se clasifica según cinco grados de intensidad. Además, se presentan tablas de impacto de sequía según cada estado.

- **European Drought Observatory (EDO):** plataforma europea que presenta mapas de indicadores, donde las herramientas permiten mostrar y analizar la información mediante gráficos y capas comparadas. Esta plataforma trabaja con seis clasificaciones de sequía.
- **Global Drought Monitor (SPEI):** plataforma española que entrega información espacial a distintas escalas temporales (entre 1 y 48 meses) del Índice SPEI. La plataforma cubre todo el mundo y utiliza nueve clasificaciones de sequía.
- **North American Drought Monitor (NADAM):** plataforma para América del Norte (Canadá, Estados Unidos y México) que proporciona una evaluación continua e integral de la sequía. En ella se presentan mensualmente mapas de sequía y reportes de lo sucedido en las diversas regiones.
- **Climate and Society Map Room (IRI):** plataforma estadounidense que presenta una enorme gama de observaciones climáticas. Con respecto a las sequías, permite realizar un seguimiento del IPE para 1, 3, 6, 9 y 12 meses en todo el mundo.
- **NSW Department of Primary Industries (DPI):** plataforma australiana que presenta mapas del indicador combinado de sequía (CDI), el cual pondera un índice de lluvia, uno de humedad del suelo, e índices de crecimiento de pastos/cultivos. De este modo, se toma en cuenta distintas variables que afectan las condiciones de sequía más allá de las deficiencias de lluvia, incluyéndose las temperaturas y su efecto en la evapotranspiración, la escorrentía y la infiltración del suelo. La plataforma considera cinco fases de la sequía: no sequía, recuperación, sequía afectada, sequía, sequía intensa
- **Centro Regional del Clima para el Oeste de Sudamérica (CRC-OSA):** plataforma que contiene diversas series de observaciones diarias en estaciones meteorológicas en toda América Latina. Respecto a la sequía, tiene un monitor de sequía, donde se presenta un mapa con el estado de sequía de los países participantes (Bolivia, Chile, Colombia, Ecuador, Perú y Venezuela).
- **Centro Climático Regional para América del Sur (CRC-SAS):** plataforma que utiliza estaciones meteorológicas de diversos países de América del Sur (Argentina, Brasil, Bolivia, Chile, Paraguay y Uruguay), donde mensualmente se calcula una serie de índices a fin de monitorear y cuantificar estos eventos. Estos índices son actualizados mensualmente y están asociados a diferentes escalas temporales. Los índices de sequías considerados son: IPE, SPEI, Porcentaje de Precipitación Normal y Deciles de Precipitación.
- **Observatorio Agroclimático del Ministerio de Agricultura de Chile:** plataforma nacional que presenta un conjunto de mapas y figuras de las condiciones de sequía actuales, las que entregan información sobre la frecuencia de sequías pasadas y proyecciones de condiciones climáticas futuras. Las variables consideradas son la precipitación, el IPE, caudales observados, índice de la diferencia de la vegetación normalizada y balance hídrico del suelo. Finalmente, se reporta también un índice combinado de utilidad para el público general.

- **Plataforma del Ministerio de Bienes Nacionales de Chile:** esta plataforma presenta el indicador de precipitación, reportando los déficits y superávits de esta en el territorio nacional. La herramienta permite la definición de filtros espaciales para la visualización.

Con relación al objetivo de las plataformas, este varía desde generar y difundir información, a apoyar la aplicación de política pública o la investigación. Además, consideran diversos servicios, como pueden ser presentar un monitoreo, entregar pronósticos, mantener registro histórico, proporcionar informes generales y específicos. La cobertura espacial de las plataformas va desde la escala local-administrativa, a la nacional, e incluso planetaria. Estos monitores presentaban diversos indicadores, como la precipitación, caudales, humedad del suelo, evapotranspiración e índices vegetacionales, cuya fuente de información varía, considerando fuentes públicas y privadas, así como información satelital.

La comparación de los atributos de las diferentes plataformas permite observar algunas características comunes y diferencias, resumidas a continuación:

1. Todas las plataformas generan y difunden información sobre el comportamiento de las sequías, sin embargo, la mayoría de ellas lo hacen con fines de investigación, sin un compromiso por la aplicación de políticas o normas para los usuarios.
2. Solo tres de ellas (las de Estados Unidos y Australia) explícitamente son aplicadas a políticas públicas o promueven la forma en que los usuarios podrían utilizar la información para alcanzar condiciones especiales.
3. Muchas de las plataformas se actualizan cada mes; algunas lo hacen cada una o dos semanas.
4. Seis de las plataformas revisadas cuentan con un componente de pronóstico.
5. El periodo de referencia no es siempre claro. Para cinco plataformas este periodo inicia en 1980 ±1 año, mientras que, para tres de estas, el fin del periodo es el 2010. Las otras dos plataformas extienden su periodo de referencia hasta el último año más reciente.
6. La mayoría de las plataformas mantiene un registro histórico disponible para la consulta.
7. Solo las plataformas norteamericanas producen informes generales con una periodicidad que va entre lo semanal y lo trimestral. Las plataformas NIDIS, EDO, CRC-OSA y CRC-SAS emiten informes ocasionales en épocas de particular interés.
8. Cinco plataformas pueden reportar respuestas a consultas específicas, por ejemplo, indicar las condiciones particulares en que se encuentra un cierto lugar frente a las sequías.
9. Todas las plataformas, con excepción de la SPEI e IRI, utilizan información de estaciones públicas, aunque las plataformas NSW y CNR también usan información privada. Además, todas las plataformas utilizan información satelital de fuentes públicas.

10. Los índices de sequías más utilizados son meteorológicos, siendo la plataforma australiana la única que no los considera. Si bien ningún índice es común a todas las plataformas, el IPE se repite en todas, menos en la plataforma SPEI. Estos índices meteorológicos se evalúan y despliegan para varios periodos acumulados anteriores, los que varían generalmente entre 1 y 24 meses.
11. Consecuentemente con lo anterior, la precipitación es la variable bruta más utilizada en los cálculos de índices en las distintas plataformas. Las otras dos variables relevantes, pero bastante menos utilizadas, son el contenido de agua en el suelo y los caudales.
12. Seis plataformas reportan algún indicador obtenido con herramientas de percepción remota que caracterizan la respuesta de la vegetación frente a periodos de sequía.

3.2. *Focus group*

El *focus group* reportado por la DGA (2022b) incluyó representantes de instituciones académicas, el sector privado, el sector público, organizaciones internacionales en Chile, la sociedad civil y usuarios. Se respondieron una serie de preguntas y se recopilaron las visiones y experiencias de los participantes sobre el problema de la sequía, con un enfoque particular en las necesidades y el alcance del monitoreo activo del fenómeno. A continuación, se resumen los resultados de este *focus group*:

Para expertos y usuarios, las variables clave a considerar en el monitoreo e identificación de sequías son la precipitación, los caudales y los niveles de los pozos, siendo la humedad del suelo y la evaporación variables secundarias. Estos resultados reflejan un interés mayoritario en detectar sequías de forma temprana mediante la observación de variables cuya medición sea más sencilla y disponible en el territorio. Además, se comprende el proceso de propagación de la sequía desde su dimensión meteorológica hasta las dimensiones hidrológicas superficial y subterránea.

Se consideran deseables acumulaciones de tres y seis meses, lo que refleja la necesidad de ventanas de cálculo lo suficientemente amplias para identificar una condición de sequía estable, pero no tan largas como para identificar el fenómeno de manera tardía. Cabe mencionar que estas acumulaciones son actualmente consideradas en la Resolución 1.331 para identificar sequías severas (DGA, 2022c).

La mayoría de los participantes (81%) identifican la necesidad de actualizar el periodo de referencia para incorporar cambios estructurales en el clima. De este porcentaje, el 38% considera una ventana móvil de 30 años actualizada cada año. El 43% restante prefiere una ventana móvil de 30 años que pueda actualizarse al inicio de cada década, como lo recomienda la Organización Meteorológica Mundial y lo adopta la Resolución 1.331 (DGA, 2022c).

El 75% de las personas considera que las resoluciones de sequía no deberían tener una duración administrativa fija. Esta opinión implica la necesidad de contar con un monitoreo continuo y en tiempo real de las condiciones de sequía para, de manera cuantitativa y según criterios previamente definidos, declarar el fin de una sequía. Esta tarea se facilita mediante el uso de indicadores de sequía calculados periódicamente y visualizados en una plataforma de monitoreo.

Todos los usuarios esperan que cualquier plataforma de sequía sea pública, reconociendo que puede haber una diferenciación en la información accesible según los distintos grupos de usuarios y sus necesidades.

La mayoría de los usuarios potenciales prefieren la escala espacial más fina posible (es decir, un píxel de cuadrícula), lo que permite que el valor de los índices se agregue a otras escalas o dominios espaciales de interés. Aunque esta capacidad de visualización espacial es deseable por sus posibilidades, su implementación es compleja. Requiere información que no es producida ni actualizada periódicamente por agencias estatales, o algoritmos para desagregar variables hidroclimáticas e índices con la correspondiente incertidumbre asociada. Es importante destacar que la cuenca supera con creces otras unidades espaciales administrativas, como regiones y comunas, reflejando la necesidad de considerar completamente el ciclo hidrológico en la gestión de los recursos hídricos.

La mitad de los encuestados espera una actualización mensual de la información de la plataforma, y un 26% adicional espera actualizaciones cada 15 días. Estas altas frecuencias de actualización implican un esfuerzo significativo en términos de recursos, herramientas y capital humano propios de un sistema que opera de manera continua. Finalmente, existe una necesidad real de contar con al menos dos niveles de severidad de la sequía, con el 87% de los encuestados considerando definir tres o más de estos niveles. Esto no se ajusta a la situación actual contemplada por las regulaciones en Chile, que solo define un estado de sequía severa. Más niveles de severidad permitirían la implementación de un portafolio de medidas diferenciadas según el nivel de severidad, lo que facilitaría una gestión preventiva y no reactiva del fenómeno.

4. PROTOTIPO DE PLATAFORMA

En función del estado del arte internacional y las visiones recopiladas en el *focus group* previamente descritas DGA (2022b), se propone un diagnóstico general en lo referido a la necesidad de una plataforma de monitoreo de sequías. Dentro de los principales atributos que esta debiese tener, destacan: i) que sea abierta, de carácter global y de uso transversal por distintos sectores, ii) que incorpore diferentes fuentes de información nacional e internacional, y iii) que tenga la capacidad de producir una serie de indicadores y resultados cuantitativos y cualitativos de utilidad para todos los usuarios, afectados e interesados por la problemática de escasez hídrica. En particular, y con respecto a este último atributo, se ha detectado una necesidad que va más allá de lo netamente técnico (como la necesidad de contar con antecedentes cuantitativos para identificar y declarar una sequía), dado que hay un interés de contar con información y antecedentes que estén disponibles para el público en general.

Los antecedentes revisados permiten identificar las siguientes características centrales para una plataforma de monitoreo, seguimiento y gestión de sequías. Estas características son discutidas en mayor detalle en DGA (2022b):

La plataforma debe estar articulada con otras iniciativas de interés y relevantes a la temática. En particular la plataforma debe articularse con diversas fuentes de datos, tanto de carácter local (estaciones) como regional (percepción remota) para el cálculo automático de indicadores, así como con iniciativas que requieran de la información generada por la plataforma. Se debe buscar minimizar las acciones no automáticas críticas que puedan restringir las capacidades y usos de la plataforma. La plataforma debe ser de fácil manejo, con una visualización atractiva, simple y clara. En este contexto, debe ser sensible a las necesidades de los usuarios e interesados La visualización debe considerar tablas, gráficos y mapas interactivos. Se propone seguir los principios FAIR de encontrabilidad, accesibilidad, interoperabilidad y reutilización de datos, propios de herramientas de este tipo.

La plataforma debe ser de utilidad para una amplia comunidad de usuarios interesados en, o afectados por, el problema de la sequía en sus distintas dimensiones, en especial para orientar acciones de adaptación frente a condiciones de escasez. Desde este punto de vista, la plataforma debiera reportar distintos indicadores de sequías unidimensionales (de carácter meteorológico, hidrológico, etc.), así como un indicador compuesto o una heurística cualitativa de caracterización global de la sequía.

Como ventana temporal de referencia se propone considerar una ventana móvil de 30 actualizable al inicio de cada década. La selección de este periodo de referencia se alinea con lo recomendado por la DMC y la OMM, así como por lo implementado por la DGA. Una ventana móvil de estas características se condice con las acciones típicas de los distintos actores involucrados quienes no pueden cambiar continuamente sus protocolos, diseños y procedimientos.

La plataforma debe considerar diferentes severidades de sequía, con al menos tres condiciones distinta de la condición normal o de no escasez. Esta diferenciación permite elaborar medidas con distinto foco, todo dentro de un contexto de gestión preventiva con seguimiento y detección temprana de condiciones eventualmente críticas.

La plataforma debe considerar una descripción espacial de las sequías y sus atributos, a distintas escalas espaciales. Por otra parte, la identificación y clasificación de sequías hidrológicas y agrícolas eventualmente requiere de información sobre aguas subterráneas, acumulación nival y humedad del suelo. Esta información no es del todo medible, en muchos casos se obtiene de modelos hidrológicos. Finalmente, la plataforma debiese contar con una capacidad de pronóstico basada en pronósticos climáticos y modelos de pronóstico en general.

5. CONCLUSIONES

A partir de un análisis comparado de herramientas internacionales, así como de los resultados de una consulta a expertos, este trabajo analiza las características que se esperan de un sistema para el monitoreo, seguimiento y gestión de sequías basado en índices cuantitativos de sequía. En particular, se considera el uso de índices estandarizados, los que permiten un análisis simple y la comparación de las condiciones de sequía a lo largo del tiempo y en diferentes ubicaciones espaciales. Ambas condiciones son esenciales para facilitar la gestión dentro de un contexto nacional.

Se concluye que una plataforma adecuada debe considerar múltiples índices de sequía, con distintos niveles de severidad para su clasificación. Estos índices deben ser calculados automáticamente utilizando la mayor cantidad posible de información, tanto de fuentes nacionales como internacionales, de origen puntual como también elaborada a partir de productos satelitales y de percepción remota, e incluso obtenida a partir de modelación. Adicionalmente, una buena plataforma debe ser abierta al público y concebida para abordar las necesidades de los distintos usuarios. La visualización debe ser simple, clara y flexible. Además, la herramienta debe no solo tener un foco en la identificación de un evento de sequía a partir de información cuantitativa, sino también entregar información sobre su manifestación en el territorio, y su pronóstico al corto plazo. Todos estos atributos son esenciales para sentar las bases de políticas públicas que tengan un foco en la gestión preventiva y proactiva de la sequía.

AGRADECIMIENTOS

Los autores agradecen el financiamiento del proyecto ANID FSEQ210018, así como el apoyo de los centros de excelencia ANID/FONDAP 1523A0004 y 1523A0009.

REFERENCIAS

1. Aceituno, P., Boisier, J. P., Garreaud, R., Rondanelli, R. y Rutllant, J. A. (2021). "Climate and Weather in Chile". Fernández, B. y Gironás, J. (Eds.), *Water Resources of Chile. World Water Resources*, 8, pp. 7-29. Springer, Cham. Disponible en: https://doi.org/10.1007/978-3-030-56901-3_2
2. Boisier, J. P., Alvarez-Garretón, C., Cordero, R., Damiani, A., Gallardo, L., Garreaud, R. D., Lambert, F., Ramallo, C., Rojas, M. y Rondanelli, R. (2018). "Anthropogenic drying in central-southern Chile evidenced by long-term observations and climate model simulations". *Elementa Science of the Antropocene*, 6, 74. Disponible en: https://doi.org/10.1525/elementa.328
3. Bordi, I. y Sutera, A. (2007). "Drought Monitoring and Forecasting at Large Scale". Rossi, G., Vega, T. y Bonaccorso, B. (Eds.), *Methods and Tools for Drought Analysis and Management. Water Science and Technology Library*, vol 62. Springer, Dordrecht, pp. 3-27. Disponible en: https://doi.org/10.1007/978-1-4020-5924-7_1
4. Carrão, H., Russo, S., Sepulcre-Canto, G. y Barbosa, P. (2016). "An empirical standardized soil moisture index for agricultural drought assessment from remotely sensed data". *International Journal of Applied Earth Observation and Geoinformation*, 48, pp. 74-84. Disponible en: https://doi.org/10.1016/j.jag.2015.06.011
5. Dirección General de Aguas (DGA) (2022a). Escasez hídrica para el 47.5% de la población. Disponible en: https://dga.mop.gob.cl/escasez-hidrica-para-el-475-de-la-poblacion/

   —. (DGA) (2022b). Estudio de perfeccionamiento de las capacidades de la DGA en gestión de ciclos de sequía y escasez, S.I.T. N°483. Ministerio de Obras Públicas, Dirección General de Aguas, Realizado por DICTUC S.A.

—. (DGA) (2022c). Resolución 1.331 (exenta), deja sin efecto la resolución D.G.A. N°1.674 (exenta), de 12 de junio de 2012, y establece criterios que determinan el carácter de severa sequía, de conformidad a lo dispuesto en el artículo 314 del Código de Aguas. Ministerio de Obras Públicas, Santiago, Chile.

6. Edwards D. C. y McKee T. B. (1997). *Characteristics of 20th century drought in the United States at multiple scales*. Climatology Report 97-2, Department of Atmospheric Science, Colorado State University, Fort Collins. Disponible en: https://apps.dtic.mil/sti/pdfs/ADA325595.pdf Accessed on 23/01/13
7. Fernández, B. (1997). "Identificación y caracterización de sequías hidrológicas en Chile central". *Ingeniería del Agua*, 4(4), pp. 37-46. Disponible en: https://doi.org/10.4995/ia.1997.2734
8. Fernández B. y Gironás J. (2017). "Drought Characteristics". Chapter 79. Singh, V.P. (Ed.), *Handbook of Applied Hydrology*. McGraw-Hill Education, New York, pp. 79-1–79-7.
9. Garreaud, R., Boisier, J. P., Rondanelli, R., Montecinos, A., Sepúlveda, H. H. y Veloso-Aguila, D. (2019). "The central Chile Mega drought (2010–2018): A climate dynamics perspective". *International Journal of Climatology*, pp. 1-19. Disponible en: https://doi.org/10.1002/joc.6219
10. Hao, Z. y AghaKouchak, A. (2013). "Multivariate standardized drought index: a parametric multi-index model". *Advances in Water Resources*, 57, pp. 12-18. Disponible en: https://doi.org/10.1016/j.advwatres.2013.03.009
11. Hao, Z., Singh, V. P. y Xia, Y. (2018). "Seasonal drought prediction: advances, challenges, and future prospects". *Reviews of Geophysics*, 56(1), pp. 108-141. Disponible en: https://doi.org/10.1002/2016RG000549
12. Hayes, M., Svoboda, M., Wall, N. y Widhalm, M. (2011). "The Lincoln declaration on drought indices: Universal Meteorological Drought Index Recommended". *Bulletin of the American Meteorological Society*, 92(4), pp. 485-488. Disponible en: https://doi.org/10.1175/2010BAMS3103.1
13. McKee, T. B., Doesken, N. J. y Kleist, J. (1993). "The relationship of drought frequency and duration to time scales". *Proceedings of the 8th Conference on Applied Climatology*, 17(22), pp. 179-183.
14. Ministerio de Obras Públicas (MOP) (2021). *Nuevas normales climáticas* 1991-2020. Disponible en: https://dga.mop.gob.cl/dgadocumentos/Nuevas_Normales_Climaticas.pdf.
15. Modarres, R. (2007). "Streamflow drought time series forecasting". *Stochastic Environmental Research and Risk Assessment*, 21(3), pp. 223-233. Disponible en: https://doi.org/10.1007/s00477-006-0058-1
16. Organización Meteorológica Mundial (OMM) (2012). *Standardized precipitation index user guide*. World Meteorological Organization, 1090.

—. (OMM) (2016). *Manual de indicadores e índices de sequía*. Disponible en: https://library.wmo.int/doc_num.php?explnum_id=3045.

—. (OMM) (2017). *Directrices de la Organización Meteorológica Mundial sobre el cálculo de las normales climáticas*. Disponible en: https://library.wmo.int/ viewer/60338/download?file=1203_es.pdf&type=pdf

—. (OMM) (2022). *La Organización Meteorológica Mundial presenta el informe El estado del clima en América Latina y el Caribe*. Disponible en: https://wmo.int/es/publication-series/estado-del-clima-en-america-latina-y-el-caribe-2024

17. Organización Mundial de la Salud (OMS) (2022). *Sequía*. Disponible en: https://shorturl.at/LYt4i
18. Svoboda, M. y Fuchs, B. (2016). "Handbook of drought indicators and indices". Wilhite, D., Pulwarty (Eds.) *Drought and Water Crises: Integrating Science, Management, and Policy*, Second Edition (1st ed.), pp. 1-44. Disponible en: https://doi.org/10.1201/b22009-11
19. Telesca, L., Lovallo, M., Lopez-Moreno, I. y Vicente-Serrano, S. (2012). "Investigation of scaling properties in monthly streamflow and Standardized Streamflow Index (SSI) time series in the Ebro basin (Spain)". *Physica A: Statistical Mechanics and its Applications*, 391(4), pp. 1662-1678. Disponible en: https://doi.org/10.1016/j.physa.2011.10.023
20. Vicente-Serrano, S., Beguería, S. y López-Moreno, J. I. (2010). "A multiscalar drought index sensitive to global warming: the standardized precipitation evapotranspiration index". *Journal of Climate*, 23(7), pp. 1696-1718. Disponible en: https://doi.org/10.1175/2009jcli2909.1
21. Wilhite, D. A. y Glantz, M. H. (1985). "Understanding: the drought phenomenon: the role of definitions". *Water International*, 10(3), pp. 111-120. Diposnible en: https://doi.org/10.1080/02508068508686328
22. Wu, H., Hayes, M. J., Weiss, A. y Hu, Q. I. (2001). "An evaluation of the Standardized Precipitation Index, the China Z Index and the statistical Z Score". *International Journal of Climatology: A Journal of the Royal Meteorological Society*, 21(6), pp. 745-758. Disponible en: https://doi.org/10.1002/joc.658

Capítulo 14

FENOLOGÍA MEDIANTE PERCEPCIÓN REMOTA COMO HERRAMIENTA PARA MONITOREAR EL IMPACTO DE LA SEQUÍA EN LA PRODUCTIVIDAD DE LOS BOSQUES TEMPLADOS DE SUDAMÉRICA

Marcelo D. Miranda, Aurora Gaxiola y Valentina Bravo

Resumen. El impacto de la sequía en la productividad primaria de los bosques templados es un fenómeno bien establecido. Monitorear los cambios fenológicos es fundamental para comprender los efectos de la sequía en ecosistemas de bosques. Con este objetivo, se han desarrollado diversas métricas basadas en sensores satelitales para monitorear cambios en la vegetación y su fenología. En este capítulo, presentamos una selección de dichas métricas y sus aplicaciones en seguimiento de cambios en dos bosques templados de Chile. Se destaca la utilidad de la teledetección y las métricas fenológicas derivadas como herramienta para evaluar con precisión el impacto de la sequía en la productividad de ecosistemas forestales.

Palabras clave. Fenología productividad de bosques, teledetección, bosques templados, sequía, Sudamérica.

1. INTRODUCCIÓN

Las dinámicas relacionadas con la vegetación desempeñan un papel fundamental para comprender los cambios en la estructura y el funcionamiento de los ecosistemas en respuesta a disturbios tanto naturales como antropogénicos (Berdugo et al., 2022; Miranda et al., 2023). En particular, la región templada de Sudamérica (32°-43° S Lat., 71°-74° W Long.) se ve afectada por perturbaciones derivadas del cambio climático, que incluyen el aumento de la aridez y eventos extremos como sequías y olas de calor ocurridos recientemente (Garreaud et al., 2020). Adicionalmente, esta región enfrenta alteraciones de origen humano, tales como cambios en el uso del suelo, agricultura intensiva, contaminación y sobreexplotación de recursos (Hernández et al., 2016; Root-Bernstein et al., 2016). Estos disturbios resultan en una disminución en la disponibilidad de servicios ecosistémicos, comprometiendo su integridad en el tiempo (Smith-Ramírez et al., 2023).

El monitoreo de las dinámicas de la vegetación se ha convertido en una estrategia esencial para detectar los impactos del cambio global en los ecosistemas terrestres. La vegetación cumple un rol clave en el ciclo hidrológico al influir en la evapotranspiración y la intercepción, así como en los ciclos biogeoquímicos al participar en la fotosíntesis y la respiración, donde los nutrientes son incorporados, transportados y fijados. Estas características la convierten en un regulador activo de los intercambios de masa y energía entre la atmósfera y la superficie terrestre (Kariyeva et al., 2012). Por lo tanto, si la relación entre el clima y la vegetación determina su distribución y dinámica, cualquier cambio en las condiciones climáticas puede derivar en modificaciones en la estructura y el funcionamiento, afectando el equilibrio ecosistémico (Malhi et al., 2020).

La teledetección o percepción remota desempeña un papel central en el estudio de la respuesta espectral de hojas y doseles de vegetación frente a la radiación electromagnética. Esta respuesta, relacionada con la productividad primaria, permite el monitoreo continuo de los ecosistemas a diferentes escalas espaciales (Ustin y Middleton, 2021). El análisis de imágenes satelitales facilita la obtención de información sobre las variaciones temporales de los bosques a gran escala, contribuyendo así al estudio de sus trayectorias en el espacio y tiempo (Kwork, 2018).

La productividad primaria puede estimarse a partir de series temporales basadas en índices de vegetación generados a partir de datos satelitales, como el Índice de Vegetación de Diferencias Normalizadas (Normalized Difference Vegetation Index o NDVI) y el Índice de Vegetación Mejorado (Enhanced Vegetation Index o EVI), entre otros (Huang et al., 2019). Utilizar series temporales obtenidas a partir de índices de vegetación permite identificar áreas donde se ha producido disturbios significativos, tales como el marchitamiento de la vegetación debido a sequías y olas de calor, así como cambios en el uso del suelo asociados a la intervención humana (Miranda et al., 2023). Los índices NDVI y EVI han sido ampliamente empleados para estudiar las respuestas de la vegetación a la variación climática en zonas semiáridas y templadas, demostrando ser indicadores eficientes gracias a que tienen relación con la cantidad de energía absorbida en la longitud de onda roja y reflejada en infrarojo, las cuales se relacionan con el proceso de fotosíntesis y producción de tejidos (van Leeuwen et al., 2013; Glade et al., 2016; Huang et al., 2019).

Sensores satelitales como AVHRR, MODIS, TM y OLI, asociados a la serie de satélites NOAA, plataformas Terra y Aqua, y a los satélites Landsat han sido cruciales para estudiar la evolución de la productividad primaria en su fenología. En la última década, la fenología ha recibido gran atención, ya que muchos organismos ajustan sus ciclos de vida en respuesta a las variaciones del clima asociadas al cambio climático (Gordo y Sanz, 2010). La fenología, mediante percepción remota o fenología satelital, implica el uso de datos espectrales obtenidos a partir de satélite para monitorear variaciones estacionales de la productividad primaria (PP) en la superficie terrestre. Se ha demostrado que ofrece estimaciones consistentes de esta, así como de eventos temporales asociados a su inicio, máximo, término y duración en áreas extensas, utilizando como base índices de vegetación (Zhang et al., 2003; Ivits et al., 2013; van Leeuwen et al., 2013).

La combinación de fenología e índices de vegetación permite informar sobre la dinámica de los ecosistemas terrestres, ayudando a caracterizar su estructura, su composición dominante y aportando la información necesaria para su clasificación desde una perspectiva funcional. Los estudios de la productividad primaria y su fenología basados en índices de vegetación satelital posibilitan su monitoreo continuo, ofreciendo la ventaja adicional de rápidas actualizaciones a medida que avanza el desarrollo tecnológico (Comer et al., 2003; Zeng et al., s.f.; Ferchichi et al., 2022).

Este capítulo tiene como objetivo mostrar la aplicación de métricas fenológicas obtenidas a partir de sensores satelitales para caracterizar la dinámica de la vegetación natural en bosques templados de Sudamérica. El trabajo se centra en variables fenológicas que representan la temporalidad, la cantidad y la tendencia de la productividad primaria a lo largo de veinte años, observadas a través del índice EVI. Para ello, primero se presenta una descripción de las variables fenológicas, luego, se seleccionan algunas de ellas para describir el comportamiento de bosques esclerófilos, espinales, bosques caducifolios, de coníferas y de hoja perenne en la región templada del centro y sur de Chile.

2. FENOLOGÍA MEDIANTE TELEDETECCIÓN

La fenología es el estudio de los eventos periódicos asociados a los ciclos biológicos de los organismos vivos, incluyendo su relación con variaciones estacionales o interanuales del clima. En el caso de la productividad primaria de las plantas, corresponde a aquellos eventos que dan cuenta de este proceso a lo largo del tiempo, como la fecha de inicio, fin o máximo de actividad fotosintética o de crecimiento durante el año. Dado que, a través de sensores satelitales, es posible observar el comportamiento de la productividad primaria mediante combinaciones espectrales o índices de vegetación (principalmente, NDVI y EVI), la fenología puede caracterizarse a partir de imágenes satelitales. Esto, permite monitorear los cambios estacionales e interanuales de la vegetación a escalas local, regional o global en base a diferentes sensores portados en satélites (http://remotesensing.usgs.gov).

Los eventos asociados a la fenología observados desde imágenes satelitales (lo que se conoce como fenología en base a teledetección o fenología satelital), se obtienen del análisis de series temporales que representan el comportamiento de la productividad primaria en términos de valores de índices de vegetación a lo largo de un periodo de, al menos, dos años de observación (**Figura 14.1**). La resolución espacial y temporal de las series puede variar dependiendo del sensor satelital utilizado, siendo comunes resoluciones de 1,1 km, 500 m, 250 m, 30 m y 10 m, asociadas a los sensores AVHRR, MODIS y a los satélites Landsat y Sentinel 2. En términos temporales, es posible construir series con extensiones de 46, 21 y 6 años, respectivamente en base a datos de los mismos sensores.

A partir de una serie temporal que representa los valores de índices de vegetación, es posible reconocer los siguientes eventos fenológicos asociados a la productividad primaria de la vegetación (Jönsson y Eklundh, 2002 y 2004), los cuales se relacionan con la temporalidad (ocurrencia) y con los valores de productividad registrados en dicha serie. A continuación, se describen ambos tipos:

Métricas fenológicas temporales (**Figura 14.2a**)

- Inicio de temporada (*Start of season*, SOS): fecha en día juliano cuando el valor de productividad, en términos del índice de vegetación, ha aumentado x% desde el valor mínimo observado previamente al valor máximo en la primavera anterior. El

Figura 14.1
Ejemplo de una serie temporal del índice EVI que abarca entre 2002 y 2022. La serie consta de 23 valores por año, correspondientes a una observación promedio cada 16 días. En total cada serie tiene 529 observaciones

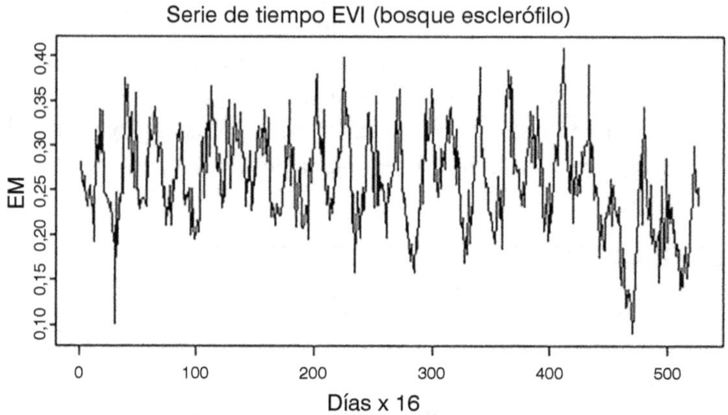

Fuente: Elaboración propia.

valor de incremento "x" depende de cada grupo de especies o comunidad vegetal, utilizándose valores entre 20 y 40% para bosques mediterráneos y templados.

- Término de temporada (*End of season*, EOS): fecha en día juliano cuando la productividad ha alcanzado y% del valor mínimo posterior al máximo primaveral. Al igual que en el caso anterior, el valor "y" para bosques mediterráneos y templados puede variar entre 20 y 40%.
- Duración de la temporada (*Length of season*, LOS): número de días julianos entre el inicio y el fin de la temporada de crecimiento (SOS–EOS).
- Fecha del máximo de productividad (Peak time, PET): fecha en día juliano en la que se presenta el valor máximo del índice de vegetación dentro de la temporada de crecimiento determinada por el SOS y el EOS.

SOS indica el punto desde el cual la productividad se acelera debido a la mejora en las condiciones ambientales que condicionan el desarrollo de la vegetación, mientras que EOS indica el momento en que comienza un periodo de baja productividad o senescencia. LOS corresponde al número de días que dura la temporada de crecimiento y PET es el día en que empieza el descenso de la actividad relacionada con la productividad.

Métricas fenológicas de productividad basadas en índices de vegetación (**Figura 14.2b**)

- Valor de productividad al inicio de temporada (*Start of season productivity value*, VSS): valor del índice de vegetación al inicio de la temporada de crecimiento (SOS).
- Valor de productividad al término de la temporada (*End of season productivity value*, VES): valor del índice de vegetación al fin de la temporada de crecimiento (EOS).

Figura 14.2

Variables fenológicas obtenidas a partir de una serie de índice de vegetación, considerando un año en días julianos: a) métricas fenológicas temporales, b) métricas fenológicas basadas en valores de índice de vegetación

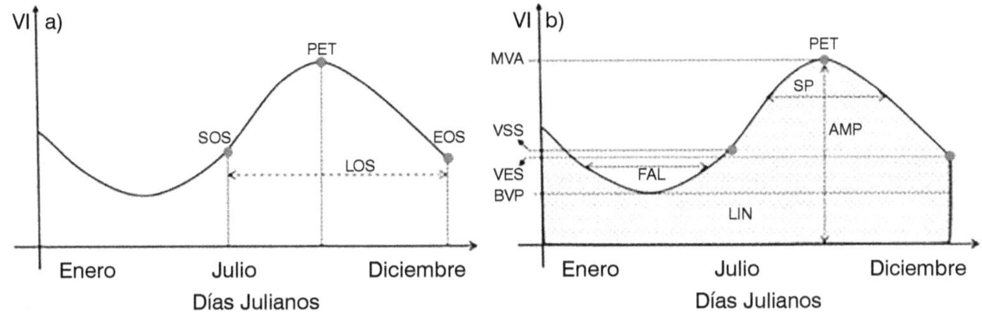

Fuente: Elaboración propia.

- Máximo valor de productividad (*Maximum productivity value*. MVA): valor máximo del índice de vegetación entre el inicio (SOS) y el fin (EOS) de la temporada.
- Valor base de productividad (*Base productivity value*, BVP): valor promedio obtenido entre el índice de vegetación al inicio (SOS) y al fin (EOS) de la temporada.
- Amplitud de la productividad (*Productivity amplitude*, AMP): diferencia entre el valor máximo del índice de vegetación (MVA) y el valor base (BVP) para la temporada.
- Integral de la productividad en la temporada (*Seasonal integral*,(LIN): suma de los valores del índice de vegetación bajo la curva acumulada entre el inicio (SOS) y el fin (EOS) de la temporada.
- Productividad de primavera (*Spring productivity*, SP): promedio anual del índice de vegetación para el periodo primaveral (21 de septiembre al 21 de diciembre).
- Productividad de otoño (*Autumn productivity*, FAL): promedio anual del índice de vegetación para el periodo otoñal (21 de marzo al 21 de junio).

Los diferentes indicadores de productividad obtenidos a partir de las series temporales asociadas a índices de vegetación dan cuenta de cambios tanto de corto como de largo plazo en la actividad de los ecosistemas. Estos indicadores son sensibles a variaciones climáticas intra e interanuales (Sepúlveda et al., 2018). Sin embargo, los mecanismos y procesos internos del ecosistema que producen estos eventos aún resultan difíciles de dilucidar directamente a partir de la información satelital (Dronova y Taddeo, 2022).

Los valores de las métricas fenológicas se obtienen ajustando una función que relaciona el comportamiento del índice de vegetación con el tiempo. El primer paso para este ajuste corresponde a un análisis de la integridad de la serie temporal, donde se identifican valores anómalos y faltantes, los cuales pueden imputarse siguiendo la metodología propuesta por Moritz y Bartz-Beielstein (2017). Luego, se ajusta un modelo a la serie depurada que relaciona los valores del índice de vegetación con el tiempo, para lo cual es posible utilizar la función adaptativa de Savitzky-Golay, una función asimétrica Gausiana, una función doble logística, o ajustes no paramétricos con diferentes grados de complejidad (Jönsson y Eklundh, 2002).

Tabla 14.1
Ejemplo de valores asociados a variables fenológicas obtenidos a partir de una serie de tiempo EVI procesada utilizando el programa TIMESAT 3.3

Temporada	SOS	EOS	LOS	BVP	PET	AMP	LIN	FAL	SP
1	260	474	214	0.365	379	0.177	7.383	0.428	0.472
2	280	509	229	0,399	384	0.154	8.202	0.498	0.490
3	276	539	263	0.386	436	0.167	9.679	0.530	0.526
4	229	532	302	0.354	362	0.206	10.530	0.478	0.482
5	265	498	233	0.394	358	0.125	8.228	0.461	0.511

Fuente: Elaboración propia.

En la **Tabla 14.1** se muestra un ejemplo de valores para algunas variables fenológicas obtenidas a partir del programa TIMESAT 3.3, que incluye las funciones mencionadas (Jönsson y Eklundh, 2004). A diferencia de las funciones globales, por ejemplo, basadas en transformaciones de Fourier, las funciones locales son capaces de captar cambios en la sincronización estacional entre distintos años, una propiedad que las hace adecuadas para estudiar la dinámica y la fenología de la vegetación.

3. CASO DE ESTUDIO EN BOSQUES TEMPLADOS AUSTRALES

Para representar la dinámica de la vegetación a través de variables fenológicas, a continuación, se presenta un caso de estudio que abarca las regiones mediterránea y templada de Chile, entre las latitudes 32°S y 44°S y las longitudes 70.8°W y 74.8°W. El clima de la región es mediterráneo templado (Csb2), caracterizado por veranos secos y cálidos muy marcados (Peel et al., 2007). Las temperaturas medias de los meses más cálidos y fríos alcanzan los 29,4°C y 14,3°C, respectivamente, y la precipitación media anual fluctúa entre 300 y 2.000 mm al año. Debido a la intensa sequía en el área de estudio durante la última década, la precipitación anual total disminuyó entre un 25% y un 45% (Garreaud et al., 2020).

La vegetación se compone de bosques esclerófilos, caducifolios, de hoja perenne y de coníferas, además de pastizales y matorrales, que se desarrollan bajo un verano seco y cálido marcado, influenciado por la fisiografía de montaña (Luebert y Pliscoff, 2018). Este caso de estudio describe la fenología de vegetación natural, enfocada principalmente en formaciones boscosas, y excluye ecosistemas fuertemente artificializados, basándose en mapas de cobertura de suelo desarrollados por Zhao et al. (2016) y CONAF (2021).

Figura 14.3

Ejemplo de representación especial de variables fenológicas para un bosque deciduo localizado en la cordillera de la región del Maule (Altos de Lircay): a) SOS en días julianos, b) EOS en días julianos y c) LIN en valores acumulados de EVI. Los valores en la imagen representan valores medios anuales para cada variable sobre veinte años

a)SOS b)EOS c)LIN

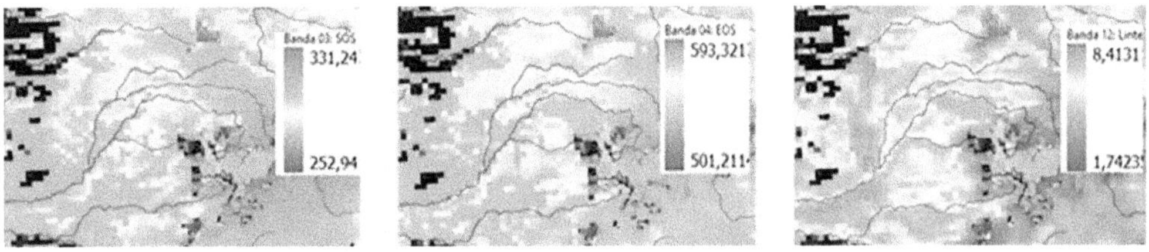

Fuente: Elaboración propia.

La resolución espacial definida para el cálculo de variables fenológicas es de 6,25 ha (250 x 250 m), correspondiente a la resolución del producto satelital MODIS "MOD13Q1.061 Terra Vegetation Indices 16-Day Global 250 m", obtenido a partir del sensor MODIS (Didan, 2015). Asimismo, se considera una extensión temporal de veinte años, desde 2002 a 2022. La granularidad temporal es de 16 días para las series de datos del índice de vegetación EVI y de 12 meses para las variables fenológicas derivadas de dichas series. Las variables que se presentan a continuación corresponden a: a) SOS, b) EOS, c) PET y d) LIN. En la **Figura 14.3** se presenta un ejemplo de representación espacial de los valores promedio anuales de las variables fenológicas (SOS, EOS y LIN), para un bosque caducifolio en la región del Maule (Altos de Lircay).

Adicionalmente, se obtuvieron imágenes que representan la tendencia temporal de la fenología para cada variable seleccionada. Para cada pixel en el área de estudio se ajustó una regresión lineal simple entre la variable LIN (dependiente) y el tiempo en años (independiente), registrando el valor de la pendiente ( ) y su grado de significancia considerando el valor de probabilidad *p*. Se consideraron como tendencias significativas a aquellos pixeles cuyas pendientes de regresión se asociaban a un valor de probabilidad $p <= 0,05$ dada la regresión lineal ajustada:

$$LIN = \beta_0 + \beta \times T + \varepsilon$$

Donde *LIN* corresponde a la variable fenológica integral de la productividad, β_0 valor del intercepto para un tiempo *T* igual a cero, β valor de la pendiente asociada a la recta de tendencia, *T* el tiempo en años y ε *error o* residuales. El análisis de la tendencia temporal ayuda a entender la trayectoria de la productividad en el tiempo, identificando sectores que han presentado una mantención, pérdida o ganancia de la productividad en términos de LIN y cuyo carácter es estadísticamente significativo.

4. RESULTADOS Y DISCUSIÓN

La productividad de la vegetación observada mediante el sensor MODIS confirma la existencia de un gradiente norte-sur a lo largo de los doce grados de latitud que abarcan el área de estudio (**Figura 14.4**). El índice EVI presenta valores entre 0,1 y 1 cuando hay actividad fotosintética o presencia de vegetación activa y estructurada; valores entre 0 y 0,1 se asocian a suelos desnudos, y valores menores que 0 a cuerpos de agua, hielo o cobertura urbana (Zhengxing et al., 2003). Para el área de estudio, se observa que entre los paralelos 32°S y 34°S la vegetación natural alcanza valores promedio anuales de EVI inferiores a

Figura 14.4

Valores promedio anual de EVI para el periodo de estudio

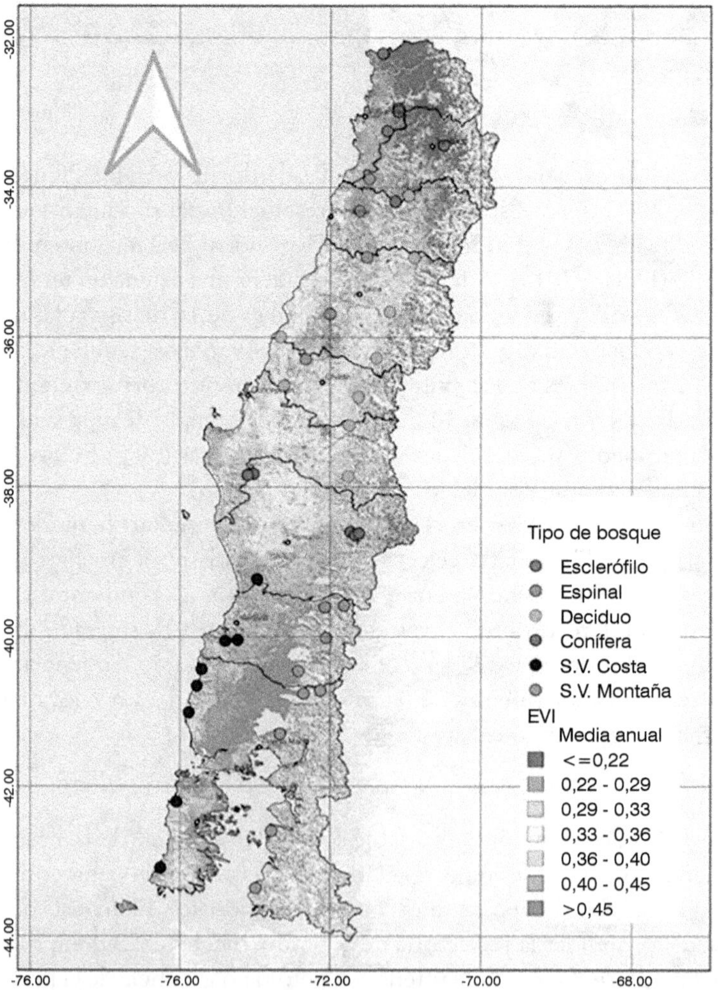

Fuente: Elaboración propia.

0,22. Este comportamiento se asocia principalmente a bosques esclerófilos y matorrales que se desarrollan bajo baja precipitación (300 mm/año) y largos periodos de sequía anual (8 meses), los cuales se han intensificado en los últimos 13 años (Miranda et al., 2020).

Esta situación contrasta con los valores de EVI registrados al sur del paralelo 38°S (promedio anual > 0,40), característicos de bosques de coníferas y de hoja perenne que se desarrollan bajo periodos secos más breves (4 meses) y con precipitaciones que oscilan entre 1.000 y 2.300 mm/año. Un escenario intermedio se presenta en los bosques caducifolios ubicados en las estribaciones de la Cordillera de los Andes (paralelos 36°S-39°S), donde la productividad alcanza valores de EVI entre 0,30 y 0,40 y se registra una precipitación anual promedio cercana a 700 mm/año.

En cuanto a la variabilidad inter e intraanual del índice EVI (**Figura 14.5**), se observa que la región de estudio presenta diferentes valores de amplitud, los cuales se asocian a la variabilidad de la productividad de la vegetación y su relación con el clima. Los valores altos de amplitud se concentran principalmente en bosques caducifolios y matorrales, debido a la pérdida natural de gran parte de su cobertura fotosintética durante el invierno (amplitud de EVI = 0,40). En contraste, los bosques de coníferas y de hoja perenne muestran valores de amplitud más bajos (amplitud de EVI = 0,10), característicos por conservar su follaje durante todo el año y, por ende, presentar un periodo de productividad más extenso. Debido a la presencia de nubosidad, los bosques ubicados al sur del paralelo 39°S presentan mayor ruido en su señal, lo cual puede dificultar en ocasiones el cálculo de las variables fenológicas. Estas respuestas, asociadas a distintos tipos de vegetación, ya han sido observadas en otros estudios que emplean tanto sensores globales (van Leeuwen et al., 2013) como sensores de captura local en esta región de estudio (Glade et al., 2016).

Figura 14.5

Señales de EVI para distintos tipos de bosque

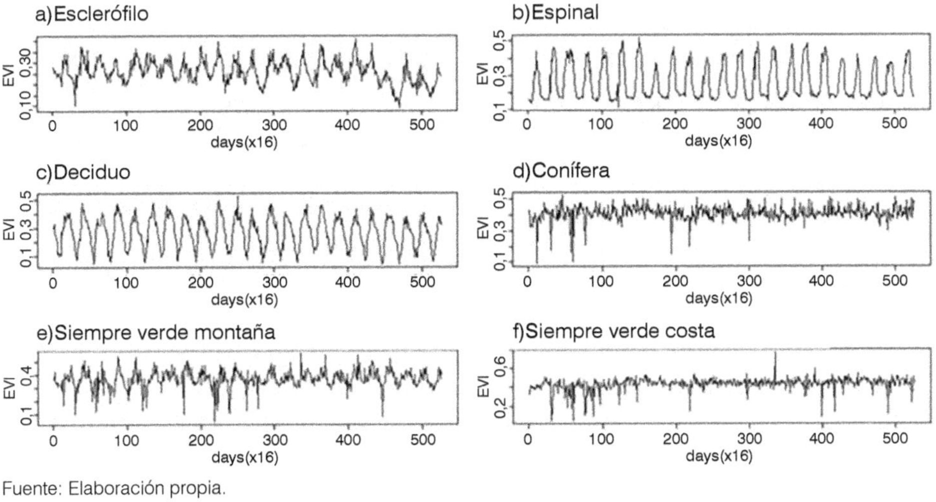

Fuente: Elaboración propia.

Con respecto a las variables fenológicas (**Figura 14.5, 14.6 y Tabla 14.2**), SOS muestra su inicio productivo a través de un marcado gradiente latitudinal (**Figura 14.6**). Este se caracteriza por un inicio promedio de la actividad alrededor de la primera quincena de julio (día juliano 203) para matorrales, la primera semana de agosto (día juliano 255) en bosques esclerófilos, la primera semana de septiembre (día juliano 284) para bosques de coníferas y de hoja perenne, y a comienzos de octubre (día juliano 303) en bosques caducifolios. Un comportamiento similar en términos de gradiente presenta la variable EOS (**Figura 14.6**).

Por otro lado, el día de actividad productiva máxima representado por la variable PET ocurre 2,6 meses después del inicio de la temporada (SOS) en matorrales, tres meses en bosques esclerófilos y caducifolios, y entre 3,5 y 4 meses en bosques de coníferas y de hoja perenne (**Figura 14.6**). Los bosques esclerófilos y de hoja perenne destacan por su mayor variabilidad, principalmente debido a la variabilidad estructural que presentan a lo largo de su distribución (Bannister y Donoso, 2013).

Además, se puede observar un marcado gradiente latitudinal para la productividad acumulada (LIN), lo que diferencia de forma notable el comportamiento de los bosques ubicados al norte y al sur de la región de estudio. Se observan valores acumulados que fluctúan entre 1 y 3,5 en matorrales, entre 3,5 y 6 en bosques esclerófilos, y entre 6 y 16 en bosques caducifolios y de hoja perenne (**Figura 14.6**). Cabe destacar que los valores acumulados del EVI, en este caso, pueden ser hasta 16 veces mayores entre un tipo de bosque y otro, lo cual se ve claramente reflejado en su dinámica estructural y estacional.

Tabla 14.2

Promedio y desviación estándar de las variables fenológicas SOS, EOS, PET y LIN para diferentes tipos de bosques asociados al área de estudio. Los valores de las tres primeras variables corresponden a días julianos (1 a 365). La variable LIN se representa en valores del índice de vegetación EVI (-1, 1)

Tipo de bosque	SOS		EOS		PET		LIN	
	Media	Std. Dev.	Media	Std. Dev.	Media	Std. Dev.	Media	Std. Dev.
Esclerófilo	254.92	30.22	469.57	40.19	350.72	31.88	4.24	1.03
Espinal	203.42	10.12	349.44	15.44	282.91	11.06	3.64	0.17
Deciduo	302.84	12.92	525.22	19.24	395.02	15.38	6.62	1.35
Conífera	288.56	28.62	518.17	19.25	396.15	21.80	6.83	0.68
S. V. de montaña	280.41	46.92	511.55	56.56	398.71	54.61	6.55	1.15
S. V. de costa	283.72	33.50	528.83	47.66	410.89	48.83	6.92	1.48

Fuente: Elaboración propia.

Figura 14.6
Variables fenológicas. Las primeras tres variables son medidas en días julianos y la última en valores del índice EVI

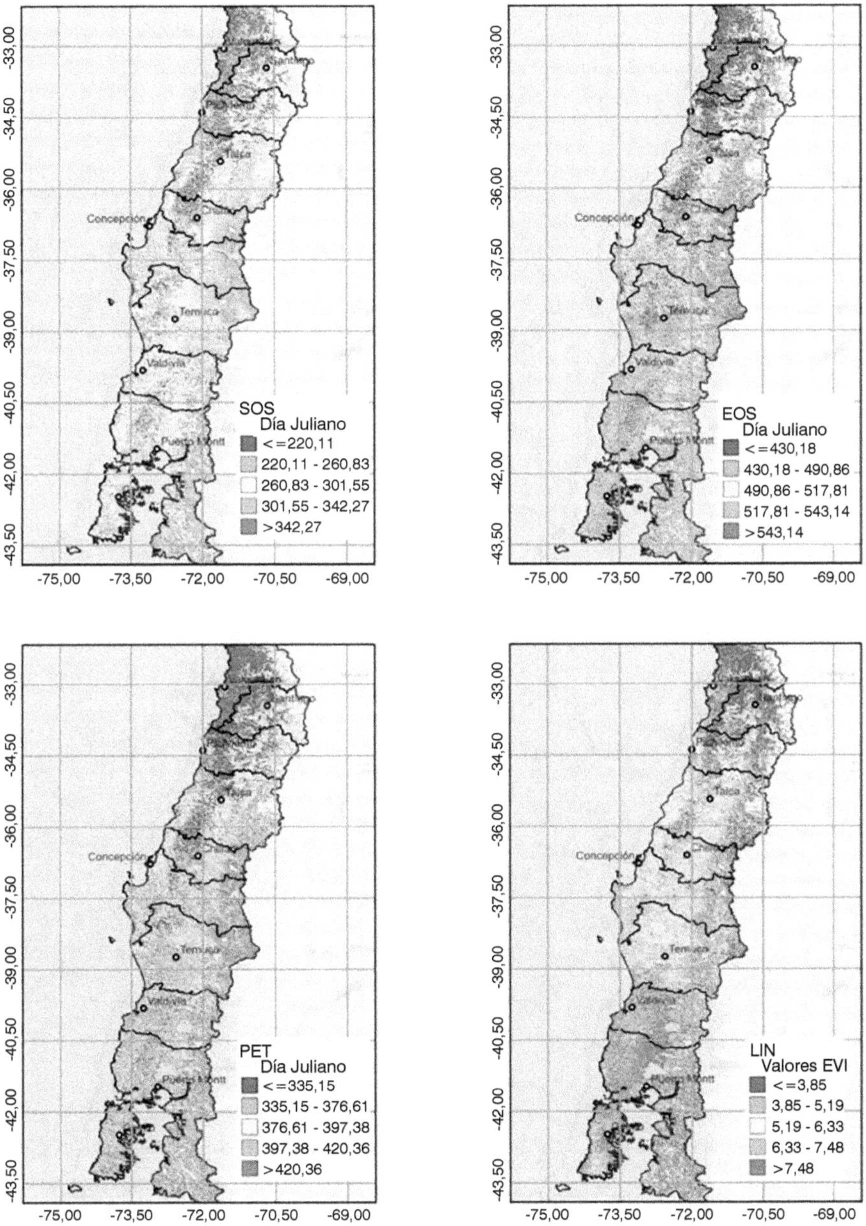

Figura 14.7

Tendencia de la productividad primaria representada por la variable fenológica LIN. Los píxeles de color rojo representan una tendencia negativa, mientras que los píxeles de color verde representan una tendencia positiva para la variable LIN durante un periodo de observación de veinte años

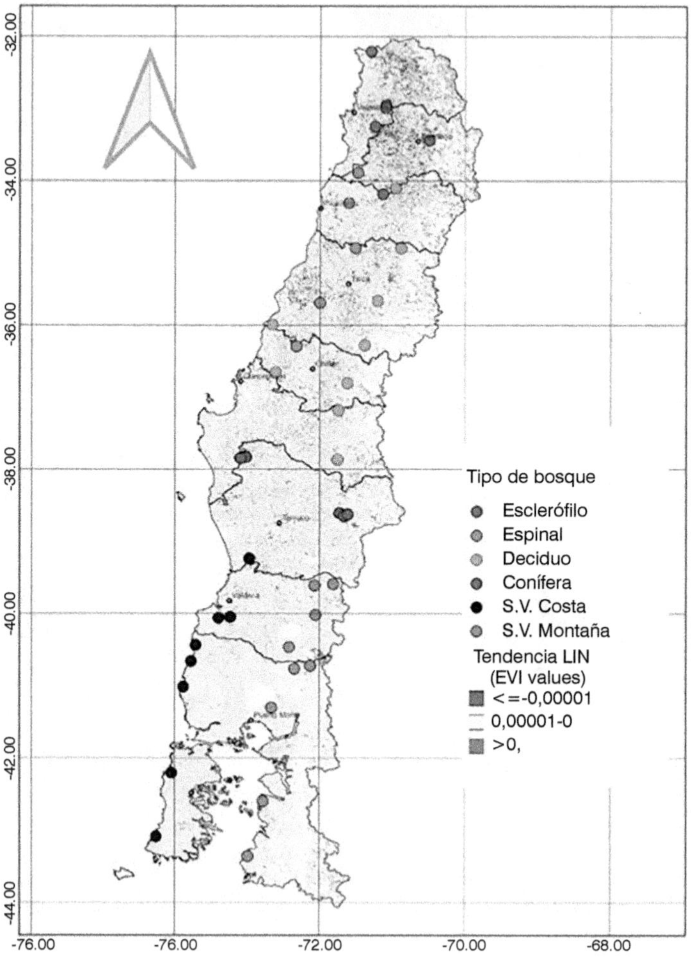

Fuente: Elaboración propia.

En cuanto a la tendencia de la productividad primaria representada por LIN, la **Figura 14.7** muestra los valores que resultaron significativos para la regresión lineal aplicada a la serie de observación de veinte años. Se distinguen tres comportamientos principales:

- Sectores con pendiente negativa (disminución de la productividad acumulada), ubicados principalmente entre los paralelos 32° y 36°S, asociados a bosques esclerófilos y matorrales.

- Sectores con pendiente positiva (aumento de la productividad acumulada), asociados principalmente a la vegetación ubicada en el límite de la vegetación arbórea entre los paralelos 32° y 38°S.
- Pendiente cercana a cero que representa ausencia de cambios, localizada sobre todo en la zona sur de la región de estudio.

Es importante destacar la existencia de series de píxeles aislados con pendientes positivas o negativas distribuidos aleatoriamente en el área de estudio, cuyos valores de tendencia podrían deberse a procesos antrópicos independientes del clima, como manejo forestal o cambios de uso de suelo, entre otros.

Estos resultados coinciden con observaciones recientes sobre el efecto de las últimas olas de calor y la prolongada sequía que se inició en 2010 (Garreaud et al., 2017). Los máximos registrados en 2019-2020 generaron un "pardeamiento" generalizado de la vegetación entre las regiones de Coquimbo y O'Higgins (Miranda et al., 2020; 2023). Además, debe señalarse que los descensos de productividad pueden asociarse con los efectos de incendios forestales, especialmente aquellos ocurridos en 2017 y 2022.

5. CONCLUSIONES

El aumento de las sequías y olas de calor, así como los cambios en el ciclo hidrológico provocados por el cambio climático, están afectando de manera amplia y recurrente la productividad de los ecosistemas, especialmente los terrestres.

Monitorear estos cambios es una tarea urgente que puede abordarse de manera extensa mediante la teledetección satelital. A partir de los datos espectrales que captan los satélites, es posible obtener métricas que representan el comportamiento fenológico de la productividad primaria de la vegetación, sobre todo bosques.

El uso de métricas fenológicas derivadas de imágenes satelitales permite detectar cambios asociados al inicio, fin y duración de la productividad a lo largo del tiempo, así como cuantificar su valor acumulado. Además, posibilita diferenciar las estructuras de vegetación (tipos de bosques) y observar sus tendencias temporales.

En nuestro caso de estudio, asociado a la región templada de Sudamérica, se observaron diferencias en las variables fenológicas satelitales de distintos tipos de bosques, ubicados bajo diferentes condiciones ambientales en cuanto a disponibilidad de agua y temperatura (gradiente latitudinal).

Asimismo, gracias a la medición de variables fenológicas satelitales a lo largo de un periodo prolongado, se observaron tendencias negativas y positivas según la ubicación y características de la vegetación. La condición más desfavorable en términos de tendencia de productividad se registra en la zona norte de la región de estudio, donde se concentra un mayor número de píxeles con una tendencia negativa significativa. Esta información refuerza las observaciones ya realizadas en la región, asociadas a eventos de "pardeamiento" generalizados como consecuencia de sequías y olas de calor ocurridas en los últimos cinco años.

El uso de métricas fenológicas obtenidas mediante sensores satelitales se presenta como una herramienta clave para el monitoreo de los cambios ecosistémicos que tienen lugar en diferentes escalas espaciales y temporales. Su perfeccionamiento a lo largo del tiempo es fundamental para proporcionar información más precisa que sirva de base a la toma de decisiones y la planificación.

REFERENCIAS

1. Bannister, J. R., y Donoso, P. J. (2013). "Forest typification to characterize the structure and composition of old-growth evergreen forests on Chiloe Island, North Patagonia (Chile)". *Forests*, 4(4). Disponible en: https://doi.org/10.3390/f4041087
2. Berdugo, M., Vidiella, B., Solé, R. V., y Maestre, F. T. (2022). "Ecological mechanisms underlying aridity thresholds in global drylands". *Functional Ecology*, 36(1), pp. 4–23. Disponible en: https://doi. org/10.1111/1365-2435.13962
3. Comer, P., Faber-Langendoen, D., Evans, R., Gawler, S., Josse, C., Kittel, G., Menard, S., Pyne, M., Reid, M., Schulz, K., Snow, K., y Teague, J. (2003). *Ecological systems of the United States. A working classification of U.S. terrestrial systems.*
4. Didan, K. (2015). MOD13Q1 *MODIS/Terra Vegetation Indices 16-Day L3 Global 250m* SIN Grid V006 [Data set]. NASA EOSDIS Land Processes Distributed Active Archive Center.
5. Dronova, I., y Taddeo, S. (2022). "Remote sensing of phenology: Towards the comprehensive indicators of plant community dynamics from species to regional scales". *Journal of Ecology*, 110(7), pp. 1460–1484. Disponible en: https://doi.org/10.1111/1365-2745.13897
6. Ferchichi, A., Abbes, A. Ben, Barra, V., y Farah, I. R. (2022). "Forecasting vegetation indices from spatio-temporal remotely sensed data using deep learning-based approaches: A systematic literature review". In *Ecological Informatics* (Vol. 68). Disponible en: https://doi.org/10.1016/j. ecoinf.2022.101552
7. Garreaud, R. D., Boisier, J. P., Rondanelli, R., Montecinos, A., Sepúlveda, H. H., y Veloso-Aguila, D. (2020). "The Central Chile Mega Drought (2010–2018): A climate dynamics perspective". *International Journal of Climatology*, 40(1), pp. 421-439. Disponible en: https:// doi.org/10.1002/joc.6219
8. Glade, F. E., Miranda, M. D., Meza, F. J., y van Leeuwen, W. J. D. (2016). "Productivity and phenological responses of natural vegetation to present and future inter-annual climate variability across semi-arid river basins in Chile". *Environmental Monitoring and Assessment*, 188(12), 676. Disponible en: https://doi.org/10.1007/s10661-016-5675-7
9. Gordo, O., y Sanz, J. J. (2010). "Impact of climate change on plant phenology in Mediterranean ecosystems". *Global Change Biology*, 16(3). Disponible en: https://doi. org/10.1111/j.1365-2486.2009.02084.x
10. Hernández, A., Miranda, M. D., Arellano, E. C., y Dobbs, C. (2016). "Landscape trajectories and their effect on fragmentation for a Mediterranean semi-arid ecosystem in Central Chile". *Journal of Arid Environments*, 127, pp. 74-81. Disponible en: https://doi.org/10.1016/j. jaridenv.2015.10.004

11. Huang, X., Xiao, J., y Ma, M. (2019). "Evaluating the performance of satellite-derived vegetation indices for estimating gross primary productivity using FLUXNET observations across the globe". *Remote Sensing*, 11(15). Disponible en: https://doi.org/10.3390/rs11151823
12. Ivits, E., Cherlet, M., Mehl, W., y Sommer, S. (2013). "Ecosystem functional units characterized by satellite observed phenology and productivity gradients: A case study for Europe". *Ecological Indicators*, 27, pp. 17-28. https://doi.org/10.1016/j.ecolind.2012.11.010
13. Jönsson, P., y Eklundh, L. (2002). "Seasonality extraction by function fitting to time-series of satellite sensor data". *IEEE Transactions on Geoscience and Remote Sensing*, 40(8). Disponible en: https://doi.org/10.1109/TGRS.2002.802519
14. Jönsson, P., y Eklundh, L. (2004). "TIMESAT-a program for analyzing time-series of satellite sensor data". *Computers y Geosciences*, 30(8), pp. 833-845. Disponible en: https://doi.org/10.1016/j.cageo.2004.05.006
15. Kariyeva, J., Leeuwen, W. J. D., y Woodhouse, C. a. (2012). "Impacts of climate gradients on the vegetation phenology of major land use types in Central Asia (1981-2008)". *Frontiers of Earth Science*, 6(2), pp. 206-225. Disponible en: https://doi.org/10.1007/s11707-012-0315-1
16. Kwork, R. (2018). "Ecology's remote-sensing revolution". *Nature*, 556, pp. 137-138. Disponible en: https://doi.org/10.1038/d41586-018-03924-9
17. Malhi, Y., Franklin, J., Seddon, N., Solan, M., Turner, M. G., Field, C. B., y Knowlton, N. (2020). "Climate change and ecosystems: Threats, opportunities and solutions". *Philosophical Transactions of the Royal Society B: Biological Sciences*. 375(1794). Disponible en: https://doi.org/10.1098/rstb.2019.0104
18. Miranda, A., Lara, A., Altamirano, A., Di Bella, C., González, M. E., y Julio Camarero, J. (2020). "Forest browning trends in response to drought in a highly threatened mediterranean landscape of South America". *Ecological Indicators*, 115, 106401. Disponible en: https://doi.org/10.1016/j.ecolind.2020.106401
19. Miranda, A., Syphard, A. D., Berdugo, M., Carrasco, J., Gómez-González, S., Ovalle, J. F., Delpiano, C. A., Vargas, S., Squeo, F. A., Miranda, M. D., Dobbs, C., Mentler, R., Lara, A., y Garreaud, R. (2023). "Widespread synchronous decline of Mediterranean-type forest driven by accelerated aridity". *Nature Plants*. Disponible en: https://doi.org/10.1038/s41477-023-01541-7
20. Moritz, S., y Bartz-Beielstein, T. (2017). "imputeTS: Time series missing value imputation". *R. R Journal*, 9(1), pp. 207-218. Disponible en: https://doi.org/10.32614/rj-2017-009
21. Peel, M. C., Finlayson, B. L., y Mcmahon, T. A. (2007). "Updated world map of the Köppen-Geiger climate classification". *Hydrology and Earth System Sciences*, 11, pp. 1633-1644. Disponible en: https://doi.org/10.5194/hess-11-1633-2007
22. Root-Bernstein, M., Guerrero-Gatica, M., Piña, L., Bonacic, C., Svenning, J.-C., y Jaksic, F. M. (2016). "Rewilding-inspired transhumance for the restoration of semiarid silvopastoral systems in Chile". *Regional Environmental Change*. Disponible en: https://doi.org/10.1007/s10113-016-0981-8
23. Sepúlveda, M., Bown, H. E., Miranda, M. D., y Fernández, B. (2018). "Impact of rainfall frequency and intensity on inter- and intra-annual satellite-derived EVI vegetation productivity of an Acacia caven shrubland community in Central Chile". *Plant Ecology*, 219(10), pp. 1209-1223. Disponible en: https://doi.org/10.1007/s11258-018-0873-8

24. Smith-Ramírez, C., Grez, A., Galleguillos, M., Cerda, C., Ocampo-Melgar, A., Miranda, M. D., Muñoz, A. A., Rendón-Funes, A., Díaz, I., Cifuentes, C., Alaniz, A., Seguel, O., Ovalle, J., Montenegro, G., Saldes-Cortés, A., Martínez-Harms, M. J., Armesto, J. J., y Vita, A. (2023). "Ecosystem services of Chilean sclerophyllous forests and shrublands on the verge of collapse: A review". *Journal of Arid Environments*, 211. Disponible en: https://doi.org/10.1016/j.jaridenv.2022.104927
25. Ustin, S. L., y Middleton, E. M. (2021). "Current and near-term advances in Earth observation for ecological applications". *Ecological Processes*, 10(1). Disponible en: https://doi.org/10.1186/s13717-020-00255-4
26. van Leeuwen, W., Hartfield, K., Miranda, M., y Meza, F. (2013). "Trends and ENSO/AAO Driven Variability in NDVI Derived Productivity and Phenology alongside the Andes Mountains". *Remote Sensing*, 5(3), pp. 1177-1203. Disponible en: https://doi.org/10.3390/rs5031177
27. Zeng, Y., Hao, D., Huete, A., Dechant, B., Berry, J., y Chen, J. (s.f.). *Technical Reviews Optical vegetation indices for monitoring terrestrial ecosystems globally.*
28. Zhang, X., Friedl, M. a., Schaaf, C. B., Strahler, A. H., Hodges, J. C. F., Gao, F., Reed, B. C., y Huete, A. (2003). "Monitoring vegetation phenology using MODIS". *Remote Sensing of Environment*, 84(3), pp. 471-475. Disponible en: https://doi.org/10.1016/S0034-4257(02)00135-9
29. Zhengxing, W., Chuang, L., y Alfredo, H. (2003). From AVHRR-NDVI to MODIS-EVI: Advances in vegetation index research. *Acta Ecologica Sinica*, 23(5).

Capítulo 15
PROCESOS HIDROLÓGICOS CENTINELA: ESTRATEGIAS DE GESTIÓN DE LA SEQUÍA EN CHILE

Aurora Gaxiola, Camilo del Río, Marcelo Miranda y Francisco Suárez

Resumen. Este capítulo examina el papel de los procesos hidrológicos como indicadores sensibles del cambio climático, centrándose en el momento de aparición de anomalías en la dinámica de la niebla, las aguas subterráneas y la vegetación en regiones mediterráneas y semiáridas de Chile. A través de estudios de caso que analizan la variabilidad espacio-temporal de la niebla, el almacenamiento de aguas subterráneas y la productividad primaria, el capítulo demuestra cómo estas variables reflejan cambios en el ciclo hidrológico bajo un creciente estrés climático. La disponibilidad de aguas subterráneas y la frecuencia de la niebla proporcionan información crucial sobre la dinámica de los recursos hídricos, mientras que los cambios fenológicos destacan las respuestas de la vegetación a sequías prolongadas y olas de calor. Estos hallazgos mejoran las estrategias de gestión de la sequía y subrayan la importancia de la detección temprana de anomalías hidrológicas y la resiliencia de los ecosistemas en regiones altamente vulnerables a la variabilidad climática.

Palabras clave. Mitigación de la sequía, niebla, aguas subterráneas, fenología, momento de aparición de anomalías.

1. INTRODUCCIÓN

Frente al creciente cambio climático antropogénico, el concepto de ecosistemas centinela emerge como una herramienta valiosa para comprender y anticipar las repercusiones de los cambios ambientales en los hábitats de nuestro planeta. Relacionados principalmente al estudio de glaciares (O'Gorman et al., 2014; Mark y Fernández, 2017), lagos (Schindler, 2009; Williamson et al., 2009; Echeverría et al., 2019) y humedales (Tarnocai, 2006; Mitsch et al., 2013), los ecosistemas centinela han demostrado ser indicadores por excelencia de los cambios climáticos, al reflejar alteraciones en sus características bióticas y abióticas. En otras palabras, estos ecosistemas sirven como indicadores sensibles de tendencias a largo plazo, estableciendo correlaciones con las variaciones climáticas y aportando datos cruciales sobre las posibles consecuencias de dichas variaciones. Por ejemplo, los lagos asimilan y "guardan" información sobre las alteraciones en la dinámica biogeoquímica de sus áreas de captación circundantes, evidencia que representa siglos de información (Fuentealba et al.,

2020). Por otra parte, los humedales, en particular las turberas, han surgido como centinelas excepcionales, dada la capacidad de respuesta de su biota a las condiciones climáticas (Mataloni, 2016). La resistencia de las turberas, ejemplificada en su capacidad para reflejar con precisión la dinámica climática durante largos periodos prolongados queda patente en la reconstrucción del clima del Holoceno tardío (Van Bellen et al., 2016).

Sin embargo, lo que realmente se analiza en los ecosistemas centinela, son elementos de los ciclos biogeoquímicos, es decir flujos y reservorios (Mueller et al., 2009; Dangles et al., 2017; Cantonati et al., 2022). Por ejemplo, los sedimentos de lagos y turberas permiten identificar cambios en los flujos el ciclo del carbono (por ejemplo, secuestro y productividad) (Mollot y Dillon,1996; Lolu et al., 2020). En los hielos de los glaciares por otro lado, es posible analizar los cambios en el reservorio de carbono a partir del análisis del CO_2 atmosférico atrapado en las burbujas de hielo (Thompson, 2010). Asimismo, estudios han demostrado cómo los cambios históricos en la cobertura de vegetación presente en una cuenca alteran los flujos y reservorios (Istanbulluoglu et al., 2005; Karssenberg et al., 2017) de agua, por lo que la estructura de la vegetación es clave para entender el ciclo hidrológico (Allen et al., 2015). Por lo tanto, nosotros proponemos la consideración del ciclo hidrológico como un proceso centinela, esto es particularmente relevante ya que la escasez de agua es un desafío global urgente y crítico para países como Chile en los que la desertificación es una amenaza constante.

El concepto de ecosistemas o procesos centinela representa complejidades ya que requiere no solamente de un enfoque multidisciplinario, sino de la capacidad científica de generar, almacenar y analizar datos de largo plazo que permitan, no solamente identificar patrones, sino identificar anomalías (O'Gorman et al., 2014). Dichas complejidades pueden abordarse teóricamente a partir de conceptos como umbrales ambientales (Folke et al., 2004) y puntos de inflexión (Scheffer et al., 2009), ya que permiten correlacionar datos de largo plazo con procesos ecológicos y descifrar la resiliencia y la vulnerabilidad de los ecosistemas al cambio climático (Barnosky et al., 2012). Sin duda, estudios que han utilizado estos marcos teóricos nos han permitido identificar problemáticas ecológicas y ambientales diversas (Heinze et al., 2021) y han promovido debates acerca de los desafíos ambientales que se nos avecinan (Barnosky et al., 2012). Sin embargo, los umbrales ambientales o puntos de inflexión dentro de los procesos centinela pueden presentar desafíos técnicos debido a su naturaleza compleja y multifacética (Tabor y Aguirre, 2004), y las acciones de prevención ante el cambio climático son urgentes (Marquet et al., 2019). Por lo tanto, el desafío que se le presenta a la comunidad científica, es el de desarrollar la capacidad no solamente de comprender y entender la dinámica temporal histórica de los sistemas socioecológicos, sino el de identificar cambios, aunque sutiles que en un principio puedan significar tendencias hacia umbrales críticos o puntos de inflexión, ofreciendo pistas valiosas sobre la trayectoria de los cambios en el ecosistema y la urgencia de medidas de intervención proactivas (Scheffer et al. 2009; Barnosky et al., 2012; Heinze et al. 2021, pero Hillebrand et al., 2023).

Una pregunta clave para los gobiernos locales es la de cuándo podemos esperar ver los efectos locales del cambio climático y cuándo debemos cambiar nuestras políticas de manejo y conservación (por ejemplo, Haasnoot et al., 2013). Ante esta incertidumbre, obtienen relevancia los análisis de tiempo de emergencia (ToE, por sus siglas en inglés) (Henson et al., 2017). Los análisis de ToE emergen como una herramienta complementaria valiosa, ya que estos análisis pueden aplicarse a bases de datos de variables ambientales de largo plazo (Ascott et al., 2002; Rojas et al., 2019; Alaniz et al., 2024). Sin embargo, el obstáculo que se presenta en muchos grupos de investigación es el acceso a este tipo de datos. Asimismo, la capacidad de integración de la información es clave, ya que no solamente es importante identificar la anomalía o el tiempo de emergencia, sino la secuencia de aparición de los cambios (Giorgi and Bi, 2009; King et al., 2015). En este sentido, para este trabajo consideramos variables centinela del ciclo hidrológico. La premisa de este trabajo es que el análisis de estas variables "centinela" resalta el valor inherente de estas para dilucidar las intrincadas conexiones entre el clima, los ecosistemas y el bienestar humano. Al identificar y analizar estas variables, buscamos resaltar la interconexión de procesos centinela claves y sus implicaciones más amplias para la disponibilidad de agua, la salud del suelo, la biodiversidad y el bienestar de las especies del planeta. En última instancia, nuestro objetivo apremiante es presentar un enfoque científico multidisciplinario que pueda informar estrategias de manejo adaptativo e intervenciones políticas destinadas a mitigar los efectos perjudiciales del cambio climático en Chile.

Por lo tanto, en este capítulo presentamos tres casos de estudio breves sobre variables centinelas del ciclo hidrológico con el fin de promover una discusión acerca de la importancia de conocer los cambios espacio temporales de recursos hídricos (niebla y agua subterránea) y biológicos (fenología/productividad primaria).

En primera instancia se presenta a la niebla costera como una variable centinela que permite mejorar nuestro conocimiento sobre su distribución espacial, y aproximarnos al rol que tiene en el ciclo hidrológico (sección 2.1). La niebla es en el centro y norte de Chile un insumo de agua importante para los ecosistemas costeros terrestres y para las personas (Larrain et al., 2002; Cereceda et al., 2008; Osses et al., 2017; Moat et al., 2021). En este caso de estudio las herramientas principales fueron el procesamiento de datos obtenidos por el Satélite Geostationary Operational Environmental Satellites (GOES-16) en una ventana de tiempo de cinco años y el análisis y procesamiento de imágenes satelitales con la plataforma Google Earth Engine. Las aproximaciones permitieron modelar las distribuciones espaciotemporales (diarias, anuales e interanuales) de nubes bajas y niebla desde Arica hasta el Maule. Sin duda, la comprensión de las dinámicas espaciotemporales y los factores que las determinan permite dimensionar los elementos del ciclo hidrológico en regiones hiperáridas y semiáridas, como las del norte y centro de Chile (Garreaud et al., 2008; 2017). Asimismo, permite entender cambios potenciales históricos y presentes en la dinámica ecológica y evolutiva de la vegetación costera (Armesto et al., 1983; Armesto y Vidiella,1983; Rundel et al., 1991; del Val et al., 2006; Latorre et al., 2011; Koch et al., 2019; del Río, 2021). Lo anterior adquiere importancia al recordar que la vegetación y el suelo son elementos claves del ciclo del agua. Finalmente, tener la capacidad de identificar patrones y anomalías en las dinámicas espacio temporales de la niebla es indispensable para informar políticas públicas sobre estrategias de conservación de la vegetación costera y programas de desarrollo urbano. El caso de estudio aporta asimismo a la consideración de la niebla como opción para atenuar o mitigar efectos de la sequía, ya que se establece como una fuente de agua complementaria, tanto para su uso humano, como para el mantenimiento, conservación y restauración de ecosistemas.

En segundo lugar, en la sección 2.2 se presenta el análisis de aguas subterráneas como centinela del ciclo del agua. Aquí se discute la importancia de las aguas subterráneas como un componente clave del ciclo hidrológico y particularmente importante para combatir las sequías. Es clave recordar que las sequías son uno de los desastres naturales que más daño generan, puesto que impactan tanto a ecosistemas como a la sociedad por periodos de tiempo extensos (Bahinipati, 2020; Barría et al., 2021; Singh et al., 2021). Por lo tanto, se requieren índices de disponibilidad de agua subterránea que nos permitan identificar tendencias y anomalías en la disponibilidad de esta variable del ciclo hidrológico. La metodología de este estudio en consecuencia consistió en calcular el índice estandarizado de almacenamiento de aguas subterráneas (SGWI; Halder et al., 2020) y generar una serie temporal de más de veinte años para Chile. Lo anterior con el fin de visualizar anomalías en las variaciones del almacenamiento subterráneo y correlacionarlo con periodos de sequía, y evaluar la severidad de las sequías. En el estudio de caso de Suárez, llama la atención el hecho de que la explotación del agua subterránea ha permitido sostener la agricultura y el consumo humano en periodos de sequía (Arumí et al., 2013; Herrera et al., 2023). Esto contrasta con el caso de la niebla como centinela ya que la neblina no tiene aún un rol tan relevante en la mitigación de la escasez hídrica, probablemente debido a que las tecnologías de recolección de agua atmosférica aún requieren un mayor desarrollo. Sin embargo, ambos estudios resaltan que el conocimiento de los patrones espaciotemporales de ambas variables centinelas es aún limitado (Suárez et al., 2021). El capítulo de aguas subterráneas enfatiza la importancia de generar y parametrizar índices estandarizados que permita identificar el riesgo de sequía en las aguas subterráneas. Es decir, generar el conocimiento y capacidad de análisis que nos permita identifica valores críticos de disponibilidad de agua subterránea a partir de los cuáles podrían colapsar no solamente actividades humanas como la agricultura, sino la vegetación nativa que es el regulador clave de los ciclos biogeoquímicos de agua y carbono.

Finalmente, en la sección 2.3 se presenta el estudio sobre cambios espaciotemporales de productividad primaria a partir del análisis de tendencias temporales de fenología foliar. La perspectiva teórica y los resultados de este estudio complementan la visión del ciclo hidrológico como un proceso centinela ya que el monitoreo de la dinámica de la vegetación se ha convertido en una estrategia esencial para detectar cambios en el ciclo hidrológico y otros ciclos biogeoquímicos (Kariyeva et al., 2012). Los cambios en estructura y capacidad metabólica de la vegetación se pueden considerar como el "canario de la mina" ya que procesos de pérdida de vegetación por encima del 50% de cobertura pueden llevar a ecosistemas terrestres (principalmente semiáridos) a procesos de desertificación y colapso (Tabor y Aguirre, 2004; Ariel et al., 2021). Las plantas pueden utilizar como principal fuente de agua fuentes subterráneas (Dawson y Pate, 1996) y atmosféricas en forma de neblina (Dawson, 1998; Weathers, 1999), por lo tanto, los cambios en estas fuentes pueden tener efectos muy negativos en la productividad primaria de los escosistemas (Latorre et al., 2011). En otras palabras, dado que la relación clima-precipitación-vegetación determina la distribución y dinámica de muchos ecosistemas terrestres (Rustad), pequeños cambios en las condiciones pueden afectar el equilibrio dinámico de los ecosistemas y sus funciones asociadas (Malhi et al., 2020). Este caso se basa principalmente en el análisis de series temporales de veinte años de índices de vegetación; Índice de Vegetación de Diferencia Normalizada (NDVI) y el Índice de Vegetación Mejorado (EVI), ambos por sus siglas en inglés (Huang et al., 2019). En particular, los resultados permiten identificar el impacto a nivel fisiológico que han tenido las últimas olas de calor y sequía prolongada que tuvieron el efecto más dramático entre 2019 y 2020.

2. ESTUDIOS DE CASO

2.1. Niebla y nubes bajas como centinelas frente a la sequía[1]

En la costa del norte y centro de Chile, que se extiende entre los 18°S y los 34°S, se presentan nubes bajas extensas tipo estratocúmulos (Sc) que cubren regularmente el sureste del océano Pacífico y se encuentran con la cordillera de la Costa, produciendo una niebla advectiva muy dinámica, localmente llamada camanchaca (Cereceda et al., 2002; del Río et al., 2018; 2021). La niebla es un componente importante del clima local, que aporta humedad y agua al ambiente, y promueve diversidad (Rundel y Mahu, 1976). Desde el punto de vista hidrológico, no está claro el rol que juega la niebla en el balance hídrico, ya que son aguas atmosféricas que no precipitan al suelo. Sin embargo, la niebla interactúa con la superficie, contribuyendo a potenciar procesos físicos y biológicos que son relevantes en el contexto de las sequías.

Desde el punto de vista físico, la presencia de niebla atenúa la radiación solar directa (Osses et al., 2017), la cual es uno de los elementos más relevantes en el proceso de evaporación. A su vez, la presencia de niebla disminuye la temperatura del aire y aumenta el vapor de agua en la atmósfera, disminuyendo la presión de vapor del aire, lo que también contribuye a atenuar la evaporación. Desde el punto de vista ecológico, la neblina estructura y regula patrones espaciales de la vegetación en ecosistemas costeros (Borthagaray et al., 2010; Stanton et al., 2013). Asimismo, en regiones hiperáridas a semiáridas, como el norte y centro de Chile, la presencia de niebla y su aporte de agua y nutrientes adquiere especial importancia y estudios han demostrado que el aporte hídrico de la neblina tiene un impacto positivo en la productividad (Wang et al., 2019).

Dada la relevancia que tiene la presencia de niebla y nubes bajas en el clima y en los ecosistemas, es que la comprensión de sus dinámicas espaciotemporales (diarias, anuales e interanuales) pueden ser cruciales para conocer los efectos que la sequía pudiese tener

[1] Los autores agradecen a Felipe Lobos y Klaus Keim por sus contribuciones al trabajo necesario para completar esta sección.

en distintos territorios. Por ejemplo, la megasequía de más de una década, asociada a los efectos del cambio climático, que ha afectado a la zona central de Chile, ha producido una pérdida de productividad en los ecosistemas y a un *browning* de la vegetación que es menor en sectores costeros donde la presencia de niebla y es regular con nubes bajas (Miranda et al., 2020). Asimismo, la presencia constante de niebla a lo largo de la costa del norte y centro de Chile ha sido principalmente estudiada como una potencial fuente hídrica complementaria (Cereceda et al., 2008; Larraín et al., 2002; del Río et al., 2018; Montecinos et al., 2018; Carvajal et al., 2022). Es así como como la niebla también se presenta como opción para atenuar o mitigar efectos de la sequía.

En este sentido, entender los ciclos estacionales la niebla y la variabilidad espacio-temporal es clave, ya que permite identificar los cambios en el aporte de neblina y sus implicaciones climáticas, ecológicas y en el ciclo hidrológico.

a) Metodología

La identificación y caracterización espaciotemporal de la frecuencia de niebla y nubes bajas, se realiza a través del procesamiento de los datos obtenidos por el Satélite Geostationary Operational Environmental Satellites (GOES-16) disponibles desde agosto de 2017 hasta el 2022. La resolución temporal del satélite GOES-16 es de 10 minutos y su resolución espacial es de 2 km. Estas resoluciones permiten una precisa caracterización de la distribución espaciotemporal de la niebla, entre ellas sus ciclos diarios y estacionales. El algoritmo para la obtención de imágenes de niebla y nubes bajas esta descrito en del Río et al. (2021) y distingue entre un proceso para el día y otro para la noche. El algoritmo de día aplica la técnica de detección de cambios, esto es, determina las diferencias entre una imagen completamente libre de nubes con cada imagen disponible en el periodo de tiempo analizado, situando un umbral de 0.15 de radiancia. Luego, se diferencian las nubes altas de las nubes bajas (y/o niebla) mediante un umbral térmico de 273 K, donde las nubes sobre dicho umbral son clasificadas como nubes bajas. Por otro lado, para el algoritmo nocturno, se procesan dos bandas térmicas, la banda infrarroja de onda corta de 3,8 µm y la banda infrarroja de onda larga 10,9 µm. Para diferenciar nubes bajas de nubes altas o suelo descubierto, se utiliza un umbral de -2K (Lee et al., 1997). De esta manera, los valores bajo ese umbral se clasificaron como nubosidad baja y los sobre el umbral como libres de nubosidad.

A continuación, los píxeles clasificados como niebla o nubes bajas se prueban mediante un filtro; el cual distingue y clasifica si la temperatura del tope de la nube, estimada por la temperatura brillante en la longitud de onda de 10,9 µm, está por encima o por debajo del umbral de 273K (Torregrosa et al., 2015). El resultado de ambos algoritmos nocturnos y diurnos se integra en promedios mensuales de frecuencia donde 0% corresponde a cielos libres de niebla y 100% totalmente cubiertos dentro de un periodo de tiempo determinado, por ejemplo, un mes. Dichos resultados se agrupan en 4 rangos de frecuencia: 3-10%, 10-20%, 2-40% y mayores a 40%. Para el análisis y procesamiento de las imágenes satelitales se utilizó la plataforma Google Earth Engine (Gorelick et al.,

2017), descargándose las imágenes disponibles, tanto para el día como para la noche, desde agosto de 2017 hasta mayo de 2022.

b) Análisis de resultados y conclusiones

El resultado de nuestro análisis muestra diferencias marcadas en la distribución espacio-temporal de la frecuencia de niebla desde Arica al Maule. En relación con los patrones de distribución espacial encontramos que entre la latitud 25 hacia el norte la menor frecuencia de niebla ocurre durante el verano y otoño **(Figuras 15.1 y 15.2)** y la mayor en el periodo primavera **(Figuras 15.3 y 15.4)**. A partir de la latitud 25 al sur, se presenta un cambio en el patrón y la mayor frecuencia ocurre en verano y la menor en invierno. Esta variabilidad espacio temporal está relacionada con el desplazamiento norte-sur del anticiclón del Pacífico y la subsidencia de masas de aire cálido a gran escala, las cuales son mayores en Chile central durante el verano, y mayores en el norte durante el invierno (del Río et al., 2021). Al mismo tiempo, el otro factor regional que determina la variación latitudinal, la temperatura superficial del mar, que presenta un gradiente térmico de menor a mayor de sur a norte, y que presenta variaciones asociadas al ciclo solar anual (mayores temperaturas en verano y menores en invierno).

Figura 15.1

Frecuencia de niebla y nubes bajas durante el verano entre (2017-2022)

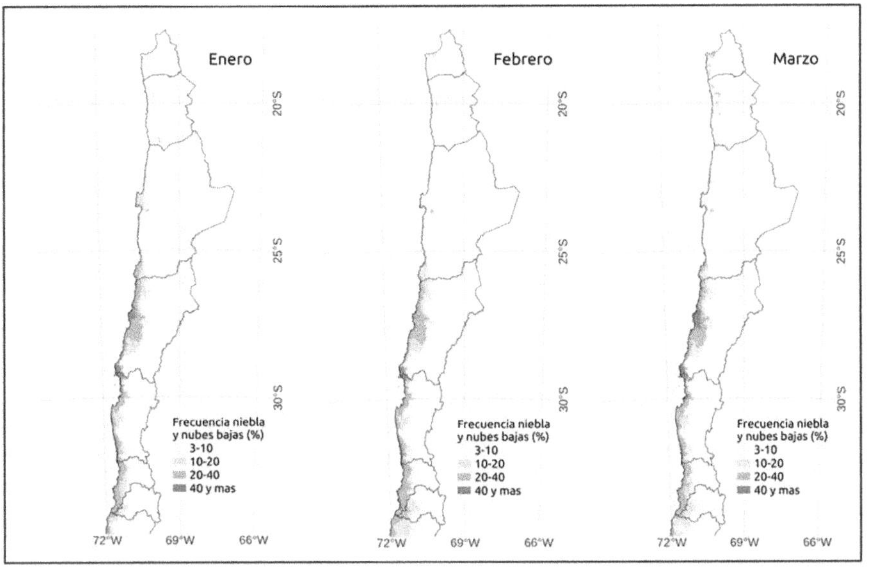

Fuente: Elaboración propia.

Figura 15.2
Frecuencia de niebla y nubes bajas durante el otoño (2017-2022)

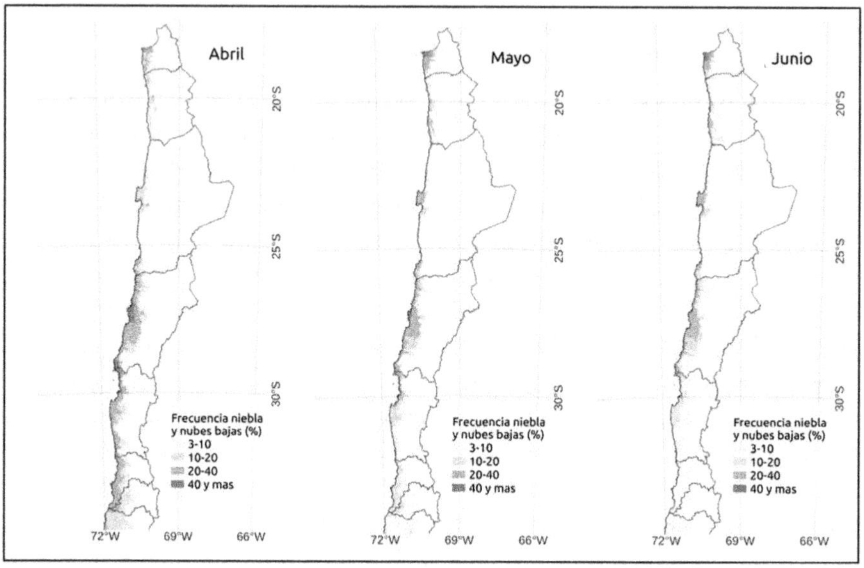

Fuente: Elaboración propia.

Figura 15.3
Frecuencia de niebla y nubes bajas durante el invierno (2017-2022)

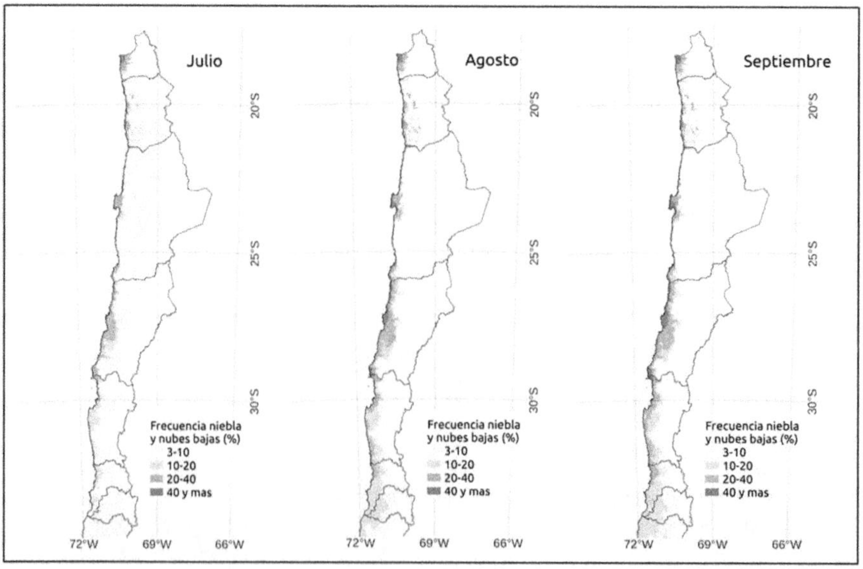

Fuente: Elaboración propia.

Figura 15.4

Frecuencia de niebla y nubes bajas durante la primavera (2017-2022)

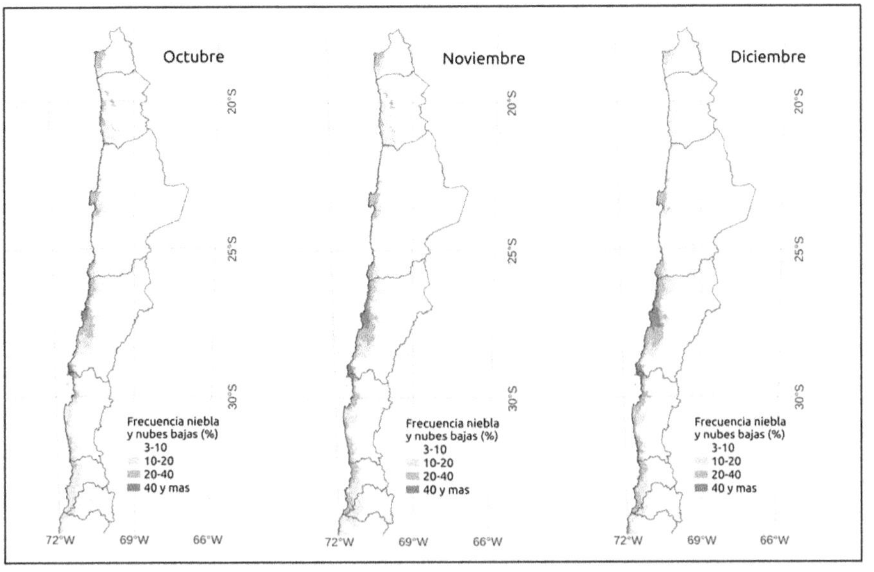

Fuente: Elaboración propia.

Un resultado clave de nuestro estudio es la presencia de gradiente de disminución de frecuencia de neblina longitudinal que no es homogéneo, es decir, se observa que la mayor frecuencia de niebla se presenta en los territorios más cercanos al océano y disminuye hacia los Andes (**Figura 15.5**). En un país como Chile, esto es clave, ya que significa que los patrones longitudinales de neblina están determinados principalmente por la topografía, que determina el ingreso tierra adentro de la niebla (del Río et al., 2021). En otras palabras, a mayor altitud, la niebla es interceptada por las montañas y no permite su ingreso tierra adentro. Por el contrario, en zonas bajas, los valles, actúan como corredores de niebla de la costa al interior. En términos del manejo de la sequía esto es clave porque sugiere que la niebla y las nubes bajas costeras pueden mitigar los efectos del cambio climático en los ecosistemas costeros y aquellos presentes en valles interiores. Por lo tanto, un centinela frente los efectos de la sequía, permitiendo determinar cuáles territorios pueden ser mayor o menormente impactados.

La comprensión de la presencia y dinámicas espaciotemporales de la niebla pueden ser de gran importancia frente a la sequía, ya que su presencia atenúa sus efectos y además se presenta como una fuente de agua complementaria. En este sentido, en Chile central la presencia de niebla y nubes bajas es mayor en verano, cuando las precipitaciones son prácticamente nulas, produciendo una complementariedad temporal a las lluvias invernales. Del mismo modo, la mayor presencia de niebla y nubes bajas en el extremo norte del país se produce en invierno y primavera, complementando las escasas lluvias altoandinas que ocurren durante el verano.

Figura 15.5
Frecuencia de niebla y nubes bajas entre 2017 y 2022

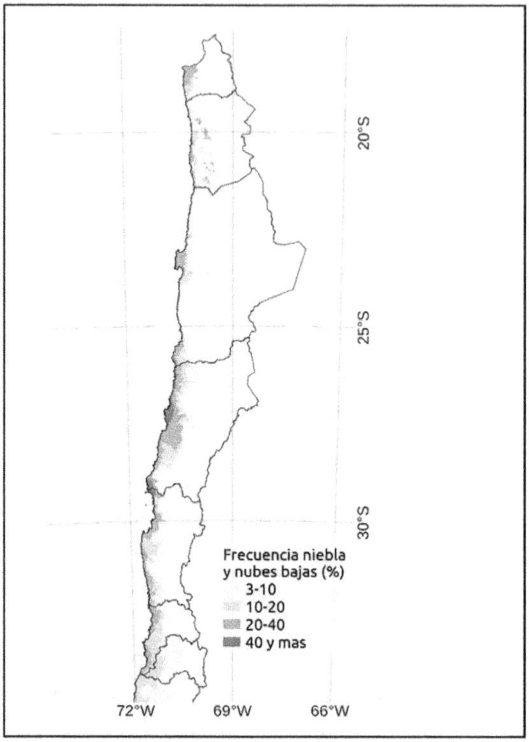

Fuente: Elaboración propia.

2.2. Agua subterránea y SGWI

Las aguas subterráneas son un componente clave del ciclo hidrológico, ya que almacena agua que fluiría rápidamente hacia el océano o se evaporaría si quedara en la superficie del terreno. Las aguas subterráneas pueden significar la principal fuente de agua para ecosistemas y comunidades humanas, y lamentablemente se han gestionado como si fueran un recurso renovable, sin considerar que las sequías impactan fuertemente la gestión de este recurso subterráneo (Petersen-Perlman et al., 2022). En particular, las aguas subterráneas se han utilizado para mitigar la escasez de otras fuentes de agua, esto, particularmente ante eventos de sequía promovidas por el cambio climático actual. En efecto, las sequías son uno de los desastres naturales que más daño generan, a pesar de ser procesos naturales de evolución lenta, las organizaciones públicas y privadas no han sido capaces de disponer recursos para responder frente a la amenaza (Venton, 2018). Consecuentemente, es común alrededor del mundo el no encontrar una legislación robusta que apoye la gestión hídrica en condiciones de sequía, generando inseguridad hídrica, energética y alimentaria a nivel regional (Wilhite y Glantz, 1985; Calow et al., 2010). Por lo tanto, es relevante buscar índices que permitan identificar el riesgo de sequía en las aguas subterráneas (Funk y Shukla, 2020; Ali et al., 2022; Babre et al., 2022; Fankhauser et al., 2022).

En Chile, se han realizado esfuerzos para la identificación de sequías y su gestión (capítulos 4-7 de este libro). Si uno considera que, la última década (2010-2021) fue la más seca en las principales regiones climáticas mediterráneas, con déficits de precipitación promedio que varían entre -2 y -33%, en el suroeste de Australia y Chile central, respectivamente (Garreaud et al., 2020; Garreaud, 2023), es claro que aún queda mucho por hacer. Bajo este contexto de sequía, la explotación del agua subterránea ha permitido sostener la agricultura y el consumo humano (Arumí et al., 2013; Herrera et al. 2023), incluso a pesar de que el conocimiento hidrogeológico del país aún es limitado (Suárez et al., 2021). Consecuentemente, es relevante visualizar anomalías en el almacenamiento de agua subterráneas, con el propósito de gestionar el recurso hídrico subterráneo en contexto de sequía y de una variable centinela del ciclo hidrológico.

a) Metodología

De manera análoga al uso de precipitación y evaporación para cuantificar sequías, a través de índices como el índice estandarizado de precipitación (SPI) (McKee et al., 1993) o el índice estandarizado de precipitación y evaporación (SPEI) (Vicente-Serrano et al. 2010), en este acápite se propone emplear el índice estandarizado de almacenamiento de aguas subterráneas presentado en la siguiente ecuación (SGWI) (Halder et al. 2020):

$$SGWI = \frac{x_i - x_m}{\sigma}$$

Donde x_i es el almacenamiento mensual de agua subterránea del mes *i* de la unidad territorial seleccionada, x_m es el promedio del almacenamiento mensual de agua subterránea en todo el periodo de análisis en la unidad territorial, σ y es la desviación estándar de todos los datos en la unidad territorial. Por lo tanto, el SGWI permite visualizar anomalías en las variaciones del almacenamiento subterráneo (GWS) y correlacionarlo con periodos de sequía.

Para estimar la serie temporal del SGWI en Chile, se obtuvo el GWS del modelo Global Land Data Assimilation System (GLDAS-2.2; Li et al., 2019) a través de la plataforma Google Earth Engine (GEE) (Gorelick et al., 2017). GLDAS-2.2 emplea información meteorológica del European Centre for Medium-Range Weather Forecasts (ECMWF)[2] e incorpora información de anomalías en el almacenamiento hídrico total terrestre, obtenida a través del Gravity Recovery and Climate Experiment (GRACE; Watkins et al., 2015) desde 2003 hasta el presente. El GWS se obtuvo a una resolución temporal diaria y a una escala espacial de primera. La información diaria fue integrada a nivel mensual desde enero de 2003 hasta diciembre de 2021, y a nivel de región en términos espaciales.

[2] Véase https://www.ecmwf.int/.

b) Análisis de resultados y conclusiones

Nuestros resultados muestran que el índice estandarizado de almacenamiento de aguas subterráneas (SGWI) puede ser empleado como un indicador de las condiciones de sequía, ya que cuantifica la desviación del almacenamiento de agua subterránea de su almacenamiento promedio de largo plazo. La **Figura 15.6** presenta las series de tiempo en las últimas dos décadas de SGWI a nivel mensual, para tres zonas geográficas distintas del país. En la región de Arica y Parinacota se observa una serie de anomalías positivas y negativas, sin una tendencia clara, mientras que en la región Metropolitana se evidencia claramente una anomalía negativa entre 2010 y 2018, que se condice con la mega sequía ampliamente documentada en la zona central del país (Garreaud et al., 2020; Garreaud, 2023). En la región de Magallanes, se observa una anomalía positiva hasta 2011, seguida de una gran anomalía negativa que ocurrió entre 2011 y 2014. En los últimos años de la serie de tiempo se vuelven a observar anomalías negativas en esta región. La información

Figura 15.6

Índice estandarizado de almacenamiento de aguas subterráneas entre 2003 y 2021 en tres regiones de Chile

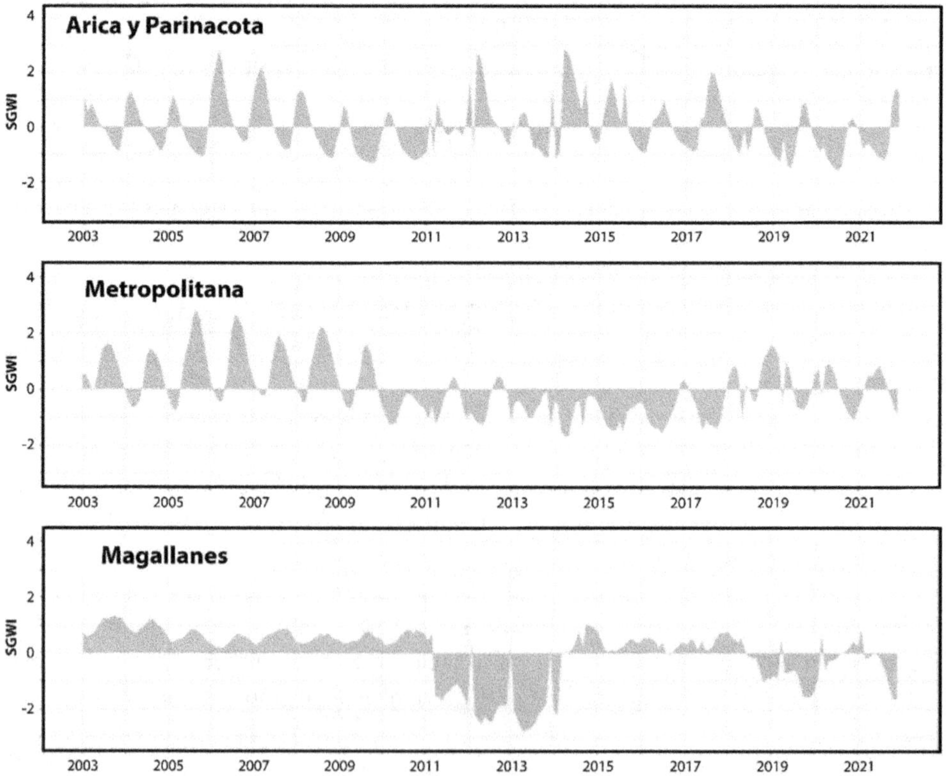

Fuente: Elaboración propia.

presentada en la **Figura 15.6** permite diferenciar claramente las condiciones de severidad y duración de sequías hidrogeológicas, en distintas zonas del país, donde valores de SGWI negativos indican almacenamiento de subterránea menor que el almacenamiento promedio, lo que sugiere el inicio de una sequía en un área particular y resalta la importancia de las aguas subterráneas como variable centinela.

Para profundizar en la tendencia de las anomalías de almacenamiento hídrico subterráneo, la **Figura 15.7** presenta el almacenamiento mensual en las distintas regiones del país. Por un lado, la zona norte tiene menor almacenamiento hídrico (zona árida) y tiene

Figura 15.7

Arriba, Estadística descriptiva del almacenamiento hídrico subterráneo de Chile entre 2003 y 2021; abajo, predominio de anomalías en el almacenamiento hídrico subterráneo de Chile entre 2003 y 2021

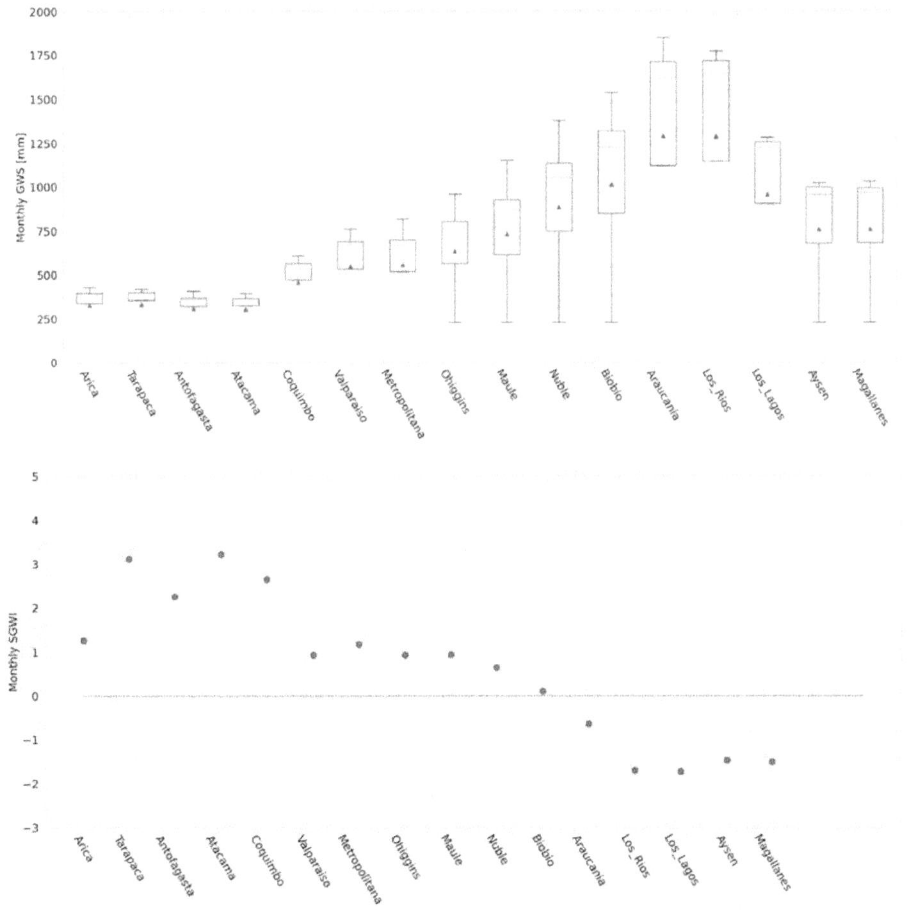

Fuente: Elaboración propia.

menor variabilidad. Por otro lado, las regiones de la zona centro y centro sur son las que tienen un mayor almacenamiento hídrico, (como La Araucanía y Los Ríos, con 1.200 mm en promedio), así como también una alta variabilidad (desde O' Higgins hasta Biobío) que puede oscilar entre los 250 y 1.000 mm. Nuestros resultados en términos de la variabilidad sugieren fuertemente que las regiones del país que presentan una mayor variabilidad en el almacenamiento de agua subterránea tienen potencialmente un mayor riesgo, ya que son zonas que concentran la agroindustria nacional (**Figura 15.7**). Asimismo, los datos permiten inferir que en la zona norte el almacenamiento y la precipitación se correlacionan positivamente, lo que puede atenuar las condiciones de sequía o incrementarlas en caso de escasez en las precipitaciones o eventos de lluvia extremos. Por lo tanto, un seguimiento a las variaciones del almacenamiento permitiría ser empleado para evaluar el riesgo de las aguas subterráneas frente a eventos de sequía, lo que convierte en una variable centinela valiosa para evaluar la severidad y duración de sequías de agua subterránea.

2.3. Fenología de la productividad de bosques como centinelas frente a la sequía[3]

Las dinámicas relacionadas con la vegetación desempeñan un papel fundamental en la comprensión de los cambios que ocurren en la estructura y el funcionamiento de los ecosistemas en respuesta a perturbaciones naturales y antrópicas (Berdugo et al., 2002; Miranda et al., 2023). El monitoreo de la dinámica de la vegetación se ha convertido en una estrategia esencial para detectar los impactos del cambio global en los ecosistemas terrestres, y recientemente esto ha sido clave para identificar el efecto de desastres naturales como fuegos y sequía sobre la vegetación (Kariyeva et al., 2012). La productividad primaria puede ser estimada a partir de series temporales basadas en índices de vegetación obtenidos mediante satélites, como el Índice de Vegetación de Diferencia Normalizada (NDVI), Índice de Vegetación Mejorado (Enhanced Vegetation Index), entre otros (Huang et al., 2019). Lo anterior permite un monitoreo continuo de los ecosistemas a distintas escalas espaciales (Malhi et al., 2020) y el análisis de imágenes satelitales facilita la obtención de información sobre las variaciones temporales de los bosques a gran escala, lo que a su vez facilita el estudio de sus trayectorias espacio-temporales (Ustin y Middleton, 2021).

La fenología satelital, que implica el uso de datos espectrales satelitales para rastrear las variaciones estacionales en las superficies terrestres, proporciona estimaciones consistentes de la productividad primaria, además de eventos temporales asociados al inicio, máximo, término y duración de esta en áreas extensas utilizando índices de vegetación (Zhang et al., 2003; Ivits et al., 2013; van Leeuwen et al., 2013). La combinación del estudio de la fenología a través de índices de vegetación permite informar sobre las dinámicas de la vegetación, lo que permite caracterizar su estructura, composición dominante

[3] Los autores agradecen a Valentina Bravo por sus contribuciones al trabajo necesario para completar esta sección.

y para proporcionar la información necesaria para su clasificación desde una perspectiva funcional, y entender los cambios asociados a eventos extremos y potenciales umbrales de colapso (Gray y Ewers, 2021). Ante escenarios de sequía prolongada como la que ha experimentado la zona central de Chile desde 2010 el uso de estos índices es clave, y permite relacionar los cambios en fuentes de agua (ver casos de estudios) y el efecto que pueden tener en la dinámica de la vegetación.

a) Metodología

El área de estudio tiene como extensión la región mediterránea y templada de Chile entre la latitud 32,0°S y 44,0°S y longitud 70,8° y 74,8°O, incluyendo las regiones administrativas de Coquimbo a los Lagos. La resolución espacial definida para los análisis es de 6,25 ha (250 x 250 m), que corresponde a la resolución del producto satelital MOD13Q1v061 "MOD13Q1.061 Terra Vegetation Indices 16-Day Global 250 m" obtenido a partir del sensor MODIS (Didan, 2015). Por otra parte, la extensión temporal considera un periodo de veinte años desde 2002 a 2022, con una granularidad temporal según el tipo de producto a obtener, siendo estos 16 días para las series de datos de productividad (EVI) y 12 meses para las variables fenológicas. Al interior del área de estudio se delimitó como área de análisis la superficie dominada por bosques, matorrales y praderas (Zhao et al., 2016).

Los eventos asociados a la fenología satelital (remote sensing phenology), se obtienen a partir del análisis de series de tiempo que representan el comportamiento de la productividad primaria en valores de índice de vegetación (para este estudio EVI), en un periodo de al menos dos años de captura de datos. La resolución temporal de la serie puede variar de acuerdo con el sensor satelital utilizado siendo para este estudio de 16 días, de acuerdo con el producto MOD13Q1.061 descrito anteriormente (más información en el capítulo 14 de este libro). Estos datos pueden ser obtenidos por medio del ajuste de una función que relaciona el comportamiento del índice de vegetación (EVI) con el tiempo, utilizando una aproximación polinomial o un ajuste no paramétrico con diferente grado de complejidad. El ajuste de las funciones y el cálculo de las variables fenológicas se realizan utilizando el programa TIMESAT 3.3 (Jönsson y Eklundh, 2004) y el programa de análisis de datos R (R Core Team, 2020).

b) Análisis de resultados y conclusiones

El monitoreo de la productividad primaria a partir de análisis de fenología, son claves particularmente durante eventos como sequías y olas de calor ya que permiten comprender el estado de los ecosistemas y su capacidad de repuesta. En este contexto, el empleo de índices de vegetación obtenidos de sensores satelitales emerge como una alternativa eficiente. Nuestros resultados muestran un marcado gradiente latitudinal que presenta la productividad primaria de la vegetación representada en la variable LIN (integral acumulada), con valores acumulados que fluctúan entre 1 y 3,5 espinal, 3,5 y 6 para bosque esclerófilo y entre 6 y 16 para bosques templados caducifolios y

Figura 15.8

Variables fenológicas: a) inicio de temporada (SOS), b) término de temporada (EOS), integral acumulada (LIN) en valores de índice de vegetación EVI acumulado y b) inicio de temporada SOS en valores de días Julianos (1 a 365)

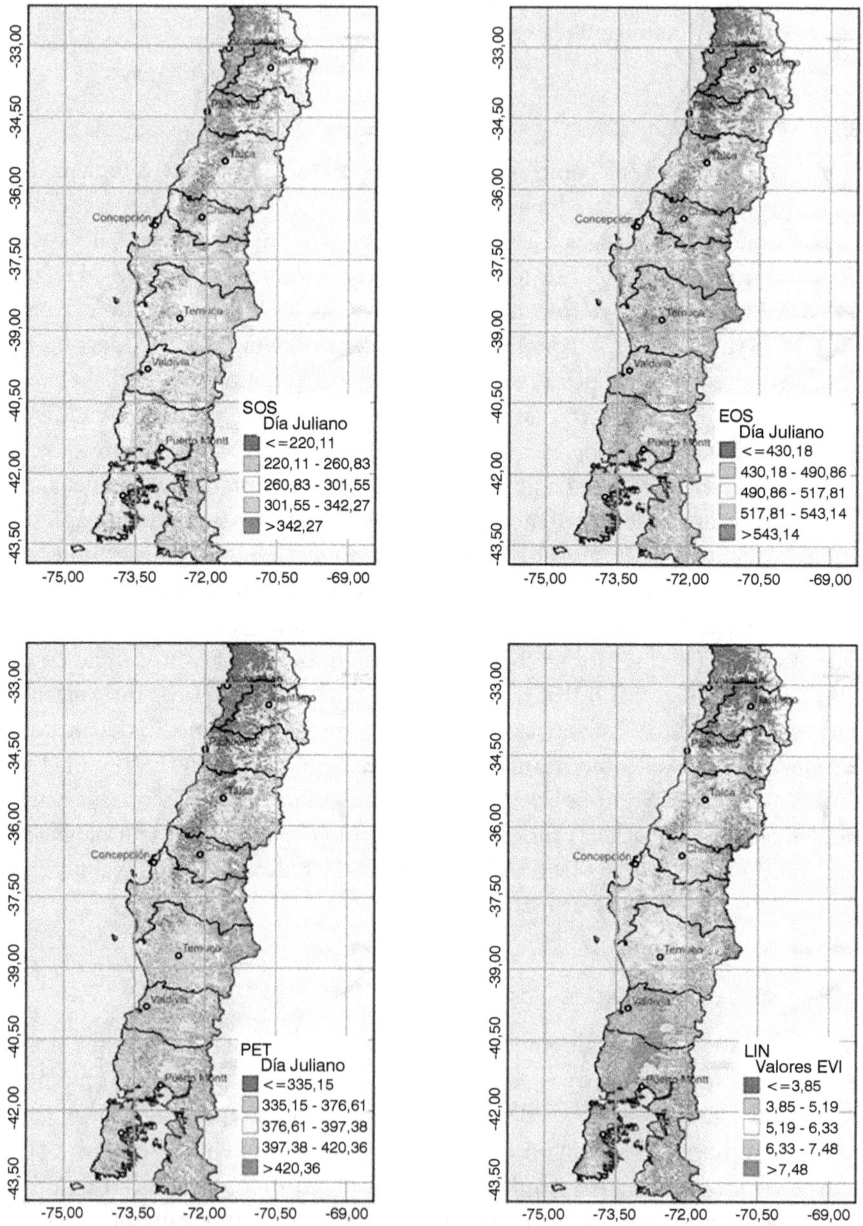

siempreverde (**Figura 15.8**). La productividad presente en las zonas de cultivos, alcanzan valores cercanos a los de bosque especialmente entre la región de Valparaíso y Maule (**Figura 15.8**); esto resalta la importancia del uso del agua para el mantenimiento de los ecosistemas nativos y agroforestales. Por otra parte, se destaca la variable inicio de la temporada de productividad SOS, un inicio de actividad en gradiente latitudinal de la vegetación asociada a matorrales y bosques entre las latitudes 32°-38°S con límite en la región de Bío Bío marcado por los bosques caducifolios de Nothofagus en la cordillera y plantaciones forestales de pino y eucaliptus en la costa, el cual se invierte hacia el sur (**Figura 15.8**). Las zonas agrícolas presentan un inicio de periodo continuo el cual ocurre al final de cada año. En otras palabras, hay cambios en el inicio de la actividad fotosintética.

Con relación a tendencia de la productividad primaria representada por la variable LIN en los últimos veinte años, la **Figura 15.9** muestra aquellos valores que fueron significativos para una regresión lineal entre la variable dependiente LIN y dependiente años, aplicada sobre la serie de veinte años de observación. Por lo tanto, esto nos permite identificar la importancia del manejo y gestión de los territorios ya que hay sectores con pendiente negativa que presentan una disminución de la productividad durante los últimos veinte años (**Figura 15.9**). Por otro lado, hay sectores con pendiente positiva, cuya productividad aumentó en los últimos veinte años (**Figura 15.9**). Asimismo, hay zonas que no representas cambios fenológicos, y estos son sectores "subsidiados" sectores agrícolas del valle central de la región hasta la latitud 38°S en la región de Ñuble (**Figura 15.9**). Estos resultados coinciden con lo observado en los últimos años con relación al efecto que han tenido las últimas olas de calor y sequía prolongada cuyo inicio se remonta al año 2010 (Garreaud et al., 2017). Los máximos alcanzados entre 2019-2020 generaron pardeamiento generalizado de la vegetación entre las regiones de Coquimbo y O'Higgins (Miranda et al., 2023). También se debe destacar que las caídas de productividad pueden estar asociadas a los efectos que producen los incendios forestales, de forma especial aquellos ocurridos los años 2017 y 2022.

El conocimiento detallado de los cambios en la dinámica de la vegetación es esencial no solamente para la planificación de acciones de conservación y restauración de ecosistemas, sino para la identificación de puntos de inflexión. Lo anterior, identifica a los patrones espaciotemporales de fenología foliar como un centinela frente a eventos globales como el cambio climático. La comprensión de estas dinámicas facilita la implementación de medidas efectivas y sostenibles para proteger y preservar los recursos naturales en Chile central y más allá.

Figura 15.9

Tendencia de la productividad primara representada por la variable fenológica LIN. Pixeles de color rojo representan una tendencia negativa, de color verde tendencia positiva para la variable LIN para un periodo de veinte años de observación

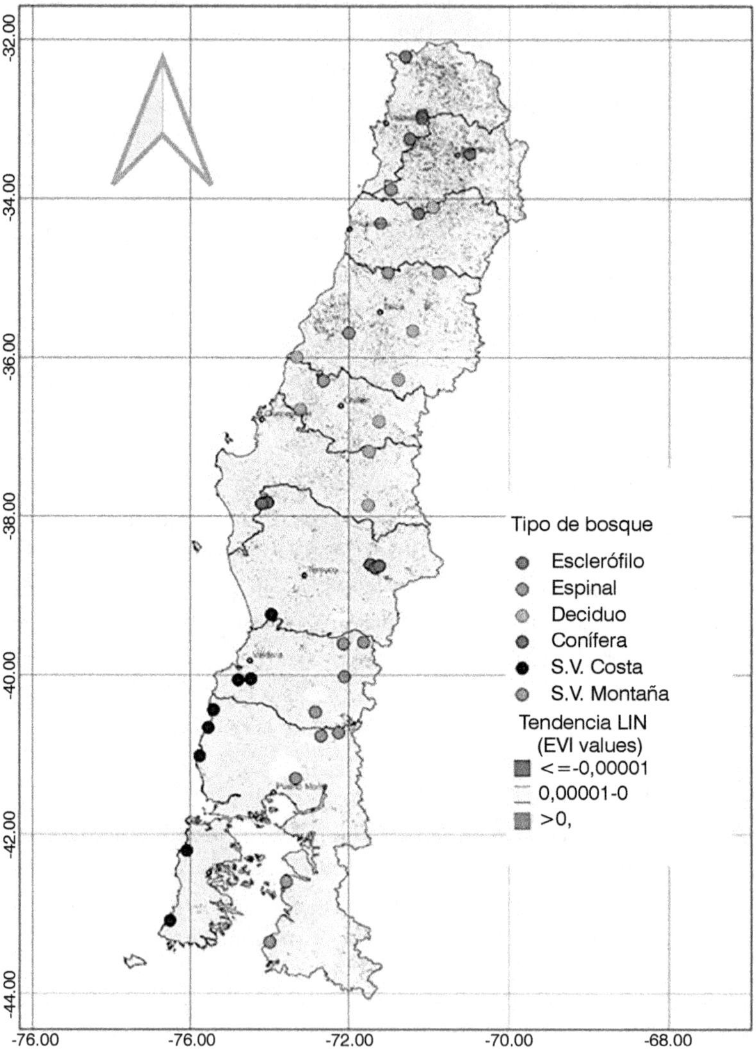

3. CONCLUSIONES

Los estudios presentados en este capítulo ofrecen valiosas contribuciones al manejo y prevención de la sequía en Chile al proporcionar una comprensión más profunda de los procesos hidrológicos y ecológicos clave en el país. El análisis de la neblina costera, las aguas subterráneas y la fenología foliar arroja luz sobre aspectos críticos del ciclo hidrológico y la respuesta de los ecosistemas a las condiciones climáticas cambiantes. Por ejemplo, el estudio de la neblina costera revela su potencial como una fuente de agua complementaria, lo que podría tener implicaciones significativas para aliviar la escasez hídrica en regiones costeras. Asimismo, la investigación sobre aguas subterráneas resalta su importancia para sostener la agricultura y el consumo humano durante periodos de sequía, señalando la necesidad de monitoreo continuo y la generación de índices estandarizados para evaluar el riesgo de sequía en estos recursos hídricos subterráneos. Por último, el análisis de la fenología foliar destaca el papel de la vegetación en el ciclo hidrológico y resalta su vulnerabilidad a los cambios climáticos, lo que subraya la importancia de la conservación y restauración de los ecosistemas vegetales como medida preventiva contra la sequía.

A pesar de las contribuciones significativas de estos estudios, es importante reconocer sus limitaciones y las oportunidades de mejora para el manejo y prevención de la sequía en Chile. Una limitación clave es la falta de monitoreo continuo de los ecosistemas y variables críticas, lo que dificulta la identificación temprana de cambios significativos y la evaluación de la eficacia de las intervenciones de gestión. Además, la ausencia de análisis como el tiempo de emergencia representa una brecha en nuestra comprensión de la temporalidad y la magnitud de los efectos del cambio climático en los ecosistemas. Para abordar estas limitaciones, se requiere una mayor inversión en infraestructura de monitoreo y análisis de datos a largo plazo, así como la integración de enfoques multidisciplinarios que incorporen análisis como el tiempo de emergencia para evaluar la vulnerabilidad y resiliencia de los ecosistemas frente a la sequía y otros impactos climáticos. Los estudios multidisciplinarios son fundamentales para comprender la complejidad de los sistemas naturales y sociales y desarrollar estrategias efectivas de adaptación y mitigación frente a los desafíos del cambio climático.

REFERENCIAS

1. Alaniz, A. J., Marquet, P. A., Carvajal, M. A., Vergara, P. M., Moreira Arce, D., Muzzio, M. A., y Keith, D. A. (2024). "Perspectives on the timing of ecosystem collapse in a changing climate". *Conservation Biology*, e14247. Disponible en: https://doi.org/10.1111/cobi.14247
2. Ali, S., Liu, D., Fu, Q., Cheema, M. J. M., Pal, S. C., Arshad, A., Pham, Q. B., Zhang, L. (2022). "Constructing high-resolution groundwater drought at spatio-temporal scale using GRACE satellite data based on machine learning in the Indus Basin". *Journal of Hydrology*, 612, 128295. Disponible en: https://doi.org/10.1016/j.jhydrol.2022.128295
3. Allen, C. D., Breshears, D. D., y McDowell, N. G. (2015). "On underestimation of global vulnerability to tree mortality and forest die off from hotter drought in the Anthropocene". *Ecosphere*, 6(8), pp. 1-55. Disponible en: https://doi.org/10.1890/ES15-00203.1

4. Armesto, J. J., y Vidiella, P. E. (1993). "Plant Life-Forms and Biogeographic Relations of the Flora of Lagunillas (30| circS) in the Fog-Free Pacific Coastal Desert". *Annals of the Missouri Botanical Garden*, pp. 499-511. Disponible en: https://doi.org/10.2307/2399796
5. Armesto, J. J., Vidiella, P. E., y Gutiérrez, J. R. (1993). "Plant communities of the fog-free coastal desert of Chile: plant strategies in a fluctuating environment". *Revista Chilena de Historia Natural*, 66, pp. 271-282.
6. Arumí, J. L., Rivera, D., Holzapfel, E., Munoz, E. (2013). "Effect of drought on groundwater in a Chilean irrigated valley". *Proceedings of the Institution of Civil Engineers-Water Management*, 166(5), pp. 231-241. Disponible en: https://doi.org/10.1680/wama.12.00064
7. Ascott, M.J., Macdonald, D.M.J., Sandwidi, W.J.P., Black, E., Verhoef, A., Zongo, G., Tirogo, J. and Cook, P. (2022). "Time of emergence of impacts of climate change on groundwater levels in sub-Saharan Africa". *Journal of Hydrology*, 612, 128107. Disponible en: https://doi.org/10.1016/j.jhydrol.2022.128107
8. Babre, A., Kalvāns, A., Avotniece, Z., Retiķe, I., Bikše, J., Popovs, K., Jemeljanova, M., Zelenkevičs, A., Dēliņa, A. (2022). "The use of predefined drought indices for the assessment of groundwater drought episodes in the Baltic States over the period 1989-2018". *Journal of Hydrology: Regional Studies*, 40, 101049. Disponible en: https://doi.org/10.1016/j.ejrh.2022.101049
9. Bahinipati, C. S. (2020). "Assessing the costs of droughts in rural India: a comparison of economic and non-economic loss and damage". *Current Science*, 118(11), 1832. Disponible en: https://doi.org/10.18520/cs/v118/i11/1832-1841
10. Barnosky, A.D., Hadly, E.A., Bascompte, J., Berlow, E.L., Brown, J.H., Fortelius, M., Getz, W.M., Harte, J., Hastings, A., Marquet, P.A., Martinez, N.D., (2012). "Approaching a state shift in Earth's biosphere". *Nature*, 486(7401), pp. 52-58. Disponible en: https://doi.org/10.1038/nature11018
11. Barría, P., Chadwick, C., Ocampo-Melgar, A., Galleguillos, M., Garreaud, R., Díaz-Vasconcellos, R., Poblete, D., Rubio-Álvarez, E., Poblete-Caballero, D. (2021). "Water management or megadrought: what caused the Chilean Aculeo Lake drying?" *Regional Environmental Change*, 21, pp. 1-15. Disponible en: https://doi.org/10.1007/s10113-021-01750-w
12. Berdugo, M., Vidiella, B., Solé, R. V., y Maestre, F. T. (2022). "Ecological mechanisms underlying aridity thresholds in global drylands". *Functional Ecology*, 36(1), pp. 4-23. Disponible en: 10.1111/1365-2435.13962
13. Borthagaray, A. I., Fuentes, M. A., y Marquet, P. A. (2010). "Vegetation pattern formation in a fog-dependent ecosystem". *Journal of Theoretical Biology*, 265(1), pp. 18-26. Disponible en: https://doi.org/10.1016/j.jtbi.2010.04.020
14. Calow, R. C., MacDonald, A. M., Nicol, A. L., Robins, N. S. (2010). "Ground water security and drought in Africa: linking availability, access, and demand". *Groundwater*, 48(2), pp. 246-256. Disponible en: https://doi.org/10.1111/j.1745-6584.2009.00558.x
15. Cantonati, M., Lichtenwöhrer, K., Leonhardt, G., Seifert, L., Mustoni, A., Hotzy, R., Schubert, E., Blattner, L., Bilous, O., Lotz, A. and Poschlod, B., (2022). "Using springs as sentinels of climate change in nature parks north and south of the alps: A critical evaluation of methodological aspects and recommendations for long-term monitoring". *Water*, 14(18), 2843. Disponible en: https://doi.org/10.3390/w14182843

16. Carvajal, D., Mora-Carreño, M., Sandoval, C., Espinoza S. (2022). "Assessing fog water collection in the coastal mountain range of Antofagasta, Chile". *Journal of Arid Environments*, 198, 104679. Disponible en: https://doi.org/10.1016/j.jaridenv.2021.104679
17. Cereceda, P., Larraín, H., Osses. P., Farías, M. y Egaña, I. (2008). "The spatial and temporal variability of fog and its relation to fog oases in the Atacama Desert, Chile". *J. Atmos. Res.*, 87: pp. 312-323. Disponible en: https://doi.org/10.1016/j.atmosres.2007.11.012
18. Cereceda, P., Osses, P., Larrain, H., Farías, M., Pinto, R. y Schemenauer, R.S. (2002). "Advective, orographic and radiation fog in the Tarapacá region, Chile". *J. Atmos. Res.*, 64, pp. 261-271. Disponible en: https://doi.org/10.1016/S0169-8095(02)00097-2
19. Dangles, O., Rabatel, A., Kraemer, M., Zeballos, G., Soruco, A., Jacobsen, D., y Anthelme, F. (2017). "Ecosystem sentinels for climate change?" *Evidence of wetland cover changes over the last 30 years in the tropical Andes. PloS one*, 12(5), e0175814. Disponible en: https://doi.org/10.1371/journal.pone.0175814
20. Dawson, T. E. (1998). "Fog in the California redwood forest: ecosystem inputs and use by plants". *Oecologia*, 117, pp. 476-485. Disponible en: https://doi.org/10.1371/journal.pone.0175814
21. Dawson, T. E., y Pate, J. S. (1996). "Seasonal water uptake and movement in root systems of Australian phraeatophytic plants of dimorphic root morphology: a stable isotope investigation". *Oecologia*, 107, pp. 13-20. Disponible en: https://doi.org/10.1007/BF00582230
22. del Río, C., Garcia, J. L., Osses, P., Zanetta, N., Lambert, F., Rivera, D.,... y Lobos, F. (2018). "ENSO influence on coastal fog-water yield in the Atacama Desert, Chile". *Aerosol and Air Quality Research*, 18(1), pp. 127-144. Disponible en: 10.4209/aaqr.2017.01.0022
23. del Río, C., Lobos-Roco, F., Latorre, C. et al. (2021). "Spatial distribution and interannual variability of coastal fog and low clouds cover in the hyperarid Atacama Desert and implications for past and present Tillandsia landbeckii ecosystems". *Plant Syst Evol*, 307, 58. Disponible en: https://doi.org/10.1007/s00606-021-01782-z
24. del-Val, E.K., Armesto, J.J., Barbosa, O., Christie, D.A., Gutiérrez, A.G., Jones, C.G., Marquet, P.A. and Weathers, K.C. (2006). "Rain forest islands in the Chilean semiarid region: fog-dependency, ecosystem persistence and tree regeneration". *Ecosystems*, 9, pp. 598-608. Disponible en: https://doi.org/10.1007/s10021-006-0065-6
25. Didan, K. (2015). *MOD13Q1 MODIS/Terra Vegetation Indices 16-Day L3 Global 250m SIN Grid V006 [Data set]*. NASA EOSDIS Land Processes Distributed Active Archive Center.
26. Dirección Meteorológica de Chile, DMC (2023). *Climatología, Informe de precipitaciones*. Disponible en: http://www.meteochile.gob.cl/inf_precipitacion.php
27. Echeverría S, Hausner MB, Bambach N, Vicuña S, Suárez F (2019). "Modeling present and future ice covers in two Antarctic lakes". *Journal of Glaciology*, pp. 1-14. Disponible en: https://doi.org/10.1017/jog.2019.78
28. Fankhauser, K., Macharia, D., Coyle, J., Kathuni, S., McNally, A., Slinski, K., Thomas, E. (2022). "Estimating groundwater use and demand in arid Kenya through assimilation of satellite data and in-situ sensors with machine learning toward drought early action". *Science of the Total Environment*, 831, 154453. Disponible en: https://doi.org/10.1016/j.scitotenv.2022.154453
29. Farías, A.A., Armas, C., Gaxiola, A., Cea, A.P., Luis Cortes, J., López, R.P., Casanoves, F., Holmgren, M., Meserve, P.L., Gutiérrez, J.R. and Kelt, D.A. (2021). "Species interactions across

trophic levels mediate rainfall effects on dryland vegetation dynamics". *Ecological Monographs*, 91(2), p.e01441. Disponible en: https://doi.org/10.1002/ecm.1441

30. Folke, C., Carpenter, S., Walker, B., Scheffer, M., Elmqvist, T., Gunderson, L., y Holling, C. S. (2004). "Regime shifts, resilience, and biodiversity in ecosystem management". *Annu. Rev. Ecol. Evol. Syst.*, 35, pp. 557-581. Disponible en: https://doi.org/10.1146/annurev.ecolsys.35.021103.105711
31. Fuentealba, M., Latorre, C., Frugone-Álvarez, M., Sarricolea, P., Giralt, S., Contreras-Lopez, M., Prego, R., Bernárdez, P., Valero-Garcés, B. (2020). "A combined approach to establishing the timing and magnitude of anthropogenic nutrient alteration in a mediterranean coastal lake-watershed system". *Scientific Reports*, 10(1), p. 5864. Disponible en: https://doi.org/10.1038/s41598-020-62627-2
32. Funk, C., Shukla, S. (2020). *Drought Early Warning and Forecasting: Theory and Practice.* Elsevier Inc.
33. Garreaud, R. y Muñoz, R. (2004). "The diurnal cycle of circulation and cloudiness over the subtropical southeast Pacific: A modelling study". *J. Clim.*, 17, pp. 1699-1710. Disponible en: https://doi.org/10.1175/1520-0442(2004)017%3C1699:TDCICA%3E2.0.CO;2
34. Garreaud, R., Barichivich, J., Christie, D. A., y Maldonado, A. (2008). "Interannual variability of the coastal fog at Fray Jorge relict forests in semiarid Chile". *Journal of Geophysical Research: Biogeosciences*, 113(G4). Disponible en: https://doi.org/10.1029/2008JG000709
35. Garreaud, R.D., Álvarez-Garretón, C., Barichivich, J., Pablo Boisier, J., Christie, D., Galleguillos, M., LeQuesne, C., McPhee, J., Zambrano-Bigiarini, M., (2017). "The 2010–2015 megadrought in central Chile: impacts on regional hydroclimate and vegetation". *Hydrol. Earth Syst. Sci.*, 21 (12), pp. 6307-6327. Disponible en: https://doi.org/10.5194/hess-21-6307-2017
36. Garreaud, R.D., JP Boisier, R Rondanelli, A Montecinos, HH Sepúlveda, D. Veloso Aguila (2019). "The central Chile mega drought (2010–2018): a climate dynamics perspective". *International Journal of Climatology*, 40 (1), pp. 421-439. Disponible en: https://doi.org/10.1002/joc.6219
37. Garreaud, R. D., Boisier, J. P., Rondanelli, R., Montecinos, A., Sepúlveda, H. H., Veloso Aguila, D. (2020). "The central Chile mega drought (2010–2018): a climate dynamics perspective". *International Journal of Climatology*, 40(1), pp. 421-439. Disponible en: https://doi.org/10.1002/joc.6219
38. Giorgi, F., y Bi, X. (2009). "Time of emergence (TOE) of GHG forced precipitation change hot spots". *Geophysical Research Letters*, 36(6). Disponible en: https://doi.org/10.1029/2009GL037593
39. Gorelick, N., Hancher, M., Dixon, M., Ilyushchenko, S., Thau, D., y Moore, R. (2017). "Google Earth Engine: Planetary-scale geospatial analysis for everyone". *Remote Sensing of Environment*, 202, pp. 18-27. Disponible en: https://doi.org/10.1016/j.rse.2017.06.031
40. Gray, R. E., y Ewers, R. M. (2021). "Monitoring forest phenology in a changing world". *Forests*, 12(3), 297. Disponible en: https://doi.org/10.3390/f12030297
41. Haasnoot, M., Kwakkel, J. H., Walker, W. E., y Ter Maat, J. (2013). "Dynamic adaptive policy pathways: A method for crafting robust decisions for a deeply uncertain world". *Global Environmental Change*, 23(2), pp. 485-498. Disponible en: https://doi.org/10.1016/j.gloenvcha.2012.12.006
42. Halder, S., Roy, M. B., y Roy, P. K. (2020). "Analysis of groundwater level trend and groundwater drought using Standard Groundwater Level Index: a case study of an eastern river

basin of West Bengal, India". *SN Applied Sciences*, 2, pp. 1-24. Disponible en: https://doi.org/10.1007/s42452-020-2302-6

43. Heinze, C., Blenckner, T., Martins, H., Rusiecka, D., Döscher, R., Gehlen, M.,... y Wilson, S. (2021). "The quiet crossing of ocean tipping points". *Proceedings of the National Academy of Sciences*, 118(9), e2008478118. Disponible en: https://doi.org/10.1073/pnas.2008478118
44. Henson, S. A., Beaulieu, C., Ilyina, T., John, J. G., Long, M., Séférian, R.,... y Sarmiento, J. L. (2017). "Rapid emergence of climate change in environmental drivers of marine ecosystems". *Nature Communications*, 8(1), 14682. Disponible en: https://doi.org/10.1038/ncomms14682
45. Herrera, C., Urrutia, J., Gamboa, C., Salgado, X., Godfrey, L., Rivas, A., Jódar, J., Custodio, E., León, C., Sigl, V., Delgado, K., Arriagada, E. (2023). "Evaluation of the impact of the intensive exploitation of groundwater and the mega-drought based on the hydrochemical and isotopic composition of the waters of the Chacabuco-Polpaico basin in central Chile". *Science of The Total Environment*, 165055. Disponible en: https://doi.org/10.1016/j.scitotenv.2023.165055
46. Hillebrand, H., Kuczynski, L., Kunze, C., Rillo, M. C., y Dajka, J. C. (2023). "Thresholds and tipping points are tempting but not necessarily suitable concepts to address anthropogenic biodiversity change-an intervention". *Marine Biodiversity*, 53(3), 43. 10.1017/jog.2019.7. Disponible en: https://doi.org/10.1007/s12526-023-01342-3
47. Huang, X., Xiao, J., y Ma, M. (2019). "Evaluating the performance of satellite-derived vegetation indices for estimating gross primary productivity using FLUXNET observations across the globe". *Remote Sensing*, 11(15). 10.3390/rs11151823. Disponible en: https://doi.org/10.3390/rs11151823
48. Istanbulluoglu, E., y Bras, R. L. (2005). "Vegetation modulated landscape evolution: Effects of vegetation on landscape processes, drainage density, and topography". *Journal of Geophysical Research: Earth Surface*, 110(F2). Disponible en: https://doi.org/10.1029/2004JF000249
49. Ivits, E., Cherlet, M., Mehl, W., y Sommer, S. (2013). "Ecosystem functional units characterized by satellite observed phenology and productivity gradients: A case study for Europe". *Ecological Indicators*, 27, pp. 17-28. 10.1016/j.ecolind.2012.11.010. Disponible en: https://doi.org/10.1016/j.ecolind.2012.11.010
50. Jönsson, P., y Eklundh, L. (2004). "TIMESAT—a program for analyzing time-series of satellite sensor data". *Computers y Geosciences*, 30(8), pp. 833–845. 10.1016/j.cageo.2004.05.006. Disponible en: https://doi.org/10.1016/j.cageo.2004.05.006
51. Kariyeva, J., Leeuwen, W. J. D., y Woodhouse, C. a. (2012). "Impacts of climate gradients on the vegetation phenology of major land use types in Central Asia (1981-2008)". *Frontiers of Earth Science*, 6(2), pp. 206-225. 10.1007/s11707-012-0315-1. Disponible en: https://doi.org/10.1007/s11707-012-0315-1
52. Karssenberg, D., Bierkens, M. F., y Rietkerk, M. (2017). "Catastrophic shifts in semiarid vegetation-soil systems may unfold rapidly or slowly". *The American Naturalist*, 190(6), E145-E155. Disponible en: https://doi.org/10.1086/694413
53. King, A.D., Donat, M.G., Fischer, E.M., Hawkins, E., Alexander, L.V., Karoly, D.J., Dittus, A.J., Lewis, S.C. and Perkins, S.E. (2015). "The timing of anthropogenic emergence in simulated climate extremes". *Environmental Research Letters*, 10(9), 094015. Disponible en: 10.1088/1748-9326/10/9/094015

54. Koch, M. A., Kleinpeter, D., Auer, E., Siegmund, A., del Rio, C., Osses, P., García, J., Marzol, M. V., Zizka, G. y Kiefer, C. (2019). "Living at the dry limits. Ecological genetics of Tillandsia lomas in the Chilean Atacama Desert". *Plant systematics and Evolution*, 305. 1041-1053. Disponible en: https://doi.org/10.1007/s00606-019-01623-0
55. Larraín, H., Velásquez, F., Cereceda, P., Espejo, R., Pinto, R., Osses P. y Schemenauer R.S. (2002). "Fog measurements at the site "Falda Verde" north of Chañaral compared with other fog stations of Chile". *J. Atmos. Res.*, 64: pp. 273-284. Disponible en: https://doi.org/10.1016/S0169-8095(02)00098-4
56. Latorre, C., González, A. L., Quade, J., Fariña, J. M., Pinto, R., y Marquet, P. A. (2011). "Establishment and formation of fog dependent Tillandsia landbeckii dunes in the Atacama Desert: Evidence from radiocarbon and stable isotopes". *Journal of Geophysical Research: Biogeosciences*, 116(G3). Disponible en: https://doi.org/10.1029/2010JG001521
57. Lee T, Turk J, Richardson K (1997) "Stratus and fog products using GOES-8-9 3.9 μm Data". *Weath Forecast*, 12, pp. 664-677. Disponible en: https://doi.org/10.1175/1520-0434(1997)012%3C0664:SAFPUG%3E2.0.CO;2
58. Li, B., Rodell, M., Kumar, S., Beaudoing, H. K., Getirana, A., Zaitchik, B. F., Goncalves, L. G., Cossetin, C., Bhanja, S., Mukherjee, A., Tian, S., Tangdamrongsub, N., Long, D., Nanteza, J., Lee, J., Policelli, F., Goni, I. B., Daira, D., Bila, M., de Lannoy, G., Mocko, D., Steele-Dunne, S.C., Save, H., Bettadpur, S. (2019). "Global GRACE Data Assimilation for Groundwater and Drought Monitoring: Advances and Challenges". *Water Resources Research*, 55(9), pp. 7564-7586. Disponible en: https://doi.org/10.1029/2018wr024618.
59. Lolu, A. J., Ahluwalia, A. S., Sidhu, M. C., Reshi, Z. A., y Mandotra, S. K. (2020). "Carbon sequestration and storage by wetlands: Implications in the climate change scenario". *Restoration of wetland ecosystem: A trajectory towards a sustainable environment*, pp. 45-58. Disponible en: https://doi.org/10.1007/978-981-13-7665-8_4
60. Malhi, Y., Franklin, J., Seddon, N., Solan, M., Turner, M. G., Field, C. B., y Knowlton, N. (2020). "Climate change and ecosystems: Threats, opportunities and solutions". *Philosophical Transactions of the Royal Society B: Biological Sciences*, 375(1794). 10.1098/rstb.2019.0104. Disponible en: https://doi.org/10.1098/rstb.2019.0104
61. Mark, B.G. and Fernández, A. (2017). "The significance of mountain glaciers as sentinels of climate and environmental change". *Geography Compass*, 11(6), p.e12318. Disponible en: https://doi.org/10.1111/gec3.12318
62. Marquet P. A., A. Altamirano, M. T. K. Arroyo, M. Fernández, S. Gelcich, K. Górski, E. Habit, A. Lara, A. Maass, A. Pauchard, P. Pliscoff, H. Samaniego y C. Smith-Ramírez (editores) (2019). *Biodiversidad y cambio climático en Chile: Evidencia científica para la toma de decisiones. Informe de la mesa de Biodiversidad*. Santiago: Comité Científico COP25; Ministerio de Ciencia, Tecnología, Conocimiento e Innovación.
63. Mataloni, G. (2016). "Diversity patterns of plankton communities in Tierra del Fuego peat bog pools as sentinels of climate change". *Biodiversity*, 17(1-2), pp. 26-33. Disponible en: https://doi.org/10.1080/14888386.2016.1180639

64. McKee, T. B., Doesken, N. J., y Kleist, J. (1993). "The relationship of drought frequency and duration to time scales". *Proceedings of the 8th Conference on Applied Climatology*, 17(22), pp. 179-183.
65. Miranda A., Lara, A., Altamirano, A., Di Bella, C., González, M.E., Camarero, J.J. (2020). "Forest browning trends in response to drought in a highly threatened mediterranean landscape of South America". *Ecological Indicators*, 115. Disponible en: https://doi.org/10.1016/j.ecolind.2020.106401
66. Miranda, A., Syphard, A. D., Berdugo, M., Carrasco, J., Gómez-González, S., Ovalle, J. F., Delpiano, C. A., Vargas, S., Squeo, F. A., Miranda, M. D., Dobbs, C., Mentler, R., Lara, A., y Garreaud, R. (2023). "Widespread synchronous decline of Mediterranean-type forest driven by accelerated aridity". *Nature Plants*. 10.1038/s41477-023-01541-7. Disponible en: https://doi.org/10.1038/s41477-023-01541-7
67. Mitsch, W. J., Bernal, B., Nahlik, A. M., Mander, Ü., Zhang, L., Anderson, C. J.,... y Brix, H. (2013). "Wetlands, carbon, and climate change". *Landscape Ecology*, 28, pp. 583-597. Disponible en: https://doi.org/10.1007/s10980-012-9758-8
68. Moat, J., Orellana-Garcia, A., Tovar, C., Arakaki, M., Arana, C., Cano, A.,... y Whaley, O. Q. (2021). "Seeing through the clouds-Mapping desert fog oasis ecosystems using 20 years of MODIS imagery over Peru and Chile". *International Journal of Applied Earth Observation and Geoinformation*, 103, 102468. Disponible en: https://doi.org/10.1016/j.jag.2021.102468
69. Molot, L. A., y Dillon, P. J. (1996). "Storage of terrestrial carbon in boreal lake sediments and evasion to the atmosphere". *Global Biogeochemical Cycles*, 10(3), pp. 483-492. Disponible en: https://doi.org/10.1029/96GB01666
70. Montecinos, S., Cereceda, P., Rivera, D. (2018). "Fog collection and its relationship with local meteorological variables in a semiarid zone in Chile". *Atmósfera*, 31(2), pp. 143-153. Disponible en: https://doi.org/10.20937/atm.2018.31.02.03
71. Mueller, D. R., Van Hove, P., Antoniades, D., Jeffries, M. O., y Vincent, W. F. (2009). "High Arctic lakes as sentinel ecosystems: Cascading regime shifts in climate, ice cover, and mixing". *Limnology and Oceanography*, 54(6 part 2), pp. 2371-2385. Disponible en: https://doi.org/10.4319/lo.2009.54.6_part_2.2371
72. O'Gorman, E.J., Benstead, J.P., Cross, W.F., Friberg, N., Hood, J.M., Johnson, P.W., Sigurdsson, B.D. and Woodward, G. (2014). "Climate change and geothermal ecosystems: natural laboratories, sentinel systems, and future refugia". *Global Change biology*, 20(11), pp. 3291-3299. Disponible en: https://doi.org/10.1111/gcb.12602
73. Osses P.; Escobar R.; del Río C. Vargas; C. Guerra N. (2017). "El clima desértico costero con nublados abundantes del desierto de Atacama y su relación con los recursos naturales energía solar y agua de niebla. Caso de estudio Alto Patache, región de Tarapacá, Chile". *Revista de Geografía Norte Grande*, N°68: pp. 33-48. Disponible en: 10.4067/S0718-34022017000300033
74. Petersen-Perlman, J. D., Aguilar-Barajas, I., Megdal, S. B. (2022). "Drought and groundwater management: Interconnections, challenges, and policyresponses". *Current Opinion in Environmental Science y Health*, 28, 100364. Disponible en: https://doi.org/10.1016/j.coesh.2022.100364

75. R Core Team (2020). *R: A language and environment for statistical computing.* R Foundation for Statistical Computing, Vienna, Austria. Disponible en: https://www.R-project.org
76. Rojas, M., Lambert, F., Ramirez-Villegas, J., y Challinor, A. J. (2019). "Emergence of robust precipitation changes across crop production areas in the 21st century". *Proceedings of the National Academy of Sciences*, 116(14), pp. 6673-6678. Disponible en: https://doi.org/10.1073/pnas.1811463116
77. Rundel, P. W., y Mahu, M. (1976). "Community structure and diversity in a coastal fog desert in northern Chile". *Flora*, 165(6), pp. 493-505. Disponible en: https://doi.org/10.1016/S0367-2530(17)31888-1
78. Rundel, P. W., Dillon, M. O., Palma, B., Mooney, H. A., Gulmon, S. L., y Ehleringer, J. R. (1991). "The phytogeography and ecology of the coastal Atacama and Peruvian deserts". *Aliso: A Journal of Systematic and Floristic Botany*, 13(1), pp. 1-49. Disponible en: 10.5642/aliso.19911301.02
79. Rustad, L. E. (2008). "The response of terrestrial ecosystems to global climate change: towards an integrated approach". Science of the Total Environment, 404(2-3), pp. 222-223. Disponible en: https://doi.org/10.1016/j.scitotenv.2008.04.050
80. Scheffer, M., Bascompte, J., Brock, W. A., Brovkin, V., Carpenter, S. R., Dakos, V.,... y Sugihara, G. (2009). "Early-warning signals for critical transitions". *Nature*, 461(7260), pp. 53-59. Disponible en: https://doi.org/10.1038/nature08227
81. Schindler, D. W. (2009). "Lakes as sentinels and integrators for the effects of climate change on watersheds, airsheds, and landscapes". *Limnology and Oceanography*, 54(6part2), pp. 2349-2358. Disponible en: https://doi.org/10.4319/lo.2009.54.6_part_2.2349
82. Singh, C., Jain, G., Sukhwani, V., Shaw, R. (2021). "Losses and damages associated with slow-onset events: urban drought and water insecurity in Asia". *Current Opinion in Environmental Sustainability*, 50, pp. 72-86. Disponible en: https://doi.org/10.1016/j.cosust.2021.02.006
83. Stanton, D. E., Negret, B. S., Armesto, J. J., y Hedin, L. O. (2013). "Forest patch symmetry depends on direction of limiting resource delivery". *Ecosphere*, 4(5), pp. 1-12. Disponible en: https://doi.org/10.1890/ES13-00064.1
84. Suárez, F., Leray, S., y Sanzana, P. (2021). "Groundwater resources". *Water Resources of Chile*, pp. 93-127.
85. Tabor, G. M., y Aguirre, A. A. (2004). "Ecosystem health and sentinel species: adding an ecological element to the proverbial "canary in the mineshaft". *EcoHealth*, 1(3), pp. 226-228. Disponible en: https://doi.org/10.1007/s10393-004-0092-8
86. Tarnocai, C. (2006). "The effect of climate change on carbon in Canadian peatlands". *Global and Planetary Change*, 53(4), pp. 222-232. Disponible en: https://doi.org/10.1016/j.gloplacha.2006.03.012
87. Thompson, L. G. (2010). "Climate change: The evidence and our options". *The Behavior Analyst*, 33, pp. 153-170. Disponible en: https://doi.org/10.1007/BF03392211
88. Torregrosa A, Combs C, Peters J (2015) "GOES-derived fog and low cloud indices for coastal north and central California ecological analyses". *Earth Space Sci*, 3, pp. 46-67. Disponible en: https://doi.org/10.1002/2015EA000119

89. Ustin, S. L., y Middleton, E. M. (2021). "Current and near-term advances in Earth observation for ecological applications". Ecological Processes, 10(1). 10.1186/s13717-020-00255-4. Disponible en: https://doi.org/10.1186/s13717-020-00255-4
90. Van Bellen, S., Mauquoy, D., Hughes, P. D., Roland, T. P., Daley, T. J., Loader, N. J.,... y Payne, R. J. (2016). "Late-Holocene climate dynamics recorded in the peat bogs of Tierra del Fuego, South America". *The Holocene*, 26(3), pp. 489-501. Disponible en: https://doi.org/10.1177/0959683615609756
91. van Leeuwen, W., Hartfield, K., Miranda, M., y Meza, F. (2013). "Trends and ENSO/AAO Driven Variability in NDVI Derived Productivity and Phenology alongside the Andes Mountains". *Remote Sensing*, 5(3), pp. 1177–1203. 10.3390/rs5031177. Disponible en: https://doi.org/10.3390/rs5031177
92. Venton, C. C. (2018). *Economics of Resilience to Drought*. USAID: Washington, DC, USA, p. 43.
93. Vicente-Serrano, S. M., Beguería, S., López-Moreno, J. I. (2010). "A multiscalar drought index sensitive to global warming: the standardized precipitation evapotranspiration index". *Journal of Climate*, 23(7), pp. 1696-1718. Disponible en: https://doi.org/10.1175/2009JCLI2909.1
94. Wang, L., Kaseke, K. F., Ravi, S., Jiao, W., Mushi, R., Shuuya, T., y Maggs Kölling, G. (2019). "Convergent vegetation fog and dew water use in the Namib Desert". *Ecohydrology*, 12(7), e2130. Disponible en: https://doi.org/10.1002/eco.2130
95. Watkins, M. M., Wiese, D. N., Yuan, D. N., Boening, C., Landerer, F. W. (2015). "Improved methods for observing Earth's time variable mass distribution with GRACE using spherical cap mascons". *Journal of Geophysical Research: Solid Earth*, 120(4), pp. 2648-2671. Disponible en: 10.1002/2014jb011547
96. Weathers, K. C. (1999). "The importance of cloud and fog in the maintenance of ecosystems". *Trends in Ecology y Evolution*, 14(6), pp. 214-215.
97. Wilhite, D.A., Glantz, M.H. (1985). "Understanding the drought phenomenon: the role of definitions". *Water Int.*, 10, pp. 111-120. Disponible en: https://doi.org/10.1080/02508068508686328
98. Williamson, C.E., Saros, J.E., Vincent, W.F. and Smol, J.P. (2009). "Lakes and reservoirs as sentinels, integrators, and regulators of climate change". *Limnology and Oceanography*, 54(6part2), pp.2273-2282. Disponible en: https://doi.org/10.4319/lo.2009.54.6_part_2.2273
99. Zhang, X., Friedl, M. a., Schaaf, C. B., Strahler, A. H., Hodges, J. C. F., Gao, F., Reed, B. C., y Huete, A. (2003). "Monitoring vegetation phenology using MODIS". *Remote Sensing of Environment*, 84(3), pp. 475. Disponible en: 257(02)00135-9
100. Zhao, Y., Feng, D., Yu, L., Wang, X., Chen, Y., Bai, Y., Hernández, H. J., Galleguillos, M., Estades, C., Biging, G. S., Radke, J. D., y Gong, P. (2016). "Detailed dynamic land cover mapping of Chile: Accuracy improvement by integrating multi-temporal data". *Remote Sensing of Environment*, 183, pp. 170-185. Disponible en: 10.1016/j.rse.2016.05.016

Capítulo 16
ACUERDOS CONTINGENTES PARA REDUCIR LOS IMPACTOS DE LAS SEQUÍAS EN EL CONSUMO HUMANO DE AGUA

SEBASTIÁN VICUÑA, ANTONIA ÁVILA, JORGE GIRONÁS, OSCAR MELO, DANIELA RIVERA Y MARÍA MOLINOS

Resumen. Uno de los impactos esperados del cambio climático es la alteración de las precipitaciones y las temperaturas, modificando el ciclo hidrológico y la disponibilidad de agua. Frente a ello, es fundamental adoptar medidas que garanticen la cantidad, calidad y continuidad del abastecimiento de agua potable a la población. En este capítulo se propone un instrumento flexible que consiste en el diseño e implementación de contratos preacordados para la transferencia temporal de volúmenes de agua desde la agricultura a las empresas concesionarias de servicios sanitarios. Se presenta la aplicación del instrumento utilizando como caso de estudio la cuenca del río Aconcagua y la aglomeración urbana Valparaíso-Viña del Mar en Chile. A través de modelos de simulación, se caracterizan y evalúan las transferencias y compensaciones económicas de una potencial aplicación del instrumento, considerando diferentes escenarios climáticos futuros, desencadenantes de sequía para la activación de los preacuerdos, escenarios de compensación sustentados en umbrales básicos de subsistencia y el costo de oportunidad del agua utilizada en el sector agrícola.

Palabras clave. Gestión de recursos hídricos, sequía, contratos de opción, instrumentos de política pública.

1. INTRODUCCIÓN

Uno de los impactos esperados del cambio climático es la alteración en los niveles de precipitación y temperatura, lo que resultaría en alteraciones en el ciclo hidrológico, modificando la disponibilidad de agua a lo largo del tiempo (Arnell y Gosling, 2013). Estas alteraciones podrían comprometer la capacidad de los sistemas hidrológicos para satisfacer las múltiples demandas hídricas, como las de los ecosistemas, el consumo humano y la producción, e incrementar los riesgos asociados a eventos extremos relacionados con el agua. Una forma de abordar estos riesgos es a través de una planificación estructurada que permita acoplar y articular las necesidades de los diferentes actores, su interdependencia y la creciente competencia por el uso del recurso debido a la menor disponibilidad. Este tipo de enfoque permitiría mejorar la seguridad hídrica y reducir los impactos negativos en la sociedad, la economía y el medio ambiente.

Una de las áreas clave de vulnerabilidad hídrica al cambio climático es el acceso de la población al agua potable (Center for Climate y Resilience Research, 2021). Dada la preeminencia de este uso, es vital garantizar la cantidad, calidad y continuidad de su suministro, evitando deficiencias que puedan tener consecuencias perjudiciales o irreversibles. En el caso de Chile, las empresas de servicios sanitarios, encargadas de proveer agua en los territorios operacionales concesionados, se enfrentan actualmente a una menor disponibilidad de agua, cambios en la estacionalidad de los caudales, floración de algas por el aumento de la temperatura del agua, empeoramiento de los niveles de turbidez, salinización de los embalses costeros, entre otros (Superintendencia de Servicios Sanitarios, 2023). Para garantizar el suministro de agua potable, las empresas de servicios sanitarios deben llevar a cabo una planificación a largo plazo para reducir la vulnerabilidad mediante la aplicación de medidas de adaptación. La planificación del abastecimiento de agua potable en las áreas concesionadas se realiza a través de programas o planes de desarrollo. Se trata de programas de inversión que las empresas de servicios sanitarios deben desarrollar en un horizonte de hasta quince años y que deben actualizarse cada cinco años[1]. Es importante señalar que estos planes deben ser aprobados por la Superintendencia de Servicios Sanitarios (SISS). En estos planes, las empresas de servicios sanitarios se comprometen a tomar una serie de medidas y ejecutar acciones para asegurar la calidad y continuidad de dichos servicios.

Existen dos tipos de medidas de adaptación para evitar fallas en un sistema de abastecimiento de agua potable: estructurales y no estructurales (Ricalde, 2022). Las primeras se refieren a la construcción o reparación de infraestructura, aumentando la capacidad del sistema para producir, tratar y distribuir agua, ya sea a corto o largo plazo. Esto se puede lograr, por ejemplo, con nuevos embalses, reutilización de aguas residuales, reducción de pérdidas del sistema y plantas desalinizadoras, entre otros. Mientras que las medidas no estructurales modifican el sistema desde el punto de vista de la gestión, realizando acciones sin alterar necesariamente su configuración física, como el uso de herramientas financieras en los sistemas de recursos hídricos, concesiones financieras para carteras de gestión de sequías, arriendo o transferencia de derechos de aprovechamiento de aguas (DAA), o gestión de la demanda a través de tarifas.

Con algunas excepciones, como el caso de Inglaterra (Environment Agency, 2017), los programas o planes de desarrollo de las empresas concesionarias de servicios sanitarios no consideran explícitamente escenarios de cambio climático en el diseño de medidas de adaptación. Estos parten de la premisa de que la demanda de agua puede variar, pero que el clima se mantiene con las mismas características que en el pasado. En el contexto de un clima cambiante, esto conduce a medidas reactivas no planificadas, lo que está lejos de ser una solución óptima desde una perspectiva ambiental, social y económica (no sostenible). En el escenario de sequía severa que ha persistido por más de catorce años en la

[1] Más información sobre el funcionamiento del sistema chileno de abastecimiento de agua y saneamiento se puede revisar en Molinos (2018).

zona central de Chile, la necesidad de tomar medidas para asegurar el abastecimiento de agua potable para ciudades como Santiago o Valparaíso ha generado tensiones entre las empresas concesionarias de servicios sanitarios y otros usuarios relevantes de los recursos hídricos, como los agricultores.

A partir de los resultados de trabajos previos (Vicuña et al., 2018; Ricalde et al., 2022), el objetivo de este capítulo es proponer y evaluar un instrumento de política pública para reducir los impactos de las sequías en el consumo humano de agua en un escenario de profundas incertidumbres e intereses de múltiples actores. Para ello, se consideraron tres objetivos específicos: i) proponer cambios o ajustes en la elaboración de programas o planes de desarrollo de las empresas concesionarias de servicios sanitarios para prepararse y enfrentar mejor los efectos de la sequía en la disponibilidad de agua; ii) evaluar el instrumento propuesto para el caso del área urbana de Valparaíso-Viña del Mar y; iii) generar recomendaciones para su implementación.

2. ASPECTOS CENTRALES DE LA PROPUESTA

Dada la incertidumbre sobre la magnitud de las alteraciones futuras en la disponibilidad de agua debido al cambio climático, los crecientes costos de alcanzar mayores niveles de seguridad hídrica, especialmente frente a una baja capacidad de anticipación y planificación, y la disposición de algunos titulares de DAA para acordar transferencias temporales de volúmenes de agua entre ellos en condiciones de sequía severa, se presenta un escenario propicio para diseñar e implementar instrumentos flexibles que hagan factibles y formalizados dichos acuerdos.

Atendido el rol central de los programas o planes de desarrollo en la prestación de servicios de agua potable y saneamiento por parte de las empresas de servicios sanitarios y en la fiscalización que al respecto ejerce la SISS –organismo regulador de los servicios de provisión de agua y saneamiento en Chile–, se considera conveniente y oportuno incorporar instrumentos flexibles para gestión de la demanda hídrica. En este contexto, este estudio propone y evalúa la implementación de preacuerdos para la transferencia temporal de volúmenes de agua entre prestadores de servicios sanitarios y otros titulares de DAA que forman parte de organizaciones de usuarios de aguas[2]. Estos preacuerdos deben contemplar una compensación adecuada (por el costo asociado al traspaso de agua) y deben perfilarse como un complemento a otras medidas estructurales y de inversión que necesariamente debe realizar la empresa de servicios sanitarios para asegurar el abastecimiento de agua potable en su territorio operacional, especialmente en condiciones de sequía.

[2] Corresponden a entidades reguladas en el Código de Aguas, formadas por dos o más personas con derechos de aprovechamiento de aguas en un mismo río, acuífero, canal, embalse u otras obras hidráulicas de toma y distribución común. Su principal objetivo es gestionar y distribuir el agua entre sus miembros de acuerdo con sus derechos, administrar las obras comunes y resolver conflictos entre uno o más usuarios, o entre estos y la organización.

3. ESTUDIO DE CASOS

Esta investigación se centra en la cuenca del río Aconcagua, ubicada en la zona central de Chile, específicamente en la región de Valparaíso (**Figura 16.1**). Su extensión es de 7.340 km^2 y su principal río es el Aconcagua (DGA, 2004). Este río está formado por la confluencia de los ríos Juncal y Blanco, y desemboca en la bahía de Concón, con una longitud de 142 km desde la confluencia con el río Blanco (DGA, 2004).

Esta cuenca se encarga de abastecer a las principales ciudades de la región de Valparaíso, que son Viña del Mar y Valparaíso. También cubre alrededor del 45% de la región de Valparaíso. En términos poblacionales y económicos, la región de Valparaíso es la segunda más poblada del país, con el 10% de la población total (INE, 2017), y es la tercera en generar el mayor PIB del país, con un 7,7% (Observa, 2022). En términos sectoriales, la actividad que más se destaca es la industria manufacturera, seguida de los servicios personales y el transporte, la información y las comunicaciones (DGA, 2020). En concreto, en la cuenca se encuentran las actividades urbanas de agua potable (consumo de agua de 2,84 m^3/s), mineras (consumo de agua de 1,34 m^3/s), agrícolas (consumo de agua de 25,79 m^3/s), industriales (consumo de agua de 2,63 m^3/s) e hidroeléctricas (consumo de agua de 33.67 m^3/s) (DGA, 2020). Esval es la empresa de servicios sanitarios encargada del abastecimiento de agua para gran parte de la población de la zona urbana de Valparaíso-Viña del Mar. En la **Figura 16.1** se presenta la cuenca del río Aconcagua, las localidades donde se ubican los sitios de riego, el área urbana abastecida por Esval y otros puntos de interés que se utilizan posteriormente en la metodología de análisis.

Figura 16.1
Representación del área de estudio

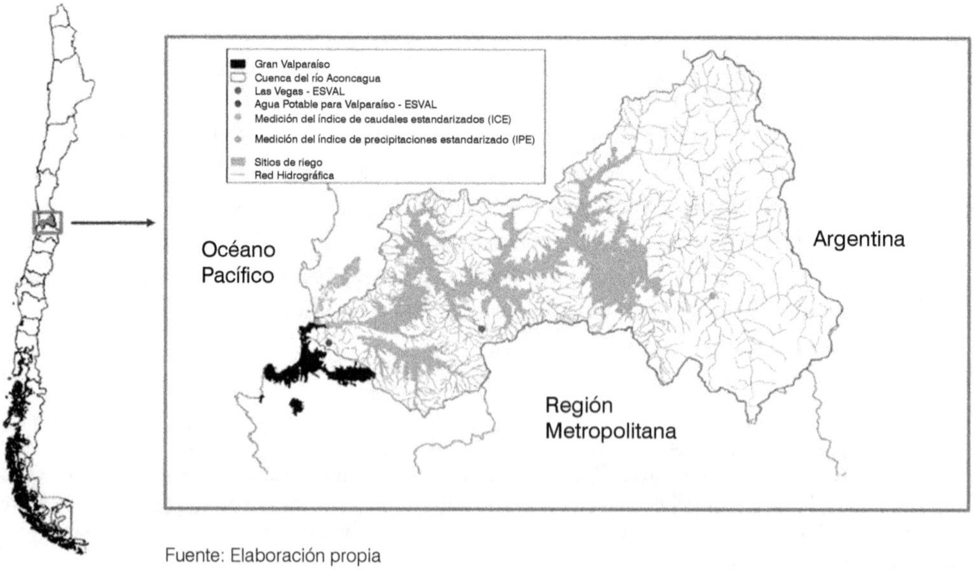

Fuente: Elaboración propia

4. METODOLOGÍA DE ANÁLISIS

Para evaluar el efecto que podría tener este preacuerdo entre la empresa de servicios sanitarios y otros usuarios de agua en la cuenca del río Aconcagua, se desarrolla una metodología de análisis que considera tres pasos clave: desarrollo de escenarios climáticos futuros; activación y ejecución del acuerdo; y análisis económico de la compensación. En la **Figura 16.2** se muestra un resumen de la metodología presentada en el análisis del impacto de la implementación de esta estrategia de adaptación.

Figura 16.2
Resumen de la metodología

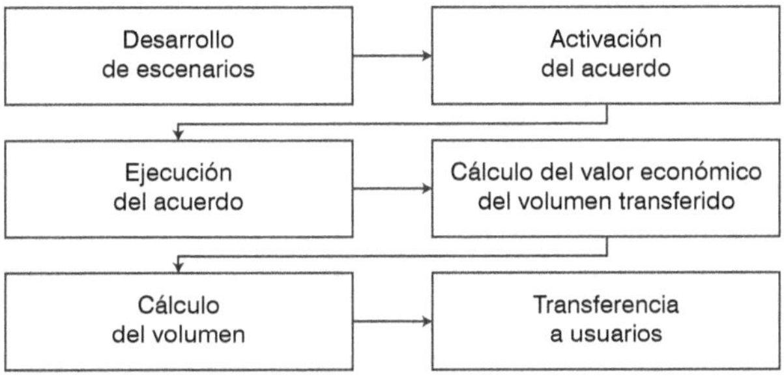

Fuente: Elaboración propia.

4.1. Desarrollo de escenarios climáticos futuros

Para hacer frente a la incertidumbre climática futura, se consideraron dos escenarios de emisiones de gases de efecto invernadero basados en el último informe del IPCC. Un escenario optimista, conocido como SSP1-2.6, y un escenario pesimista, conocido como SSP5-8.5 (IPCC, 2023). Hay un gran número de modelos climáticos globales (GCM, por sus siglas en inglés) que utilizan estos escenarios para crear posibles trayectorias de futuras series climáticas. Sin embargo, no todos se adaptan bien al área de estudio. Para determinar los mejores modelos con los que trabajar, se utilizaron dos índices de sesgo. El primero es el sesgo medio anual (SPA), que mide la precipitación o temperatura media anual (x^{-}) del modelo j en la estación i y lo compara con el mismo valor calculado para la estación i (ver **Ecuación 16.1**). El segundo, presentado en la **Ecuación 16.2**, es el coeficiente de sesgo de variación (SCV), que mide la relación entre el coeficiente de variación $\left(\frac{s}{\bar{x}}\right)$ del modelo

Ecuación 16.1 $$SPA_i = \frac{\bar{x}_{ji}-\bar{x}_i}{\bar{x}_i}$$

Ecuación 16.2 $$SCV_i = \frac{\frac{s_{ji}}{\bar{x}_{ji}}-\frac{s_i}{\bar{x}_i}}{\frac{s_i}{\bar{x}_i}}$$

Por otro lado, dado el importante número de estaciones meteorológicas en el área de estudio, se construyó un indicador agregado de ambas medidas de sesgo para cada variable k (precipitación y temperatura). Finalmente, promediando los índices de ambas variables, se obtienen los valores utilizados para seleccionar los modelos que mejor se ajustan (**Ecuación 16.3**).

Ecuación 16.3
$$MR = \frac{\sum_k \sum_i SPA_{ki} + \sum_k \sum_i SCV_{ki}}{2}$$

Utilizando esta metodología, finalmente se consideran diez GCMs para el análisis: NESM3, KIOST-ESM, CanESM5, KACE-1-0-G, CMCC-CM2-SR5, CMCC-ESM2, ACCESS_CM2, ACCESS_ESM1-5, CAMS-CSM1-0 y CESM2-WACCM[3]. El periodo de estudio para el análisis es de 1980 a 2061.

4.2. Activación y ejecución del acuerdo

Para simular la activación y ejecución del acuerdo se utilizan los modelos WEAP[4] (Yates et al., 2005) y MODFLOW[5] (Harbaugh, 2005) que se incluyen en el Plan Estratégico de Gestión del Agua (PEGH) de la cuenca del río Aconcagua (DGA, 2020). La ventaja de estos modelos es que incorporan los canales a través de los cuales se redistribuye el agua para satisfacer las necesidades de producción de agua potable de Esval, la empresa de servicios sanitarios para la conurbación de Valparaíso-Viña del Mar. Esto nos permite analizar la cantidad de agua que será necesaria trasvasar en los diferentes escenarios climáticos modelados. La activación del acuerdo se realiza considerando indicadores de sequía. Teniendo en cuenta la metodología de la Dirección General de Aguas (DGA 2021), se construyen dos posibles índices de sequía: el índice estandarizado de precipitación (IPE) y el índice estandarizado de caudal (ICE).

El IPE (ICE) permite identificar periodos con precipitaciones (caudales) significativamente inferiores a la condición normal o esperada. Ambos índices son sencillos de calcular y se monitorean periódicamente, lo que garantiza un seguimiento de la toma de iniciativas para desencadenar el tiempo del conjunto de acciones a considerar. Siguiendo las recomendaciones de la DGA (2021), en el cálculo se utiliza un periodo de acumulación. Algunas cuestiones a tener en cuenta son:

---

[3] Las siglas corresponden a las siglas de los modelos climáticos globales (o GCM). Hay alrededor de treinta modelos desarrollados por diferentes instituciones de investigación y servicios meteorológicos en los países desarrollados.

[4] WEAP es un software desarrollado por el Instituto de Medio Ambiente de Estocolmo (SEI), que permite el modelado de sistemas de agua bajo un entorno gráfico y una interfaz fácil de usar.

[5] MODFLOW es un modelador de flujo de diferencia finita desarrollado por el Servicio Geológico de Estados Unidos, que consiste en un código fuente que resuelve la ecuación de flujo de agua subterránea a través de interacciones. Se utiliza en hidrogeología para simular el flujo de agua subterránea en cualquier acuífero.

- El índice se rastrea mensualmente, pero el acuerdo se activa semestralmente, para facilitar la aplicación del instrumento, a principios de abril y principios de octubre. El primero marca el comienzo del año hidrológico y el segundo el final de la temporada de lluvias y el inicio del periodo de deshielo. Estas fechas pueden ser reconsideradas en otro contexto hidrológico.
- Los modelos WEAP-MODFLOW se construyen en base a series meteorológicas distribuidas en la cuenca. En el caso del Aconcagua, se utilizaron datos de la estación fluviométrica Chacabuquito y registros meteorológicos de la parte alta de la cuenca.
- El periodo histórico se puede utilizar para la definición de las condiciones de normalidad de la precipitación. En el caso analizado, se considera de 1980 a 2018. Para mayor precisión, ese proceso se puede actualizar cada diez años.
- Siguiendo las reglas establecidas por la DGA, se decidió que los índices a utilizar sean el IPE acumulado a doce meses (IPE-12) y el ICE acumulado a seis meses (ICE-6). Además, se realizó un análisis de sensibilidad del valor del desencadenante de la sequía (umbral). Para ello, siguiendo a Mckee et al. (1993) se decidió incluir tres posibles desencadenantes con valores iguales a -1,04, -1,54 y -2,04, que definen la ocurrencia de sequía moderada, severa y extrema, respectivamente.

Cuando se supera el umbral definido en uno de los meses de activación (abril u octubre), se activa una transferencia temporal de volúmenes de agua de los titulares de DAA (en este caso, principalmente agricultores en las diferentes secciones de la cuenca) a la empresa de servicios sanitarios. Para el caso de estudio, esto implica aplicar la prioridad legal de la función de subsistencia (artículo 5 bis del Código de Aguas) para operar infraestructura de producción de agua potable.

Como resultado de la activación del acuerdo, se deja un registro de los volúmenes de agua disponibles para la empresa de servicios sanitarios y los cambios en la disponibilidad para otros usuarios. Es importante señalar que ningún aumento en la extracción de agua subterránea por parte de los titulares de derechos de agua subterránea puede compensar la reducción en el volumen de agua superficial, o viceversa.

4.3. Análisis económico de la compensación

El análisis económico busca evaluar los costos de los acuerdos y la caracterización de su posible abastecimiento de agua. Para ello, se evalúa la demanda económica de agua en el área de estudio para representar el costo de oportunidad generado por la transferencia de volúmenes entre los agricultores y las empresas de servicios sanitarios. El objetivo es identificar el costo de oportunidad del agua en el sector agrícola en el contexto de la sequía.

El costo de oportunidad se presenta como un rango de valores posibles. El valor del agua para regar un conjunto de cultivos se estimó como la productividad económica del agua, es decir, la relación entre el margen bruto generado por cada cultivo y el agua consumida por ese cultivo.

El valor hídrico del conjunto de cultivos presentes en la cuenca del Aconcagua se obtiene a través de un promedio ponderado de los mismos, según la superficie actual de cada uno, a partir de datos del último Censo Agropecuario[6] y del Censo Frutal[7]. Además, se reporta un rango de valores mínimos y máximos de agua, derivados de una agrupación de los cultivos en cinco grupos, y verificando, dentro de cada uno, cuáles son los márgenes brutos mínimos y máximos. Estos márgenes se asignaron a todos los cultivos del mismo grupo, en la lógica de la posible sustitución entre cultivos similares y considerando también la disponibilidad de datos. Los cultivos se agruparon en cereales, forrajes, hortalizas, vides y árboles frutales. Además, se incluyeron todas las comunas pertenecientes a la provincia de San Felipe, es decir, San Felipe, Catemu, Llaillay, Panquehue y Santa María. Finalmente, tomando el promedio del valor calculado para cada comuna de la provincia, el valor del agua a utilizar es de 0,85 UDS/m^3, resultado que se sensibilizó en ±0,5 USD/m^3.

El costo económico de la compensación se aplica en dos escenarios posibles en relación con la cantidad de agua consumida por los hogares y otros clientes dentro de la zona concesionada. Uno considera la compensación total y, el otro, la compensación parcial. La compensación parcial utiliza tres umbrales de consumo por cliente (10, 15 y 20 m^3/mes) por encima de los cuales se debe realizar la compensación. El primero de estos valores corresponde al volumen de agua catalogado como acceso óptimo por la Organización Mundial de la Salud (OMS) para el derecho humano al agua, que también ha sido establecido por la Corte Suprema en algunas sentencias pronunciadas en casos de falta de acceso al agua potable, esto es, 100 litros/persona/día (Dusta, Almendra y otros con Gobernación Provincial de Petorca y otra (2020); Gallardo Castro, Ximena y otras con Anglo American Sur S.A. (2021); INDH con SEREMI de Salud de Valparaíso y otra (2021); Howard et al., 2020). Los otros dos valores se basan en el límite que generalmente se ha utilizado en la práctica y el que se configura como el tope legal del subsidio al agua potable (15 y 20 m^3/mes por hogar, respectivamente; artículo 2 letra b) de la Ley 18.778 de 1989; Gómez-Lobo y Contreras, 2003).

En la **Figura 16.3** se muestra un resumen de la metodología presentada en el análisis del impacto de la implementación de esta estrategia de adaptación.

[6] Disponible en: https://www.ine.gob.cl/estadisticas/economia/agricultura-agroindustria-y-pesca/censos-agropecuarios.

[7] Disponible en: https://bibliotecadigital.odepa.gob.cl/bitstream/handle/20.500.12650/70428/catastroFruticolaValpo2020.pdf.

Figura 16.3
Diagrama de la metodología

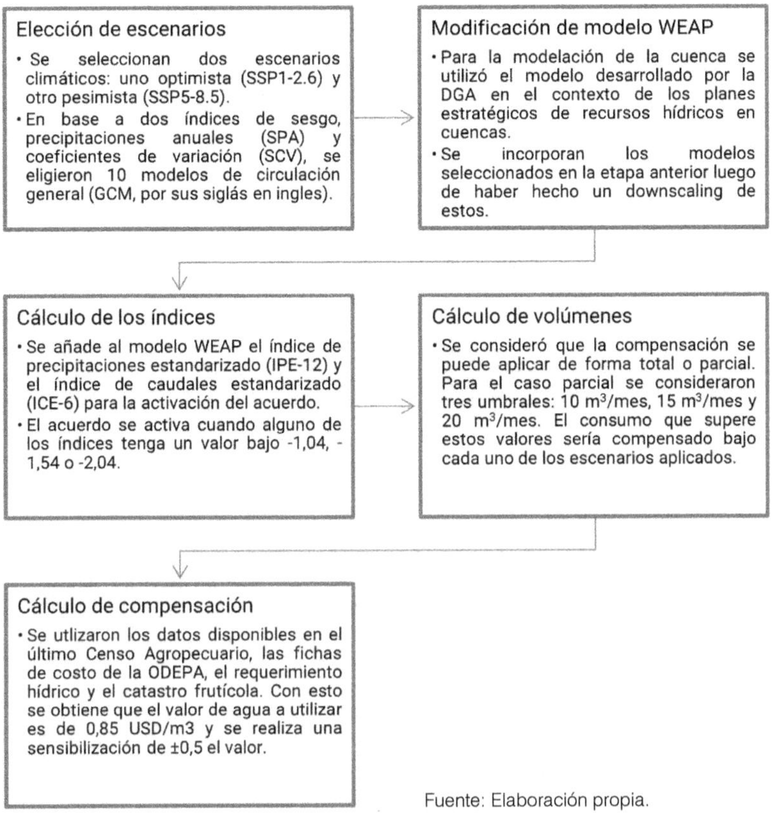

Fuente: Elaboración propia.

5. RESULTADOS Y DISCUSIÓN

En este apartado se presentan los resultados de la aplicación de la metodología propuesta para el estudio de caso de la cuenca del río Aconcagua y las necesidades de abastecimiento de agua que ESVAL debe satisfacer en Valparaíso-Viña del Mar.

En primer lugar, se describen las diferentes condiciones climáticas que se pueden identificar en la cuenca del río Aconcagua. Ello, a partir de la información obtenida a través de la corrección de sesgos con el método UQM[8] (Aedo et al., 2021), aplicado para cada uno de los GCMs seleccionados según la metodología descrita anteriormente. Los

[8] Esto corresponde al método de Mapeo de Cuantiles Insesgados (UQM), que busca preservar tanto la tendencia de los cuantiles como los cambios en la desviación estándar y la media de las series históricas observadas en las series modeladas.

cambios esperados en términos de precipitación y caudal en el área de estudio se pueden observar en la **Figura 16.4**.

Figura 16.4
Cambio en el clima comparando el periodo 1980-2018 con 2020-2058

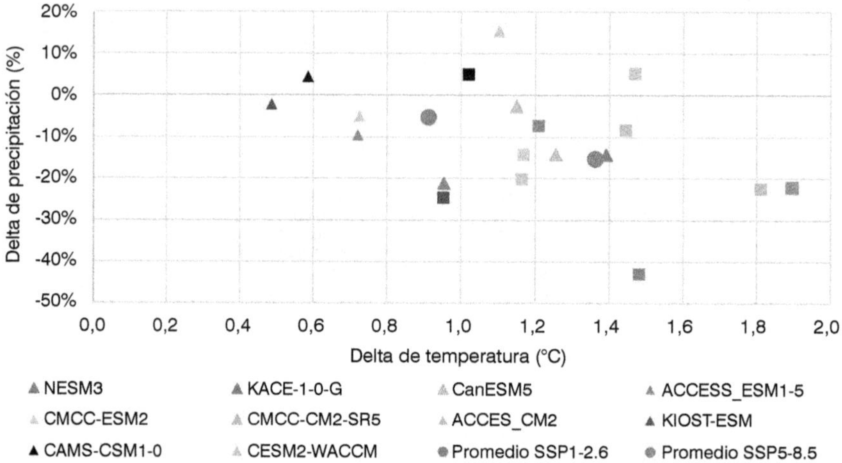

Nota: El triángulo representa el escenario optimista (SSP1-2.6) y el cuadrado representa el escenario pesimista (SSP5-8.5)
Fuente: Elaboración propia.

Aplicando la metodología descrita anteriormente, es posible obtener el número de veces que se declararía una condición de sequía severa en el futuro, y, por lo tanto, el acuerdo se activaría en los diferentes escenarios climáticos proyectados. Es importante destacar que el horizonte de estudio va desde 2019 hasta 2061. En la **Figura 16.5** se muestra el número de activaciones del acuerdo frente a la variación del caudal medio para cada uno de los escenarios climáticos considerados. Se consideran tres umbrales para distinguir entre condiciones de sequía moderada, severa y extrema.

Un primer hallazgo, evidenciado en las **Figuras 16.4** y **16.5**, es que algunos modelos se activan un mayor número de veces, a pesar de que no son los de menor disponibilidad de flujo; por ejemplo, el modelo CMCC_ESM2 en ambos escenarios. Esto se debe a que los índices SPI y SFI de estos modelos resultan ser más críticos en los meses en los que se definió que se activaría el acuerdo, es decir, abril y octubre. Un segundo hallazgo es que, a pesar de que podría haber un aumento en el flujo, el acuerdo sigue activo. Esto lleva a la conclusión de que existe una situación de base que provocaría desabastecimientos en periodos futuros, aunque la situación sea mejor que la actual. Por último, también es posible apreciar que en el escenario pesimista hay un mayor número de activaciones, pero, al mismo tiempo, hay una mayor dispersión en comparación con el escenario optimista.

Figura 16.5
Número de activaciones para diferentes umbrales de sequía frente a cambio en el caudal en diferentes escenarios climáticos para: a) escenario favorable (SSP1-2.6), y b) escenario pesimista (SSP5-8.5)

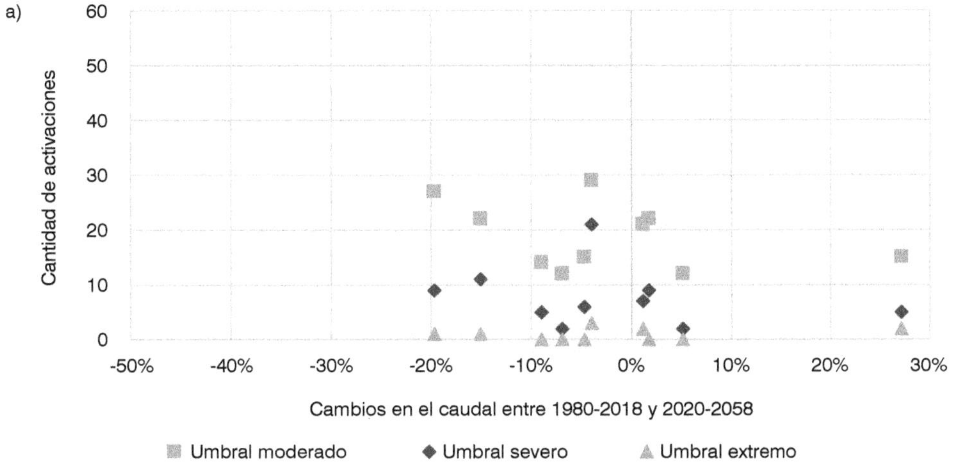

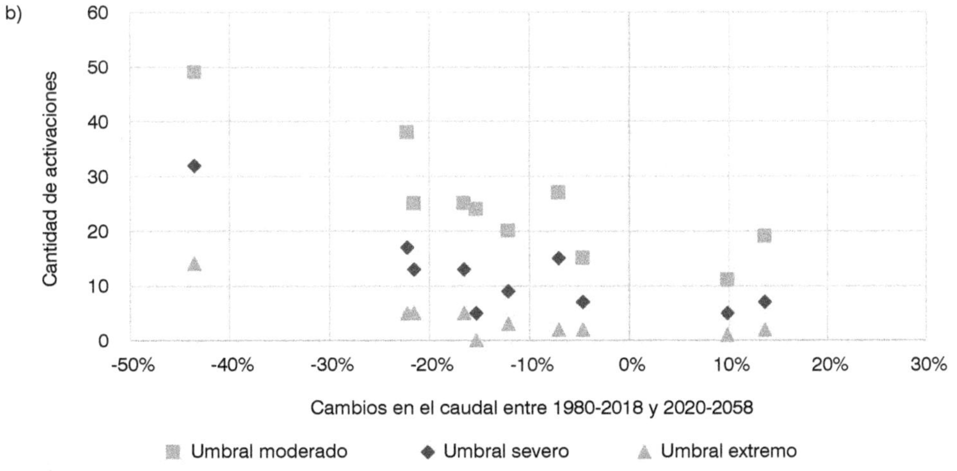

Fuente: Elaboración propia.

Para mostrar mejor lo que sucede si se activa el acuerdo, se utiliza como ejemplo un modelo y escenario (NESM3 y SSP5-8.5) y un periodo hidrológico específico (junio de 2041 a julio de 2041). En la **Figura 16.6** se muestra cómo varía el volumen de agua para Esval y los sitios de riego en el escenario climático y el modelo indicado. En octubre de 2041 se activaría el acuerdo, lo que lleva a lo que se presenta en la **Figura 16.6**. En ellos, es posible apreciar que el volumen de agua recibida por Esval y los sitios de riego, antes de octubre de 2041, es prácticamente el mismo.

Figura 16.6

Ejemplo de activación de acuerdo para el modelo NESM3 y el escenario SSP585, periodo de junio de 2041 a julio de 2042

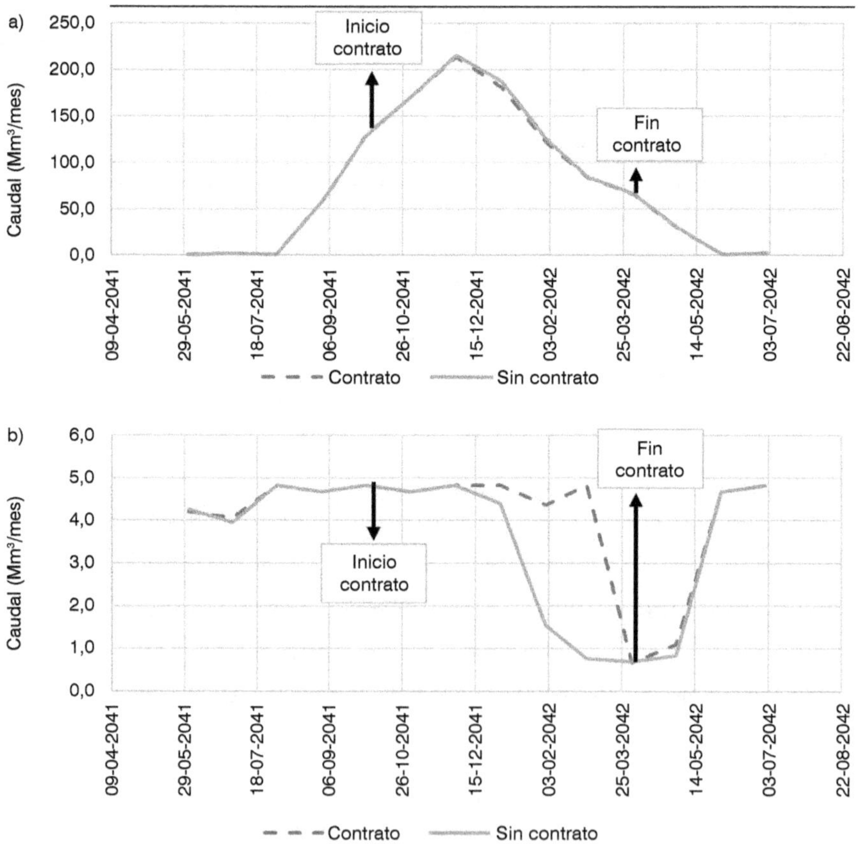

Nota: a) caudal de agua recibido por el Esval; b) caudal recibido por los sitios de riego.
Fuente: Elaboración propia.

Figura 16.7
Volumen de agua a compensar, considerando diferentes umbrales para uso personal y doméstico o consumo humano

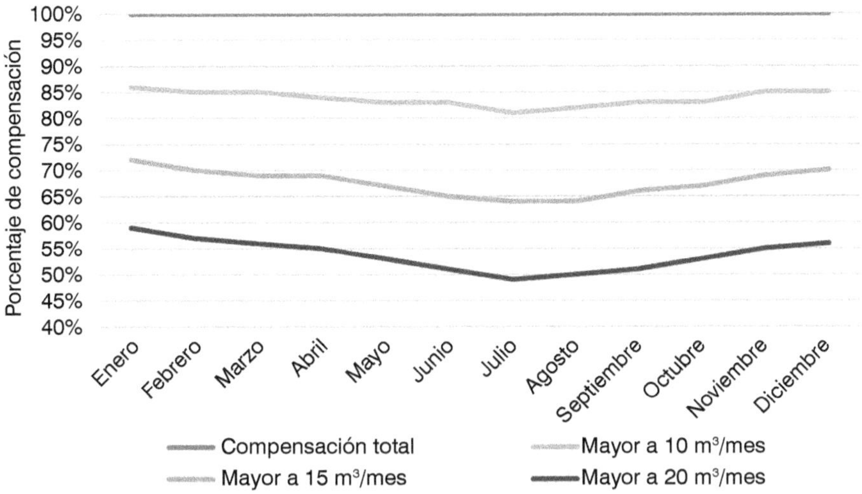

Fuente: Elaboración propia.

Para estimar el volumen de agua transferida a compensar, se consideraron los datos de consumo de agua potable por rango, proporcionados por SISS, utilizando informes de Esval (informe SIFAC II)[9]. Se consideró el promedio mensual de datos de consumo de agua por rango (0-10, 11-15, 16-20, etc. en m^3 mensuales) para el periodo de enero de 2019 a diciembre de 2021 y para Gran Valparaíso, que incluye las comunas de Viña del Mar, Valparaíso, Concón, Quilpué y Villa Alemana. Los porcentajes obtenidos para el promedio mensual se muestran en la **Figura 16.7**. Este porcentaje representa, por un lado, el consumo de agua no domiciliario y, por otro, el consumo de agua por encima del límite en metros cúbicos mensuales a nivel mensual.

Como se mencionó anteriormente, en la última etapa del cálculo del costo económico de la compensación, se consideraron tres valores para calcular ese monto, que son 0,35 USD/m^3, 0,85 USD/m^3 y 1,35 USD/m^3. Estos valores representan un rango de referencia, ya que, entre otras cosas, no se contempló en detalle la composición actual de los cultivos de la cuenca.

El monto final de la compensación se definió como:

Ecuación 16.4
Valor a compensar = umbral de subsistencia × Calor de agua × Volumen de agua cedida

[9] Disponible en: https://www.siss.gob.cl/586/w3-article-7247.html.

Figura 16.8

Valor de compensación para cada rango de consumo

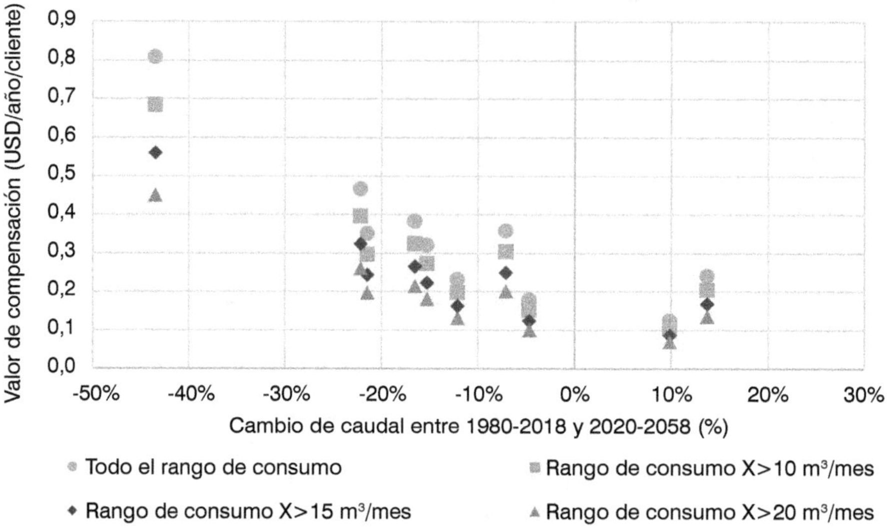

Nota: Considerando el escenario SSP5-8.5, umbral de sequía moderada (-1,04) y valor de agua de 0.35 USD/m^3.
Fuente: Elaboración propia.

Figura 16.9

Valor de compensación para cada valor de agua

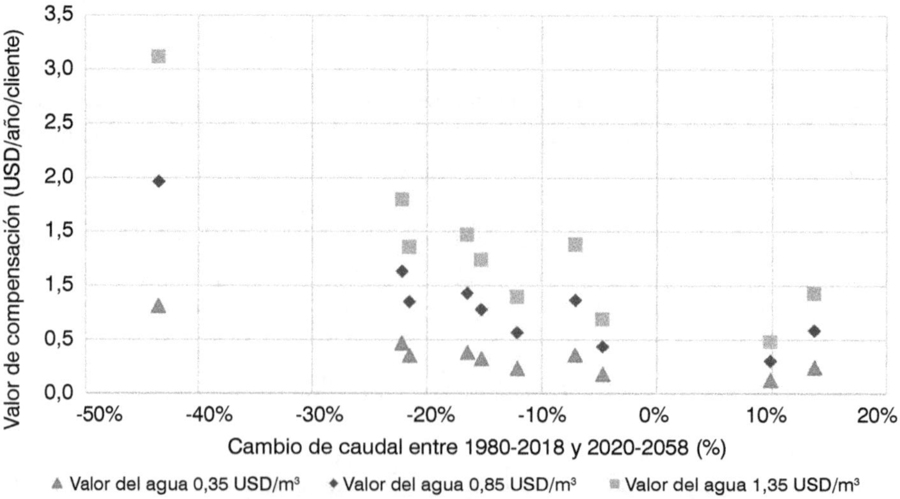

Nota: Considerando el escenario SSP5-8.5, umbral de sequía moderada (-1.04) y todo el rango de consumo.
Fuente: Elaboración propia.

En las **Figuras 16.8** y **16.9** se muestran los resultados obtenidos para la cantidad a compensar por cada porcentaje de agua, para el escenario SSP5-8.5 y el umbral de -1,04. Es importante destacar que en todos los casos se consideró todo el horizonte de estudio.

Tomando como referencia un hogar en Valparaíso de cuatro personas que consume 18 m3/mes, y los datos tarifarios mostrados en la página web de Esval[10], obtenemos que el valor de la factura es de aproximadamente 42,44 USD/mes. Finalmente, llevando este número a un valor anual, el resultado es 509,28 USD/cliente/año. Comparando este valor con los valores mostrados en la **Figura 16.9**, el valor superior representa el 0,61% de la factura anual de referencia.

6. IMPLEMENTACIÓN Y VIABILIDAD DE LA PROPUESTA

En esta sección se presenta un análisis de los diversos aspectos a considerar al momento de implementar el instrumento propuesto, especialmente su marco regulatorio y algunos aspectos de su diseño.

6.1. Aspectos regulatorios

El diseño y la aplicación de un instrumento como el propuesto se caracterizan por un enfoque de iniciativa en la gestión de riesgos. Bajo esta visión, y en previsión de la obligación de adoptar acuerdos de redistribución de agua derivados de la declaratoria de zonas de escasez para las juntas de vigilancia de una cuenca determinada (artículo 314 del Código de Aguas), los titulares de DAA que integran dichas organizaciones (en particular empresas de servicios sanitarios, agricultores, usuarios industriales, entre otros) podrán celebrar un preacuerdo y/o acuerdo para el traspaso temporal de volúmenes de agua. Esto operaría o se haría efectivo en circunstancias y condiciones específicamente definidas en relación, por ejemplo, con los umbrales de sequía desencadenantes, la compensación que debe pagar la empresa de servicios sanitarios al actor que transfiere sus volúmenes, y las condiciones de operación que debe mantener este proveedor, entre otros. Se supone que el diseño de este acuerdo se define en el contexto de un proceso de toma de decisiones de infraestructura a escala de cuenca para asegurar que se realicen inversiones para mantener la calidad y continuidad de la operación del sistema en una situación en la que no haya sequía, según se define en el diseño del instrumento.

Desde el punto de vista jurídico, la factibilidad o viabilidad de esta propuesta se justifica por los siguientes pilares fundamentales de la normativa vigente en Chile:

Consagración del derecho humano al agua. Según el Código de Aguas, modificado por la Ley 21.435, que entró en vigor el 6 de abril de 2022, el acceso al agua potable y al saneamiento son derechos humanos esenciales e inalienables y deben ser garantizados por el Estado (artículo 5 del Código de Aguas). El objeto del derecho humano al agua es

[10] Disponible en: https://www.esval.cl/personas/necesito-ayuda/tus-boletas-y-cobros/tarifas/.

el uso personal y doméstico, que abarca aquellas necesidades básicas e imprescindibles para la vida.

- Priorización del consumo humano, el uso doméstico de subsistencia y el saneamiento en todo el sistema regulado por el Código de Aguas. Debido a la mencionada reforma legal, el Código de Aguas dispone que, entre las diversas funciones del agua, siempre prevalecerá el consumo humano, el uso de subsistencia doméstico y el saneamiento, ya sea al momento de otorgar o limitar el ejercicio de un DAA (Rivera et al., 2020). A su vez, se establece que el uso doméstico de subsistencia se refiere al uso que una persona o familia hace del agua que extrae para satisfacer sus necesidades de bebida, aseo personal, bebida de sus animales y cultivo de productos hortofrutícolas de subsistencia (artículo 5 bis del Código de Aguas). Esto está relacionado con los diferentes escenarios de compensación.

  Una de las manifestaciones de la priorización de la función de subsistencia se da en circunstancias de sequía severa, las cuales, previamente calificadas por la DGA, pueden llevar a la declaratoria de zona de escasez hídrica, por un periodo máximo de un año, el cual puede ser prorrogado sucesivamente. Durante el periodo de vigencia de dicha declaración, se aplican una serie de normas especiales para la redistribución del agua, contenidas en el artículo 314 del Código de Aguas. En lo que es de especial interés para este estudio:

  i) La DGA podrá exigir a las juntas de vigilancia y a los administradores de obras estatales de desarrollo del recurso, cuando su administración no corresponda al Estado, presentar un acuerdo de redistribución, que deberá garantizar la prevalencia del consumo humano, el saneamiento o el uso doméstico de subsistencia.
  ii) Los administradores de obras estatales de desarrollo del recurso, cuando su administración no corresponda al Estado, las asociaciones de canalistas o comunidades de agua entre cuyos miembros se encuentren prestadores de servicios sanitarios deben tomar las medidas necesarias para asegurar que estos últimos reciban los caudales necesarios para garantizar el consumo humano, el saneamiento o el uso doméstico de subsistencia.
  iii) Todo titular de DAA que, en virtud de este acuerdo de redistribución, reciba menos agua de la que le correspondería según la disponibilidad existente, tendrá derecho a ser indemnizado por quien corresponda. Esta compensación no se aplicará si dicha menor proporción es consecuencia de la aplicación de la priorización del consumo humano, el saneamiento y el uso doméstico de subsistencia.

- Requisitos de continuidad y calidad que deben cumplir los prestadores de servicios de saneamiento. La empresa de servicios sanitarios debe garantizar la continuidad y calidad de sus servicios, que solo podrán verse afectados por causas de fuerza mayor. La SISS podrá exigir a tales empresas la celebración de contratos para garantizar el suministro de agua bruta para la producción de agua potable cuando su falta afecte la continuidad del servicio. Si la falta de suministro de agua cruda se debe a fuerza mayor, y las empresas de servicios sanitarios están obligadas a celebrar contratos para su provisión, se deberán fijar nuevas tarifas que incluyan los costos más altos, si los hubiere (artículos 35 del DFL 382, Ley General de Servicios Sanitarios, y 97 del Decreto 1.199).

Estas condiciones o presupuestos deberán ser avalados y justificados en el programa de desarrollo de cada proveedor, instrumento esencial para la operación y materialización del servicio de provisión de agua y saneamiento. Corresponde al plan de inversión para un horizonte temporal determinado, cuya finalidad es permitir al prestador sanitario sustituir y ampliar sus instalaciones para satisfacer los requerimientos de la demanda del servicio (artículo 53 letra k) del DFL 382, Ley General de Servicios Sanitarios). Tanto la SISS como la empresa de servicios sanitarios podrán promover la modificación del programa. A partir de la actualización de este instrumento, la empresa de servicios sanitarios deberá acreditar que dispone de los DAA para atender la demanda en los próximos cinco años, según lo previsto en el mismo programa (artículos 155 y siguientes del Decreto 1.199). De acuerdo con el principio de recuperación total de costos considerado en el modelo regulatorio de servicios sanitarios chileno, los costos económicos asociados a los planes de desarrollo se incorporan a las tarifas de agua.

En la medida que el instrumento propuesto pueda ser considerado en el plan o programa de desarrollo de las empresas de servicios sanitarios, como un preacuerdo, no existe la necesidad de realizar cambios regulatorios significativos para su implementación. Lo anterior se entiende sin perjuicio de definiciones que van más allá de los objetivos del presente instrumento, y que podrían requerir aclaraciones normativas, como el volumen de agua asociado al consumo humano (uso personal y doméstico del agua), y otros supuestos básicos para la aplicación de esta priorización, como las condiciones de operación que debe cumplir la empresa de servicios sanitarios.

6.2. Consideraciones para tener en cuenta en el diseño del instrumento

Además de los aspectos regulatorios, es importante tener presente las siguientes nociones a la hora de diseñar e implementar este instrumento:

- En los últimos años (antes de las modificaciones del año 2022 al Código de Aguas) se han aplicado, formal o informalmente, diferentes mecanismos de redistribución de agua desde la agricultura hacia el uso urbano en varias cuencas del país. Esta experiencia debe ser considerada en esta discusión:
    i) En gran medida, estos mecanismos de redistribución se han materializado debido a la sequía, pero el sobreotorgamiento de DAA que existe en algunas zonas también ha influido.
    ii) La implementación de estos acuerdos ha sido diferente en el caso del Aconcagua-Valparaíso que en Maipo-Santiago. En este último, los acuerdos han sido más fáciles de obtener. Una de las razones que explica esta diferencia es el hecho de que en el Aconcagua la población se encuentra relativamente aguas abajo en la cuenca, a diferencia del Maipo, donde la población está aguas arriba, lo que

evidencia la importancia de tomar medidas a escala de cuenca e involucrar a todos los actores relevantes.

- En la eventual aplicación del instrumento es importante:
  i) Fomentar el ahorro en el consumo de agua en las ciudades, lo que se puede concretar a través de diferentes herramientas, como campañas educativas, racionamiento, tarifas progresivas o en bloques crecientes de agua potable, entre otros.
  ii) Considerar que la aplicación de este instrumento responde a la lógica de las medidas de corto plazo y no a la planificación estratégica de largo plazo. Deben contemplarse también medidas estructurales a largo plazo asociadas a las decisiones de inversión, especialmente para adaptarse a condiciones de sequía no contempladas en el instrumento. En otros términos, esta propuesta debe entenderse como un complemento a otras herramientas que necesariamente deben adoptarse para abordar la adaptación a las sequías y al cambio climático. Es decir, no se busca desconocer la importancia de otras acciones para abordar este desafío, sino ser un elemento más que puede contribuir a su solución.
  iii) Definir con precisión y cuantificar qué significa "consumo humano" al momento de aplicar el instrumento y estimar las posibles compensaciones a pagar por el traspaso o cesión temporal de volúmenes de agua de un actor a otro.
  iv) Profundizar el estudio de la factibilidad del instrumento en el caso de las aguas subterráneas, donde la aplicación puede ser más compleja, debido a que la gobernanza y la capacidad de control/gestión de esta fuente hídrica es más desafiante, ya que tradicionalmente han prevalecido las extracciones individuales o aisladas en este campo, sin mayor coordinación entre los respectivos titulares de DAA.

Dada la importancia de la gestión del recurso hídrico a nivel de cuenca, es relevante incorporar en la discusión y análisis de instrumentos como el propuesto a otros usuarios del agua, incluido el medio ambiente. En este sentido, y considerando el derecho humano al agua, los servicios sanitarios rurales tienen una especial incidencia. Otros aspectos que podrían incorporarse a medida que se comience a aplicar el instrumento están relacionados con la calidad del agua y el afinamiento del costo del preacuerdo, que podría incluir no solo el beneficio perdido por los agricultores en cada temporada, sino también el costo social del cese de la actividad agrícola.

Por otro lado, el análisis cuantitativo realizado en este trabajo para cuantificar las indemnizaciones es ilustrativo y, en ningún caso, busca establecer montos definitivos. Igualmente, y ante la falta de información detallada y actualizada sobre ingresos, costos y superficie cultivada, se ha propuesto una amplia gama de valores, que son meramente referenciales.

AGRADECIMIENTOS

Queremos agradecer a Sebastián Aedo, Valentina Strappa y Juan de Dios Guzmán, quienes colaboraron en el desarrollo de este trabajo; al Centro de Políticas Públicas UC, que nos permitió realizar un trabajo similar que sirvió como punto de partida para este trabajo; y el financiamiento de los proyectos ANID FSEQ210018, FONDECYT 1211846 y ANID Anillo ATE220055.

REFERENCIAS

1. Aedo, S., Chadwick, C., Gironas, J., y González-Leiva, F., (2021). ClimQMBC es un nuevo paquete para sesgar las variables climáticas correctas al tiempo que preserva los cambios brutos de GCM en la media y la desviación estándar para R, Python y MATLAB. *Resúmenes de reuniones de otoño de AGU*, pp. A55Q-1631.
2. Agencia de Medio Ambiente (2017). *Planificación de los recursos hídricos: cómo las empresas de agua garantizan un suministro seguro de agua para hogares y empresas*. Disponible en: https://shorturl.at/nKT9m.
3. Arnell, N.W., y Gosling, S.N., (2013). "Los impactos del cambio climático en los regímenes de caudal de los ríos a escala global". *Revista de Hidrología*, 486, pp. 351-364. Disponible en: https://doi.org/10.1016/j.jhydrol.2013.02.010.
4. Center for Climate and Resilience Research, Álamos, N., Monsalve, T., Billi, M., Lefort, I., Allendes, A., Navea, J., Calvo, R. y Urquiza, A. (2021). *Vulnerabilidad hídrica territorial: Marco analítico y aplicaciones*. Disponible en: https://shorturl.at/6TrjK.
5. Gómez-Lobo, A. y Contreras, D. (2003). "Políticas de subsidio al agua: Una comparación de los esquemas chileno y colombiano". *Revista Económica del Banco Mundial*, 17(3), pp. 391-407. Disponible en: https://doi.org/10.1093/WBER/LHG028.
6. Harbaugh, A. W. (2005). "MODFLOW-2005, el modelo modular de agua subterránea del Servicio Geológico de EE. UU.: el proceso de flujo de agua subterránea" (Vol. 6). *Reston, VA, EE. UU.: Departamento del Interior de EE. UU., Servicio Geológico de EE. UU.* Disponible en: https://doi.org/10.3133/tm6A16
7. Howard, G., Bartram, J., Williams, A., Overbo, A., Fuente, D. y Geere, J-A. (2020). *Cantidad de agua doméstica, nivel de servicio y salud*. Segunda edición (Ginebra, Organización Mundial de la Salud). Instituto Nacional de Estadística. (2017). CENSO 2017. Disponible en: http://resultados.censo2017.cl/.
8. McKee, T.B., Doesken, N.J. y Kleist, J, (1993). "La relación de la frecuencia y duración de la sequía con las escalas de tiempo". *8ª Conferencia sobre Climatología Aplicada*, Anaheim (California), 17-22 de enero 1993, pp. 179-184.
9. Ministerio de Obras Públicas, Dirección General de Aguas, Chile (2004). *Diagnóstico y clasificación de los cursos y cuerpos de agua según objetivos de calidad cuenca del Río Aconcagua*. Disponible en: https://mma.gob.cl/wp-content/uploads/2017/12/Aconcagua.pdf.
10. Ministerio de Obras Públicas, Dirección General de Aguas (2020). *Plan estratégico de gestión hídrica en la cuenca del Aconcagua: informe final*. Disponible en: https://shorturl.at/hZcAq.

11. Molinos, M. (2018). "Urban Water Management". Donoso, G. (Ed.), *Water Policy in Chile.* Cham: Springer, pp. 131-150.
12. Observatorio del Sistema Nacional de Ciencia, Tecnología, Conocimiento e Innovación (2022). *PIB total y per cápita regional.* Disponible en: https://shorturl.at/lpbr6.
13. Panel Intergubernamental de Expertos sobre el Cambio Climático (2023). *Synthesis report of the IPCC Sixth Assessment Report (AR6).* Disponible en: https://report.ipcc.ch/ar6syr/pdf/IPCC_AR6_SYR_LongerReport.pdf.
14. Ricalde, I., Vicuña, S., Melo, O., Tomlinson, J. E., Harou, J. J., y Characklis, G. (2022). "Evaluación de disyuntivas en el diseño de estrategias de adaptación al cambio climático para las empresas de agua en Chile". Revista de Gestión Ambiental, 302, 114035. Disponible en: https://doi.org/10.1016/j.jenvman.2021.114035
15. Rivera, D., Molinos, M. y Donoso, G. (2020). Priorización del uso del agua para consumo humano. *Temas de la Agenda Pública,* 15(131), Centro de Políticas Públicas UC, Santiago.
16. Superintendencia de Servicios Sanitarios (2023). *Informe de Gestión del sector Sanitario.* Disponible en: https://www.siss.gob.cl/586/articles-23290_recurso_1.pdf.
17. Vicuña, S., Gil, M., Melo, O., Donoso, G., y Merino, P. (2018). "Contratos de opción de agua para la adaptación al cambio climático en Santiago de Chile". *Water International,* 43(2), pp. 237-256.
18. Yates, D., Sieber, J., Purkey, D., Huber-Lee, A., y WEAP21, À., (2005). "Un modelo de planificación del agua basado en la demanda, la prioridad y la preferencia: Parte 1, características del modelo". Agua Int., 30(4), pp. 487-500. Disponible en: https://doi.org/10.1016/j.ejrh.2023.101414

Jurisprudencia citada

- Dusta, Almendra y otros con Gobernación Provincial de Petorca y otra (2020): Corte Suprema, 6 de agosto de 2020, rol 1.348-2020.
- Gallardo Castro, Ximena y otras con Anglo American Sur S.A. (2021): Corte Suprema, 18 de enero de 2021, rol 72.198-2020.
- INDH con SEREMI de Salud de Valparaíso y otra (2021): Corte Suprema, 23 de marzo de 2021, rol 131.140-2020.

Capítulo 17
REUTILIZACIÓN DE AGUA EN CHILE: UNA ALTERNATIVA PARA ENFRENTAR LA SEQUÍA

EDUARDO LEIVA, IGNACIO VARGAS Y RODRIGO LABATUT

Resumen. En los últimos años, los eventos de sequía se han vuelto cada vez más comunes y permanentes, causando serios desastres ambientales. La sequía provoca una reducción significativa en la disponibilidad de agua superficial y subterránea, lo que puede llevar a diferentes efectos, como la reducción de la productividad agrícola, la disminución de la generación de energía, un aumento en los costos de tratamiento del agua, un marcado deterioro de los hábitats naturales y un impacto en las actividades económicas y sociales. Debido a la sequía y la escasez de agua, se espera que varias regiones del mundo enfrenten presiones sin precedentes, las cuales agraven el desequilibrio actual entre la demanda de agua y su disponibilidad regional. En Chile, los eventos de sequía son cada vez más comunes, por lo que es necesario evaluar cambios en las estrategias de gestión de los recursos hídricos para abordar este problema. Una estrategia poderosa para enfrentar la sequía es la reutilización del agua. La reutilización del agua ofrece una alternativa de suministro para varios usos beneficiosos, reduciendo las presiones sobre los recursos hídricos de mejor calidad. Sin embargo, a pesar de que esta aproximación ha sido estudiada durante varias décadas, la implementación de estrategias de reutilización del agua adecuadas y ambientalmente aceptables todavía representa un desafío significativo. Este capítulo ofrece una visión general de las estrategias de reutilización del agua aplicadas en Chile, centrándose en la reutilización de aguas grises y aguas residuales, junto con los factores clave, políticas y regulaciones necesarias para la implementación sostenible y la adopción generalizada de estas estrategias. Se analizan los usos potenciales y los riesgos asociados con la reutilización del agua tratada. Además, se revisan los desafíos políticos, regulatorios, económicos, ambientales, tecnológicos y sociales relacionados con la reutilización del agua en el contexto chileno.

Palabras clave. Reutilización del agua, aguas grises, sequía, escasez de agua.

1. INTRODUCCIÓN

La escasez de agua es un problema de gran preocupación en el mundo. En los próximos años, se espera que los recursos hídricos en diversas regiones enfrenten presiones sin precedentes debido al continuo crecimiento de la población, cambios en los hábitos de consumo y el cambio climático (Liu et al., 2017; Kummu et al., 2016). Particularmente, el fenómeno del cambio climático ha causado un aumento de la frecuencia y la intensidad de las sequías en muchas partes del mundo (Cook et al., 2018). Según el World Resources Institute (WRI por las siglas en inglés), cuatro mil millones de personas, principalmente distribuidas en las regiones de Oriente Medio, África del Norte y Asia del Sur, viven bajo condiciones de alto estrés hídrico durante al menos un mes al año (WRI, 2003). En el este de Estados Unidos y el centro de Europa, los veranos se han vuelto más cálidos y secos, lo que afecta los niveles de aguas subterráneas y los niveles de los embalses de agua superficial (Nahrstedt et al., 2020). Esta situación genera conflictos regionales por el agua, limita el desarrollo económico, afecta el bienestar social, reduce la disponibilidad de alimentos y provoca la degradación ambiental.

Desde la década de 1980, la demanda mundial de agua ha estado aumentando a una tasa anual aproximada del 1%. Se proyecta que para 2050, la demanda aumentará en un 20% a 30% en comparación con el nivel actual, ampliando la brecha entre la demanda de agua limpia y la oferta disponible (UN-Water, 2010; Uhlenbrook y Connor, 2019). A nivel global, existe suficiente disponibilidad de agua dulce para satisfacer la demanda mundial; sin embargo, existen variaciones espaciales y temporales periódicas en la demanda y la disponibilidad de agua, lo que lleva a escenarios de incertidumbre sobre la disponibilidad real del recurso y provoca periodos marcados de escasez de agua en diferentes partes del mundo, en momentos específicos del año. Varios estudios han evaluado la escasez de agua a nivel mundial, pero debido a la resolución de estos estudios, la escasez de agua a nivel local o intracuenca no se ha examinado adecuadamente, subestimando el impacto de la escasez de agua (Vorosmarty et al., 2000; Alcamo y Henrichs, 2002; Oki y Kanae, 2006; Ndehedehe et al., 2023). A nivel local, la variabilidad en la disponibilidad de agua puede ser aún mayor, y los efectos de la sequía pueden agravarse, lo que lleva a impactos mucho mayores de lo reportado previamente. Además, la creciente escasez de agua se ve agravada por las desigualdades históricas en el acceso al agua experimentadas por ciertos sectores de la población (Deshpande et al., 2020). En particular, las poblaciones más vulnerables se ven afectadas de manera desproporcionada por la disponibilidad de este recurso, limitando su calidad de vida, perspectivas económicas y, en muchos casos, su subsistencia.

La crisis climática global ha impuesto un grave estrés hídrico en climas semiáridos. Las proyecciones del cambio climático para estas zonas han revelado una reducción dramática de las precipitaciones, lo que afecta a la disponibilidad de agua, los ecosistemas y las ciudades. Chile se enfrenta a un alto nivel de estrés hídrico. El WRI clasifica al país como la decimosexta región con mayor estrés hídrico en el mundo (WRI, 2023), resultado de una megasequía que ha durado casi 14 años, involucrando a 8 de sus 15 regiones continentales (CR2, 2023). Las proyecciones para las cuencas chilenas indican que se espera que la relación entre la demanda futura total de agua y el agua superficial renovable disponible alcance un valor superior al 80% para 2040 (Maddocks et al., 2015). Por otro lado, recientemente se ha registrado la ola de calor más larga y severa en medio del invierno, impactando significativamente los niveles de acumulación de nieve en la cordillera de los Andes, que constituye el reservorio de agua dulce para los meses de verano (CR2, 2023).

La distribución de los recursos hídricos en todo el país presenta disparidades notables (Aitken et al., 2016; Rodríguez et al., 2020a). Esta discrepancia es particularmente alarmante en las regiones rurales, donde aproximadamente 300.000 hogares rurales carecen de la infraestructura esencial necesaria para acceder al agua potable segura (Amulén, 2019). Chile tiene una cobertura del 99,97% de acceso a agua potable segura en áreas urbanas, pero solo un 72% en áreas rurales, lo que restringe en gran medida el desarrollo de estas áreas (Blanco y Donoso, 2016).

Chile tiene un caudal promedio de 53.953 m^3 por persona por año, un valor significativamente más alto que el promedio mundial de 6.600 m^3 por persona por año (Valdés-Pineda et al., 2014). Esto posiciona a Chile como un país privilegiado en cuanto a recursos hídricos; sin embargo, existe una desigualdad significativa en lo que respecta a la disponibilidad de agua, la población y la demanda de agua para diversos usos en todo el país. Las regiones central y norte de Chile representan un sector de gran importancia para el país, debido al crecimiento de las actividades agrícolas y mineras (Aitken et al., 2016; Rehner et al., 2014; Oyarzún y Oyarzún, 2011). Sin embargo, los eventos de sequía en los últimos años han golpeado con fuerza a estas regiones, generando graves conflictos locales sobre los recursos hídricos (Budds, 2009). La sequía meteorológica se ha traducido en sequía hidrológica y en una reducción de la recarga de acuíferos, lo que ha provocado conflictos entre los usuarios de agua, impactos ambientales en los ecosistemas y dificultades económicas para diversas industrias (Aitken et al, 2016; Oyarzún y Oyarzún, 2011; Moskvitch, 2012). Estos problemas han elevado la importancia de la disponibilidad de agua dulce y la búsqueda de fuentes de agua alternativas. En respuesta a este desafío, las opciones de reutilización del agua han surgido como una alternativa atractiva, especialmente para aliviar las presiones sobre los recursos de agua de mejor calidad y abordar los problemas que surgen cuando el suministro de agua disponible ya está agotado y no puede satisfacer la creciente demanda de una comunidad.

2. REUTILIZACIÓN DEL AGUA: CONTEXTO GLOBAL

Una poderosa alternativa para enfrentar la sequía es la reutilización del agua. La reutilización del agua ha sido practicada por la humanidad durante miles de años. Hay informes de la reutilización de aguas residuales para el riego de cultivos que datan de la Edad del Bronce (3200-1100 a.C.) (Angelakis y Gikas, 2015, Angelakis y Snyder, 2014). Sin embargo, a pesar de los beneficios inherentes que estas prácticas pudieron haber aportado, muchas no se llevaron a cabo adecuadamente y no tuvieron en cuenta los modernos procesos de tratamiento del agua. El tratamiento del agua y el saneamiento se han vuelto más comunes solo en el último siglo, lo que ha llevado a mejoras significativas en la calidad de las aguas tratadas y en el impacto de la descarga de aguas residuales.

Como se mencionó anteriormente, la escasez de agua y la sequía han generado una necesidad urgente de tecnologías que permitan el manejo adecuado de los recursos hídricos mientras se maximizan sus usos primarios y secundarios. La reutilización del agua es una práctica que permite el uso más eficiente de los recursos hídricos para un propósito específico y se puede clasificar en reutilización directa del agua y reutilización indirecta del agua (Dishman et al., 1989). La reutilización directa del agua implica tratar el agua con el objetivo final de reutilizarla para un propósito secundario predeterminado (Dishman et al., 1989). En contraste, la reutilización indirecta del agua implica el uso del agua por localidades específicas aguas abajo de otras comunidades, reutilizando efectivamente las aguas residuales de la población aguas arriba para diversos fines (Dishman et al., 1989). La diferencia fundamental radica en el enfoque del proceso.

Los usos potenciales del agua reciclada pueden variar ampliamente, incluyendo la reutilización urbana, la recarga de acuíferos/reutilización no potable, la reutilización agrícola, la reutilización ambiental, la reutilización industrial y la reutilización potable (USEPA, 2012). Sin embargo, estos usos y los beneficios que aportan dependerán de varios factores, muchos de los cuales están influenciados por los avances, la cultura y el marco legal de cada país. Estos factores incluyen el nivel de tratamiento, el estado de los recursos hídricos, la voluntad pública, y los reglamentos y directrices (USEPA, 2012). La reutilización del agua reduce la presión sobre los recursos de agua dulce y ayuda a aliviar los problemas que surgen cuando el suministro de agua disponible está comprometido y no puede satisfacer la creciente demanda.

Entre los principales beneficios de la reutilización del agua se encuentran las contribuciones al desarrollo sostenible, la conservación del agua, un suministro de agua estable y numerosos beneficios ambientales, económicos y de salud para las personas (Shoushtarian y Negahban-Azar, 2020). Sin embargo, junto con estos beneficios, también existen desafíos significativos que deben superarse para implementar estas prácticas de manera sostenible a lo largo del tiempo (Shoushtarian y Negahban-Azar, 2020). Los principales desafíos incluyen preocupaciones políticas, legales y económicas, problemas técnicos, consideraciones sociales, así como los posibles impactos ambientales de su implementación (Shoushtarian y Negahban-Azar, 2020). Por lo tanto, para implementar eficientemente estas prácticas, es esencial encontrar un equilibrio que permita maximizar los beneficios al tiempo que se mitigan posibles impactos negativos.

Originalmente, la reutilización del agua estaba orientada a utilizar aguas residuales tratadas para mejorar la gestión de los recursos hídricos en respuesta al crecimiento de la población en las ciudades (Salgot y Folch, 2018). Sin embargo, debido a las diferencias en la calidad del agua, el concepto de reutilización del agua también se expandió para incluir la reutilización potencial de aguas grises, que requerirían menos tratamiento, y la reutilización de agua industrial.

3. REUTILIZACIÓN DE AGUA EN CHILE

En Chile, a pesar de la existencia de áreas con graves problemas de suministro de agua, el concepto de reutilización del agua es relativamente nuevo en comparación con otros países como Estados Unidos, México, Israel o Australia, donde la reutilización del agua se ha practicado durante muchos años (Bravo, 2011). En las últimas décadas, las prácticas de reutilización del agua en el país se han centrado principalmente en la reutilización indirecta y en enfoques a pequeña escala en sistemas descentralizados. Sin embargo, en febrero de 2018, en Chile se promulgó la Ley 21.075, que regula la recolección, reutilización y disposición de aguas grises (Diario Oficial de la República de Chile, 2018). Este instrumento se ha convertido en un incentivo legal para formalizar sistemas y prácticas de reutilización de aguas grises en áreas urbanas y rurales. Así, la reutilización de aguas grises ha ganado atención principalmente debido a sus costos de tratamiento más bajos y a una tecnología de tratamiento más simple (Rodríguez et al., 2021; Rodríguez et al., 2022a; Van de Walle et al., 2023; Al Arni et al., 2022; Gómez-Monsalve et al., 2022). La separación de las aguas grises de las aguas residuales generales y su reutilización es ahora uno de los enfoques más populares y prometedores para la gestión sostenible e integral del agua en escenarios de escasez hídrica (Vuppaladadiyam et al, 2019). Sin embargo, los procesos de tratamiento y reutilización dependerán de la calidad de las aguas grises y, en última instancia, de las tecnologías de tratamiento de agua implementadas.

A lo largo de los años, se han implementado diversas tecnologías de tratamiento de agua y aguas residuales en Chile, muchas de las cuales son aplicables para la reutilización del agua. Los procesos de reutilización convencionales, tales como los procesos de membranas, los procesos de adsorción utilizando sorbentes comerciales, los procesos de oxidación, humedales artificiales y sistemas de tratamiento biológico, son los más comunes. Sin embargo, se requieren nuevas aplicaciones tecnológicas para mejorar los procesos de tratamiento de agua y aguas residuales, así como su sostenibilidad. Así, las futuras aplicaciones tecnológicas para la reutilización del agua deben abordar varios desafíos, incluida la necesidad de mejorar la eficiencia para alcanzar los niveles de calidad de agua requeridos, reducir los costos energéticos y minimizar las fallas para garantizar la protección de la salud pública. En efecto, el desarrollo de nuevas tecnologías puede ofrecer mejores alternativas para la provisión sostenible de un suministro de agua seguro, limpio y adecuado, ya que permitiría mitigar las consecuencias no deseadas de los procesos convencionales de tratamiento de agua, como la liberación de contaminantes, la disminución de la eficiencia en la purificación y los altos requerimientos de energía.

3.1. Reutilización de aguas grises

Las aguas grises incluyen las aguas residuales domésticas de duchas, bañeras, lavavajillas, fregaderos de cocina y lavandería, excluyendo el inodoro por razones sanitarias. Las aguas grises representan aproximadamente el 65% del consumo total de agua en un hogar (Batisha, 2020). Por lo tanto, su reutilización podría resultar en una reducción significativa del presupuesto de agua potable total del hogar. Debido a su alto contenido de materia orgánica, nutrientes, grasas, tensoactivos y patógenos, las aguas grises requieren tratamiento antes de ser utilizadas. Dependiendo del uso previsto, los estándares de calidad del agua tratada varían según los criterios establecidos en diferentes países. En Chile, el marco legal y la aceptación social han evolucionado en los últimos cinco años, permitiendo la posibilidad de reutilización de aguas grises (Diario Oficial de la República de Chile, 2018; Amaris et al., 2021). La regulación chilena (es decir, la Ley 21.075) considera usos ornamentales, recreativos y urbanos para las aguas grises. Los parámetros utilizados para evaluar la calidad de las aguas grises tratadas son la Demanda Bioquímica de Oxígeno a los cinco días (DBO_5), Sólidos Suspendidos Totales (SST), Coliformes Fecales (CF), Turbidez y cloro libre residual. Mientras que SST y CF se tratan con tratamiento primario y desinfección, la DBO_5 y la turbidez, asociadas a la materia orgánica disuelta en las aguas grises, deben someterse a tratamiento secundario (generalmente biológico).

Las tecnologías convencionales de tratamiento, como los lodos activados y la digestión anaeróbica, requieren espacio y energía y son complejas de operar. Por lo tanto, se requieren nuevas tecnologías para satisfacer las necesidades de sistemas de agua descentralizados. Estos sistemas gestionan y tratan volúmenes pequeños de aguas residuales (es decir, menos de 10 m^3/día) que provienen de hogares individuales o comunidades en una escala más pequeña que los sistemas centralizados. Esto reduce los costos de transporte y los requisitos de infraestructura extensa, lo que permite el desarrollo de sistemas más compactos, sostenibles y resilientes (Capodaglio et al., 2017; Garrido-Baserba et al., 2018). Además, cuando se combina con la separación de fuentes, la descentralización permite la recuperación directa de nutrientes, calor y energía contenidos en las aguas grises, lo que contribuye a la revalorización de materiales de desecho y al desarrollo sostenible (Besson et al., 2021; Hadengue et al., 2022; Larsen et al., 2016). Por lo tanto, las tecnologías personalizadas o adaptadas al propósito son esenciales para cumplir con los diferentes estándares de calidad requeridos según el objetivo y las regulaciones locales, completando los estándares de calidad solicitados para una amplia gama de calidad de agua gris influente y evitando un tratamiento innecesario para un uso más eficiente de los recursos disponibles (Capodaglio, 2021; Van de Walle et al., 2023).

Según el estándar chileno de calidad del agua para la reutilización de aguas grises, la irrigación de espacios verdes ornamentales es la aplicación más accesible para las aguas grises domésticas tratadas, ahorrando agua potable para el consumo humano u otros usos críticos con mayores requisitos sanitarios. Bajo un clima mediterráneo, el consumo de agua de ciertas especies puede oscilar entre 2.6 y 9 L/m^2 por día (Schweitzer y Erell, 2014). Mientras, en un clima semiárido, dependiendo del espacio verde, el consumo puede alcanzar hasta 60 L/m^2 por día (Reyes et al., 2016), un valor que es diez veces la referencia de evapotranspiración. Aunque el uso de plantas resistentes a la sequía reducirá el consumo de agua para el riego, esto probablemente no será suficiente. Por lo tanto, las aguas grises surgen como una alternativa para mantener espacios verdes en el contexto del cambio climático y la escasez de agua. Un estudio sobre la generación de aguas grises en Chile indicó que un hogar de cuatro personas genera aproximadamente 356 litros diarios (Cruz, 2017). Por lo tanto, considerando este número, una estimación rápida sugiere que un edificio con cien ocupantes generaría casi 9 m^3 por día, lo que permitiría el riego de 150 a 1.000 m^2 en un clima semiárido o mediterráneo, respectivamente. Esto resalta el potencial del reúso de aguas grises.

3.2. Reutilización de aguas residuales municipales y aguas industriales

En regiones donde las aguas superficiales y subterráneas están bajo alto estrés, los recursos de aguas grises son limitados y/o la desalinización no es una opción factible, se ha recurrido a las aguas residuales domésticas como una fuente de agua adicional o alternativa para satisfacer sus necesidades. El escenario más común de reutilización de aguas residuales tratadas es la reutilización *de facto* (reutilización indirecta del agua), donde las comunidades aguas abajo utilizan agua superficial (por ejemplo, ríos) para beber, regar u otros fines, después de haber sido sometida a vertidos aguas arriba de plantas convencionales de tratamiento de aguas residuales (PTAR) (AWWA, 2016). Además, la reutilización no potable se refiere al agua reciclada o recuperada que no se utiliza para beber, pero es segura para el riego o procesos industriales (por ejemplo, riego de paisajes, agua de enfriamiento, recarga de aguas subterráneas, restauración de hábitats, descarga de inodoros, lavado de autos, fuentes de agua) (IWA, 2023). En contraste, los proyectos de recuperación de aguas residuales implican tratar el agua hasta un punto que permita cumplir con las regulaciones para beber, regar cultivos o fines industriales (Shahid et al., 2022). Los proyectos se pueden dividir en aplicaciones de reutilización potable indirecta (RPI), donde las aguas residuales tratadas se introducen en un amortiguador ambiental (por ejemplo, un acuífero subterráneo o un embalse de agua superficial, lago o río) antes de ingresar a la planta de tratamiento de agua potable (PTAP); y aplicaciones de reutilización potable directa (RPD), donde las aguas residuales tratadas se introducen directamente en la PTAP (AWWA, 2016).

Las instalaciones de recuperación de aguas residuales se basan en un enfoque de tratamiento de barrera múltiple, donde puede ser necesario un tren de tratamiento que consta de una secuencia de procesos bioquímicos, físicos e incluso termoquímicos. Sin embargo, los pasos de tratamiento específicos utilizados dependen tanto del uso final del agua tratada como de los estándares de calidad específicos establecidos para cada aplicación. Por lo tanto, al igual que en la reutilización de aguas grises, un enfoque "adaptado para el propósito" en la reutilización de aguas residuales es más deseable, ya que puede reducir los costos de capital y operativos (Larsen et al., 2016). En una instalación típica de reutilización de aguas residuales RPI o RPD, los pasos de tratamiento avanzados siguen al efluente de una PTAR convencional. Estos pasos incluyen la ozonización, la adsorción con carbón activado, desinfectantes químicos, radiación UV, procesos avanzados de oxidación (POA) y pasos de filtración por membrana, entre otros (NWRI, 2015; Rizzo et al., 2020). Estas secuencias de trenes de tratamiento son capaces de eliminar patógenos, así como la mayoría de los contaminantes emergentes (CE) (Kim et al., 2018).

Israel es, con mucho, el líder mundial en reutilización de agua, reutilizando casi el 90% de su agua producida, principalmente para el riego de cultivos agrícolas (Fluence Corporation, 2021). En los Estados Unidos, 43 de los 50 estados practican la reutilización de agua (IWA, 2023), con un estimado de 2.53 millones de m^3/d de aguas residuales recuperadas para riego en 2015 (Ritter, 2021). California, Florida, Arizona y Texas representan el 95% de la reutilización de aguas residuales para riego en los Estados Unidos (Ritter, 2021). En Florida, más del 55% de la reutilización se utiliza para el riego de paisajes y el 11% para el riego agrícola, mientras que en California, solo el 18% se utiliza para el riego de paisajes y el 29% de la reutilización se utiliza para el riego agrícola (IWA, 2023). En Europa, se tratan más de 40 mil millones de m^3 de aguas residuales cada año, pero solo el 2.4% se trata aún más para su reutilización (WISE, 2023). Los países líderes en términos del porcentaje de agua recuperada son los países mediterráneos, donde el 12% se da en Italia y España, el 60% en Malta y el 90% en Chipre (Interreg, 2023). En Chile, actualmente hay 297 PTAR con diferentes sistemas de tratamiento, que operan alrededor de 1,284 millones de m^3 de aguas residuales al año, lo que corresponde a un flujo promedio de 40.7 m^3. De esta cantidad, el 96% de las aguas residuales tratadas se vierten en aguas superficiales, continentales o marinas, y solo el 4% del agua tratada se reutiliza directa y planificadamente para diferentes usos (SISS, 2018). Una iniciativa liderada por la Fundación Chile en la región de Coquimbo ha implementado seis plantas piloto de reutilización de aguas residuales rurales desde 2019. Estas plantas suministran aguas residuales tratadas para el desarrollo de humedales artificiales, así como para el riego de plantas ornamentales, parques recreativos y áreas naturales (Fundación Chile, 2023). Un concepto clave demostrado por esta iniciativa es que las tecnologías de tratamiento de aguas residuales simples y de bajo costo pueden ser efectivas y eficientes para producir agua con la calidad suficiente para tales fines, disminuyendo la demanda de agua potable menos disponible y costosa.

Dado que las concentraciones de bacterias en aguas residuales no tratadas pueden variar entre 10^4 y 10^8 UFC/100 mL (López et al., 2019), la composición microbiana es uno de los principales riesgos para la salud en la reutilización de aguas residuales y, por lo tanto, uno de los parámetros más importantes a regular (Schellenberg et al., 2020). El uso de aguas residuales crudas y no tratadas en la agricultura puede dar lugar a la producción de alimentos contaminados y a la propagación de la contaminación en el medio ambiente a través de la lixiviación y el escurrimiento de agua (Farhadkhani et al., 2020). Por lo tanto, independientemente del uso final, si no se trata adecuadamente, la reutilización de aguas residuales puede representar una fuente de riesgo microbiológico para la salud de la población en su conjunto (Bonetta et al., 2022). Afortunadamente, las plantas de tratamiento de aguas residuales convencionales pueden eliminar hasta el 98% de los patógenos, como *e. coli*, durante la etapa del proceso biológico; y se puede lograr hasta un 99.999% a través de un proceso final de desinfección (Raboni et al., 2016). Sin embargo, las plantas de tratamiento de aguas residuales domésticas convencionales no son muy efectivas en la eliminación de CE, como pesticidas, productos farmacéuticos, microplásticos, compuestos disruptores endocrinos y productos de cuidado personal, o bacterias resistentes a los antibióticos (BRA) y genes de resistencia a los antibióticos (GRA) (Fluence Corporation, 2021). Por lo tanto, si las autoridades establecen límites para estos constituyentes en la reutilización de aguas residuales, las plantas convencionales de tratamiento de aguas residuales ciertamente necesitarán mejorar sus instalaciones, añadiendo pasos de tratamiento avanzados, como se mencionó anteriormente, para cumplir con estándares de calidad del agua más estrictos.

Hoy en día, la recuperación de aguas residuales es una estrategia técnica y económicamente viable para producir agua con la calidad requerida para satisfacer los estándares para una variedad de usos, con aplicaciones que van desde el riego de cultivos, la recarga de aguas subterráneas/acuíferos, la mejora de aguas superficiales, hasta el consumo humano directo. Sin embargo, el público todavía es escéptico sobre el riesgo para la salud de los proyectos de reutilización, lo que es especialmente cierto si se trata de plantas convencionales de tratamiento de aguas residuales (PTAR/PTAP), particularmente porque los nuevos CE se están volviendo más ubicuos en las aguas residuales domésticas actuales (Fluence Corporation, 2021; Xue et al., 2023). Serán necesarias nuevas y actualizadas regulaciones de reutilización de agua, una monitorización continua mejorada del efluente, educación y divulgación para convencer al público de que las aguas residuales adecuadamente tratadas pueden ser seguras para el riego de cultivos e incluso para el consumo humano.

3.3. Reglamentos y directrices

Las regulaciones y directrices son fundamentales para diseñar e implementar sistemas de reutilización de agua systems (Watson et al., 2017; Shoushtarian y Negahban-Azar, 2020; Lane et al., 2017; Rodríguez et al., 2022a, 2022b). Las regulaciones incluyen estándares que establecen los requisitos para los procesos de tratamiento del agua, la determinación de sistemas de tratamiento aplicables, criterios y estándares de calidad del agua, procesos y frecuencia de monitoreo y control del efluente, señalización necesaria, estándares de operación, usos permitidos para el agua tratada, entre otros lineamientos (Shoushtarian y Negahban-Azar, 2020; Rodríguez et al., 2022b; Hespanhol y Prost, 1994; United States Environmental Protection Agency et al., 2004). A menudo, el desarrollo de estas regulaciones puede ser controvertido, ya que puede limitar la aplicabilidad de los sistemas de reutilización de agua en contextos específicos. Por esta razón, el desarrollo e implementación de estas regulaciones son un desafío. A pesar de que la reutilización del agua se ha practicado durante varios años, las regulaciones siguen siendo bastante limitadas. En el caso de la reutilización de aguas residuales, aún es una práctica emergente en muchos países, y varios de ellos no tienen regulaciones específicas.

En el caso de Chile, la Constitución Política de Chile no incluye una sección específica asociada a la reutilización del agua, más allá de establecer una garantía constitucional de protección del medio ambiente (artículo 19 N° 8) (Leiva et al., 2020). Del mismo modo, las regulaciones ambientales chilenas no contienen reglas específicas y detalladas para la implementación de sistemas de tratamiento destinados a la reutilización del agua (Leiva et al., 2020). Por ejemplo, las regulaciones disponibles solo establecen pautas generales para proyectos de tratamiento de agua/aguas residuales que deben someterse al Sistema de Evaluación de Impacto Ambiental (SEIA) y, eventualmente, considerar medidas de compensación, reparación o mitigación. No obstante, como se mencionó anteriormente, en Chile existe la Ley 21.075, promulgada en febrero de 2018, que regula la recolección, reutilización y disposición de aguas grises (Diario Oficial de la República de Chile, 2018). Este instrumento legal tiene como objetivo regularizar la reutilización de aguas grises en Chile y promover estas prácticas en todo el país. Esta regulación se aplica exclusivamente a la reutilización de aguas grises y no abarca la reutilización de aguas negras ni aguas residuales, estableciendo una diferenciación y separación entre ambas. La norma se aplica a aquellos que instalan voluntariamente sistemas de reutilización de aguas grises, excluyendo los edificios con características específicas que actualmente tienen un requisito obligatorio para construir sistemas de reutilización de aguas grises de acuerdo con la Ordenanza General de Urbanismo y Construcción (Decreto 10, 2020).

La Ley 21.075 establece varias consideraciones para la implementación de sistemas de reutilización de aguas grises en Chile (Diario Oficial de la República de Chile, 2018). En este sentido, en cuanto a la gobernanza, serán las Secretarías Regionales Ministeriales de Salud las que deben aprobar y autorizar proyectos de reutilización de aguas grises implementados en todo el país. Además, serán responsables de supervisar y garantizar el cumplimiento de las disposiciones del reglamento de la Ley 21.075 (Leiva et al., 2020). Por otro lado, entidades como la Superintendencia de Servicios Sanitarios (SISS), la Superintendencia del Medio Ambiente (SMA) o el Ministerio de Vivienda y Urbanismo (MINVU) pueden tener participación en aspectos específicos de la implementación de sistemas de reciclaje de aguas grises, como declaraciones de impacto ambiental y estudios. Del mismo modo, las empresas de saneamiento solo pueden participar en sistemas de reciclaje de aguas grises domésticas, no en áreas rurales (Leiva et al., 2020). Desafortunadamente, la ley no establece un organismo o entidad pública que brinde apoyo para la implementación de sistemas de reciclaje de aguas grises, lo que evidentemente puede ser una barrera significativa. A pesar de estos obstáculos, la Ley 21.075 es una iniciativa sustancial que puede contribuir a la regulación de los sistemas de tratamiento y reutilización de aguas grises y, al mismo tiempo, fomentar su expansión en Chile.

4. DESAFÍOS FUTUROS: IMPULSORES Y BARRERAS

La implementación de sistemas de reutilización de agua conlleva una amplia variedad de desafíos futuros. Para implementar con éxito estos sistemas y fomentar la adopción de prácticas de reutilización de agua, es necesario considerar tanto los impulsores que promueven su desarrollo como las barreras que pueden obstaculizarlo (Lee y Jepson, 2020). Un equilibrio entre los impulsores y las barreras determinará el éxito de la adopción y el uso generalizado de las prácticas de reutilización de agua.

4.1. Factores políticos y regulatorios

Los factores políticos pueden desempeñar un papel significativo en la promoción o restricción de la implementación de sistemas de reutilización de agua. Como se mencionó anteriormente, en Chile, la Ley 21.075 sirve como un instrumento público que puede favorecer, mejorar o limitar la implementación de sistemas de reutilización de aguas grises. Otro ejemplo se puede encontrar en ciudades como Sídney y Melbourne, donde las políticas gubernamentales de reutilización de agua han fomentado el uso de agua reciclada (Rogers et al., 2015; Bischel et al., 2012). De manera similar, en 2009 en California, Estados Unidos, se lanzó la Política de Agua Reciclada de California (2009) (Lee y Tan, 2016). Como resultado de esta estrategia, las prácticas de reciclaje de agua en el norte de

California han aumentado, traduciéndose en el establecimiento e implementación de estándares y directrices para fomentar el reciclaje de agua en municipios (Lee y Tan, 2016). En Chile, la Ordenanza General de Urbanismo y Construcción es otro instrumento que promueve la reutilización de aguas grises (Decreto 10, 2020). Está ordenanza exige la instalación de sistemas de reutilización de aguas grises en edificios con una superficie igual o superior a 5.000 m^2, con la excepción de edificios residenciales, donde la implementación es voluntaria (Decreto 10, 2020).

Si bien los factores políticos y regulatorios pueden servir como impulsores para la implementación de sistemas de reutilización de agua, la ausencia de marcos y directrices estandarizados para orientar y facilitar su implementación se ha identificado en la literatura como uno de los principales obstáculos para la reutilización de agua en entornos urbanos (Lee y Jepson, 2020). Además, las disposiciones legales relacionadas con los parámetros de calidad del agua y su relación con los usos aprobados del agua tratada y los derechos de agua en cada país pueden ser extremadamente importantes para promover estrategias y prácticas de reutilización de agua, especialmente cuando se enfrentan a escenarios de escasez de agua (Watson et al., 2017; Lane et al., 2017; Bischel et al., 2012). Al mismo tiempo, la cooperación entre las instalaciones de suministro de agua y las instalaciones de tratamiento de aguas residuales es un requisito clave para promover la integración y la implementación de sistemas y prácticas de reutilización de agua (Bischel et al., 2012). Sin embargo, en el caso de Chile, también se requiere una coordinación efectiva entre los actores públicos y privados para promover eficazmente estrategias exitosas de reutilización de agua (Lane et al., 2017; Lee y Tan, 2016). En Chile y América Latina, los sistemas centralizados cuentan con una infraestructura más avanzada para implementar prácticas de reutilización de agua, mientras que las mayores necesidades de agua a menudo se encuentran en áreas rurales donde los sistemas descentralizados tienen una infraestructura más limitada (Rodríguez et al., 2022b; Desbureaux y Rodella, 2019). Finalmente, en Chile, los factores legales pueden convertirse en barreras para la adopción de prácticas de reutilización de agua. La falta de apoyo o cooperación institucional entre las agencias gubernamentales, principalmente debido a la falta de gobernanza clara en la Ley 21.075, puede ser una barrera significativa. Además, la presencia de regulaciones poco claras y específicas a menudo puede restringir la adopción de prácticas de reutilización de agua. Por esta razón, contar con un marco regulatorio con estándares y directrices claras es crucial.

4.2. Factores financieros y económicos

Diversos estudios han reportado que la viabilidad de proyectos de reutilización de agua en áreas rurales y urbanas estará influenciada por la financiación de estos proyectos, los subsidios gubernamentales, los incentivos fiscales y los costos de implementación y operación asociados (Van Rensburg, 2016; Bichai et al., 2016; Stathatou et al., 2017; Sgroi et al., 2018). Los factores económicos pueden representar una barrera significativa debido a los altos costos de capital asociados con estas tecnologías, en comparación con los ahorros de agua logrados. Rodríguez et al. (2020b) demostraron que los sistemas piloto para el tratamiento y reutilización de aguas grises en áreas rurales de Chile pueden no ser económicamente viables, ya que los costos de inversión superan los US$5.200, una cantidad que no se cubre con los ahorros de agua. Aun así, este estudio sugiere que otros beneficios, como la regulación térmica y la mejora de la calidad de vida, podrían hacer que estos proyectos sean viables si se considera una evaluación social en lugar de una puramente económica.

Desde una perspectiva económica, los costos de operación y la falta de financiamiento para el muestreo de agua, el análisis de agua y para las instalaciones de tratamiento pueden restringir la implementación de prácticas de reutilización de agua (Rodríguez et al., 2020b; Hughes, 2013; Friedler, 2008; Miller, 2006). De hecho, los costos de inversión de los sistemas de reutilización de agua pueden volver su implementación prohibitiva, lo que hace necesario contar con subsidios gubernamentales para promover su adopción generalizada. Ejemplos de esto se pueden observar en Abu Dhabi y Dubái (EAU), donde la adopción de la reutilización de agua ha sido promovida y alentada mediante incentivos fiscales y descuentos de precios (Bichai et al., 2018). Dado que los costos actuales de desarrollo y adopción de tecnologías y prácticas de reutilización de agua son significativamente mayores que los beneficios obtenidos a través del ahorro de agua dulce, la introducción de subsidios y reducciones fiscales es un impulsor significativo para promover la implementación y adopción de tecnologías y prácticas de reutilización de agua (Xue et al., 2023; Rodríguez et al., 2020b; Amaris et al., 2020; Beveridge et al., 2017; Grundmann y Maaß, 2017). Sin embargo, los desafíos asociados con la adaptación de las redes de alcantarillado domiciliario reducen la disposición a pagar por sistemas de reutilización de agua, lo que emerge como otro obstáculo significativo para la implementación y adopción de tecnologías y prácticas de reutilización de agua (Watson et al., 2017; Bint et al., 2019; Paola et al., 2018).

4.3. Factores ambientales

Los factores ambientales son otro factor crucial para la implementación de sistemas de reutilización de agua. La escasez de agua actúa como un catalizador significativo para el desarrollo e implementación de estas tecnologías. En muchas regiones del mundo, la sequía ha alcanzado niveles críticos, lo que impulsa la necesidad y búsqueda de fuentes de agua alternativas (Munné et al., 2013; Ishii et al., 2015; Gosling y Arnell, 2016; Kunz et al., 2015; Qin et al, 2019; Schewe et al., 2014). Por otro lado, el cambio climático, la creciente brecha entre la oferta y la demanda de agua, así como los desastres naturales, han reducido la seguridad hídrica de las ciudades y subrayan la necesidad de desarrollar estrategias para una gestión más sostenible de los recursos hídricos, como la reutilización del agua (Miller, 2006; Beveridge et al., 2017; Bint et al., 2019; Jiang et al., 2018). Del mismo modo, otros factores ambientales que influyen y promueven la adopción de prácticas de reutilización de agua incluyen la protección de las fuentes de agua dulce disponibles y el aumento de CE en aguas naturales (Anderson, 2003; Chen y Wang, 2009).

En cuanto a las barreras para la implementación de sistemas de reutilización de agua, los factores ambientales pueden no ser los determinantes principales. Sin embargo, un factor clave es la temporalidad de los impactos de la sequía (Watson et al., 2017). Se ha informado que, durante eventos de sequía graves, la necesidad y la promoción de estas prácticas se hacen evidentes (Watson et al., 2017). Sin embargo, cuando ocurren periodos de aumento temporal de la disponibilidad de agua, el interés de las autoridades y las personas por estos sistemas disminuye. Por lo tanto, el enfoque ambiental de la reutilización del agua se convierte en una medida reactiva en escenarios de sequía en lugar de una medida proactiva para reducir los impactos futuros de la sequía.

4.4. Factores técnicos y tecnológicos

Otro aspecto clave para la implementación de sistemas de reutilización de agua es la capacidad técnica que cada país tiene para implementar sistemas efectivos de tratamiento de agua, tanto centralizados como descentralizados. Es fundamental contar con instalaciones adaptadas para integrar sistemas de reutilización de agua, por ejemplo, en el tratamiento de aguas residuales municipales. Además, las tecnologías de tratamiento de agua deben ser adaptables a la calidad del agua de entrada, al tiempo que deben mantenerse rentables, con el fin de garantizar la viabilidad y sostenibilidad a largo plazo de las prácticas de reutilización de agua (Bichai et al., 2018; Maniam et al., 2022). Por ejemplo, la aplicación de la nanotecnología avanzada a los procesos tradicionales de purificación de agua ofrece oportunidades para desarrollar tecnologías de reutilización de agua más rentables y respetuosas con el medio ambiente (Eslamian et al., 2016; Qu et al., 2013). Los procesos de membrana, como la microfiltración, ultrafiltración y nanofiltración para la purificación avanzada del agua, así como la nanofiltración y la ósmosis inversa para la desalinización y la reutilización del agua, se han estudiado ampliamente (Wintgens et al., 2005; Yang et al., 2020; Fernández-Medrano et al., 2022; Mendret et al., 2016; Kaya y Dayanir, 2020). Sin embargo, estos avances tecnológicos deben estar alineados con su aplicabilidad y viabilidad económica en escenarios de escasez de agua.

Como se mencionó anteriormente, desde una perspectiva tecnológica, la infraestructura insuficiente y las instalaciones de tratamiento de aguas residuales son una de las principales barreras para la adopción exitosa de prácticas de reutilización de agua (Bichai et al., 2018; Carr y Potter, 2013). En el caso de Chile, la disponibilidad de infraestructura de tratamiento en áreas urbanas es bastante alta, con una cobertura de tratamiento de aguas residuales que supera el 99% (Villamar et al., 2018). Sin embargo, en las áreas rurales, la situación es diferente y a menudo la infraestructura es insuficiente y carece de instalaciones adecuadas para el tratamiento de aguas residuales y la reutilización del agua. Además, el tratamiento de aguas residuales en estas áreas es más complejo debido a su ubicación, la menor disponibilidad de capacitación de operadores y recursos limitados. En este contexto, se presentan varias barreras para la adopción de la reutilización de agua en las áreas rurales donde, precisamente, las necesidades son mayores. Diversas dificultades, como los altos costos de operación, el mantenimiento deficiente, la infraestructura inadecuada, los bajos niveles de capacitación técnica y la limitada operación y monitoreo de sistemas de tratamiento, obstaculizan el progreso en estas zonas (Diario Oficial de la República de Chile, 2018; Mizyed, 2013; Murei et al., 2022). Estas barreras pueden convertirse en obstáculos insuperables para las áreas rurales y requieren un diseño más específico de sistemas de reutilización de agua.

4.5. Factores sociales y de percepción pública

Por último, uno de los aspectos más críticos para la adopción exitosa de prácticas y tecnologías de reutilización de agua es la percepción pública. Gross et al. (2015) informaron que en diferentes sociedades existe una barrera psicológica que genera un sentimiento de rechazo hacia el uso de agua reciclada. Esta percepción surge porque las personas creen que el agua reciclada es sucia o que la fuente de la que proviene no es adecuada debido a riesgos de salud. Es importante destacar que este factor de percepción está asociado con el uso final del agua, siendo el agua para beber la que genera la mayor resistencia, en contraste con otros usos como el riego o la recarga de inodoros, que son más fácilmente aceptados.

Amaris et al. (2020), a través de una encuesta exhaustiva utilizando modelos avanzados de elección discreta, buscaron comprender las preferencias de uso y reutilización de agua entre grupos específicos de personas en Santiago. Descubrieron que, en orden decreciente de preferencia, existe una aceptación general de usar aguas grises tratadas de alta calidad para el inodoro, la lavandería, el riego del jardín, el lavado de manos y su uso en duchas/bañeras. Sin embargo, los resultados también mostraron que no hay preferencia por utilizar esta agua para beber, confirmando que la percepción social de la reutilización del agua con fines de consumo es bastante negativa. En este sentido, antes de implementar tecnologías y proyectos de reutilización de agua, se deben realizar esfuerzos para educar a la población sobre las ventajas de la reutilización de agua y los beneficios de su adopción. La conciencia pública y la comprensión pueden desempeñar un papel significativo en superar las barreras psicológicas asociadas con la reutilización del agua.

Una población educada e informada es un impulsor significativo de la reutilización del agua. Varios estudios han demostrado que un público informado con una mayor conciencia ambiental es más propenso a aceptar prácticas de reutilización de agua (Bichai et al., 2018; Bint et al., 2019; Poortvliet et al., 2018; Hartley, 2006; Smith et al., 2018; Wicox et al., 2016; Ricart y Rico, 2019). Del mismo modo, se ha observado que esta percepción es más positiva en poblaciones más afectadas por la sequía (Ormerod y Scott, 2013; Šteflová et al., 2018). De hecho, la percepción pública sobre el escenario de escasez de agua puede ser un impulsor o una barrera para la adopción de prácticas de reutilización de agua. La percepción pública positiva está fuertemente influenciada por los escenarios de escasez de agua y la conciencia y responsabilidad ambiental de la población, mientras que la percepción pública negativa se basa en la falta de conocimiento sobre los procesos de tratamiento de agua y su calidad, así como en los posibles riesgos (Smith et al., 2018; Ormerod y Scott, 2013).

La percepción pública negativa también se sustenta en la falta de confianza, el escepticismo sobre su calidad y beneficios, así como factores culturales (Lee y Jepson, 2020; Nkhoma et al., 2021). En algunos países, los factores culturales relacionados con la religión restringen y obstaculizan la adopción de prácticas de reutilización de agua. Un ejemplo claro de esto se puede ver en Yakarta, donde las personas, impulsadas por sus creencias religiosas, limitan su interacción con el agua reciclada (Priadi et al., 2017).

Finalmente, el equilibrio entre todos estos impulsores y barreras determinará la viabilidad, sostenibilidad y adopción exitosa de sistemas y prácticas de reutilización de agua.

5. CONCLUSIONES

En este capítulo, se examinaron los problemas y desafíos de la reutilización del agua, con el fin de determinar los aspectos clave para la adopción de estas prácticas como alternativa para abordar la sequía.

En Chile, la creciente sequía y escasez de agua han influido de manera negativa en el desarrollo económico y el bienestar de las comunidades, impulsando la búsqueda de fuentes de agua alternativas que puedan ayudar a reducir la presión sobre los escasos recursos hídricos disponibles y contribuir a la seguridad hídrica de las comunidades. Los beneficios potenciales de la reutilización del agua son numerosos e incluyen la conservación del agua, mejoras en el suministro de agua, así como diversos beneficios ambientales, económicos y de salud. Por otro lado, la necesidad de que las ciudades hagan la transición hacia prácticas más sostenibles y una economía circular alineada con uso de recursos naturales, enfatiza aún más la importancia de la reutilización del agua. Sin embargo, si bien es evidente que la reutilización del agua puede mejorar significativamente la gestión de los recursos hídricos, la implementación exitosa de estos sistemas implica superar diversos desafíos, como aspectos tecnológicos y económicos, cuestiones institucionales/regulatorias y percepciones sociales y comunitarias. Se han desarrollado diferentes experiencias exitosas en Chile, incluyendo la reutilización de aguas grises, aguas residuales y aguas industriales. En este contexto, la promulgación de la Ley 21.075, que regula la recolección, reutilización y disposición de aguas grises, ha sido un impulso significativo para la adopción generalizada de prácticas de reutilización de agua en el país. Sin embargo, para implementar y adoptar con éxito prácticas de reutilización del agua, es necesario lograr un equilibrio que permita el fortalecimiento de los impulsores que promueven su desarrollo y la reducción de las barreras que lo obstaculizan. De este modo, las limitaciones principales están asociadas con la falta de incentivos económicos para adoptar estas prácticas, lo que dificulta la implementación de sistemas de reutilización, especialmente sistemas descentralizados.

El escepticismo actual en torno a los beneficios de la reutilización del agua (aguas residuales y aguas grises) es otro obstáculo significativo y requiere un impulso necesario alineado con métodos de participación y educación pública. Finalmente, para maximizar la relación entre los impulsores y las barreras, es necesario que las iniciativas que promueven la reutilización de aguas residuales estén alineadas entre diferentes instituciones y tomadores de decisiones, incluyendo autoridades estatales, empresas sanitarias, la sociedad civil y entidades privadas, con el fin de fortalecer estas prácticas ante los crecientes escenarios de sequía proyectados para el futuro y contribuir a la gestión sostenible de los recursos hídricos.

AGRADECIMIENTOS

Los autores agradecen el apoyo a la investigación proporcionado por el proyecto FSEQ210018. Eduardo Leiva agradece el apoyo de ANID/FONDECYT Iniciación 11191154 (2019-2022). Ignacio Vargas agradece el apoyo de CEDEUS (ANID/FONDAP 1522A0002) y ANID/FONDECYT 1201134. Eduardo Leiva, Ignacio Vargas y Rodrigo Labatut agradecen el apoyo del Consorcio Tecnológico del Agua (CoTH_2O-CORFO, 20CTECGH-145896).

REFERENCIAS

1. Aitken, D., Rivera, D., Godoy-Faúndez, A., y Holzapfel, E. (2016). "Water scarcity and the impact of the mining and agricultural sectors in Chile". *Sustainability*, 8(2), 128. Disponible en: https://doi.org/10.3390/su8020128
2. Al Arni, S., Elwaheidi, M., Salih, A. A., Ghernaout, D., y Matouq, M. (2022). "Greywater reuse: an assessment of the Jordanian experience in rural communities". *Water Science and Technology*, 85(6), pp. 1952-1963. Disponible en: https://doi.org/10.2166/wst.2022.080
3. Alcamo, J., y Henrichs, T. (2002). "Critical regions: A model-based estimation of world water resources sensitive to global changes". *Aquat. Sci.*, 64, pp. 352-362. Disponible en: https://doi.org/10.1007/PL00012591
4. Amaris, G., Dawson, R., Gironás, J., Hess, S., y de Dios Ortúzar, J. (2020). "Understanding the preferences for different types of urban greywater uses and the impact of qualitative attributes". *Water Research*, 184, 116007. Disponible en: https://doi.org/10.1016/j.watres.2020.116007
5. Amaris, G., Dawson, R., Gironás, J., Hess, S., y de Dios Ortúzar, J. (2021). "From mathematical models to policy design: Predicting greywater reuse scheme effectiveness and water reclamation benefits based on individuals' preferences". *Sustainable Cities and Society*, 74, 103132. Disponible en: https://doi.org/10.1016/j.scs.2021.103132
6. Amulén, F. (2019). *Pobres de agua. Radiografía del agua rural de Chile: Visualización de un problema oculto*. Santiago, Fundación Amulén.
7. Anderson, J. (2003). "The environmental benefits of water recycling and reuse". Water Science and Technology: *Water Supply*, 3(4), pp. 1-10. Disponible en: https://doi.org/10.2166/ws.2003.0041
8. Angelakis, A. N., y Gikas, P. (2014). "Water reuse: Overview of current practices and trends in the world with emphasis on EU states". *Water Utility Journal*, 8(67), e78.
9. Angelakis, A. N., y Snyder, S. A. (2015). "Wastewater treatment and reuse: Past, present, and future". *Water*, 7(9), pp. 4887-4895. Disponible en: https://doi.org/10.3390/w7094887
10. AWWA, (2016). *Potable Reuse 101 An innovative and sustainable water supply solution*. Disponible en: https://shorturl.at/SP1jB.
11. Batisha, A. F. (2020). "Greywater in Egypt: The Sustainable future of Non-conventional water resources". *Environmental Science and Pollution Research*, 27(28), pp. 35428-35438. Disponible en: https://doi.org/10.1007/s11356-020-09821-x
12. Besson, M., Berger, S., Tiruta-Barna, L., Paul, E., y Spérandio, M. (2021). "Environmental assessment of urine, black and grey water separation for resource recovery in a new district

compared to centralized wastewater resources recovery plant". *Journal of Cleaner Production*, 301, 126868. Disponible en: https://doi.org/10.1016/j.jclepro.2021.126868

13. Beveridge, R., Moss, T., y Naumann, M. (2017). "Sociospatial understanding of water politics: Tracing the multidimensionality of water reuse". *Water Alternatives*, 10(1), pp. 22-40.
14. Bichai, F., Grindle, A. K., y Murthy, S. L. (2018). "Addressing barriers in the water-recycling innovation system to reach water security in arid countries". *Journal of Cleaner Production*, 171, S97-S109. Disponible en: https://doi.org/10.1016/j.jclepro.2016.07.062
15. Bint, L., Garnett, A., Siggins, A., y Jaques, R. (2019). "Alternative water sources in New Zealand's commercial buildings". Water Supply, 19(2), pp. 371-381. Disponible en: https://doi.org/10.2166/ws.2018.082
16. Bischel, H. N., Simon, G. L., Frisby, T. M., y Luthy, R. G. (2012). "Management experiences and trends for water reuse implementation in Northern California". *Environmental Science y Technology*, 46(1), pp. 180-188. Disponible en: https://doi.org/10.1021/es202725e
17. Blanco, Elisa y Donoso, Guillermo. (2016). "Agua potable rural: desafíos para la provisión sustentable del recurso". *Actas de Derecho de Aguas*. pp. 63-79. Disponible en: https://repositorio.uc.cl/handle/11534/33810
18. Bonetta, S., Pignata, C., Gasparro, E., Richiardi, L., Bonetta, S., Carraro, E. (2022). "Impact of wastewater treatment plants on microbiological contamination for evaluating the risks of wastewater reuse". *Environmental Sciences Europe*, 34(1), 20. Disponible en: https://doi.org/10.1186/s12302-022-00597-0
19. Bravo, M. B. (2011). *Contexto legal: reutilización de aguas grises*, SustentaBiT. 11a ed. Santiago, Chile: Cámara Chilena de la Construcción, pp. 34–38. Disponible en: https://biblioteca.cchc.cl/datafiles/23333-2.pdf.
20. Budds, J. (2009). "Contested H2O: Science, policy and politics in water resources management in Chile". *Geoforum*, 40(3), pp. 418-430. Disponible en: https://doi.org/10.1016/j.geoforum.2008.12.008
21. Capodaglio, A. G. (2021). "Fit-for-purpose urban wastewater reuse: Analysis of issues and available technologies for sustainable multiple barrier approaches". *Critical Reviews in Environmental Science and Technology*, 51(15), pp. 1619-1666. Disponible en: https://doi.org/10.1080/10643389.2020.1763231
22. Capodaglio, A. G., Callegari, A., Cecconet, D., y Molognoni, D. (2017). "Sustainability of decentralized wastewater treatment technologies". *Water Practice and Technology*, 12(2), pp. 463-477. Disponible en: https://doi.org/10.2166/wpt.2017.055
23. Carr, G., y Potter, R. B. (2013). "Towards effective water reuse: drivers, challenges and strategies shaping the organisational management of reclaimed water in Jordan". *The Geographical Journal*, 179(1), pp. 61-73. Disponible en: https://doi.org/10.1111/j.1475-4959.2012.00478.x
24. Chen, R., y Wang, X. C. (2009). "Cost–benefit evaluation of a decentralized water system for wastewater reuse and environmental protection". *Water Science and Technology*, 59(8), pp. 1515-1522. Disponible en: https://doi.org/10.2166/wst.2009.156
25. Cook, B. I., Mankin, J. S., y Anchukaitis, K. J. (2018). "Climate change and drought: From past to future". *Current Climate Change Reports*, 4, pp. 164-179. Disponible en: https://doi.org/10.1007/s40641-018-0093-2

26. CR2. (2023). *La megasequía 2010-2019: una lección para el futuro*. Disponible en: https://www.cr2.cl/megasequia/.
27. Cruz, P. (2017). *Propuesta de reglamento sanitario para la reutilización de aguas grises*. Ministerio de Salud. Seminario Aguas Grises un Recurso Latente. AIDIS. Santiago, Chile. May, 2017
28. Decreto 10. (2020). *Modifica Decreto Supremo N° 47, de Vivienda y Urbanismo, de 1992, Ordenanza general de Urbanismo y Construcciones, en lo relativo a establecer los trámites y requisitos de los permisos de loteo y edificación que incorporen sistemas de Reutilización de aguas grises*. Disponible en: https://www.bcn.cl/leychile/navegar?i=1153728&f=2222- 02- 02
29. Desbureaux, S., y Rodella, A. S. (2019). "Drought in the city: The economic impact of water scarcity in Latin American metropolitan areas". *World Development*, 114, pp. 13-27. Disponible en: https://doi.org/10.1016/j.worlddev.2018.09.026
30. Deshpande, A., Miller-Petrie, M. K., Lindstedt, P. A., Baumann, M. M., Johnson, K. B., Blacker, B. F.,... y Darwish, A. H. (2020). "Mapping geographical inequalities in access to drinking water and sanitation facilities in low-income and middle-income countries", *2000–17. The Lancet Global Health, 8(9), e1162-e1185*. Disponible en: https://doi.org/10.1016/s2214-109x(20)30278-3
31. Diario Oficial de la República de Chile. (2018). Ley N° 21.075: Regula la Recolección, Reutilización y Disposición de Aguas Grises [Law No 21.075: Regulates the collection, reuse and disposal of greywater, Authors Translation]. Biblioteca del Congreso Nacional de Chile.
32. Dishman, C. M., Sherrard, J. H., y Rebhun, M. (1989). "Gaining support for direct potable water reuse". *Journal of Professional Issues in Engineering*, 115(2), pp. 154-161. Disponible en: https://doi.org/10.1061/(ASCE)1052-3928(1989)115:2(154)
33. Eslamian, S., Amininezhad, S. M., Amininejad, S. M., y Adamowski, J. (2016). "Application of nanotechnology in water reuse". *Urban Water Reuse Handbook*, pp. 883-888. CRC Press.
34. Farhadkhani, M., Nikaeen, M., Hadi, M., Gholipour, S., Yadegarfar, G. (2020). "Campylobacter risk for the consumers of wastewater-irrigated vegetables based on field experiments". *Chemosphere*, 251, 126408. Disponible en: https://doi.org/10.1016/j.chemosphere.2020.126408
35. Fernández-Medrano, V., Cuartas-Uribe, B., Bes-Piá, M. A., y Mendoza-Roca, J. A. (2022). "Application of nanofiltration and reverse osmosis membranes for tannery wastewater reuse". *Water*, 14(13), 2035. Disponible en: https://doi.org/10.3390/w14132035
36. Fluence Corporation. (2021). *Israel Leads World in Water Recycling*. Fluence Corporation: White Plains, NY, USA. Disponible en: https://www.fluencecorp.com/israel-leads-world-in-water-recycling/.
37. Friedler, E. (2008). "The water saving potential and the socio economic feasibility of greywater reuse within the urban sector–Israel as a case study". *International Journal of Environmental Studies*, 65(1), pp. 57-69. Disponible en: https://doi.org/10.1080/00207230701846697
38. Fundación Chile (2023). *Cinco nuevos sistemas de reúso de aguas residuales tratadas enfrentan la sequía de la región de Coquimbo*. Disponible en: https://bit.ly/3Zjh1tJ.
39. Garrido-Baserba, M., Vinardell, S., Molinos-Senante, M., Rosso, D., y Poch, M. (2018). "The economics of wastewater treatment decentralization: a techno-economic evaluation". *Environmental Science y Technology*, 52(15), pp. 8965-8976. Disponible en: https://doi.org/10.1021/ACS.EST.8B01623

40. Gómez-Monsalve, M., Domínguez, I. C., Yan, X., Ward, S., y Oviedo-Ocaña, E. R. (2022). "Environmental performance of a hybrid rainwater harvesting and greywater reuse system: A case study on a high-water consumption household in Colombia". *Journal of Cleaner Production*, 345, 131125. Disponible en: https://doi.org/10.1016/j.jclepro.2022.131125
41. Gosling, S. N., y Arnell, N. W. (2016). "A global assessment of the impact of climate change on water scarcity". *Climatic Change*, 134, pp. 371-385. Disponible en: https://doi.org/10.1007/s10584-013-0853-x
42. Gross, A., Maimon, A., Alfiya, Y., y Friedler, E. (2015). *Greywater reuse*. CRC Press.
43. Grundmann, P., y Maaß, O. (2017). "Wastewater Reuse to Cope With Water and Nutrient Scarcity in Agriculture-A Case Study for Braunschweig in Germany". *Competition for water resources*, pp. 352-365. Elsevier. Disponible en: https://www.openagrar.de/receive/openagrar_mods_00030730
44. Hadengue, B., Morgenroth, E., Larsen, T. A., y Baldini, L. (2022). "Performance and dynamics of active greywater heat recovery in buildings". *Applied Energy*, 305, 117677. Disponible en: https://doi.org/10.1016/j.apenergy.2021.117677
45. Hartley, T. W. (2006). "Public perception and participation in water reuse". *Desalination*, 187(1-3), pp. 115-126. Disponible en: https://doi.org/10.1016/j.desal.2005.04.072
46. Hespanhol, I., y Prost, A. M. E. (1994). "WHO guidelines and national standards for reuse and water quality". *Water Research*, 28(1), pp. 119-124. Disponible en: https://doi.org/10.1016/0043-1354(94)90125-2
47. Hughes, S. (2013). "Authority structures and service reform in multilevel urban governance: The case of wastewater recycling in California and Australia". *Urban Affairs Review*, 49(3), pp. 381-407. Disponible en: https://doi.org/10.1177/1078087412458762
48. Interreg. (2023). *The new regulation aims to encourage and facilitate water reuse in the EU*. Disponible en: https://bit.ly/4dsQzUf.
49. Ishii, S. K., Boyer, T. H., Cornwell, D. A., y Via, S. H. (2015). "Public perceptions of direct potable reuse in four US cities". *Journal American Water Works Association*, 107(11), E559-E570.
50. IWA. (2023). *Water Reuse in the United States: A Trend on the Rise*. Disponible en: https://bit.ly/4dMwUPn.
51. Jiang, D., Fischer, M., Huang, Z., y Kunz, N. (2018). "Identifying drivers of China's provincial wastewater reuse outcomes using qualitative comparative analysis". *Journal of Industrial Ecology*, 22(2), 369-376.
52. Kaya, Y., y Dayanir, S. (2020). "Application of nanofiltration and reverse osmosis for treatment and reuse of laundry wastewater". *Journal of Environmental Health Science and Engineering*, 18, 699-709.
53. Kim, S., Chu, K. H., Al-Hamadani, Y. A., Park, C. M., Jang, M., Kim, D. H.,... y Yoon, Y. (2018). "Removal of contaminants of emerging concern by membranes in water and wastewater: A review". *Chemical Engineering Journal*, 335, 896-914.
54. Kummu, M., Guillaume, J. H., de Moel, H., Eisner, S., Flörke, M., Porkka, M.,... y Ward, P. J. (2016). "The world's road to water scarcity: shortage and stress in the 20th century and pathways towards sustainability". *Scientific Reports*, 6(1), 38495.

55. Kunz, N. C., Fischer, M., Ingold, K., y Hering, J. G. (2015). "Why do some water utilities recycle more than others? A qualitative comparative analysis in New South Wales, Australia". *Environmental Science y Technology*, 49(14), 8287-8296.
56. Lane, R., Bettini, Y., McCallum, T., y Head, B. W. (2017). "The interaction of risk allocation and governance arrangements in innovative urban stormwater and recycling projects". *Landscape and Urban Planning*, 164, 37-48.
57. Larsen, T. A., Hoffmann, S., Lüthi, C., Truffer, B., y Maurer, M. (2016). "Emerging solutions to the water challenges of an urbanizing world". *Science*, 352(6288), 928-933.
58. Lee, K., y Jepson, W. (2020) "Drivers and barriers to urban water reuse: A systematic review". *Water Security*, 11, 100073
59. Lee, H., y Tan, T. P. (2016). "Singapore's experience with reclaimed water: NEWater". *International Journal of Water Resources Development*, 32(4), 611-621.
60. Leiva, E., Sánchez, R., Serrano, J., Schneider, N., Alvial, C., y Rodríguez, C. (2020). "Reutilización de aguas grises en Chile: propuesta de implementación en comunidades rurales como alternativa de mitigación para la escasez hídrica". *Propuestas para Chile*, 173.
61. Liu, J., Yang, H., Gosling, S. N., Kummu, M., Flörke, M., Pfister, S.,... y Oki, T. (2017). "Water scarcity assessments in the past, present, and future". *Earth's Future*, 5(6), 545-559.
62. López, A., Rodríguez-Chueca, J., Mosteo, R., Gómez, J., Rubio, E., Goñi, P., y Ormad, M. P. (2019). "How does urban wastewater treatment affect the microbial quality of treated wastewater?". *Process Safety and Environmental Protection*, 130, 22-30.
63. Maddocks, A., Young, R. S., y Reig, P. (2015). *Ranking the world's most water-stressed countries in 2040. World Resources Institute*. Disponible en: https://bit.ly/43FDGTh.
64. Maniam, G., Zakaria, N. A., Leo, C. P., Vassilev, V., Blay, K. B., Behzadian, K., y Poh, P. E. (2022). "An assessment of technological development and applications of decentralized water reuse: A critical review and conceptual framework". *Wiley Interdisciplinary Reviews: Water*, 9(3), e1588.
65. Mendret, J., Azais, A., Favier, T., y Brosillon, S. (2019). "Urban wastewater reuse using a coupling between nanofiltration and ozonation: Techno-economic assessment". *Chemical Engineering Research and Design*, 145, 19-28.
66. Miller, G. W. (2006). "Integrated concepts in water reuse: managing global water needs". *Desalination*, 187(1-3), 65-75.
67. Mizyed, N. R. (2013). "Challenges to treated wastewater reuse in arid and semi-arid areas". *Environmental Science y Policy*, 25, 186-195.
68. Moskvitch, K. (2012). *War for water in Chile's Atacama Desert: Vines or mines*. BBC News. Disponible en: http://www.bbc.com/news/business-17423097
69. Munné, A., Solà, C., Ejarque, E., Sanchís, J., Serra, P., Corbella, I.,... y Molist, J. (2023). "Indirect potable water reuse to face drought events in Barcelona city. Setting a monitoring procedure to protect aquatic ecosystems and to ensure a safe drinking water supply". *Science of The Total Environment*, 866, 161339.
70. Murei, A., Mogane, B., Mothiba, D. P., Mochware, O. T. W., Sekgobela, J. M., Mudau, M.,... y Momba, M. N. B. (2022). "Barriers to Water and Sanitation Safety Plans in Rural Areas of South Africa-A Case Study in the Vhembe District, Limpopo Province". *Water*, 14(8), 1244.

71. Nahrstedt, A., Gaba, A., Zimmermann, B., Jentzsch, T., Kroemer, K., Tiemann, Y.,... y Rohn, A. (2020). "Reuse of municipal wastewater for different purposes based on a modular treatment concept". *Journal of Water Reuse and Desalination*, 10(4), 301-316.
72. Ndehedehe, C. E., Ferreira, V. G., Adeyeri, O. E., Correa, F. M., Usman, M., Oussou, F. E.,... y Dewan, A. (2023). "Global assessment of drought characteristics in the Anthropocene". *Resources, Environment and Sustainability*, 12, 100105.
73. Nkhoma, P. R., Alsharif, K., Ananga, E., Eduful, M., y Acheampong, M. (2021). "Recycled water reuse: what factors affect public acceptance?". *Environmental Conservation*, 48(4), 278-286.
74. NWRI. (2015). *Framework for Direct Potable Reuse*. National Water Research Institute.
75. Oki, T., Agata, Y., Kanae, S., Saruhashi, T., Yang, D., y Musiake, K. (2001). "Global assessment of current water resources using total runoff integrating pathways". *Hydrological Sciences Journal*, 46(6), 983-995.
76. Oki, T., y Kanae, S. (2006). "Global hydrological cycles and world water resources". *Science*, 313(5790), 1068-1072.
77. Ormerod, K. J., y Scott, C. A. (2013). "Drinking wastewater: Public trust in potable reuse". *Science, Technology, and Human Values*, 38(3), 351-373.
78. Oyarzún, J., y Oyarzún, R. (2011). "Sustainable development threats, inter sector conflicts and environmental policy requirements in the arid, mining rich, northern Chile territory". *Sustainable Development*, 19(4), 263-274.
79. Paola, V., Mustafa, A. A., y Giacomo, Z. (2018). "Willingness to pay for recreational benefit evaluation in a wastewater reuse project. Analysis of a case study". *Water*, 10(7), 922.
80. Poortvliet, P. M., Sanders, L., Weijma, J., y De Vries, J. R. (2018). "Acceptance of new sanitation: The role of end-users' pro-environmental personal norms and risk and benefit perceptions". *Water Research*, 131, 90-99.
81. Priadi, C. R., Suleeman, E., Darmajanti, L., Novriaty, S., Suwartha, N., Resnawati, R.,... y Tjahjono, T. (2017). "Water recycling opportunity in the business sectors of Greater Jakarta, Indonesia". *International Journal of Technology*, 8(6), pp. 1031-1039. Disponible en: https://doi.org/10.14716/ijtech.v8i6.743
82. Qin, Y., Mueller, N. D., Siebert, S., Jackson, R. B., AghaKouchak, A., Zimmerman, J. B.,... y Davis, S. J. (2019). "Flexibility and intensity of global water use". *Nature Sustainability*, 2(6), pp. 515-523. Disponible en: https://doi.org/10.1038/s41893-019-0294-2
83. Qu, X., Brame, J., Li, Q., y Alvarez, P. J. (2013). "Nanotechnology for a safe and sustainable water supply: enabling integrated water treatment and reuse". *Accounts of chemical research*, 46(3), pp. 834-843. Disponible en: https://doi.org/10.1021/ar300029v
84. Raboni, M., Gavasci, R., Torretta, V. (2016). "Assessment of the Fate of Escherichia coli in Different Stages of Wastewater Treatment Plants". *Water, Air, y Soil Pollution*, 227(12), 455. Disponible en: https://doi.org/10.1007/s11270-016-3157-8
85. Rehner, J., Baeza, S. A., y Barton, J. R. (2014). "Chile's resource-based export boom and its outcomes: Regional specialization, export stability and economic growth". *Geoforum*, 56, pp. 35-45. Disponible en: https://doi.org/10.1016/j.geoforum.2014.06.007
86. Reyes, R., Bustamante, W., Gironás, J., Pastén, P. A., Rojas, V., Suárez, F.,... y Bonilla, C. A. (2016). "Effect of substrate depth and roof layers on green roof temperature and water

requirements in a semi-arid climate". *Ecological Engineering*, 97, pp. 624-632. Disponible en: https://doi.org/10.1016/j.ecoleng.2016.10.025

87. Ricart, S., y Rico, A. M. (2019). "Assessing technical and social driving factors of water reuse in agriculture: A review on risks, regulation and the yuck factor". *Agricultural Water Management*, 217, pp. 426-439. Disponible en: https://doi.org/10.1016/j.agwat.2019.03.017
88. Ritter, W. (2021). "State regulations and guidelines for wastewater reuse for irrigation in the US". *Water*, 13(20), 2818. Disponible en: https://doi.org/10.3390/w13202818
89. Rizzo, L., Gernjak, W., Krzeminski, P., Malato, S., McArdell, C. S., Perez, J. A. S.,... y Fatta-Kassinos, D. (2020). "Best available technologies and treatment trains to address current challenges in urban wastewater reuse for irrigation of crops in EU countries". *Science of the Total Environment*, 710, 136312. Disponible en: https://doi.org/10.1016/j.scitotenv.2019.136312
90. Rodríguez, C., Carrasco, F., Sánchez, R., Rebolledo, N., Schneider, N., Serrano, J., y Leiva, E. (2022a). "Performance and treatment assessment of a pilot-scale decentralized greywater reuse system in rural schools of north-central Chile". *Ecological Engineering*, 174, 106460. Disponible en: https://doi.org/10.1016/j.ecoleng.2021.106460
91. Rodríguez, C., García, B., Pinto, C., Sánchez, R., Serrano, J., y Leiva, E. (2022b). "Water Context in Latin America and the Caribbean: Distribution, Regulations and Prospects for Water Reuse and Reclamation". *Water*, 14(21), 3589. Disponible en: https://doi.org/10.3390/w14213589
92. Rodríguez, C., Sánchez, R., Lozano-Parra, J., Rebolledo, N., Schneider, N., Serrano, J., y Leiva, E. (2020a). "Water balance assessment in schools and households of rural areas of Coquimbo region, north-central Chile: Potential for greywater reuse". *Water*, 12(10), 2915. Disponible en: https://doi.org/10.3390/w12102915
93. Rodríguez, C., Sánchez, R., Rebolledo, N., Schneider, N., Serrano, J., y Leiva, E. (2020b). "Cost–benefit evaluation of decentralized greywater reuse systems in rural public schools in Chile". *Water*, 12(12), 3468. Disponible en: https://doi.org/10.3390/w12123468
94. Rodríguez, C., Sánchez, R., Rebolledo, N., Schneider, N., Serrano, J., y Leiva, E. (2021). "Life cycle assessment of greywater treatment systems for water-reuse management in rural areas". *Science of the Total Environment*, 795, 148687. Disponible en: https://doi.org/10.1016/j.scitotenv.2021.148687
95. Rogers, B. C., Brown, R. R., De Haan, F. J., y Deletic, A. (2015). "Analysis of institutional work on innovation trajectories in water infrastructure systems of Melbourne, Australia". *Environmental Innovation and Societal Transitions*, 15, pp. 42-64. Disponible en: https://doi.org/10.1016/j.eist.2013.12.001
96. Salgot, M., y Folch, M. (2018). "Wastewater treatment and water reuse. Current Opinion". *Environmental Science y Health*, 2, pp. 64-74. Disponible en: https://doi.org/10.1016/j.coesh.2018.03.005
97. Schellenberg, T., Subramanian, V., Ganeshan, G., Tompkins, D., y Pradeep, R. (2020). "Wastewater discharge standards in the evolving context of urban sustainability-The case of India". *Frontiers in Environmental Science*, 8, 30. Disponible en: https://doi.org/10.3389/fenvs.2020.00030

98. Schewe, J., Heinke, J., Gerten, D., Haddeland, I., Arnell, N. W., Clark, D. B., et al. (2014). "Multimodel assessment of water scarcity under climate change". *Proceedings of the National Academy of Sciences of the United States of America*, 111(9), pp. 3245–3250. Disponible en: https://doi.org/10.1073/pnas.1222460110
99. Schweitzer, O., y Erell, E. (2014). "Evaluation of the energy performance and irrigation requirements of extensive green roofs in a water-scarce Mediterranean climate". *Energy and Buildings*, 68, pp. 25-32. Disponible en: https://doi.org/10.1016/j.enbuild.2013.09.012
100. Sgroi, M., Vagliasindi, F. G., y Roccaro, P. (2018). "Feasibility, sustainability and circular economy concepts in water reuse". *Current opinion in environmental Science y Health*, 2, pp. 20-25. Disponible en: https://doi.org/10.1016/j.coesh.2018.01.004
101. Shahid, M. K., Kashif, A., Pathak, P., Choi, Y., y Rout, P. R. (2022). "Water reclamation, recycle, and reuse". *Clean Energy and Resource Recovery*, pp. 39-50. Elsevier. Disponible en: https://doi.org/10.1016/B978-0-323-90178-9.00028-7
102. Shoushtarian, F., y Negahban-Azar, M. (2020). "Worldwide regulations and guidelines for agricultural water reuse: a critical review". *Water*, 12(4), 971. Disponible en: https://doi.org/10.3390/w12040971
103. SISS (2018). *Informe de gestión del sector sanitario*. Disponible en: http://www.siss.gob.cl/586/articles-17722_recurso_1.pdf
104. Smith, H. M., Brouwer, S., Jeffrey, P., y Frijns, J. (2018). "Public responses to water reuse–Understanding the evidence". *Journal of Environmental Management*, 207, pp. 43-50. Disponible en: https://doi.org/10.1016/j.jenvman.2017.11.021
105. Stathatou, P. M., Kampragou, E., Grigoropoulou, H., Assimacopoulos, D., Karavitis, C., y Gironás, J. (2017). "Creating an enabling environment for WRyR implementation". *Water Science and Technology*, 76(6), pp. 1555-1564. Disponible en: https://doi.org/10.2166/wst.2017.353
106. Šteflová, M., Koop, S., Elelman, R., Vinyoles, J., y Van Leeuwen, K. (2018). "Governing non-potable water-reuse to alleviate water stress: the case of Sabadell, Spain". *Water*, 10(6), 73. Disponible en: https://doi.org/10.3390/w10060739
107. Uhlenbrook, S., y Connor, R. (2019). *The United Nations world water development report 2019: leaving no one behind*. Disponible en: https://www.unwater.org/publications/un-world-water-development-report-2019
108. United States. Environmental Protection Agency. Office of Wastewater Management. Municipal Support Division, National Risk Management Research Laboratory (US). Technology Transfer, y Support Division. (2004). *Guidelines for water reuse*. US Environmental Protection Agency.
109. UN-Water (2010). *Climate Change Adaptation: The Pivotal Role of Water*. Policy Brief; UN-Water: Geneva, Switzerland, 2010.
110. USEPA (US Environmental Protection Agency), (2012). *Guidelines for Water Reuse*. US Environmental Protection Agency: Anchorage, AK, USA.
111. Valdés-Pineda, R., Pizarro, R., García-Chevesich, P., Valdés, J. B., Olivares, C., Vera, M.,... y Helwig, B. (2014). "Water governance in Chile: Availability, management and climate change". *Journal of Hydrology*, 519, pp. 2538-2567. Disponible en: https://doi.org/10.1016/j.jhydrol.2014.04.016

112. Van de Walle, A., Kim, M., Alam, M. K., Wang, X., Wu, D., Dash, S. R.,... y Kim, J. (2023). "Greywater reuse as a key enabler for improving urban wastewater management". *Environmental Science and Ecotechnology*, 100277. Disponible en: https://doi.org/10.1016/j.ese.2023.100277
113. Van Rensburg, P. (2016). "Overcoming global water reuse barriers: the Windhoek experience". *International Journal of Water Resources Development*, 32(4), pp. 622-636. Disponible en: https://doi.org/10.1080/07900627.2015.1129319
114. Villamar, C. A., Vera-Puerto, I., Rivera, D., y De la Hoz, F. (2018). "Reuse and recycling of livestock and municipal wastewater in Chilean agriculture: A preliminary assessment". *Water*, 10(6), 817. Disponible en: https://doi.org/10.3390/w10060817
115. Vorosmarty, C. J., Green, P., Salisbury, J., y Lammers, R. B. (2000). "Global water resources: vulnerability from climate change and population growth". *Science*, 289(5477), pp. 284-288. Disponible en: https://doi.org/10.1126/science.289.5477.284
116. Vuppaladadiyam, A. K., Merayo, N., Prinsen, P., Luque, R., Blanco, A., y Zhao, M. (2019). "A review on greywater reuse: quality, risks, barriers and global scenarios". *Reviews in Environmental Science and Bio/Technology*, 18, pp. 77-99. Disponible en: https://doi.org/10.1007/s11157-018-9487-9
117. Watson, R., Mukheibir, P., y Mitchell, C. (2017). "Local recycled water in Sydney: A policy and regulatory tug-of-war". *Journal of Cleaner Production*, 148, pp. 583-594.Disponible en: https://doi.org/10.1016/j.jclepro.2017.01.174
118. Wilcox, J., Nasiri, F., Bell, S., y Rahaman, M. S. (2016). "Urban water reuse: A triple bottom line assessment framework and review". *Sustainable Cities and Society*, 27, pp. 448-456. Disponible en: https://doi.org/10.1016/j.scs.2016.06.021
119. Wintgens, T., Melin, T., Schäfer, A., Khan, S., Muston, M., Bixio, D., y Thoeye, C. (2005). "The role of membrane processes in municipal wastewater reclamation and reuse". *Desalination*, 178(1-3), pp. 1-11. Disponible en: https://doi.org/10.1016/j.desal.2004.12.014
120. WISE. (2023). *Water reuse*. Disponible en: https://water.europa.eu/freshwater/europe-freshwater/water-reuse
121. WRI. (2023). *25 Countries, Housing One-quarter of the Population, Face Extremely High-Water Stress*. Disponible en: https://www.wri.org/insights/highest-water-stressed-countries
122. Xue, B., Guo, X., Cao, J., Yang, S., Qiu, Z., Wang, J., Shen, Z. (2023). "The occurrence, ecological risk, and control of disinfection by-products from intensified wastewater disinfection during the COVID-19 pandemic". *Science of The Total Environment*, 900, 165602. Disponible en: https://doi.org/10.1016/j.scitotenv.2023.165602
123. Yang, J., Monnot, M., Ercolei, L., y Moulin, P. (2020). "Membrane-based processes used in municipal wastewater treatment for water reuse: state-of-the-art and performance analysis". *Membranes*, 10(6), 131. Disponible en: https://doi.org/10.3390/membranes10060131

Capítulo 18
DESALINIZACIÓN EN TIEMPOS DE SEQUÍA

María Molinos-Senante, Daniela Rivera, Guillermo Donoso y Oscar Melo

Resumen. Diversos factores están impulsando el incremento en la adopción de la desalinización como solución para el suministro de agua. El crecimiento poblacional ha ejercido una presión significativa sobre regiones con estrés hídrico, mientras que las condiciones de sequía, exacerbadas en parte por el cambio climático, afectan simultáneamente a muchas áreas que anteriormente consideraban suficientes sus recursos hídricos tradicionales. Paralelamente, el costo del agua desalinizada ha disminuido gracias a los avances tecnológicos, en contraste con el aumento en los costos asociados a otras fuentes de agua. En Chile, actualmente operan 22 plantas desalinizadoras, a las que se suman seis en construcción, tres con aprobación ambiental y doce en etapas de evaluación preliminar. La capacidad total de las plantas en funcionamiento alcanza los 8.200 l/s. No obstante, pese al auge de esta tecnología, su desarrollo de manera económica y ambientalmente sostenible plantea desafíos significativos. En este contexto, se analizan los principales retos regulatorios, legales, ambientales, sociales y económicos que enfrenta la desalinización en Chile, al tiempo que se proponen líneas de acción para avanzar hacia un modelo de desarrollo sostenible en esta materia.

Palabras clave. Desalinización, desafíos, fuentes de agua complementarias, Chile.

1. INTRODUCCIÓN

La distribución de agua en la superficie terrestre es marcadamente desigual, con solo el 3% clasificada como dulce, mientras que la mayoría, el 97%, se encuentra en los océanos. Respecto a las reservas de agua dulce, los glaciares contienen el 69%, las fuentes subterráneas representan el 30%, y una fracción menor al 1% se encuentra en lagos, ríos y pantanos (USGS, 2019). Por lo tanto, la mayor parte del agua en la superficie terrestre está en los océanos, la que, debido a su alto contenido salino, no puede ser utilizada directamente para consumo humano o agricultura. Sin embargo, considerando que la desalinización del agua es el proceso mediante el cual se eliminan las sales minerales disueltas, el agua desalinizada se vislumbra como es un recurso alternativo que puede desempeñar un papel clave en la mitigación de la escasez hídrica.

Figura 18.1
Evolución en la capacidad operativa de desalinización a nivel mundial

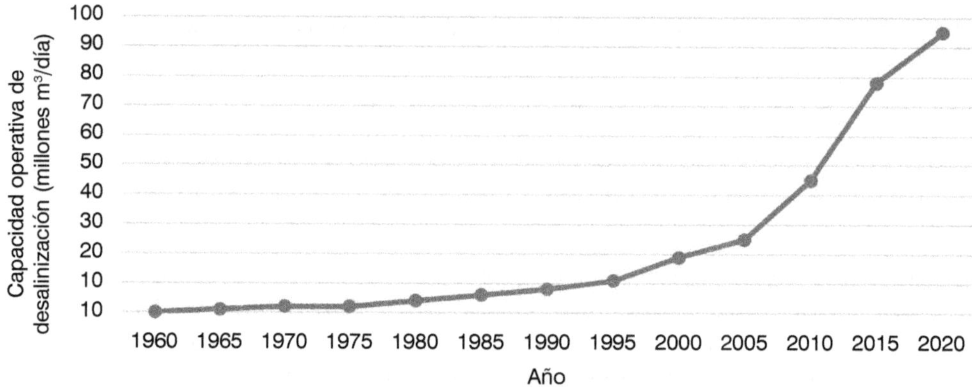

Fuente: Elaboración propia basado en Angelakis et al., 2021.

La primera planta de destilación de agua de mar fue construida por el gobierno británico en Adén (Yemen) en 1869 para abastecer de agua potable a los barcos del Imperio en ruta a la India (Khordagui, 1999). Actualmente existen más de veinte mil plantas desalinizadoras en el mundo, con una capacidad total de, aproximadamente, 100 millones de metros cúbicos por día, que pueden tratar agua de mar (60%) o salobre (40%) (Asociación Internacional de Desalinización, 2022) (**Figura 18.1**). Con el tiempo, la desalinización ha pasado de ser una anécdota a una fuente crítica de agua alternativa a nivel mundial. En consecuencia, numerosos países, particularmente aquellos que enfrentan escasez hídrica, han integrado la desalinización en sus estrategias generales de gestión del agua (Asli et al., 2023).

El auge de la desalinización a nivel mundial responde a múltiples factores. Entre ellos destacan el crecimiento poblacional en diversas regiones con estrés hídrico, como China, India, Sudáfrica y Estados Unidos, particularmente en Estados como Arizona y California. Además, las sequías, exacerbadas por el cambio climático, afectan simultáneamente a muchas áreas que, hasta hace poco, consideraban abundantes sus recursos hídricos (Robbins, 2019). Paralelamente, los avances tecnológicos han permitido reducir significativamente el costo del agua desalinizada, mientras que los costos asociados a otras fuentes de agua han aumentado. En las últimas tres décadas, el costo de la desalinización se ha reducido a menos de la mitad (Shokri y Sanavi Fard, 2023). No obstante, el incremento en la adopción de la desalinización no implica que todas las regiones con acceso al mar hayan logrado resolver sus problemas de escasez hídrica mediante esta tecnología. La implementación y desarrollo sostenible de la desalinización requieren considerar diversos factores y condicionantes.

La sección 2 de este capítulo presenta una visión general de la situación de la desalinización en Chile. Posteriormente, las secciones 3 y 4 exploran los principales desafíos para lograr una desalinización sostenible en el país, desde una perspectiva regulatoria y ambiental, respectivamente. La sección 5 analiza los aspectos sociales relacionados con esta tecnología, mientras que la sección 6 se centra en su viabilidad económica. Finalmente, la última sección concluye con mensajes clave sobre el tema.

2. DESALINIZACIÓN EN CHILE

Con una costa de 6.435 kilómetros de longitud, Chile posee un elevado potencial para el desarrollo de instalaciones de desalinización. La primera planta desalinizadora del país, ubicada en Las Salinas, se remonta a 1892 (Aguas Antofagasta, 2024). Sin embargo, no fue hasta la década de 1990 cuando la industria minera comenzó a explorar activamente el uso del agua de mar como una fuente alternativa para sus procesos industriales (B2B Media Group, 2022). A pesar de este impulso industrial, las plantas desalinizadoras más antiguas actualmente en operación tienen como objetivo principal el abastecimiento de agua para consumo urbano. La Planta de Arica inició sus operaciones en 1998 (Herrera-León et al., 2019), seguida por la Planta Desalinizadora Norte Antofagasta, que comenzó a funcionar en 2003 (Herrera et al., 2019). Desde entonces, el número de plantas desalinizadoras industriales ha crecido de manera sostenida, con una marcada concentración en la zona norte, donde se desarrolla la mayor parte de la actividad minera.

El primer registro nacional de plantas y proyectos de desalinización de agua de mar con una capacidad superior a 20 l/s, elaborado por ACADES (2023), revela que, en 2023, Chile contaba con 31 instalaciones (veintidós en operación, seis en construcción, tres con aprobación ambiental), mientras que otras doce estaban en evaluación preliminar. Las veintidós plantas actualmente operativas tienen una capacidad conjunta de 8.200 l/s, que se incrementará a 25.000 l/s una vez que todas las instalaciones identificadas estén en funcionamiento. A nivel regional, trece de las veintidós plantas operativas (59%) se ubican en la región de Antofagasta, cinco (23%) en la región de Atacama, dos (9%) en la región de Valparaíso, y las regiones del Biobío y Magallanes cuentan con una planta cada una. Aunque la desalinización está claramente concentrada en la zona norte del país (Antofagasta y Atacama), resulta significativo destacar la presencia de plantas desalinizadoras en el sur de Chile.

En cuanto al uso del agua desalinizada, diez de las veintidós plantas desalinizadoras operativas (45%), incluidas las ubicadas en las regiones de Valparaíso, Biobío y Magallanes, producen agua para uso industrial, con una capacidad total de 410 l/s. Tres de las instalaciones (14%) están destinadas al suministro de agua para fines domésticos, con una capacidad conjunta de 1.578 l/s. Las restantes nueve plantas (41%) se utilizan en la industria minera, alcanzando una capacidad de 6.291 l/s. Estos datos reflejan una clara predominancia del sector minero en la producción y el consumo de agua desalinizada. En relación con las plantas desalinizadoras en fase de construcción, cuatro de las seis están asociadas al sector minero, con una capacidad total de 2.560 l/s. Una de estas instalaciones está destinada al suministro de agua potable, con una capacidad de 634 l/s, mientras que otra será de uso multipropósito, con una capacidad de 1.000 l/s.

Con una proyección de quince nuevas plantas desalinizadoras que añadirán una capacidad total de 22.297 l/s, la desalinización se perfila como una solución clave para mitigar el déficit hídrico en Chile (Vicuña et al., 2022). No obstante, a pesar del crecimiento observado en los últimos años, tanto en el número como en la capacidad de las plantas desalinizadoras, así como las prometedoras proyecciones futuras, el país enfrenta significativas brechas y desafíos relacionados con la regulación sostenible de esta tecnología. Estos aspectos serán analizados en la siguiente sección.

3. DESAFÍOS Y BRECHAS PARA LA REGULACIÓN SOSTENIBLE DE LA DESALINIZACIÓN EN CHILE

El marco regulatorio e institucional que rige la desalinización en Chile enfrenta importantes desafíos y presenta brechas que requieren ser abordadas para asegurar el desarrollo y la operación sostenible de los proyectos.

3.1. Falta de información completa y actualizada sobre la oferta y demanda de agua en Chile

La desalinización es una fuente adicional de agua que complementa las actuales fuentes utilizadas por los usuarios. Sin embargo, para materializar esta fuente hídrica alternativa se deben identificar las incertidumbres relacionadas con la oferta y la demanda hídrica, así como comprender las interacciones entre estas variables y la desalinización. Este análisis debe llevarse a cabo a múltiples escalas, considerando tanto factores globales, como los efectos del cambio climático, como aspectos locales, tales como las preferencias de los consumidores. En este contexto, uno de los desafíos más significativos en la gestión hídrica de Chile es la falta de sistemas de información y monitoreo que permitan evaluar, de manera precisa y completa, la disponibilidad de agua en términos de volumen y calidad, así como su consumo. Esta carencia constituye una barrera fundamental para una gestión eficiente y sostenible del recurso hídrico (Rivera et al., 2021).

La falta de una comprensión integral de la oferta y demanda de recursos hídricos puede conducir a inversiones en desalinización que no cumplan con los beneficios esperados o que no representen las alternativas más rentables y eficientes para fortalecer la seguridad hídrica. La elección de una localización adecuada para la instalación de una planta desalinizadora es fundamental para garantizar operaciones ininterrumpidas y promover la sostenibilidad ambiental y social de sus procesos (García-Bartolomei et al., 2022). Asimismo, la planificación de infraestructuras de desalinización como medida frente a las sequías debe considerar el riesgo de que estas instalaciones queden obsoletas una vez que disminuya la severidad de las sequías. En este sentido, resulta crucial identificar y resolver las brechas de información y las incertidumbres que podrían comprometer el desarrollo efectivo y sostenible de estas inversiones.

Por un lado, existen incertidumbres relacionadas con los cambios en el consumo de agua, determinados por factores como el crecimiento poblacional, la expansión o contracción de áreas cultivadas, el desarrollo de proyectos mineros y los avances tecnológicos. En términos generales, el país ha mostrado una tendencia a la reducción en la demanda de agua potable en clientes urbanos. Esta tendencia, junto con los cambios demográficos en algunas ciudades, genera fluctuaciones en el consumo total. En el sector agrícola, las condiciones varían entre las distintas cuencas, pero se observa un cambio generalizado hacia el cultivo de frutas, reemplazando los cultivos tradicionales. En el ámbito minero, está emergiendo una tendencia significativa hacia el uso de agua de mar para satisfacer sus necesidades hídricas, lo que eventualmente disminuirá la presión sobre los recursos hídricos continentales. Por otro lado, la oferta hídrica nacional ha experimentado cambios significativos y se proyecta que continúe transformándose debido al cambio climático. En las regiones del centro-sur del país, se anticipan reducciones en las precipitaciones y un retroceso de las líneas de nieve, lo que afectará tanto los caudales superficiales como las reservas de aguas subterráneas. La variabilidad en la disponibilidad de agua como resultado del cambio climático sigue siendo un aspecto poco comprendido y representa un desafío clave para la gestión hídrica sostenible.

Por lo tanto, resulta fundamental cerrar las brechas de información mediante la implementación de mecanismos eficaces para la generación y difusión de datos, el análisis de los beneficios y la realización de investigaciones adaptadas a las características específicas de cada región. Este esfuerzo debe también abordar la relación dinámica entre la oferta y la demanda de agua (Aitken et al., 2022). En este contexto, se recomienda la creación y mantenimiento de un Sistema Nacional Unificado de Información Hídrica actualizado, como lo propone la Mesa Nacional del Agua (2022). Este sistema debería ser liderado y gestionado por la Dirección General de Aguas (DGA), asumiendo un rol articulador y coordinador. Para garantizar el éxito de esta iniciativa, es esencial que se asignen recursos económicos suficientes, mediante presupuesto público, que permitan su implementación y sostenibilidad a largo plazo.

3.2. Marco institucional fragmentado, falta de gestión integrada de recursos hídricos y ausencia de un instrumento de planificación

El marco institucional del agua en Chile está conformado por instituciones públicas y privadas, de carácter centralizado o descentralizado. Las instituciones centralizadas forman parte de la Administración del Estado, y entre ellas, la Dirección General de Aguas (DGA) se destaca como un organismo clave con múltiples potestades y responsabilidades. No obstante, la gestión centralizada del agua en Chile enfrenta importantes desafíos que limitan su eficacia y eficiencia. Según el Banco Mundial (2011, 2013) y la Mesa Nacional del Agua (2022), los problemas y retos más relevantes incluyen los siguientes: ausencia de planificación hidrológica y objetivos a nivel nacional y de cuencas; débil presencia institucional de la DGA; facultades y funciones fragmentadas, sin una coordinación efectiva; financiamiento insuficiente; y falta de participación de los actores involucrados en la gestión de los recursos hídricos.

Las organizaciones de usuarios de aguas son responsables de la gestión del agua a nivel local (Vergara y Rivera, 2018). Han estado presentes en la gestión de los recursos hídricos en Chile desde la época colonial, aunque la primera ley que las regula fue promulgada en 1908 (Obando, 2009). Una proporción significativa de estas entidades no ha actualizado su capacidad para enfrentar los desafíos actuales de la gestión del agua (DGA, 2018; Montginoul et al., 2016; Rinaudo y Donoso, 2019).

La división de poderes y funciones entre diversas entidades públicas y privadas, combinada con la ausencia de coordinación, ha obstaculizado el desarrollo de un marco institucional efectivo, transparente y seguro. Las instituciones involucradas no siempre actúan de manera coordinada ni consideran la gestión del agua desde una perspectiva integral que abarque toda la cuenca hidrográfica y a los diversos actores y sectores (Rivera et al., 2021).

En Chile, existe una ausencia de gestión integrada de recursos hídricos, ya que cada fuente de agua se trata típicamente de forma aislada, no como parte de un sistema cohesivo. Además, Chile carece de un plan nacional de recursos hídricos que sirva como un instrumento orientador y vinculante, desarrollado con estándares de participación, difusión de información e inclusión (Aitken et al., 2022). Este plan debería estar adecuadamente alineado con los planes estratégicos de recursos hídricos que se han establecido y continúan formulándose en diversas cuencas del país (Rivera et al., 2021).

El marco institucional y regulatorio fragmentado, junto con la falta de una dirección clara y control en la gestión del agua y las débiles capacidades institucionales, afecta negativamente al desarrollo sostenible de la desalinización. Las soluciones que han surgido hasta ahora tienden a ser específicas para empresas o sectores individuales, particularmente dentro de la industria minera. No existe una regulación que especifique el desarrollo de sistemas compartidos de suministro de agua desalinizada, tanto a nivel nacional como local (Aitken et al., 2022).

Estas debilidades institucionales generan disparidades regulatorias significativas, especialmente en la ejecución de proyectos según su objetivo: minería, agua potable o multipropósito. Además, el sistema de permisos es engorroso y extenso, incluyendo concesiones marítimas, permisos ambientales, grandes obras hidráulicas, servidumbres, entre otros. Existe un retraso notable en la obtención de estos permisos. Desde la decisión de iniciar un proyecto de desalinización de mediana o gran escala (superior a 200 l/s) hasta la producción de agua desalinizada, típicamente transcurren más de seis años en promedio (ACADES, 2021).

Dado este escenario de dispersión y falta de coordinación institucional suficiente en temas relacionados con el agua, para avanzar en la desalinización es necesario:

- Promover una coordinación institucional efectiva para lo cual se consideran actualmente dos alternativas: la creación de una Subsecretaría de Recursos Hídricos (Proyecto de Ley 14.446-09) y el establecimiento de una Agencia Nacional del Agua. Estas opciones han surgido durante los procesos constitucionales desarrollados en el país durante los últimos años (Rivera et al., 2022; Irarrázabal et al., 2023).
- Crear un marco nacional de planificación hídrica. En Chile, las políticas y planes nacionales sobre agua no están regulados, por lo que se debe fomentar su inclusión. Se propone un marco integral de planificación para garantizar la seguridad hídrica a largo plazo. La planificación de recursos hídricos, que incluye la consideración de

fuentes naturales y complementarias, como la desalinización, tiene como objetivo asegurar la gestión y utilización sostenible de los recursos hídricos. Este enfoque también busca garantizar el suministro hídrico a largo plazo frente a las proyecciones de cambio climático. Además, se deben incluir mecanismos para monitorear el plan y disposiciones para su actualización periódica. Es necesaria la creación de programas y políticas a escala nacional o territorial para la planificación y ejecución de proyectos de desalinización, coordinados con otros recursos hídricos alternativos, como el reúso de aguas residuales tratadas (Voutchkov, 2022).

- Promover que los planes estratégicos de recursos hídricos en cuencas incluyan análisis y referencias sobre infraestructura compartida de desalinización.
- Incorporar el estudio de la desalinización en el Plan de Adaptación al Cambio Climático para Recursos Hídricos, a cargo del Ministerio del Medio Ambiente (Vicuña et al., 2022).
- Establecer conexiones con los instrumentos de planificación territorial para alinear la localización de las plantas desalinizadoras con los criterios y lineamientos existentes, considerando el contexto social actual (Aitken et al., 2022). Asimismo, se deben establecer criterios de localización para integrar mejor las plantas desalinizadoras con estos instrumentos o proponer modificaciones a la normativa de urbanismo y construcciones o a la legislación costera, definiendo áreas prioritarias para esta industria (García-Batolomei et al., 2022).

3.3. Ausencia de regulaciones específicas y sistémicas sobre la desalinización y el uso del agua del mar en general, vinculadas al marco legal y la gestión integral de recursos hídricos

Como señala Voutchkov (2022), en la mayoría de los países donde se implementa la desalinización, no existe un marco institucional, legal y político sólido y completo sobre el tema. Los principales desafíos institucionales que dificultan el desarrollo de la desalinización son la falta de planes y políticas para la implementación de proyectos a nivel nacional, y la complejidad de las regulaciones y políticas ambientales. Chile no es una excepción a esta tendencia global, ya que no existe una regulación que de manera sistemática, integral y ordenada rija el uso del agua de mar en general, ni que aborde específicamente la desalinización. Además, no hay una planificación territorial o estratégica relacionada con el uso del agua.

En consecuencia, la desalinización en Chile se ha desarrollado sin una regulación integral, basándose únicamente en regulaciones sectoriales o, en otras palabras, en medio de una normativa fragmentada. Esta opinión es compartida por la Asociación Nacional de Desalinización de Chile (ACADES), que ha señalado que las regulaciones existentes, dispersas y fragmentadas, no fueron diseñadas para potenciar el desarrollo de esta fuente hídrica no convencional, y los proyectos de ley en curso continúan regulando este tema solo de manera parcial, centrándose únicamente en algunos de sus aspectos y etapas (ACADES, 2021).

Hasta ahora, las principales discusiones legales y regulatorias sobre la desalinización se han centrado en la naturaleza jurídica del agua desalinizada y en el rol de las autorizaciones ambientales.

a) Naturaleza jurídica del agua desalinizada

El Código de Aguas abarca tanto las aguas terrestres como marítimas; sin embargo, sus regulaciones son aplicables únicamente a las aguas terrestres. El Código reconoce las aguas pluviales, superficiales (corrientes y estacionarias), subterráneas y glaciares; sobre estos últimos se prohíbe expresamente el otorgamiento de derechos de aprovechamiento.

Las aguas de la alta mar son un bien común; debido a su relativa abundancia y características no competitivas, no requieren regulación. El mar territorial, por su parte, se define en Chile como un bien nacional de uso público. Sin embargo, resulta esencial aclarar el estatus legal de las aguas desalinizadas. En este contexto, diversos autores presentan opiniones divergentes sobre el tema. Plaza (2017) sostiene que la legislación general no aborda de manera definitiva este asunto, ya que las normas de orden público delineadas en la Constitución Política prevalecen sobre las del Código Civil. Este marco legal impide que los particulares adquieran la propiedad de bienes que la ley designa como bienes nacionales de uso público, lo que incluye a todas las aguas sin excepción. Por lo tanto, Plaza (2017) argumenta que las aguas desalinizadas son bienes nacionales de uso público. Esta conclusión tiene implicaciones significativas, ya que las aguas desalinizadas no pueden ser propiedad de particulares.

Por el contrario, Celume y Goldenberg (2021) sostienen que el agua de mar es un recurso común accesible para toda la población, y, en consecuencia, no requiere un régimen legislativo especial para su extracción y uso (acceso libre). Una vez extraída del mar, independientemente de si ha sido desalinizada o no, el agua se convierte en propiedad de quien la extrajo y puede ser libremente comercializada y utilizada (Celume y Goldenberg, 2021). Vicuña et al. (2022) proponen un enfoque similar, sugiriendo que el agua desalinizada es distinta del agua de mar. Argumentan que, en ausencia de regulaciones que especifiquen que el agua desalada sigue siendo un bien nacional de uso público, esta no posee tal estatus legal. En consecuencia, sería propiedad del concesionario, quien podría utilizarlas o realizar transferencias u otras transacciones.

En este contexto, se requiere una ley integral que regule el uso del agua de mar, incluyendo el proceso de desalinización. Esta legislación debería abarcar diversos aspectos, como la extracción del agua de mar, su procesamiento y tratamiento, las características y gestión del agua desalinizada, y su transporte hacia el lugar, destino o uso previsto, entre otros. Además, esta regulación debe incluir una breve referencia a la desalinización de aguas distintas del agua de mar (agua salobre terrestre), ya que es una práctica que también se desarrolla en Chile.

En la implementación de estos cambios regulatorios, es esencial asegurar su alineación con las instituciones y los marcos de gestión del agua, incluyendo el potencial plan nacional de recursos hídricos y los planes estratégicos de recursos hídricos en cuencas, entre otros.

b) Rol de la autorización ambiental

El Sistema de Evaluación de Impacto Ambiental (SEIA) constituye una herramienta fundamental para mitigar los impactos ambientales adversos en la flora y fauna marina asociados a todas las etapas de un proyecto de desalinización, desde la construcción hasta la operación, el cierre y desmantelamiento. Según el artículo 3 del Reglamento del SEIA (Decreto 40, en su literal o), los emisarios submarinos están sujetos a este sistema de evaluación. En consecuencia, los proyectos de desalinización que incluyan emisarios submarinos deben someterse al SEIA. No obstante, la normativa actual no aborda los sistemas de captación de agua de mar, lo que subraya la necesidad de regular de manera integral la incorporación de proyectos de desalinización en el SEIA, considerando todos los elementos de la instalación que puedan generar impactos ambientales a lo largo de su ciclo de vida.

El SEIA realiza evaluaciones de impacto ambiental a través de dos mecanismos: la Declaración de Impacto Ambiental (DIA) y el Estudio de Impacto Ambiental (EIA), cuya aplicación depende de los factores definidos en el artículo 11 de la Ley 19.300. Sin embargo, la insuficiencia de datos sobre los ecosistemas marinos afectados por los proyectos de desalinización genera incertidumbre respecto al método de evaluación más adecuado. A pesar de no ser un requisito legal explícito, la mayoría de las plantas desalinizadoras de gran escala en Chile cuentan con resoluciones de calificación ambiental, principalmente porque son evaluadas como parte de proyectos más amplios, como los de minería o generación de energía, o debido a otros factores no normativos. Actualmente, las evaluaciones ambientales se concentran en impactos directos, sin establecer una línea base para los efectos negativos asociados a la disposición de salmuera. Los requisitos específicos dependen del propósito de la planta desalinizadora, ya sea minería, generación de energía o abastecimiento de agua potable (Alvez et al., 2020). Es esencial establecer criterios claros para estas evaluaciones, considerando aspectos como el tamaño de la planta (flujo de descarga) y la proximidad a áreas de conservación o especies sensibles. En este sentido, el Ministerio del Medio Ambiente debería definir umbrales y requisitos específicos para las evaluaciones, basándose en la magnitud de la planta desalinizadora y los flujos de extracción o rechazo involucrados (Skewes, 2017).

Santibáñez y Santibáñez (2020) destacan diversos factores ambientales que deben ser integrados en la evaluación de impacto ambiental de las plantas desalinizadoras. Entre estos factores se incluyen: los efectos de la captación de agua de mar sobre el ecosistema marino, el lecho marino, las corrientes y la calidad del agua; el diseño y la disposición de los acueductos; las emisiones de gases como óxidos de nitrógeno; la contaminación acústica; los procesos químicos implicados en la desalinización y la disposición de residuos; los impactos en el suelo costero; la elevada demanda energética del proceso de desalinización, que constituye un costo operativo significativo y genera emisiones adicionales; los efectos de la disposición de salmuera en el área marina costera, ya sea mediante descarga al mar, infiltración o evaporación en estanques terrestres; y, los impactos de los proyectos en las comunidades locales.

4. DESAFÍOS PARA LA DESALINIZACIÓN AMBIENTALMENTE SOSTENIBLE EN CHILE

Los desafíos para la desalinización ambientalmente sostenible abarcan múltiples aspectos. Algunos de los principales puntos en el contexto chileno son los siguientes:

4.1. Eficiencia energética y uso de energía renovable

Las plantas desalinizadoras son reconocidas como una de las alternativas más intensivas en consumo energético para la producción de agua (Stokes y Horvath, 2006; Østergaard et al., 2014; Goh et al., 2017; Šteflová et al., 2021). Este elevado consumo energético tiene un impacto significativo en los costos de operación, dado que los costos energéticos representan entre un tercio y la mitad del costo total del proceso de desalinización (CCC, 2004). En este sentido, el nexo agua-energía desempeña un papel crítico en la sostenibilidad de ambos recursos, ya que la seguridad hídrica y energética están estrechamente interrelacionadas (Goh et al., 2017; Hamiche et al., 2016; Shahzad et al., 2017). Esto resalta la importancia de evaluar el potencial energético a largo plazo antes de invertir en proyectos de desalinización.

En las últimas décadas, la demanda energética de las plantas desalinizadoras ha experimentado una reducción significativa, situándose en, aproximadamente, 3 kWh/m^3 o menos (Voutchkov, 2018; Zarzo, 2021). Este avance se ha logrado gracias a la implementación de tecnologías más eficientes en los procesos de desalinización. No obstante, a nivel global, la fuente de energía para estas plantas sigue siendo, en su mayoría, no renovable, lo que genera una alta huella de carbono. Según Pistocchi et al. (2020), el crecimiento proyectado de la desalinización podría incrementar las emisiones de carbono en un 180% para 2040 si no se adopta el uso de fuentes de energía renovable. En este contexto, las energías renovables se presentan como una solución sostenible para abordar simultáneamente la escasez de agua y energía (Goh et al., 2017).

Un enfoque complementario es la utilización de dispositivos de recuperación de energía, los cuales permiten aprovechar la presión de la salmuera rechazada para recuperar hasta el 50% de la energía consumida durante el proceso de desalinización (Goh et al., 2017). En Chile, esta tecnología ha sido implementada en la planta desalinizadora de Antofagasta, logrando una tasa de recuperación energética del 30%.

En términos de consumo energético en Chile, López y Del Campo (2021) señalan que la demanda de energía eléctrica de las principales plantas desalinizadoras en operación en 2021 fue de 34,2 GWh/año (**Tabla 18.1**).

Tabla 18.1
Energía eléctrica usada en las principales plantas desalinizadoras en Chile (2021)

Planta desalinizadora	Uso	Capacidad (l/s)	Demanda eléctrica KWh/año
Tocopilla	Agua potable	75	386.316
Spence	Minería	1000	5.150.880
La Chimba	Agua potable	850	4.378.248
Coloso	Minería	2500	12.877.200
Manto Verde	Minería	120	618.106
Totoralillo	Multipropósito	600	3.090.528
Candelaria	Minería	500	2.575.440
Región de Atacama	Agua potable	450	2.317.896
Otras		550	2.832.984
TOTAL		6645	34.227.598

Fuente: Elaboración propia a partir de López y Del Campo, 2021.

4.2. Impactos ambientales asociados a la captación de agua del mar y la descarga de salmuera

Según Díaz (2022), los principales aspectos a considerar en los proyectos de desalinización desde un punto de vista ambiental son:

- Salinidad de la salmuera descargada: la salinidad de la salmuera (el flujo de rechazo del proceso de desalinización) es aproximadamente el doble que la del agua de mar (66 g/L).
- Presencia de productos químicos en la salmuera descargada: durante el pretratamiento del agua de mar, antes del proceso de ósmosis inversa, se añaden reactivos químicos al agua, los cuales posteriormente forman parte de la salmuera que se descarga al mar.
- Captación de agua de mar: en este proceso, además del agua de mar, pueden ser capturados fitoplancton, zooplancton y otros organismos de mayor tamaño si los sistemas de captación no son adecuados.
- Construcción de las instalaciones: durante la fase de construcción de las plantas desalinizadoras, también pueden generarse impactos ambientales asociados a sedimentos y al ruido submarino.

El SEIA se vislumbra como un instrumento clave para prevenir impactos ambientales negativos en la flora y fauna marina en el contexto de la construcción y operación de plantas desalinizadoras. Como se ha señalado previamente, es necesario contar con umbrales precisos e inequívocos que establezcan las condiciones para la construcción y operación de estas plantas. Entre los aspectos críticos a considerar se encuentran la modelización de la descarga de salmuera para determinar sus impactos potenciales y los efectos de la captación de agua de mar. El desarrollo de una línea base que permita definir criterios de diseño que minimicen el impacto ambiental es crítico. Además, los proyectos de plantas desalinizadoras deberían incorporar un programa integral de monitoreo ambiental para implementar directrices de protección en áreas sensibles contra los efectos de salinidad generados por las descargas de salmuera.

4.3. Potenciales emisiones de gases de efecto invernadero

El funcionamiento de las plantas desalinizadoras conlleva un consumo energético considerable, lo que puede traducirse en emisiones significativas de gases de efecto invernadero (GEI) si la energía utilizada proviene de fuentes no renovables. A nivel global, se estima que la huella de carbono de las plantas desalinizadoras que emplean ósmosis inversa varía entre 0,4 y 6,7 kgCO eq/m^3 (Cornejo et al., 2014). Esta variabilidad depende, en gran medida, del consumo energético específico de cada instalación (**Tabla 18.1**) y del factor de emisión de GEI asociado a la generación eléctrica. Dicho factor refleja los kilogramos de CO eq emitidos por cada kWh de energía producida, determinado por la matriz energética que abastece a la planta.

En el caso de Chile, el factor de emisión promedio del Sistema Eléctrico Nacional (SEN) en 2021 fue de 0,3907 tCO eq/MWh (Ministerio de Energía, 2022). Considerando que todas las plantas desalinizadoras incluidas en la Tabla 1 operan con electricidad proveniente del SEN, su huella de carbono anual se estima en 13.361,94 tCO eq. En comparación, las emisiones totales de GEI en 2021 fueron de 85.700.000 tCO eq/año (DatosMacro, 2022). Así, el consumo eléctrico de las plantas desalinizadoras representa aproximadamente el 0,016% de las emisiones totales de GEI del país.

Si bien este porcentaje puede parecer insignificante, en un contexto de crecientes necesidades de mitigación de emisiones y un posible aumento en la instalación de plantas desalinizadoras, el uso de fuentes de energía renovable, especialmente la energía solar, representa una oportunidad clave para reducir la huella de carbono asociada al proceso de desalinización.

4.4. Riesgo de terremotos y tsunamis

Las plantas desalinizadoras se encuentran predominantemente en regiones costeras, lo que las hace vulnerables a eventos de tsunamis. Aunque los tsunamis son fenómenos naturales poco frecuentes, su capacidad destructiva es considerable. Chile, en particular, se encuentra en una zona de alta actividad sísmica, donde la placa de Nazca subduce bajo la placa Sudamericana. Los registros históricos e instrumentales documentan la magnitud e intensidad de los terremotos en la región, algunos de los cuales han generado tsunamis, con datos que abarcan al menos cinco siglos (NGDC, 2019).

Los terremotos y tsunamis pueden causar múltiples impactos sobre las infraestructuras debido a las fuerzas dinámicas e hidrodinámicas asociadas. La implementación de normativas sísmicas ha demostrado ser efectiva para mitigar riesgos en diversas estructuras. Sin embargo, los sistemas de agua potable, incluyendo las plantas desalinizadoras, siguen siendo susceptibles a ciertos impactos, tal como se detalla en el informe de la OPS (1998). Entre los principales efectos se incluyen:

- Destrucción total o parcial de estructuras de captación, transporte, tratamiento, almacenamiento y distribución.
- Roturas en tuberías de entrega y distribución, así como daños en las conexiones entre tuberías y tanques, lo que resulta en pérdidas de agua.
- Interrupciones en el suministro eléctrico, las comunicaciones y las rutas de acceso esenciales para el funcionamiento.
- Alteraciones en la calidad del agua.

En este contexto, la evaluación del riesgo de tsunamis debe considerarse ex-ante a la construcción de plantas desalinizadoras. Es fundamental adoptar medidas de mitigación que reduzcan tanto la exposición como la vulnerabilidad. Según diversos estudios (Tada et al., 2013; Aguirre et al., 2018; González et al., 2020), se han propuesto enfoques metodológicos para evaluar y gestionar los riesgos asociados a tsunamis. El análisis profundo de estos enfoques es clave para desarrollar una metodología unificada que permita gestionar el riesgo de manera eficiente.

5. DESAFÍOS SOCIALES PARA LA DESALINIZACIÓN SOSTENIBLE

El éxito de los proyectos de desalinización depende de su viabilidad económica, ambiental y del apoyo de las comunidades locales afectadas (Etale et al., 2020). La oposición pública a infraestructuras esenciales, como las plantas desalinizadoras, evidencia fallas en la comunicación de políticas. Esto puede derivar en insuficiencia de financiamiento futuro y supervisión deficiente, poniendo en riesgo servicios vitales (Haddad et al., 2018). Por ello, antes de implementar un proyecto de desalinización, es crucial que los tomadores de decisiones evalúen la percepción de los potenciales consumidores de agua desalada (Villar-Navascues et al., 2020).

Los estudios sobre la percepción de la desalinización se clasifican en tres categorías: actitudes generales hacia la desalinización como fuente de suministro, sin relación con proyectos específicos; opiniones públicas sobre proyectos de desalinización futuros; percepciones en comunidades con sistemas de desalinización establecidos (Friedler et al., 2006).

Para identificar percepciones relevantes, los estudios suelen agrupar a las personas en dos categorías: consumidores actuales o potenciales de agua desalada; y, residentes cerca de la costa o infraestructura desalinizadora.

La mayoría de los estudios indican que los residentes valoran positivamente la desalinización como solución a la escasez de agua (Gibson et al., 2015; Heck et al., 2016a, 2016b). Sin embargo, quienes viven cerca de la costa suelen oponerse debido a preocupaciones sobre impactos biológicos, ecológicos y ambientales asociados a las plantas desalinizadoras (King et al., 2012; Heck et al., 2016a). Este conflicto es evidente en el proyecto chileno de desalinización "Aconcagua", ubicado en la bahía de Puchuncaví, con una capacidad máxima de 1.000 l/s. Aunque cuenta con una resolución de calificación ambiental desde 2020, ha enfrentado una fuerte oposición de pescadores locales, quienes argumentan que la planta afectará los ecosistemas costeros y la pesca. En contraste, la empresa promotora alcanzó acuerdos con sistemas rurales de agua potable en Olmué y Limache, cuyos líderes consideran el agua desalada como clave para garantizar el suministro en sus localidades (Fundación Terram, 2022).

El acceso a la costa y los impactos paisajísticos de las plantas desalinizadoras también preocupan a las comunidades locales (Haddad et al., 2018). Con frecuencia, los residentes se oponen a proyectos relacionados con la gestión de recursos naturales en sus cercanías, incluso si los apoyan en términos generales, fenómeno conocido como *not-in-my-back-yard* (NIMBY). Este concepto ha sido ampliamente utilizado para analizar cómo la proximidad a un desarrollo influye en la percepción de los residentes. Además, factores sociodemográficos y psicológicos, como creencias y percepciones sobre los impactos de la desalinización, influyen significativamente en las actitudes hacia estos proyectos (Gibson et al., 2015; Heck et al., 2016b). Asimismo, variables institucionales, como la confianza en la entidad promotora o responsable de la operación de la planta, afectan la aceptación comunitaria (Hynes et al., 2014; Potts et al., 2016).

En este contexto, instrumentos como la evaluación social del ciclo de vida pueden ser valiosos para identificar impactos sociales en las comunidades locales. Según Nazaran et al. (2021), los aspectos clave a considerar son: seguridad y salud; participación comunitaria; y empleo local. Además, métodos cualitativos como entrevistas semiestructuradas con actores clave, son útiles para comprender mejor las actitudes comunitarias hacia la desalinización (Liu et al., 2022). Según GHD (2008), los principales objetivos de un plan de gestión de impacto social incluyen: i) gestionar impactos sociales en las fases de diseño, construcción y operación; ii) incorporar nueva información sobre impactos sociales en las evaluaciones y medidas de gestión; iii) evaluar periódicamente la efectividad de las medidas de mitigación y mejora; iv) garantizar flexibilidad para abordar impactos inesperados; y, v) fomentar relaciones sólidas entre la comunidad y el promotor del proyecto.

6. ECONOMÍA DE LA DESALINIZACIÓN

Los factores financieros y económicos son esenciales, tanto para la implementación como para la operación de plantas desalinizadoras, influyendo directamente en su viabilidad como alternativa frente a otras fuentes de agua en contextos de sequía. Estos proyectos requieren un análisis detallado de dos componentes clave: i) gasto de capital (CAPEX), que incluye los costos relacionados con la inversión inicial, tales como la adquisición de servidumbres, obtención de permisos y selección de materiales resistentes a la corrosión; y ii) gasto operativo (OPEX), que está directamente vinculado al consumo energético, el cual constituye una proporción significativa del costo total de operación. Según Cooley et al. (2006), el consumo energético en plantas desalinizadoras que emplean ósmosis inversa representa entre el 44 % y el 50 % de los costos totales.

En la **Tabla 18.2** se presenta una comparación de los costos asociados a diferentes tecnologías de desalinización:

- Destilación por multiefecto (MED): el costo promedio de producción es de USD$1.44/ m^3, con un rango de entre USD$0.75/$m^3$ y USD$1.85/$m^3$.
- Destilación *flash* multietapa (MSF): los costos de producción varían entre USD$1.02/ m^3 y USD$1.74/m^3, con un promedio de USD$1.44/m^3.
- Ósmosis inversa (RO): actualmente, esta tecnología supera a las tecnologías térmicas, representando el 66 % de la capacidad global de desalinización instalada. En los últimos años, los costos de esta tecnología han disminuido considerablemente, con un costo promedio de USD$0.64/$m^3$, y un rango de entre USD$0.36/$m^3$ y USD$0.92/$m^3$ (World Bank, 2019; Zhu et al., 2019; Zarzo, 2021).

Tabla 18.2
Costos de desalinización según tecnología

Tecnología de desalinización	CAPEX USD$/$m^3$	Consumo de energía kWh/m^3	OPEX USD$/$m^3$	Tendencia global de la tecnología	Fuente de energía
RO	700-900	2-2,8	0,45-0,92	Creciente	Eléctrica
Electrodiálisis	–	16-19	0,58	Estable	Eléctrica
MED	900-2300	3,4-4	0,75-1,85	Decreciente	Calor/eléctrica
MFD	800-4100	5-8	1,10-1,50	Decreciente	Calor/eléctrica

Fuente: Elaboración propia a partir de Cooley et al., 2006; National Water Commission, 2008; y World Bank, 2019.

El bombeo y transporte de agua implican inversiones significativas en infraestructura y un elevado consumo energético, lo que incrementa los costos operativos. Como consecuencia, el costo del agua desalinizada suele ser más alto en comparación con otras fuentes, aunque depende de factores como la distancia al lugar de uso, el precio de la energía y la disponibilidad de recursos alternativos.

Orphanopoulos (2021) estimó el costo total de desalinización para una planta específica de agua de mar en Chile. Este análisis, basado en datos de la planta Atacama, consideró una capacidad de 300 l/s, obras marítimas adecuadas para este flujo, un consumo energético de 25-30 MW, la construcción de una línea de media tensión para conectar la planta a la red eléctrica existente, y las instalaciones necesarias para el proceso de desalinización. Entre estas instalaciones se incluyen sistemas de captación de agua de mar y descarga de salmuera con difusores adaptados a las condiciones marinas, sistemas de pretratamiento físico y químico, un sistema de ósmosis inversa, postratamiento, una unidad de acumulación para el agua producida e instalaciones complementarias, como urbanización, iluminación, climatización y almacenes. El costo total, que abarca tanto CAPEX como OPEX, se calculó en USD$1.17/$m^3$.

En el sector minero, el agua desalinizada presenta un valor económico claro (USD$43.89/m^3), determinado por la productividad aparente del agua en este sector (Donoso, 2021). Sin embargo, esta rentabilidad no se replica en el sector agrícola, que exhibe la productividad económica del agua más baja en Chile, incluso inferior al promedio de América Latina y el Caribe (USD$1.01/m^3) (World Bank, 2019; Mekonnen y Hoekstra, 2011). En Chile, la productividad económica del agua en la agricultura varía entre USD$0.2/m^3 para cultivos de cereales y USD$0.85/m^3 para la producción de frutas (Banco Central de Chile, 2019; DGA, 2016; Donoso, 2021).

Dado este rango de productividad económica, los sectores agrícolas de mayor valor podrían pagar un máximo de USD$0.8/m^3, lo que implica que el agua desalinizada destinada a la agricultura requeriría subsidios, incluso en redes de suministro eficientes. Estos hallazgos coinciden con los resultados de Martínez-Álvarez et al. (2019), quienes concluyeron que el costo del agua desalinizada para riego en España en 2017 oscilaba entre USD$0.66/m^3 y USD$0.85/m^3. Este costo, en la mayoría de los casos, supera el valor de los cultivos, lo que obliga a implementar subsidios. De hecho, estos autores señalaron que los agricultores suelen mostrar una baja disposición a pagar el costo total del agua desalinizada, lo que ha llevado al gobierno español a aplicar subsidios directos como medida para mitigar los efectos de la escasez hídrica.

A pesar de estas limitaciones, el agua desalinizada se emplea en algunas regiones para el riego de cultivos de alto valor, contribuyendo a la resiliencia socioeconómica de áreas afectadas por la escasez hídrica. Ejemplos destacados incluyen el sureste de España, las Islas Canarias e Israel, donde se han adoptado estrategias innovadoras e integradas de gestión del agua, incluidos subsidios, para facilitar su aceptación (Martínez-Álvarez et al., 2019; Shalsi et al., 2019). Martínez-Álvarez et al. (2019) concluyeron que este uso es particularmente prometedor en regiones costeras con escasez hídrica, siempre que existan condiciones para cultivar productos altamente rentables. No obstante, lograr una implementación sostenible requiere políticas integradas que incluyan incentivos económicos y tecnológicos para apoyar su viabilidad.

7. CONCLUSIONES

La geografía única de Chile, su extensa costa y los crecientes problemas de escasez hídrica, exacerbados por frecuentes sequías, destacan la desalinización como una solución estratégica clave para satisfacer la demanda de agua del país. Desde la instalación de la primera planta desalinizadora en 1892, este sector ha evolucionado hasta consolidarse con 31 instalaciones operativas o en desarrollo, reflejando su importancia en sectores críticos, como la minería, para compensar la limitada disponibilidad de recursos hídricos. Sin embargo, el desarrollo sostenible de esta tecnología enfrenta desafíos regulatorios, ambientales, sociales y económicos que deben ser abordados.

La integración efectiva de la desalinización en la estrategia de gestión hídrica de Chile requiere una comprensión detallada de las dinámicas de oferta y demanda de agua. Actualmente, la falta de datos integrales y de sistemas de monitoreo impide decisiones informadas. La implementación de un Sistema Nacional Unificado de Información Hídrica contribuiría significativamente a superar esta brecha, permitiendo satisfacer las necesidades hídricas presentes y futuras frente al cambio climático, el crecimiento demográfico y la expansión agrícola.

El marco de gobernanza fragmentado y la ausencia de regulaciones específicas sobre desalinización dificultan la maximización del potencial de esta tecnología. Es esencial desarrollar un marco de planificación hídrica nacional cohesivo que integre el agua desalinizada como parte de una estrategia más amplia de gestión, alineándose con las necesidades locales y las proyecciones climáticas. Esto incluye la creación de una ley integral de uso de agua de mar y desalinización que aborde todos los aspectos del proceso, desde la extracción de agua de mar hasta su procesamiento, distribución y gestión de subproductos como la salmuera. Además, las normativas deberían incluir la desalinización de agua salobre en tierra, ampliando el alcance de la tecnología a aplicaciones diversas.

El SEIA desempeña un papel crucial en la gestión de los impactos ambientales asociados a los proyectos de desalinización, especialmente en ecosistemas marinos. Sin embargo, se requieren criterios más específicos que consideren aspectos como el tamaño de las plantas, los volúmenes de descarga y la sensibilidad ecológica de las áreas afectadas, garantizando así evaluaciones más rigurosas.

La participación comunitaria es otro elemento central para el éxito de los proyectos de desalinización. Dado que estas instalaciones suelen tener impactos significativos en las comunidades locales, es fundamental establecer protocolos que promuevan la aceptación social mediante la participación efectiva de las comunidades desde las etapas iniciales de planificación.

Además, los costos de la desalinización, estrechamente ligados al consumo energético, requieren un análisis exhaustivo. Las asociaciones público-privadas pueden ser un mecanismo eficaz para financiar proyectos y distribuir los costos operativos, especialmente considerando el potencial de incorporar fuentes de energía renovable para reducir el impacto ambiental y económico.

Abordar estos desafíos desde una perspectiva holística permitirá a Chile establecer un marco regulatorio integral que no solo mitigue la escasez de agua y los efectos de las sequías, sino que también promueva la sostenibilidad ambiental y el bienestar social. Este enfoque apoyará un sistema de gestión hídrica resiliente y sostenible, capaz de adaptarse a las demandas cambiantes del país.

AGRADECIMIENTOS

Este trabajo fue desarrollado en el marco de los proyectos ANID FSEQ210018 y Consorcio Tecnológico del Agua CotH2O-Gestión Integrada de Recursos Hídricos 20CTECGH-145896, cuyo apoyo y financiamiento es agradecido por los autores.

REFERENCIAS

1. ACADES (2021). *Desalinización. Consideraciones generales para una nueva regulación institucional y legal* (Santiago, ACADES), 3. Disponible en: https://www.acades.cl/wp-content/uploads/2022/03/ Ej_Publicacion2.pdf
2. ACADES (2023). *Primer catastro de proyectos y plantas desalinizadoras en Chile. Asociación Chilena de Desalación y Reúso*. Disponible en: https://www.acades.cl/wp-content/uploads/2023/03/Catastro-plantas-ACADES.pdf.
3. Aguas Antofagasta (2024). *Inicios de la Desalinización en Chile*. Disponible en: http://www3.aguasantofagasta.cl/DESALAR/chile.html.
4. Aguirre, P., Vásquez, J., de la Llera, J.C., González, J. y González, G. (2018). "Earthquake damage assessment for deterministic scenarios in Iquique, Chile". *Natural Hazards*, 92 (3), pp. 1433-1461. Disponible en: https://doi.org/10.1007/s11069-018-3258-3
5. Aitken, D., Saavedra, B., Figueroa, A., López, G., Becerra, L., Henríquez, A., Mosella, C. y Cid, F. (2022). *Cinco nichos socio-tecnológicos críticos para una minería sostenible en la región andina*. (Santiago, Centro de Estudios del Cobre y la Minería y Cooperación Alemana para el Desarrollo).
6. Angelakis, A.N., Valipour, M., Choo, K.-H., Ahmed, A.T., Baba, A., Kumar, R., Toor, G.S., (...) y Wang, Z. (2021). "Desalination: From ancient to present and future". *Water*, 13 (16), 2222. Disponible en: https://doi.org/10.3390/w13162222
7. Alvez, A., Aitken, D., Rivera, D., Vergara, M., McIntyre, N. y Concha, F. (2020). "At the crossroads: can desalination be a suitable public policy solution to address water scarcity in Chile´s mining zones". *Journal of Environmental Management*, 258, 110039. Disponible en: https://doi.org/10.1016/j.jenvman.2019.110039
8. Asli, B.Z., McIntyre, N., Djordjevic, S., Farmani, R. y Pagliero, L. (2023). "A closer look at the history of the desalination industry: The evolution of the practice of desalination through the course of time". *Water Supply*, 23 (6), pp. 2517-2526. Disponible en: https://doi.org/10.2166/ws.2023.135
9. Banco Central de Chile (2019). *Bases de datos estadísticas*. Disponible en: https://si3.bcentral.cl/ Siete/secure/cuadros/arboles.aspx?idCuadro=CCNN2013_G_VE.
10. Banco Mundial (2011). *Diagnóstico de la gestión de los recursos hídricos* (Santiago, Banco Mundial).
11. Banco Mundial (2013). *Estudio para el mejoramiento del marco institucional para la gestión del agua* (Santiago, Banco Mundial).
12. B2B Media Group (2022). *Catastro de Plantas Desalinizadoras y Sistemas de Impulsión de Agua de Mar*. Disponible at: https://www.b2bmg.cl/catastro-de-plantas-desalinizadoras-en-chile/.
13. CCC (California Coastal Commission) (2004). *Seawater desalination and the California Coastal* Act. Disponible at: http://www.coastal.ca.gov/.
14. Celume, T. y Goldenberg, J.L. (2021). "El libre acceso a las aguas del mar: una aproximación a su calificación jurídica y económica". *Revista de Derecho Administrativo Económico*, N°34, pp. 131-156. Disponible en: https://doi.org/10.7764/redae.34.5
15. Cooley, H., Gleick, P. y Wolff, G. (2006). *Desalination, with a grain of salt: A California perspective* (California, Pacific Institute for Studies in Development, Environment, and Security).

Disponible en: https://pacinst.org/wp-content/uploads/2006/06/desalination-grain-of-salt-a-cali-perspective-june-2006.pdf

16. Cornejo, P.K., Santana, M.V.E., Hokanson, D.R., Mihelcic, J.R. y Zhang, Q. (2014). "Carbon footprint of water reuse and desalination: A review of greenhouse gas emissions and estimation tools". *Journal of Water Reuse and Desalination*, 4 (4), pp. 238-252. Disponible en: https://doi.org/10.2166/wrd.2014.058
17. DGA (2016). *Atlas del Agua Chile* (Santiago, Dirección General de Aguas, Ministerio Obras Públicas). Disponible en: http://www.dga.cl/DGADocumentos/Atlas2016parte1-17marzo2016b.pdf.
18. DGA (2018). *Diagnóstico nacional de organizaciones de usuarios* (Santiago, DGA). Disponible en: https://bibliotecadigital.ciren.cl/bitstreams/ce09c1fa-693d-4b57-8a43-91ae857ab43e/download
19. DatosMacro (2022). *Emisiones de gases de efecto invernadero en Chile*. Disponible en: https://bit.ly/4knrMTM.
20. Díaz, H. (2022). *¿Tiene impacto la desalinización? Desalación y medio ambiente marino*. Disponible at: https://www.acades.cl/wp-content/uploads/2022/06/Humberto-Diaz.pdf.
21. Donoso, G. (2021). "Economics of Water Resources". Fernández B. y Gironás J. (Eds.), *Water Resources of Chile* (Cham, Springer), pp. 335-346. Disponible en: http://dx.doi.org/10.1007/978-3-030-56901-3_18
22. Etale, A., Fielding, K., Schäfer, A.I. y Siegrist, M. (2020). "Recycled and desalinated water: Consumers' associations, and the influence of affect and disgust on willingness to use". *Journal of Environmental Management*, 261, 110217. Disponible en: https://doi.org/10.1016/j.jenvman.2020.110217
23. Friedler, E., Lahav, O., Jizhaki, H. y Lahav, T. (2006). "Study of urban population attitudes towards various wastewater reuse options: Israel as a case study". *Journal of Environmental Management*, 81 (4), pp. 360-370. Disponible en: https://doi.org/10.1016/j.jenvman.2005.11.013
24. Fundación Terram (2022). *Impactos ambientales, regulación y evaluación de los proyectos de desalinización de agua de mar*. Disponible en: www.terram.cl/descargar/naturaleza/agua/Minuta-sobre-la-regulacion-de-plantas-desaladoras.pdf
25. García-Bartolomei, E., Vásquez, V., Rebolledo, G., Vivallo, A., Acuña-Ruz, T., Rebolledo, J., Orrego, R. y Barra, R. (2022). "Defining priority areas for the sustainable development of the desalination industry in Chile: A GIS multi-criteria analysis approach". *Sustainability*, 14, 7772. Disponible en: https://doi.org/10.3390/su14137772
26. GHD (2008). *Report for the Proposed Southern Seawater Desalination Project: Social Impact Assessment* (Perth, Western Australia).
27. Gibson, F.L., Tapsuwan, S., Walker, I. y Randrema, E. (2015). "Drivers of an urban community's acceptance of a large desalination scheme for drinking water". *Journal of Hydrology*, 528, pp. 38-44. Disponible en: https://doi.org/10.1016/j.jhydrol.2015.06.012
28. Goh, P. S., Matsuura, T., Ismail, A. F. y Ng, B.C. (2017). "The water-energy nexus: Solutions towards energy-efficient desalination". *Energy Technology*, 5(8), pp. 1136-1155. Disponible en: https://doi.org/10.1002/ente.201600703

29. González, J., González, G., Aránguiz, R., Catalán, P.A. y Cienfuegos, R. (2020). "A hybrid deterministic and stochastic approach for tsunami hazard assessment in Iquique, Chile". *Natural Hazards*, 100 (1), pp. 231-254. Disponible en: https://doi.org/10.1007/s11069-019-03809-8
30. Haddad, B., Heck, N., Paytan, A. y Potts, D. (2018). "Social Issues and Public Acceptance of Seawater Desalination Plants". *Sustainable Desalination Handbook: Plant Selection, Design and Implementation*, pp. 505-525. Disponible en: https://doi.org/10.1016/B978-0-12-809240-8.00014-9
31. Hamiche, A. M., Stambouli, A. B. y Flazi, S. (2016). "A review of the water-energy nexus". *Renewable and Sustainable Energy Reviews*, 65, pp. 319-331. Disponible en: 10.1016/j.rser.2016.07.020
32. Heck, N., Paytan, A., Potts, D.C. y Haddad, B. (2016a). "Coastal residents' literacy about seawater desalination and its impacts on marine ecosystems in California". *Marine Policy*, 68, pp. 178-186. Disponible en: https://doi.org/10.1016/j.marpol.2016.03.004
33. Heck, N., Paytan, A., Potts, D.C. y Haddad, B. (2016b). "Predictors of local support for a seawater desalination plant in a small coastal community". *Environmental Science and Policy*, 66, pp. 101-111. Disponible en: https://doi.org/10.1016/j.envsci.2016.08.009
34. Herrera-León, S., Cruz, C., Kraslawski, A. y Cisternas, L.A. (2019). "Current situation and major challenges of desalination in Chile". *Desalination and Water Treatment*, 171, pp. 93-104. Disponible en: https://doi.org/10.5004/dwt.2019.24863
35. Hynes, S., Norton, D. y Corless, R. (2014). "Investigating societal attitudes towards the marine environment of Ireland". *Marine Policy*, 47, pp. 57-65. Disponible en: https://doi.org/10.1016/j.marpol.2014.02.002
36. International Desalination Association (2022). *Desalination and water reuse by the numbers*. Disponible en: https://idadesal.org/
37. Irarrázabal, R., Alburquenque, W., Baltra, M. L., Fermandois, A., Helfmann, C., Ibáñez, J. E., Ovalle, A. y Rivera, D. (2023). *Comentario a las normas aprobadas en general por la Comisión Experta. Medio ambiente, recursos naturales y desarrollo sostenible* (Santiago, Foro Constitucional UC). Disponible en: https://bit.ly/4kANgwF.
38. Khordagui, H.K. (1999). *Desalination. Environmental Geology. Encyclopedia of Earth Science*. (Dordrecht, Springer).
39. King, T.J., Ooi, D., Cary, J., Fisher, A., Schibeci, R. y Murphy, K. (2012). *Public perceptions of, and responses to, desalination in Australia*. Alfred Deakin Research Institute Working Paper Series (Victoria, Deakin University).
40. Liu, T.-K., Ye, J.-A. y Sheu, H.-Y. (2022). "Exploring the social acceptability for the desalination plant project: Perceptions from the stakeholders". *Desalination*, 532, 15757. Disponible en: https://doi.org/10.1016/j.desal.2022.115757
41. López, W. y Del Campo, M.E. (2021). *Consumo de energía e impacto de la descarga de salmuera de plantas desalinizadoras*. Disponible en: https://www.acades.cl/wp-content/uploads/2022/04/Comite-Tecnico-Primera-Sesion-02.08.2021.pdf
42. Martínez-Álvarez, V., Maestre-Valero, J.F., González-Ortega, M.J., Gallego-Elvira, B. y Martin-Gorriz, B. (2019). "Characterization of the Agricultural Supply of Desalinated Seawater in Southeastern Spain". *Water*, 11, 1233. Disponible en: https://doi.org/10.3390/w11061233

43. Mekonnen, M.M. y Hoekstra, A.Y. (2011). National water footprint accounts: the green, blue and grey water footprint of production and consumption, UNESCO-IHE. *Value of Water Research Report Series*, No. 50.
44. Mesa Nacional del Agua (2022). *Informe final* (Santiago, Mesa Nacional del Agua). Disponible en: http:// derechoygestionaguas.uc.cl/es/documentos/new/507-2022-mesa-nacional-del-agua-informe-final/ file
45. Ministry of Energy (2022). *Factors of greenhouse gas emissions in Chile*. Disponible en: http:// energiaabierta.cl/visualizaciones/factor-de-emision-sic-sing/
46. Montginoul, M., Rinaudo, J.-D., Brozović, N. y Donoso, G. (2016). "Controlling Groundwater Exploitation Through Economic Instruments: Current Practices, Challenges and Innovative Approaches". Jakeman, A.J., Barreteau, O., Hunt, R.J, Rinaudo, J.-D. y Ross, A. (Eds.), *Integrated Groundwater Management: Concepts, Approaches and Challenges* (Springer), pp. 551-581. Disponible en: https://doi.org/10.1007/978-3-319-23576-9_22
47. National Water Commission (2008). *Emerging trends in desalination: A review* (Commonwealth of Australia).
48. Nazaran, I. S., Ghani, L. A., Muhammad, Z. y Saputra, J. (2021). *Social Impact of Small Seawater Desalination Plant of Local Community: A Social Life Cycle Assessment. Proceedings of the International Conference on Industrial Engineering and Operations Management Monterrey, Mexico,* November pp. 3-5, 2021.
49. NGDC/WDS (2019). *National Geophysical Data Center, World Data Service. Global Historical Tsunami Database* (National Geophysical Data Center, NOAA).
50. Orphanopoulus, D. (2021). *Desalinización en Chile hoy: ¿La Agricultura Mirando al Mar? Seminario Deasalación ¿La Agricultura Mirando al Mar?* (Santiago, Ministerio de Agricultura).
51. Østergaard, P. A., Lund, H. y Mathiesen, B. V. (2014). "Energy system impacts of desalination in Jordan". *International Journal of Sustainable Energy Planning and Management*, 1, pp. 29-40. Disponible en: http://dx.doi.org/10.5278/ijsepm.2014.1.3
52. Pistocchi, A., Bleninger, T., Breyer, C., Caldera, U., Dorati, C., Ganora, D.,... y Zaragoza, G. (2020). "Can seawater desalination be a win-win fix to our water cycle?" *Water Research*, 182, 115906. Disponible en: https://doi.org/10.1016/j.watres.2020.115906
53. Plaza, R. (2017). "¿Es necesario legislar sobre el uso del agua de mar y su desalinización? El marco jurídico actual de las aguas desaladas y el análisis de los proyectos de ley en curso". *Revista de Derecho Ambiental*, Año V(7), pp. 60-93. Disponible en: https://doi. org/10.5354/0719-4633.2017.46449
54. Potts, T., Pita, C., O'Higgins, T. y Mee, L. (2016). "Who cares? European attitudes towards marine and coastal environments". *Marine Policy*, 72, pp. 59-66. Disponible en: https://doi. org/10.1016/j.marpol.2016.06.012
55. Rinaudo, J.-D. y Donoso, G. (2019). "State, market or community failure? Untangling the determinants of groundwater depletion in Copiapó (Chile)". *International Journal of Water Resources Development*, 35(2), pp. 283-304. Disponible en: https://doi.org/10.1080/07900627. 2017.1417116
56. Rivera, D., Alburquenque, W., Cortés, S., Donoso, G., Melo, O., Molinos, M., Parodi, A., Reyes, F., Soto, R. y Vicuña, S. (2021). *Aguas y nueva Constitución. Perspectivas y propuestas*

(Santiago, Foro Constitucional UC). Disponible en: https://derechoygestionaguas.uc.cl/es/documentos/new/495-foro-constitucional-comision-de-aguas-documento/file
57. Rivera, D., Donoso, G., Molinos, M. y Vicuña, S. (2022). *Comentarios a la propuesta de norma constitucional que crea la Agencia Nacional del Agua, contenida en el 3° Informe de la Comisión de Sistemas de Justicia* (Santiago, Foro Constitucional UC). Disponible en: https://foroconstitucional.uc.cl/wp-content/uploads/2022/04/Minuta-Agencia-Nacional-del-Agua.pdf
58. Robbins, J. (2019). *As water scarcity increases, desalination plants are on the rise, Yale Environment 360*. Disponible en: https://e360.yale.edu/features/as-water-scarcity-increases-desalination-plants-are-on-the-rise
59. Santibáñez, F. y Santibáñez, C. (2020). *Análisis de las soluciones posibles a la escasez hídrica del Norte chileno*. El caso de la desalación de agua marina (Santiago).
60. Shahzad, M. W., Burhana, M., Ang, L. y Nga, K. C. (2017). "Energy-water-environment nexus under pinning future desalination sustainability". *Desalination*, 413, pp. 52-64. Disponible en: https://doi.org/10.1016/j.desal.2017.03.009
61. Shalsi, S., Ordens, C.M., Curtis, A. y Simmons, C.T., (2019). "Can collective action address the "tragedy of the commons" in groundwater management? Insights from an Australian case study". *Hydrogeology Journal*, 27(7), pp. 2471-2483. Disponible en: https://doi.org/10.1007/s10040-019-01986-1
62. Shokri, A. y Sanavi Fard, M. (2023). "Techno-economic assessment of water desalination: Future outlooks and challenges". *Process Safety and Environmental Protection*, 169, pp. 564-578. Disponible en: https://doi.org/10.1016/j.psep.2022.11.007
63. Skewes, F. (2017). "Autorización ambiental para actividades de desalinización de agua de mar". *Revista de Derecho Ambiental*, Year V(7), pp. 35-59. Disponible en: https://doi.org/10.5354/0719-4633.2017.46448
64. Šteflová, M., Koop, S. H. A., Fragkou, M.C. y Mees, H. (2021). "Desalinated drinking-water provision in water-stressed regions: challenges of consumer-perception and environmental impact lessons from Antofagasta, Chile". *International Journal of Water Resources Development*, Vol. 38, Issue 5. Disponible en: https://doi.org/10.1080/07900627.2021.1898346
65. Stokes, J. y Horvath, A. (2006). "Life cycle energy assessment of alternative water supply systems". *The International Journal of Life Cycle Assessment*, 11(5), pp. 335-343. Disponible en: https://doi.org/10.1065/lca2005.06.214
66. Tada, K., Komine, H. y Murakami, S. (2013). *Prediction of time to reduce tsunami sediment salinity by rainfall after the Great East Japan Earthquake. Coupled Phenomena in Environmental Geotechnics: From Theoretical and Experimental Research to Practical Applications. Proceedings of the International Symposium*, ISSMGE TC 215, pp. 671-674.
67. USGS (2019). *The distribution of water on, in, and above the Earth*. Disponible en: https://www.usgs. gov/media/images/distribution-water-and-above-earth
68. Vergara, A. y Rivera, D. (2018). "Legal and institutional framework of water resources". Donoso, G. (Ed.), *Water Policy in Chile* (Cham, Springer), pp. 67-85. Disponible en: https://doi.org/10.1007/978-3-319-76702-4_5
69. Vicuña, S., Daniele, L., Farías, L., González, H., Marquet, P. A., Palma-Behnke, R., Stehr, A., Urquiza, A., Wagemann, E., Arenas-Herrera, M. J., Bórquez, R., Cornejo-Ponce, L., Delgado,

V., Etcheberry, G., Fragkou, M. C., Fuster, R., Gelcich, S., Melo, O., Monsalve, T., ... y Winckler, P. (2022). *Desalinización: Oportunidades y desafíos para abordar la inseguridad hídrica en Chile* (Chile, Comité Asesor Ministerial Científico sobre Cambio Climático; Ministerio de Ciencia, Tecnología, Conocimiento e Innovación), 188. Disponible en: https://bit.ly/43r0y7Y.

70. Villar-Navascués, R., Ricart, S., Gil-Guirado, S., Rico-Amorós, A.M. y Arahuetes, A. (2020). "Why (not) desalination? Exploring driving factors from irrigation communities' perception in South-East Spain". *Water*, 12 (9), 2408. Disponible en: https://doi.org/10.3390/w12092408
71. Voutchkov, N. (2018). *Total Cost of Water Production. A PowerPoint presentation to the Korea University*.
72. Voutchkov, N. (2022). "Desalinated water". Qadir, M., Smakhtin, V., Koo-Oshima, S. y Guenter, E. (eds.), *Unconventional water resources* (Cham, Springer), pp. 233-254.
73. World Bank (2019). The Role of Desalination in an Increasingly Water-Scarce World (Washington, International Bank for Reconstruction and Development).
74. Zarzo, D. (2021). *La Desalación Agro en el Mundo. Seminario Desalación ¿La Agricultura Mirando al Mar?* (Santiago, Ministerio de Agricultura).
75. Zhu, Z., Peng, D. y Wang, H. (2019). "Seawater desalination in China: an overview". *Journal of Water Reuse and Desalination*, 9(2), pp. 115-132. Disponible en: https://doi.org/10.2166/wrd.2018.034

Capítulo 19
INTEGRACIÓN DE LA OPERACIÓN DE EMBALSES MULTIPROPÓSITO EN SISTEMAS HÍDRICOS A ESCALA DE CUENCA Y SISTEMAS ELÉCTRICOS DE GRAN ESCALA

Antonia Durán, Marcel Favereau, Álvaro Lorca, Sebastián Vicuña, Óscar Melo y Matías Negrete-Pincetic

Resumen. Los impactos del cambio climático, manifestados en forma de sequías hidrológicas, han impulsado cambios significativos en las estrategias de gestión de embalses. La operación de embalses multipropósito desempeña un papel crucial en la utilización eficiente de los recursos hídricos almacenados, satisfaciendo diversas necesidades como la generación de electricidad y el riego agrícola. A pesar de los considerables esfuerzos destinados a respaldar la toma de decisiones en cada sector económico, se observa una falta de integración exhaustiva entre estos sectores en análisis simultáneos. Para abordar esta brecha, proponemos un enfoque integrado que combina un modelo de coordinación hidrotérmica a gran escala con un modelo de gestión de recursos hídricos a nivel de cuenca para analizar de manera integral las operaciones de los sistemas eléctricos y agrícolas. Este enfoque permite evaluar las políticas operacionales de embalses multipropósito y su desempeño a nivel local y regional bajo diversos escenarios hidrológicos. Una modificación esencial que se analiza aquí es la priorización de la asignación de agua a los usuarios agrícolas. Evaluamos rigurosamente los impactos de esta modificación en diversas condiciones hidrológicas, utilizando una destacada cuenca chilena como estudio de caso. Aplicando esta metodología al lago Laja, el embalse multipropósito más grande de Chile con una importante capacidad hidroeléctrica y extensas áreas agrícolas, analizamos la situación para 2025 y encontramos que las variaciones hidrológicas afectan el desempeño de los sistemas eléctrico y agrícola. Durante condiciones de sequía, se observa un notable aumento en la generación térmica, los costos, la intensidad de emisiones y los déficits de agua. Además, la política ajustada revela complejas compensaciones entre las emisiones del sector eléctrico y los déficits de agua agrícola. En escenarios más secos, mejorar la confiabilidad agrícola conlleva costos operativos y emisiones del sector eléctrico adicionales mínimos, respaldando la adopción de una política alineada con los objetivos de neutralidad de carbono.

Palabras clave. Sequías hidrológicas, embalses de usos múltiples, estrategias de gestión de embalses, hidroenergía y riego, integración sectorial en la gestión de embalses.

1. INTRODUCCIÓN

Los embalses representan una infraestructura hidráulica de capacidad sustancial, diseñada y gestionada para cumplir múltiples propósitos. Su construcción y supervisión operativa tienen como objetivo alcanzar un delicado equilibrio entre diversas funciones, que incluyen el riego municipal e industrial, la generación de energía hidroeléctrica, la mitigación de inundaciones, entre otras (Labadie, 2004). Esta utilidad multifacética da lugar al concepto de embalses multipropósito, donde una red de normas, regulaciones, estatutos legales y obligaciones contractuales rige la asignación de recursos hídricos a sus usuarios. Estos acuerdos complejos, forjados entre entidades como empresas eléctricas, agencias de suministro de agua y titulares de derechos de agua, delinean la distribución de los volúmenes de agua entre las partes interesadas a través de reglas operativas (Mower y Miranda, 2013).

La importancia de las operaciones de embalses multipropósito adquiere una prominencia destacada cuando se observa a través del prisma del paradigma del nexo agua-energía-alimentos. Este marco holístico se esfuerza por interconectar actividades económicas críticas vinculadas a los recursos hídricos, al mismo tiempo que busca equilibrar posibles conflictos entre diversos sectores (Smajgl et al., 2016; FAO, 2014). Un método que permite coordinar múltiples usuarios implica una política de operación estándar, que determina la liberación de agua del embalse en función de los caudales de entrada, la demanda y el nivel de almacenamiento del embalse (Bolouri-Yazdeli et al., 2014). Cabe destacar que la segmentación vertical del agua almacenada, clasificada en niveles distintos en función de las elevaciones de la línea de agua desde el fondo hasta la superficie, adquiere importancia conceptual. Estas zonas delimitadas comúnmente comprenden la zona de almacenamiento inactivo, la zona de amortiguamiento, la zona de conservación, la zona de control de inundaciones y la zona de desbordamiento, cada una desempeñando un papel fundamental en la dinámica operativa de los embalses (Jain, 1993).

La aparición de fenómenos hidroclimáticos inusuales, caracterizados por una mayor frecuencia e intensidad, está aumentando como consecuencia del cambio climático y sus efectos asociados (Loucks, 2000; Jazmin et al., 2016; Kim et al., 2021). Estos cambios en los patrones climáticos han requerido una reevaluación fundamental de las estrategias convencionales de planificación de embalses. El creciente aumento de la incidencia de eventos de sequía ha introducido complejidades significativas en la gestión de los recursos hídricos. En consecuencia, existe una necesidad imperativa de un enfoque armonizado y totalmente abarcador que considere la interconexión de los sistemas de agua y energía (Hightower y Pierce, 2009). Este enfoque debe operar dentro de un marco regulatorio e institucional que asuma la responsabilidad de la gobernanza efectiva y confiable de estos recursos vitales.

La operación de la energía hidroeléctrica se planifica generalmente como parte de un proceso de programación de la red eléctrica, que suele modelarse utilizando técnicas de optimización, como el problema de coordinación hidrotérmica (Labadie, 2004). Este problema se aplica en sistemas a gran escala, donde la generación se determina mediante fuentes de generación térmica, hidroeléctrica, solar, eólica y otras. Su objetivo principal es minimizar los costos operativos durante un horizonte de planificación de mediano plazo (normalmente de dos a cinco años), y sus decisiones principales incluyen la generación de las centrales eléctricas en cada periodo, la cantidad de agua a utilizar de cada embalse y el flujo de agua a través de la red hidrológica del sistema. Un resultado importante de este modelo es la valoración del agua almacenada, que se representa mediante las variables duales asociadas a las restricciones de balance de agua del embalse en el problema de optimización y el costo de la generación térmica evitada en los periodos posteriores. Su resolución requiere algoritmos diseñados para este tipo de problema, y se han desarrollado varios métodos. Dado que los caudales hidroeléctricos suelen considerarse variables aleatorias, uno de los métodos más ampliamente utilizados es la programación dinámica dual estocástica (SDDP, por sus siglas en inglés) (Pereira y Pinto, 1991), que resuelve problemas de optimización estocástica de múltiples etapas en los que se minimiza el costo presente y una función de costo futuro de otro subproblema en cada etapa, donde este último se aproxima iterativamente mediante cortes de Benders (Benders, 1962). Una limitación de este método es que requiere convexidad para encontrar una solución óptima y obtener el valor futuro del agua.

Con el fin de integrar otros sectores en el problema de programación hidrotérmica y así representar embalses multipropósito con mayor detalle, se han desarrollado varios enfoques que incorporan la agricultura en su modelamiento. Por ejemplo, Pereira-Bonvallet et al. (2016) presenta un enfoque subóptimo basado en el método SDDP para coordinar un sistema hidrotérmico con restricciones de riego no convexas. Este enfoque se aplica al Sistema Interconectado Central en Chile (desde 2017 denominado Sistema Eléctrico Nacional), donde se modelan reglas de operación que coordinan los usos del agua entre los sectores de electricidad y agricultura, y se comparan con un enfoque de programación lineal mixta entera (MILP, por sus siglas en inglés). Los resultados del trabajo demuestran que el enfoque presentado determina soluciones factibles cercanas a la solución óptima con costos similares a los determinados en la condición óptima por el MILP. Sin embargo, los volúmenes de agua almacenada tienden a ser menores en la misma situación. Además, González et al. (2016) considera un problema de programación hidrotérmica utilizando una versión estocástica implícita de SDDP para obtener el valor marginal de la generación hidroeléctrica. Este valor se utiliza posteriormente en el problema de decisión del agricultor, un modelo de optimización basado en Programación Matemática Positiva, que asigna tierras y agua disponibles a posibles cultivos, maximizando así el beneficio neto. De esta manera, se obtienen funciones de demanda para desarrollar esquemas de operación eficientes. A partir de esta aplicación, los autores proporcionan una operación económicamente óptima en la que los beneficios totales del uso del agua en la agricultura y la energía son mayores que la asignación por derechos o acuerdos contractuales. Posteriormente, Matus et al. (2019) presenta una metodología que implementa el acuerdo operativo del embalse de Laja (principal embalse chileno) en 2017 en un modelo de planificación de largo plazo conocido como Planificación de Largo Plazo, que se basa en el método SDDP y es utilizado por el operador del sistema eléctrico chileno. Los resultados mostraron que el uso simultáneo de derechos de riego y generación permite soluciones factibles y económicamente viables, y el acuerdo demuestra una recuperación sostenible del volumen del lago Laja. Finalmente, Navarro et al. (2023) desarrolla un modelo de optimización estocástica multietapa de mediano plazo para el problema de programación hidrotérmica en el sistema eléctrico nacional de Chile. Este modelo considera los efectos de las restricciones operativas de corto plazo, como el almacenamiento de corto plazo, los requisitos de reserva, la demanda de riego y la incertidumbre en los caudales hidroeléctricos de la red hidrológica del sistema eléctrico, representados por un modelo vector autorregresivo. Además, esta investigación modela explícitamente una aproximación de los acuerdos entre riego y generación de los embalses multipropósito de Chile: los lagos Laja y Maule. Sin embargo, esta representación es una aproximación lineal de los acuerdos, ya que su implementación matemática requiere funciones no convexas incompatibles con el método SDDP.

Por otro lado, existen modelos de recursos hídricos que pueden representar el sistema hidrológico a escala de cuenca de un embalse multipropósito, reproduciendo la operación del embalse y las transferencias de agua entre los diferentes usuarios que utilizan el recurso en toda la cuenca. Existe una variedad de modelos en la literatura. Uno de ellos es el modelo desarrollado por Tomlinson et al. (2020), un simulador de recursos hídricos llamado Pywr, una biblioteca de código abierto y gratuita en Python. La estructura de Pywr consta de una red de nodos conectados por enlaces dirigidos, donde se almacenan restricciones y atributos. También resuelve problemas dinámicos en periodos discretos, realizando la reasignación de recursos en cada paso de tiempo a través de un algoritmo de programación lineal basado en costos o penalizaciones. Incorpora funcionalidades que permiten la incorporación de condiciones de acotamiento, como series de datos de entrada o funciones de estado. Otra característica es la capacidad de almacenar resultados de simulación en cada periodo para su posterior procesamiento, observación o conservación. Además, Pywr ofrece una interfaz flexible para integrar problemas de optimización multiobjetivo, aprovechando su capacidad para simular múltiples escenarios.

Aunque Pywr no ha sido ampliamente aplicado en la literatura, existen evidencias de su implementación en diferentes países. Por ejemplo, en Khadem et al. (2021) se modeló el sistema de agua desde el embalse Kielder hasta Londres en Inglaterra, obteniendo la distribución espacial y temporal del agua en el sistema y luego incorporando los valores del volumen del embalse en un modelo de temperatura del flujo. En Basheer et al. (2021), Pywr se utilizó para simular el sistema del río Nilo en Egipto, y los autores extendieron una de sus funcionalidades para agregar temporalmente métricas de agua y electricidad para su integración en un modelo económico egipcio. Ricalde et al. (2022) modeló la parte alta de la cuenca del Maipo en Chile, incluyendo sitios de demanda como la agricultura y ríos asociados. A través de un algoritmo evolutivo multiobjetivo, se simuló el flujo que pasa por cada nodo en diferentes escenarios hidrológicos y luego se estimaron métricas para evaluar el rendimiento del sistema. Por último, Jander et al. (2023) consideró la red de agua en la cuenca del Maule en Chile para estudiar el nexo agua-energía-alimentos. Esta investigación incluyó características físicas, productivas y regulatorias y utilizó un algoritmo evolutivo multiobjetivo para obtener portafolios de estrategias de adaptación no inferiores al cambio climático. Un aspecto interesante de esta investigación es la validación de la capacidad del modelo de recursos hídricos para modelar las funciones no convexas de acuerdos operativos, abriendo la posibilidad para futuros estudios de utilizar esta herramienta para simular restricciones que otros modelos no pueden. Sin embargo, una limitación de este modelo es que solo representa la generación hidroeléctrica a nivel de la cuenca y no en todo el sistema eléctrico (ignorando las interconexiones).

La coordinación hidrotérmica es un problema que permite principalmente el modelamiento de sistemas eléctricos a gran escala y se ha extendido para integrar sistemas agrícolas en términos de restricciones operativas y acuerdos contractuales que coordinan ambos sectores. Sin embargo, estos métodos no han representado matemáticamente las interacciones de agua a nivel de cuenca para caracterizar la transferencia de agua en la red. Además, el hecho de que SDDP (el algoritmo típicamente usado para resolver este problema) requiere restricciones convexas o variables de decisión continuas para alcanzar una solución óptima es una limitación para modelar acuerdos de riego, que pueden tener una naturaleza no convexa. Aunque en la literatura se ha desarrollado un método para incorporar la integralidad de las variables de decisión, conocido como SDDiP (Programación Entera Dinámica Dual Estocástica) (Zou et al., 2019), no se ha aplicado a instancias a gran escala (Lorca et al., 2020). Tampoco ha habido esfuerzos aparentes en la literatura para analizar diferentes acuerdos operativos de embalses multipropósito a medio plazo y estudiar sus efectos en los modelos de planificación de coordinación hidrotérmica.

Además, los modelos de simulación de recursos hídricos no han incorporado el sistema eléctrico en una magnitud que abarque diferentes subestaciones, plantas de generación y líneas de transmisión, entre otros elementos. En su lugar, la investigación se ha orientado principalmente hacia la simulación del agua de una cuenca específica y la red agrícola. Por otro lado, los modelos de coordinación hidrotérmica no han intentado implementar enfoques metodológicos integradores con modelos de recursos hídricos (Lorca et al., 2020); en cambio, se han desarrollado como enfoques separados. Esta brecha destaca la oportunidad de aplicar un enfoque metodológico diferente que permita analizar los efectos económicos y de emisiones de las decisiones tomadas en un sector en el otro. En consecuencia, las contribuciones de esta investigación son las siguientes:

1. Se propone un enfoque integrado de mediano plazo, basado en un modelo de coordinación hidrotérmica y un modelo de recursos hídricos para representar y evaluar políticas que definen la operación de embalses multipropósito que sirven principalmente a la agricultura y la hidroelectricidad en diversos escenarios hidrológicos.
2. Se realiza un análisis de sensibilidad sobre los caudales del sistema hidrológico que abarca los sistemas eléctricos y agrícolas para evaluar el acuerdo operativo en cuatro escenarios hidrológicos de condiciones húmedas, medianas, secas y muy secas.
3. Se propone una modificación en la política de gestión de recursos hídricos de un embalse multipropósito, aumentando la prioridad para el sector agrícola, y se evalúa el desempeño de este cambio en los cuatro escenarios hidrológicos.

Este trabajo se desarrolla a través de una aplicación en el lago Laja en Chile, un embalse multipropósito con una capacidad de almacenamiento de más de 5.500 hm, destacado por su contribución a la generación de energía hidroeléctrica y la irrigación agrícola. Aguas abajo del embalse, las centrales hidroeléctricas de flujo continuo tienen una capacidad instalada total que supera los 1.100 MW, lo que representa el 15% de la capacidad hidroeléctrica instalada del país (Galetovic y Muñoz, 2009; Pereira-Bonvallet et al., 2016; Matus et al., 2019). Además, el embalse soporta tres canales principales de riego, que mantienen aproximadamente 117 mil hectáreas de tierras agrícolas, lo que representa el 6% de las áreas agrícolas que contribuyen al crecimiento económico de la región del Biobío.

El resto de este trabajo está organizado de la siguiente manera. En la sección 2 se presenta la metodología de integración y una explicación detallada de los modelos de programación hidrotérmica y simulación de recursos hídricos. En la sección 3, se expone el estudio de caso y los resultados de los experimentos computacionales. Finalmente, la sección 4 presenta una discusión y conclusiones.

2. MODELOS PROPUESTOS DE COORDINACIÓN HIDROTÉRMICA Y DE SIMULACIÓN DE RECURSOS HÍDRICOS

Esta sección presenta los modelos propuestos de coordinación hidrotérmica y simulación de recursos hídricos. En particular, la sección 2.1 presenta la formulación estocástica multietapa del problema de coordinación hidrotérmica y la sección 2.2 describe el modelo de simulación de recursos hídricos. Finalmente, la integración entre ambos modelos se presenta en la sección 2.3.

2.1. Modelo de optimización estocástica multietapa de coordinación hidrotérmica

En esta sección, se presenta el modelo propuesto de coordinación hidrotérmica. Primero se presenta su versión estocástica multietapa. Es importante mencionar que las decisiones de este modelo son todas variables continuas relacionadas con el almacenamiento de los embalses, el movimiento del agua a lo largo de las vías fluviales de la red de agua y las decisiones de generación de plantas de energía hidroeléctrica, térmica y renovable.

Para modelar correctamente el sistema de agua, consideramos tres tipos de nodos. En primer lugar, existen nodos de almacenamiento que permiten el almacenamiento de agua (es decir, embalses). Luego, hay nodos de paso que solo permiten decidir el movimiento del agua a lo largo de la red de agua. Finalmente, existen nodos de generación, que serían aquellos nodos de agua con un generador eléctrico: embalses o centrales de flujo continuo. Es importante destacar que, aunque la mayoría de los embalses tienen un generador, se separaron de sus respectivos embalses por simplicidad de notación y modelización. Los nodos $(\mathcal{N})$ están compuestos por embalses $(\mathcal{N}^a)$, bocatomas $(\mathcal{N}^p \backslash \mathcal{N}^g)$, centrales hidroeléctricas $(\mathcal{N}^g)$, y nodos de riego $(\mathcal{K})$. Los afluentes están compuestos por caudales naturales (α), flujos generables (q), flujos no generables (y), filtraciones (v), y los caudales de riego (no generables) que mantienen la viabilidad en las restricciones de balance de agua relacionadas con las zonas de riego.

Es importante destacar que los nodos de generación hidroeléctrica también permiten el movimiento del agua, pero este no es su único objetivo. Los flujos que conectan estos nodos se dividen en dos tipos. Por un lado, están los flujos generables, que consisten en vías fluviales cuyo flujo de agua pasa a través de un generador eléctrico para llegar a otro nodo en la red. Por otro lado, están los flujos no generables, que son aquellos flujos que no pasan por un generador y solo mueven agua entre un nodo de la red y otro (sin generar electricidad), es decir, se puede considerar como desbordamiento en el caso de embalses.

Teniendo en cuenta lo anterior, la formulación del problema de coordinación hidrotérmica propuesta **(ecuaciones 19.1a-19.1p)** es la siguiente:

Ecuación 19.1a $$\min \sum_{t\in\mathcal{T}} \sum_{b\in\mathcal{R}(t)} \left(\sum_{g\in\mathcal{G}} C^{G}_{gtb} p_{gtb} + \sum_{i\in\mathcal{B}} \left(C^{LS}_{ib} p^{LS}_{itb} + C^{OG}_{ib} p^{OG}_{itb} \right) \right) \beta'_{tb}$$

Sujeto a

Ecuación 19.1b

$$w_{et} = w_{e,t-1} + \sum_{b\in\mathcal{R}(t)} \beta_{tb} \left(\alpha_{et} - \upsilon_{et} + \sum_{u\in\mathcal{I}^{G}(e)} q_{(u,e),t,b} + \sum_{u\in\mathcal{I}^{N}(e)} y_{(u,e),t,b} - \sum_{u\in\mathcal{O}^{G}(e)} q_{(e,u),t,b} + \sum_{u\in\mathcal{O}^{N}(e)} q_{(e,u),t,b} \right) \quad \forall e \in \mathcal{N},\ t\in\mathcal{T}$$

Ecuación 19.1c $$\upsilon_{et} = \lambda^{int}_{e} + \lambda^{slope}_{e} w_{e,t-1} \quad \forall e \in \mathcal{N}^{a},\ t\in\mathcal{T}$$

Ecuación 19.1d

$$\sum_{u\in\mathcal{I}^{G}(n)} q_{(u,n),t,b} + \sum_{u\in\mathcal{I}^{N}(n)} y_{(u,n),t,b} + \alpha_{nt} = \sum_{u\in\mathcal{O}^{\mathcal{G}}(n)} q_{(n,u),t,b} + \sum_{u\in\mathcal{O}^{\mathcal{N}}(n)} y_{(n,u),t,b} \quad \forall n \in \mathcal{N}^{p}, t\in\mathcal{T}, b\in\overline{\mathcal{R}}(t)$$

Ecuación 19.1e

$$\sum_{g\in\mathcal{G}(i)} p_{gtb} + \sum_{j\in\mathcal{N}^{g}(i)} p^{h}_{jtb} + \sum_{l\in\mathcal{L}^{out}(i)} f_{ltb} - \sum_{l\in\mathcal{L}^{in}(i)} f_{ltb} + p^{LS}_{itb} - p^{OG}_{itb} = p^{d}_{itb} \quad \forall i \in \mathcal{B}, t\in\mathcal{T}, b\in\overline{\mathcal{R}}(t)$$

Ecuación 19.1f $$f_{ltb} = B_{lt}\left(\theta_{s(l)tb} - \theta_{r(l)tb}\right) \quad \forall l \in \mathcal{L}, t\in\mathcal{T}, b\in\overline{\mathcal{R}}(t)$$

Ecuación 19.1g $$-\bar{f}_{lt} \le f_{ltb} \le \bar{f}_{lt} \quad \forall l \in \mathcal{L}, t\in\mathcal{T}, b\in\overline{\mathcal{R}}(t)$$

Ecuación 19.1h $$p^{h}_{jtb} = \delta_j \sum_{u\in\mathcal{O}^{G}(j)} q_{(j,u),t,b} \quad \forall j \in \mathcal{N}^{g}, t\in\mathcal{T}, b\in\overline{\mathcal{R}}(t)$$

Ecuación 19.1i $$0 \le \sum_{n\in\mathcal{N}^{\mathcal{T}}(u)} q_{(u,n),t,b} \le \bar{q}_{u} \quad \forall u \in \mathcal{N}^{g}, t\in\mathcal{T}, b\in\overline{\mathcal{R}}(t)$$

Ecuación 19.1j $$\mathcal{V}^{end} \le \sum_{e\in\mathcal{N}^{a}} \left(\varphi_e w_{eT}\right)$$

Ecuación 19.1k $$0 \le q_{(u,n),t,b} \le \bar{q}_{(u,n)} \quad \forall u \in \mathcal{N}, n\in\mathcal{N}^{G}(u), t\in\mathcal{T}, b\in\overline{\mathcal{R}}(t)$$

Ecuación 19.1l $0 \leq y_{(u,n),t,b} \leq \overline{y}_{(u,n)} \quad \forall u \in \mathcal{N}, n \in \mathcal{N}^{N}(u), t \in \mathcal{T}, b \in \overline{\mathcal{R}}(t)$

Ecuación 19.1m $0 \leq p^{h}_{ntb} \leq \overline{p}^{h}_{nt} \quad \forall n \in \mathcal{N}^{G}, t \in \mathcal{T}, b \in \overline{\mathcal{R}}(t)$

Ecuación 19.1n $\underline{w}_{et} \leq w_{et} \leq \overline{w}_{et} \quad \forall e \in \mathcal{N}^{a}, t \in \mathcal{T}$

Ecuación 19.1o $0 \leq p_{gtb} \leq \overline{p}_{gt} \quad g \in \mathcal{G} \backslash \mathcal{G}^{V}, t \in \mathcal{T}, b \in \overline{\mathcal{R}}(t)$

Ecuación 19.1p $0 \leq p_{gtb} \leq \overline{p}_{gt} \xi_{gtb} \quad g \in \mathcal{G}^{V}, t \in \mathcal{T}, b \in \overline{\mathcal{R}}(t)$

La función objetivo (19.1a) busca minimizar el valor esperado (con respecto a la variable aleatoria de los caudales afluentes,) de los costos totales de operación de generación a lo largo del horizonte de planificación, considerando los costos variables de las plantas de energía junto con el desprendimiento de carga y la sobre-generación. Las restricciones (19.1b) representan la dinámica de los embalses acoplando decisiones espaciales y temporales, considerando tanto las filtraciones, el caudal de entrada y salida tanto de agua generable como no generable. Las restricciones (19.1c) modelan la filtración (escape lento de agua a través de un material poroso o pequeños orificios) de los embalses con una aproximación lineal con relación a la variable de almacenamiento, y las restricciones (19.1d) representan el balance de masas en todos los nodos de paso (de paso y generación). Las restricciones (19.1e) representan las restricciones de oferta y demanda de electricidad. (19.1f) y (19.1g) representan las ecuaciones de flujo en las líneas de transmisión bajo una aproximación de flujo de potencia continua (DC) y la capacidad máxima de transmisión de las líneas, respectivamente. Las restricciones (19.1h) y (19.1i) definen la potencia de las centrales hidroeléctricas y el caudal máximo generable en cada central hidroeléctrica, respectivamente. Las restricciones (19.1j) definen las condiciones de terminación del modelo basadas en una función lineal que define el valor del agua al final del horizonte temporal obtenido de un modelo de coordinación hidrotérmica a largo plazo exógeno. Finalmente, las restricciones (19.1k-19.1p) representan las cotas de cada variable de decisión.

Al modelo 19.1 le hacen falta algunas restricciones adicionales:

Ecuación 19.1q $\alpha_{nt} = m_{nt} + g_{nt} + \zeta_{nt} \qquad \forall\, n \in \mathcal{N},\ t \in \mathcal{T}$

Ecuación 19.1r $\zeta_{nt} = \sum_{k \in \mathcal{N}} \sum_{l=1}^{L} \Phi^{l}_{nk}\, \zeta_{k,t-l} + \epsilon_{nt} \qquad \forall\, n \in \mathcal{N},\ t \in \mathcal{T}$

Estas restricciones corresponden a un modelo vectorial autorregresivo (VAR) de orden L que representa los caudales afluentes inciertos, considerando una descomposición aditiva de las series temporales de caudales, preservando la linealidad. Esta descomposición separa el caudal de agua del nodo de manera aditiva en el periodo t en una tendencia (m_{nt}), una estacionalidad (g_{nt}), y un componente residual (ζ_{nt}). Luego, dado que este componente residual suele ser estacionario (y distribuido como una variable gaussiana), se puede modelar con un modelo autorregresivo que permite capturar la relación temporal entre los datos. Además, para incorporar las correlaciones espaciales, se consideró una derivación VAR. Con esto, un caudal de agua en un nodo y en un periodo del modelo se define como $\alpha_{nt} = m_{nt} + g_{nt} + \zeta_{nt}$. La tendencia y la estacionalidad se ajustaron utilizando un estimador Theil-Sen y un modelo coseno-seno, respectivamente, basados en los trabajos de Favereau et al. (2022) y Favereau et al. (2023). Además, Φ^{l}_{nk} es la covarianza entre los nodos de agua en el tiempo y pasos antes, y es una variable aleatoria independiente e idénticamente distribuida (iid) (considerada como una gaussiana multivariante en este trabajo).

2.2. Modelo de simulación de recursos hídricos

Esta sección presenta el modelo de simulación de recursos hídricos basado en Pywr, librería desarrollada por Tomlinson et al. (2020), que se utiliza para estudiar los flujos de la red de agua en una zona agrícola donde los recursos del embalse se comparten con un sistema eléctrico a gran escala. En comparación con la coordinación hidrotérmica, una característica atractiva de este modelo es que incorpora variables enteras para representar acuerdos de riego.

Pywr es una biblioteca de modelamiento dinámico de código abierto en Python para redes de recursos hídricos, cuya estructura principal es un grafo dirigido de nodos (vértices) conectados por enlaces (arcos). Los nodos son los componentes a los que se asignan los datos y las restricciones para redistribuir los recursos hídricos cuando se resuelve. Dentro del conjunto de nodos, los principales son la base del modelo: *input, output, storage, and link.* Los recursos hídricos deben ingresar a través de un nodo input y salir a través de un nodo output, donde la variable de estado asociada a ellos es el flujo que atraviesa los nodos. De esta manera, el conjunto de rutas factibles se define como cualquier combinación entre los nodos *input* y *output*. Se pueden formar bucles en la red, lo que lleva a estructuras de red más complejas, como enlaces bidireccionales entre nodos. Cada ruta en la red debe cumplir que cada nodo debe estar en al menos una ruta, todas las rutas deben comenzar con un nodo *input* y todas las rutas deben terminar con un nodo *output*.

Los nodos *input*, *output* y *link* comparten propiedades, como flujo mínimo, flujo máximo y costo. Las propiedades de flujo máximo y mínimo restringen el flujo a través del nodo, mientras que el costo no necesariamente se monetiza. En cambio, es una penalización incurrida debido a la cantidad de flujo neto que pasa por él. Por otro lado, los nodos *storage* difieren del resto de los nodos, ya que están compuestos por al menos un nodo input y un nodo output, además de tener propiedades de volumen mínimo y máximo. La variable de estado asociada con este tipo de nodo es el volumen actual almacenado en el embalse, cuya actualización se realiza al final del periodo. Los nodos *storage* también pueden tener costos, que se aplican a los nodos *input* y *output* subyacentes.

Para resolver el problema de determinar la asignación de recursos hídricos, Pywr considera un algoritmo de asignación basado en rutas. También existe un algoritmo de asignación basado en enlaces declarado en Tomlinson et al. (2020) como una opción para resolver el problema, pero se observó que el primero tiene un rendimiento marginalmente mejor que el segundo. Ambos enfoques tienen estructuras matemáticas similares con el objetivo de lograr las propiedades de cada nodo. El algoritmo de asignación basado en rutas se describe mediante el modelo 19.2

Ecuación 19.2a $$\min \sum_{p\in\mathscr{P}} c_p x_p$$

Sujeto a

Ecuación 19.2b $$c_p = \sum_{n\in p} c_n \quad \forall p \in \mathscr{P}$$

Ecuación 19.2c $$A_n^{\mathrm{f}} = \sum_{p\in\mathscr{P}|n\in p} x_p \quad \forall n \in \mathscr{N}$$

Ecuación 19.2d $$a_n^{\mathrm{f}} \leq A_n^{\mathrm{f}} \leq b_n^{\mathrm{f}} \quad \forall n \in \mathscr{N}$$

Ecuación 19.2e $$A_d = \sum_{p\in\mathscr{P}|o_c\in p} x_p - \sum_{p\in\mathscr{P}|i_c\in p} \frac{x_p}{f_{i_c}} = 0 \quad \forall (o_c, i_c) \in \mathscr{C}$$

Ecuación 19.2f $$A_n^{\mathrm{s}} = \sum_{p\in\mathscr{P}|n\in p\ \forall n\in O_n} x_p - \sum_{p\in\mathscr{P}|n\in p\ \forall n\in I_n} x_p \quad \forall n \in \mathscr{S}$$

Ecuación 19.2g $$a_n^{\mathrm{s}} \leq A_n^{\mathrm{s}} \leq b_n^{\mathrm{s}} \quad \forall n \in \mathscr{S}$$

Ecuación 19.2h $$a_n^{\mathrm{s}} = \frac{V_n^{\min} - V_n}{\Delta t} \quad \forall n \in \mathscr{S}$$

Ecuación 19.2i $$b_n^{\mathrm{s}} = \frac{V_n^{\max} - V_n}{\Delta t} \quad \forall n \in \mathscr{S}$$

La función objetivo (19.2a) consiste en minimizar el costo total de los flujos x_p de cada ruta (o camino) $p\in\mathscr{P}$ dentro de la red, donde el costo de cada ruta p corresponde a la suma de todos los costos asociados con los nodos n dentro del camino (19.2b). En cuanto a las demás restricciones, (19.2c) y (19.2d) aseguran que el flujo total de un cierto nodo n (A_n^{f}) debe ser igual a la suma de todos los caminos que contienen ese nodo, donde a_n^{f} y b_n^{f} corresponden al flujo mínimo y máximo, respectivamente. Se asigna un dominio a cada nodo para agrupar nodos comunes de manera que el mismo recurso fluya a través de caminos entre nodos en el mismo dominio. En (19.2e), el flujo entre dominios debe ser igual a 0 para asegurar el equilibrio de masa entre dominios, donde o_c y i_c son los nodos output e input para cada una de las conexiones entre dominios, respectivamente. Además, aquí $\mathscr{C}$ y f_{i_c} son el conjunto de todos los arcos y un factor de conversión, respectivamente. En las restricciones (19.2f), el flujo neto en un nodo de embalse (A_n^{s}) corresponde a la diferencia entre el flujo total de los nodos de entrada (I_n) y salida (O_n). Además, A_n^{s}está restringido por los flujos mínimos (a_n^{s}) y máximos (b_n^{s}) en las restricciones (19.2g). Estos límites están definidos por las ecuaciones **19.2h** y **19.2i**, donde los volúmenes mínimos (v_n^{min}) y máximos (v_n^{max}) se combinan con el volumen actual (v_n).

2.3. Integración de los modelos de coordinación hidrotérmica y de simulación de recursos hídricos

Para integrar el modelo de coordinación hidrotérmica con el modelo de simulación de recursos hídricos, se deben tener en cuenta dos consideraciones. En primer lugar, las políticas obtenidas de ambos modelos se evaluarán en los mismos caudales afluentes, representados por cuatro probabilidades de excedencia (detalladas en la sección 3.2), basadas en el historial estadístico de observaciones. Estos cuatro escenarios corresponden a probabilidades de excedencia del 25% (húmedo), 50% (medio), 75% (seco) y 95% (muy seco) de los caudales afluentes, basados en el historial estadístico de observaciones. Ambos modelos consideran la misma red de agua, con la diferencia de que el modelo de simulación de recursos hídricos utiliza los acuerdos de riego reales, y el modelo de coordinación hidrotérmica utiliza una aproximación lineal. Los acuerdos de riego reales se presentan en la sección 3.1. En segundo lugar, los resultados de ambos modelos estarán relacionados principalmente con la intensidad de las emisiones de CO_2, el costo operativo del sistema eléctrico y el déficit de agua del sistema agrícola. La **Figura 19.1** muestra un esquema que resume esta integración, la cual se explicará con más detalle en la sección 3.1.

Figura 19.1
Esquema de integración de los modelos de coordinación hidrotérmica y de simulación de recursos hídricos

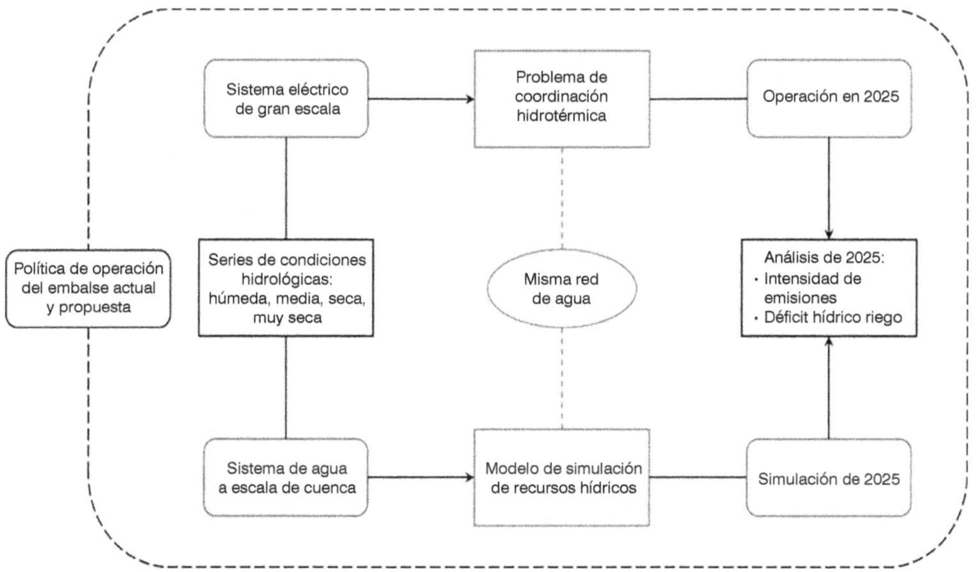

Fuente: Elaboración propia.

La intensidad de las emisiones del sistema eléctrico en el periodo t (ϱ_t) se estima como la suma de los productos entre i) la generación total producida por cada tecnología g en el periodo t ($\varsigma_{gt}^{\text{gen}}$), y ii) el factor de emisión del ciclo de vida total de la tecnología g (ς_g^{lc}), dividido por la demanda total del periodo t del sistema eléctrico (ς_t^{dem}). Esta expresión se mide en kg CO eq/MWh y se resume como:

Ecuación 19.3 $$\varrho_t = \frac{\sum_{g \in \mathscr{G}} \varsigma_{gt}^{\text{gen}} \cdot \varsigma_g^{\text{lc}}}{\varsigma_t^{\text{dem}}} \quad \forall t \in \mathscr{T}.$$

En particular, se definen:

Ecuación 19.3a $$\varsigma_t^{\text{dem}} = \sum_{i \in \mathscr{B}} \sum_{b \in \overline{\mathscr{R}}(t)} p_{itb}^{\text{d}} \quad \forall t \in \mathscr{T}$$

Ecuación. 19.3b $$\varsigma_{gt}^{\text{gen}} = \begin{cases} \sum_{b \in \overline{\mathscr{R}}(t)} p_{gtb} & \text{if } g \notin \mathscr{G}^{\text{V}} \\ \sum_{b \in \overline{\mathscr{R}}(t)} p_{gtb}^{\text{h}} & \text{if } g \in \mathscr{G}^{\text{V}} \end{cases} \quad \forall g \in \mathscr{G}, t \in \mathscr{T}$$

Los factores de emisión del ciclo de vida total de emisiones de gases de efecto invernadero (GEI) para las diferentes tecnologías de generación se obtuvieron de la base de datos de Nicholson y Heath (2021), de la cual se consideraron los valores máximos del ciclo de vida total de GEI. La **Tabla 19.1** resume estos valores.

Tabla 19.1

Factores máximos de emisiones del ciclo de vida total para tecnologías de generación de energía

Tecnología de generación	Factor de emisión máximo (kg CO eq/MWh)
Biomasa	1300
Solar-PV	226
Geotérmica	245
Hidroeléctrica (embalse)	43
Hidroeléctrica (pasada)	75
Eólica	81
Gas natural	988
Diesel	1170
Carbón	1689

Fuente: Nicholson y Heath, 2021.

Un criterio para evaluar el desempeño del sistema agrícola es el déficit de agua en el sitio de extracción agrícola a en el periodo t ($\varsigma_{at}^{\text{def}}$). Este déficit corresponde a la diferencia entre el derecho de uso consuntivo de agua del agricultor en el periodo t ($\varsigma_{at}^{\text{right}}$) y el flujo asignado al sitio de extracción agrícola a en el periodo t ($\varsigma_{at}^{\text{ext}}$), medido en Hm^3, como se muestra en la siguiente expresión:

Ecuación 19.4 $$\varsigma_{at}^{\text{def}} = \varsigma_{at}^{\text{right}} - \varsigma_{at}^{\text{ext}} \quad \forall a \in \mathscr{A}, t \in \mathscr{T}.$$

De esta forma, el déficit total en la etapa t ($\varsigma_t^{\text{totdef}}$), medido en Hm^3, puede ser resumido como:

Ecuación 19.5 $$\varsigma_t^{\text{totdef}} = \sum_{a \in \mathscr{A}} \varsigma_{at}^{\text{def}} \quad t \in \mathscr{T}.$$

Un último indicador que se utilizará para analizar el desempeño del modelo de simulación de recursos hídricos será la confiabilidad del sistema agrícola (ς^{rel}), un indicador de desempeño propuesto por Hashimoto et al. (1982). Este criterio se define como el tiempo relativo en el que no ocurren fallas en el sistema. Para esta aplicación, se considera que una falla en el periodo t ($\varsigma_t^{\text{fail}} = \sum_{a \in \mathscr{A}} f_{at}$) es el evento en el que se producen déficits de agua, donde f_{at} se define matemáticamente como:

Ecuación 19.6 $$f_{at} = \begin{cases} 1 & \text{if } \varsigma_{gt}^{\text{def}} > 0 \\ 0 & \text{if } \varsigma_{gt}^{\text{def}} = 0 \end{cases} \quad \forall a \in \mathscr{A}, t \in \mathscr{T}.$$

De todas formas, la siguiente expresión define la confiabilidad del sistema agrícola:

Ecuación 19.7 $$\varsigma^{\text{rel}} = 1 - \frac{\sum_{t \in \mathscr{T}} \varsigma_t^{\text{fail}}}{|\mathscr{T}|}.$$

3. EXPERIMENTOS COMPUTACIONALES

En esta sección, analizamos los resultados de extensos experimentos computacionales para evaluar el desempeño de los sistemas de energía y agricultura basados en los modelos de coordinación hidrotérmica y de simulación de recursos hídricos. Ambos modelos se implementaron en un servidor con procesador Intel®Xeon®CPU E5-2630 v4 con 64 GB de RAM. El modelo estocástico de coordinación hidrotérmica se implementó con el paquete SDDP.jl (Dowson y Kapelevich, 2021) en el lenguaje Julia (entorno JuMP) y se resolvió con Gurobi 0.9.5.

3.1. Caso de estudio

El caso de estudio corresponde al sistema eléctrico chileno, con datos actuales obtenidos del operador del sistema eléctrico y la información proyectada basada en un escenario de carbono neutralidad del estudio de Planificación Energética de Largo Plazo (para 2023-2027) del Ministerio de Energía (Barría et al., 2021). El caso de estudio considera

64 etapas (mensuales), 228 nodos eléctricos (barras), 331 líneas de transmisión, 1019 centrales eléctricas, 210 nodos hidroeléctricos y 410 conexiones hídricas. Es importante destacar que esta representación considera toda la red hidráulica real: el mismo número de embalses, conexiones hidroeléctricas y nodos hidroeléctricos de siete cuencas.

El sistema eléctrico chileno cuenta con doce embalses, dos de los cuales operan de acuerdo con las decisiones del operador del sistema y los acuerdos que definen la disponibilidad de agua entregada a las centrales de pasada y a los agricultores locales vecinos. Uno de estos acuerdos es el promulgado en 1958 entre el Departamento de Obras Hidráulicas (DOH) y la Empresa Nacional de Electricidad de Chile (ENDESA, 1958), que define la gestión del Lago Laja, que proporciona agua para la generación hidroeléctrica y el riego agrícola. La última actualización del acuerdo fue promulgada por Endesa en 2017, que contempla modificaciones para llevar a cabo una mejor distribución de los recursos hídricos. En este acuerdo, se definen diferentes reglas de extracción en cuatro estratos operativos del lago (**Figura 19.2**):

- Almacenamiento superior: el volumen máximo para riego y generación es del 25% y el 65% del volumen al inicio de la temporada, respectivamente. El 10% restante se destina al lago. Además, se establece una extracción máxima para la generación de 1200 hm.

Figura 19.2

Estratos operacionales del lago Laja, en base al acuerdo de Endesa de 2017

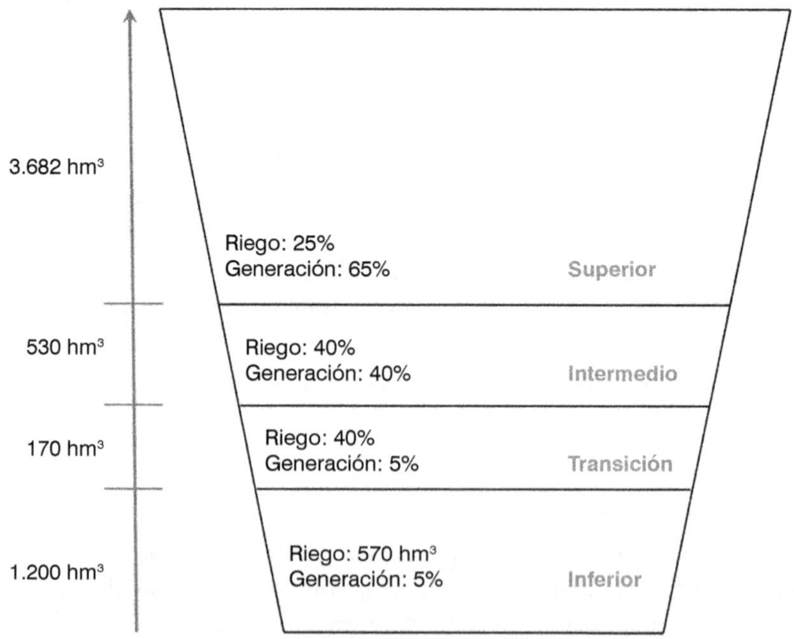

Fuente: Elaboración propia.

- Almacenamiento intermedio: el volumen máximo para riego y generación es del 40% del volumen al inicio de la temporada para cada uno, mientras que el 20% restante se destina al lago.
- Almacenamiento de transición: el volumen máximo de extracción para riego es del 40% del volumen al inicio de la temporada y del 5% para generación. El 55% restante se utiliza para mejorar la condición del lago.
- Almacenamiento inferior: aquí, 570 hmse destinan exclusivamente al riego y 30 hmpara uso mixto, mientras que el volumen máximo para la generación será igual al 5% del volumen al inicio de la temporada.

La temporada de riego se define entre el 1 de diciembre y el 30 de abril, el periodo durante el cual el acuerdo rigen las extracciones de volumen. Por esta razón, el volumen al comienzo de la temporada corresponde al nivel de agua observado o calculado en el lago Laja el 30 de noviembre de cada año, a partir del cual se estiman los volúmenes de extracción para riego y generación de electricidad.

Matemáticamente, las reglas operacionales forman una función lineal por partes en la que se agrega una cantidad constante de volumen a un porcentaje del volumen disponible de la zona de almacenamiento respectiva. Este porcentaje varía y se distribuye entre riego, generación y el lago en cada zona de almacenamiento del embalse. Las expresiones para riego () y generación () se resumen en las ecuaciones **19.8a** y **19.8b**, respectivamente, basadas en (que corresponde al volumen inicial al comienzo de la temporada que se estipula en el acuerdo entre el DOH y ENDESA).

Ecuación 19.8a
$$V_{\text{irrig}}^{\max}\left(V_{30_{\text{nov}}}\right)=\begin{cases} 600 & \text{si} \quad V_{30_{\text{nov}}} \le 1200\ \text{hm}^3 \\ 600+0.4\left(V_{30_{\text{nov}}}-1200\right) & \text{si} \quad 1200 \le V_{30_{\text{nov}}} \le 1370\ \text{hm}^3 \\ 668+0.4\left(V_{30_{\text{nov}}}-1370\right) & \text{si} \quad 1370 \le V_{30_{\text{nov}}} \le 1900\ \text{hm}^3 \\ 880+0.25\left(V_{30_{\text{nov}}}-1900\right) & \text{si} \quad 1900 \le V_{30_{\text{nov}}} \le 5582\ \text{hm}^3 \end{cases}$$

Ecuación 19.8.b
$$V_{\text{gen}}^{\max}\left(V_{30_{\text{nov}}}\right)=\begin{cases} 0.05\cdot V_{30_{\text{nov}}} & \text{si} \quad V_{30_{\text{nov}}} \le 1200\ \text{hm}^3 \\ 60+0.05\left(V_{30_{\text{nov}}}-1200\right) & \text{si} \quad 1200 \le V_{30_{\text{nov}}} \le 1370\ \text{hm}^3 \\ 68.5+0.4\left(V_{30_{\text{nov}}}-1370\right) & \text{si} \quad 1370 \le V_{30_{\text{nov}}} \le 1900\ \text{hm}^3 \\ 280.5+0.65\left(V_{30_{\text{nov}}}-1900\right) & \text{si} \quad 1900 \le V_{30_{\text{nov}}} \le 5582\ \text{hm}^3 \end{cases}$$

De acuerdo con Endesa (1958), se establecen algunos derechos de agua en la cuenca del río Laja para los regantes de la zona:

- Primeros regantes: su demanda máxima de riego se establece en 90 m/s, ajustada mensualmente por una curva de variación estacional. Hay dos puntos de extracción de riego: el canal Zañartu-Collao, que corresponde al 37,2% de los derechos, y una serie de canales en Tucapel que comprenden el 62,8% restante.

- Segundos regantes: la demanda máxima de riego es de 53 m/s, ajustada mensualmente por una curva de variación estacional. Los puntos de extracción corresponden al canal Laja-Diguillín, con una demanda máxima de 40 m/s, y al canal Laja Sur, con un máximo de 13 m/s.
- Saltos del Laja: la demanda máxima de riego es de 7 m/s, ajustada mensualmente por una curva de variación estacional para abastecer a los Saltos del Laja, especialmente durante el verano.

Los valores de los derechos de consumo asignados a los regantes en la cuenca del río Laja se muestran en la **Tabla 19.2**, ajustados mensualmente a la curva de variación estacional.

Tabla 19.2
Derechos de riego consuntivos en m/s para los usuarios de la cuenca del río Laja

Mes	Primeros regantes	Segundos regantes	Saltos del Laja
Enero	90	53	7
Febrero	90	42.4	7
Marzo	90	26.5	0
Abril	90	10.6	0
Mayo	0	0	0
Junio	0	0	0
Julio	0	0	0
Agosto	0	0	0
Septiembre	90	15.9	0
Octubre	90	34.5	0
Noviembre	90	45	0
Diciembre	90	53	3.5

Fuente: Endesa, 1958.

El operador del sistema eléctrico chileno cuenta con esquemas de conectividad para las principales cuencas del sistema eléctrico chileno, incluida la cuenca del río Laja. Este diagrama se utiliza para representar los sistemas de agua, eléctrico y agrícola de la cuenca del río Laja en el modelo de simulación de recursos hídricos, incorporando elementos como los caudales de agua, el lago, los generadores hidroeléctricos, las tomas de agua, los regantes, la infiltración del lago, entre otros.

Para calibrar y validar el modelo de simulación de recursos hídricos para la cuenca del Laja, se utilizaron datos históricos del nivel del lago Laja desde 1985 hasta 2023,

Figura 19.3
Comparación entre los niveles históricos del lago Laja con los valores obtenidos en el modelo de simulación de recursos hídricos

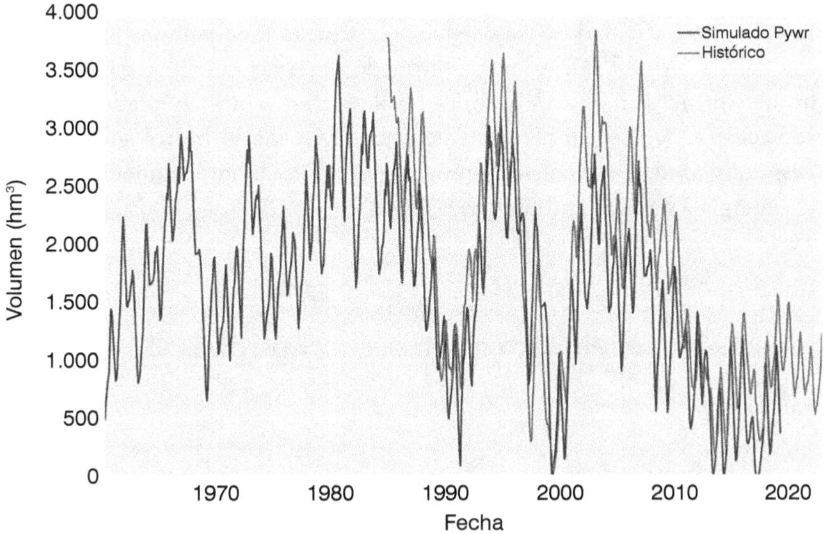

Fuente: Elaboración propia.

disponibles públicamente por la Comisión Nacional de Energía. La **Figura 19.3** compara el volumen simulado entre 1960-2019 y el volumen histórico entre 1985-2023. Como se puede observar, el embalse se adapta bien, evidenciando una correlación que valida el uso del modelo de simulación de recursos hídricos, el cual puede representar las interacciones hidrológicas y las políticas operativas del embalse. En particular, se obtuvo un coeficiente de determinación de 0.87 entre ambas curvas, un valor lo suficientemente alto como para determinar que la calibración del modelo fue precisa.

3.2. Análisis de sensibilidad sobre la probabilidad de excedencia de los caudales afluentes

En relación con los experimentos realizados bajo los cuatro escenarios hidrológicos propuestos para los caudales afluentes, esta sección mostrará los resultados obtenidos para el modelo de coordinación hidrotérmica y el modelo de simulación de recursos hídricos para 2025. En particular, estos cuatro escenarios corresponden a probabilidades de excedencia del 25% (húmedo), 50% (medio), 75% (seco) y 95% (muy seco) de los caudales afluentes, basados en el historial estadístico de observaciones de caudales. Cabe mencionar que, a partir de este momento, los resultados presentados corresponderán al caso base para luego compararlos con los otros obtenidos. El caso base considera los acuerdos de riego actuales (**Figura 19.2**).

La **Figura 19.4** muestra el perfil mensual de generación de energía (basado en bloques de carga) de todo el sistema eléctrico chileno para el año 2025 en cada escenario hidrológico. Aquí, es posible observar que la generación térmica más alta ocurre durante febrero y septiembre. Además, la generación a gas se vuelve más significativa a medida que aumenta la probabilidad de excedencia, específicamente para las probabilidades de excedencia del 75% y el 95%. Además, se puede observar que la generación de carbón se compromete principalmente después de abril para estas probabilidades de excedencia. Esta observación es lógica porque a medida que el escenario hidrológico se vuelve más seco, la disponibilidad de generación renovable se limita, lo que requiere la activación de plantas de energía a base de carbón, gas o diésel.

Figura 19.4
Generación eléctrica sistémica mensual por tecnología para 2025 en el caso base

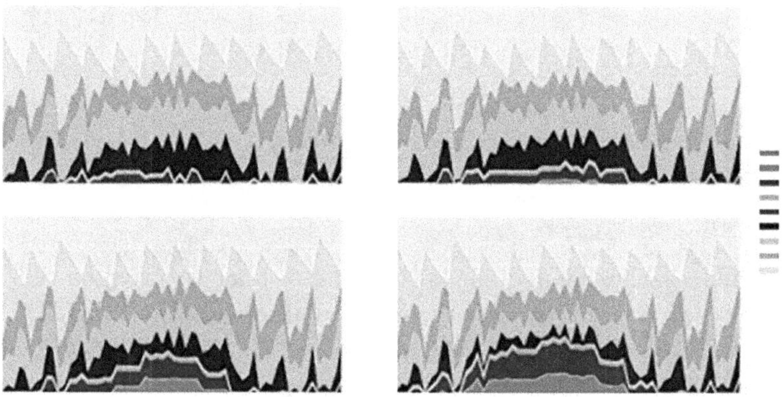

Tabla 19.3
Porcentaje promedio de generación de cada tecnología para 2025 en el caso base

Tecnología	Pexc = 25%	Pexc = 50%	Pexc = 75%	Pexc = 95%
Carbón	0.0	0.5	2.7	5.3
Gas	2.6	4.3	6.2	10.1
Biomasa	1.3	1.7	1.9	2.1
Embalse	16.6	15.5	13.7	10.7
Pasada	26.4	23.5	20.1	15.6
Geotérmica	0.5	0.5	0.5	0.5
Eólica	21.1	21.9	22.4	22.7
Diesel	0.1	0.1	0.1	0.1
Solar-PV	31.4	32.0	32.4	32.8

Fuente: Elaboración propia.

En la **Tabla 19.3**, se ilustra la generación promedio de cada tecnología para 2025. Al comparar los escenarios hidrológicos, se puede observar que la generación a gas aumenta del 2.6% al 10.1%, mientras que la generación de carbón aumenta del 0% al 5.3%. Por otro lado, la generación hidroeléctrica de embalses y de pasada disminuye del 43% al 26.3%; la generación eólica y solar aumenta un 1.6% y un 1.4%, respectivamente. A partir de estas observaciones, se puede inferir que los cambios en la generación de energía son menores para tecnologías como la eólica y la solar. Sin embargo, las diferencias son notables para las fuentes de generación de carbón, gas e hidroeléctricas.

La **Figura 19.5** muestra los costos marginales de las principales barras del sistema eléctrico. Se puede observar que, para todos los escenarios hidrológicos, los costos marginales tienden a ser más altos entre los meses de marzo y agosto. Esto concuerda con los hallazgos anteriores en la **Figura 19.4**, ya que en estos periodos se genera más energía térmica. Además, a medida que la hidrología se vuelve más seca, los costos marginales totales aumentan. Esto se debe a que la tecnología que suministra un MWh adicional al sistema eléctrico se vuelve más costosa. Un claro ejemplo de esta variación es la barra Puerto Montt, que tiene un costo marginal cercano a 0 en el escenario húmedo debido a su alta disponibilidad de agua (Puerto Montt está principalmente asociado a plantas hidroeléctricas). Sin embargo, en los otros escenarios, su costo marginal aumenta, alcanzando un valor máximo de casi 100 USD/MWh en el escenario más seco.

Figura 19.5

Costo marginal de las principales barras del sistema eléctrico chileno para 2025 en el caso base

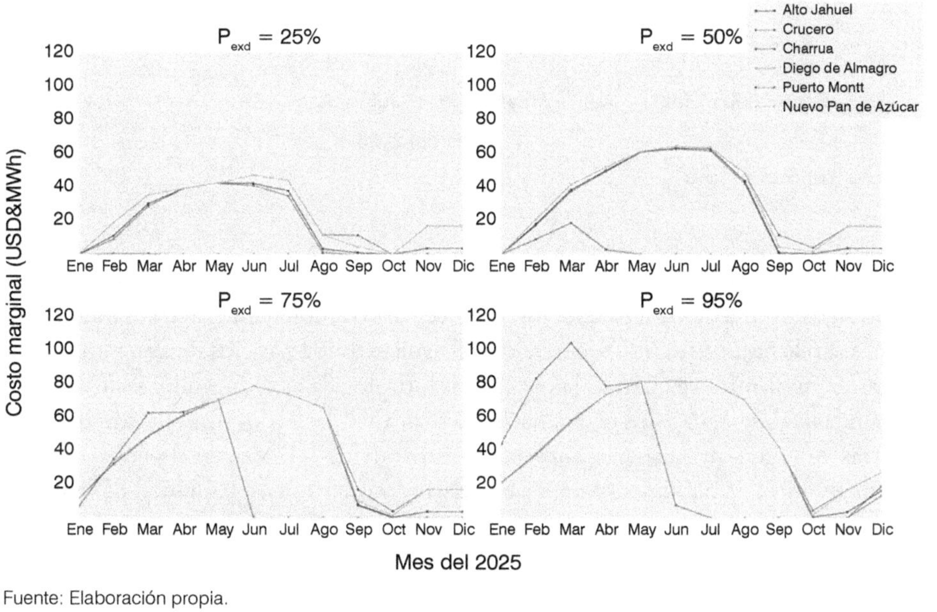

Fuente: Elaboración propia.

Al centrarse en los resultados obtenidos a nivel zonal en la cuenca del Laja, es posible observar en la **Figura 19.6** una disminución significativa del nivel de agua del embalse cuando el escenario hidrológico es medio, seco y muy seco. Entre los meses de marzo y agosto, el nivel del embalse es más bajo en comparación con otros meses del año. La política actual de operación del embalse demuestra que, si la condición hidrológica de los caudales se vuelve cada vez más seca, incluso un escenario medio es suficiente para que el embalse reduzca significativamente su volumen de agua y posiblemente no pueda satisfacer las demandas en los años siguientes.

Figura 19.6

Volumen del lago Laja para 2025 en el caso base

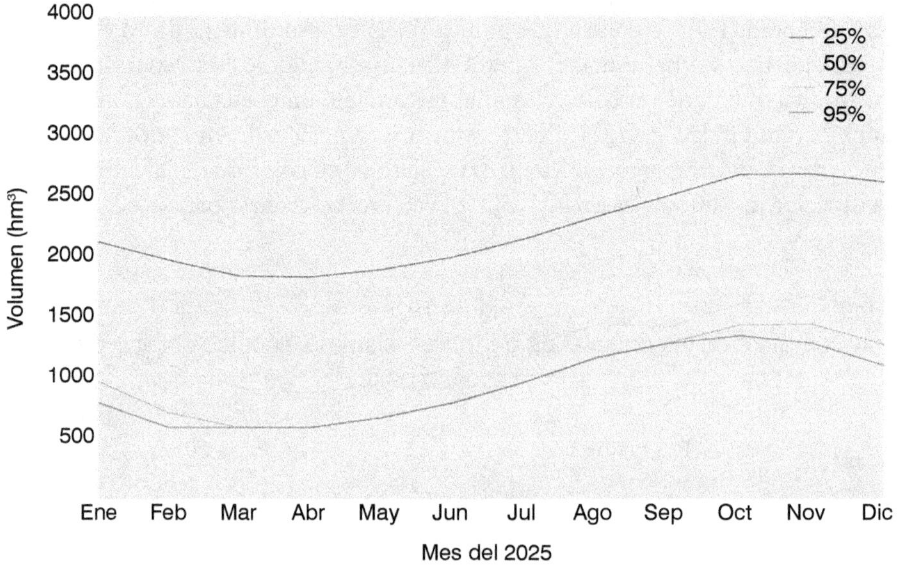

Fuente: Elaboración propia.

El efecto de la disminución del volumen de almacenamiento de agua en el lago Laja no solo tiene un impacto en el nivel hidrológico, sino también en el agua extraída para los regantes. En la **Figura 19.7**, se muestra que el agua extraída para los regantes en el área del Laja también disminuye cuando la condición hidrológica es seca o muy seca. Además, el déficit mensual de agua para el escenario seco alcanza casi 100 Mm entre marzo y abril. Mientras tanto, en un escenario muy seco se superan los 200 Mm en el peor mes (marzo). En consecuencia, la fiabilidad para los escenarios secos y muy secos es del 87% y el 79%, respectivamente.

Figura 19.7

Riego total extraído para agricultura para 2025 en el caso base

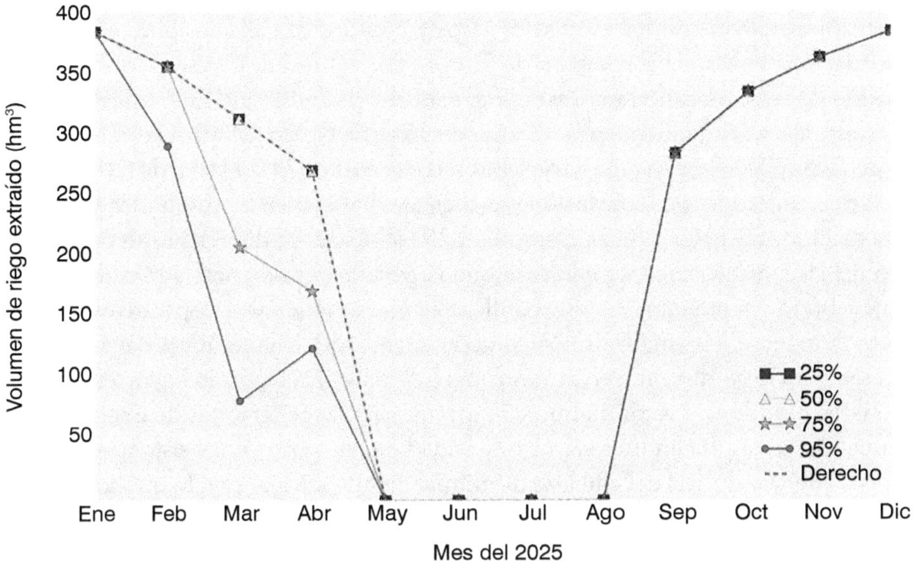

Fuente: Elaboración propia.

Figura 19.8

Intensidad de emisiones del sistema eléctrico para 2025 en el caso base

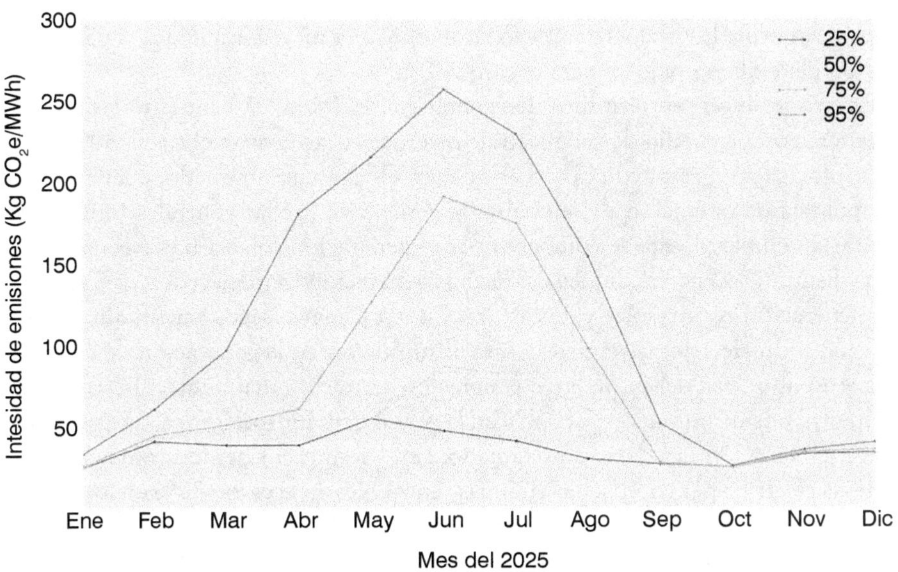

Fuente: Elaboración propia.

Finalmente, al analizar la intensidad de las emisiones del sistema eléctrico, la Figura 19.8 muestra algo esperado entre los cuatro escenarios de condiciones hidrológicas, reflejando notablemente que, en un escenario húmedo y medio, las intensidades de emisiones son bajas en comparación con los escenarios secos y muy secos. Las emisiones están directamente relacionadas con la generación de carbón. Por esa razón, los escenarios con mayor generación de carbón alcanzarán mayores intensidades de emisiones. En promedio, durante 2025, el escenario húmedo muestra un valor de 36 kg de COeq/MWh, el escenario medio 47 kg de COeq/MWh, y los escenarios más secos reportan 75 y 115 kg de COeq/MWh.

Se pueden extraer dos conclusiones principales basadas en los resultados presentados en esta sección. En primer lugar, durante 2025, se observan diferencias temporales. En el caso del sistema eléctrico, es evidente que la generación de energía térmica aumenta durante febrero y septiembre, lo que conlleva a costos marginales y operativos más altos. Por otro lado, en el sistema hidrológico de la cuenca del Laja, el nivel del embalse y la extracción para riego disminuyen durante marzo y mayo. En segundo lugar, a medida que el escenario hidrológico varía de húmedo a muy seco, la generación de energía térmica aumenta, lo que resulta en una mayor intensidad de emisiones en el sistema eléctrico. A nivel de la cuenca, el nivel del embalse disminuye significativamente, lo que conlleva a un déficit en el riego y una disminución en la confiabilidad del sistema agrícola.

4. ANÁLISIS DE LA POLÍTICA DE OPERACIÓN DEL EMBALSE PROPUESTA

Para llevar a cabo un análisis de sensibilidad de los convenios de riego, en términos de la prioridad de los usuarios del embalse, se propone aumentar en un 30% el porcentaje que define el volumen máximo de extracción de riego para los estratos de almacenamiento de transición, intermedio y superior, respectivamente. A esta reconfiguración de la regla de operación del embalse se le llamará el caso +30%.

En primer lugar, en términos de generación, la Tabla 19.4 muestra las diferencias en la generación promedio de cada tecnología entre el caso base y el caso +30%. A partir de esta información, se puede observar que, en el escenario húmedo, cuando se modifica la política de operación del embalse, la generación de las centrales hidroeléctricas aumenta; sin embargo, esto se compensa con la generación solar. En el escenario medio, hay una disminución promedio del 0,5% en la generación hidroeléctrica, que se equilibra con la generación eólica, solar y de carbón. En el escenario seco, hay un aumento en la generación hidroeléctrica de embalse, una disminución en la generación de centrales de pasada y un aumento del 0,3% en la generación térmica. Finalmente, el escenario muy seco muestra una disminución del 0,2% en la generación hidroeléctrica, que se compensa con la generación térmica del mismo tamaño. Estos resultados demuestran la flexibilidad del sistema eléctrico para despachar energías renovables en el caso +30% en los escenarios húmedo y medio. Sin embargo, en el escenario seco, las reservas de agua deben usarse para la generación. Por último, el escenario muy seco muestra que el cambio de política solo se puede equilibrar con generación térmica.

Tabla 19.4

Diferencias (porcentaje) en la generación de energía promedio para cada tecnología entre el caso base y el caso +30% durante 2025

Tecnología	Escenario			
	Húmedo (25%)	Medio (50%)	Seco (75%)	Muy seco (95%)
Carbón	0.0	0.1	0.2	0.1
Gas	0	0	0.1	0.1
Biomasa	0	0	0	0
Embalse	0	-0.1	0.1	-0.1
Pasada	-0.2	-0.4	-0.3	-0.1
Geotérmica	0	0	0	0
Eólica	0	0.2	0	0
Diesel	0	0	0	0
Solar-PV	0.2	0.2	0	0

Fuente: Elaboración propia.

Al comparar los costos totales obtenidos en ambos casos (**Tabla 19.5**), se puede observar que, para todos los escenarios hidrológicos, los costos operativos en el caso +30% son más altos que los del caso base. Esto es algo esperado debido a la disminución en la cantidad de agua destinada a la generación hidroeléctrica. Dado que la nueva regla de operación del embalse prioriza la agricultura sobre la hidroelectricidad, la disminución en la generación hidroeléctrica debe ser compensada por otras unidades de generación, como las térmicas. Esto implica automáticamente un aumento en los costos operacionales, ya que el costo de la generación hidroeléctrica es prácticamente cero en el problema de coordinación hidrotérmica.

Tabla 19.5

Comparación del costo operacional total del sistema eléctrico en 2025 entre el caso base y el caso +30%

Escenario hidrológico	Costo operacional total (MUSD)		Cambio relativo
	Caso base	Caso +30%	
25%	122	124	1.6%
50%	219	225	2.7%
75%	493	505	2.4%
95%	1084	1094	0.9%

Fuente: Elaboración propia.

Figura 19.9

Comparación entre el volumen del lago Laja y el riego extraído de la cuenca para 2025 entre el caso base y el caso +30%

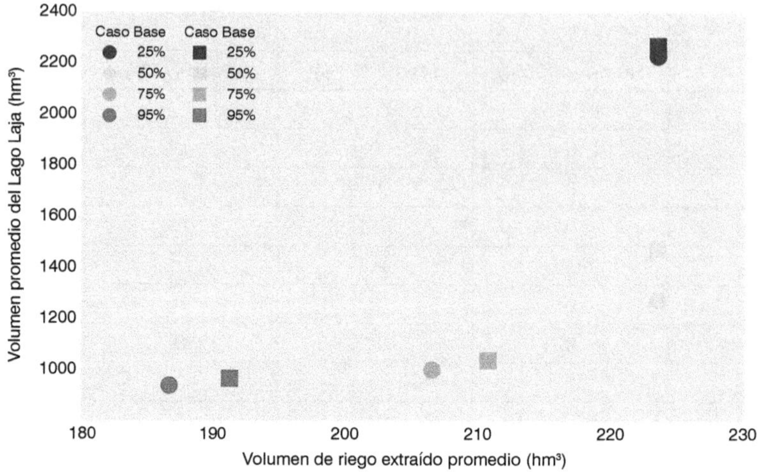

Fuente: Elaboración propia.

En cuanto al volumen de almacenamiento del lago Laja con el flujo de riego extraído, la relación es algo diferente a los resultados anteriores (**Figura 19.9**). Se puede observar que aumentar la disponibilidad de agua para la agricultura conduce a volúmenes más altos en el embalse del Laja, lo que indica que el embalse puede almacenar más agua durante el año en comparación con la política actual. Además, hay un ligero aumento en la extracción de agua para riego en los escenarios secos y muy secos.

Lo anterior también se refleja en la **Tabla 19.6**, que muestra la satisfacción de la demanda (confiabilidad) para diferentes puntos de riego en la cuenca de Laja. Estos resultados confirman que se espera que aumentar la disponibilidad de agua para el riego resulte en un mayor volumen de agua extraído del embalse con fines agrícolas. En consecuencia, el sector agrícola puede recibir adecuadamente sus derechos de riego y mejorar su confiabilidad en un 2% en el escenario seco y un 4% en el escenario muy seco.

Tabla 19.6

Confiabilidad de la demanda de agua agrícola del lago Laja para el año 2025 en el caso base y el caso +30

Caso	Pexd = 25%	Pexd = 50%	Pexd = 75%	Pexd = p5%
Caso base	100%	100%	87%	79%
Caso +30%	100%	100%	89%	83%

Fuente: Elaboración propia.

Finalmente, se muestra el principal equilibrio entre la intensidad de las emisiones y el déficit de agua con respecto al caso base y el caso +30% en la **Figura 19.10**. En particular, se puede observar que aumentar la disponibilidad de agua para la agricultura reduce el déficit en este sector, de manera más significativa en los escenarios más secos (75% y 95%). Sin embargo, como contrapartida, la intensidad promedio de las emisiones en el sistema eléctrico no muestra diferencias lineales entre los cambios a través de los escenarios hidrológicos. En la **Tabla 19.7**, el escenario húmedo no muestra diferencias significativas en las emisiones promedio, mientras que los escenarios medio y seco reflejan una diferencia de casi el 2% y el 2,6%, respectivamente. El escenario muy seco muestra una diferencia menor (0,9%) ya que es un escenario con una alta generación térmica en comparación con los demás, y el cambio de política no afecta significativamente las emisiones.

Figura 19.10

Comparación del déficit hídrico y la intensidad de las emisiones para 2025 entre el caso base y +30%

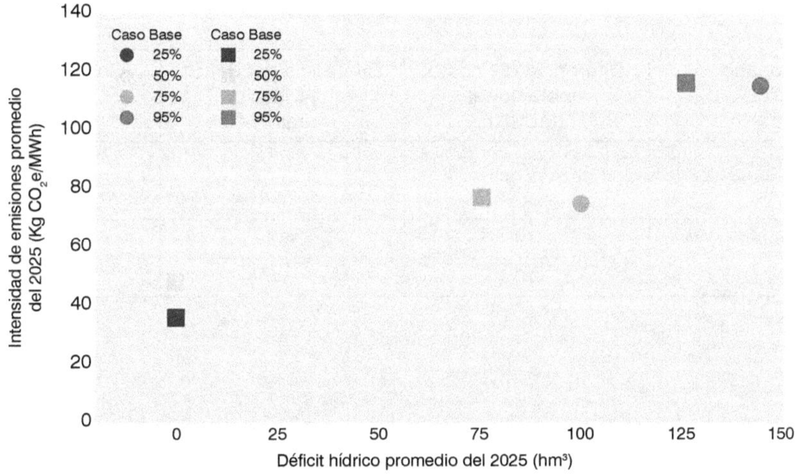

Fuente: Elaboración propia.

Tabla 19.7

Comparación de la intensidad media de emisiones del sistema eléctrico en el año 2025 entre el caso base y el caso +30%

Escenario hidrológico	Intensidad de emisión promedio (kg CO_2e/MWh)		Cambio relativo
	Caso base	Caso +30%	
25%	36	36	0%
50%	47	48	2%
75%	75	77	2,6%
95%	115	116	0,9%

Fuente: Elaboración propia.

Para estimar el costo por metro cúbico de la implementación de la política alternativa, se presentan las diferencias entre el caso base y el caso +30% en cuanto a los costos operacionales totales y el déficit total de riego en la **Tabla 19.8**. Para los escenarios húmedo y medio, esta métrica no se aplica, dado que no hay diferencia entre los casos en términos de déficit de agua. Por esa razón, solo se consideraron escenarios más secos. Aquí, los resultados muestran que el costo de implementar el cambio propuesto en la política del embalse equivale a 0,25 y 0,19 USD/m^3 en los escenarios secos y muy secos, respectivamente. Por un lado, se evidencia que la implementación es menos costosa cuando los caudales son considerablemente bajos. Por otro lado, y como ejemplo comparativo, se observa que, para ambos escenarios, el costo es menor que el despliegue de una estrategia de desalinización para riego, donde el costo típico de la desalinización del agua se sitúa alrededor de 1 USD/m^3 (Shokri y Sanavi Fard, 2023).

Tabla 19.8

Costo unitario del agua de la política de operación del embalse propuesta

Escenario hidrológico	Diferencia del costo operacional (MUSD)	Diferencia del déficit hídrico (mm^3)	Costo unitario del agua (USD/m^3)
25%	–	–	–
50%	–	–	–
75%	12	49	0.25
95%	10	54	0.19

Fuente: Elaboración propia.

En resumen, los resultados destacaron las diferencias entre las reglas de operación del embalse: los casos base y +30%. En cuanto a la generación de energía, se observó una disminución en la generación hidroeléctrica y un aumento en la generación térmica en los escenarios más secos. En cuanto a los costos operacionales, existen diferencias bajas, pero no despreciables, lo que indica que el cambio en la política del embalse tiene un impacto no significativo debido a la flexibilidad del sistema eléctrico en la generación (para 2025). A nivel de la cuenca del Laja, se identificó una mejora significativa en la satisfacción de la demanda de agua cuando se cambió la política del embalse, reduciendo el déficit de agua para los agricultores. Esta mejora es aún más notable en los escenarios más secos, donde el déficit se reduce en el mejor escenario en casi un 24%. El costo en términos de emisiones para adoptar el cambio no sería desafiante porque, en el peor de los casos, sería casi 2 kg de COe/MWh más alto en comparación con la política actual del embalse, y el costo de mitigar el déficit de agua sería menor en comparación con alternativas modernas de producción de agua como la desalinización.

5. DISCUSIÓN Y CONCLUSIONES

Esta investigación propone un enfoque integrado entre un modelo de coordinación hidrotérmica a medio plazo y un detallado modelo de recursos hídricos, lo que permite evaluar la operación de un embalse multipropósito cuyo almacenamiento de agua respalda la generación de energía y las actividades agrícolas. El primer modelo se basa en optimización estocástica multietapa con una representación detallada de las redes de energía y agua. El segundo modelo se basa en el paquete Pywr de Python e incluye una representación detallada de los convenios de riego reales, lo que resulta en una representación precisa de las restricciones normativas sobre el uso del agua. Además, se propone una metodología que vincula los resultados de estos dos modelos de diferentes naturalezas a través de indicadores como la intensidad de las emisiones del sistema eléctrico, el déficit de agua en las áreas de riego y la confiabilidad del sistema agrícola. Para mirar hacia el 2025, esta metodología se aplica a un embalse multipropósito en Chile, el lago Laja, que se encuentra en una cuenca donde se puede abordar el nexo agua-energía-alimentos, y que tiene una capacidad crítica de generación de energía y extensiones significativas de tierras agrícolas adyacentes a los cursos de agua de la cuenca.

Para estudiar la operación que coordina el uso de los recursos del embalse, se realizó un análisis de sensibilidad de los caudales afluentes del sistema hidroeléctrico chileno para cuatro escenarios de condiciones hidrológicas: húmedo, medio, seco y muy seco. Los resultados muestran que existen diferencias a lo largo de 2025. En primer lugar, para todos los escenarios hidrológicos, durante febrero y septiembre, la generación térmica es mayor que en los otros meses, lo que a su vez muestra un aumento en los costos marginales y operativos en el mismo periodo. A nivel de la cuenca del río Laja, se observa que, entre marzo y mayo, el nivel del embalse se mantiene en su volumen más bajo, por lo que la extracción de riego también disminuye para todos los escenarios hidrológicos. Además, se encuentra que a medida que la condición de los afluentes cambia de húmeda a muy seca, la generación térmica, los costos operativos y la intensidad de emisiones del sistema eléctrico aumentan en cada escenario. Por el contrario, el almacenamiento del embalse y las extracciones de riego disminuyen, reflejando un aumento en el déficit y una disminución en la confiabilidad del sistema agrícola.

Un segundo experimento consistió en modificar el convenio operativo (de riego) del embalse Laja para asignar un 30% adicional de volumen en cada estrato operacional del embalse Laja y analizar las mismas condiciones hidrológicas que antes con esta nueva política. Los resultados mostraron diferencias significativas entre los casos base y +30%. En términos de generación de energía, la hidroeléctrica disminuye y la generación de energía térmica aumenta su participación en todos los escenarios. Sin embargo, esta adaptación no aumenta significativamente la intensidad de las emisiones en los escenarios secos y muy secos. Los resultados en la cuenca del Laja son interesantes ya que la modificación aumenta los niveles del embalse para todos los escenarios hidrológicos, mitigando el déficit y mejorando considerablemente la confiabilidad agrícola.

Particularmente, al comparar el caso base con el caso +30% en el escenario seco, se observa que durante 2025 el déficit promedio de agua se reduce en escenarios más secos a un costo en emisiones que ronda los 2 kg de CO2eq/MWh, y el costo de reducir el déficit de riego es inferior a 0.3 USD/m3. Esto resalta el potencial para implementar estrategias de gestión del agua sostenibles y rentables que equilibren la disponibilidad de agua (véase Cooley et al., 2019 para un análisis de diferentes opciones), gastos operativos y emisiones. Esta investigación proporciona información valiosa para los tomadores de decisiones en el campo de la gestión de los recursos hídricos de los embalses, alentando la adopción de políticas alineadas con una estrategia de cero emisiones netas y promoviendo la utilización eficiente del agua en el contexto de condiciones hidrológicas cambiantes.

Otro punto interesante que destacar es la complementariedad de la herramienta propuesta de toma de decisiones y análisis con los decretos de escasez hídrica en Chile. Los decretos de zona de escasez hídrica crean un marco regulatorio para la respuesta administrativa del Estado en caso de falta de acuerdo entre los usuarios ante un escenario de escasez de agua ante una sequía extraordinaria. El propósito de esta regulación es redistribuir el recurso hídrico, entregándola a aquellos usuarios que tienen derechos para usarla en condiciones diferentes a las indicadas en sus respectivos títulos, lo que permite a la Dirección General de Aguas omitir temporalmente regulaciones fundamentales existentes en el Código de Aguas chileno.

Similar a lo anterior, sequías intensivas pueden llevar a decretos preventivos de racionamiento eléctrico, que consisten en una serie de medidas excepcionales para reducir el consumo de electricidad. En este contexto, una herramienta integrada como la desarrollada en este trabajo podría respaldar la toma de decisiones y el análisis de los impactos de estas medidas excepcionales, reduciendo los riesgos de racionamiento y minimizando los impactos negativos en la población.

AGRADECIMIENTOS

Este trabajo fue financiado por ANID-FONDEF-IT19I0113, ANID-FONDECYT-1211378, ANID-FSEQ210018, ANID-PFCHA/Programa Doctorado Nacional/2019-21190693, el Centro de Investigación de Energía Solar (SERC-Chile) (ANID-FONDAP-15110019), y el Instituto de Sistemas Complejos de Ingeniería (ANID-FB0816).

REFERENCIAS

1. Barría, C., Santander, A., Caviedes, Á., Toro, C., Eguiguren, B., Coronado, C., Mancilla, C., et al. (2021). *Planificación energética de largo plazo 2023-2027.*
2. Basheer, M., Nechifor, V., Calzadilla, A., Siddig, K., Etichia, M., Whittington, D., Hulme, D. y Harou, J. J. (2021). "Collaborative management of the grand Ethiopian renaissance dam increases economic benefits and resilience". *Nature Communications*,12, 5622. Disponible en: https://doi.org/10.1038/s41467-021-25877-w
3. Benders, J. F. (1962). "Partitioning procedures for solving mixed-variables programming problems". *Numerische mathematik*, 4(1), pp. 238-252. Disponible en: https://doi.org/10.1007/BF01386316

4. Bolouri-Yazdeli, Y., Haddad, O. B., Fallah-Mehdipour, E. y Mariño, M. A. (2014). "Evaluation of real-time operation rules in reservoir systems operation". *Water Resources Management*, 28(3), pp. 715-729. Disponible en: https://doi.org/10.1007/s11269-013-0510-1
5. Cooley, H., Phurisamban, R. y Gleick, P. (2019). "The cost of alternative urban water supply and efficiency options in California". *Environmental Research Communications*, pp. 1-14. Disponible en: 10.1088/2515-7620/ab22ca
6. Dowson, O. y Kapelevich, L. (2021). "SDDP.jl: a Julia package for stochastic dual dynamic programming. INFORMS". *Journal on Computing*, 33, pp. 27-33. Disponible en: https://doi.org/10.1287/ijoc.2020.0987
7. ENDESA (1958). *Convenio Ad-Referendum sobre la regulación del Río Laja.*
8. ENDESA (2017). *Acuerdo de operación y recuperación del Lago Laja. Complementa Convenio de 1958.*
9. FAO (2014). *The water-energy-food nexus: A new approach in support of food security and sustainable agriculture. Rome The Food and Agricultural Organization of the United Nations.*
10. Favereau, M., Lorca, A, Negrete-Picentic, M. y Vicuña, S. (2022). "Robust streamflow forecasting: A student's t-mixture vector autoregressive model". *Stochastic Environmental Research and Risk Assessment*, 36, pp. 3979-3995. Disponible en: https://doi.org/10.1007/s00477-022-02241-y
11. Favereau, M., Lorca, A. y Negrete-Pincetic, M. (2023). "Multistage adaptive robust optimization for the hydrothermal scheduling problem". *Computers Operations Research*, 150, 106051. Disponible en: https://doi.org/10.1016/j.cor.2022.106051
12. Galetovic, A. y Muñoz, C. M. (2009). "Estimating deficit probabilities with price responsive demand in contract-based electricity markets". *Energy Policy*, 37(2), pp. 560–569. Disponible en: https://doi.org/10.1016/j.enpol.2008.09.079
13. Gjelsvik, A., Mo, B. y Haugstad, A. (2010). "Long-and medium-term operations planning and stochastic modelling in hydro-dominated power systems based on stochastic dual dynamic programming". *Handbook of Power Systems I*, pp. 33-55. Disponible en: https://doi.org/10.1007/978-3-642-02493-1_2
14. Gjerden, K. S., Helseth, A., Mo, B. y Warland, G. (2015). "Hydrothermal scheduling in norway using stochastic dual dynamic programming; a large-scale case study." 2015 IEEE Eindhoven PowerTech, 1-6.
15. Gonzalez, J., Olivares, M., Medellín-Azuara, J., Moreno, R. y Marques, G. (2016). *Multi-purpose reservoir operation: A tradeoff analysis between hydropower generation and irrigated agriculture using hydro-economic models*. World Environmental and Water Resources Congress 2016.
16. Hashimoto, T., Stedinger, J. R. y Loucks, D. P. (1982). "Reliability, resiliency, and vulnerability criteria for water resource system performance evaluation". *Water Resources Research*, 18(1), pp. 14-20. Disponible en: https://doi.org/10.1029/WR018i001p00014
17. Helseth, A., Gjelsvik, A., Mo, B. y Linnet, (2013). "A model for optimal scheduling of hydro thermal systems including pumped-storage and wind power". *IET Generation, Transmission y Distribution*, 7(12), pp. 1426-1434. Disponible en: https://doi.org/10.1049/iet-gtd.2012.0639
18. Hightower, M. y Pierce, S. A. (2009). "The energy challenge". *Nature*, 452, pp. 285-286. Disponible en: https://doi.org/10.1038/452285a
19. Jain, S. (1993). *1-Introduction to reservoir systems*. National Institute of Hydrology.

20. Jander, V., Vicuña, S., Melo, O. y Lorca, Á. (2023). "Adaptation to Climate Change in Basins within the Context of the Water-Energy-Food Nexus". *Journal of Water Resources Planning and Management*, 149(11), 04023060. Disponible en: https://doi.org/10.1061/JWRMD5.WRENG-5566
21. Jazmin, Z. S., Reed, P. M., Herman, J. D., Giuliani, M. y Castelletti, A. (2016). "A diagnostic assessment of evolutionary algorithms for multi-objective surface water reservoir control". *Advances in Water Resources*, 92, pp. 172–185. Disponible en: https://doi.org/10.1016/j.advwatres.2016.04.006
22. Khadem, M., Dawson, R. J. y Walsh, C. L. (2021). "The feasibility of inter-basin water transfers to manage climate risk in England". *Climate Risk Management*, 33. Disponible en: https://doi.org/10.1016/j.crm.2021.100322
23. Kim, G. J., Kim, Y.-O. y Reed, P. M. (2021). "Improving the robustness of reservoir operations with stochastic dynamic programming". *Water Resources Planning and Management*, 147(7), pp. 712-722. Disponible en: https://doi.org/10.1061/(ASCE)WR.1943-5452.0001381
24. Labadie, J. W. (2004). "Optimal operation of multireservoir systems: State-of-the-art review". *Water Resources Planning and Management*, 130(2), pp. 93-111. Disponible en: https://doi.org/10.1061/(ASCE)0733-9496(2004)130:2(93)
25. Lohmann, T., Hering, A. S. y Rebennack, S. (2016). "Spatio-temporal hydro forecasting of multireservoir inflows for hydro-thermal scheduling". *European Journal of Operational Research*, 255(1), pp. 243-258. Disponible en: https://doi.org/10.1016/j.ejor.2016.05.011
26. Lorca, A., Favereau, M. y Olivares, D. (2020). "Challenges in the management of hydroelectric generation in power system operations". *Current Sustainable/Renewable Energy Reports* 7, pp. 94-99. Disponible en: https://doi.org/10.1007/s40518-020-00152-6
27. Loucks, P. (2000). "Sustainable water resources management". *Water International*, 25(1), pp. 3-10.
28. Matus, M., Sepúlveda, R., Matamala, C. y Benavides, C. (2019). *Modeling integrated water resource allocation for agriculture and economical energy production in the laja lake basin considering new irrigation policies*. 4th International Conference on Energy and Environment: bringing together Engineering and Economics Guimarães, Portugal, pp. 16-17.
29. Mower, E. y Miranda, L. E. (2013). "Frameworks for amending frameworks for amending reservoir water management oir water management". *Lake and Reservoir Management*, 29(3), pp. 194-201. Disponible en: http://dx.doi.org/10.1080/10402381.2013.829893
30. Navarro, A., Favereau, M., Lorca, Olivares, D. y Negrete-Pincetic, M. (2023). "Medium-term stochastic hydrothermal scheduling with short-term operational effects for large-scale power and water networks". *Applied Energy*, 358, 122554. Disponible en: https://doi.org/10.1016/j.apenergy.2023.122554
31. Nicholson, S. y Heath, G. (2021). Life cycle emissions factors for electricity generation technologies (No. FY17 AOP 4.6. 8.3). National Renewable Energy Laboratory-Data (NREL-DATA), Golden, CO (United States); National Renewable Energy Lab. (NREL), Golden, CO (United States).
32. Pereira, M. y Pinto, L. (1991). "Experimental study of methods of scenario lattice construction for stochastic dual dynamic programming". *Mathematical Programming*, 52, pp. 359-375.

33. Pereira-Bonvallet, E., Püschel-Løvengreen, S., Matus, M. y Moreno, R. (2016). "Optimizing hydrothermal scheduling with non-convex irrigation constraints: Case on the chilean electricity system". *Energy Procedia*, 87, pp. 132-140. 5th International Workshop on Hydro Scheduling in Competitive Electricity Markets.
34. Ricalde, I., Vicuña, S., Melo, O., Tomlinson, J. E., Harou, J. J. y Characklis, G. (2022). "Assessing tradeoffs in the design of climate change adaptation strategies for water utilities in Chile". *Journal of Environmental Management*, 302.Disponible en: https://doi.org/10.1016/j.jenvman.2021.114035
35. Shokri, A. y Sanavi Fard, M. (2023). "Techno-economic assessment ofwater desalination: Future outlooks and challenges". *Process Safety and Environmental Protection*, 169, pp. 564-578. Disponible en: https://doi.org/10.1016/j.psep.2022.11.007
36. Smajgl, A., Ward, J. y Plushke, L. (2016). "The water-food-energy nexus-realizing a new paradigm". *Journal of Hydrology*, (553), pp. 533-540. Disponible en: https://doi.org/10.1016/j.jhydrol.2015.12.033
37. Tomlinson, J., Arnott, J. y Harou, J. (2020). "A water resource simulator in python". *Environmental Modelling Software*, 126. Disponible en: https://doi.org/10.1016/j.envsoft.2020.104635
38. Zou, J., Ahmed, S. y Sun, X. A. (2019). "Stochastic dual dynamic integer programming". *Mathematical Programming*, 175, pp. 461-502. Disponible en: https://doi.org/10.1007/s10107-018-1249-5

Capítulo 20
CONCLUSIONES

Guillermo Donoso y Daniela Rivera

Resumen. Chile tiene un bajo progreso en los tres pilares de la gestión proactiva de sequías. La mitigación, preparación y respuesta, siendo el pilar más avanzado, tiene un nivel medio de desarrollo; el monitoreo de la sequía y los sistemas de alerta temprana tienen un nivel bajo; mientras que la evaluación de vulnerabilidad, riesgos e impactos permanece sin desarrollar. Es necesario diseñar una estrategia política sólida que descentralice gradualmente la gestión de las sequías, involucre a los afectados por sus efectos, genere capacidades locales y cambie el enfoque de gestión de crisis hacia un modelo de gestión preventiva de riesgos. Este capítulo proporciona una visión integral de la gestión de sequías en Chile, basada en los análisis y las perspectivas aportadas por todos los autores del libro. Advierte que la estrategia actual se basa, principalmente, en un enfoque de gestión de crisis. Específicamente, la evaluación identifica desafíos que deben abordarse para facilitar la transición hacia un enfoque de gestión de riesgos. Además, destaca una serie de instrumentos de política que deben considerarse para abordar los retos que hasta ahora han sido abordados de manera inadecuada. También ofrece una evaluación global del marco jurídico e institucional, identificando las principales lecciones que, a partir de experiencias comparativas, podrían ser revisadas e implementadas en el país.

Palabras clave. Gestión de la sequía, Chile, enfoque proactivo, lecciones.

1. INTRODUCCIÓN

Con una extensión de más de 4.200 kilómetros, Chile abarca una amplia variedad de climas, desde las condiciones áridas del desierto más seco del mundo, en el norte, hasta los entornos subpolares en el sur. Las precipitaciones disminuyen de sur a norte. Si bien cuenta con importantes recursos hídricos en sus regiones del sur, la escasez de agua en las zonas centrales y septentrionales más pobladas, agravada por la megasequía en curso y el cambio climático, revela vulnerabilidades críticas.

El clima del país está influido por varios factores, como el océano Pacífico, la corriente de Humboldt y la cordillera de los Andes, los cuales juegan un papel importante en la determinación de los niveles de temperatura, precipitación y humedad. El anticiclón del Pacífico, un sistema de alta presión tiene un impacto significativo al generar condiciones secas y bloquear los sistemas frontales durante los meses de verano. Los ciclos estacionales e interdecadales, como el fenómeno de El Niño-Oscilación del Sur (ENSO), afectan considerablemente los patrones de lluvia; El Niño provoca un aumento de las precipitaciones, mientras que La Niña genera condiciones más secas. Los eventos de ENSO influyen notablemente en los patrones estacionales de precipitación, con efectos más pronunciados en la región centro-norte.

Las precipitaciones en la zona central han mostrado una tendencia a la baja significativa. Sin embargo, resulta difícil distinguir esta tendencia del impacto de una sequía prolongada que ha persistido por más de una década (Garreaud et al., 2019). La variabilidad en las precipitaciones es significativa, tanto a nivel anual como estacional. Numerosos estudios han documentado este fenómeno en la segunda mitad del siglo XX, con posibles vínculos al cambio climático antropogénico (Boisier et al., 2016 y 2018). Las proyecciones de los modelos CMIP6 indican una reducción de las precipitaciones entre un 3% y un 30% y un aumento de las temperaturas en un rango de 1,2°C a 3,5°C para finales del siglo XXI, lo que exacerbaría las condiciones de sequía.

La sequía se caracteriza como una disminución aleatoria y temporal de la disponibilidad de agua por debajo de los niveles normales debido a la variabilidad climática, afectando ecosistemas, la agricultura y los sistemas humanos. Las principales causas de la sequía incluyen factores meteorológicos, como la reducción de las precipitaciones y la persistencia de zonas de alta presión. Además, las interacciones océano-atmósfera a gran escala, como el fenómeno de El Niño-Oscilación del Sur (ENSO), influyen fuertemente en los patrones de sequía, estando los eventos de La Niña asociados a condiciones más secas.

El análisis histórico de las sequías revela los impactos recurrentes y severos de estos eventos, con importantes implicancias para la agricultura, el suministro de agua urbana y la producción de energía (Fernández y Gironás, 2021). Si bien las sequías históricas fueron menos severas debido a menores presiones poblacionales y agrícolas, las sequías modernas, como la actual megasequía, evidencian los impactos combinados de la variabilidad climática y el aumento de la demanda hídrica. Por lo tanto, la severidad de las sequías ha aumentado debido al crecimiento en el consumo de agua y la variabilidad climática. Los índices de sequía, como el *Standardized Precipitation Index* (SPI) y el *Standardized Runoff Index* (SRI), muestran una tendencia preocupante en el aumento de la frecuencia y severidad de este fenómeno.

La sequía es de inicio lento y multifacético que impacta a los ecosistemas, la agricultura y los sistemas humanos. Además, sus efectos son silenciosos y se acumulan durante largos periodos de tiempo, pudiendo incluso manifestarse años después de que el evento haya terminado, todo lo cual se está intensificando debido al cambio climático.

Diferentes sectores perciben la sequía de manera única, lo que lleva a definiciones variadas, como la meteorológica (déficit de precipitaciones), agrícola (deficiencia de humedad en el suelo), hidrológica (reducción del caudal de los ríos) y socioeconómica (desequilibrio entre la demanda y la oferta de agua). La actual megasequía, en curso desde 2009, es la más prolongada registrada, causando importantes consecuencias socioeconómicas y ecológicas, y sugiere posibles cambios climáticos hacia una mayor aridez.

Las repercusiones económicas de los periodos prolongados de sequía han sido relevantes. Durante la mencionada megasequía, se ha estimado que entre 2010 y 2020 la superficie agrícola total disminuyó en un 13,5%, el uso neto de agua se redujo en un 15,3%, las tierras de riego se redujeron en un 15,7% y se observó una mutación notable hacia cultivos más eficientes en el uso del agua. Las pérdidas económicas en la agricultura oscilaron entre $90,46 millones y $86,76 millones, siendo la región del Maule la más afectada. Las regiones del norte se adaptaron priorizando cultivos de alto valor, como las frutas, mientras que las regiones centrales enfrentaron mayores impactos económicos debido a su dependencia de cultivos anuales. Por otro lado, los prestadores sanitarios de agua urbana enfrentaron aumentos en los costos de producción y distribución, que alcanzaron los $1,44 mil millones durante el mismo periodo.

Factores como la infraestructura, los niveles de almacenamiento de agua y las respuestas adaptativas influyen en la magnitud de estos impactos. Por ejemplo, las inversiones adaptativas en empresas de suministro de agua urbana generaron ahorros de aproximadamente $8,3 por cada $1 invertido, mitigando así las posibles pérdidas de bienestar en escenarios de racionamiento. El análisis demuestra cómo las sequías prolongadas afectan tanto al sector agrícola como al suministro de agua a la población, destacando la necesidad de estrategias de adaptación proactiva.

La evidencia también revela que las sequías han afectado significativamente la calidad del agua. Esto afecta a la agricultura, la acuicultura y el suministro de agua potable; el aumento de la salinidad afecta la productividad de los cultivos y la salud del suelo, mientras que las floraciones algales nocivas amenazan las industrias acuáticas. Estos impactos son impulsados por cambios hidroquímicos derivados de la sequía, temperaturas elevadas y una reducción del caudal de los ríos, lo que genera desequilibrios de nutrientes, concentración de contaminantes y alteraciones en las funciones de los ecosistemas.

Enfrentar la sequía presenta retos significativos debido a su naturaleza multidimensional y compleja. Sin embargo, Chile debe abordar estos problemas y gestionar la sequía de manera efectiva, ya que el agua es un recurso cada vez más escaso, esencial tanto para la sociedad como para el medio ambiente. Además, el país es altamente vulnerable al cambio climático y ha experimentado una sequía excepcionalmente severa durante los últimos catorce años.

La gestión de sequías tiene una naturaleza interdisciplinaria que abarca, entre otros, aspectos hidrológicos, económicos, institucionales, legales, ambientales, sociales y políticos. Esta diversificación ha llevado, en muchos casos, a un tratamiento parcial de los problemas, con un análisis incompleto de los diversos retos vinculados.

2. INSTITUCIONALIDAD, GOBERNANZA Y POLÍTICAS DE GESTIÓN DE SEQUÍAS EN CHILE

Aunque las sequías ocurren con frecuencia, el enfoque de Chile tiende a tratarlas como eventos atípicos y urgentes, abordándolas, principalmente, con medidas reactivas típicas de la gestión de desastres o catástrofes. Este enfoque ha carecido, en general, de efectividad, eficiencia, coordinación y oportunidad, con un progreso limitado en la mitigación de los riesgos asociados a este fenómeno.

El estudio de las principales autoridades y organismos administrativos responsables de las funciones relacionadas con la sequía en Chile identifica a diecisiete entidades administrativas distribuidas en siete sectores, lo que indica un nivel importante de dispersión (Tabla 20.1). El mayor número de entidades se concentra en el sector bajo la jurisdicción del Ministerio del Interior. Sin embargo, las herramientas principales para la gestión de sequías se encuentran en otras áreas, específicamente en las lideradas por el Ministerio de Obras Públicas (MOP) y el Ministerio de Agricultura (MINAGRI).

Tabla 20.1

Principales sectores, autoridades y organismos administrativos involucrados en la gestión de sequías

Presidencia de la República	Interior	Obras Públicas	Agricultura	Energía	Defensa	Salud
Presidente de la República	SENAPRED Delegaciones presidenciales regionales Delegaciones presidenciales provinciales Gobiernos regionales Municipalidades	MOP DGA DOH	MINAGRI CNR INDAP	MINEN CNE	MINDEF Fuerzas Armadas	SEREMI de Salud

Fuente: Elaboración propia.

Estos diecisiete organismos de la Administración del Estado deberían actuar de manera coordinada. Sin embargo, en la práctica, se observa una serie de acciones desconectadas y dispersas, lo que refleja una débil cooperación institucional y una fragmentación de los roles gubernamentales. Una debilidad fundamental del marco jurídico sobre sequías es la ausencia de una responsabilidad institucional clara para la toma de decisiones, y la aprobación, la ejecución y el monitoreo de las acciones, lo cual es consecuencia de la limitada importancia política asignada a este tema y de la falta general de atención que recibe en la normativa y políticas públicas en general.

Un análisis de las funciones centrales asociadas a sequías muestra que aquellas genéricas son más prevalentes que las específicamente orientadas a la gestión de sequías. Esto indica que las sequías son abordadas como una de las posibles situaciones catastróficas o de emergencia que requieren intervención por parte de las autoridades y órganos administrativos. La Dirección General de Aguas (DGA) es el organismo que concentra la mayor cantidad de funciones relacionadas con las sequías. Estas funciones son predominantemente reactivas, surgiendo en respuesta a eventos ya ocurridos. Además, existen numerosos casos de funciones compartidas entre múltiples autoridades o entidades administrativas, lo que pone de manifiesto la necesidad de una mejor articulación entre ellas para evitar la superposición o interferencia de competencias.

A pesar de las diversas medidas adoptadas por los organismos públicos, los titulares de derechos de aprovechamiento de aguas también implementan medidas específicas frente a las sequías. El rol de las juntas de vigilancia es particularmente significativo, ya que sus funciones legalmente mandatadas incluyen declarar escasez hídrica en las fuentes naturales que administran y determinar e implementar medidas extraordinarias de distribución según sea necesario.

La agricultura es uno de los sectores más vulnerables a las sequías. Ante estas condiciones, el MINAGRI impulsa diversos programas de apoyo a los agricultores. Tradicionalmente, este apoyo se ha implementado una vez que el fenómeno ya está en curso. Una de las herramientas de mayor aplicación práctica es la declaración de emergencia agrícola por déficit hídrico.

En este contexto, y pese a la frecuencia de este tipo de fenómenos, abordar la gobernanza de las sequías sigue siendo un desafío. Hay fragmentación, dispersión y desorden en el sistema. Las medidas implementadas han mostrado una efectividad limitada, resultados que son contrarios a los principios de buena gobernanza.

Chile muestra un bajo progreso en los tres pilares de la gestión proactiva de sequías. La mitigación, preparación y respuesta, el más avanzado, presenta un nivel medio; el monitoreo y la alerta temprana de sequías tienen un nivel bajo de avance; mientras que la evaluación de vulnerabilidad, riesgo e impacto no ha sido mayormente desarrollada. Esta evaluación indica que la estrategia actual emplea, principalmente, un enfoque de gestión de crisis. En concreto, la evaluación identifica retos que deben ser abordados para transitar hacia un enfoque de gestión de riesgos. Asimismo, destaca una serie de instrumentos de política que deben ser considerados para tratar cuestiones que anteriormente no se gestionaron adecuadamente.

Aunque se puede estimar que el punto más severo de la sequía que afecta al país (y que continúa en algunas áreas) está llegando a su fin, es altamente probable que otra sequía ocurra en el futuro. Por ello, se requiere un reordenamiento institucional y político, centrado en la gestión de riesgos y en una combinación planificada e integrada de diversas estrategias e instrumentos preventivos y reactivos (Stein et al., 2016; Hurlbert et al., 2019). La gestión de riesgos por sí sola no es suficiente para mitigar los efectos de eventos extremos; es esencial abordar de manera equitativa los factores sociales que agravan su impacto (Tellman y Eakin, 2022). Se debe enfatizar la seguridad hídrica, el desarrollo y fortalecimiento de la resiliencia, y la reducción de la vulnerabilidad ante este y otros fenómenos hidrológicos extremos, como las inundaciones, considerando tanto sus diferencias como similitudes.

3. EXPERIENCIAS COMPARADAS EN LA GESTIÓN DE SEQUÍAS

Países como España, Australia, algunos de América del Sur y el Estado de California en Estados Unidos están transitando desde enfoques reactivos a enfoques proactivos de gestión de sequías, enfatizando la importancia de anticipar y mitigar los impactos mediante estrategias adaptativas.

Históricamente, como ocurre en Chile, los países de América del Sur gestionaron las sequías de manera reactiva, centrándose en la asistencia de emergencia. Recientemente, se han producido cambios hacia enfoques proactivos basados en el riesgo, que enfatizan el monitoreo, la evaluación de la vulnerabilidad y los marcos integrados de políticas.

Un análisis de los instrumentos de política, herramientas regulatorias y planes de gestión de sequías en diez países de América del Sur revela que, desde una perspectiva sectorial, la política de sequías ha estado tradicionalmente vinculada a temas agrícolas y de recursos hídricos. En el último tiempo, el cambio climático y la reducción del riesgo de desastres o la gestión del riesgo de desastres han surgido como áreas que incluyen la gestión del riesgo de sequías, proporcionando marcos conceptuales adecuados e integrales que abarcan el desarrollo de normativas para su manejo. Dadas las iniciativas lideradas a nivel internacional y nacional para promover una mejor planificación en este campo, la mayoría de los países de la región ha desarrollado nuevas normativas y planes dentro de estas políticas temáticas (Argentina, Brasil, Colombia, Ecuador, Guyana, Perú, Paraguay y Uruguay), con excepción de Venezuela.

Así, los planes específicos para sequías son relativamente recientes en la región, pero están acompañados por un extenso conjunto de normativas y herramientas regulatorias que proporcionan un marco político adecuado para integrar y desarrollar cuestiones relacionadas con las sequías.

Sin embargo, aún existe margen para mejorar, ya que solo unos pocos países presentan un enfoque basado en la gestión del riesgo y se han logrado pocos avances para superar esta perspectiva reactiva. Alinear las políticas nacionales con marcos internacionales como el Marco de Sendai y el Acuerdo de París puede fortalecer la resiliencia y mitigar los impactos de las sequías inducidas por el clima en la región.

La gestión de sequías en España se basaba también en medidas reactivas, como la construcción de embalses y la implementación de decretos de emergencia, como sucede en Chile. Sin embargo, España ha avanzado hacia un enfoque basado en riesgos que enfatiza la prevención, mitigación y adaptación, impulsado por la Directiva Marco del Agua (DMA) de la Unión Europea.

Este enfoque moderno considera planes especiales de sequía implementados a nivel de cuenca hidrográfica. Estos planes incluyen monitores de sequías y proponen medidas progresivas basadas en indicadores de sequías prolongadas o déficits coyunturales. Los monitores de sequías proporcionan datos en tiempo real sobre la duración e intensidad de las sequías, utilizando índices como el SPI y el SPEI. Además, se preparan planes de emergencia urbana para abordar riesgos operativos de sequías y garantizar la continuidad del suministro de agua. No obstante, lograr una gobernanza efectiva de las sequías en España requiere inversión continua en sistemas de monitoreo, la participación de las partes interesadas y la asignación sostenible de recursos. Adoptar estrategias integradas y adaptativas es esencial para mitigar los crecientes impactos de las sequías inducidas por el clima.

La gestión de sequías en California se ha centrado en la idea de que una sequía es un periodo de años consecutivos secos de alcance espacial estatal. La capacidad adaptativa que proporciona la extensa infraestructura hídrica del Estado y el amplio acceso a aguas subterráneas hace que un solo año seco no sea una preocupación significativa para la gestión del agua. A pesar de esto, la evolución de la gestión de sequías en California demuestra la necesidad de enfoques integrados que aborden tanto las crisis inmediatas como las adaptaciones climáticas a largo plazo. La transición desde estrategias de gestión reactiva hacia otras proactivas, junto con innovaciones en infraestructura y pronósticos, es imperativa para enfrentar la creciente aridificación y mantener la seguridad hídrica.

Las políticas de sequías en Australia han pasado de un enfoque improvisado de alivio de desastres hacia una gestión proactiva con la Política Nacional de Sequías de 1992. Las primeras medidas enfatizaban la gestión del riesgo, la autosuficiencia y la conservación de recursos para la sostenibilidad a largo plazo. El Acuerdo Nacional de Sequías de 2018 continuó priorizando la gestión del riesgo, pero dejó espacio para medidas reactivas durante las crisis. Las políticas incluyen préstamos, pagos de apoyo a los hogares y el establecimiento de un fondo futuro para sequías destinado a la investigación e infraestructura. Sin embargo, la fragmentación de políticas y la implementación inconsistente entre el gobierno federal y los estatales, la limitada atención a los ajustes estructurales, las estrategias del sector agrícola y la conservación ambiental, así como una dependencia excesiva de medidas de alivio de emergencia en lugar de fomentar la resiliencia a largo plazo, han obstaculizado la efectividad general de estas políticas. De este modo, aunque el marco político de Australia ha logrado avances importantes en la gestión de riesgos, necesita un mayor refinamiento para abordar los desafíos sistémicos. Las políticas futuras deben centrarse en medidas proactivas, integrando instrumentos financieros innovadores y promoviendo la resiliencia en el sector agrícola. Es crucial armonizar el alivio inmediato con la sostenibilidad a largo plazo para abordar los crecientes desafíos de la variabilidad climática y las sequías.

Los mensajes clave de este análisis comparativo son:

- Un enfoque basado en riesgos es esencial para la gestión sostenible de sequías. Las políticas en España, California y Australia demuestran la transición hacia la integración de evaluación de riesgos, pronósticos y medidas preventivas.

- Las políticas efectivas de sequías dependen de sistemas sólidos de monitoreo y pronóstico. Entre los ejemplos figuran los monitores de sequías en Bolivia y el énfasis de California en proyecciones climáticas. Los sistemas mejorados de alerta temprana aumentan la preparación y permiten respuestas oportunas.
- Las estrategias proactivas, como los esquemas relativos a ingresos en Australia y las medidas progresivas contra sequías en España, mitigan los impactos socioeconómicos de las sequías. Los mecanismos financieros, incluidos los préstamos y los fondos de contingencia, fortalecen la resiliencia ante problemas económicos.

A pesar de los avances, persisten desafíos como la fragmentación de políticas, la implementación inconsistente y una dependencia de medidas reactivas. Esto es evidente en la adopción desigual de planes de emergencia urbana en España y la coordinación fragmentada entre niveles gubernamentales en Australia. Construir resiliencia requiere equilibrar el alivio inmediato con prácticas sostenibles. Inversiones en recarga de acuíferos en California, esquemas de protección de ingresos en Australia y agricultura eficiente en el uso del agua en América del Sur destacan la necesidad de una adaptación a largo plazo. La participación inclusiva es crítica. La limitada participación pública en los planes de sequías de España y el enfoque en desarrollo rural en Australia muestran que la intervención de las partes interesadas y la educación son fundamentales para la implementación efectiva de políticas.

4. PROPUESTAS DE POLÍTICAS PÚBLICAS PARA LA GESTIÓN PROACTIVA DE SEQUÍAS EN CHILE

Las propuestas de políticas públicas para la gestión proactiva de sequías en Chile se formulan en base a la evaluación de las políticas actuales y a las lecciones aprendidas del estudio comparativo internacional. El objetivo es integrar la gestión de sequías en marcos más amplios de gobernanza hídrica, asegurando resiliencia a largo plazo y la alineación con las mejores prácticas internacionales.

Dado que la definición de sequía en las políticas e instrumentos normativos de Chile es ambigua, proponemos establecer una definición clara a nivel legal o reglamentario. El capítulo 2 define el concepto de sequía y examina las condiciones para su estudio en Chile.

Siguiendo los resultados presentados en el capítulo 13, se propone implementar un sistema de monitoreo, seguimiento y gestión de sequías basado en índices cuantitativos. La plataforma debe considerar múltiples índices de sequía con distintos niveles de severidad y umbrales. Estos índices deben calcularse automáticamente utilizando la mayor cantidad de información disponible, tanto nacional como internacional, así como productos de teledetección satelital, procesos hidrológicos de monitoreo, modelos computacionales, entre otros. Además, dichos índices deben permitir un análisis sencillo y comparaciones de las condiciones de sequía en diferentes momentos y ubicaciones geográficas.

Como señalan Urquijo et al. (2017), la evaluación es una fase crucial del ciclo de políticas, ya que mejora la capacidad de aprendizaje y permite identificar brechas y deficiencias que deben abordarse para perfeccionar la gestión de sequías. Esta dimensión está ausente en las políticas actuales de Chile. Por lo tanto, proponemos que la DGA sea el organismo encargado de realizar evaluaciones ex post de la gestión integrada de sequías.

Chile carece de un plan hídrico nacional que sirva como instrumento orientador y vinculante, desarrollado con estándares de participación, difusión de información e inclusión. Proponemos desarrollar un marco nacional de planificación hídrica con una referencia clara a la gestión de sequías. Este marco de planificación integral debe incluir responsabilidades, mecanismos de monitoreo y cumplimiento, y disposiciones para su actualización periódica. En la misma línea, es importante crear un marco regulatorio, institucional y económico que viabilice la implementación de fuentes complementarias, como la desalinización (capítulo 18) y la reutilización de aguas residuales tratadas, áreas que permanecen en gran medida desreguladas y que requieren avances significativos. Asimismo, los planes estratégicos de recursos hídricos a nivel de cuencas deben alinearse adecuadamente con el plan hídrico nacional y considerar planes locales de gestión de sequías.

Es necesaria una revisión y actualización del Código de Aguas para abordar la sequía y definir los elementos o criterios esenciales para su gestión. Se deben desarrollar regulaciones específicas (a través de un reglamento, por ejemplo) que incluyan criterios, procedimientos, umbrales, medidas e instrumentos que cubran los tres pilares de la gestión proactiva de sequías. Es crucial, además, garantizar una coordinación efectiva entre las instituciones competentes en esta materia y sus respectivos instrumentos.

Para ofrecer instrumentos proactivos que eviten los daños causados por las sequías, proponemos una combinación de instrumentos de política. Se deben implementar seguros sectoriales indexados meteorológicos e hidrológicos basados en una definición clara de sequía (capítulo 2) y en índices (capítulo 13). Además, la tarificación del agua se ha convertido en un tema clave en el mundo, debido al aumento de la escasez hídrica. Por ello, sugerimos crear y aplicar tarifas de agua como medida general, no solo durante periodos de sequía.

Ante el aumento de la probabilidad de sequías debido al cambio climático, los sistemas hídricos deben ser más resilientes. Una respuesta potencial es la implementación de un sistema flexible de reasignación de recursos hídricos entre demandas competidoras (Koopman et al., 2017). Proponemos establecer un mecanismo robusto, transparente y confiable de revelación de precios para reducir la variabilidad de estos y un sistema preciso de contabilidad hídrica, fortaleciendo así los mercados de agua como una estrategia de adaptación frente a las sequías.

Otra medida proactiva involucra instrumentos financieros, como acuerdos contingentes o contratos de opción para la transferencia temporal de volúmenes de agua entre prestadores de servicios sanitarios y otros titulares de derechos de aprovechamiento de aguas. La activación de estos acuerdos debe basarse en una definición clara de indicadores de sequía y umbrales. El capítulo 16 presenta un estudio de caso que demuestra su viabilidad en Chile.

Dado que los impactos de las sequías no pueden ser completamente evitados, proponemos también instrumentos financieros para apoyar a los grupos vulnerables ante sequías. El diseño de estos esquemas debe incluir consultas con los beneficiarios, evaluaciones ex ante de los posibles impactos y costos de implementación de los diferentes instrumentos de apoyo, y evaluaciones basadas en las necesidades (Bevan y Cook, 2014; Clark et al., 2017).

La evaluación realizada (capítulo 12) detectó que Chile carece de un financiamiento robusto para enfrentar sequías. Las agencias públicas tienen recursos limitados, lo que conduce a una gestión ineficaz de las sequías. Por ello, proponemos la creación de un fondo para sequías que financie medidas de preparación, respuesta y recuperación, con mecanismos efectivos de transparencia y control. El diseño de este fondo debe considerar las tres principales fuentes de ingresos gubernamentales: impuestos, tarifas de usuarios y transferencias (generalmente asistencia para el desarrollo en forma de subvenciones). Esta propuesta está estrechamente alineada con la medida de mitigación de sequías consistente en la implementación de tarifas de agua.

Finalmente, dado que nuestra evaluación mostró que la dimensión 6 (coordinación y participación) presenta el nivel más bajo de desarrollo, proponemos dos medidas a este respecto: incluir, a nivel legal, como función explícita de la DGA, la articulación de todas las entidades y funciones públicas relacionadas con la gestión de sequías; e incorporar mecanismos de participación en los planes hídricos a diferentes niveles (nacional, de cuenca y sectorial).

Se han logrado avances en participación a nivel de cuenca a través de las Mesas Estratégicas de Recursos Hídricos. Estas instancias, lideradas por la DGA, incluyen representantes de entidades públicas y actores clave de las cuencas, y colaborarán en la elaboración de los planes estratégicos de recursos hídricos. Esta forma inicial de participación requiere evaluación y, probablemente, un fortalecimiento.

La transición hacia un marco proactivo de gestión del riesgo requiere un cambio cultural hacia la acción preventiva. Esto incluye fomentar una mayor participación de los actores involucrados en todos los niveles, desde el nacional hasta el de cuenca y sectorial, y mejorar la transparencia en los procesos de toma de decisiones. Además, es necesario realizar inversiones en investigación y desarrollo de capacidades para mejorar la comprensión de las vulnerabilidades frente a las sequías y las estrategias de adaptación.

En conclusión, aunque el enfoque actual de gestión de sequías en Chile pone de manifiesto las falencias de los sistemas reactivos, también presenta una oportunidad para redefinir el panorama de gobernanza hídrica del país. Al adoptar las medidas propuestas, Chile puede transitar hacia una estrategia de gestión de sequías sostenible e integrada que no solo mitigue las vulnerabilidades actuales, sino que también fortalezca la resiliencia frente a desafíos futuros. Dicha transformación alineará a Chile con las mejores prácticas internacionales y contribuirá significativamente a sus objetivos de adaptación al cambio climático y seguridad hídrica.

REFERENCIAS

1. Bevan, D. y Cook, S. (2014). *Public expenditure following disasters*, Policy Research Working Paper 7355, World Bank SDRFI Impact Appraisal Project.
2. Boisier, J. P., Rondanelli, R., Garreaud, R. D. y Muñoz, F. (2016). "Anthropogenic and natural contributions to the Southeast Pacific precipitation decline and recent megadrought in central Chile". *Geophysical Research Letters*, 43(1), pp. 413-421. Disponible en: https://doi.org/10.1002/2015GL067265
3. Boisier, J. P., Alvarez-Garreton, C., Cordero, R. R., Damiani, A., Gallardo, L., Garreaud, R. D.,... y Rondanelli, R. (2018). "Anthropogenic drying in central-southern Chile evidenced by long-term observations and climate model simulations". *Elem Sci Anth*, 6, 74. Disponible en: https://doi.org/10.1525/elementa.328
4. Clark, D. J., Mahul, O., Poulter, R. y Teh, T. L. (2017). "Evaluating sovereign disaster risk finance strategies: a framework". *The Geneva Papers on Risk and Insurance-Issues and Practice*, 42, pp. 565-584. Disponible en: https://doi.org/10.1057/s41288-017-0064-1
5. Fernández, B. y Gironás, J. (2021). "Droughts". Fernández, B. y Gironás, J. (Eds.), *Water Resources of Chile*. World Water Resources, Vol 8. Springer, Cham. Disponible en: https://doi.org/10.1007/978-3-030-56901-3_8.
6. Hurlbert, M., Gupta, J. y Verrest, H. (2019). "A comparison of drought instruments and livelihood capitals". *Climate and Development*, 11:10, pp. 863-872. 10.1080/17565529.2019.1585318. Disponible en: https://doi.org/10.1080/17565529.2019.1585318
7. Koopman, J. F., Kuik, O., Tol, R. S. y Brouwer, R. (2017). "The potential of water markets to allocate water between industry, agriculture, and public water utilities as an adaptation mechanism to climate change". *Mitigation and Adaptation Strategies for Global Change*, 22, pp. 325-347. Disponible en: https://doi.org/10.1007/s11027-015-9662-z
8. Stein, U., Özerol, G., Tröltzsch, J., Landgrebe, R., Szendrenyi, A. y Vidaurre, R. (2016). "European drought and water scarcity policies". In Bressers, H., Bresssers, N., and Larrue, C. (Eds.), *Governance for Drought Resilience* (Switzerland, Springer), pp. 17-43.
9. Tellman, B. y Eakin, H. (2022). "Risk management alone fails to limit hazard impact". *Nature*, 68, pp. 41-43. Disponible en: https://doi.org/10.1038/d41586-022-02031-0
10. Urquijo, J., Pereira, D., Dias, S. y De Stefano, L. (2017). "A methodology to assess drought management as applied to six European case studies". *International Journal of Water Resources Development*, 33(2), pp. 246-269. Disponible en: https://doi.org/10.1080/07900627.2016.1174106

www.ingramcontent.com/pod-product-compliance
Lightning Source LLC
LaVergne TN
LVHW082236051026
849532LV00012B/4001
9789561435032